普通高等学校"十三五"数字化建设规划教材

高等数学简明教程

徐应祥　郭游瑞　主编

北京大学出版社
PEKING UNIVERSITY PRESS

内 容 提 要

本书主要由微积分及线性代数两大部分内容组成,分绪论和正文 9 章进行编写.正文内容包括:再认识集合与函数、函数极限与连续性、导数与微分、导数的应用、定积分及其应用、多元函数微积分学简介、无穷级数、常微分方程简介、线性代数简介.书末附有 MATLAB 数学实验基础.

本书按 128 学时完成绝大多数的内容教学而设计,适合应用型本科院校经济管理类及相关专业的学生使用,也可作为相关教师的教学参考书.

前　言

为了适应我国教育教学改革，满足应用型本科院校经济管理类各专业的教学要求，提高学生的实际工作能力与综合素质，更好地培养经济管理类各专业应用型人才，我们组织编写了本书. 本书的编写原则是：教学内容的广度、深度参照教育部“经济管理类本科数学基础课程教学基本要求”；基础理论以够用为度，注重实际应用；切合应用型本科院校学生及学时的实际情况.

本书具有如下特点：

1. 基于作者多年的教学经验总结和对学生实际学习状况的了解，在内容选取上，突出基本概念、基本方法，强调基本能力的培养；在编排上，以实例作为重要概念的切入点，遵循数学知识的认知规律，由浅入深、深入浅出.

2. 将教学内容分为基础部分和提高部分进行编写. 对基础部分，简化一些复杂概念与理论证明，改为几何直观说明，以帮助学生理解、记忆和应用；对提高部分，给出了一些复杂概念的详细说明及一些定理的详细证明，满足学有余力的学生或准备考研的学生进一步学习. 这样在使用本书时，可以根据学生的学习水平和不同专业的需求，灵活地选择教学内容，实现分层教学.

3. 加强数学应用方面的内容. 在各章节中精选了较多实际应用问题的例子和习题，让学生了解数学在各个领域中的应用，并培养学生的数学建模能力.

4. 在附录中简单介绍了 MATLAB 数学软件在高等数学中的基础应用，以帮助学生学会如何使用数学软件，并进一步提高学生利用数学软件解决实际问题的能力.

本书的“前身”是作者为本校学生讲授“高等数学”课程的讲义. 该讲义已连续三年在教学中实践过，并取得了良好的教学效果. 本书编写过程融入了作者自身多年的教学经验和教学研究成果，同时也参考了国内外一些优秀的“高等数学”教材，尤其是经济管理类“高等数学”教材. 本书由徐应祥、郭游瑞、赵志琴、任阿娟、王茂玲、陈苍、贾秀娟、周国军、何穗智、覃树仁老师联合编写. 袁晓辉审核了教学资源内容，胡锐、邓之豪组织并参与了教学资源的信息化实现，苏文春、陈平提供了版式和装帧设计方案. 在编写过程中，得到了中山大学新华学院校长王庭槐教授与其他各领导的大力支持与帮助. 另外，实践班上的同学们帮忙搜集了部分资料. 在此一并表示由衷的感谢.

由于编者水平所限，书中错误或疏漏之处在所难免，敬请读者批评指正.

编者
2018 年 5 月

目　　录

绪　论

1. 为什么学数学？

数学没什么用！我们知道这是许多学习过数学的人给出的结论.他们会说，他们上街买菜，用不着三角公式和图像；他们在厨房做饭不需要计算曲面面积；他们上班工作不用积分求导……数学除了应付考试还有什么用处？

对于人类自己创造出的人类文化中少数的几个精华之一的数学，许多人竟然是反感的，是不屑的.这可能是我们的教育出了问题，但数学的作用却不是以我们的无知而否认得了的.我国的数学教育有重视基础知识、基本技能的传统，而在很长一段时间内对于数学与实际、数学与其他学科的联系未能给予充分的重视.这种教育本身的导向，使学生产生"学数学有什么作用"的困惑不足为奇.实际上，学习数学更重要的目的是接受数学思想、数学精神的熏陶，提高自身的思维品质和科学素养，在日常生活和工作中数学地、理性地思考和解决问题.如果真能如此，学习者将终生受益.

美国数学家克莱因(Klein)也曾说过："一个时代的总的特征在很大程度上与这个时代的数学活动密切相关，这在今天我们这个时代尤为重要."不仅如此，他还有这样的论断：数学不仅是一种方法、一种语言、一种艺术，更重要的是一个有着丰富内容的知识体系，其内容对自然科学家、社会科学家、哲学家、逻辑学家和艺术家十分有用，同时影响着政治家的学说.数学已经广泛地影响着人类的生活和思想.

伟大导师马克思(Marx)也说："一种科学只有在成功运用数学时，才算达到了真正完善的地步."正因为数学是日常生活和进一步学习必不可少的基础和工具，一切科学到了最后都归结为数学问题.在我们的周围有很多事情都是可以用数学来解决的，只是很多人都没有用数学的眼光来看待而已.

数学是研究空间形式和数量关系的科学，是刻画自然规律和社会规律的科学语言和有效工具.数学科学是自然科学、技术科学等的基础，并在经济科学、社会科学、人文科学的发展中发挥越来越大的作用.数学的应用越来越广泛，正在不断地渗透到社会生活的方方面面，它与计算机技术的结合在许多方面直接给社会创造价值，推动着社会生产力的发展.数学教育作为中学教育的重要组成部分，它使学生掌握数学的基础知识、基本技能、基本思想，使学生表达清晰、思考有条理，使学生学会用数学的思想方法解决问题、认识世界.中学数学对于认识数学与自然界、数学与人类社会的关系，认识数学的科学价值、文化价值，提高分析问题和解决问题的能力，形成理性思维，发展智力和创新意识具有基础性作用.中学数学是学习物理、化学、生物、计算机技术等课程和进一步学习的基础.随着时代的进步，数学的思想方法和内容已经渗透到人类生活的各个方面，国家的发展、科学技术的进步更离不开数学.因此,具备一些必要的数学知识和一定的数学思想方法,是现代人才基本素质的非常重要的组成部分.当然,我们学习的数学只是数学学科体系中很基础、很少的一部分.现在从数学课本上学的知识未必能直接应用于生活,主要是为学习后续专业基础课程打好基础,同时也为了掌握一些数学的思想方法以及分析问题、解决问题的思维方式.哲学家培根(Bacon)说过:"读诗使人灵秀,读历史使人明智,学逻辑使人周密,学哲学使人善辩,学数学使人聪明……"也有人形象地称数学是思维的体操.下面我们通过具体的例子来体验一下某些数学思想方法和思维方式.

看看下面的几个实例,你对为什么学数学就会有所感悟.

实例 1 大家知道海王星是怎么发现的,冥王星又是怎么被请出九大行星行列的吗?

海王星是在数学计算过程中发现的,天文望远镜的观测只是验证了人们的推论.

1812 年,法国人布瓦德在计算天王星的运动轨道时,发现理论计算值与观测资料之间出现了一系列误差.这使许多天文学家纷纷致力于这个问题的研究,进而发现天王星的脱轨与一个未知引力的存在相关.也就是说,有一个未知的天体引力作用于天王星.1846 年 9 月 23 日,柏林天文台收到来自法国巴黎的一封快信.寄信人就是奥本 · 勒威耶.在信中,勒威耶预告了一颗以往没有发现的新星:在摩羯座 8 星东约 5 度的地方,有一颗 8 等星,每天运行 69 角秒.当夜,柏林天文台的加勒把巨大的天文望远镜对准摩羯座,果真在那里发现了一颗新的 8 等星.又过了一天,再次找到了这颗 8 等星,它的位置比前一天后退了 70 角秒.这与勒威耶预告的相差甚微.全世界都震动了.人们依照勒威耶的建议,按天文学惯例,用神话里的名字把这颗星命名为"海王星".

1930 年,美国天文学家汤博发现冥王星,当时错估了冥王星的质量,以为冥王星比地球还大,所以命名为大行星.然而,经过近三十年的进一步观测和计算,发现它的直径只有 2 300 km,比月球还要小.等到冥王星的大小被确认时,"冥王星是大行星"早已被写入教科书,以后也就将错就错了.经过多年的争论,国际天文学联合会通过投票表决做出最终决定,取消冥王星的行星资格.2006 年 8 月 24 日,国际天文学联合会宣布,冥王星将被排除在行星行列之外,从而太阳系行星的数量将由 9 颗减为 8 颗.事实上,位居太阳系九大行星末席七十多年的冥王星,自发现之日起其地位就备受争议.

实例 2 抓阄对个人来说公平吗? 5 张票中有 1 张奖票,那么先抽或后抽对个人来说公平吗?(学习了概率后你就会知道这是公平的,抓中有标记的阄和抽中奖票的可能性与先后次序无关.)

实例 3 相传在印度舍罕王时代,舍罕王发出一道命令:谁能发明一件既让人娱乐,又在娱乐中使人增长知识,使人头脑变得更加聪明的东西,本王就让他终身为官,并且皇宫中的贵重物品任其挑选.

这下子,印度国内热闹起来了,全国上下的能工巧匠们挖空心思,发明创造了一件又一件东西.它们被络绎不绝地送到舍罕王的面前,但是没有一件能够让国王满意.

一天,风和日丽,舍罕王闲着无聊,就准备和大臣们到格拉察湖去钓鱼.舍罕王忽然发现人群中少了一个人,那是宰相达依尔.他就问:"宰相干什么去了?"有人回答说:"宰相大人因为宫中有一件事没处理好,正在那里琢磨呢."于是,舍罕王没有追问下去,和大臣们来到了湖边.春日暖暖,垂柳依依.一阵微风吹来,湖面泛起阵阵涟漪,在阳光的照射下,闪烁出钻石般的光芒.不时有鱼儿跃出水面,银光闪闪.面对此般美景,舍罕王心旷神怡,龙心大悦.这时,有人来报:宰相达依尔飞马来到.心情极佳的舍罕王忙传宰相觐见.达依尔匆匆下马,来到舍罕王的面前,禀道:"陛下,为臣在家中琢磨了许多天,终于发明了象棋.不知陛下满意否?"舍罕王一听此言,连忙说道:"什么象棋,赶快拿来看看."

宰相达依尔有着超人的智慧,尤其喜爱发明创造以及严密的数学推理.他发明的象棋是国际象棋,整个棋盘是由 64 个小方格组成的正方形.国际象棋共有 32 枚棋子,每方各 16 枚,它包括王一枚、王后一枚、仕两枚、马两枚、车两枚、卒八枚.双方的棋子在格内移动,以消灭对方的王为胜.听了宰相的介绍后,国王高兴极了,连忙招呼其他大臣与他对弈.一时间,马腾蹄、卒拱动、车急驰,不一会儿,舍罕王大胜.心情极佳的舍罕王于是打算重赏自己的宰相:赏官吧,除自己外,宰相已是最高级别,不能再赏了,再赏只有自己让位了,只好赏财物.他向宰相说:"爱卿,官是不能赏了,你想要些什么宝贝呢?"宰相"扑通"跪在国王面前说:"陛下,为臣别无他求,只请在这张棋盘的第一格放 1 粒麦子,在第二格放 2 粒麦子,第三格放 4 粒麦子,第四格放 8 粒麦子.总之,每一格的麦粒都比前一格的麦粒多 1 倍.陛下,把这样摆满棋盘上 64 格的所有麦粒都赏给为臣,为臣就心满意足了."

国王金言一出,正有些后悔,要是宰相开口要自己也喜欢的宝贝就糟了.没想到宰相的胃口并不大,于是舍罕王忙不迭地应允了:"爱卿,你所求并不多啊,你当然会如愿以偿的."国王心里为自己对这样一件奇妙的发明所许下的慷慨赏诺不致破费太多而暗喜,便令人把一袋麦子拿到宝座前,于是计数麦粒的工作开始了.第一格放 1 粒,第二格放 2 粒……还不到第 20 格,袋子已经空了.接着一袋又一袋的麦子被搬了进来,又空着袋出去.很快,王城里的全部小麦都摆完了,棋盘还没摆满.舍罕王吃惊地睁大了眼睛,他明白自己是无论如何都不能兑现自己的承诺了.

这到底是怎么回事?让我们来算一算这位宰相要多少麦粒.实际上,这是一个等比数列的和:

$$1+2+2^2+2^3+\cdots+2^{63}=184\ 467\ 440\ 737\ 095\ 516\ 15(\text{粒}).$$

这个数字不像宇宙间的原子总数那样大,但也够可观的了.1 蒲式耳(约 35.2 升)小麦约有 500 万粒,按照这个数计算,那就得给宰相约 4 万亿蒲式耳才行.这位宰相所要求的,竟是 2000 年全世界所生产的全部小麦!

2. 数学及其在经济管理中的应用

数学是研究现实世界中的数量、结构、变化及空间的科学.随着社会生产力的发展,正如我国著名数学家华罗庚所说:"宇宙之大,粒子之微,火箭之速,化工之巧,地球之变,生物之谜,日用之繁,无处不用数学."数学已经越来越深入、广泛地渗透到科学技术、经济管理、社会生产生活等现实世界的各个领域.在现代经济领域中,数学工具的成功运用,促使现代经济理论从过去单纯对经济现象进行定性分析,逐渐朝着精密、严谨的定量分析发展,从而使经济管理中的定性分析与定量分析相统一,进一步推动经济管理学科走向完善和成熟.

数学理论具有严谨性,数学的逻辑推理是严密的,因此用数学方法对经济管理问题进行分析,所得出的结果则必然是严谨、周密的,而且是可靠的和值得信赖的.现代经济管理中用到了很多数学知识,如研究经济量的变化率时要用到微积分知识,研究与随机因素有关的经济量或经济现象时要用到概率论与数理统计知识，研究运输和下料等经济管理问题时要用到线性代数和运筹学知识，等等. 运用数学研究经济管理问题的目的是力求保证数据分析及预测的精准性、思维逻辑的严密性与结果的可靠性，而研究内容则主要是社会资源的配置及社会经济关系如何进行合理调节与组织. 例如，通过对过去财务状况及当前形势和相应数据的研究，预测未来形势；通过对财政与税收相关数据的研究，帮助政府及管理部门制定相应的财政政策；通过对所带领团队人员素质的分析，合理分配各个人员的工作，有效进行人力资源管理，发挥最大的团队效率.

利用数学工具解决经济管理中的实际问题时，需要把实际问题描述为数学问题. 而要将实际问题描述成数学问题，首先要做的是抓住所分析问题的主要矛盾，舍弃次要矛盾，对实际问题做出必要的简化和合理的假设. 然后，选择适当的数学工具，根据内在的经济管理规律，搞清实际问题中有关变量之间有什么样的函数关系、相关数据的特征及不同数据间是否具有相关性等，将实际问题描述成一个数学问题. 这个数学问题就称为原实际问题的数学模型，而整个分析、研究，得到数学模型的过程称为数学建模.

在现代经济管理中，运用数学建模的方法，得到了许多用来分析和预测经济数据与形势的数学模型，例如供需与价格关系模型、边际收益模型、价格弹性模型、经济增长的索罗模型、生产函数模型、均衡价格的差分方程模型、利益分配的合作博弈模型、乘数加速数模型、投入产出模型、经济增长与最优财政支出规模模型、税收收入 AR(Auto Regressive)预测模型、消费税税率优化设计模型、斯坦克伯格双寡头垄断动态博弈模型等. 这些经济管理模型的成功运用，大大推动了经济管理学科走向完善和成熟的步伐. 随着社会的进步，更多新的经济管理问题不断涌现. 可以设想，数学对这些新问题的解决必将发挥更大的作用.

3. 微积分与线性代数

微积分是将来进一步学习其他专业知识的基础之一，也是解决实际问题强有力的工具. 微积分的思想起源至少可以追溯到 2 500 年前的古希腊，但使之成为一门正规的科学理论和方法，要归功于牛顿(Newton)和莱布尼茨(Leibniz). 自 17 世纪牛顿和莱布尼茨"发明"微积分以来，经过众多学者的努力，其理论已趋完善；其方法在解决实际问题中取得了巨大的成功，涉及物理学、化学、生物学、医学、经济、金融、机械加工、物流、天气预报等许多学科或领域.

例 1(面积问题)　大约 2 500 年前，古希腊人曾用"穷竭法(method of exhaustion)"来解决任意多边形的面积 A 的计算问题. 他们知道如何将一个多边形分成若干个三角形，然后通过求这些三角形的面积之和来得到多边形的面积(见图 0 - 1).

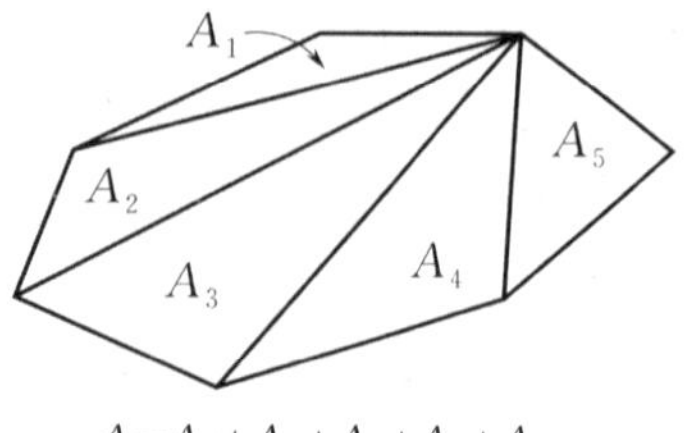

$A=A_1+A_2+A_3+A_4+A_5$

图 0 - 1

但是，求由曲线围成的平面图形的面积就变得较为困难，例如求圆的面积、椭圆的面积等. 在求圆的面积时，古希腊人仍用了穷竭法：先作圆的内接正多边形，当圆内接正多形的边数越来越大时，其面积与圆的面积越来越接近，也就是圆的面积与其内接正多边形的面积之间的差别越来越小.

穷竭法与我国古代数学家刘徽(三国后期魏国人)的"割圆术"方法不谋而合. 刘徽由圆的内接正六边形开始，然后依次将边数加倍得到一系列圆内接正多边形，称之为割圆，并指出"割之弥细，所失弥少，割之又割，以至于不可割，则与圆合体，而无所失矣". 设想圆内接正多形的边数无限大时，其面积应当与圆的面积正好相等.

用图 0－2 可以对穷竭法计算圆面积的基本思想进行说明.

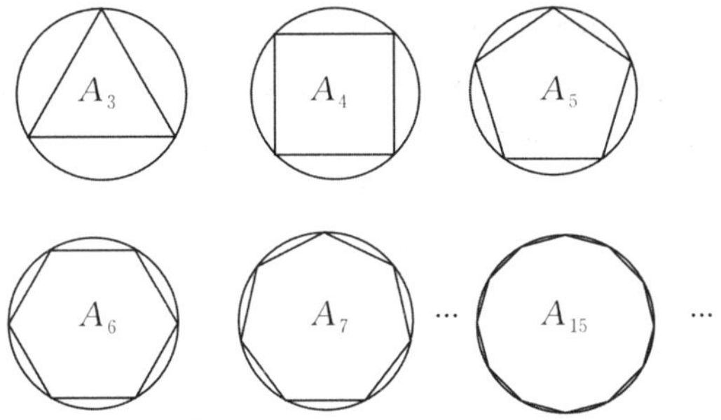

图 0－2

在图 0－2 中，用 A_n 表示边数为 n 的圆内接正多边形的面积. 当 n 越来越大时，A_n 就越来越接近圆的面积 A. 称圆面积 A 为圆内接正多边形面积 A_n 的极限，表示为 $A=\lim\limits_{n\to\infty}A_n$. 如果将所有正多边形的面积 $A_n(n=3,4,\cdots)$ 组成的数列记为 $\{A_n\}$，则 A 也称为这个数列的极限.

例 2（齐诺悖论）　公元前 5 世纪，古希腊哲学家齐诺（Zeno）提出了四个挑战性问题，称之为齐诺悖论，其中第二个问题称为齐诺第二悖论，是关于古希腊长跑英雄阿基里斯（Achilles）和乌龟的问题.

假定阿基里斯开始时在位置 a_1，乌龟在位置 t_1，如图 0－3 所示. 当阿基里斯向前到达位置 $a_2=t_1$ 时，乌龟向前爬到了位置 t_2. 当阿基里斯向前到达位置 $a_3=t_2$ 时，乌龟又向前爬到了 t_3 位置……这个过程无限地进行下去，乌龟永远在阿基里斯的前方，阿基里斯永远追不上乌龟. 这显然与实际不符.

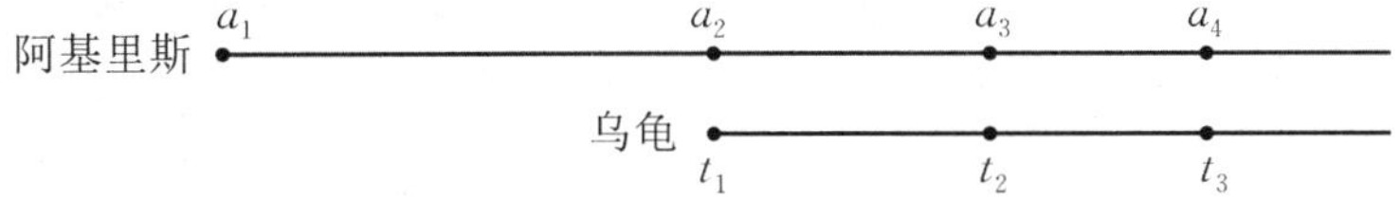

图 0－3

阿基里斯的一系列位置组成了一个数列 $\{a_n\}$：$a_1,a_2,a_3,\cdots$；乌龟的位置也组成了一个数列 $\{t_n\}$：$t_1,t_2,t_3,\cdots$，其中 $a_n<t_n(n=1,2,\cdots)$. 可以发现（以后知道可以严格证明），这两个数列有共同的极限 p，即 $\lim\limits_{n\to\infty}a_n=p=\lim\limits_{n\to\infty}t_n$. 精确地说，在位置 p 处，阿基里斯追上了乌龟，此后就超过了乌龟.

以上两个例子可以简单地总结为：观察某个量在某个变化过程中，是否能够无限地趋近于一个固定的值. 由此，我们可以一窥极限思想方法的深邃.

除此外，在光线反射问题中要考虑曲线在一点处的切线问题；在物理学中要考虑运动物体的瞬时速度问题；在几何学中要考虑一般平面图形的面积问题；在经济学中要考虑一个经济活动发生以后，经济指标的变化快慢问题；在工程中要考虑物体的变形大小问题；在生物学中要考虑生物种群的竞争与依存问题；在医学中要考虑药物的疗效持续问题；在化学中要考虑化学反应的速度问题、反应物剩余问题和反应过程中的能量释放问题；等等. 以上诸多问题都与连续变化的量的变化率有关，而对这些问题的解决都会用到这样的方法：为计算某些较复杂的量，将这些复杂的量转化为一些容易计算的量的极限，通过计算该极限得到较复杂的量. 这种以极限作为基础的方法经过发展和完善后，就形成了微积分方法.

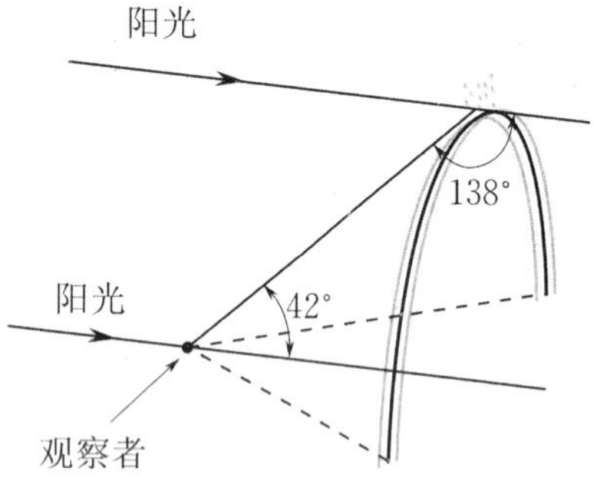

图 0－4

为了进一步了解微积分的重要性，再列举一些问题以供参考：

(1) 如图 0－4 所示，如何解释如下的事实：雨后观赏彩虹时，观察者看彩虹的最高点的视角是 42°？

(2) 为什么超市货架上不同品牌饮料的易拉罐的形状设计都差不多？

(3) 在电影院中看电影时，最佳位置是哪里？

(4) 飞机离机场多远时就要开始降落？

(5) 床头柜上带罩台灯发出的光照在台灯背后的墙面上时，光影的轮廓是什么形状的曲线？

线性代数也是大学数学的另一基础课程，它的正式研究起源于 17 世纪. 线性代数的主要研究内容是线性方程组解的理论及空间结构的理论. 随着社会的发展，线性代数被广泛应用于计算机科学、工程技术、经济管理等领域. 例如，在经济管理中的企业成本、利润核算、投入产出模型等.

4. 结语

目前，国家大力提倡普通本科院校要培养更多的应用型人才，以满足当前对这类人才的需求. 在这样的新形势下，作为具有广泛用途并是解决问题的强有力工具的数学，应当成为以培养高级应用型人才为目标的经济管理类专业必须学习和掌握的学科之一. 正如教育部在经济管理类本科数学基础课程教学基本要求中所述："数学不仅是一种工具，而且是一种思维模式；不仅是一种知识，而且是一种素养；不仅是一种科学，而且是一种文化，能否运用数学观念定量思维是衡量民族科学文化素质的一个重要标志."随着社会的发展，经济管理领域对数学的要求越来越高，经济管理类专业数学具有越来越强烈的应用背景. 在培养高素质经济管理领域的人才中，数学教育越来越显示出其独特的、不可替代的重要作用.

第一章

再认识集合与函数

在实际生活中，我们总是把具有某种共同属性的事物放在一起组成一个总体进行考察研究．像这样，把多个单独对象看成一个总体，进而讨论其性质、与其他总体间的关系及相互作用的方法就是集合的方法．很多情况下，两个不同总体的对象之间存在着相互依赖关系．用量化的方法考察这些关系，实际就是考察这两个总体对象的数量指标之间的关系，也就是两个数字集合之间的对应关系．描述这样的关系的一个有效途径就是函数．

§1.1 集合及其运算

1.1.1 集合的概念

当我们考察一个班学生某门课程的成绩、一个小组学生完成的所有手工、一个工厂的全体工人所生产的产品等对象时，总是把所考察的单个对象放在一起，将其看成一个总体．我们称这样的总体为**集合**（简称**集**）．换句话说，**集合**是指具有某种特定性质的事物的总体，通常用大写字母 $A,B,C,\cdots$ 表示．组成集合的单个对象称为集合的**元素**（简称**元**），通常用小写字母 $a,b,c,\cdots$ 表示．

例 1　下面举几个集合的例子：

（1）2018 年在广州市出生的所有婴儿组成一个集合；

（2）所有的整数组成一个集合；

（3）一条直线上所有的点组成一个集合；

（4）一个多边形所有的边组成一个集合．

由有限个元素组成的集合称为**有限集合**，如例 1 中的（1），（4）；由无限多个元素组成的集合称为**无限集合**，如例 1 中的（2），（3）．

若 a 是集合 A 的元素，则称 a **属于** A，记为 $a\in A$；否则，称 a **不属于** A，记为 $a\notin A$．

例如，如果用 $\mathbf{Z}$ 表示全体整数组成的集合，则 $2\in\mathbf{Z}$，而 $0.1\notin\mathbf{Z}$．

集合中的元素满足如下性质：

1）**确定性**：一个元素是否属于某个集合，这是确定的．不能说一个元素既属于也不属于一个集合．

2）**互异性**：一个集合中的每个元素只出现一次．一个集合中如果有多个相同的元素，则只算作一个．

3）**无序性**：一个集合中的元素没有顺序之分．例如，集合 $\{1,2\}$ 和集合 $\{2,1\}$ 是同一个集合．

集合有以下三种表示方法：

1）**描述法**：用语言描述集合是由具有什么属性的元素组成的．

例 2　下列集合都是用描述法表示的：

（1）由全班男生组成的集合；

（2）由平面直角坐标系中 x 轴上所有的点组成的集合；

（3）由一个电影放映厅中所有的座位组成的集合．

2）**列举法**：将集合的元素一一列举出来，并写在大括号“{}”中．

例 3　用列举法表示下列集合：

（1）不超过 10 的自然数组成的集合 A；

(2) 方程 $x^2-1=0$ 的实根组成的集合 B.

解　(1) $A=\{0,1,2,3,4,5,6,7,8,9,10\}$.

(2) 方程 $x^2-1=0$ 的实根为 $x_1=-1,x_2=1$,故 $B=\{-1,1\}$.

3) **概括法**:在大括号中画一条竖线,在竖线左侧写出集合代表元素的名称,右侧写出集合元素满足的共同属性,即$\{x\mid x$ 满足的属性$\}$.

例 4　用概括法写出下列集合:

(1) 全体负数组成的集合;

(2) 全体偶数组成的集合.

解　(1) 全体负数,即所有小于 0 的数,故此集合可表示为$\{x\mid x<0\}$.

(2) 偶数能被 2 整除,故此集合可表示为$\{x\mid x=2n,n$ 为整数$\}$.

习惯上,用 $\mathbf{N}$ 表示全体自然数组成的集合;用 $\mathbf{Z}$ 表示全体整数组成的集合;用 $\mathbf{Q}$ 表示全体有理数组成的集合;用 $\mathbf{R}$ 表示全体实数组成的集合. 不包含任何元素的集合称为**空集**,记为 $\varnothing$.

定义 1　如果集合 A 与 B 中的元素完全相同,则称**集合 A 与集合 B 相等**,记为 $A=B$.

例 5　设集合 $A=\{-1,1\}$,$B=\{x\mid x^2=1,x\in\mathbf{R}\}$,则 $A=B$.

例 6　设集合 $A=\{(x,y)\mid y=2x+1\}$,$B=\{$直线 $y=2x+1$ 上所有的点$\}$,则 $A=B$.

定义 2　如果集合 A 的元素都是集合 B 的元素,则称集合 A 是集合 B 的**子集**,也称集合 A **包含于**集合 B(或集合 B **包含**集合 A),记为 $A\subseteq B$,如图 1-1 所示. 进一步,若集合 A 是集合 B 的子集,且 B 中至少有一个元素不属于 A,则称集合 A 是集合 B 的**真子集**,也称集合 A **真包含于**集合 B(或集合 B **真包含**集合 A),记为 $A\subset B$.

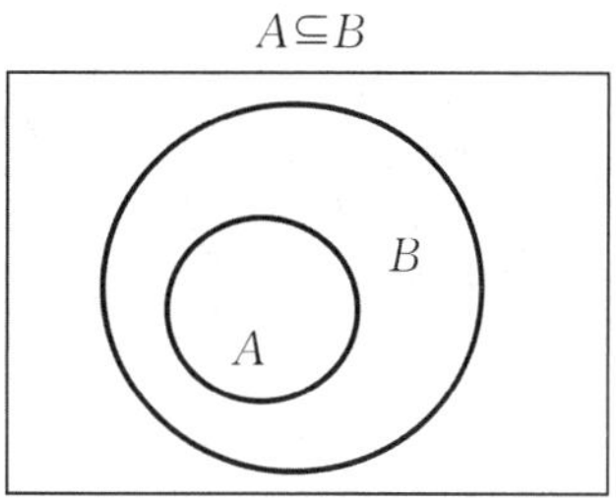

图 1-1

显然,由定义 2,空集 $\varnothing$ 是任何集合的子集. 一个集合 A 是自己的子集,即 $A\subseteq A$. 定义 1 与定义 2 确定了集合之间的相互关系.

例 7　设集合 $A=\{0,1,2\}$,$B=\{x\mid x^2<5,x\in\mathbf{R}\}$,则 $A\subset B$.

例 8　设集合 $A=\{(x,y)\mid x^2+y^2=1\}$,$B=\{(x,y)\mid x^2+y^2\leqslant 1\}$,则 $A\subset B$.

定理 1　**集合 A 等于集合 B 的充要条件是:$A\subseteq B$ 且 $B\subseteq A$.**

证　**必要性**　因为 $A=B$,所以 A 的所有元素是 B 的元素. 同样,B 的所有元素也是 A 的元素. 由定义 2,即得 $A\subseteq B$ 且 $B\subseteq A$.

充分性　如果 $A\subseteq B$ 且 $B\subseteq A$,则说明集合 A 与 B 的所有元素相同,所以 $A=B$.

例 9　设集合 $A=\{x\mid x>0\}$,$B=\{x\mid x\geqslant 0\}$,判断这两个集合的关系.

解　因为集合 A 是全体的正实数,B 是全体的非负实数,所以 A 是 B 的真子集.

定义 3　以集合 A 的所有子集为元素组成的集合称为 **A 的幂集**,记作 2^A.

例 10　设集合 $A=\{1,2\}$,则 $2^A=\{\varnothing,\{1\},\{2\},\{1,2\}\}$.

1.1.2　集合的运算

定义 4　由集合 A 与集合 B 的所有公共元素组成的集合称为集合 A 与集合 B 的**交集**，简称 A 与 B 的**交**，记为 $A\cap B$.

由定义 4 可知，$A\cap B=\{x\mid x\in A \text{ 且 } x\in B\}$，如图 1－2 中阴影部分所示.

定义 5　由集合 A 与集合 B 的元素一起组成的集合称为集合 A 与集合 B 的**并集**，简称 A 与 B 的**并**，记为 $A\cup B$.

由定义 5 可知，$A\cup B=\{x\mid x\in A \text{ 或 } x\in B\}$，如图 1－3 中阴影部分所示.

定义 6　由属于集合 A 而不属于集合 B 的元素组成的集合称为集合 A 与集合 B 的**差集**，简称 A 与 B 的**差**，记为 $A\backslash B$.

由定义 6 可知，$A\backslash B=\{x\mid x\in A \text{ 且 } x\notin B\}$，如图 1－4 中阴影部分所示.

有时候，要考察全体对象中的部分对象间的相互关系. 为方便起见，将所有对象组成的集合称为**全集**，通常记为 U.

定义 7　给定全集 U，若 A 是全集 U 的子集，则称 U 中由不属于集合 A 的元素组成的集合 B 为集合 A 在全集 U 中的**补集**，记为 $B=\complement_U A$，如图 1－5 中阴影部分所示.

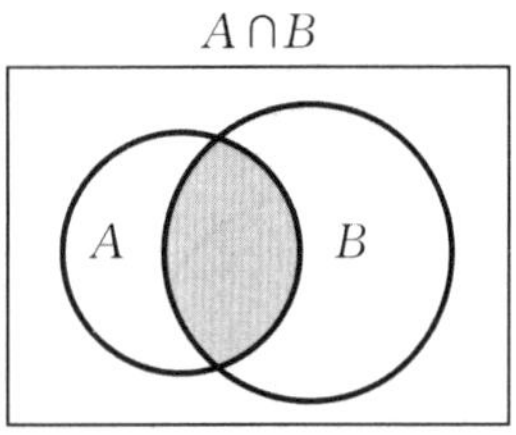

图 1－2

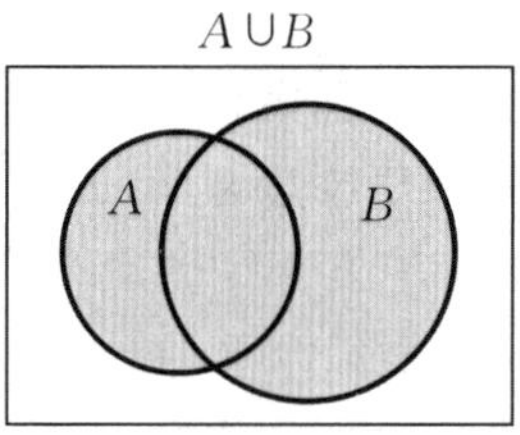

图 1－3

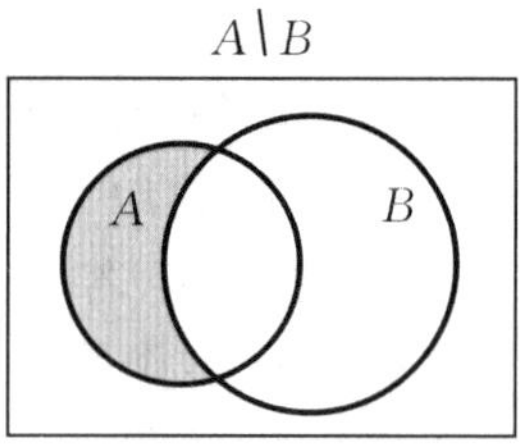

图 1－4

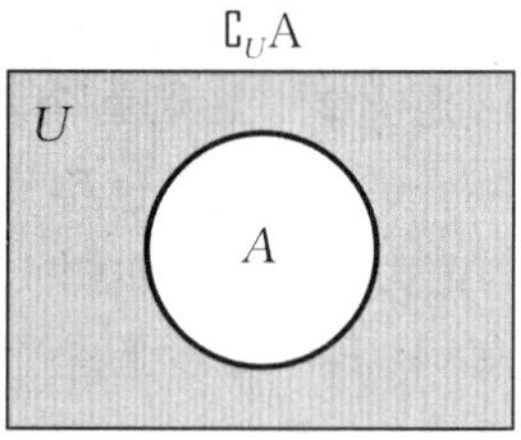

图 1－5

由定义 6 与定义 7 可知，当给定全集 U 时，若 A,B 都是全集 U 的子集，则可以发现

$$A\backslash B=A\cap\complement_U B,\quad A\cup\complement_U A-U,\quad A\cap\complement_U A-\varnothing.$$

例 11　某工厂有 15 条生产线，其中有 8 条生产甲产品，用集合 A 表示这些生产线；有 9 条生产乙产品，用集合 B 表示这些生产线；有 4 条甲、乙两种产品都生产. 试用集合表示下列各类生产线，并计算出其中的生产线有多少条：

(1) 生产甲产品而不生产乙产品的生产线；

(2) 生产乙产品而不生产甲产品的生产线；

(3) 甲、乙两种产品中至少生产一种的生产线；

(4) 甲、乙两种产品都不生产的生产线.

解　(1) 生产甲产品而不生产乙产品的生产线组成的集合为 $A\backslash B$，条数为 $8-4=4$.

(2) 生产乙产品而不生产甲产品的生产线组成的集合为 $B\backslash A$，条数为 $9-4=5$.

(3) 甲、乙两种产品中至少生产一种的生产线组成的集合为 $A\cup B$，条数为 $8+9-4=13$.

(4) 令 U 为所有 15 条生产线组成的集合，则甲、乙两种产品都不生产的生产线组成的集合为 $\complement_U(A\cup B)$，条数为 $15-13=2$.

设 A,B,C 是任意三个集合，则集合运算满足以下的运算规律：

(1) 交换律：$A \cap B = B \cap A$，　$A \cup B = B \cup A$；

(2) 结合律：$(A \cap B) \cap C = A \cap (B \cap C)$，　$(A \cup B) \cup C = A \cup (B \cup C)$；

(3) 分配律：$A \cup (B \cap C) = (A \cup B) \cap (A \cup C)$，

$A \cap (B \cup C) = (A \cap B) \cup (A \cap C)$；

(4) 对偶律：$\complement_U(A \cup B) = \complement_U A \cap \complement_U B$，　$\complement_U(A \cap B) = \complement_U A \cup \complement_U B$.

1.1.3　区间和邻域

由于任意一个实数都对应数轴上唯一的一个点，反过来，数轴上任意一个点都对应唯一的一个实数，因此以后将实数与数轴上的点不加区别，也称为点.

定义 8　任意取定实数 $a,b(a<b)$.

(1) 称集合 $\{x \mid a<x<b\}$ 为 a 到 b 的**开区间**，记为 (a,b)；

(2) 称集合 $\{x \mid a \leqslant x<b\}$ 为 a 到 b 的**左闭右开区间**，记为 $[a,b)$；

(3) 称集合 $\{x \mid a<x \leqslant b\}$ 为 a 到 b 的**左开右闭区间**，记为 $(a,b]$；

(4) 称集合 $\{x \mid a \leqslant x \leqslant b\}$ 为 a 到 b 的**闭区间**，记为 $[a,b]$.

任取实数 a,b，依次记集合 $(-\infty,b)=\{x \mid x<b\}$，$(-\infty,b]=\{x \mid x \leqslant b\}$，$(a,+\infty)=\{x \mid x>a\}$，$[a,+\infty)=\{x \mid x \geqslant a\}$，$\mathbf{R}=(-\infty,+\infty)$，它们均称为**无穷区间**.

定义 9　取定实数 $\delta>0$，称集合 $\{x \mid |x-x_0|<\delta\}$ 为点 x_0 的 δ **邻域**，记为 $U(x_0,\delta)$. 点 x_0 称为该邻域的**中心**，δ 称为该邻域的**半径**.

运用绝对值不等式不难发现，邻域

$$U(x_0,\delta)=\{x \mid x_0-\delta<x<x_0+\delta\}=(x_0-\delta,x_0+\delta),$$

即点 x_0 的 δ 邻域也是以点 x_0 为中心，以 δ 为半径的开区间，如图 1-6 所示.

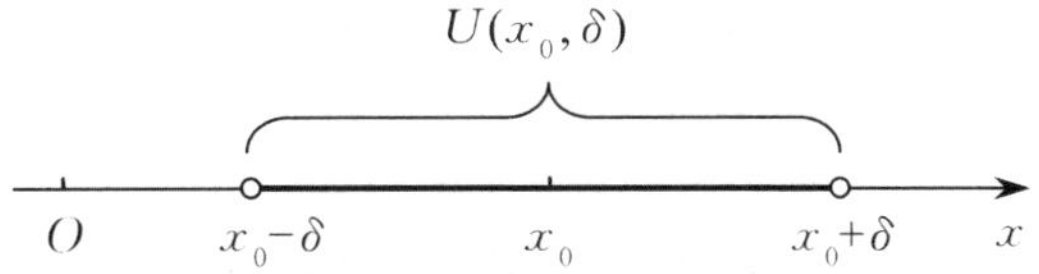

图 1-6

定义 10　取定实数 $\delta>0$，称集合 $\{x \mid 0<|x-x_0|<\delta\}$ 为点 x_0 的 δ **去心邻域**，记为 $\mathring{U}(x_0,\delta)$. 点 x_0 称为该去心邻域的**中心**，δ 称为该去心邻域的**半径**.

运用绝对值不等式不难发现，去心邻域 $\mathring{U}(x_0,\delta)=(x_0-\delta,x_0) \cup (x_0,x_0+\delta)$. 有时为了方便，也称区间 $(x_0-\delta,x_0)$ 为点 x_0 的**左邻域**，称区间 $(x_0,x_0+\delta)$ 为点 x_0 的**右邻域**.

习题 1-1

1. 用集合的列举法表示下列集合：

(1) 方程 $x^2-x-6=0$ 的实根组成的集合；

(2) 不大于 10 的正整数组成的集合；

(3) 全体奇数组成的集合.

2. 用集合的概括法表示下列集合：

(1) 方程 $x^2 - x - 6 = 0$ 的实根组成的集合；

(2) 圆 $x^2 + y^2 = 1$ 内部(不包括圆周)所有点组成的集合；

(3) 不等式 $x^2 < 4$ 的解集.

3. 如果 $A = \{x \mid x > 4\}$，$B = \{x \mid 3 < x < 6\}$，求：

(1) $A \cup B$；　　(2) $A \cap B$；　　(3) $A \setminus B$.

4. 设全集 $U = \{1,2,3,4,5,6\}$，$A = \{1,2,3\}$，$B = \{2,4,6\}$，求：

(1) $\complement_U A$；　　(2) $\complement_U B$；　　(3) $\complement_U A \cup \complement_U B$；　　(4) 2^A.

5. 用区间表示满足下列不等式的所有点 x 组成的集合：

(1) $|x - 2| \leqslant 1$；　　(2) $|x + 1| > 2$.

6. 某班有 45 名学生，其中有 27 人选修法语，用集合 A 表示这些学生；有 30 人选修日语，用集合 B 表示这些学生；有 20 人法语和日语都选修. 试用集合表示下列各类学生，并计算出其中的人数：

(1) 选修法语而不选修日语的学生；

(2) 选修日语而不选修法语的学生；

(3) 法语与日语中至少选修一门的学生；

(4) 法语、日语两门课程都不选修的学生.

§1.2 集合的势

当我们描述一些对象的全体时，有多与少的认识，例如我们常说甲班的学生比乙班的学生多，这些货物比那些货物多，等等. 集合中包含元素的多少也是考察集合的一个重要指标.

1.2.1 集合的势

定义 1 衡量一个集合 A 中包含元素多少的量，就称为**集合的势**，也称为**基数**，记作 $\overline{\overline{A}}$.

对于给定的集合，如何确定一个集合的势呢？一般有两种方法：数数法和一一对应法.

1. 数数法

如果一个集合中只有有限个元素，就可以一个一个地数出其中元素的个数，即可得出该集合的势.

例 1 考察下列集合的势：

(1) $A = \{0$ 到 10 之间的奇数$\}$；　　(2) $B = \{$方程 $x^2 + 3x + 2 = 0$ 的根$\}$.

解 (1) 0 到 10 之间的奇数为 1,3,5,7,9，共有 5 个，所以 $\overline{\overline{A}} = 5$.

(2) 方程 $x^2 + 3x + 2 = 0$ 有两个实根 -1 和 -2，所以 $\overline{\overline{B}} = 2$.

2. 一一对应法

一一对应法其实是将集合与已知的集合进行比较的一种方法.

定义 2　对于两个集合 A 和 B，若存在一个对应法则，使得

(1) 对集合 A 中的每个元素，在集合 B 中都存在一个且只有一个元素与之对应；

(2) 对集合 B 中的每个元素，在集合 A 中都存在一个且只有一个元素与之对应，

则称这个法则为集合 A，B 之间的**一一对应法则**，简记为 1 - 1 **法则**.

例 2　(1) 设集合 $A=\{x \mid x \text{ 为偶数}\}$，$B=\{x \mid x \text{ 为奇数}\}$，则法则 $f: x \mapsto x+1$ 是 A，B 之间的 1 - 1 法则；

(2) 设集合 $A=\{x \mid 0<x<1\}$，$B=\{x \mid 0<x<2\}$，则法则 $f: x \mapsto 2x$ 是 A，B 之间的 1 - 1 法则.

定义 3　若集合 A 与 B 之间存在 1 - 1 法则，则称集合 A 与集合 B **等势**，记作 $A \sim B$.

定义 3 说明，两个集合等势，其实是指这两个集合所包含的元素一样多，即 $\overline{\overline{A}}=\overline{\overline{B}}$. 这样，如果我们对一个已知集合 A 所包含元素的多少已经有了认识，那么对一个新集合 B 所包含元素的多少，就可以通过与 A 对比而得到认识和感知. 一般来说，两个集合 A 与 B 的势必然是下面三种情形之一：

$$\overline{\overline{A}}=\overline{\overline{B}};\quad \overline{\overline{A}}<\overline{\overline{B}};\quad \overline{\overline{A}}>\overline{\overline{B}}.$$

例 3　比较下列集合的势：

(1) $A=\{1,2,3,4,5\}$，$B=\{-3,-2,-1,0,1,2,3\}$；

(2) $A=\left\{x \middle| -\frac{\pi}{2} \leqslant x \leqslant \frac{\pi}{2}\right\}$，$B=\{x \mid -1 \leqslant x \leqslant 1\}$.

解　(1) 因为 $\overline{\overline{A}}=5$，$\overline{\overline{B}}=7$，所以 $\overline{\overline{A}}<\overline{\overline{B}}$.

(2) 如果在集合 A 与 B 之间建立对应法则 $f: x \mapsto \sin x$，则此对应法则 f 是 A，B 之间的 1 - 1 法则，所以 $A \sim B$，即 $\overline{\overline{A}}=\overline{\overline{B}}$.

定义 4　若无限集合 A 与自然数集 $\mathbf{N}$ 等势，则称集合 A 是**可数的**(或**可列的**). 若无限集合 A 与自然数集 $\mathbf{N}$ 不等势，则称集合 A 是**不可数的**(或**不可列的**).

从定义 4 可以看出，若集合 A 是可数的，则其元素与全体自然数一一对应，于是可按自然数的顺序排列. 因此，如果一个集合的元素能够按自然数顺序排成一个序列，则其一定是可数的，否则就是不可数的.

例 4　判断下列集合是否可数：

(1) $A=\{x \mid x=2k, k \in \mathbf{Z}\}$；　　(2) $B=\{x \mid 0<x<1\}$；

(3) $C=\{(0,1) \text{ 中的有理数}\}$.

解　(1) 集合 A 的元素是全体偶数，如果将其按下列方式排列：

$$0,-2,2,-4,4,\cdots,-2n,2n,\cdots,$$

显然这是一个按自然数顺序排列的序列，所以集合 A 是可数的.

(2) 集合 B 中元素对应的数在实数轴上表示的点组成一条线段. 显然，线段中的点不能按自然数顺序排列，所以 B 不可数.

(3) $(0,1)$ 中的任何一个有理数都可以表示为 $\frac{m}{n}$，其中 $m<n$，且它们是互质的正整数. 可将 $(0,1)$ 中的有理数按分母为 $2,3,4,\cdots$ 的次序排列为

$$\frac{1}{2},\frac{1}{3},\frac{2}{3},\frac{1}{4},\frac{3}{4},\frac{1}{5},\frac{2}{5},\frac{3}{5},\frac{4}{5},\cdots,$$

这样就将(0,1)中的全部有理数按自然数顺序排成一个序列，所以集合 C 是可数的.

定理 1 假设 A,B,C 均为集合.

(1) 若 $A\sim B,B\sim C$，则 $A\sim C$；

(2) 若 $A\subset B\subset C$，而 $A\sim C$，则 $A\sim B\sim C$；

(3) 若 $A_1\cap A_2=\varnothing,B_1\cap B_2=\varnothing$，且 $A_1\sim B_1,A_2\sim B_2$，则 $A_1\cup A_2\sim B_1\cup B_2$.

此定理的证明省略，有兴趣的读者可以查阅相关文献.

定理 1 的(1)说明，等势关系具有传递性.

例 5 设 $A_1=\left\{x\,\middle|\,0\leqslant x\leqslant\frac{\pi}{2}\right\}$，$A_2=\{x\mid -1\leqslant x<0\}$，$B_1=\{x\mid 0\leqslant x\leqslant 1\}$，$B_2=\{x\mid -1\leqslant x<0\}$，显然 $A_1\cap A_2=\varnothing,B_1\cap B_2=\varnothing$. 如果在 A_1 与 B_1 之间建立对应法则 f_1：$x\mapsto\sin x$，在 A_2 与 B_2 之间建立对应法则 $f_2:x\mapsto x^3$，则 f_1 是 A_1 与 B_1 之间的 1-1 法则，f_2 是 A_2 与 B_2 之间的 1-1 法则，因此 $A_1\sim B_1,A_2\sim B_2$. 于是由定理 1 的(3)可知，$A_1\cup A_2\sim B_1\cup B_2$，即 $\left\{x\,\middle|\,-1\leqslant x\leqslant\frac{\pi}{2}\right\}\sim\{x\mid -1\leqslant x\leqslant 1\}$. 实际上，若在 $A_1\cup A_2$ 与 $B_1\cup B_2$ 之间建立对应法则 $f:x\mapsto y$，使其满足：当 $x\in A_1$ 时，$y=\sin x$；当 $x\in A_2$ 时，$y=x^3$，则显然 f 是 $A_1\cup A_2$ 与 $B_1\cup B_2$ 之间的 1-1 法则.

1.2.2 有限集合与无限集合

有限集合包含有限个元素，其中元素的个数就是有限集合的势；无限集合包含无限多个元素，其中元素不可能一一数完，所以其势只能通过与其他集合进行比较而认识.

例 6 设 A 是一个非空有限集合，考虑下面两个问题：

(1) 若 B 是 A 的一个非空真子集，则 A,B 的势有什么关系？

(2) 若给 A 增添有限个元素得到新集合 C，则 A,C 的势有什么关系？

解 (1) 显然，B 中元素个数少于 A 中元素个数，即 $\overline{\overline{B}}<\overline{\overline{A}}$.

(2) 显然，C 仍是一个有限集合，而其中元素个数多于 A 中元素个数，即 $\overline{\overline{C}}>\overline{\overline{A}}$.

例 7 设 $A=\{x\mid 0<x<2\}$，考虑下面两个问题：

(1) 设 $B=\{x\mid 0<x<1\}$ 是 A 的一个非空真子集，则 A,B 的势有什么关系？

(2) 若 $C=\{x\mid 0<x\leqslant 2\}$，则 A,C 的势有什么关系？

解 (1) 由例 2 可知，$f:x\mapsto 2x$ 是 B 与 A 之间的 1-1 法则，所以 $B\sim A$，即 $\overline{\overline{B}}=\overline{\overline{A}}$.

(2) 设 $D=\{x\mid 0<x<4\}$，则与(1)类似，有 $f:x\mapsto 2x$ 是 A 与 D 之间的 1-1 法则，所以 $A\sim D$. 又由于 $A\subset C\subset D$，因此由定理 1 的(2)可知 $A\sim C\sim D$，所以 $\overline{\overline{C}}=\overline{\overline{A}}$.

例 6 说明，非空有限集合与其非空真子集不等势；给非空有限集合增添新元素后，势会发生改变. 而在例 7 的(1)中可以看到，一个无限集合的非空无限真子集可以与其势相等；在例 7 的(2)中可以看到，C 其实是由 A 增添了一个元素而得到的，但其势与 A 的势相等，即无限集合增添新元素后，势不变(这个结论具有普遍性，其证明可以查阅相关文献).

例 6 和例 7 说明了无限集合与有限集合的根本区别在于：

(1) 部分等于全体，即一个无限集合的势可以与其非空无限真子集的势相等；

(2) 增添新的元素后，无限集合的势不变.

正是因为无限集合与有限集合具有这种根本性的区别，所以在今后的学习中要注意转变思维方式，让思维提升到无限思维的境界. 为此，我们再看两个例子.

例 8　考察一块矩形木板（见图 1－7）. 我们可将木板切成若干条小矩形木条（见图 1－8），这时木板可以看成是由有限条小矩形木条组成的有限集合. 将木板切得越细，小矩形木条的宽度越窄（见图 1－9），但此时木板仍是有限集合. 在切得越来越细的情况下，小矩形木条变得越来越窄，木板作为木条的集合，其势变得越来越大. 设想所有木条最终变成了一条条直线段，那么木板就可以看成是由直线段组成的集合，而此时直线段已经有无限多条了，即木板变成了无限集合.

这个例子说明，同样的对象以不同方式去看时，可以是有限集合，也可以是无限集合. 因此，在以后的学习中，我们要以无限的思维方式去考虑问题，开阔思路.

图 1－7

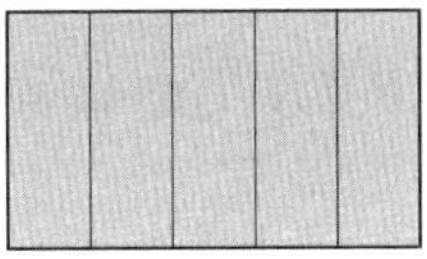

图 1－8

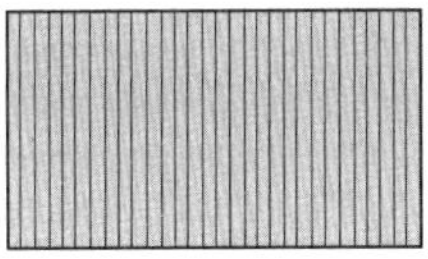

图 1－9

例 9　某旅店总共有 40 间可供旅客住宿的房间，都已住满了客人. 若再新来一位客人要求住店，显然此时已无法给新来的这位旅客提供房间.

现在设想这个旅店有无穷多间（可数的）房间，各房间的编号依次为

$$*1, *2, *3, \cdots, *n, \cdots,$$

且房间都住满了客人. 若再新来一位客人要求住店，那么能否给这位新客人安排房间呢？

店主灵机一动，他想出了这样一个方法：把 $*1$ 房的客人移到 $*2$ 房，把 $*2$ 房的客人移到 $*3$ 房，把 $*3$ 房的客人移到 $*4$ 房……依次类推，于是 $*1$ 房就空出来给新来的客人住.

可就在店主刚安排好第一位新客人，此时又来了第二位新客人. 于是店主仍依照按安排第一位客人类似的方法，使第二位客人得到了安排. 按照这样的方法，如果来有限位新客人，则店主都可以安排足够的房间供他们住宿.

可不久后，一个有无限多位（可数的）游客的旅游团要求住宿，店主此时遇到了新的难题. 不过好在店主是一位肯动脑筋的人，他想到了这样的方法：把 $*1$ 房的客人移到 $*2$ 房，把 $*2$ 房的客人移到 $*4$ 房，$*3$ 房的客人移到 $*6$ 房……即把原来的客人都移到相应偶数号房间，于是所有奇数号的房间全部腾空了，新的无限多位客人就全住进了旅店.

可紧接着，发生了更为严重的情况，来了无限多个（可数的）具有无限多位（可数的）游客的旅游团，这下店主该如何是好呢？所幸的是，店主具有相当好的数学基础，他想出了如下办法：先让原来的所有客人住到相应偶数号房间，空出奇数号房间. 然后，让第一个旅游团的游客按如下编号房间入住：$*3, *3^2, \cdots, *3^n, \cdots$；第二个旅游团的游客按如下编号房间入住：$*5, *5^2, \cdots, *5^n, \cdots$；第三个旅游团的游客按如下编号房间入住：$*7, *7^2, \cdots, *7^n, \cdots$；如此下去，这样无限多个具有无限多位游客的旅游团也得到了很好的安排.

例 9 是根据希尔伯特（Hilbert）旅馆问题做了一点修改而得到的问题. 这个例子也说明，对于一个无限集合，向其中添加有限个元素，甚至“无限多个”元素得到的新集合，其势不变. 这就是无限集合的神奇和魅力所在.

习题 1－2

1. 求下列集合的势：

(1) $A=\{-3,-2,-1,0,1,2,3\}$；　(2) $B=\{a,c,d,e,f\}$；

(3) $C=\{$不超过 10 的正偶数$\}$.

2. 比较下列集合的势：

(1) $A=\{1,3,5\}, B=\{2,4,6,8,10\}$；

(2) $A=\{x \mid -1<x<1\}, B=\{x \mid 0<x<4\}$.

3. 判断下列集合是否可数：

(1) $A=\{(0,2)$ 中的有理数$\}$；　(2) $B=\{x \mid -1<x<1\}$；

(3) $C=\{$所有的奇数$\}$.

4. 试建立一个$(0,1]$与$(0,1)$之间的一一对应法则，由此进一步理解集合的“部分等于全体”.

§1.3 集合悖论

如果仔细观察和体会我们在生活中的论断，就会发现，有时会出现表面上能自圆其说，但逻辑上却可以推导出矛盾的结论. 像这样的论断，我们就称为**悖论**.

一般来说，悖论有以下三种形式：

(1) 似非而是的论断，即论断看起来是错的，但实际上却是对的；

(2) 似是而非的论断，即论断看起来是对的，但实际上却是错的；

(3) 导致逻辑上自相矛盾的论断.

例 1　现假定竞选某个职位的候选人有张、王、李三位. 民意测验表明，两两比较，选举人中有 $\frac{2}{3}$ 愿意选张而不愿选王，有 $\frac{2}{3}$ 愿意选工而不愿选李. 那么，关于张和李，我们应该得出什么结论？是不是愿意选张而不愿选李的人多呢？

解　结论是不一定.

表 1－1

	1	2	3
$\frac{1}{3}$	张	王	李
$\frac{1}{3}$	王	李	张
$\frac{1}{3}$	李	张	王

如果按表 1－1 排列候选人，也就是说，有三分之一的人对三位候选人的喜好顺序是：张、王、李；另外三分之一的人对三位候选人的喜好顺序是：王、李、张；最后三分之一的人对三位候选人的喜好顺序是：李、张、王.

将三位候选人两两比较：张和王比较，张有两次排在王前面，而王只有一次排在张前面. 于是我们可以说，选举人中有 $\frac{2}{3}$ 愿意选张而不愿选王. 王与李比较，王有两次排在李前面，而李只有一次排在王前面. 于是我们可以说，选举人中有 $\frac{2}{3}$ 愿意选王而不愿选李. 一般情况下，我们以为喜好关系是可以传递的，即如果我们认为张优于王，王优于李，则自然地觉得张优于李. 但是,我们再将李和张比较可以发现,李有两次排在张前面,而张只有一次排在李前面. 于是我们可以说,选举人中有 $\frac{2}{3}$ 愿意选李而不愿选张. 也就是说,两两比较的实际结果是:张优于王,王优于李,李优于张. 这就产生了矛盾,是一个悖论. 而矛盾产生的原因就是,选举结果具有不可传递性.

上述悖论也称为**阿罗**(Arrow) **悖论**. 阿罗在其他成果中应用了此结果,并因此而获得了 1972 年的诺贝尔经济学奖.

例 2　大约在公元前 6 世纪,古希腊的克里特岛上住着一位名叫伊壁孟德(Epimenides) 的人. 据说,他喜欢和别人讨论一些难以解答的问题,借以显示自己有非凡的智慧. 一天,他在和别人讨论关于克里特人是否诚实的问题时断言:

(P) 克里特人是说谎者!

现在的问题是:伊壁孟德的断言(P) 是否是真的?

解　假定伊壁孟德的断言(P) 是真的,那么所有克里特人都是说谎者. 而伊壁孟德也是克里特人,因此他也是说谎者,于是他的断言(P) 是谎言,从而断言(P) 是假的. 显然矛盾产生了. 同样,如果假定伊壁孟德的断言(P) 是假的,也会产生矛盾,悖论也就出现了.

这个悖论是著名的说谎者悖论. 现在来分析一下这个悖论产生的原因. 仔细分析断言(P) 可以发现,断言中的克里特人包括了断言宣称者伊壁孟德,这是悖论产生的根本原因. 也就是说,整个断言中假定了一个总体,而自己又作为这个总体的一个元素,即所谈论的问题包含了"自身". 用集合语言表示,即一个集合又以该集合本身作为自己的元素,这在逻辑上犯了"反身自指" 的毛病.

例 3　在构造集合时,一般需要满足概括原则:任给性质 P,能由且只能由具有性质 P 的所有对象组成一个集合. 集合可以分为两类:一类集合不包括自身在内,例如"人" 这个集合,它包括所有的人在内,却不能包括抽象的人这个总的概念在内,因为这是个概念,本身并不是一个具体的人. 大多数集合属于这一类,罗素(Russell) 称之为**平常集**,即不包括自身在内的集合. 另一类集合却包括了集合本身,例如"概念" 这个集合,它本身也是一个概念. 这一类集合称为**非常集**.

从不包括自身出发,构造集合 Q 为由所有不包括自身的集合 A 作为元素组成的集合,即 $Q=\{A \mid A \notin A\}$. 现在的问题是:Q 是否包含自身?

解　若 Q 包括自身,即 $Q \in Q$,则由 Q 的构造原则"由所有不包括自身的集合组成",可知 Q 应当不包括自身,即 $Q \notin Q$.

若 Q 不包括自身,即 $Q \notin Q$,则同样由 Q 的构造原则"由所有不包括自身的集合组成",可知 Q 应当是自身的一个元素,即 $Q \in Q$.

显然,矛盾出现了. 这个矛盾就是著名的**罗素悖论**.

罗素悖论的出现不是由于技术错误造成的,而是集合论本身所固有的弊端. 悖论直接动摇了两个自古以来分别被认为是"最可靠" 和"最严格" 的学科:数学和逻辑. 而且是在这两个学科最基本的地方 —— 一个是整个数学的基础,即**集合论**;一个是严格逻辑推理中须臾不可离的**排中律**. 这直接导致人们对数学的信任危机,被称为第三次数学危机. 为消除这次数学危机,在现代数学中引入了所谓的 ZF 公理系统(由 Zermelo 和 Fraenkel 提出). 在这样的公理系统基础上，可以展开全部或者至少是主要的数学理论，以及不可能构造出所有已知的集合论悖论.

习题 1－3

1. 请分析著名的理发师悖论：某村只有唯一一名理发师. 一天，理发师在其理发店门口的招牌上写道："本理发师仅给本村所有不给自己刮胡子的人刮胡子." 请问：理发师的胡子由谁来刮？
2. 分析下列论断是否正确：
   (1) 这句话是错的；
   (2) 我说的是谎话；
   (3) 这句话是八个字.
3. 试分析古希腊哲学家喜欢谈论的"鳄鱼两难"悖论：一条鳄鱼从一位母亲手中抢走了她的小孩，并对这位母亲说："请你回答，我会不会吃掉你的孩子？答对了，我就把孩子不加伤害地还给你；否则，我就不客气了！" 聪明的母亲机智地回答说："你是要吃掉我的孩子的." 试问：鳄鱼是否会把孩子还给这位母亲？
4. 查阅文献资料，了解世界著名悖论，总结悖论对自己的启发.

§ 1.4 函 数

设商场某种商品的价格是 10 元 / 件，假若某人购买了 x 件，则此人应付款额 y 与购买量 x 的关系应当是 $y = 10x$. 像这种关于两个变量 y 与 x 之间的关系，就称为函数关系，简称函数. 在现实生活中，经常会遇到这种研究两个量之间的确定对应关系的问题，从而形成了对函数问题的研究. 微积分的核心内容就是研究函数.

1.4.1 函数的概念

定义 1 设 D 为非空数集. 如果存在一个法则 f，使得对 D 中每个元素 x，按法则 f，都有唯一确定的实数 y 与之对应，则称 f 为定义在 D 上的一个**函数**，记作 $f:D \to \mathbf{R}$，通常简记为 $y = f(x)$，其中 x 称为**自变量**，y 称为**因变量**，D 称为函数 $y = f(x)$ 的**定义域**，记作 D_f，即 $D_f = D$.

在定义 1 中，对每个 $x \in D$，按对应法则 f，总有唯一确定的值 y 与之对应，这个值称为函数 f 在点 x 处的**函数值**，记作 $f(x)$，即 $y = f(x)$. 因变量 y 与自变量 x 之间的这种依赖关系，通常称为**函数关系**. 函数值 $y = f(x)$ 的全体所构成的集合称为函数 f 的**值域**，记作 R_f 或 $f(D)$，即 $R_f = f(D) = \{y \mid y = f(x), x \in D\}$.

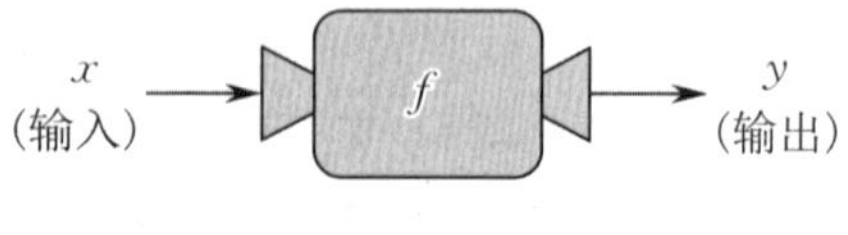

图 1－10

如果将函数 f 看作一台"加工机"，那么将定义域 D 中的每一个自变量的值 x 输入这台加工机，则可以加工输出唯一一个因变量的值 y(见图 1－10).

函数的概念涉及以下五个因素：自变量、定义域、因变量、对应法则、值域. 在这五个因素中，最重要的是定义域和因变量关于自变量的对应法则，通常称之为**函数的二要素**．一般在没有特别强调的情况下，函数的定义域往往是指使得函数有意义的所有自变量取值组成的集合(也称为**自然定义域**)．如果两个函数的定义域和对应法则都相同，就认为它们是相同的．

例 1　判断下列各组函数是否相同：

(1) $f(x)=\ln x^2, g(x)=2\ln x$；　(2) $f(x)=1, g(x)=\sin^2 x+\cos^2 x$；

(3) $f(x)=|x|, g(x)=\sqrt{x^2}$．

解　(1) 要使 $f(x)$ 有意义，只需真数 $x^2>0$ 即可．因为无论 x 取何值，均有 $x^2\geqslant 0$，所以 $f(x)$ 的定义域是 $\{x \mid x\neq 0\}$．要使 $g(x)$ 有意义，只需真数 $x>0$ 即可，所以 $g(x)$ 的定义域是 $\{x \mid x>0\}$．由于定义域不同，因此这两个函数不同．

(2) 因为 $g(x)=\sin^2 x+\cos^2 x=1$，且 $f(x)$ 与 $g(x)$ 的定义域都是 $\mathbf{R}$，所以这两个函数相同．

(3) 因为 $g(x)=\sqrt{x^2}=|x|$，且 $f(x)$ 与 $g(x)$ 的定义域都是 $\mathbf{R}$，所以这两个函数相同．

例 2　求下列函数的定义域：

(1) $f(x)=\dfrac{x-1}{x^2-5x+6}+\sqrt[3]{4x+1}$；　(2) $f(x)=\log_2(1-x)$．

解　(1) 因为 $\sqrt[3]{4x+1}$ 对一切实数 x 均有意义，所以要使函数 $f(x)$ 有意义，只需式子 $\dfrac{x-1}{x^2-5x+6}$ 的分母不为 0 即可．因此 $x^2-5x+6\neq 0$，从而解得 $f(x)$ 的定义域为

$$D_f=\{x \mid x\neq 2 \text{ 且 } x\neq 3\}.$$

(2) 要使函数 $f(x)$ 有意义，只需 $1-x>0$ 即可，从而解得 $f(x)$ 的定义域为

$$D_f=\{x \mid x<1\}.$$

例 3　已知 $f(x+1)=x^2-x+1$，求 $f(x)$．

解　令 $x+1=t$，则 $x=t-1$，从而

$$f(t)=(t-1)^2-(t-1)+1=t^2-3t+3,$$

因此 $f(x)=x^2-3x+3$．

例 4　按正整数顺序排成的一列无穷多个数称为**数列**．任给一个数列：$a_1, a_2, \cdots, a_n, \cdots$，通常将其记为 $\{a_n\}$，其中 a_n 称为该数列的**通项**，简称**项**．显然项数 n 与项 a_n 一一对应，所以数列可以看成是定义域为正整数集 $\mathbf{Z}^+$ 的函数，也可记为

$$a_n=f(n),\quad n\in\mathbf{Z}^+.$$

1.4.2　函数的表示方法

1. 公式法(解析法)

公式法，是指将自变量 x 与因变量 y 之间的函数关系用一个关于 x 的公式来表达，如 $y=x^2, y=\sqrt[3]{4x^2-1}$ 等．这种表示法的特点是：每给一个自变量的值 x，根据函数关系的公式就可计算出对应的因变量的值 y．

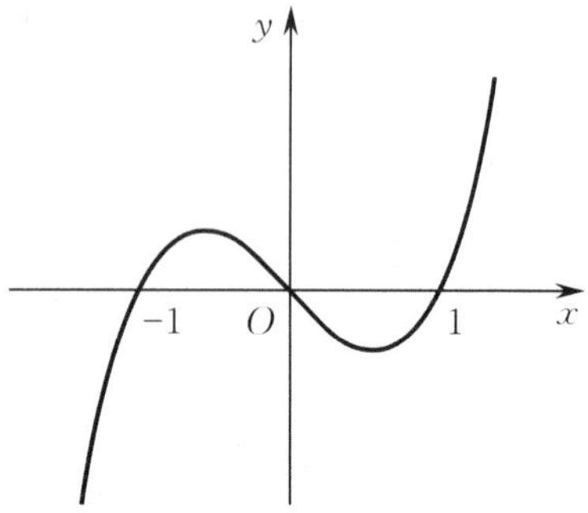

图 1 - 11

2. 图像法

对于定义在非空数集 D 上的函数 $y = f(x)$，它的每一个自变量的值 x 与对应的因变量的值 y 可以组成一个数对 (x,y)，这个数对对应 xOy 坐标平面中的一个点. 描绘出所有自变量的值与对应的因变量的值组成的数对在 xOy 坐标平面中对应的点，就得到 xOy 坐标平面中的一个点集 $\{(x,y) \mid y = f(x), x \in D\}$，这个点集就称为函数 $y = f(x)$ 的**图像**，如图 1 - 11 所示的曲线就是函数 $y = x^3 - x$ 的图像. 用图像来表示函数关系的方式称为**图像法**.

由函数的定义，每一个自变量的值 x 只能对应唯一一个因变量的值 y，所以每一个横坐标 x 只能对应图像上唯一一个点. 这说明，函数图像与平行于 y 轴的直线相交时只能有唯一一个交点. 这也是函数图像的一个基本特征.

3. 表格法

表格法，是指绘制一张表格，在表格中列举出每一个自变量的值 x 与对应的因变量的值 y. 例如，考虑定义在 $D = \{1,2,3,\cdots,n\}$ 上的函数 $y = \dfrac{1}{x}$，可列出表 1 - 2.

表 1 - 2

x	1	2	3	$\cdots$	n
y	1	$\frac{1}{2}$	$\frac{1}{3}$	$\cdots$	$\frac{1}{n}$

4. 表述法

表述法，是指用语言描述自变量 x 与因变量 y 之间的函数关系，如因变量 y 与自变量 x 成正比例关系.

例 5　用 r 表示圆的半径，则圆的周长是 r 的函数：$l(r) = 2\pi r$，圆的面积是 r 的函数：$A(r) = \pi r^2$.

例 6　我国人口总数量 P 是随时间变化而变化的，所以可以表示为时间 t 的函数 $P(t)$. 用表格法列表就是我国人口总量函数 $P(t)$ 的一个很好的表示，如表 1 - 3 所示.

表 1 - 3

时间 / 年	2001	2002	2003	2004	2005	2006	2007	2008	2009	2010	2011	2012
年末总人口 / 百万人	1 276	1 285	1 292	1 300	1 308	1 314	1 321	1 328	1 335	1 341	1 347	1 354

也可以将表 1 - 3 用图像法表示，如图 1 - 12 所示.

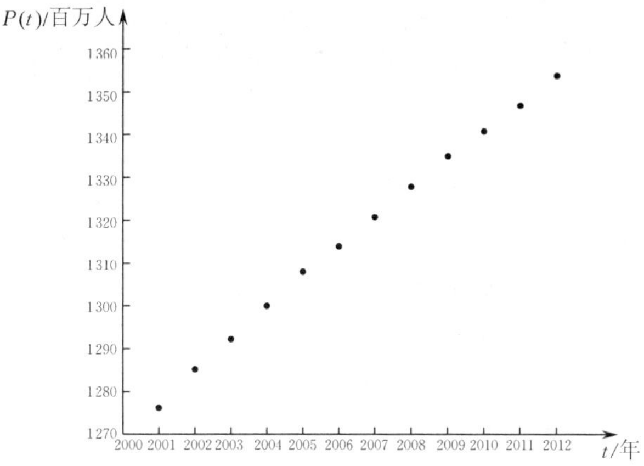

图 1－12

例 7　在给电热壶中注满水，然后烧水，再将开水凉成凉开水的过程中，电热壶里水的温度 T 随着时间 t 的变化而变化. 绘出自电热壶开关打开后，水温 T 与时间 t 的函数关系的草图.

解　在刚打开热水壶开关之前，水的温度基本与室温一致. 打开电热壶开关后，水的温度快速升高. 水被烧开后，在关闭电热壶开关前，水温保持不变. 热水壶断电后水温开始下降，直至最后与室温一致. 由此可描绘出水温 T 关于时间 t 的函数关系的草图，如图 1－13 所示.

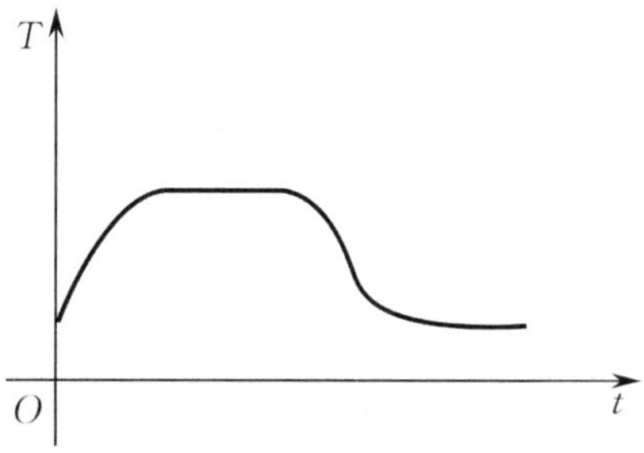

图 1－13

1.4.3　函数的几种特性

1. 有界性

设函数 $y=f(x)$ 的定义域为 D. 如果存在两个数 M,m，对任意的 $x\in D$，均有 $m\leqslant f(x)\leqslant M$，则称函数 $y=f(x)$ 在 D 上**有界**.

从函数的图像上看，函数有界即为存在两条水平直线 $y=M$ 与 $y=m$，使函数的图像夹在这两条直线之间，如图 1－14 所示.

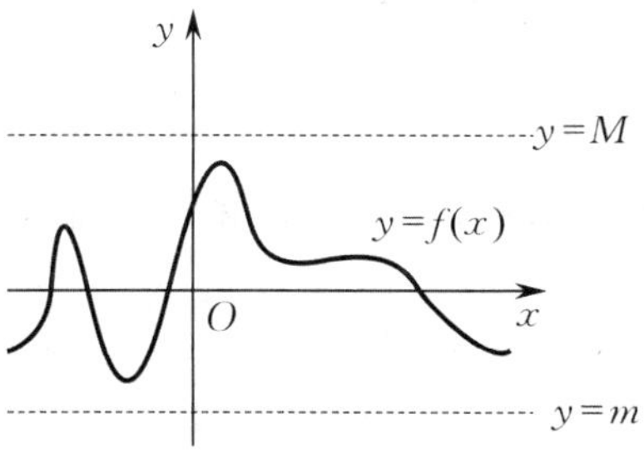

图 1－14

例 8　(1) 函数 $y=\dfrac{1}{1+x^2}$ 的定义域为 $\mathbf{R}$. 对任意的 $x\in\mathbf{R}$，有 $1+x^2\geqslant 1$，所以有 $0<\dfrac{1}{1+x^2}\leqslant 1$，即函数 $y=\dfrac{1}{1+x^2}$ 有界.

(2) 函数 $y=\sin\dfrac{1}{x}$ 的定义域为 $D=\{x\mid x\neq 0\}$. 对

任意的 $x \in D$，显然均有 $\left|\sin\frac{1}{x}\right| \leqslant 1$，即 $-1 \leqslant \sin\frac{1}{x} \leqslant 1$，所以函数 $y=\sin\frac{1}{x}$ 在 D 上有界.

2. 函数的单调性

设函数 $y=f(x)$ 的定义域为 D，区间 $E \subset D$. 如果对任意取定的 $x_1, x_2 \in E$ 且 $x_1 < x_2$，均有 $f(x_1) < f(x_2)$（或 $f(x_1) > f(x_2)$），则称函数 $y=f(x)$ 在区间 E 上**单调增加**（或**单调减少**），并称 E 为 $f(x)$ 的**单调增加**（或**单调减少**）**区间**.

单调增加（或单调减少）是用来描述函数图像在某个区间上的上升（或下降）趋势的.

例 9 证明：函数 $y=x^3$ 在其定义域上是单调增加函数.

证 定义域为 $\mathbf{R}$. 任取 $x_1, x_2 \in \mathbf{R}$ 且 $x_1 < x_2$，则

$$\begin{aligned} f(x_2)-f(x_1) &= x_2^3 - x_1^3 = (x_2-x_1)(x_2^2+x_1x_2+x_1^2) \\ &= (x_2-x_1)\left[\left(x_1+\frac{x_2}{2}\right)^2+\frac{3}{4}x_2^2\right] > 0, \end{aligned}$$

所以 $y=x^3$ 在其定义域上是单调增加函数.

3. 函数的奇偶性

设函数 $y=f(x)$ 的定义域为 D. 若对任意的 $x \in D$，均有 $f(-x)=f(x)$（或 $f(-x)=-f(x)$），则称函数 $y=f(x)$ 在 D 上是**偶函数**（或**奇函数**）.

显然，由奇函数与偶函数的定义可知，奇、偶函数的定义域一定是关于坐标原点对称的.

如果 $f(-x)=f(x)$，则平面上的点 $(x, f(x))$ 与点 $(-x, f(-x))=(-x, f(x))$ 关于 y 轴对称，且都在函数 $y=f(x)$ 的图像上，所以偶函数 $y=f(x)$ 的图像关于 y 轴对称. 例如，$y=x^2$ 是偶函数，其图像关于 y 轴对称.

如果 $f(-x)=-f(x)$，则点 $(x, f(x))$ 与点 $(-x, f(-x))=(-x, -f(x))$ 关于坐标原点对称，且都在函数 $y=f(x)$ 的图像上，所以奇函数 $y=f(x)$ 的图像关于坐标原点对称. 例如，$y=x^3$ 是奇函数，其图像关于坐标原点对称.

例 10 判断函数 $f(x)=\ln(\sqrt{x^2+1}+x)$ 的奇偶性.

解 函数定义域为 $\mathbf{R}$. 对任意的 $x \in \mathbf{R}$，有

$$\begin{aligned} f(-x) &= \ln(\sqrt{(-x)^2+1}-x) = \ln(\sqrt{x^2+1}-x) \\ &= \ln\frac{(\sqrt{x^2+1}-x)(\sqrt{x^2+1}+x)}{\sqrt{x^2+1}+x} = \ln\frac{1}{\sqrt{x^2+1}+x} \\ &= \ln(\sqrt{x^2+1}+x)^{-1} = -\ln(\sqrt{x^2+1}+x) = -f(x), \end{aligned}$$

所以 $f(x)$ 为奇函数.

例 11 判断函数 $f(x)=\ln(x-1)$ 的奇偶性.

解 定义域为 $\{x \mid x>1\}$. 显然，此定义域关于坐标原点不对称，所以 $f(x)$ 既不是奇函数，也不是偶函数.

4. 函数的周期性

设函数 $y=f(x)$ 的定义域为 D. 如果存在非零常数 T，使得对任意的 $x \in D$，均有

$f(x+T)=f(x)$ 成立，则称函数 $y=f(x)$ 是周期为 T 的**周期函数**，并称 T 为 $f(x)$ 的**周期**.

从几何直观来看，如果一个函数是周期函数，则其图像在相等的间隔 $|T|$ 中将重复出现，如图 1-15 所示.

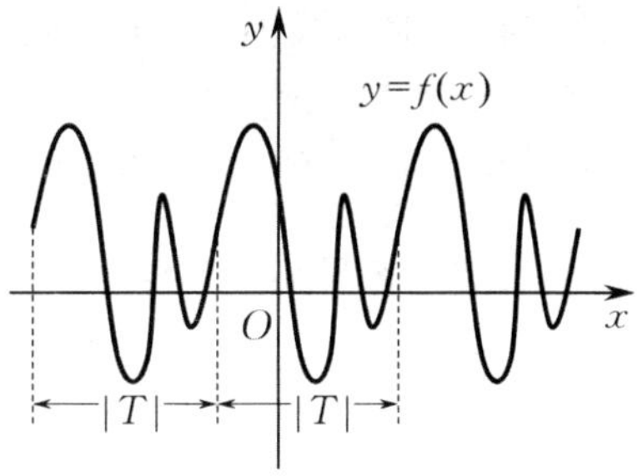

图 1-15

例 12　设函数 $f(x)=\sin x$，证明：$f(x)$ 是以 2π 为周期的周期函数.

证　定义域为 $\mathbf{R}$. 对任意的 $x\in\mathbf{R}$，有 $f(x+2\pi)=\sin(x+2\pi)=\sin x=f(x)$，所以 $f(x)$ 是以 2π 为周期的周期函数.

一般地，一个周期函数的周期并不唯一. 例如，可以验证 2π 的整数倍都是例 12 中函数的周期. 如果周期函数的所有正周期中有一个最小的，则称其为函数的**最小正周期**. 例如，$y=\sin x$，$y=\cos x$ 的最小正周期都是 2π.

1.4.4　分段函数

定义 2　如果函数 $y=f(x)$ 的定义域分成若干个集合，且在每个集合上自变量与因变量都有不同的对应法则 f，则称函数 $y=f(x)$ 为一个**分段函数**.

例 13　常用的分段函数.

(1) **绝对值函数**：$f(x)=|x|=\begin{cases}x, & x\geqslant 0,\\ -x, & x<0,\end{cases}$ 如图 1-16 所示.

(2) **符号函数**：$f(x)=\operatorname{sgn}(x)=\begin{cases}1, & x>0,\\ 0, & x=0,\\ -1, & x<0,\end{cases}$ 如图 1-17 所示.

(3) **取整函数**：对任意一个数 x，用 $[x]$ 表示不超过 x 的最大整数，如 $[-2.3]=-3$，$[0.1]=0$，$[1.1]=1$ 等. 由此可以如下定义取整函数：

$$f(x)=[x]=n\quad(n\leqslant x<n+1, n \text{ 为整数}),$$

如图 1-18 所示.

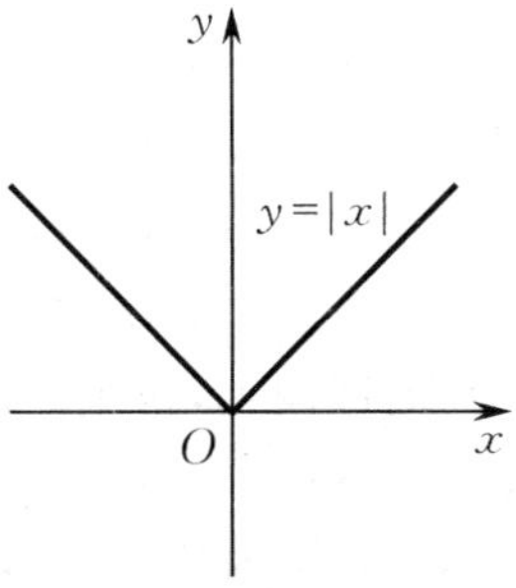

图 1-16

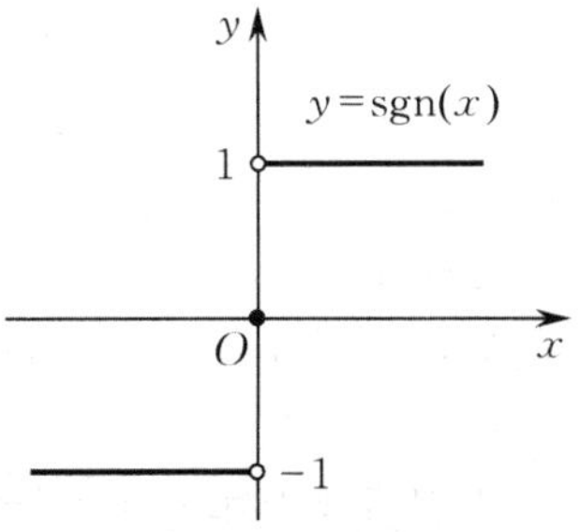

图 1-17

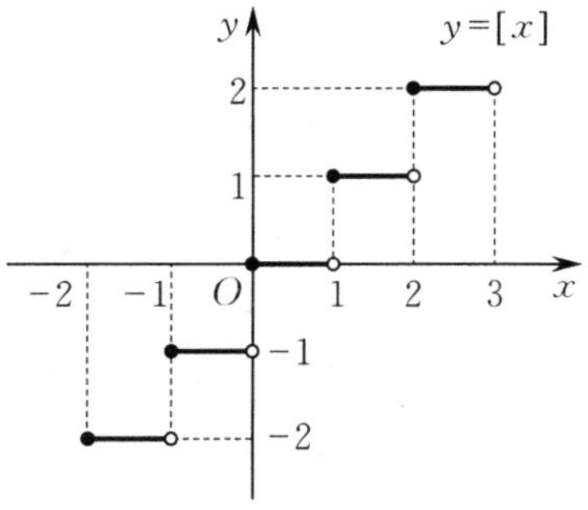

图 1-18

例 14 目前我国本埠信函邮政资费标准为：首重 100 g 内，每 20 g 计价 0.80 元(不足 20 g 按 20 g 计算)；续重 101 ～ 2 000 g 内，每 100 g 计价 1.2 元(不足 100 g 按 100 g 计算). 试写出本埠信函资费 $F(x)$(单位：元) 与其重量 x(单位：g) 之间的函数关系.

解 当信函重量 x 不超过 100 g 时，用取整函数可以算出其资费为 $0.8\left(\left[\frac{x}{20}\right]+1\right)$元. 当信函重量 x 超过 100 g 时，前 100 g 部分的资费为$\frac{100}{20}\times 0.8=4$元；而超过 100 g 部分的资费用取整函数可以表示为$1.2\left(\left[\frac{x-100}{100}\right]+1\right)$元. 因此，本埠信函资费 $F(x)$ 与其重量 x 之间的函数关系为

$$F(x)=\begin{cases}0.8k, & x=20k,k=1,2,3,4,5,\\ 0.8\left(\left[\dfrac{x}{20}\right]+1\right), & 0<x<100, 且\ x\neq 20k,k=1,2,3,4,\\ 4+1.2\left(\left[\dfrac{x-100}{100}\right]+1\right), & 100<x<2\ 000, 且\ x\neq 100k,k\ 为整数,\\ 4+1.2(k-1), & x=100k,k\ 为整数, 且\ k\leqslant 20.\end{cases}$$

1.4.5 反函数与复合函数

1. 反函数

若商场某种商品的销售收入 y 与销售量 x 的函数关系是 $y=10x$，则反过来，销售量 x 与销售收入 y 可由法则 $x=\frac{y}{10}$ 确定. 这是一个新的函数关系，称为原来函数 $y=10x$ 的反函数.

定义 3 设 $y=f(x)$ 是定义在 D 上的函数，其值域是 R_f. 如果对每一个 $y\in R_f$，都有唯一确定的且满足关系 $y=f(x)$ 的 $x\in D$ 与之对应，记这样的对应法则为 f^{-1}，则称定义在 R_f 上的函数 $x=f^{-1}(y)$ 为函数 $y=f(x)$ 的**反函数**.

按此定义，若函数 $y=f(x)$ 的自变量为 x，因变量为 y，定义域为 D，值域为 R_f，则其反函数 $x=f^{-1}(y)$ 的自变量为 y，因变量为 x，定义域为 R_f，值域为 D.

由反函数的定义可知，一方面，$y=f(x)$ 作为函数，每个 x 值都有唯一确定的 y 值与之对应；另一方面，如果 $y=f(x)$ 存在反函数 $x=f^{-1}(y)$，则每一个 y 值都有唯一确定的 x 值与之对应，如图 1－19 所示. 因此，一个函数存在反函数，当且仅当其自变量与因变量之间是一一对应的. 在某个区间上的单调函数，其因变量与自变量是一一对应的，故在此区间上，该单调函数一定存在反函数.

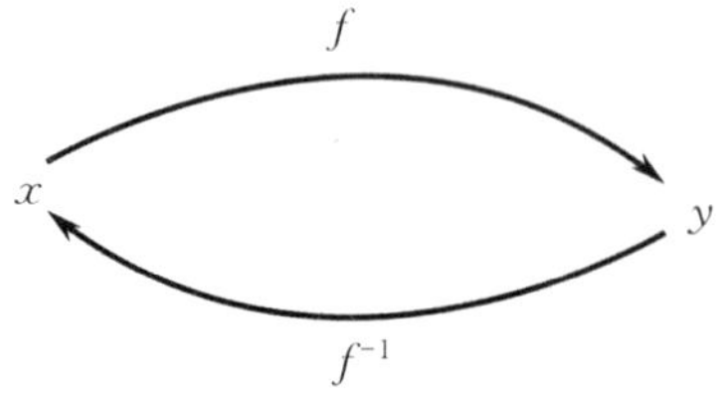

图 1－19

我们习惯上用 x 表示自变量，y 表示因变量，因此将反函数改写为以 x 为自变量，以 y 为因变量的函数 $y=f^{-1}(x)$. 以后均称 $y=f^{-1}(x)$ 为 $y=f(x)$ 的反函数. 据此，也可以看出，一个函数与其反函数的图像是关于直线 $y=x$ 对称的.

例 15　求 $y=f(x)=\sqrt[3]{x}+1$ 的反函数.

解　显然,该函数在$(-\infty,+\infty)$上存在反函数.由 $y=\sqrt[3]{x}+1$ 解得 $x=(y-1)^3$,于是所求反函数为

$$y=f^{-1}(x)=(x-1)^3.$$

2. 复合函数

商场某种商品的销售收入 y 与需求量 Q 的函数关系是 $y=pQ$,其中 p 是价格.而需求量 Q 与价格 p 的函数关系为 $Q=a-p$,于是最终得到销售收入 y 关于价格 p 的函数为 $y=p(a-p)$.像这样由两个或多个函数相互嵌套得到的新的函数关系称为复合函数.

定义 4　设函数 $y=f(u)$ 的定义域为 D_f,函数 $u=g(x)$ 的值域为 R_g.若 $D_f\cap R_g$ 非空,则由关系式 $y=f[g(x)]$ 确定的函数称为由函数 $y=f(u)$ 与 $u=g(x)$ 构成的**复合函数**,其中 x 是自变量,y 是因变量,u 称为**中间变量**.

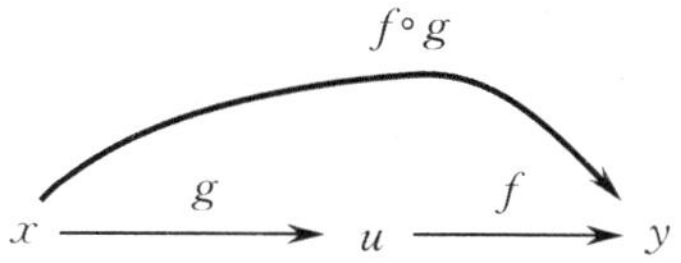

图 1-20

函数 f 与函数 g 构成的复合函数通常也记为 $f\circ g$,即 $(f\circ g)(x)=f[g(x)]$,如图 1-20 所示.

例 16　已知 $f(x)=\dfrac{1}{\sqrt{x}}$,$g(x)=1-x^2$,求复合函数 $f\circ g$,$f\circ f$,并写出它们的定义域.

解　$(f\circ g)(x)=f[g(x)]=\dfrac{1}{\sqrt{1-x^2}}$,定义域为 $D=(-1,1)$.

$(f\circ f)(x)=f[f(x)]=\dfrac{1}{\sqrt{1/\sqrt{x}}}=\sqrt{\sqrt{x}}=\sqrt[4]{x}$,定义域为 $D=(0,+\infty)$.

例 17　某人从内地去香港旅游,他将人民币换成港币时,币面数值增加 9%.回内地后,他发现把港币换成人民币,币面数值减少 9%.

(1) 试表示出这两个函数关系,并说明这两个函数不互为反函数;

(2) 此人先将 5 000 元人民币换成港币,但因故未去香港,于是他又将港币换成人民币,问:他是否亏损?

解　设 $f(x)$ 表示把 x 元人民币兑换成港币的币值,$g(x)$ 表示把 x 元港币兑换成人民币的币值,则

$$f(x)=x+x\cdot 9\%=1.09x,\quad g(x)=x-x\cdot 9\%=0.91x.$$

(1) 易知,$f(x)=1.09x$ 的反函数为 $f^{-1}(x)=\dfrac{100}{109}x\approx 0.9174x$,故 $g(x)$ 不是 $f(x)$ 的反函数.

(2) 5 000 元人民币换成港币的币值为 $f(5\,000)$ 元,再把这 $f(5\,000)$ 元港币换成人民币,为 $g[f(5\,000)]=0.91(1.09\times 5\,000)=4\,959.5$ 元.由于 $5\,000-4\,959.5=40.5$ 元,故此人亏损了 40.5 元.

1.4.6　初等函数

1. 基本初等函数

基本初等函数是指常数函数、幂函数、指数函数、对数函数、三角函数、反三角函数这六种最基本的常用函数.

(1) **常数函数**:$y=C$(C 为常数),定义域为$(-\infty,+\infty)$.

(2) **幂函数**:$y=x^{\alpha}(\alpha\in\mathbf{R})$.

例 18　图 1-21 是一些常见的幂函数的图像.

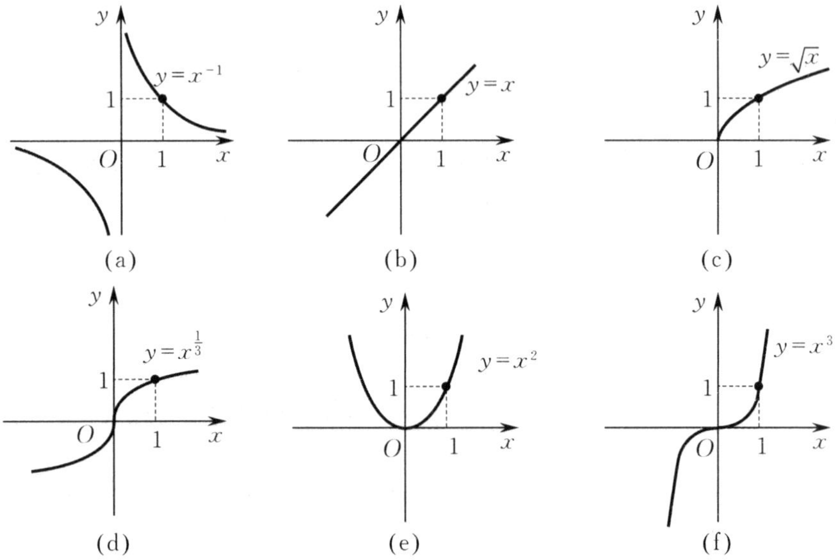

图 1-21

由图 1-21 可以看出,幂函数的定义域依赖于α的具体取值.例如,当$\alpha=-1,1,\dfrac{1}{2},\dfrac{1}{3},2,3$时,相应的幂函数的定义域分别是$(-\infty,0)\cup(0,+\infty)$,$(-\infty,+\infty)$,$[0,+\infty)$,$(-\infty,+\infty)$,$(-\infty,+\infty)$,$(-\infty,+\infty)$.另外,也可很容易看出,所有的幂函数均经过点$(1,1)$.

(3) **指数函数**:$y=a^x(a>0,a\neq 1)$.

由图 1-22 可以看出,指数函数的定义域为$(-\infty,+\infty)$.

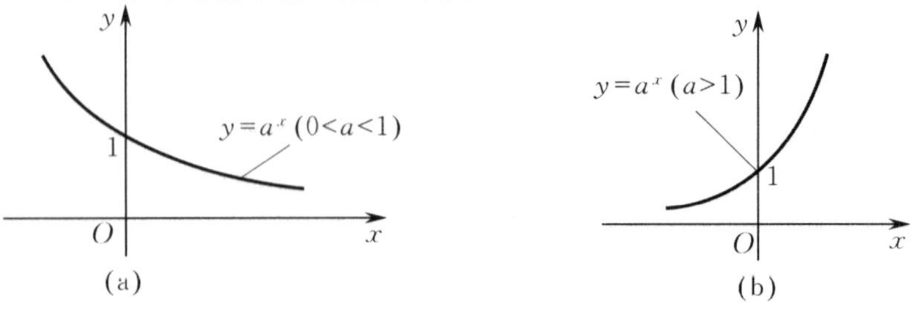

图 1-22

当 $0<a<1$ 时，指数函数 $y=a^x$ 单调减少，值域为 $(0,+\infty)$；

当 $a>1$ 时，指数函数 $y=a^x$ 单调增加，值域为 $(0,+\infty)$.

(4) **对数函数**：$y=\log_a x\,(a>0, a\neq 1)$.

对数函数是指数函数的反函数，由图 1-23 可以看出其定义域为 $(0,+\infty)$.

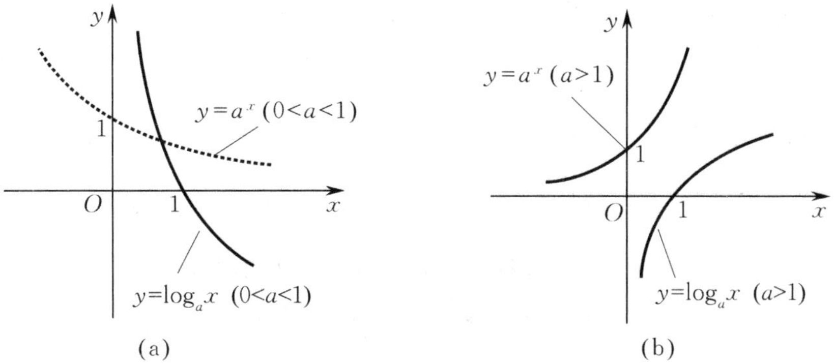

图 1-23

当 $0<a<1$ 时，对数函数 $y=\log_a x$ 单调减少，值域为 $(-\infty,+\infty)$；

当 $a>1$ 时，对数函数 $y=\log_a x$ 单调增加，值域为 $(-\infty,+\infty)$.

特别地，当 $a=\mathrm{e}$ 时，对数函数称为**自然对数函数**，记为 $y=\ln x$；当 $a=10$ 时，对数函数称为**常用对数函数**，记为 $y=\lg x$.

(5) **三角函数**：

① **正弦函数**：$y=\sin x$.

② **余弦函数**：$y=\cos x$.

由图 1-24 可以看出：

正弦函数的定义域是 $\mathbf{R}$，值域是 $[-1,1]$，它是奇函数，有界，最小正周期为 2π，在每个区间 $\left[2k\pi-\frac{\pi}{2}, 2k\pi+\frac{\pi}{2}\right]$ 上都单调增加，在每个区间 $\left[2k\pi+\frac{\pi}{2}, 2k\pi+\frac{3\pi}{2}\right]$ 上都单调减少，其中 $k\in\mathbf{Z}$.

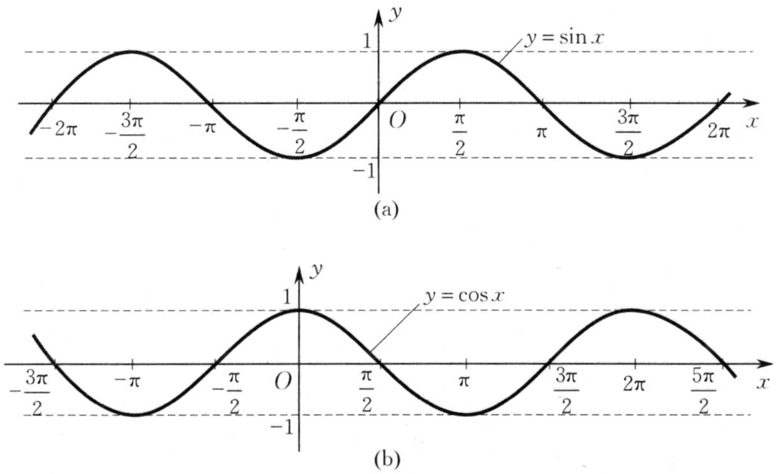

图 1-24

余弦函数的定义域是 $\mathbf{R}$,值域是 $[-1,1]$,它是偶函数,有界,最小正周期为 2π,在每个区间 $[2k\pi-\pi,2k\pi]$ 上都单调增加,在每个区间 $[2k\pi,2k\pi+\pi]$ 上都单调减少,其中 $k\in\mathbf{Z}$.

③ **正切函数**:$y=\tan x=\dfrac{\sin x}{\cos x}$.

④ **余切函数**:$y=\cot x=\dfrac{\cos x}{\sin x}$.

由图 1-25 可以看出:

正切函数的定义域是 $\left\{x \middle| x\in\mathbf{R} \text{ 且 } x\neq k\pi+\dfrac{\pi}{2},k\in\mathbf{Z}\right\}$,值域是 $(-\infty,+\infty)$,它是奇函数,最小正周期为 π,在每个区间 $\left(k\pi-\dfrac{\pi}{2},k\pi+\dfrac{\pi}{2}\right)(k\in\mathbf{Z})$ 内都单调增加.

余切函数的定义域是 $\{x\mid x\in\mathbf{R} \text{ 且 } x\neq k\pi,k\in\mathbf{Z}\}$,值域是 $(-\infty,+\infty)$,它是奇函数,最小正周期为 π,在每个区间 $(k\pi,k\pi+\pi)(k\in\mathbf{Z})$ 内都单调减少.

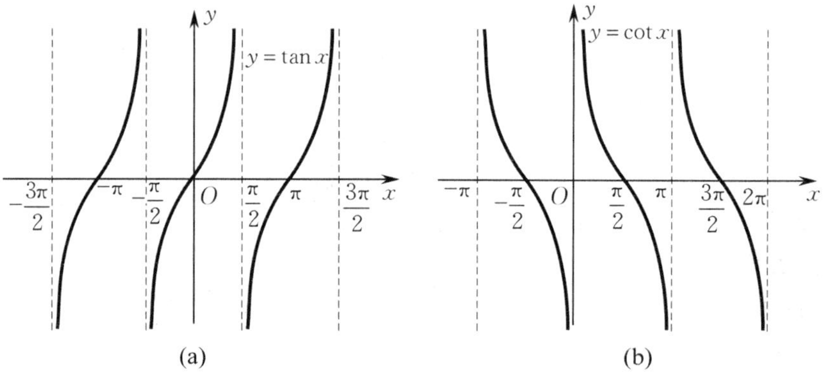

图 1-25

⑤ **正割函数**:$y=\sec x=\dfrac{1}{\cos x}$.

⑥ **余割函数**:$y=\csc x=\dfrac{1}{\sin x}$.

由图 1-26 可以看出:

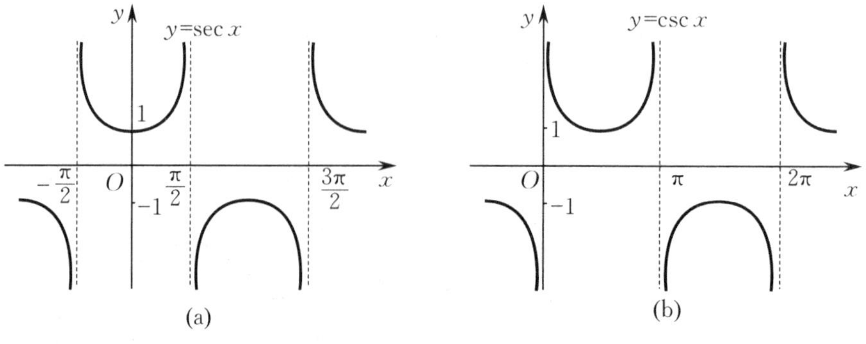

图 1-26

正割函数的定义域是$\left\{x \middle| x \in \mathbf{R}且x \neq k\pi+\frac{\pi}{2}, k \in \mathbf{Z}\right\}$，值域是$(-\infty,-1] \cup [1,+\infty)$，最小正周期为$2\pi$，在区间$\left(2k\pi-\pi, 2k\pi-\frac{\pi}{2}\right)$及$\left(2k\pi-\frac{\pi}{2}, 2k\pi\right)$内都单调减少，在区间$\left(2k\pi, 2k\pi+\frac{\pi}{2}\right)$及$\left(2k\pi+\frac{\pi}{2}, 2k\pi+\pi\right)$内都单调增加，其中$k \in \mathbf{Z}$.

余割函数的定义域是$\{x \mid x \in \mathbf{R}且x \neq k\pi, k \in \mathbf{Z}\}$，值域是$(-\infty,-1] \cup [1,+\infty)$，最小正周期为$2\pi$，在区间$\left(2k\pi-\frac{\pi}{2}, 2k\pi\right)$及$\left(2k\pi, 2k\pi+\frac{\pi}{2}\right)$内都单调减少，在区间$\left(2k\pi+\frac{\pi}{2}, 2k\pi+\pi\right)$及$\left(2k\pi+\pi, 2k\pi+\frac{3\pi}{2}\right)$内都单调增加，其中$k \in \mathbf{Z}$.

(6) **反三角函数：**

① **反正弦函数：**$y=\arcsin x$.

因正弦函数$y=\sin x\left(x \in\left[-\frac{\pi}{2}, \frac{\pi}{2}\right]\right)$是单调增加的，故自变量与因变量一一对应，从而存在反函数，其反函数记为$y=\arcsin x$，称为反正弦函数.

② **反余弦函数：**$y=\arccos x$.

因余弦函数$y=\cos x(x \in[0, \pi])$是单调减少的，故自变量与因变量也一一对应，从而存在反函数，其反函数记为$y=\arccos x$，称为反余弦函数.

由原来函数与反函数的对称性可以作出反正弦函数与反余弦函数的图像，如图1-27所示.

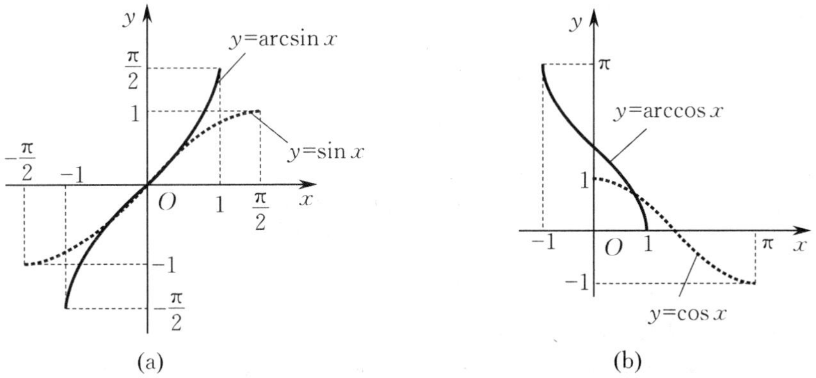

图 1-27

由图1-27很容易得出：反正弦函数$y=\arcsin x$的定义域为$[-1,1]$，值域为$\left[-\frac{\pi}{2}, \frac{\pi}{2}\right]$，并且是单调增加函数；反余弦函数$y=\arccos x$的定义域为$[-1,1]$，值域为$[0, \pi]$，并且是单调减少函数.

③ **反正切函数：**$y=\arctan x$.

因正切函数$y=\tan x\left(x \in\left(-\frac{\pi}{2}, \frac{\pi}{2}\right)\right)$是单调增加的，故自变量与因变量一一对应，从而存在反函数，其反函数记为$y=\arctan x$，称为反正切函数.

④ **反余切函数**：$y = \operatorname{arccot} x$.

因余切函数 $y = \cot x (x \in (0,\pi))$ 是单调减少的，故自变量与因变量也一一对应，从而存在反函数，其反函数记为 $y = \operatorname{arccot} x$，称为反余切函数.

由对称性可以作出反正切函数与反余切函数的图像，如图 1 - 28 所示.

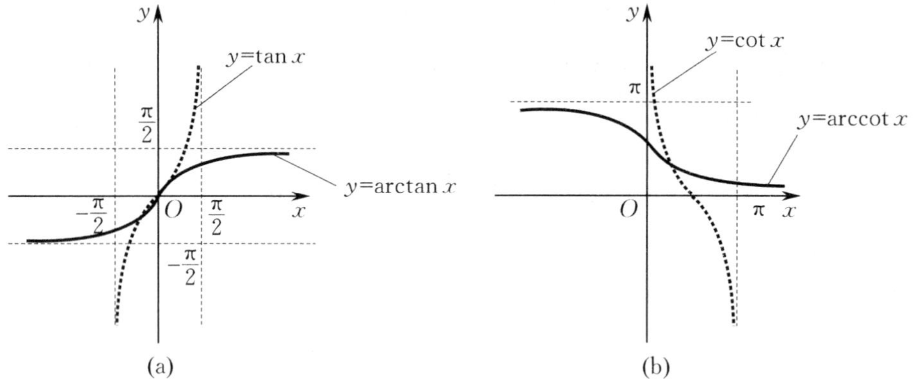

图 1 - 28

由图 1 - 28 很容易得出：反正切函数 $y = \arctan x$ 的定义域为$(-\infty, +\infty)$，值域为$\left(-\frac{\pi}{2}, \frac{\pi}{2}\right)$，并且是单调增加函数；反余切函数 $y = \operatorname{arccot} x$ 的定义域为$(-\infty, +\infty)$，值域为$(0,\pi)$，并且是单调减少函数.

2. 函数变换

如果给定一个函数 $y = f(x)$，则可以由其通过平移、拉伸、压缩和翻转产生新的函数.

(1) **平移**：设 $c > 0$，

① 将 $y = f(x)$ 向上平移 c 个单位，则得到新函数 $y = f(x) + c$；

② 将 $y = f(x)$ 向下平移 c 个单位，则得到新函数 $y = f(x) - c$；

③ 将 $y = f(x)$ 向左平移 c 个单位，则得到新函数 $y = f(x + c)$；

④ 将 $y = f(x)$ 向右平移 c 个单位，则得到新函数 $y = f(x - c)$.

(2) **拉伸与压缩(放缩)**：设 $k > 1$，

① 将 $y = f(x)$ 纵向(纵坐标)拉伸至 k 倍，则得到新函数 $y = kf(x)$；

② 将 $y = f(x)$ 纵向(纵坐标)压缩至$\frac{1}{k}$倍，则得到新函数 $y = \frac{1}{k}f(x)$；

③ 将 $y = f(x)$ 横向(横坐标)拉伸至 k 倍，则得到新函数 $y = f\left(\frac{1}{k}x\right)$；

④ 将 $y = f(x)$ 横向(横坐标)压缩至$\frac{1}{k}$倍，则得到新函数 $y = f(kx)$.

(3) **翻转**：

① 将函数 $y = f(x)$ 关于 x 轴做对称翻转，则得到新函数 $y = -f(x)$；

② 将函数 $y = f(x)$ 关于 y 轴做对称翻转，则得到新函数 $y = f(-x)$.

例 19　给定函数 $y = \sqrt{x}$ 的图像，描绘出下列函数的图像：

(1) $y=\sqrt{x}-2$；　(2) $y=\sqrt{x-2}$；　(3) $y=-\sqrt{x}$；

(4) $y=2\sqrt{x}$；　(5) $y=\sqrt{-x}$.

解　$y=\sqrt{x}-2, y=\sqrt{x-2}, y=-\sqrt{x}, y=2\sqrt{x}, y=\sqrt{-x}$ 的图像依次是由函数 $y=\sqrt{x}$ 的图像做如下变换得到的：向下平移 2 个单位；向右平移 2 个单位；关于 x 轴做对称翻转；纵向拉伸至 2 倍；关于 y 轴做对称翻转，如图 1－29 所示.

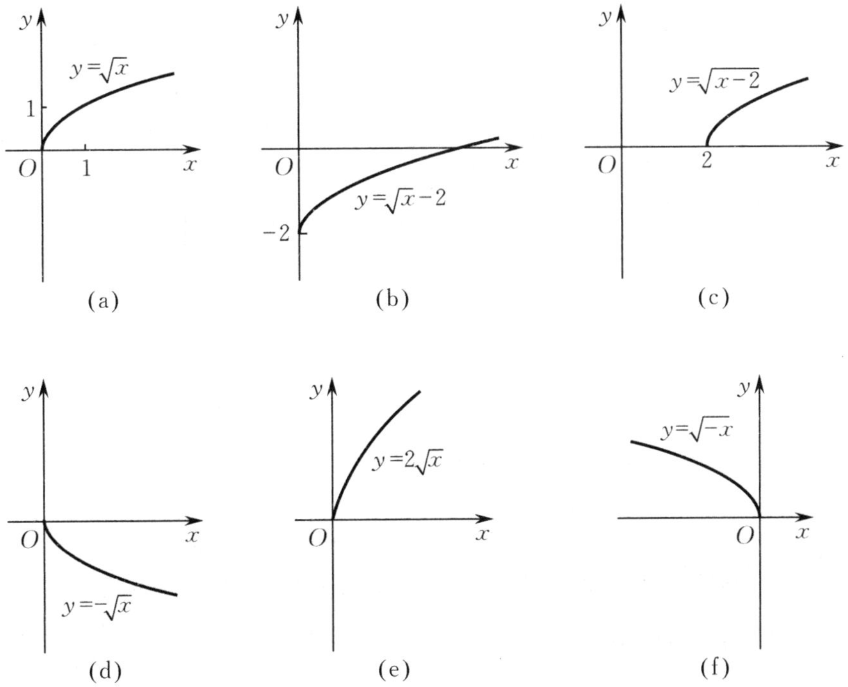

图 1－29

3. 函数运算及初等函数

定义 5　设 $f(x)$ 是定义在 A 上的函数，$g(x)$ 是定义在 B 上的函数，则如下定义它们的四则运算：

(1) **和**：$(f+g)(x)=f(x)+g(x), x\in A\cap B$；

(2) **差**：$(f-g)(x)=f(x)-g(x), x\in A\cap B$；

(3) **积**：$(fg)(x)=f(x)g(x), x\in A\cap B$；

(4) **商**：$\left(\dfrac{f}{g}\right)(x)=\dfrac{f(x)}{g(x)}, x\in A\cap B$ 且 $g(x)\neq 0$.

由定义 5，在已知基本初等函数的基础上，可以得到许多新的函数.

定义 6　设 $a_0, a_1, \cdots, a_n$ 均为实数，且 $a_n\neq 0$，则称函数

$$y=a_nx^n+a_{n-1}x^{n-1}+\cdots+a_1x+a_0$$

为 **n 次多项式函数**，简称 **n 次多项式**.

由定义 6 可知，多项式函数其实就是由正整数次幂函数和常数经四则运算得到的.

定义 7　给定 n 次多项式函数 $f(x)=a_nx^n+a_{n-1}x^{n-1}+\cdots+a_1x+a_0$ 和 m 次多项式函数 $g(x)=b_mx^m+b_{m-1}x^{m-1}+\cdots+b_1x+b_0$，则称函数

$$h(x)=\frac{f(x)}{g(x)}=\frac{a_nx^n+a_{n-1}x^{n-1}+\cdots+a_1x+a_0}{b_mx^m+b_{m-1}x^{m-1}+\cdots+b_1x+b_0}$$

为**有理函数**.

例 20　函数 $y=3x^5-25x^3+60x$ 是一个 5 次多项式函数，如图 1－30 所示.

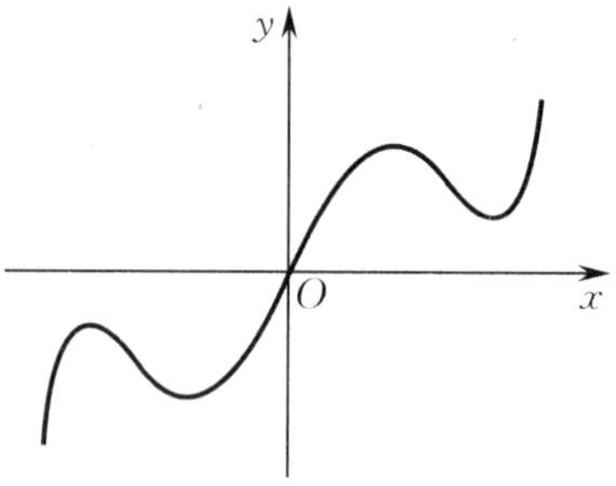

图 1－30

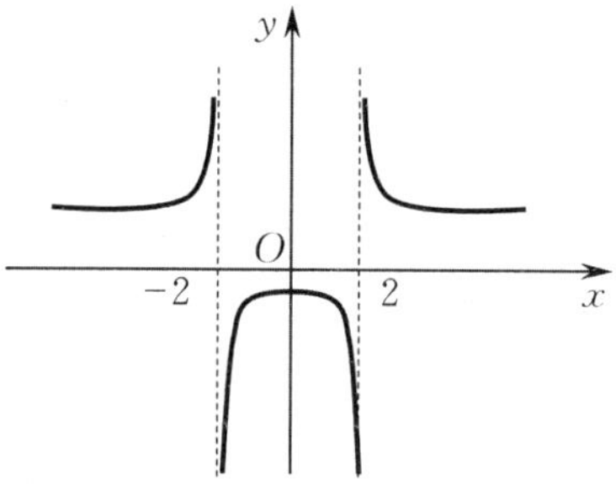

图 1－31

例 21　函数 $y=\dfrac{2x^4-x^2+1}{x^4-4}$ 是有理函数，如图 1－31 所示.

定义 8　由基本初等函数通过有限次四则运算，或者有限次复合运算所得到的，能用一个式子表示的函数，均称为**初等函数**.

例如，例 20 和例 21 中的多项式函数与有理函数都是初等函数.

例 22　**双曲函数**. 在电工等工程领域经常用到的双曲函数有以下几种：

双曲正弦函数：$\sinh x=\dfrac{e^x-e^{-x}}{2}$；　**双曲余弦函数**：$\cosh x=\dfrac{e^x+e^{-x}}{2}$；

双曲正切函数：$\tanh x=\dfrac{\sinh x}{\cosh x}$；　**双曲余切函数**：$\coth x=\dfrac{\cosh x}{\sinh x}$.

显然，双曲函数都是初等函数(见图 1－32 和图 1－33).

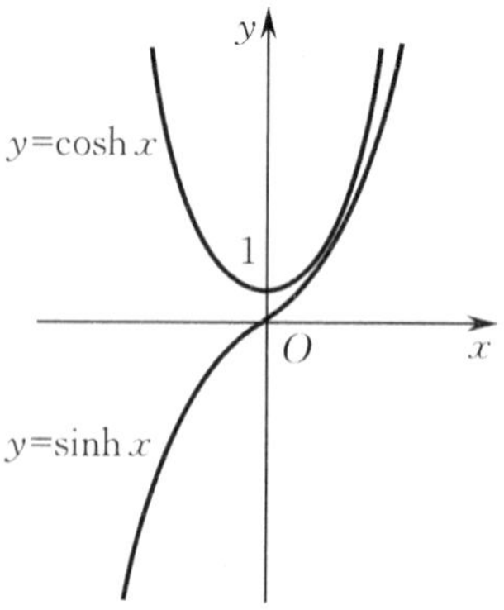

图 1－32

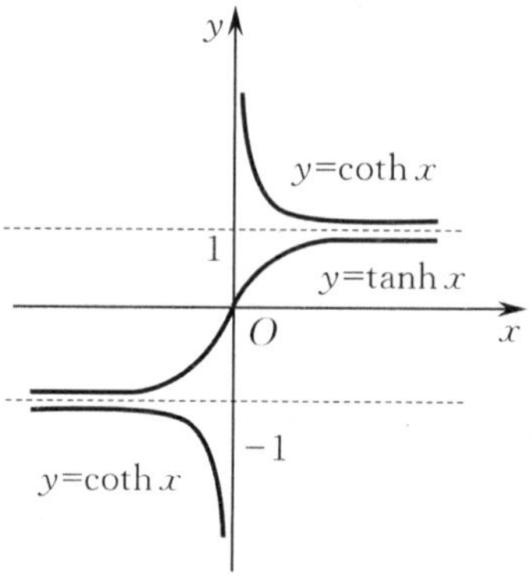

图 1－33

例 23　下列函数均为初等函数：

(1) $y=\dfrac{\ln(1+x)}{x}$；　(2) $y=\sin\dfrac{x}{1+x^2}$；　(3) $y=e^{\frac{2x}{1+x^2}}$.

例 24　判断函数 $y=x^x(x>0)$ 是否是初等函数.

解　由于当 $x>0$ 时，$x^x=e^{\ln x^x}=e^{x\ln x}$，因此函数 $y=x^x(x>0)$ 可以看成是由基本初等函数 $y=e^u$ 和函数 $u=x\ln x$ 复合所得的. 而显然 $u=x\ln x$ 是两个基本初等函数 $y=x$ 与 $y=\ln x$ 的乘积，故函数 $y=x^x(x>0)$ 是初等函数.

4. 函数模型

在解决实际应用问题时，许多问题都可以通过简化假设描述成数学问题，这个过程称为**数学建模**，而其中的数学问题称为**实际问题的数学模型**. 应用函数关系来建立数学模型，也是数学建模的一种非常重要的途径. 在数学模型中，如果两个变量 y 和 x 的关系为 $y=ax+b(a,b$ 为常数) 的形式，则称 y 和 x 成**线性关系**；否则，就称它们之间是**非线性关系**.

例 25　假定某人获得了一个可以持续一个月(以 30 天计) 的工作，老板告诉他有如下两种薪水领取方式：

(1) 月末一次性领取薪水 1 百万元；

(2) 从月初开始，第一天的薪水为 1 分，第二天的薪水为 2 分，第三天的薪水为 4 分，第四天的薪水为 8 分 …… 如此下去，直到月末.

请问此人应选择哪种薪水领取方式?

解　设此人一个月的总收入为 R，则在第一种领取方式下，$R=1$ 百万元.

在第二种方式下，该月的第 x 天的薪水(单位：分) 可表示为 $r(x)=2^{x-1}(x=1,2,\cdots,30)$，所以该月的总收入为

$$\begin{aligned}R&=r(1)+r(2)+\cdots+r(x)+\cdots+r(30)\\&=1+2+2^2+\cdots+2^{x-1}+\cdots+2^{29}\\&=2^{30}-1=1\,073\,741\,823(\text{分})\approx 1(\text{千万元}).\end{aligned}$$

显然，对此人来说，选择第二种方式是最有利的.

例 26　某运输公司规定 1 t 货物的运价为：在 a km 以内，1 km 的运价为 k 元；超过 a km 的部分为 $\frac{4}{5}k$ 元 /km. 求 1 t 货物的运价 m(单位：元) 和路程 s(单位：km) 之间的函数关系.

解　根据已知条件，可得

$$m(s)=\begin{cases}ks, & 0<s\leqslant a,\\ ks+\dfrac{4}{5}k(s-a), & s>a.\end{cases}$$

例 27　某工厂在一年内分若干批生产某种车床，年产量为 a 台，每批生产准备费为 b 元. 设产品均匀投入市场(即平均库存量为批量的一半)，每年每台库存费为 c 元. 显然，生产批量大，则库存费高；生产批量小，则批数增多，从而生产准备费增加. 试求出一年中库存费与生产准备费之和与批量的函数关系.

解　设批量为 x，库存费与生产准备费之和为 $p(x)$，则全年的生产批数为 $\frac{a}{x}$，全年的平均库存量为 $\frac{x}{2}$. 故全年的生产准备费为 $\frac{ab}{x}$，库存费为 $\frac{xc}{2}$，于是

$$p(x)=\frac{ab}{x}+\frac{xc}{2},\quad x\in[0,a].$$

1.4.7　参数曲线

假定一个质点沿图 1-34 中的曲线 C 运动. 显然，曲线 C 不能用 $y=f(x)$ 这样的函数关系来描述. 这是因为，由观察就会发现，这条曲线上有些地方与平行于 y 轴的直线至少有两个不同的交点，与函数图像的特征矛盾. 但是考虑到质点运动时位置是随时间变化而变化的，因此描述其位置的横坐标 x 与纵坐标 y 都可以看成是关于时间 t 的函数，可以记为 $x=x(t)$，$y=y(t)$.

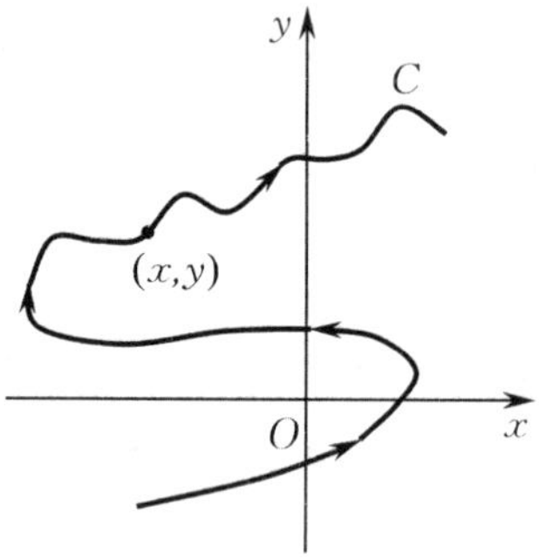

图 1-34

定义 9　如果一条曲线上任一点的横坐标 x 与纵坐标 y 都可以表示为第三个变量 t 的函数：$x=x(t)$，$y=y(t)$，则称这条曲线是一条**参数曲线**，变量 t 称为曲线的**参数**，而将方程组

$$\begin{cases} x=x(t), \\ y=y(t) \end{cases}$$

称为曲线的**参数方程**.

对于任何一个函数 $y=f(x)$，如果将 x 看成参数，则此函数可以改写为参数方程形式 $\begin{cases} x=x, \\ y=f(x). \end{cases}$ 这说明，任何函数图像都可以看成是一类特殊的参数曲线.

例 28　描绘参数方程 $\begin{cases} x=t^2-2t, \\ y=t+1 \end{cases}$ 所表示的参数曲线.

解　每给一个 t，曲线上的点 (x,y) 就被确定下来了. 我们可以先求得参数曲线上的一些点，如 $t=-2,-1,0,1,2,3,4$ 时对应的点，然后用光滑曲线依次将这些点连起来，就描绘出该参数曲线的图像，如图 1-35 所示.

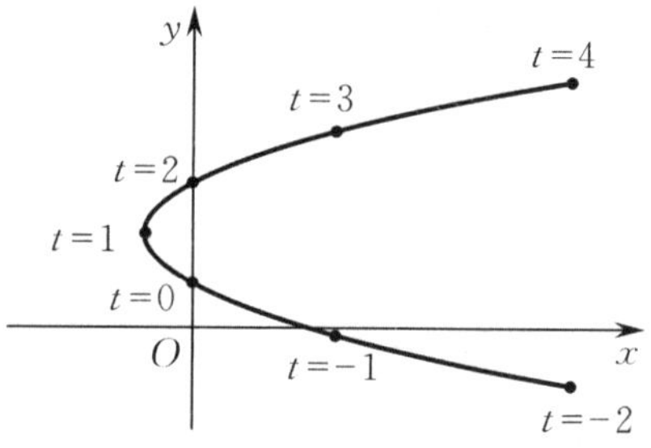

图 1-35

例 29　两条参数曲线的例子：

(1) C_1：$\begin{cases} x=t+2\sin 2t, \\ y=t+2\cos 5t; \end{cases}$　　(2) C_2：$\begin{cases} x=\cos t-\cos 80t\cdot\sin 2t, \\ y=2\sin t-\sin 80t. \end{cases}$

参数曲线 C_1 如图 1-36 所示，参数曲线 C_2 如图 1-37 所示.

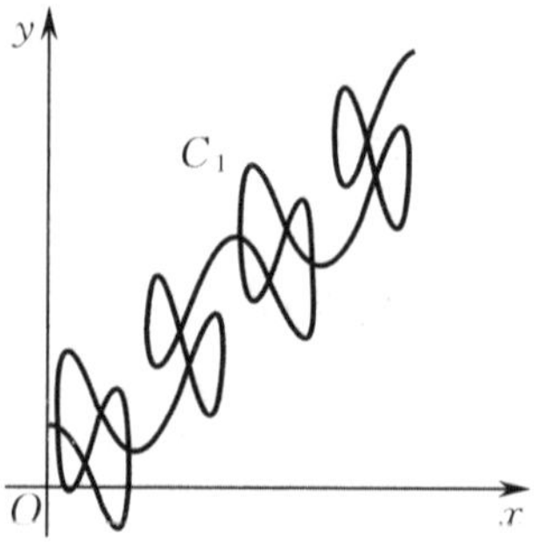

图 1-36

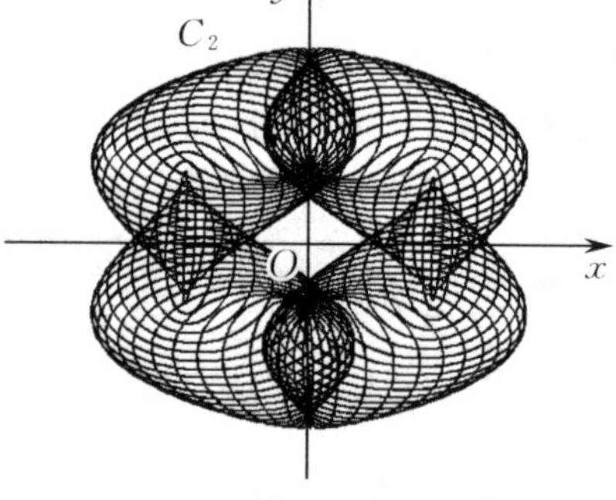

图 1-37

例 30　(1) 圆 $x^2+y^2=r^2(r>0)$ 的参数方程：$\begin{cases} x=r\cos t, \\ y=r\sin t; \end{cases}$

(2) 椭圆 $\dfrac{x^2}{a^2}+\dfrac{y^2}{b^2}=1(a,b>0)$ 的参数方程：$\begin{cases} x=a\cos t, \\ y=b\sin t; \end{cases}$

(3) 双曲线 $\dfrac{x^2}{a^2}-\dfrac{y^2}{b^2}=1(a,b>0)$ 的参数方程：$\begin{cases} x=a\sec t, \\ y=b\tan t; \end{cases}$

(4) 抛物线 $y^2=2px(p>0)$ 的参数方程：$\begin{cases} x=2pt^2, \\ y=2pt. \end{cases}$

习题 1-4

1. 求下列函数的定义域：

(1) $y=\dfrac{x}{x^2-1}$；　　(2) $y=\lg(2-x)+\sqrt{8+7x-x^2}$.

2. 判断下列各组函数是否相同：

(1) $y=\dfrac{x^2-4}{x-2}, y=x+2$；　　(2) $y=\lg x^3, y=3\lg x$.

3. 若 $f(x+1)=x^2+6x+5$，求 $f(x), f(x-1)$.

4. 设 $f(x)=\begin{cases} x-1, & -2\leqslant x<0, \\ x+1, & 0\leqslant x\leqslant 2, \end{cases}$ 求 $f(1), f(0), f(x-1)$.

5. 指出下列函数中哪些是奇函数，哪些是偶函数，哪些是非奇非偶函数：

(1) $f(x)=x\cos x^2$；　(2) $y=\dfrac{e^x+e^{-x}}{2}$；　(3) $f(x)=\sin x+3$.

6. 设下列函数的定义域均为 $(-a,a)$，证明：

(1) 两个奇函数的和仍为奇函数，两个偶函数的和仍为偶函数；

(2) 两个奇函数的积是偶函数，一个奇函数与一个偶函数的积为奇函数.

7. 讨论函数 $y=\dfrac{x}{1+x}$ 的单调性.

8. 设函数 $y=f(x)$ 是周期为 T 的周期函数，试求函数 $y=f(2x+5)$ 的周期.

9. 验证：函数 $f(x)=\dfrac{1}{x}$ 在开区间 $(0,1)$ 内无界，在开区间 $(1,2)$ 内有界.

10. 求下列函数的反函数：

(1) $y=\sqrt[3]{x+1}$；　(2) $y=2^{3x+1}$；　(3) $y=\dfrac{2^x}{2^x+1}$；　(4) $y=\ln(\ln x)$.

11. 指出下列函数是由哪些函数复合而成的：

(1) $y=e^{\cos x}$；　(2) $y=\ln(x^2+1)$；　(3) $y=\sqrt{\tan(x^2-1)}$.

12. 设 $f(x)=\dfrac{x}{x-1}(x\neq 1)$，求 $f[f(x)]$.

13. 设 $f(x)=\begin{cases} 1, & |x|<1, \\ 0, & |x|=1, \\ -1, & |x|>1, \end{cases}$ $g(x)=2^x$，求 $f[g(x)], g[f(x)]$.

14. 某火车站收取行李运输费的规定如下：当行李不超过 50 kg 时，按基本运费计算，如从上海到该地以 0.15 元/kg 的价格计算基本运费；当行李超过 50 kg 时，超重部分按 0.25 元/kg 收费. 试求上海到该地的行李

运输费 y(单位:元)与重量 x(单位:kg)之间的函数关系式,并画出函数的图像.

15. 生物学家发现一种蟋蟀的鸣叫率与温度近似成线性关系.已知该种蟋蟀在 21 ℃ 时每分钟鸣叫 113 次,在 27 ℃ 时每分钟鸣叫 173 次.据此建立每分钟鸣叫次数与温度之间的函数关系,并求当这种蟋蟀每分钟鸣叫 150 次时的温度.
16. 试通过查阅资料了解摆线、玫瑰线、心形线等常用参数曲线及其方程.

§1.5 常用经济函数

在经济活动中,有关本利和的计算、成本的核算、生产计划的制订、资金的管理等问题的研究都要处理各种经济量.用数学方法建立数学模型,即可找出这些经济量之间的函数关系,以帮助人们在经济活动中进行预测和决策.本节将介绍几种常用的经济函数.

1.5.1 单利与复利

在利息计算中,有两种计算利息的基本方法:单利和复利.**单利**是保持每期本金固定的计算利息方法;而**复利**是将上期利息并入下期本金,再计算利息的方法.设初始本金为 $s_0 = p$,银行年利率为 r.

1. 单利计算公式

在单利情形下,每年的本金均为 p,每年产生的利息均为 rp,故

第 1 年年末的本利和为 $s_1 = p + rp = p(1+r)$;

第 2 年年末的本利和为 $s_2 = p(1+r) + rp = p(1+2r)$;

……

第 n 年年末的本利和为 $s_n = p(1+nr)$.

在单利情形下,若一年分 n 次付息,则每次付息的利率变为 $\frac{r}{n}$,故第 1 年年末的本利和为

$$s_1 = p\left(1 + n\frac{r}{n}\right) = p(1+r),$$

即年末的本利和与支付利息的次数无关.这说明,在单利情形下,一年内多次付息与年末一次付息,年末所得的本利和是相同的.

2. 复利计算公式

在复利情形下,上一年的利息并入下一年的本金,且在下一年一并计息,即下一年的本金是上一年年末的本利和.

第 1 年的本金为 s_0,利息为 $s_0 r$,第 1 年年末的本利和为

$$s_1 = s_0 + s_0 r = s_0(1+r) = p(1+r);$$

第 2 年的本金为 s_1,利息为 $s_1 r$,第 2 年年末的本利和为

$$s_2 = s_1 + s_1 r = s_1(1+r) = p(1+r)^2;$$

……

第 n 年的本金为 s_{n-1}，利息为 $s_{n-1}r$，第 n 年年末的本利和为

$$s_n = s_{n-1} + s_{n-1}r = s_{n-1}(1+r) = p(1+r)^n.$$

在复利情形下，若一年分 m 次付息，则每次付息的利率变为 $\frac{r}{m}$，故第 1 年年末的本利和为

$$s_1 = p\left(1+\frac{r}{m}\right)^m.$$

显然，此时本利和是随付息次数 m 的增大而增加的. 这说明，在复利情形下，一年内多次付息与年末一次付息相比，年末所得的本利和相差较大. 若一年分 m 次付息，则第 n 年年末的本利和为 $s_n = p\left(1+\frac{r}{m}\right)^{mn}$.

例 1　现有初始本金 100 元，若银行年储蓄利率为 5%，问：

(1) 按单利计算，第 5 年年末的本利和为多少?

(2) 按复利计算，第 5 年年末的本利和为多少?

(3) 按复利计算，需多少年能使本利和超过初始本金一倍?

解　已知本金 $p = 100$ 元，利率 $r = 5\%$.

(1) 由单利计算公式，有

$$s_5 = p(1+5r) = 100(1+5\times 0.05) = 125(\text{元}),$$

即第 5 年年末的本利和为 125 元.

(2) 由复利计算公式，有

$$s_5 = p(1+r)^5 = 100(1+0.05)^5 \approx 127.6(\text{元}),$$

即第 5 年年末的本利和约为 127.6 元.

(3) 若第 n 年年末的本利和超过初始本金一倍，即

$$s_n = p(1+r)^n > 2p,$$

则 $(1+r)^n > 2$，即 $(1.05)^n > 2$. 于是 $n\ln 1.05 > \ln 2$，所以

$$n > \frac{\ln 2}{\ln 1.05} \approx 14.2(\text{年}),$$

故需 15 年能使本利和超过初始本金一倍.

1.5.2　需求函数

消费者对某种商品的需求是由多种因素决定的. 需求函数反映的是：在某一特定时期内，市场上某种商品的各种可能购买量和决定这些购买量的诸因素之间的数量关系.

在消费者的货币收入、偏好和相关商品的价格等不变的情况下，决定某种商品需求量的因素就是这种商品的价格. 此时，商品需求量 Q_d 就可以看成是价格 p 的函数，即

$$Q_d = f(p),$$

此函数称为**需求函数**，其图像称为**需求曲线**.

一般来说，商品价格低，需求量大；商品价格高，需求量小. 因此，需求函数 $Q_d = f(p)$ 是

单调减少函数. 因为 $Q_d = f(p)$ 单调减少,所以存在反函数 $p = f^{-1}(Q_d)$(这是由于单调函数存在反函数),此反函数也称为需求函数.

常用的需求曲线有如下类型:

(1) **线性函数型**:$Q_d = b - ap\ (a,b > 0)$;

(2) **幂函数型**:$Q_d = kp^{-a}\ (a,k > 0)$;

(3) **指数函数型**:$Q_d = a\mathrm{e}^{-bp}\ (a,b > 0)$.

例 2　已知某产品售价为 40 元 / 件时可卖出 10 000 件,且价格每增加 2 元就少卖 200 件,求需求量 Q_d 与价格 p 的函数.

解　设价格由 40 元增加了 k 个 2 元,则

$$p = 40 + 2k,\quad Q_d = 10\,000 - 200k,$$

于是

$$Q_d = 10\,000 - 200 \times \frac{p-40}{2} = 14\,000 - 100p,\quad p \in [40,140].$$

1.5.3　供给函数

生产者对商品的生产是由多方面因素所决定的. 供给函数反映的是:在某一特定时期内,市场上某种商品的各种可能供给量和决定这些供给量的诸因素之间的数量关系. 在影响产量的诸多因素中,价格是最主要的因素. 如果只考虑供给量 Q_s 是关于价格 p 的函数,则此函数称为**供给函数**,其图像称为**供给曲线**.

一般地,价格越高,供给量就越大,因此供给量 Q_s 是价格 p 的单调增加函数. 常用的供给曲线有如下类型:

(1) **线性函数型**:$Q_s = ap - b\ (a,b > 0)$;

(2) **幂函数型**:$Q_s = kp^{a}\ (a,k > 0)$;

(3) **指数函数型**:$Q_s = a\mathrm{e}^{bp}\ (a,b > 0)$.

例 3　当某商品的价格为 50 元 / 单位时,有 50 单位投放市场;当价格为 75 元 / 单位时,有 100 单位投放市场. 若供给量 Q_s 是价格 p 的线性函数,求 Q_s.

解　因供给量 Q_s 是价格 p 的线性函数,故可设 $Q_s = ap - b$. 已知当 $p = 50$ 时,$Q_s = 50$;当 $p = 75$ 时,$Q_s = 100$. 于是有

$$50 = 50a - b,\quad 100 = 75a - b,$$

解得 $a = 2, b = 50$,所以 $Q_s = 2p - 50$.

1.5.4　市场均衡

对一种商品而言,如果需求量 Q_d 等于供给量 Q_s,则称这种商品达到了市场均衡状态. 市场均衡状态时的商品价格称为**市场均衡价格**,记为 p^*.

以线性需求函数 $Q_d = b - ap\ (a,b > 0)$ 和线性供给函数 $Q_s = cp - d\ (c,d > 0)$ 为例(见图 1-38),令 $Q_d = Q_s$,即得

$$p^* = \frac{b+d}{a+c}.$$

当市场价格 p 高于均衡价格 p^* 时，供给量 Q_s 将增加，需求量 Q_d 将相应地减少，从而可能出现供过于求的现象；反之，当市场价格 p 低于均衡价格 p^* 时，供给量 Q_s 将减少，而需求量 Q_d 将增加，从而可能出现供不应求的现象. 因此，市场上商品价格的调节，就是按照需求律与供给律来实现的，即如果需求量大于供给量，则价格会上涨；反之，价格会降低. 换言之，市场上商品的价格总是围绕均衡价格上下浮动.

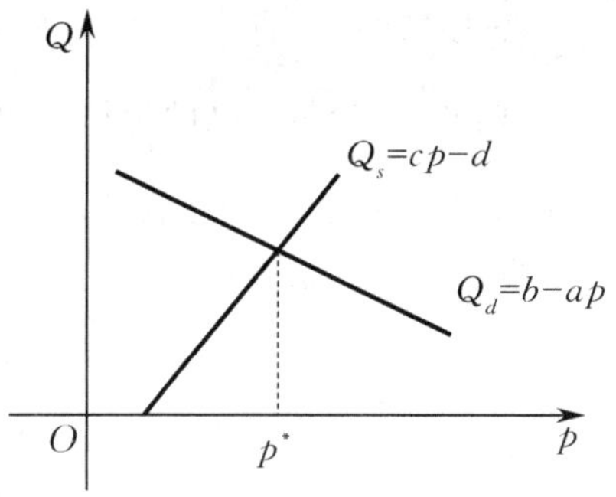

图 1－38

1.5.5　成本函数

某种产品的**总成本**是指生产一定数量的产品所需的费用(劳动力、原料、设备等) 总额. 总成本可分成两类：第一类是厂房、设备、运输工具等固定资产的折旧，以及管理者的固定工资等. 这一类成本的特点是：短期内不发生变化，即不随商品产量的变化而变化，称为**固定成本**，用 C_1 表示. 第二类是能源费用、原材料费用、劳动者的计件工资等. 这一类成本的特点是：随商品产量的变化而变化，称为**可变成本**，用 $C_2(x)$ 表示，其中 x 表示商品产量. 这两类成本的总和就是总成本，用 $C(x)$ 表示，所以

$$C(x)=C_1+C_2(x).$$

平均成本是生产一定量产品时，平均每单位产品的成本. **平均成本函数**为

$$\overline{C}=\overline{C}(x)=\frac{C(x)}{x}=\frac{C_1}{x}+\frac{C_2(x)}{x}.$$

成本函数是关于产量的单调增加函数，其图像称为**成本曲线**.

例 4　某工厂生产某产品，每日最多生产 150 单位. 已知日固定成本为 1 200 元，生产一个单位产品的可变成本为 20 元. 求该厂日总成本函数及日平均成本函数.

解　设日总成本为 C，平均单位成本为 $\overline{C}$，日产量为 x. 日总成本是固定成本与可变成本之和，由此可知日总成本函数为

$$C=1\,200+20x,\quad x\in(0,150];$$

日平均成本函数为

$$\overline{C}=\frac{C}{x}=\frac{1\,200}{x}+20,\quad x\in(0,150].$$

1.5.6　收入函数与利润函数

销售某种产品的收入 R 等于产品的单位价格 p 乘以销售量 x，即 $R=R(x)=px$，称其为**收入函数**(或**总收益函数**). 而销售利润 L 等于收入 R 减去成本 C，即 $L=L(x)=R(x)-C(x)$，称其为**利润函数**.

当 $L(x)=R(x)-C(x)>0$ 时，总收入高于总成本，生产者盈利；

当 $L(x)=R(x)-C(x)<0$ 时，总收入低于总成本，生产者亏损；

当 $L(x)=R(x)-C(x)=0$ 时，总收入与总成本相等，生产者盈亏平衡.

使 $L(x)=0$ 的点 x_0 称为**盈亏平衡点(或保本点)**.

例 5　设某产品的价格 p(单位:元/台)与销售量 x(单位:台)的关系为 $p=10-\dfrac{x}{5}$,求销售量为 30 台时的总收益.

解　总收益函数为

$$R(x)=px=10x-\frac{x^2}{5}.$$

于是 $R(30)=120$(元),故销售量为 30 台时的总收益为 120 元.

例 6　某工厂生产某种产品,固定成本为 20 000 元,每生产一单位产品,成本增加 100 元.已知产品的最大销售量为 400 单位,且总收益 R 是年产量 x 的函数:

$$R=R(x)=\begin{cases}400x-\dfrac{1}{2}x^2, & 0\leqslant x\leqslant 400,\\ 80\,000, & x>400,\end{cases}$$

求利润函数.

解　总成本函数为

$$C=C(x)=20\,000+100x,$$

故利润函数为

$$L(x)=R(x)-C(x)=\begin{cases}-\dfrac{1}{2}x^2+300x-20\,000, & 0\leqslant x\leqslant 400,\\ 60\,000-100x, & x>400.\end{cases}$$

习题 1-5

1. 现有初始本金 1 000 元,若银行年储蓄利率为 6%,问:

(1) 按单利计算,第 3 年年末的本利和为多少?

(2) 按复利计算,第 3 年年末的本利和为多少?

(3) 按复利计算,需多少年能使本利和超过初始本金 2 倍?

2. 设某种商品的供给函数和需求函数分别为

$$Q_s=25p-10,\quad Q_d=200-5p,$$

求该商品的市场均衡价格.

3. 设某批发商每次以 80 元/台的价格将 500 台电扇批发给零售商,在这个基础上,零售商每次多进 50 台电扇,则批发价相应降低 2 元.若批发商最大批发量为每次 1 000 台,试将电扇批发价格表示为批发量的函数,并求零售商每次进 700 台电扇时的批发价格.

4. 设某工厂每日最多生产某产品 150 单位,它的日固定成本为 100 元,生产一个单位产品的可变成本为 6 元,求该厂日总成本函数及日平均成本函数.

5. 设某工厂生产某产品的年产量为 x 台,该种产品每台售价 500 元.当年产量超过 800 台时,超过部分只能按 9 折出售,但此时可多售出 200 台,如果再多生产,本年就销售不出去了.求出本年的收入函数.

6. 已知某厂生产一个单位产品时,可变成本为 15 元,每天的固定成本为 2 000 元.若这种产品出厂价为 20 元/单位.

(1) 求利润函数;

(2) 在不亏本的情形下,该厂每天至少生产多少单位这种产品?

第二章

函数极限与连续性

在现实世界中，一个量的变化常常是由另外一个或多个量的变化引起的．这种一个量依赖其他量的变化而变化的对应关系，在数学中被描述为函数关系．在解决实际问题时，常用函数关系来反映，当一个或若干个变量变化时，其所引起的其他变量是如何变化的，也就是反映了变量之间的相互依赖关系．从数学上来讲，要用函数来研究实际问题，首先就要讨论函数具备什么样的性质．本章先介绍用来刻画函数局部性质的一个非常有力的工具——极限，然后用极限来刻画函数的连续性．

§ 2.1 函数的极限

2.1.1 自变量趋于无穷大时函数的极限

1. 一般函数的极限

例 1 设一水池中有 50 L 水. 现以 25 L/min 的速度向池中注入浓度为 10 g/L 的盐水，则经过时间 t（单位：h）后，池中盐水的浓度为

$$C(t)=\frac{25\times t\times 60\times 10}{50+25\times t\times 60}=\frac{600t}{2+60t}\text{(g/L)}.$$

设想这个池子足够大，若这样一直注入下去，池中盐水的浓度将会怎样呢？观察盐水浓度函数 $C(t)$ 随时间 t 的变化趋势，如表 2-1 所示.

表 2-1

t/h	10	50	100	200	400	800	1 000	1 500	3 000
$C(t)/(\text{g}\cdot\text{L}^{-1})$	9.966 8	9.993 3	9.996 7	9.998 3	9.999 2	9.999 6	9.999 7	9.999 8	9.999 9

由表 2-1 可以看出，随着 t 越来越大（可以直观地看成数轴上的动点 t 沿数轴正向离坐标原点越来越远），$C(t)$ 的值越来越趋近于一个固定的数 10，即随着注入盐水的持续，池中盐水的浓度逐渐趋于 10 g/L.

在很多实际问题中，都会像这样出现当自变量 x 沿 x 轴无限远离坐标原点，即 x 与原点的距离 $|x|$ 无限增大（记作 $x\to\infty$，称作 x **趋于无穷大**）时，函数 $f(x)$ 的值无限趋近于一个固定常数 A 的现象，这个固定的数 A 就称为当 $x\to\infty$ 时，函数 $f(x)$ 的极限. 于是有以下定义.

定义 1 在 $|x|$ 无限增大的变化过程中，若函数 $f(x)$ 的值无限趋近于一个固定的常数 A，则称常数 A 为**函数 $f(x)$ 当 $x\to\infty$ 时的极限**，记作

$$\lim_{x\to\infty}f(x)=A \quad 或 \quad f(x)\to A\ (x\to\infty).$$

在定义 1 中，$x\to\infty$ 是指 x 以沿 x 轴的方式无限远离坐标原点. 如果 x 沿 x 轴的正向（或负向）无限远离坐标原点，则称 x **趋于正无穷大**（或**负无穷大**），记作 $x\to+\infty$（或 $x\to-\infty$）. 类似地，可以给出当 $x\to+\infty$ 和 $x\to-\infty$ 时，函数 $f(x)$ 以 A 为极限的定义.

定义 2 (1) 在 $x\to+\infty$ 的变化过程中，若函数 $f(x)$ 的值无限趋近于一个固定的常数 A，则称常数 A 为**函数 $f(x)$ 当 $x\to+\infty$ 时的极限**，记作

$$\lim_{x\to+\infty}f(x)=A \quad 或 \quad f(x)\to A\ (x\to+\infty).$$

(2) 在 $x\to-\infty$ 的变化过程中，若函数 $f(x)$ 的值无限趋近于一个固定的常数 A，则称常数 A 为**函数 $f(x)$ 当 $x\to-\infty$ 时的极限**，记作

$$\lim_{x\to-\infty}f(x)=A \quad 或 \quad f(x)\to A\ (x\to-\infty).$$

由定义 1 和定义 2 可得下面的定理.

定理 1　$\lim\limits_{x\to\infty} f(x) = A$ **的充分必要条件是**：$\lim\limits_{x\to+\infty} f(x) = \lim\limits_{x\to-\infty} f(x) = A$.

例 2　考察下列极限是否存在：

(1) $\lim\limits_{x\to\infty} \dfrac{x}{x+1}$；　　(2) $\lim\limits_{x\to\infty} \arctan x$.

解　(1) 通过计算，列表考察(见表 2-2，保留小数点后 6 位小数).

表 2-2

x	−10	−100	−1 000	−10 000	−100 000	−1 000 000	−10 000 000
$\dfrac{x}{x+1}$	1.111 111	1.010 101	1.001 001	1.000 100	1.000 010	1.000 001	1.000 000
x	10	100	1 000	10 000	100 000	1 000 000	10 000 000
$\dfrac{x}{x+1}$	0.909 091	0.990 099	0.999 001	0.999 900	0.999 990	0.999 999	1.000 000

由表 2-2 的计算结果可以看出，无论 x 沿 x 轴的哪个方向远离坐标原点，函数值 $\dfrac{x}{x+1}$ 都越来越趋近于 1，所以 $\lim\limits_{x\to\infty} \dfrac{x}{x+1} = 1$(见图 2-1).

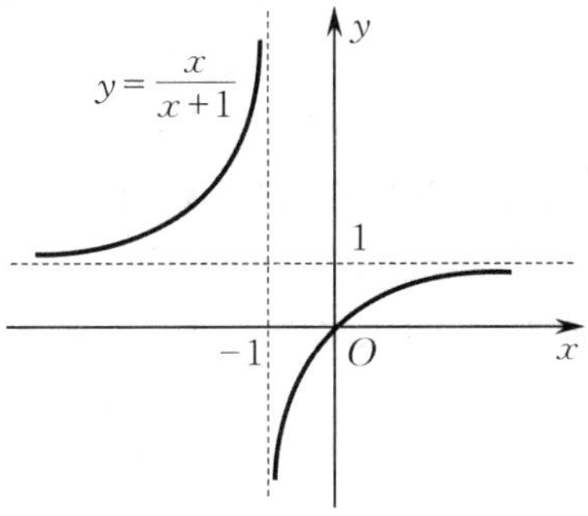

图 2-1

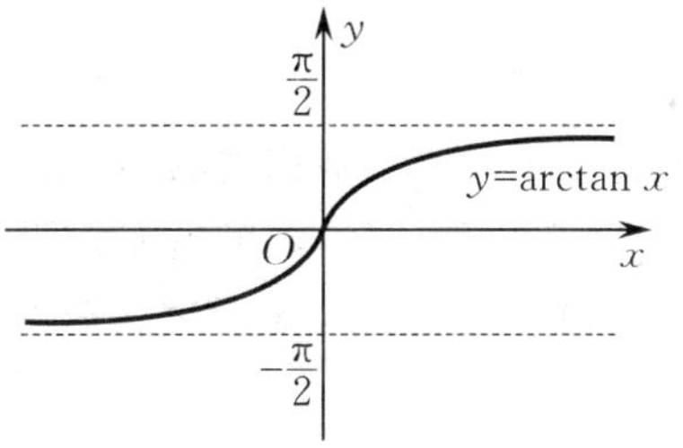

图 2-2

(2) 观察 $y = \arctan x$ 的图像(见图 2-2)，就会发现 $\lim\limits_{x\to+\infty} \arctan x = \dfrac{\pi}{2}$，$\lim\limits_{x\to-\infty} \arctan x = -\dfrac{\pi}{2}$，所以由定理 1 知 $\lim\limits_{x\to\infty} \arctan x$ 不存在.

类似于例 2，可得 $\lim\limits_{x\to+\infty} e^{-x} = 0$，$\lim\limits_{x\to+\infty} \operatorname{arccot}(-x) = \pi$，$\lim\limits_{x\to-\infty} \operatorname{arccot}(-x) = 0$.

2. 数列极限

数列是一类特殊的函数，可将其看作是自变量取离散的正整数的函数，所以其变化有自身的特点. 先看下面的例子.

例 3　斐波那契(L. Fibonacci) 在《算经》(*Liber Abaci*) 一书中有一个关于兔子的问题：假设一对初生小兔要经过两个月才到成熟期，而一对成熟的大兔每个月会生一对小兔. 那么，由一对初生小兔开始，12 个月后会有多少对兔子呢？根据题目中的已知条件，每个月兔子的对数可以列成表 2-3.

表 2-3

月份	1	2	3	4	5	6	7	8	9	10	11	12
大兔的对数	0	0	1	1	2	3	5	8	13	21	34	55
小兔的对数	1	1	1	2	3	5	8	13	21	34	55	89
兔子总对数	1	1	2	3	5	8	13	21	34	55	89	144

现在,假定上述问题的过程可以一直持续下去.如果记第 n 个月兔子的对数为 b_n,则从第 1 个月开始各个月兔子的对数 $b_1,b_2,\cdots$ 可以排列如下:

$$1,1,2,3,5,8,13,21,34,55,89,144,\cdots.$$

它们构成了一个数列,记为 $\{b_n\}$,其中 b_n 为该数列的通项.

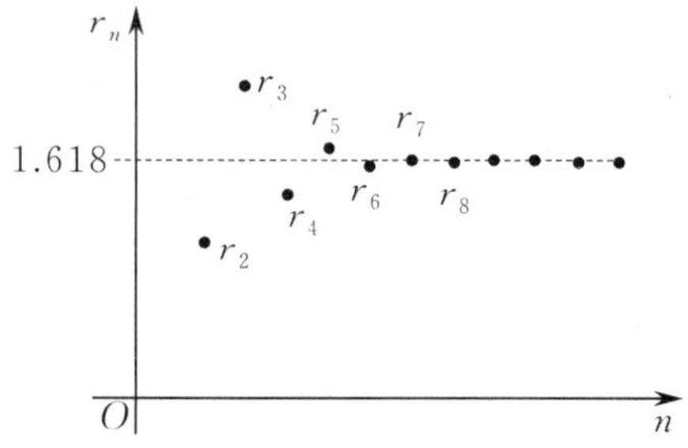

图 2-3

由兔子对数的变化,立即可以发现 $b_n = b_{n-1} + b_{n-2}(n = 3,4,\cdots)$.考虑第 n 个月兔子的相对增长率,记为 r_n,则 $r_n = \dfrac{b_n}{b_{n-1}}(n = 2,3,\cdots)$.由表 2-3 计算知,所有的 r_n 可以排成一个数列

$$1,2,1.5,1.67,1.6,1.625,1.615,1.619,$$
$$1.618,1.618,1.618,\cdots.$$

观察这个数列可以发现,随着 n 越来越大,数列 $\{r_n\}$ 中的项 r_n 越来越趋近于一个固定的常数,如图 2-3 所示.

像这样,如果一个数列的项越来越趋近于一个固定的常数,就称这个数是该**数列的极限**.

定义 3　对于数列 $\{a_n\}$,如果当 n 无限增大时,通项 a_n 的值无限趋近于一个固定的常数 A,则称 A 为**数列** $\{a_n\}$ **当** n **趋于无穷大时的极限**,记为

$$\lim_{n\to\infty} a_n = A \quad 或 \quad a_n \to A \ (n\to\infty).$$

此时也称数列 $\{a_n\}$ **收敛**于 A,而称 $\{a_n\}$ 为**收敛数列**.如果数列不存在极限,则称数列**发散**.

2.1.2　自变量趋于固定值时函数的极限

在 $t = 0$ 时刻以 40 m/s 的速度竖直向上抛出一球,则在 t 时刻(时间单位:s)其相对于初始位置在空中的高度为 $h(t) = 40t - 16t^2$(单位:m).现在考虑该球在 $t = 1$ s 时的瞬时速度.在从 $t = 1$ s 时到任意 t 时刻的这段时间内,球的高度变化为 $h(t) - h(1)$,故在这段时间内的平均速度为

$$\bar{v}(t) = \frac{h(t) - h(1)}{t - 1} = \frac{40t - 16t^2 - 24}{t - 1}.$$

现在让 t 无限趋于 1 s,观察平均速度 $\bar{v}(t)$ 的变化,如表 2-4 所示.

表 2-4

t/s	1.3	1.2	1.1	1.01	1.001	1.000 1	1.000 01
$\overline{v}(t)/(\mathrm{m\cdot s^{-1}})$	3.200 0	4.800 0	6.400 0	7.840 0	7.984 0	7.998 4	7.999 8

由表 2-4 可以观察到，当 t 无限趋于 1 s 时（注意是趋于 1 s 但是不等于 1 s），平均速度 $\overline{v}(t)$ 的值越来越趋近于一个固定的值 8 m/s. 于是可定义在 $t=1$ s时的瞬时速度为这个固定值，即 8 m/s.

在很多实际问题中，也会像这样出现当自变量 x 无限趋于一个固定数值 $x_0(x\neq x_0)$（记作 $x\to x_0$，称作 x **趋于** x_0）时，函数 $f(x)$ 的值无限趋近于一个固定常数 A 的现象. 于是有以下定义.

定义 4　当自变量 x 无限趋于一个固定数值 $x_0(x\neq x_0)$ 时，若函数 $f(x)$ 的值无限趋近于一个固定的常数 A，则称常数 A 为**函数 $f(x)$ 当 $x\to x_0$ 时的极限**，记作

$$\lim_{x\to x_0}f(x)=A\quad 或\quad f(x)\to A\ (x\to x_0).$$

在定义 4 中，$x\to x_0$ 是指 x 以沿 x 轴的方式无限趋于 x_0，这样 x 可以从 x_0 的两侧趋于 x_0. 当然，x 可能只从 x_0 的左侧趋于 x_0，即 x 小于 x_0 而无限趋于 x_0（记作 $x\to x_0^-$）；也可能只从 x_0 的右侧趋于 x_0，即 x 大于 x_0 而无限趋于 x_0（记作 $x\to x_0^+$）.

定义 5　当 $x\to x_0^-(x\neq x_0)$ 时，若函数 $f(x)$ 的值无限趋近于一个固定的常数 A，则称常数 A 为函数 $f(x)$ 当 $x\to x_0$ 时的**左极限**，记作

$$f(x_0-0)=\lim_{x\to x_0^-}f(x)=A\quad 或\quad f(x)\to A\ (x\to x_0^-).$$

当 $x\to x_0^+(x\neq x_0)$ 时，若函数 $f(x)$ 的值无限趋近于一个固定的常数 A，则称常数 A 为函数 $f(x)$ 当 $x\to x_0$ 时的**右极限**，记作

$$f(x_0+0)=\lim_{x\to x_0^+}f(x)=A\quad 或\quad f(x)\to A\ (x\to x_0^+).$$

左极限与右极限描述的都是：当 x 只从 x_0 的一侧趋于 x_0 时，函数值的变化趋势. 所以统称它们为**单侧极限**.

由不等式的等价性和绝对值性质，显然有下述定理.

定理 2　$\lim\limits_{x\to x_0}f(x)=A$ **的充分必要条件是：**$\lim\limits_{x\to x_0^-}f(x)=\lim\limits_{x\to x_0^+}f(x)=A$.

例 4　考察极限 $\lim\limits_{x\to 2}\dfrac{x-2}{x^2-4}$.

解　通过计算一些函数值，列表考察（见表 2-5，保留小数点后 6 位小数）.

表 2-5

$x\,(<2)$	1.5	1.9	1.99	1.999	1.999 9	1.999 99	1.999 999
y	0.285 714	0.256 410	0.250 627	0.250 063	0.250 006	0.250 001	0.250 000
$x\,(>2)$	2.5	2.1	2.01	2.001	2.000 1	2.000 01	2.000 001
y	0.222 222	0.243 902	0.249 377	0.249 938	0.249 994	0.249 999	0.250 000

由表 2-5 可观察到，无论 x 从哪个方向越来越趋于 2，函数值都越来越趋近于0.25. 所以 $\lim\limits_{x\to 2}\dfrac{x-2}{x^2-4}=0.25$.

例 5　考察极限$\lim\limits_{x\to 0}\dfrac{\sqrt{x^2+9}-3}{x^2}$.

解　通过计算一些函数值，列表考察(见表 2-6，保留小数点后 8 位小数).

表 2-6

x	± 0.5	± 0.1	± 0.05	± 0.01	± 0.005	± 0.001
y	0.165 525 06	0.166 620 40	0.166 655 09	0.166 666 20	0.166 666 55	0.166 666 66

由表2-6可观察到，无论x从哪个方向越来越趋于0，函数值都越来越趋近于$0.166\cdots=\dfrac{1}{6}$. 所以$\lim\limits_{x\to 0}\dfrac{\sqrt{x^2+9}-3}{x^2}=\dfrac{1}{6}$.

例 6　设$f(x)=\begin{cases}2^x-2, & x>0,\\ 1, & x=0,\\ x-1, & x<0,\end{cases}$求$\lim\limits_{x\to 0^-}f(x)$，$\lim\limits_{x\to 0^+}f(x)$及$\lim\limits_{x\to 0}f(x)$.

解　$\lim\limits_{x\to 0^-}f(x)=\lim\limits_{x\to 0^-}(x-1)=-1$，$\lim\limits_{x\to 0^+}f(x)=\lim\limits_{x\to 0^+}(2^x-2)=-1$.

因为$\lim\limits_{x\to 0^-}f(x)=\lim\limits_{x\to 0^+}f(x)=-1$，所以$\lim\limits_{x\to 0}f(x)=-1$，如图 2-4 所示.

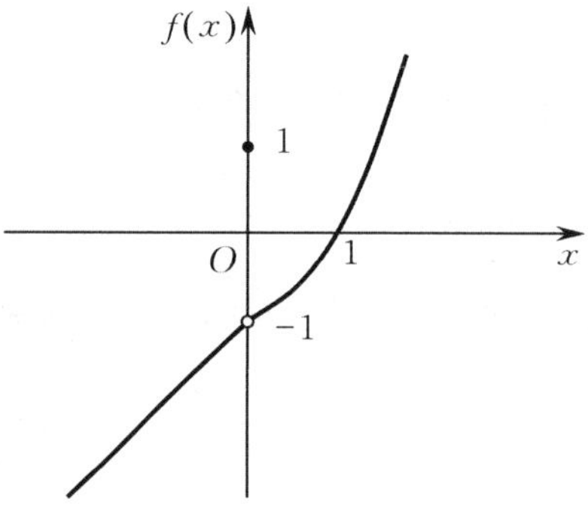

图 2-4

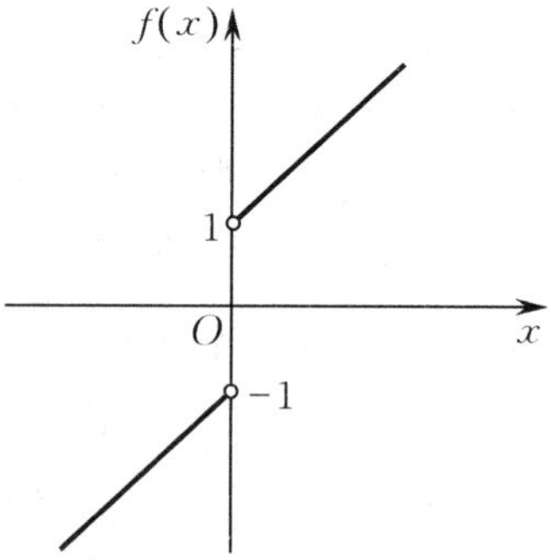

图 2-5

例 7　设$f(x)=\begin{cases}x+1, & x>0,\\ x-1, & x<0,\end{cases}$讨论当$x\to 0$时，$f(x)$的极限是否存在.

解　$x=0$是函数定义域中两个区间的分界点，且

$$\lim_{x\to 0^-}f(x)=\lim_{x\to 0^-}(x-1)=-1,\quad \lim_{x\to 0^+}f(x)=\lim_{x\to 0^+}(x+1)=1,$$

即$\lim\limits_{x\to 0^-}f(x)\neq\lim\limits_{x\to 0^+}f(x)$. 所以由定理 2 可知，$\lim\limits_{x\to 0}f(x)$不存在(见图 2-5).

除了以上诸例外，通过观察函数图像可得到下列极限：

$$\lim_{x\to 0}\cos x=1,\quad \lim_{x\to 0}\sin x=0,\quad \lim_{x\to \frac{\pi}{2}}\sin x=1,\quad \lim_{x\to \frac{\pi}{2}}\cos x=0,$$

$$\lim_{x\to 0}\arcsin x=0,\quad \lim_{x\to 1}\arcsin x=\frac{\pi}{2},\quad \lim_{x\to 0}\arccos x=\frac{\pi}{2},\quad \lim_{x\to 1}\arccos x=0.$$

2.1.3　变量的极限与性质

为了简单起见，将函数$f(x)$概括地称为“变量y”，而$x\to\infty$和$x\to x_0$的过程概括地称为

"x 的某个变化过程",则函数极限的定义可以概括为变量极限的定义.

定义 6　如果在 x 的某个变化过程中,变量 y 的值无限趋近于一个固定的常数 A,则称常数 A 为变量 y 在此变化过程中的**极限**,记作

$$\lim y = A.$$

定义 6 中的变量极限概括了函数 $f(x)$ 在六种变化过程 $x\to\infty$,$x\to+\infty$,$x\to-\infty$,$x\to x_0$,$x\to x_0^+$,$x\to x_0^-$ 中的极限. 对于今后使用的极限符号"lim",如果未标明自变量的变化过程,则它就是变量的极限,代表任何一种极限过程. 再由定义 6 显然可以得到下面的结论.

定理 3　$\lim y = A$ **的充分必要条件是**:$\lim(y-A)=0$.

以下给出变量极限的一些性质.

定理 4(唯一性)　**若极限** $\lim y$ **存在,则其极限是唯一的.**

定义 7　在变量 y 的某个变化过程中,若存在 $M>0$,使变量 y 在某一时刻之后,恒有 $|y|\leqslant M$,则称 y 在该变化过程中是**有界变量**;否则,称为**无界变量**.

例如,$y=\sin x$ 在任何变化过程中都是有界变量,而 $y=\dfrac{1}{x}$ 在 $x\to 0$ 时是无界变量.

定理 5(有界性)　**若在某一变化过程中**,$\lim y$ **存在,则** y **是有界变量.**

定理 5 的逆命题不成立. 例如,当 $x\to\infty$ 时,$\sin x$ 是有界变量,但 $\lim\limits_{x\to\infty}\sin x$ 不存在. 这是因为,在 $x\to\infty$ 的变化过程中,$\sin x$ 总是在 -1 与 1 之间振荡,不会趋于一个固定的常数.

定理 6(保号性)　**若** $\lim y = A$,**且** $A>0$(**或** $A<0$),**则总存在那么一个时刻,在此时刻之后,有** $y>0$(**或** $y<0$).

推论 1　在某极限过程中,若 $y\geqslant 0$(或 $y\leqslant 0$),且 $\lim y = A$,则 $A\geqslant 0$(或 $A\leqslant 0$).

以上变量极限的性质,适用于任何一种具体变化过程中的函数极限. 在应用时,只需将具体的变化过程用不等式描述出来就行.

2.1.4　变量极限准则

在某个变化过程中,变量 y 是否存在极限,也是一个很重要的问题. 下面讨论一个变量极限存在的准则.

定理 7(两边夹准则)　**给定变量** α,β,γ,**若在某个变化过程中,这三个变量满足**

$$\beta\leqslant\alpha\leqslant\gamma,$$

且有 $\lim\beta=\lim\gamma=A$,**则** $\lim\alpha$ **存在,且** $\lim\alpha = A$.

例 8　证明:$\lim\limits_{x\to 0}\sin x = 0$.

证　对任意的实数 x,总有 $0\leqslant|\sin x|\leqslant|x|$. 又 $\lim\limits_{x\to 0}0=0$,$\lim\limits_{x\to 0}|x|=0$,故由定理 7 可知

$$\lim_{x\to 0}\sin x = 0.$$

例 9　证明:$\lim\limits_{x\to 0}\cos x = 1$.

证　由于 $0\leqslant 1-\cos x = 2\sin^2\dfrac{x}{2}\leqslant\dfrac{x^2}{2}$,而 $\lim\limits_{x\to 0}0=0$,$\lim\limits_{x\to 0}\dfrac{x^2}{2}=0$,故由定理 7 可知

$$\lim_{x\to 0}(1-\cos x)=0.$$

于是由定理 3 可知$\lim\limits_{x\to 0}\cos x=1$.

定理 8(单调有界原理) **单调有界的数列必收敛.**

此定理的证明超出本书内容,有兴趣的读者可以参考相应的参考文献.

例如,对数列$\left\{a_n=1-\dfrac{1}{n^2}\right\}$,即$\left\{0,\dfrac{3}{4},\dfrac{8}{9},\dfrac{15}{16},\dfrac{24}{25},\cdots\right\}$,显然$\{a_n\}$是单调增加的,且$a_n=1-\dfrac{1}{n^2}<1$,所以由定理 8 可知$\lim\limits_{n\to\infty}a_n$存在.事实上,$\lim\limits_{n\to\infty}a_n=\lim\limits_{n\to\infty}\left(1-\dfrac{1}{n^2}\right)=1$.

对于数列$\left\{\left(1+\dfrac{1}{n}\right)^n\right\}$,读者可自行证明其单调增加,且$0<\left(1+\dfrac{1}{n}\right)^n<4$对一切$n=1,2,\cdots$都成立.故由定理 8 可知,此数列收敛,记其极限为$\lim\limits_{n\to\infty}\left(1+\dfrac{1}{n}\right)^n=\mathrm{e}$.可以证明 e 是一个无理数,且有

$$\mathrm{e}=2.718\,281\,828\,459\,045\cdots.$$

习题 2-1

1. 利用函数图像,观察其变化趋势,写出下列极限:

(1) $\lim\limits_{x\to+\infty}\dfrac{1}{x}$; (2) $\lim\limits_{x\to-\infty}\mathrm{e}^x$; (3) $\lim\limits_{x\to+\infty}2^{-x}$; (4) $\lim\limits_{x\to+\infty}\arctan x$;

(5) $\lim\limits_{x\to 0}2$; (6) $\lim\limits_{x\to 2}\dfrac{x^2-4}{x-2}$.

2. 观察数列$\{x_n\}$的变化趋势,写出其极限,其中

(1) $x_n=\dfrac{n-1}{n+1}$; (2) $x_n=\dfrac{(-1)^n}{n}$; (3) $x_n=\dfrac{n+1}{n^2-1}$; (4) $x_n=\dfrac{1}{n^2}-1$.

3. "函数$f(x)$在点x_0处有定义"是"当$x\to x_0$时$f(x)$有极限"的(　　).

(A) 必要条件 (B) 充分条件 (C) 充要条件 (D) 无关条件

4. "$f(x_0-0)$与$f(x_0+0)$都存在"是"函数$f(x)$在点x_0处有极限"的(　　).

(A) 必要条件 (B) 充分条件 (C) 充要条件 (D) 无关条件

5. 设$f(x)=\begin{cases}x^2, & x\geqslant 0,\\ x+1, & x<0.\end{cases}$

(1) 作出$f(x)$的图像;

(2) 求$\lim\limits_{x\to 0^+}f(x)$与$\lim\limits_{x\to 0^-}f(x)$;

(3) 判断$\lim\limits_{x\to 0}f(x)$是否存在.

6. 设$f(x)=|x|$,求当$x\to 0$时$f(x)$的左、右极限,并讨论$\lim\limits_{x\to 0}f(x)$是否存在.

7. 设一病人接受每四小时注射一次某种药物 150 mg 的治疗.图 2-6 中给出了t小时后药物在病人体内血液中的残留量$f(t)$.根据图中信息,求$\lim\limits_{t\to 12^-}f(t)$与$\lim\limits_{t\to 12^+}f(t)$.如果这种药物在人体残留量超过 300 mg,会对人体产生较强的副作用,那么该病人每天注射这种药物最多不能超过几次?

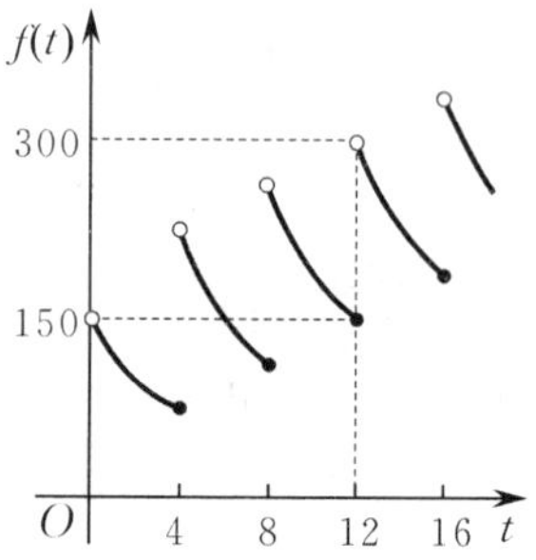

图 2-6

§2.2　无穷小与无穷大

2.2.1　无穷大

当我们按 1,2,3,… 的顺序数数时,就会发现所数的数越来越大,而且可以任意大.在函数值随自变量变化而变化的过程中,有时候会出现这种现象.例如,考虑函数 $y=\frac{1}{x^2}$ 当 $x\to 0$ 时的变化趋势.观察图 2-7 可以发现,当 $x\to 0$ 时,$\frac{1}{x^2}$ 变得越来越大,而且可以任意大.

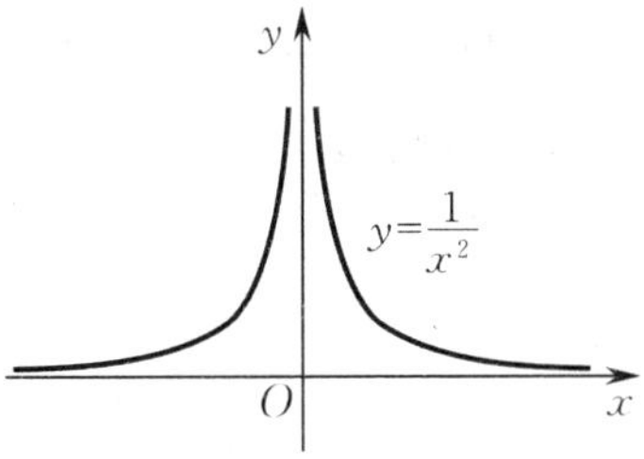

图 2-7

对于一般的变量而言,在某个变化过程中,变量 y 的值可以变得越来越大,以至无限变大.

定义 1　在某个变化过程中,若变量 y 的值能够无限变大,则称变量 y 是该变化过程中的**无穷大量**,简称**无穷大**,记作 $\lim y=\infty$.

在定义 1 中,变量 y 可能向正的方向越来越大,也可能向负的方向越来越大.例如,$y=\frac{1}{x^3}$ 当 $x\to 0^-$ 时就向负的方向越来越大,而当 $x\to 0^+$ 时就向正的方向越来越大.

定义 2　在某个变化过程中,若变量 y 的值能够向正的方向(或负的方向)无限增大,则称变量 y 是该变化过程中的**正无穷大量**(或**负无穷大量**),简称**正无穷大**(或**负无穷大**),记作

$$\lim y=+\infty \quad (\text{或} \lim y=-\infty).$$

注　一方面,上述定义中的 ∞ 并不是一个数,用 $\lim y=\infty$ 表示无穷大,并不是说极限存在.另一方面,称变量是无穷大,必须指明其变化过程.例如,当 $x\to 0$ 时,变量 $y=\frac{1}{x^2}$ 是无穷大;但当 $x\to\infty$ 时,$y=\frac{1}{x^2}\to 0$,就不是无穷大.

例 1　可以验证:(1) $\lim\limits_{x\to 1}\frac{1}{x-1}=\infty$;(2) $\lim\limits_{x\to+\infty}\ln x=+\infty$.

类似于例 1,可以验证:$\lim\limits_{x\to 0^+}\ln x=-\infty$, $\lim\limits_{x\to\left(\frac{\pi}{2}\right)^-}\tan x=+\infty$, $\lim\limits_{x\to\left(-\frac{\pi}{2}\right)^+}\tan x=-\infty$, $\lim\limits_{x\to+\infty}2^x=+\infty$.

2.2.2　无穷小

《庄子·天下篇》中有一句名言:"一尺之棰,日取其半,万世不竭."这句话的意思是:一尺长的木棒,每天取走一半,永远都取不完.观察就会发现,尽管每天取都取不完,但每天取走后所剩余的木棒长度就会越来越短,越来越趋近于 0.同样,在生活中也会出现一些量越来

越趋近于 0 的情形，我们称之为无穷小.

定义 3　若在某个变化过程中，变量 α 的极限为 0，则称变量 α 为该变化过程中的**无穷小量**，简称**无穷小**.

例 2　因为 $\lim\limits_{x\to 0}\sin x = 0$，所以当 $x\to 0$ 时，函数 $\sin x$ 是无穷小.

例 3　因为 $\lim\limits_{x\to\infty}\dfrac{1}{x^2} = 0$，所以当 $x\to\infty$ 时，函数 $\dfrac{1}{x^2}$ 是无穷小.

注　无穷小是极限为 0 的变量. 无穷小是相对某个变化过程而言的，不能认为无穷小就是很小很小的量.

定理 1　**在某个变化过程中，变量 y 以 A 为极限的充要条件是：$y = A+\alpha$，其中 α 为该变化过程中的无穷小.**

例 4　由于 $\lim\limits_{x\to 1}(2x-4) = -2$，且 $2x-4 = -2+2(x-1)$，因此 $\alpha = 2(x-1)$ 为当 $x\to 1$ 时的无穷小.

2.2.3　无穷小的性质

定理 2　**同一变化过程中的两个无穷小的和与差仍为无穷小.**

定理 2 可推广到有限多个无穷小的代数和的情形.

推论 1　同一变化过程中的有限多个无穷小的代数和仍为无穷小.

定理 3　**同一变化过程中的有界变量与无穷小的乘积是一个无穷小.**

例 5　求 $\lim\limits_{x\to 0} x\sin\dfrac{1}{x}$.

解　因为 $\left|\sin\dfrac{1}{x}\right|\leqslant 1$，所以 $\sin\dfrac{1}{x}$ 是有界变量. 又 $\lim\limits_{x\to 0} x = 0$，所以当 $x\to 0$ 时，x 是无穷小. 故由定理 3 知，当 $x\to 0$ 时，$x\sin\dfrac{1}{x}$ 是无穷小，即 $\lim\limits_{x\to 0} x\sin\dfrac{1}{x} = 0$.

例 6　求 $\lim\limits_{x\to+\infty} e^{-x}\cos x$.

解　因为 $|\cos x|\leqslant 1$，所以 $\cos x$ 是有界变量. 又易知 $\lim\limits_{x\to+\infty} e^{-x} = 0$，所以当 $x\to+\infty$ 时，e^{-x} 是无穷小. 故由定理 3 知，当 $x\to+\infty$ 时，$e^{-x}\cos x$ 也是无穷小，即 $\lim\limits_{x\to+\infty} e^{-x}\cos x = 0$.

由定理 3 可以推出下面结论.

推论 2　同一变化过程中的常数与无穷小的乘积为无穷小.

推论 3　同一变化过程中的有限多个无穷小的乘积为无穷小.

2.2.4　无穷大与无穷小的关系

定理 4　**设 y 是某变化过程中的变量.**

(1) 如果 y 是无穷大，则 $\dfrac{1}{y}$ 是无穷小；

(2) **如果 y 是无穷小,且 $y \neq 0$,则 $\frac{1}{y}$ 是无穷大.**

定理 4 说明了无穷小与无穷大有类似倒数的关系. 例如,$\lim\limits_{x \to 1}(x-1)=0$,即当 $x \to 1$ 时,$x-1$ 是无穷小;而 $\lim\limits_{x \to 1}\frac{1}{x-1}=\infty$,即当 $x \to 1$ 时,$\frac{1}{x-1}$ 是无穷大.

例 7　求 $\lim\limits_{x \to +\infty}\frac{1}{\ln x}$.

解　由例 1 知,当 $x \to +\infty$ 时,$\ln x$ 是正无穷大. 于是当 $x \to +\infty$ 时,$\frac{1}{\ln x}$ 是无穷小,从而

$$\lim_{x \to +\infty}\frac{1}{\ln x}=0.$$

2.2.5　无穷小的比较

虽然同一变化过程中的无穷小都是趋近于 0 的变量,但不同的无穷小趋近于 0 的速度是不同的,有时差别甚至很大.

例如,当 $x \to 0$ 时,$x,3x,x^2$ 都是无穷小,但它们趋近于 0 的速度却不一样(见表 2-7).

表 2-7

x	1	0.5	0.1	0.01	0.001	0.000 1	…	→	0
$3x$	3	1.5	0.3	0.03	0.003	0.000 3	…	→	0
x^2	1	0.25	0.01	0.000 1	0.000 001	0.000 000 01	…	→	0

显然,相比较而言,x^2 趋近于 0 的速度比 $x,3x$ 都快,而 x 与 $3x$ 趋近于 0 的速度差不多. 这说明,在同一变化过程中的不同无穷小趋近于 0 的速度可能会有较大差异. 如何进行比较,也是值得考虑的.

定义 4　设 α,β 是同一变化过程中的两个无穷小.

(1) 如果 $\lim\frac{\beta}{\alpha}=0$,则称 β 是比 α **高阶的无穷小**,记作 $\beta=o(\alpha)$,也称 α 是比 β **低阶的无穷小**.

(2) 如果 $\lim\frac{\beta}{\alpha}=c\neq 0$($c$ 为常数),则称 β 与 α 是**同阶无穷小**. 特别地,若 $c=1$,则称 β 与 α 是**等价无穷小**,记作 $\beta \sim \alpha$.

例 8　由于 $\lim\limits_{x \to 0}\frac{x^2}{x}=\lim\limits_{x \to 0}x=0$,因此当 $x \to 0$ 时,x^2 是比 x 高阶的无穷小,记作 $x^2=o(x)$. 反之,x 是比 x^2 低阶的无穷小.

例 9　由于 $\lim\limits_{x \to 0}\frac{x}{3x}=\lim\limits_{x \to 0}\frac{1}{3}=\frac{1}{3}$,因此当 $x \to 0$ 时,x 与 $3x$ 是同阶无穷小.

习题 2-2

1. 下列函数在什么情况下为无穷小?在什么情况下为无穷大?

(1) $\dfrac{x+2}{x-1}$;　　(2) $\log_{\frac{1}{2}} x$;　　(3) $\dfrac{x+1}{x^2-1}$;　　(4) 2^x.

2. 当 $x\to 0$ 时,$x-x^2$ 与 x^2 相比,哪个是高阶无穷小?

3. 当 $x\to 1$ 时,无穷小 $1-x$ 与下列函数是否同阶或等价:

(1) $1-x^3$;　　(2) $\dfrac{1}{2}(1-x^2)$.

4. 求下列极限:

(1) $\lim\limits_{x\to 0} x^2\sin\dfrac{1}{x}$;　　(2) $\lim\limits_{x\to+\infty}\dfrac{\arctan x}{x}$;　　(3) $\lim\limits_{x\to\infty}\dfrac{\cos x^3}{x^2}$.

5. 试查阅资料了解无穷思想的发展历程,并列举几个无穷大与无穷小的例子.

6. 请思考 ∞ 能否当作一个数来进行计算,如可以进行 $\infty-\infty=0$ 这样的运算吗?

§2.3　极限的运算

前面几节介绍了极限的定义.由定义可以验证某个常数是否是某个变量的极限,但一般不用定义来求极限.本节主要介绍变量极限的运算法则,并利用这些法则在已知一些极限的基础上,去求一些新的较为复杂变量的极限.由于数列可以看成是定义在正整数集上的函数,因此本节中的变量极限可以代表数列极限与函数极限,从而本节讨论的运算法则对数列极限和函数极限都适用.

2.3.1　极限的四则运算法则

定理 1(四则运算法则)　若在同一变化过程中,对变量 f 与 g,有 $\lim f=A$,$\lim g=B$,则

(1) **和与差**:$\lim(f\pm g)=A\pm B=\lim f\pm\lim g$;

(2) **积**:$\lim(fg)=AB=\lim f\cdot\lim g$;

(3) **商**:$\lim\dfrac{f}{g}=\dfrac{A}{B}=\dfrac{\lim f}{\lim g}\ (B\neq 0)$.

因 $\lim c=c$(c 为常数),故由定理 1 的法则(2),即得下面的推论.

推论 1　若 $\lim f$ 存在,c 为常数,则

$$\lim cf(x)=c\lim f(x).$$

这就是说,求极限时,常数因子可提到极限符号外面.

推论 2　若 $\lim f$ 存在,n 为正整数,则

$$\lim f^n=(\lim f)^n.$$

例 1　求 $\lim\limits_{x\to 1}(2x^3-3x^2+1)$.

解　$\lim\limits_{x\to 1}(2x^3-3x^2+1)=\lim\limits_{x\to 1}2x^3+\lim\limits_{x\to 1}(-3x^2)+\lim\limits_{x\to 1}1=2\lim\limits_{x\to 1}x^3-3\lim\limits_{x\to 1}x^2+\lim\limits_{x\to 1}1$

$$=2(\lim_{x\to 1}x)^3-3(\lim_{x\to 1}x)^2+\lim_{x\to 1}1=2\times 1^3-3\times 1^2+1=0.$$

一般地，设多项式为 $P(x)=a_nx^n+a_{n-1}x^{n-1}+\cdots+a_1x+a_0$，则由极限的四则运算法则很容易验证

$$\lim_{x\to x_0}P(x)=a_nx_0^n+a_{n-1}x_0^{n-1}+\cdots+a_1x_0+a_0=P(x_0).$$

例 2　求 $\lim\limits_{x\to 2}\dfrac{3x+1}{x^2+x-3}$.

解　因为

$$\lim_{x\to 2}(3x+1)=3\lim_{x\to 2}x+\lim_{x\to 2}1=3\times 2+1=7,$$

$$\lim_{x\to 2}(x^2+x-3)=(\lim_{x\to 2}x)^2+\lim_{x\to 2}x+\lim_{x\to 2}(-3)=2^2+2-3=3,$$

即分母的极限不等于 0，所以由定理 1 的法则(3)，有

$$\lim_{x\to 2}\frac{3x+1}{x^2+x-3}=\frac{\lim\limits_{x\to 2}(3x+1)}{\lim\limits_{x\to 2}(x^2+x-3)}=\frac{7}{3}.$$

例 3　求 $\lim\limits_{x\to 2}\dfrac{2x}{x^2-4}$.

解　因为 $\lim\limits_{x\to 2}(x^2-4)=0$，即分母的极限为 0，所以不能用定理 1 的法则(3)求此分式的极限. 但分子的极限 $\lim\limits_{x\to 2}2x=4\neq 0$，故可先求出

$$\lim_{x\to 2}\frac{x^2-4}{2x}=\frac{\lim\limits_{x\to 2}(x^2-4)}{\lim\limits_{x\to 2}2x}=\frac{0}{4}=0,$$

再由无穷小与无穷大的关系，得到 $\lim\limits_{x\to 2}\dfrac{2x}{x^2-4}=\infty$.

例 4　求 $\lim\limits_{x\to 4}\dfrac{x-4}{x^2-16}$.

解　当 $x\to 4$ 时，由于分子、分母的极限均为 0，因此不能直接运用极限运算法则. 通常应设法去掉分母中的“零因子”，常用的方法有因式分解、有理化等. 因为当 $x\neq 4$ 时，有

$$\frac{x-4}{x^2-16}=\frac{x-4}{(x-4)(x+4)}=\frac{1}{x+4},$$

所以
$$\lim_{x\to 4}\frac{x-4}{x^2-16}=\lim_{x\to 4}\frac{1}{x+4}=\frac{1}{8}.$$

例 5　求 $\lim\limits_{x\to 3}\dfrac{\sqrt{x+6}-3}{x-3}$.

解　当 $x\to 3$ 时，分子、分母的极限均为 0，可采用对分子中的二次根式有理化的方法去掉分母中的“零因子”. 于是有

$$\lim_{x\to 3}\frac{\sqrt{x+6}-3}{x-3}=\lim_{x\to 3}\frac{(\sqrt{x+6}-3)(\sqrt{x+6}+3)}{(x-3)(\sqrt{x+6}+3)}=\lim_{x\to 3}\frac{x-3}{(x-3)(\sqrt{x+6}+3)}$$

$$=\lim_{x\to 3}\frac{1}{\sqrt{x+6}+3}=\frac{1}{6}.$$

例 6　求$\lim\limits_{x\to 2}\left(\dfrac{1}{2-x}-\dfrac{12}{8-x^3}\right)$.

解　因为当 $x\to 2$ 时,括号中的两个函数均为无穷大,所以不能运用定理 1 的法则(1),但是可以先通分,再求极限.由于 $8-x^3=2^3-x^3=(2-x)(4+2x+x^2)$,因此有

$$\lim_{x\to 2}\left(\frac{1}{2-x}-\frac{12}{8-x^3}\right)=\lim_{x\to 2}\frac{4+2x+x^2-12}{8-x^3}=\lim_{x\to 2}\frac{(x+4)(x-2)}{(2-x)(4+2x+x^2)}$$
$$=\lim_{x\to 2}\frac{-(x+4)}{4+2x+x^2}=-\frac{2+4}{4+2\times 2+2^2}=-\frac{1}{2}.$$

例 7　求$\lim\limits_{x\to\infty}\dfrac{2x^3+x^2+2}{4x^3-x+3}$.

解　因为当$x\to\infty$时,其分子、分母均为无穷大,所以不能运用定理1的法则(3).这时通常将分子、分母同时除以 x 的最高次幂.于是有

$$\lim_{x\to\infty}\frac{2x^3+x^2+2}{4x^3-x+3}=\lim_{x\to\infty}\frac{2+\dfrac{1}{x}+\dfrac{2}{x^3}}{4-\dfrac{1}{x^2}+\dfrac{3}{x^3}}=\frac{\lim\limits_{x\to\infty}\left(2+\dfrac{1}{x}+\dfrac{2}{x^3}\right)}{\lim\limits_{x\to\infty}\left(4-\dfrac{1}{x^2}+\dfrac{3}{x^3}\right)}=\frac{2}{4}=\frac{1}{2}.$$

例 8　求$\lim\limits_{x\to\infty}\dfrac{x^2+x-4}{x^3-x+5}$.

解　因为当 $x\to\infty$ 时,分子、分母均趋于∞,所以可把分子、分母同除以分母中自变量的最高次幂,即得

$$\lim_{x\to\infty}\frac{x^2+x-4}{x^3-x+5}=\lim_{x\to\infty}\frac{\dfrac{1}{x}+\dfrac{1}{x^2}-\dfrac{4}{x^3}}{1-\dfrac{1}{x^2}+\dfrac{5}{x^3}}=\frac{\lim\limits_{x\to\infty}\left(\dfrac{1}{x}+\dfrac{1}{x^2}-\dfrac{4}{x^3}\right)}{\lim\limits_{x\to\infty}\left(1-\dfrac{1}{x^2}+\dfrac{5}{x^3}\right)}=\frac{0}{1}=0.$$

例 9　求$\lim\limits_{x\to\infty}\dfrac{x^2+4}{x-1}$.

解　当 $x\to\infty$ 时,分子、分母均趋于∞,且分子的次数比分母的次数高,于是

$$\lim_{x\to\infty}\frac{x-1}{x^2+4}=\lim_{x\to\infty}\frac{\dfrac{1}{x}-\dfrac{1}{x^2}}{1+\dfrac{4}{x^2}}=\frac{\lim\limits_{x\to\infty}\left(\dfrac{1}{x}-\dfrac{1}{x^2}\right)}{\lim\limits_{x\to\infty}\left(1+\dfrac{4}{x^2}\right)}=\frac{0}{1}=0,$$

所以由无穷小与无穷大的关系可知$\lim\limits_{x\to\infty}\dfrac{x^2+4}{x-1}=\infty$.

总结例 7 至例 9,可得以下结论.

一般地,设 $a_n\neq 0,b_m\neq 0,m,n$ 为正整数,则

$$\lim_{x\to\infty}\frac{a_nx^n+a_{n-1}x^{n-1}+\cdots+a_1x+a_0}{b_mx^m+b_{m-1}x^{m-1}+\cdots+b_1x+b_0}=\begin{cases}0, & n<m,\\ \dfrac{a_n}{b_m}, & n=m,\\ \infty, & n>m.\end{cases}$$

例 10　求$\lim\limits_{n\to\infty}\left(1+\dfrac{1}{2}+\dfrac{1}{2^2}+\cdots+\dfrac{1}{2^n}\right)$.

解　因为括号中和的项数随 n 的增大而增大,且趋于无穷多项,所以不能用定理 1 的法

则(1). 但可以利用等比数列求出和后，再求出极限. 于是有

$$\lim_{n\to\infty}\left(1+\frac{1}{2}+\frac{1}{2^2}+\cdots+\frac{1}{2^n}\right)=\lim_{n\to\infty}\frac{1-\left(\frac{1}{2}\right)^{n+1}}{1-\frac{1}{2}}=\lim_{n\to\infty}\left(2-\frac{1}{2^n}\right)$$

$$=\lim_{n\to\infty}2-\lim_{n\to\infty}\frac{1}{2^n}=2-0=2.$$

2.3.2　两个重要极限及应用

1. 第一个重要极限： $\lim\limits_{x\to 0}\dfrac{\sin x}{x}=1$

先计算函数值(保留小数点后 10 位小数)，并列表观察(见表 2-8).

表 2-8

x	± 0.5	± 0.1	± 0.01	± 0.001	$\pm 0.000\,1$	$\pm 0.000\,01$
$\dfrac{\sin x}{x}$	0.958 851 077 2	0.998 334 166 4	0.999 983 333 4	0.999 999 833 3	0.999 999 998 3	1.000 000 000 0

由表 2-8 可知，应有 $\lim\limits_{x\to 0}\dfrac{\sin x}{x}=1$. 下面做一个简单的证明.

以原点为圆心，作单位圆(见图 2-8)，$\overset{\frown}{EAB}$ 为单位圆弧，即 $OA=OB=1$. 设圆心角 $\angle AOB=x\left(0<x<\frac{\pi}{2}\right)$. 过点 A 作 OB 的垂线，垂足为 C. 再以点 B 为切点作切线，交 OA 的延长线于点 D. 由圆及直角三角形 AOC 和 DOB 的性质，即得

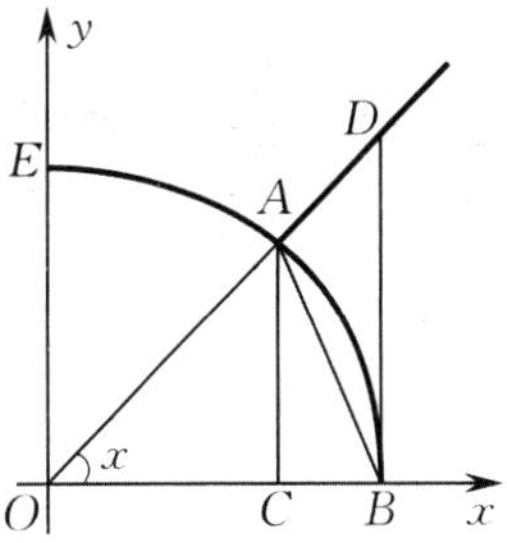

图 2-8

$$\overset{\frown}{AB}=x,\quad AC=\sin x,\quad DB=\tan x.$$

显然，$\triangle AOB$ 的面积 $<$ 扇形 OAB 的面积 $<$ $\triangle DOB$ 的面积. 由于

$$\triangle AOB\text{ 的面积}=\frac{1}{2}OB\cdot AC=\frac{1}{2}\sin x,$$

$$\text{扇形 }OAB\text{ 的面积}=\frac{1}{2}OA\cdot\overset{\frown}{AB}=\frac{1}{2}x,$$

$$\triangle DOB\text{ 的面积}=\frac{1}{2}OB\cdot DB=\frac{1}{2}\tan x,$$

因此 $\frac{1}{2}\sin x<\frac{1}{2}x<\frac{1}{2}\tan x$，即

$$\sin x<x<\tan x.$$

又因为 $0<x<\frac{\pi}{2}$，所以 $\cos x>0$，$\sin x>0$，故上式可改写为

$$\cos x<\frac{\sin x}{x}<1.$$

于是由$\lim\limits_{x\to 0^+}\cos x=1$以及两边夹准则,得$\lim\limits_{x\to 0^+}\dfrac{\sin x}{x}=1$.

注意到$\dfrac{\sin x}{x}$是偶函数,从而有

$$\lim_{x\to 0^-}\frac{\sin x}{x}=\lim_{x\to 0^-}\frac{\sin(-x)}{-x}=\lim_{x\to 0^+}\frac{\sin x}{x}=1.$$

综上所述,即证得重要的极限:$\lim\limits_{x\to 0}\dfrac{\sin x}{x}=1$.

极限$\lim\limits_{x\to 0}\dfrac{\sin x}{x}=1$说明,当$x\to 0$时,$\sin x$与$x$是等价无穷小.这意味着,当$x$很小时,$\sin x$与$x$基本相等,可以用$x$作为$\sin x$的良好近似而解决$\sin x$不易计算的问题.例如,当$x=0.02$时,有$\sin 0.02\approx 0.02$(其精确值为$\sin 0.02\approx 0.019\,998\,666\,7$),这是一个良好的近似.正因为如此,我们称极限$\lim\limits_{x\to 0}\dfrac{\sin x}{x}=1$为重要极限.

例 11 计算$\lim\limits_{x\to 0}\dfrac{\tan x}{x}$.

解 因为$\lim\limits_{x\to 0}\cos x=1$,所以

$$\lim_{x\to 0}\frac{\tan x}{x}=\lim_{x\to 0}\frac{\sin x}{x}\cdot\frac{1}{\cos x}=\lim_{x\to 0}\frac{\sin x}{x}\cdot\lim_{x\to 0}\frac{1}{\cos x}=1\times 1=1.$$

例 12 计算$\lim\limits_{x\to\infty}x\sin\dfrac{1}{x}$.

解 令$x=\dfrac{1}{t}$,则$t=\dfrac{1}{x}$,故当$x\to\infty$时,$t\to 0$.于是有

$$\lim_{x\to\infty}x\sin\frac{1}{x}=\lim_{t\to 0}\frac{1}{t}\sin t=\lim_{t\to 0}\frac{\sin t}{t}=1.$$

例 13 计算$\lim\limits_{x\to 0}\dfrac{1-\cos x}{x^2}$.

解
$$\lim_{x\to 0}\frac{1-\cos x}{x^2}=\lim_{x\to 0}\frac{2\sin^2\frac{x}{2}}{x^2}=\frac{1}{2}\lim_{x\to 0}\left(\frac{\sin\frac{x}{2}}{\frac{x}{2}}\right)^2=\frac{1}{2}\left(\lim_{x\to 0}\frac{\sin\frac{x}{2}}{\frac{x}{2}}\right)^2$$
$$=\frac{1}{2}\times 1^2=\frac{1}{2}.$$

结论 1 一般地,在某个变化过程中,只要α是无穷小(即$\lim\alpha=0$),且$\alpha\neq 0$,则有

$$\lim\frac{\sin\alpha}{\alpha}=1.$$

例如,当$x\to+\infty$时,e^{-x}是无穷小,故有$\lim\limits_{x\to+\infty}\dfrac{\sin e^{-x}}{e^{-x}}=1$.

例 14 计算半径为r的圆内接正n边形的面积,并求此圆的面积.

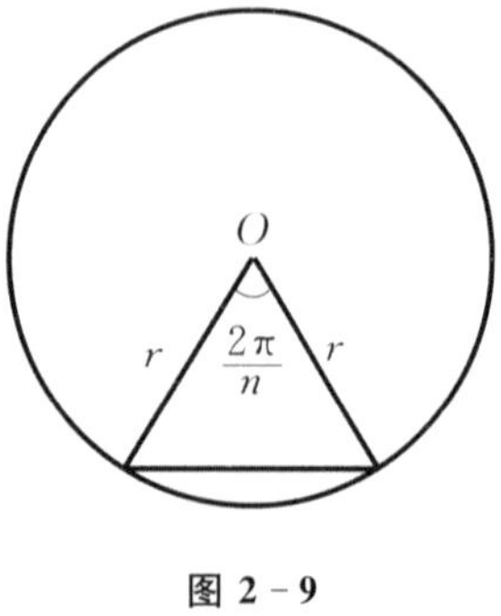

图 2-9

解 如图 2-9 所示,连接圆心与正n边形的各个顶点,则将圆内接正n边形分成了n个等腰三角形.每个等腰三角形的腰为

r,顶角为$\frac{2\pi}{n}$,所以面积为$\frac{1}{2}r\cdot r\cdot\sin\frac{2\pi}{n}=\frac{1}{2}r^2\sin\frac{2\pi}{n}$,故圆内接正 n 边形的面积 S_n 为

$$S_n=n\cdot\frac{1}{2}r^2\sin\frac{2\pi}{n}=\frac{1}{2}nr^2\sin\frac{2\pi}{n}.$$

当 $n\to\infty$ 时,圆内接正 n 边形的面积 S_n 就无限趋近于圆的面积,所以圆的面积 S 为

$$S=\lim_{n\to\infty}S_n=\lim_{n\to\infty}\frac{1}{2}nr^2\sin\frac{2\pi}{n}=\pi r^2\lim_{n\to\infty}\frac{\sin\frac{2\pi}{n}}{\frac{2\pi}{n}}=\pi r^2\cdot 1=\pi r^2.$$

2. 第二个重要极限:$\lim\limits_{x\to\infty}\left(1+\frac{1}{x}\right)^x=\mathrm{e}$

利用两边夹准则及数列极限$\lim\limits_{n\to\infty}\left(1+\frac{1}{n}\right)^n=\mathrm{e}$,可以证明第二个重要极限(此处省略具体证明过程).在此极限中,令 $t=\frac{1}{x}$,则可得

$$\lim_{t\to 0}(1+t)^{\frac{1}{t}}=\mathrm{e}.$$

例 15　求$\lim\limits_{x\to\infty}\left(1+\frac{3}{x}\right)^x$.

解　令$\frac{x}{3}=t$,则当 $x\to\infty$ 时,有 $t\to\infty$. 所以

$$\lim_{x\to\infty}\left(1+\frac{3}{x}\right)^x=\lim_{t\to\infty}\left(1+\frac{1}{t}\right)^{3t}=\lim_{t\to\infty}\left[\left(1+\frac{1}{t}\right)^t\right]^3=\left[\lim_{t\to\infty}\left(1+\frac{1}{t}\right)^t\right]^3=\mathrm{e}^3.$$

例 16　求$\lim\limits_{x\to\infty}\left(1-\frac{1}{x}\right)^{2x-1}$.

解　令 $-x=t$,则当 $x\to\infty$ 时,有 $t\to\infty$. 所以

$$\begin{aligned}\lim_{x\to\infty}\left(1-\frac{1}{x}\right)^{2x-1}&=\lim_{t\to\infty}\left(1+\frac{1}{t}\right)^{-2t-1}=\lim_{t\to\infty}\left[\left(1+\frac{1}{t}\right)^t\right]^{-2}\cdot\lim_{t\to\infty}\left(1+\frac{1}{t}\right)^{-1}\\&=\left[\lim_{t\to\infty}\left(1+\frac{1}{t}\right)^t\right]^{-2}\cdot\lim_{t\to\infty}\left(1+\frac{1}{t}\right)^{-1}=\mathrm{e}^{-2}\cdot 1^{-1}=\mathrm{e}^{-2}.\end{aligned}$$

结论 2　设 α,β 是某变化过程中的两个变量.

(1) 若 $\lim\alpha=\infty$,则 $\lim\left(1+\frac{1}{\alpha}\right)^\alpha=\mathrm{e}$;

(2) 若 $\lim\beta=0$,则 $\lim(1+\beta)^{\frac{1}{\beta}}=\mathrm{e}$.

例 17　(1) 由于$\lim\limits_{x\to 0^+}\ln x=\infty$,因此$\lim\limits_{x\to 0^+}\left(1+\frac{1}{\ln x}\right)^{\ln x}=\mathrm{e}$.

(2) 由于$\lim\limits_{x\to\pi}\sin x=0$,因此

$$\lim_{x\to\pi}(1+\sin x)^{-\csc x}=\left[\lim_{x\to\pi}(1+\sin x)^{\csc x}\right]^{-1}=\left[\lim_{x\to\pi}(1+\sin x)^{\frac{1}{\sin x}}\right]^{-1}=\mathrm{e}^{-1}.$$

例 18　设某人投资的初始本金为 p 元. 在复利情形下,若一年内分 m 次付息,则第 1 年年末的本利和为 $s=p\left(1+\frac{r}{m}\right)^m$. 如果一年按 365 天算,则支付有多种方式. 例如,若每月支付一次,则 $m=12$;若每半个月支付一次,则 $m=24$;若每天支付一次,则 $m=365$;若每小时

支付一次，则 $m=8\,760$…… 直到 $m\to\infty$，此时的情形称为**连续支付**. 由此可知，在复利情形下，若一年内以连续支付的方式进行，则年末的本利和为

$$s=\lim_{m\to\infty}p\left(1+\frac{r}{m}\right)^m.$$

记 $x=\frac{m}{r}$，则当 $m\to\infty$ 时，有 $x\to\infty$，所以

$$s=\lim_{m\to\infty}p\left(1+\frac{r}{m}\right)^m=\lim_{x\to\infty}p\left(1+\frac{1}{x}\right)^{xr}=p\left[\lim_{x\to\infty}\left(1+\frac{1}{x}\right)^x\right]^r=pe^r.$$

此即为**连续复利**情形下，第 1 年年末本利和的计算公式（上式计算中用到了连续函数相关性质）.

由与例 18 类似的讨论可知，在连续复利情形下，第 t 年年末的本利和为

$$s=\lim_{m\to\infty}p\left(1+\frac{r}{m}\right)^{mt}=pe^{rt}.$$

例 19 小孩出生后，父母拿出 p 元作为投资初始本金，希望孩子 20 岁生日时增长到 100 000 元. 如果投资按年利率为 6% 的连续复利计算，则投资初始本金应该是多少？

解 由已知，根据 20 年的连续复利计算公式，有

$$pe^{0.06\times 20}=100\,000.$$

由此得 $p=100\,000e^{-1.2}\approx 30\,119.421$，即投资初始本金应为 30 119.421 元.

经济学上，称例 19 中的 30 119.421 元为按 6% 连续复利计算 20 年后到期的 100 000 元的**现值**. 计算这个现值的过程称为**贴现**.

除了连续复利的计算外，极限 $\lim\limits_{x\to\infty}\left(1+\frac{1}{x}\right)^x=e$ 在研究物体的冷却、放射性元素的衰变、细胞的繁殖、树木的生长等变化过程中都具有重要用途. 这说明，在现实应用中这是一个很重要的极限.

2.3.3 利用等价无穷小代换求极限

关于无穷小，有下面的性质.

定理 2 **设在同一个变化过程中，$\alpha,\beta,\alpha_1,\beta_1$ 都是无穷小，且 $\alpha\sim\alpha_1,\beta\sim\beta_1$.**

(1) 对任意一个变量 y，若 $\lim\alpha y$ 存在，则 $\lim\alpha_1 y$ 存在，且 $\lim\alpha_1 y=\lim\alpha y$；

(2) 若 $\lim\frac{\alpha}{\beta}$ 存在，则 $\lim\frac{\alpha_1}{\beta_1}$ 存在，且 $\lim\frac{\alpha_1}{\beta_1}=\lim\frac{\alpha}{\beta}$.

证 因 $\alpha\sim\alpha_1,\beta\sim\beta_1$，故 $\lim\frac{\alpha_1}{\alpha}=1,\lim\frac{\beta}{\beta_1}=1$，所以

$$\lim\alpha_1 y=\lim\left(\frac{\alpha_1}{\alpha}\cdot\alpha y\right)=\lim\frac{\alpha_1}{\alpha}\cdot\lim\alpha y=1\cdot\lim\alpha y=\lim\alpha y;$$

$$\lim\frac{\alpha_1}{\beta_1}=\lim\left(\frac{\alpha_1}{\alpha}\cdot\frac{\alpha}{\beta}\cdot\frac{\beta}{\beta_1}\right)=\lim\frac{\alpha_1}{\alpha}\cdot\lim\frac{\alpha}{\beta}\cdot\lim\frac{\beta}{\beta_1}=1\cdot\lim\frac{\alpha}{\beta}\cdot 1=\lim\frac{\alpha}{\beta}.$$

定理 2 说明，在求含无穷小乘、除运算的极限时，无穷小因子可以用其等价无穷小代换，而极限不变. 这在某些情况下会为计算极限带来方便.

由$\lim\limits_{x\to0}\dfrac{\sin x}{x}=1$和例 11 中的$\lim\limits_{x\to0}\dfrac{\tan x}{x}=1$可知,$\sin x\sim x(x\to0)$,$\tan x\sim x(x\to0)$.
除此之外,还有一些常用的等价无穷小:

$$\arcsin x\sim x(x\to0),\quad \arctan x\sim x(x\to0),\quad 1-\cos x\sim\frac{1}{2}x^2(x\to0),$$

$$e^x-1\sim x(x\to0),\quad \ln(1+x)\sim x(x\to0),\quad (1+x)^\alpha-1\sim\alpha x(x\to0,\alpha\in\mathbf{R}).$$

例 20　求$\lim\limits_{x\to0}\dfrac{\sin 3x}{\tan 6x}$.

解　当$x\to0$时,$\sin 3x\sim 3x$,$\tan 6x\sim 6x$,所以

$$\lim_{x\to0}\frac{\sin 3x}{\tan 6x}=\lim_{x\to0}\frac{3x}{6x}=\frac{3}{6}=\frac{1}{2}.$$

例 21　求$\lim\limits_{x\to0}\dfrac{\sqrt[3]{1+x^2}-1}{\sin x^2}$.

解　当$x\to0$时,$\sqrt[3]{1+x^2}-1=(1+x^2)^{\frac{1}{3}}-1\sim\dfrac{x^2}{3}$,$\sin x^2\sim x^2$,所以

$$\lim_{x\to0}\frac{\sqrt[3]{1+x^2}-1}{\sin x^2}=\lim_{x\to0}\frac{\frac{x^2}{3}}{x^2}=\frac{1}{3}.$$

例 22　求$\lim\limits_{x\to\infty}x^3\ln\left(1+\dfrac{2}{x^3}\right)$.

解　当$x\to\infty$时,$\ln\left(1+\dfrac{2}{x^3}\right)\sim\dfrac{2}{x^3}$,所以

$$\lim_{x\to\infty}x^3\ln\left(1+\frac{2}{x^3}\right)=\lim_{x\to\infty}\left(x^3\cdot\frac{2}{x^3}\right)=2.$$

例 23　求$\lim\limits_{x\to0}\dfrac{\tan x-\sin x}{\sin x^3}$.

解　$\lim\limits_{x\to0}\dfrac{\tan x-\sin x}{\sin x^3}=\lim\limits_{x\to0}\dfrac{\sin x(1-\cos x)}{\cos x\sin x^3}$.

当$x\to0$时,$\sin x\sim x$,$1-\cos x\sim\dfrac{x^2}{2}$,$\sin x^3\sim x^3$,所以

$$\lim_{x\to0}\frac{\tan x-\sin x}{\sin x^3}=\lim_{x\to0}\frac{\sin x(1-\cos x)}{\cos x\sin x^3}=\lim_{x\to0}\frac{x\cdot\frac{x^2}{2}}{\cos x\cdot x^3}=\lim_{x\to0}\frac{1}{2\cos x}=\frac{1}{2}.$$

注　利用等价无穷小代换求极限,只适用于含无穷小乘、除运算的极限,对于含无穷小加、减运算的极限不能随意代换.如在例 23 中,下面的做法是错误的:

$$\lim_{x\to0}\frac{\tan x-\sin x}{\sin x^3}=\lim_{x\to0}\frac{x-x}{x^3}=0.$$

习题 2-3

1. 下列运算正确吗?为什么?

(1) $\lim\limits_{x\to0}\left(x\sin\dfrac{1}{x}\right)=\lim\limits_{x\to0}x\cdot\lim\limits_{x\to0}\sin\dfrac{1}{x}=0\cdot\lim\limits_{x\to0}\sin\dfrac{1}{x}=0$;

(2) $\lim\limits_{x\to-1}\dfrac{x^2-2}{1+x}=\dfrac{\lim\limits_{x\to-1}(x^2-2)}{\lim\limits_{x\to-1}(1+x)}=\infty$；

(3) $\lim\limits_{n\to\infty}\left(\dfrac{1}{n^2}+\dfrac{2}{n^2}+\cdots+\dfrac{n}{n^2}\right)=\lim\limits_{n\to\infty}\dfrac{1}{n^2}+\lim\limits_{n\to\infty}\dfrac{2}{n^2}+\cdots+\lim\limits_{n\to\infty}\dfrac{n}{n^2}=0+0+\cdots+0=0.$

2. 求下列极限：

(1) $\lim\limits_{x\to1}(3x^2-5x+2)$；　　(2) $\lim\limits_{x\to1}\dfrac{2x^2-x-1}{x^2-1}$；

(3) $\lim\limits_{h\to0}\dfrac{(x+h)^3-x^3}{h}$；　　(4) $\lim\limits_{x\to1}\left(\dfrac{1}{x-1}-\dfrac{2}{x^2-1}\right)$；

(5) $\lim\limits_{x\to0}\dfrac{x^2}{1-\sqrt{1+x^2}}$；　　(6) $\lim\limits_{x\to\infty}\dfrac{x^2-x}{x^3-x-5}$；

(7) $\lim\limits_{n\to\infty}\left(\dfrac{1+2+3+\cdots+n}{n+2}-\dfrac{n}{2}\right)$；　　(8) $\lim\limits_{x\to\infty}\left(\dfrac{x^3}{2x^2-1}-\dfrac{x^2}{2x+1}\right)$.

3. 已知 $f(x)=\begin{cases}x-1, & x<0,\\ \dfrac{x^2+3x-1}{x^3+1}, & x\geqslant0,\end{cases}$ 求 $\lim\limits_{x\to0}f(x)$，$\lim\limits_{x\to+\infty}f(x)$，$\lim\limits_{x\to-\infty}f(x)$.

4. 求下列函数的极限：

(1) $\lim\limits_{x\to0}\dfrac{x-\sin x}{x+\sin x}$；　　(2) $\lim\limits_{x\to0^+}\dfrac{x}{\sqrt{1-\cos x}}$；

(3) $\lim\limits_{x\to0}\dfrac{1-\cos 4x}{x\sin x}$；　　(4) $\lim\limits_{x\to1}\dfrac{\sin(x-1)}{x^2-1}$.

5. 求下列函数的极限：

(1) $\lim\limits_{x\to\infty}\left(1+\dfrac{2}{x}\right)^{2x}$；　　(2) $\lim\limits_{x\to\infty}\left(\dfrac{2-x}{2}\right)^{\frac{2}{x}}$；

(3) $\lim\limits_{x\to\infty}\left(\dfrac{2x+1}{2x-1}\right)^{x}$.

6. 已知当 $x\to\infty$ 时，$\dfrac{1}{ax^2+bx+c}\sim\dfrac{1}{2x+4}$，求 a,b,c 的值.

7. 求下列函数的极限：

(1) $\lim\limits_{x\to0^+}\dfrac{\sin ax}{\sqrt{1-\cos x}}$；　　(2) $\lim\limits_{x\to0}\dfrac{(\sqrt{1+2x}-1)\sin x}{\tan x^2}$；

(3) $\lim\limits_{x\to0}\dfrac{\tan x-\sin x}{(e^{x^2}-1)\ln(1-x)}$.

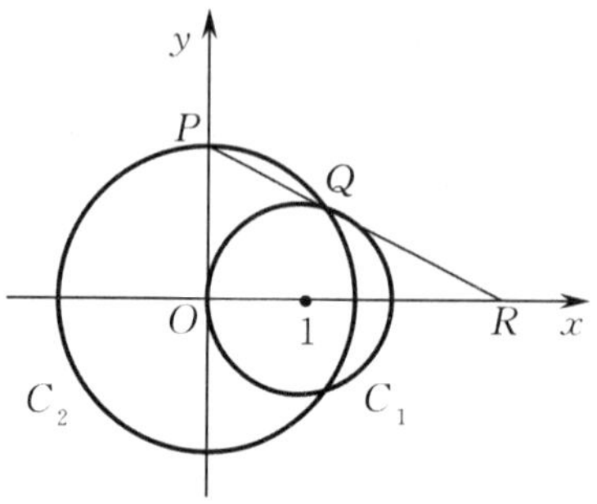

图 2-10

8. 在相对论中，洛伦兹(Lorenz)收缩方程 $L=L_0\sqrt{1-\dfrac{v^2}{c^2}}$ 说明，对于观察者来说，物体的长度 L 是其运动速度 v 的函数，其中 L_0 是物体静止时的长度，c 是光速. 求 $\lim\limits_{v\to c^-}L$，并解释此结果.

9. 设圆 $C_1:(x-1)^2+y^2=1$ 是一个定圆，圆 C_2 是中心在坐标原点，半径为 r 的圆，点 P 为 $(0,r)$，点 Q 是两个圆在第一象限内的交点，直线 PQ 与 x 轴交于点 R(见图 2-10). 问：当圆 C_2 收缩，即 $r\to0^+$ 时，点 R 将怎样变化？

§ 2.4　极限应用举例

2.4.1　蛛网模型

在市场经济中存在这样的循环现象：若去年市场上猪肉生产量供过于求，则猪肉的价格会下降；而价格降低会使今年养猪者减少，即今年猪肉生产量供不应求，于是肉价上涨；价格上涨又使明年猪肉生产量增加，造成新的供过于求……

例 1　据统计，某城市 1991 年的猪肉产量为 30 万吨，价格为 6 元 /kg；1992 年的猪肉产量为 25 万吨，价格为 8 元 /kg；1993 年的猪肉产量为 28 万吨．若维持目前的消费水平与生产模式，并假定猪肉产量与价格之间是线性关系，问：若干年后该市猪肉的价格与产量是否会趋于稳定？若能稳定，试求出稳定的价格与产量．

解　设第 n 年猪肉的产量为 x_n，第 n 年猪肉的价格为 y_n．由于当年的产量确定当年的价格，故可记其函数关系为 $y_n = f(x_n)$．而当年的价格又决定下一年的产量，故可记其函数关系为 $x_{n+1} = h(y_n)$．在经济学中，$y_n = f(x_n)$ 为需求函数；$x_{n+1} = h(y_n)$ 为供给函数．产销关系呈现为如下过程：

$$x_1 \to y_1 \to x_2 \to y_2 \to x_3 \to y_3 \to x_4 \to y_4 \to \cdots.$$

如果令 P_1 为点 (x_1, y_1)，P_2 为点 (x_2, y_1)，P_3 为点 (x_2, y_2)，P_4 为点 (x_3, y_2)……P_{2k-1} 为点 (x_k, y_k)，P_{2k} 为点 $(x_{k+1}, y_k)(k = 1, 2, \cdots)$．可以发现，点 P_{2k-1} 的坐标都满足 $y = f(x)$；点 P_{2k} 的坐标都满足 $x = h(y)$．将这些点在坐标平面中画出，如图 2 - 11 所示，则这些点的关系像一张蜘蛛网一样，故称为**蛛网模型**．

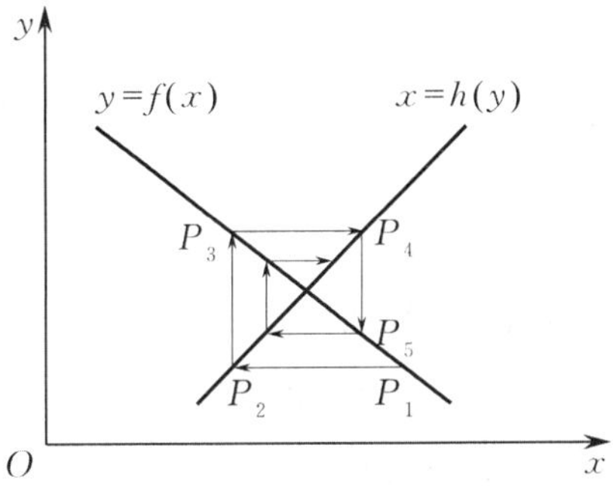

图 2 - 11

在本例中，记 1991 年的产量和价格分别为 x_1 和 y_1，依次类推，则由已知条件得

$$P_1(30, 6), P_2(25, 6), P_3(25, 8), P_4(28, 8), \cdots.$$

根据假定条件：产量与价格是线性关系，需求函数 $y = f(x)$ 是直线．而点 P_1, P_3 在此直线上，所以可求得 $y_n = 8 - \dfrac{2}{5}(x_n - 25)$，即 $y_n = 18 - \dfrac{2}{5}x_n (n = 1, 2, \cdots)$．同样，供给函数 $x = h(y)$ 也是直线．而点 P_2, P_4 在此直线上，所以可求得 $x_{n+1} = 28 + \dfrac{3}{2}(y_n - 8)$，即 $x_{n+1} = 16 + \dfrac{3}{2}y_n (n = 1, 2, \cdots)$．

将需求关系代入供给关系，得 $x_{n+1} = 16 + \dfrac{3}{2}\left(18 - \dfrac{2}{5}x_n\right)$，即 $x_{n+1} = 43 - \dfrac{3}{5}x_n$．由此可得

$$x_{n+1} - x_n = -\frac{3}{5}(x_n - x_{n-1}) = \left(-\frac{3}{5}\right)^2 (x_{n-1} - x_{n-2})$$

$$= \cdots = \left(-\frac{3}{5}\right)^{n-1}(x_2 - x_1),$$

从而有

$$\begin{aligned} x_n &= (x_n - x_{n-1}) + (x_{n-1} - x_{n-2}) + \cdots + (x_2 - x_1) + x_1 = x_1 + \sum_{k=1}^{n-1}(x_{k+1} - x_k) \\ &= x_1 + \sum_{k=1}^{n-1}\left(-\frac{3}{5}\right)^{k-1}(x_2 - x_1) = x_1 + (x_2 - x_1)\sum_{k=1}^{n-1}\left(-\frac{3}{5}\right)^{k-1} \\ &= 30 - \frac{25}{8}\left[1 - \left(-\frac{3}{5}\right)^{n-1}\right], \end{aligned}$$

于是有

$$\lim_{n\to\infty} x_n = \lim_{n\to\infty}\left\{30 - \frac{25}{8}\left[1 - \left(-\frac{3}{5}\right)^{n-1}\right]\right\} = 30 - \frac{25}{8} = \frac{215}{8} = 26.875(\text{万吨}).$$

更进一步,有

$$\lim_{n\to\infty} y_n = \lim_{n\to\infty}\left(18 - \frac{2}{5}x_n\right) = 18 - \frac{2}{5}\left(30 - \frac{25}{8}\right) = 6 + \frac{10}{8} = 7.25(\text{元}/\text{kg}).$$

上述结果表明,若维持目前的消费水平与生产模式,则随着时间的推移,猪肉的产量和价格会趋于稳定,猪肉产量稳定在 26.875 万吨,价格稳定在 7.25 元 /kg.

2.4.2 CO_2 的吸收

例 2 设一盛有 CO_2 吸收剂的圆柱形器皿,当吸收剂分布均匀时,它吸收空气中 CO_2 的量与 CO_2 的百分浓度比、吸收层的厚度成正比. 今有 CO_2 浓度为 8% 的空气通过厚度为 10 cm 的吸收层后,其 CO_2 浓度变为 2%. 问:

(1) 若通过的吸收层厚度为 30 cm,则出口处的 CO_2 浓度为多少?

(2) 若要使出口处的 CO_2 浓度为 1%,则吸收层的厚度应为多少?

解 当前情况下吸收剂的分布不一定是均匀的,所以不能按照吸收剂分布均匀的情况直接计算. 为此,设吸收层的厚度为 d (单位:cm),将吸收层分为 n 小段,则每小段的厚度为 $\frac{d}{n}$. 假定空气总量为 1 个单位,吸收比例常数为 k.

当 n 较大时,每小段的厚度较小,故可将每小段近似看成吸收剂是均匀分布的. 由已知,在吸收剂分布均匀时,吸收 CO_2 的量与其百分浓度比、吸收层的厚度成正比,故可得:

通过第 1 小段吸收层时,吸收 CO_2 的量为 $x_1 = k \cdot 8\% \cdot \frac{d}{n}$,通过后空气中的 CO_2 浓度为 $y_1 = 8\% - k \cdot 8\% \cdot \frac{d}{n} = 8\%\left(1 - \frac{kd}{n}\right)$;

通过第 2 小段吸收层时,吸收 CO_2 的量为 $x_2 = k \cdot y_1 \cdot \frac{d}{n} = 8\%\left(1 - \frac{kd}{n}\right)\frac{kd}{n}$,通过后空气中的 CO_2 浓度为 $y_2 = y_1 - x_2 = 8\%\left(1 - \frac{kd}{n}\right) - 8\%\left(1 - \frac{kd}{n}\right)\frac{kd}{n} = 8\%\left(1 - \frac{kd}{n}\right)^2$;

通过第 3 小段吸收层时,吸收 CO_2 的量为 $x_3 = k \cdot y_2 \cdot \frac{d}{n} = 8\%\left(1 - \frac{kd}{n}\right)^2\frac{kd}{n}$,通过后

空气中的 CO_2 浓度为 $y_3 = y_2 - x_3 = 8\% \left(1-\frac{kd}{n}\right)^2 - 8\% \left(1-\frac{kd}{n}\right)^2 \frac{kd}{n} = 8\% \left(1-\frac{kd}{n}\right)^3$；

……

通过第 n 小段吸收层后，空气中的 CO_2 浓度为 $y_n = 8\% \left(1-\frac{kd}{n}\right)^n$.

现在让 n 越来越大，则分割的每一小段的厚度越来越小，那么就越来越接近真实的吸收情况. 于是真实情况下空气通过该器皿吸收层后剩余的 CO_2 浓度为

$$y = \lim_{n\to\infty} y_n = \lim_{n\to\infty}\left[8\% \left(1-\frac{kd}{n}\right)^n\right] = 8\% \lim_{n\to\infty}\left[\left(1-\frac{kd}{n}\right)^{-\frac{n}{kd}}\right]^{-kd} = 8\% e^{-kd}.$$

再由已知，通过厚度为 10 cm 的吸收层后，空气中的 CO_2 浓度为 2%，故 $8\% e^{-k\cdot 10} = 2\%$. 由此得吸收比例常数为 $k = \frac{1}{5}\ln 2$.

(1) 当通过的吸收层厚度为 30 cm，即 $d = 30$ cm 时，出口处的 CO_2 浓度为

$$8\% e^{-k\cdot 30} = 8\% e^{-\left(\frac{1}{5}\ln 2\right)\cdot 30} = 8\% \left(e^{\ln 2}\right)^{-6} = 8\% \cdot 2^{-6} = 0.125\%.$$

(2) 若要使出口处的 CO_2 浓度为 1%，即 $8\% e^{-kd} = 1\%$，则由此得厚度为

$$d = -\frac{1}{k}\cdot \ln\frac{1}{8} = -\frac{5}{\ln 2}\cdot(-3\ln 2) = 15(\text{cm}).$$

习题 2-4

1. 在蛛网模型中，考虑如下问题：

(1) 预测 1993 年，1995 年，1997 年的猪肉产量与价格；

(2) 若需求函数为 $y = a + bx$，供给函数为 $x = c + dy$，问：a,b,c,d 满足什么条件时，x_n, y_n 的极限存在？并证明：这两个极限恰好为 $y = a + bx$ 和 $x = c + dy$ 这两条直线的交点坐标.

2. 查阅资料，解决如下细菌繁殖问题：由实验知，当培养基充足等条件满足时，某种细菌繁殖的速度 V 与当时已有的数量 A_0 成正比，即 $V = kA_0$（k 为比例常数）. 问：经过时间 t 后，细菌的数量是多少？

§2.5 函数的连续性

2.5.1 函数的连续性

在现实世界中，汽车行驶过的路程、农作物的生长、化学反应的速度、人的身高等诸多变量都是随着时间的推移而连续变化着的. 这种连续变化的特点是：当时间的变化很微小时，这些量的变化也很微小. 它反映在数学上就是函数的连续性.

函数连续与否，直观上说，可以对函数图像的观察得到. 例如，函数 $y = x^2$ 的图像是一条抛物线，其上各点相互“连接”而没有“间断”，构成了曲线外观上的“连续”；而符号函数的图

像(见图 1-17)直观地告诉我们,其"连续性"在点 $x=0$ 处被破坏,即在这一点处出现了"间断".

从数学的角度来看,函数 $f(x)$ 在某一点 x_0 处"连续",就是指在当 x 在点 x_0 附近发生微小变化时,$f(x)$ 相对于 $f(x_0)$ 来说,变化也是微小的. 用极限的方法来描述,就是当 x 趋于 x_0 时,$f(x)$ 趋近于 $f(x_0)$.

定义 1　设函数 $f(x)$ 在点 x_0 的某个邻域内有定义,如果

$$\lim_{x\to x_0} f(x) = f(x_0),$$

则称函数 $y=f(x)$ 在点 x_0 处**连续**,称 x_0 为函数 $f(x)$ 的**连续点**.

例 1　证明:函数 $f(x)=2x^2-1$ 在点 $x=1$ 处连续.

证　因为 $f(1)=2\times 1^2-1=1$,且

$$\lim_{x\to 1} f(x) = \lim_{x\to 1}(2x^2-1) = 2\times(\lim_{x\to 1} x)^2 - \lim_{x\to 1} 1 = 1 = f(1),$$

所以函数 $f(x)=2x^2-1$ 在点 $x=1$ 处连续.

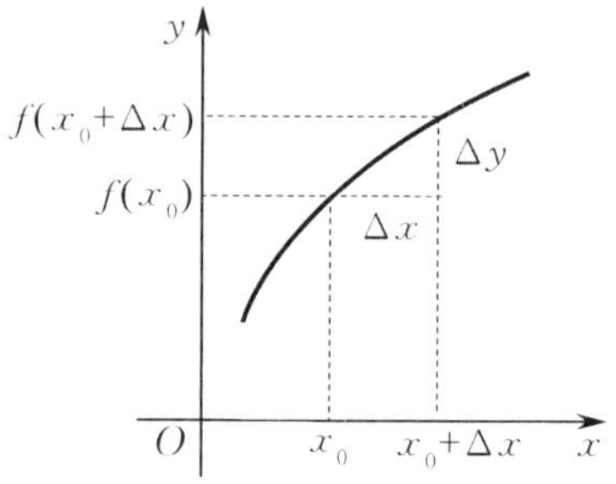

图 2-12

定义 2　设函数 $y=f(x)$ 在点 x_0 的某个邻域内有定义,当自变量从 x_0 变到 x 时,相应的函数值从 $f(x_0)$ 变到 $f(x)$,则称 $\Delta x = x - x_0$ 为**自变量的增量**(**或改变量**),称 $\Delta y = f(x) - f(x_0)$ 为**函数的增量**(**或改变量**).

显然,自变量的增量可正、可负;函数的增量又可表示为 $\Delta y = f(x_0+\Delta x) - f(x_0)$,也可正、可负.

几何上,函数的增量 Δy 表示当自变量 x 从 x_0 变到 $x_0+\Delta x$ 时,曲线上相应点处的纵坐标的增量(见图2-12).

例 2　给定函数 $y=2x^2$,分别求(1) 当 $x_0=1, \Delta x=0.1$ 时,(2) 当 $x_0=0, \Delta x=-0.1$ 时,函数的增量.

解　(1) $\Delta y = f(x_0+\Delta x) - f(x_0) = f(1+0.1) - f(1)$

$$= f(1.1) - f(1) = 2\times 1.1^2 - 2\times 1^2 = 0.42.$$

(2) $\Delta y = f(x_0+\Delta x) - f(x_0) = f[0+(-0.1)] - f(0)$

$$= f(-0.1) - f(0) = 2\times(-0.1)^2 - 2\times 0^2 = 0.02.$$

在引入了自变量增量与函数增量的定义后,$x\to x_0$ 就等价于其增量 $\Delta x = x - x_0 \to 0$,于是极限 $\lim\limits_{x\to x_0} f(x) = f(x_0)$ 等价于

$$\lim_{\Delta x\to 0}[f(x) - f(x_0)] = \lim_{\Delta x\to 0}[f(x_0+\Delta x) - f(x_0)] = 0.$$

而此时函数增量为 $\Delta y = f(x_0+\Delta x) - f(x_0) = f(x) - f(x_0)$,因此上式也可写为

$$\lim_{\Delta x\to 0} \Delta y = 0.$$

由此,函数 $y=f(x)$ 在点 x_0 处连续的定义又可以等价地如下叙述.

定义 1′　设函数 $f(x)$ 在点 x_0 的某个邻域内有定义,如果当自变量 x 在点 x_0 处取得增量 Δx 时,相应的函数增量 Δy 满足

$$\lim_{\Delta x\to 0} \Delta y = \lim_{\Delta x\to 0}[f(x_0+\Delta x) - f(x_0)] = 0,$$

则称函数 $y=f(x)$ 在点 x_0 处**连续**,称点 x_0 为函数 $f(x)$ 的**连续点**.

定义 1′ 直观地说明,函数在一点 x_0 处连续,其实就是当自变量在点 x_0 处有微小的改变

时，函数值的改变也是微小的.

有时，函数只在某点 x_0 的一侧有定义，故需要考虑函数在点 x_0 的一侧的连续性. 由此引入左、右连续的概念.

定义 3　如果 $\lim\limits_{x\to x_0^+} f(x) = f(x_0)$，则称函数 $f(x)$ 在点 x_0 处**右连续**；如果 $\lim\limits_{x\to x_0^-} f(x) = f(x_0)$，则称函数 $f(x)$ 在点 x_0 处**左连续**.

由函数的极限与其左、右极限的关系，容易得到函数的连续性与其左、右连续性的关系.

定理 1　**函数 $f(x)$ 在点 x_0 处连续的充要条件是：$f(x)$ 在点 x_0 处既左连续且右连续.**

例 3　设函数

$$f(x) = \begin{cases} 2x^2 - 2, & x \geqslant 0, \\ a + x, & x < 0, \end{cases}$$

问：当 a 为何值时，函数 $y = f(x)$ 在点 $x = 0$ 处连续？

解　因为 $f(0) = -2$，且

$$\lim_{x\to 0^-} f(x) = \lim_{x\to 0^-}(a + x) = a, \quad \lim_{x\to 0^+} f(x) = \lim_{x\to 0^+}(2x^2 - 2) = -2,$$

所以由定理 1 可知，当 $a = -2$ 时，$y = f(x)$ 在点 $x = 0$ 处连续.

定义 1 只反映了函数在某一点附近的变化，因而是一个局部概念. 但它提示了我们可以通过逐点考察的办法来研究函数在一个区间上的连续性.

定义 4　(1) 如果函数 $f(x)$ 在开区间 (a,b) 内每一点处都连续，则称函数 $f(x)$ 在**开区间 (a,b) 内连续**，记为 $f(x) \in C(a,b)$，其中 $C(a,b)$ 表示在开区间 (a,b) 内连续的全体函数集合.

(2) 如果函数 $f(x)$ 在区间 (a,b) 内连续，且在点 $x = a$ 处右连续，在点 $x = b$ 处左连续，则称函数 $f(x)$ 在**闭区间 $[a,b]$ 上连续**，记为 $f(x) \in C[a,b]$，其中 $C[a,b]$ 表示在闭区间 $[a,b]$ 上连续的全体函数集合.

定义 4 将函数连续性的定义扩展到了区间上. 函数 $y = f(x)$ 的全体连续点所构成的区间称为该函数的**连续区间**. 在连续区间上，直观上看，函数的图像是一条连绵不断的曲线.

例 4　证明：函数 $f(x) = 2x^2 - x + 1$ 在 $(-\infty, +\infty)$ 内连续.

证　设点 $x = x_0$ 为 $(-\infty, +\infty)$ 内任意取定的一点，则由极限运算法则可知

$$\begin{aligned} \lim_{x\to x_0} f(x) &= \lim_{x\to x_0}(2x^2 - x + 1) = 2(\lim_{x\to x_0} x)^2 - \lim_{x\to x_0} x + \lim_{x\to x_0} 1 \\ &= 2x_0^2 - x_0 + 1 = f(x_0), \end{aligned}$$

故 $f(x)$ 在点 x_0 处连续. 由点 x_0 的任意性可知，$f(x) = 2x^2 - x + 1$ 在 $(-\infty, +\infty)$ 内连续.

例 5　证明：函数 $y = \cos x$ 在 $(-\infty, +\infty)$ 内连续.

证　对任意的 $x \in (-\infty, +\infty)$，当 x 有增量 Δx 时，对应的函数增量为

$$\Delta y = \cos(x + \Delta x) - \cos x.$$

由三角函数的和差化积公式可知

$$\Delta y = \cos(x + \Delta x) - \cos x = -2\sin\left(x + \frac{\Delta x}{2}\right)\sin\frac{\Delta x}{2}.$$

当 $\Delta x \to 0$ 时，有 $\sin\dfrac{\Delta x}{2} \to 0$，即 $\sin\dfrac{\Delta x}{2}$ 为无穷小，而 $\left|\sin\left(x + \dfrac{\Delta x}{2}\right)\right| \leqslant 1$，故根据“无穷小与有界变量乘积仍为无穷小”这一性质，有

$$\lim_{\Delta x\to 0}\Delta y=-2\lim_{\Delta x\to 0}\sin\left(x+\frac{\Delta x}{2}\right)\sin\frac{\Delta x}{2}=0.$$

因为点 x 为 $(-\infty,+\infty)$ 内任意一点，所以 $y=\cos x$ 在 $(-\infty,+\infty)$ 内连续.

类似地可以证明，函数 $y=\sin x$ 在 $(-\infty,+\infty)$ 内也是连续的.

2.5.2 函数的间断点

由函数 $f(x)$ 在点 x_0 处连续的定义可知，$f(x)$ 在点 x_0 处连续必须同时满足以下三个条件：

(1) 函数 $f(x)$ 在点 x_0 处有定义，即 $x_0\in D_f$；

(2) $\lim\limits_{x\to x_0}f(x)$ 存在；

(3) $\lim\limits_{x\to x_0}f(x)=f(x_0)$.

定义 5 如果函数 $f(x)$ 在点 $x=x_0$ 处不满足以上三个条件中的某一个，那么函数 $f(x)$ 在点 $x=x_0$ 处就不连续，此时称函数 $f(x)$ 在点 x_0 处**间断**，称点 $x=x_0$ 为函数 $y=f(x)$ 的**间断点**(或**不连续点**).

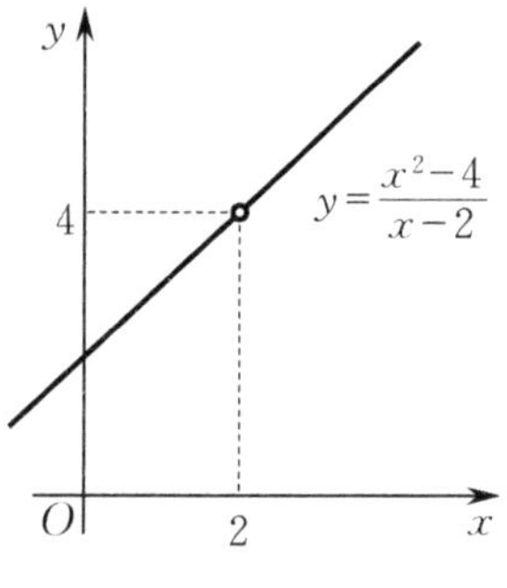

图 2-13

例 6 函数 $f(x)=\dfrac{x^2-4}{x-2}$ 在点 $x=2$ 处没有定义，所以点 $x=2$ 是 $f(x)$ 的间断点(见图 2-13). 但是

$$\lim_{x\to 2}f(x)=\lim_{x\to 2}\frac{x^2-4}{x-2}=\lim_{x\to 2}(x+2)=4,$$

所以若重新定义：当 $x=2$ 时，$f(2)=4$，则所给函数经重新定义后在点 $x=2$ 处连续. 我们称点 $x=2$ 为函数 $f(x)$ 的**可去间断点**.

例 7 讨论函数 $y=f(x)=\begin{cases}2x-1, & x\neq 0,\\ 1, & x=0\end{cases}$ 在点 $x=0$ 处的连续性.

解 由于 $\lim\limits_{x\to 0}f(x)=\lim\limits_{x\to 0}(2x-1)=-1$，而 $f(0)=1$，因此由定义知函数 $f(x)$ 在点 $x=0$ 处不连续，即点 $x=0$ 为函数 $f(x)$ 的间断点(见图 2-14(a)).

如果重新定义 $f(0)=-1$，则新函数

$$f_1(x)=\begin{cases}2x-1, & x\neq 0,\\ -1, & x=0\end{cases}$$

在点 $x=0$ 处连续(见图 2-14(b)). 故点 $x=0$ 为函数 $f(x)$ 的可去间断点.

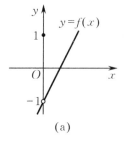

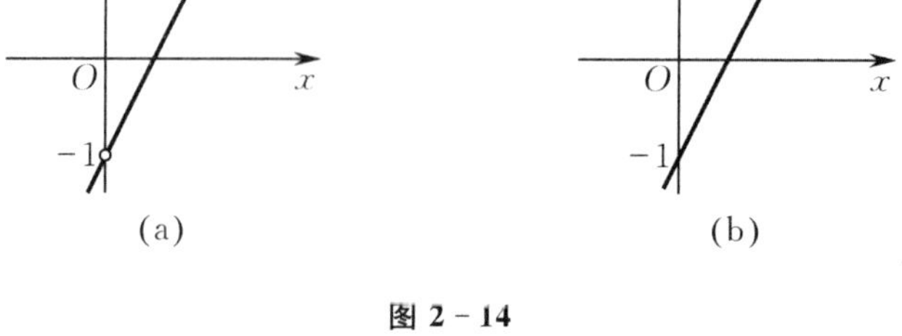

(a) (b)

图 2-14

例 8　讨论函数 $f(x)=\begin{cases}x+1, & x<0,\\ 0, & x=0,\\ x-1, & x>0\end{cases}$ 在点 $x=0$ 处的连续性.

解　因为

$$\lim_{x\to0^-}f(x)=\lim_{x\to0^-}(x+1)=1,\quad \lim_{x\to0^+}f(x)=\lim_{x\to0^+}(x-1)=-1,$$

所以 $\lim\limits_{x\to0^-}f(x)\neq\lim\limits_{x\to0^+}f(x)$，从而点 $x=0$ 为 $f(x)$ 的间断点.

从图像上看(见图 2-15)，函数 $f(x)$ 的图像在点 $x=0$ 处发生了跳跃. 这时，称 $x=0$ 为函数 $f(x)$ 的**跳跃间断点**.

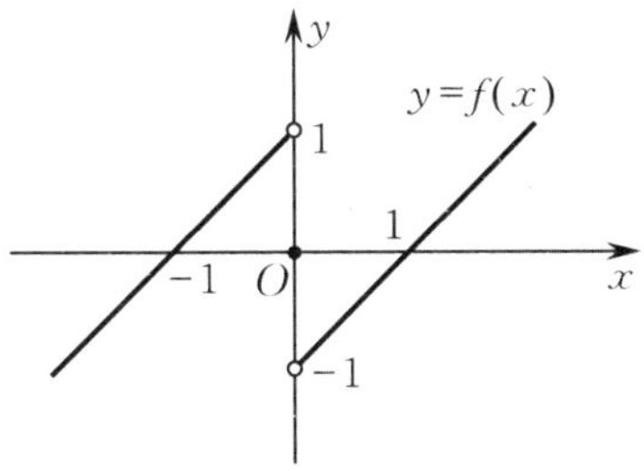

图 2-15

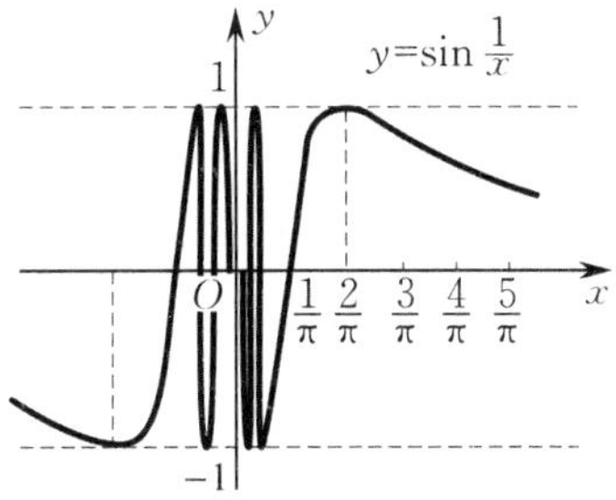

图 2-16

例 9　函数 $f(x)=\dfrac{1}{x-1}$ 在点 $x=1$ 处无定义，所以点 $x=1$ 为 $f(x)$ 的间断点.

显然，$\lim\limits_{x\to1}f(x)=\infty$. 此时，我们称点 $x=1$ 为 $f(x)$ 的**无穷间断点**.

例 10　函数 $f(x)=\sin\dfrac{1}{x}$ 在点 $x=0$ 处无定义，所以点 $x=0$ 为 $f(x)$ 的间断点.

当 $x\to0$ 时，$f(x)=\sin\dfrac{1}{x}$ 的值在 -1 与 1 之间无限次地振荡，因而不能趋近于某一定值，于是 $\lim\limits_{x\to0}\sin\dfrac{1}{x}$ 不存在. 此时，我们称点 $x=0$ 为 $f(x)$ 的**振荡间断点**(见图 2-16).

总结例 6 至例 10，可以对函数的间断点做如下分类：

(1) 如果函数 $f(x)$ 在点 x_0 处的左、右极限 $f(x_0-0)$ 与 $f(x_0+0)$ 都存在，则称点 x_0 为函数 $f(x)$ 的**第一类间断点**.

(2) 如果函数 $f(x)$ 在点 x_0 处的左、右极限 $f(x_0-0)$ 与 $f(x_0+0)$ 中至少有一个不存在，则称点 x_0 为函数 $f(x)$ 的**第二类间断点**(如例 9，例 10 中的无穷间断点和振荡间断点).

在第一类间断点中，又有以下分类：

(1) 如果 $f(x)$ 在点 x_0 处的左、右极限存在且相等，即 $\lim\limits_{x\to x_0}f(x)$ 存在，但不等于该点处的函数值，即 $\lim\limits_{x\to x_0}f(x)\neq f(x_0)$，或者 $\lim\limits_{x\to x_0}f(x)$ 存在，但函数在点 x_0 处无定义，则称点 $x=x_0$ 为函数 $f(x)$ 的**可去间断点**(如例 6，例 7).

(2) 如果 $f(x)$ 在点 x_0 处的左、右极限存在但不相等，则称点 $x=x_0$ 为函数 $f(x)$ 的**跳跃间断点**(如例 8).

2.5.3 连续函数的运算法则与初等函数的连续性

函数的连续性是通过极限来定义的. 若函数 $f(x)$,$g(x)$ 均在点 x_0 处连续,则有

$$\lim_{x\to x_0} f(x) = f(x_0), \quad \lim_{x\to x_0} g(x) = g(x_0).$$

于是,由极限的四则运算法则可得

$$\lim_{x\to x_0}[f(x) \pm g(x)] = \lim_{x\to x_0} f(x) \pm \lim_{x\to x_0} g(x) = f(x_0) \pm g(x_0),$$

$$\lim_{x\to x_0}[f(x)g(x)] = \lim_{x\to x_0} f(x) \cdot \lim_{x\to x_0} g(x) = f(x_0)g(x_0),$$

$$\lim_{x\to x_0} \frac{f(x)}{g(x)} = \frac{\lim\limits_{x\to x_0} f(x)}{\lim\limits_{x\to x_0} g(x)} = \frac{f(x_0)}{g(x_0)} \quad (g(x_0) \neq 0).$$

因此,由极限运算法则和连续性定义可得到下面关于连续函数的运算法则.

法则 1(连续函数的四则运算法则) 设函数 $f(x)$,$g(x)$ 均在点 x_0 处连续,则

$$f(x) \pm g(x), \quad f(x)g(x), \quad \frac{f(x)}{g(x)}\,(g(x) \neq 0)$$

都在点 x_0 处连续.

这个法则说明,连续函数经和、差、积、商(分母不为零)等四则运算后所得的函数都是连续的.

法则 2(复合函数的连续性) 设函数 $y = f(u)$ 在点 u_0 处连续,函数 $u = \varphi(x)$ 在点 x_0 处连续,且 $u_0 = \varphi(x_0)$,则复合函数 $y = f[\varphi(x)]$ 在点 x_0 处连续.

法则 2 的证明可参考相关文献. 这个法则说明,连续函数的复合函数仍为连续函数,并可得到如下结论:

如果 $\lim\limits_{x\to x_0} \varphi(x) = \varphi(x_0)$,$\lim\limits_{u\to u_0} f(u) = f(u_0)$,且 $u_0 = \varphi(x_0)$,则

$$\lim_{x\to x_0} f[\varphi(x)] = f[\varphi(x_0)],$$

即 $\lim\limits_{x\to x_0} f[\varphi(x)] = f[\lim\limits_{x\to x_0} \varphi(x)]$. 这表示,在 $f(u)$ 连续的情况下,极限符号与复合函数的符号 f 可以交换运算次序.

例 11 求 $\lim\limits_{x\to 0} \dfrac{\ln(1+2x)}{x}$.

解 $\lim\limits_{x\to 0} \dfrac{\ln(1+2x)}{x} = \lim\limits_{x\to 0} \ln(1+2x)^{\frac{1}{x}}$.

令 $u = (1+2x)^{\frac{1}{x}}$,则

$$\lim_{x\to 0}(1+2x)^{\frac{1}{x}} = \lim_{x\to 0}\left[(1+2x)^{\frac{1}{2x}}\right]^2 = \mathrm{e}^2.$$

而 $y = \ln u$ 在点 $u = \mathrm{e}^2$ 处连续,所以有

$$\lim_{x\to 0} \ln(1+2x)^{\frac{1}{x}} = \ln\left[\lim_{x\to 0}(1+2x)^{\frac{1}{x}}\right] = \ln \mathrm{e}^2 = 2.$$

例 12 求 $\lim\limits_{x\to 1} \arcsin \dfrac{\sqrt{x}-1}{x-1}$.

解　令 $u = \frac{\sqrt{x}-1}{x-1}$，则

$$\lim_{x\to 1}\frac{\sqrt{x}-1}{x-1} = \lim_{x\to 1}\frac{\sqrt{x}-1}{(\sqrt{x})^2-1^2} = \lim_{x\to 1}\frac{1}{\sqrt{x}+1} = \frac{1}{2}.$$

而 $y = \arcsin u$ 在点 $u = \frac{1}{2}$ 处连续，故

$$\lim_{x\to 1}\arcsin\frac{\sqrt{x}-1}{x-1} = \arcsin\left(\lim_{x\to 1}\frac{\sqrt{x}-1}{x-1}\right) = \arcsin\frac{1}{2} = \frac{\pi}{6}.$$

法则 3（反函数的连续性）　连续单调函数的反函数在其对应区间上也是连续的.

法则 3 的证明此处省略，可参考相关文献.

由函数极限的讨论及函数连续性的定义可知，基本初等函数在其定义域内是连续的. 由于初等函数是由基本初等函数经有限次四则运算或复合运算得到的，因此由连续函数的定义及运算法则，可得到下面的定理.

定理 2　**初等函数在其定义区间内是连续的.**

由定理 2 及连续的定义可知，求初等函数在其定义区间内某点处的极限时，只需求相应点处的函数值即可.

例 13　求函数 $f(x) = \ln(x^2-1)$ 的连续区间，并求 $\lim\limits_{x\to 2}\ln(x^2-1)$.

解　因为函数 $f(x) = \ln(x^2-1)$ 是初等函数，其定义域为 $(-\infty,-1)\cup(1,+\infty)$，所以 $f(x)$ 的连续区间为 $(-\infty,-1)$ 和 $(1,+\infty)$. 又因为 $2\in(1,+\infty)$，所以

$$\lim_{x\to 2}\ln(x^2-1) = f(2) = \ln(2^2-1) = \ln 3.$$

2.5.4　闭区间上的连续函数

闭区间上的连续函数具有许多良好的性质. 下面介绍这些性质而不做严格证明，只给出几何说明.

定理 3（有界性）　**设函数 $f(x)$ 在闭区间 $[a,b]$ 上连续，则 $f(x)$ 在 $[a,b]$ 上有界，即存在 $M>0$，使对一切 $x\in[a,b]$，都有**

$$|f(x)| \leqslant M.$$

从图像上看（见图 2-17），定理 3 说明，闭区间上连续函数的图像一定位于两条平行的水平直线之间.

定理 4（最值性）　**设函数 $f(x)$ 在闭区间 $[a,b]$ 上连续，则在 $[a,b]$ 上至少存在两点 x_1，x_2，使得对一切 $x\in[a,b]$，都有**

$$f(x_1) \leqslant f(x) \leqslant f(x_2).$$

这里，$f(x_2)$ 和 $f(x_1)$ 分别称为函数 $f(x)$ 在闭区间 $[a,b]$ 上的最大值和最小值（见图 2-18）.

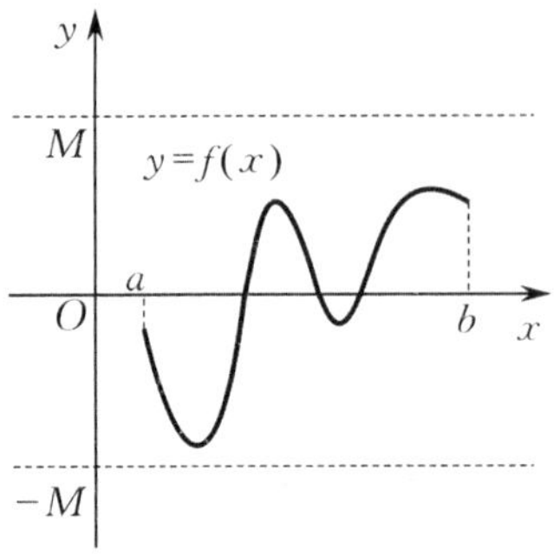

图 2－17

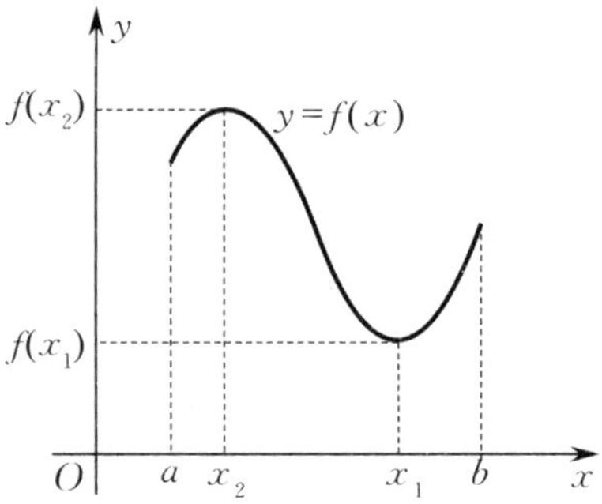

图 2－18

注 (1) 对于开区间内的连续函数或在闭区间上有间断点的函数，定理 4 的结论不一定成立.

例如，函数 $y=\dfrac{1}{x}$ 在开区间$(0,1)$内连续，但它在$(0,1)$内不存在最大值和最小值.

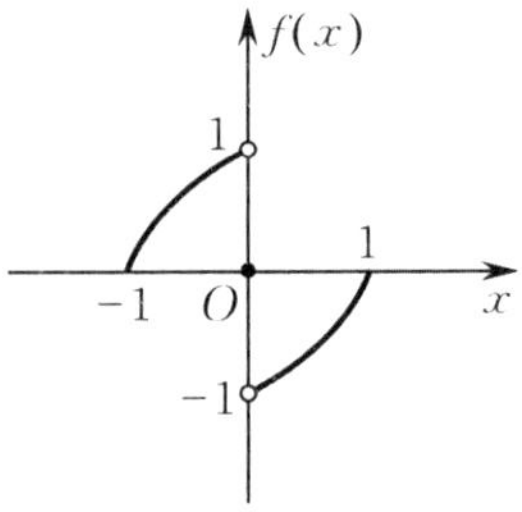

图 2－19

又如，函数

$$f(x)=\begin{cases}1-x^2, & -1\leqslant x<0,\\ 0, & x=0,\\ x^2-1, & 0<x\leqslant 1\end{cases}$$

在闭区间$[-1,1]$上有间断点 $x=0$，$f(x)$ 在闭区间$[-1,1]$上也不存在最大值和最小值(见图 2－19).

(2) 定理 4 中函数 $f(x)$ 达到最大值和最小值的点也可能是区间$[a,b]$的端点.

例如，函数 $y=x+1$ 在$[1,2]$上连续且单调增加，故其最大值为 $f(2)=3$，最小值为 $f(1)=2$，即最大值和最小值均在区间$[1,2]$的端点处取得.

定理 5(介值性) **设函数 $f(x)$ 在闭区间$[a,b]$上连续，M 和 m 分别是 $f(x)$ 在$[a,b]$上的最大值和最小值，则对于满足 $m\leqslant\mu\leqslant M$ 的任何实数 μ，至少存在一点 $\xi\in[a,b]$，使得**

$$f(\xi)=\mu,$$

即函数 $f(x)$ 在$[a,b]$上的值域为$[m,M]$.

定理 5 表明，闭区间$[a,b]$上的连续函数 $f(x)$ 可以取遍最小值 m 与最大值 M 之间的一切数值. 这个性质反映了函数连续变化的特征，其几何意义是：闭区间上的连续曲线 $y=f(x)$ 与水平直线 $y=\mu(m\leqslant\mu\leqslant M)$ 至少有一个交点(见图 2－20).

推论 1(零点存在定理) 若函数 $f(x)$ 在闭区间$[a,b]$上连续，且 $f(a)\cdot f(b)<0$，则至少存在一点 $\xi\in(a,b)$，使得 $f(\xi)=0$.

推论 1 中的点 $x=\xi$ 称为函数 $y=f(x)$ 的**零点**，也是方程 $f(x)=0$ 的一个根，且 ξ 位于开区间(a,b)内，所以利用零点存在定理可以判断方程 $f(x)=0$ 在某个开区间内是否存在实根. 零点存在定理也称为**方程实根的存在定理**，它的几何意义是：当连续曲线 $y=f(x)$ 的端点在 x 轴的两侧时，曲线 $y=f(x)$ 与 x 轴至少有一个交点(见图 2－21).

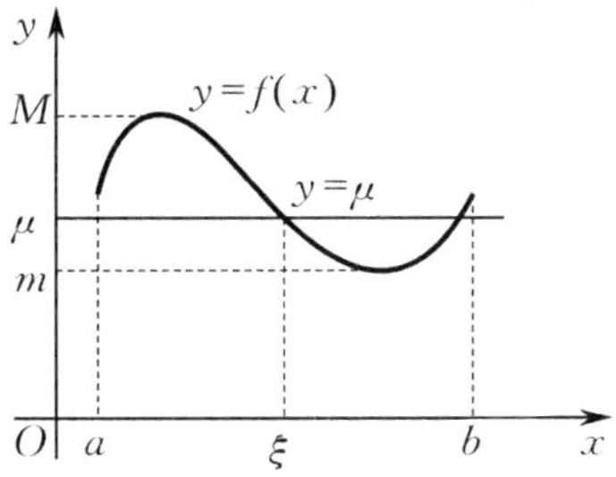

图 2-20

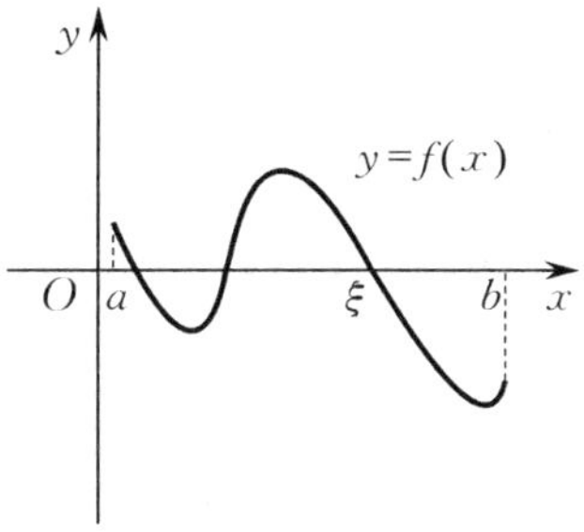

图 2-21

例 14　证明:方程 $x \cdot 2^x - 1 = 0$ 在(0,1)内至少有一实根.

证　设 $f(x) = x \cdot 2^x - 1$,则函数 $f(x)$ 在闭区间[0,1]上连续,又有

$$f(0) = 0 \cdot 2^0 - 1 = -1, \quad f(1) = 1 \cdot 2^1 - 1 = 1,$$

故 $f(0) \cdot f(1) < 0$. 根据零点存在定理知,至少存在一点 $\xi \in (0,1)$,使 $f(\xi) = 0$,即

$$\xi \cdot 2^\xi - 1 = 0.$$

因此,方程 $x \cdot 2^x - 1 = 0$ 在(0,1)内至少有一实根 ξ.

例 15　妹妹小英过生日,妈妈为了庆祝做了一个边界形状任意的蛋糕. 哥哥小明见了也想吃,于是小英指着蛋糕上的一点说:"若你能说明可以过这个点切一刀,使切下的两块蛋糕面积相等,我就将其中一块送你." 小明苦想了半天,终于用刚刚学过的高等数学知识初步解决了这个问题. 你知道他用的什么办法吗?

解　将任意形状的蛋糕看成由一条封闭曲线围成的平面不规则图形,则问题转化为:已知平面上一条没有交叉点的封闭曲线(无论什么形状),点 P 是该曲线所围平面图形中任一点,求证:存在经过点 P 的直线将此平面图形的面积二等分.

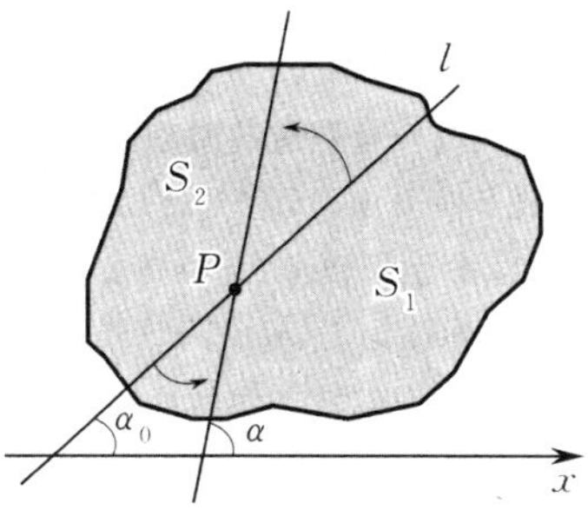

图 2-22

如图 2-22 所示,过点 P 任作一条直线 l,将图形分成了两部分,其面积分别记为 S_1, S_2. 在图形外建立 x 轴,设直线 l 的倾斜角为 α_0.

若 $S_1 = S_2$,则 l 即为所求直线.

若 $S_1 \neq S_2$,不妨设 $S_1 > S_2$. 以点 P 为中心,将直线 l 绕点 P 旋转,则面积 S_1, S_2 的大小就连续依赖于直线 l 与 x 轴的倾斜角 α,故可以看成是关于 α 的连续函数 $S_1(\alpha), S_2(\alpha)$. 由假设可知,开始时 $S_1(\alpha_0) > S_2(\alpha_0)$. 令 $f(\alpha) = S_1(\alpha) - S_2(\alpha)$,则显然 $f(\alpha)$ 连续且 $f(\alpha_0) = S_1(\alpha_0) - S_2(\alpha_0) > 0$. 若将直线 l 从开始位置绕点 P 旋转180°(即 π 弧度),则与初始位置重合,此时 l 与 x 轴的倾斜角为 $\alpha_0 + \pi$,并有 $S_1(\alpha_0 + \pi) = S_2(\alpha_0), S_2(\alpha_0 + \pi) = S_1(\alpha_0)$,于是有

$$f(\alpha_0 + \pi) = S_1(\alpha_0 + \pi) - S_2(\alpha_0 + \pi) = S_2(\alpha_0) - S_1(\alpha_0) < 0.$$

而由问题的实际知,$f(\alpha)$ 在闭区间 $[\alpha_0, \alpha_0 + \pi]$ 上连续,所以由零点存在定理可知,至少存在一点 $\xi \in (\alpha_0, \alpha_0 + \pi)$,使得 $f(\xi) = S_1(\xi) - S_2(\xi) = 0$,即 $S_1(\xi) = S_2(\xi)$. 也就是说,当过点 P 的直线 l 与 x 轴的倾斜角为 ξ 时,蛋糕被分成了面积相同的两块.

习题 2－5

1. 设 $f(x)=\begin{cases}x^2-1, & 0\leqslant x\leqslant 1,\\ x+3, & x>1.\end{cases}$

(1) 求出 $f(x)$ 的定义域,并作出其图像;

(2) 讨论当 $x=\dfrac{1}{2}$,1,2 时,$f(x)$ 是否连续;

(3) 写出 $f(x)$ 的连续区间.

2. 求下列函数的间断点,并判断其类型;如果是可去间断点,则补充或改变函数的定义,使其在该点处连续:

(1) $y=\dfrac{|x|}{x}$;　　(2) $y=\dfrac{x}{(1+x)^2}$;

(3) $y=\dfrac{x^2-1}{x^2-3x+2}$.

3. 在下列函数中,当 a 取什么值时,函数 $f(x)$ 在其定义域内连续?

(1) $f(x)=\begin{cases}\dfrac{\tan ax}{\sin 2x}, & x\neq 0,\\ 1, & x=0;\end{cases}$　　(2) $f(x)=\begin{cases}\dfrac{\ln(1+x^2)}{x^2}, & x<0,\\ a-\cos x, & x\geqslant 0.\end{cases}$

4. 证明:方程 $x^5-3x=1$ 至少有一个根介于 1 和 2 之间.

5. 证明:方程 $\ln(1+e^x)=2x$ 至少有一个小于 1 的正根.

6. 泰山玉皇顶、黄山玉屏楼、庐山含鄱口、衡山望日台都是著名的观看日落和日出的风景点.为了领略日落、日出的壮观景色,登山旅游者到达山顶后一般都留宿一晚.现假设同行者数人同登泰山观日出后循原路下山.归途中经过一石平台,这是昨日他们在此歇憩饮水之处.忽有人偶然看手表,发觉昨天在此休息的时刻与今日路过的时刻竟是相同的,于是众皆大感惊奇.为方便计,假定 8 时开始登山,17 时到达山顶;次日 8 时下山,15 时到达山脚.

(1) 分别画出上、下山高度与时间的函数关系的图像;

(2) 你认为上、下山两日同时刻经过同一地点是巧合还是必然,试证明你的结论.

7. 我们都有这样的生活经验:在不平的地面上放一把四条腿一样长的椅子时,可能第一次会没有放稳,但当我们把椅子挪动几次后,在地面上总能找到一个位置可以将椅子放稳.你能解释一下这是为什么吗?

第三章

导数与微分

当一个量依赖另一个量的变化而变化时，经常要考虑前者关于后者的变化快慢程度. 这用数学语言表达就是求函数的因变量相对于自变量的变化率，这样的问题就是导数的问题. 除此之外，现实生活中大量问题往往无法直接求得其精确解. 这时，如何求得满足一定条件的近似解就具有十分重要的意义. 例如，对于函数来说，当自变量发生微小变化时，函数的增量能否用自变量的增量来近似计算? 这反映在数学中就是微分的问题.

本章先以极限为基础，通过实际应用中的例子，抽象归纳出这些问题的共性，从而引入导数与微分的定义，然后研究导数与微分及其计算方法.

§ 3.1 导数的概念

3.1.1 引入导数概念的实例

1. 曲线上某一点处切线的斜率

考虑平面曲线在一点处的切线. 给定平面曲线 $C: y = f(x)$, 设点 $M_0(x_0, y_0)$ 是 C 上的一点, 求曲线 C 过切点 M_0 的切线的斜率.

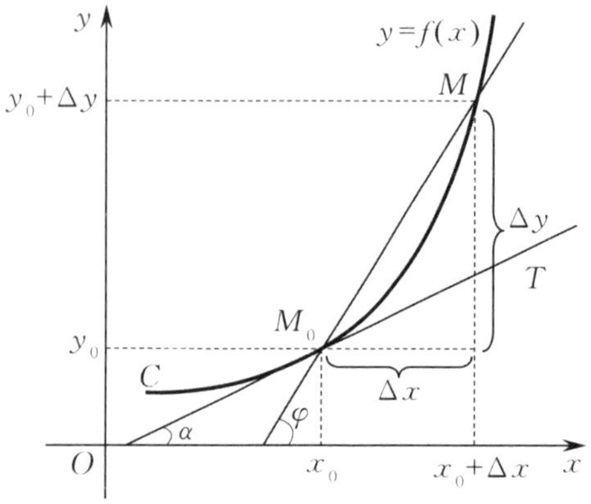

图 3-1

在 C 上另取一点 $M(x_0+\Delta x, y_0+\Delta y)$, 得割线 MM_0. 当点 M 沿曲线 C 趋近于点 M_0 时, 割线 MM_0 的位置也跟着发生变化. 如果割线 MM_0 的位置在该变化过程中存在一个确定的极限位置, 则这个极限位置所在的直线 M_0T 就称为曲线 C 在点 M_0 处的**切线**(见图 3-1), 点 M_0 称为**切点**. 由图 3-1 可知, 割线 MM_0 的斜率为

$$\tan\varphi = \frac{\Delta y}{\Delta x} = \frac{f(x_0+\Delta x)-f(x_0)}{\Delta x}.$$

而点 M 趋近于点 M_0 等价于 $\Delta x \to 0$, 于是切线 M_0T 的斜率 k 就是割线 MM_0 的斜率的极限, 即

$$k = \tan\alpha = \lim_{\Delta x\to 0}\tan\varphi = \lim_{\Delta x\to 0}\frac{\Delta y}{\Delta x} = \lim_{\Delta x\to 0}\frac{f(x_0+\Delta x)-f(x_0)}{\Delta x}.$$

2. 物体做变速直线运动时的瞬时速度

假定某物体做变速直线运动, 设从某一时刻开始到 t 时刻所经过的路程为 s, 则 s 是时间 t 的函数: $s = s(t)$(称为物体的**运动方程**). 现在来考虑该物体在 $t = t_0$ 时刻的瞬时速度.

当物体从 t_0 时刻运动到 $t_0+\Delta t$ 时刻时, 其在这段时间内所经过的路程为

$$\Delta s = s(t_0+\Delta t) - s(t_0),$$

故在这段时间内的平均速度为

$$\bar{v} = \frac{\Delta s}{\Delta t} = \frac{s(t_0+\Delta t)-s(t_0)}{\Delta t}.$$

当 Δt 很小时, 就可以用平均速度 $\bar{v}$ 近似地表示物体在 t_0 时刻的速度. Δt 愈小, 近似程度就愈好. 当 Δt 趋于 0 时, 如果极限 $\lim\limits_{\Delta t\to 0}\frac{\Delta s}{\Delta t}$ 存在, 就称此极限值为该物体在 t_0 时刻的**瞬时速度**, 记作 $v(t_0)$, 即

$$v(t_0) = \lim_{\Delta t\to 0}\frac{\Delta s}{\Delta t} = \lim_{\Delta t\to 0}\frac{s(t_0+\Delta t)-s(t_0)}{\Delta t}.$$

3. 产品总成本的变化率

设生产某产品的总成本 C 是产量 q 的函数:$C = C(q)$. 当产量由 q_0 变为 $q_0 + \Delta q$ 时,相应的总成本增量为

$$\Delta C = C(q_0 + \Delta q) - C(q_0).$$

于是单位平均成本,即总成本相对于产量 q 的平均变化率为

$$\frac{\Delta C}{\Delta q} = \frac{C(q_0 + \Delta q) - C(q_0)}{\Delta q}.$$

当 $\Delta q \to 0$ 时,若极限

$$\lim_{\Delta q \to 0} \frac{\Delta C}{\Delta q} = \lim_{\Delta q \to 0} \frac{C(q_0 + \Delta q) - C(q_0)}{\Delta q}$$

存在,则称此极限值是产量为 q_0 时产品**总成本的变化率**(也称**边际成本**).

以上三个实例虽然各自的背景不同,但从所得结果可见,其实质都归结为:求函数增量与自变量增量之比当自变量增量趋于零时的极限. 函数的这种特定的极限将在下面进行介绍.

3.1.2 导数的定义

定义 1 设函数 $y = f(x)$ 在点 x_0 的某邻域 U 内有定义,当自变量 x 在点 x_0 处取得增量 Δx($\Delta x \neq 0$ 且 $x_0 + \Delta x \in U$) 时,函数 y 相应地取得增量 $\Delta y = f(x_0 + \Delta x) - f(x_0)$. 若极限

$$\lim_{\Delta x \to 0} \frac{\Delta y}{\Delta x} = \lim_{\Delta x \to 0} \frac{f(x_0 + \Delta x) - f(x_0)}{\Delta x} \tag{3-1}$$

存在,则称函数 $y = f(x)$ 在点 x_0 处**可导**,并称此极限值为函数 $y = f(x)$ 在点 x_0 处的**导数**,记作

$$f'(x_0), \quad y'\Big|_{x=x_0}, \quad \frac{\mathrm{d}y}{\mathrm{d}x}\Big|_{x=x_0} \quad 或 \quad \frac{\mathrm{d}f(x)}{\mathrm{d}x}\Big|_{x=x_0}.$$

函数 $y = f(x)$ 在点 x_0 处可导,有时也称为函数 $y = f(x)$ 在点 x_0 处**具有导数**或**导数存在**,此时点 x_0 称为**可导点**;如果极限 $\lim\limits_{\Delta x \to 0} \dfrac{\Delta y}{\Delta x}$ 不存在,则称函数 $y = f(x)$ 在点 x_0 处**不可导**,此时点 x_0 称为**不可导点**.

定义 1 中的 $\dfrac{\Delta y}{\Delta x}$ 是函数 $f(x)$ 在自变量 x 从 x_0 变到 $x_0 + \Delta x$ 时的平均变化率,而导数 $f'(x_0) = \lim\limits_{\Delta x \to 0} \dfrac{\Delta y}{\Delta x}$ 则是函数 $f(x)$ 在点 x_0 处的瞬时变化率,它反映了函数在点 x_0 处随自变量变化而变化的快慢程度.

在定义 1 中,如果令 $x = x_0 + \Delta x$,则函数增量可表示为 $\Delta y = f(x) - f(x_0)$,且 $\Delta x \to 0$ 等价于 $x \to x_0$. 此时,定义 1 中导数的极限式(3-1) 可改写为

$$f'(x_0) = \lim_{x \to x_0} \frac{f(x) - f(x_0)}{x - x_0}. \tag{3-2}$$

有时,为了写起来简单,可令自变量增量为 $h = \Delta x$,则定义 1 中导数的极限式(3-1) 又可

改写为

$$f'(x_0)=\lim_{h\to 0}\frac{f(x_0+h)-f(x_0)}{h}. \tag{3-3}$$

上述公式(3-1),(3-2),(3-3)是等价的,它们都可作为导数的定义式.由此可见,定义导数的极限式有多种不同的表示形式,在具体应用时可以根据需要选用.

例 1　求函数 $y=x^2$ 在点 $x=1$ 处的导数 $f'(1)$.

解　当 x 由 1 变到 $1+\Delta x$ 时,相应的函数增量为

$$\Delta y=(1+\Delta x)^2-1^2=2\Delta x+(\Delta x)^2,$$

故 $\dfrac{\Delta y}{\Delta x}=2+\Delta x$,所以

$$f'(1)=\lim_{\Delta x\to 0}\frac{\Delta y}{\Delta x}=\lim_{\Delta x\to 0}(2+\Delta x)=2.$$

例 1 中的导数也可以用其他定义导数的极限式来求,如

$$f'(1)=\lim_{x\to 1}\frac{f(x)-f(1)}{x-1}=\lim_{x\to 1}\frac{x^2-1^2}{x-1}=\lim_{x\to 1}(x+1)=2.$$

这说明,在具体计算中,根据实际情况选择相应的极限式来求导数会更加简便.

例 2　讨论函数 $y=\sqrt[3]{x}$ 在点 $x=0$ 处的导数是否存在.

解　由于

$$\lim_{h\to 0}\frac{f(0+h)-f(0)}{h}=\lim_{h\to 0}\frac{\sqrt[3]{h}}{h}=\lim_{h\to 0}\frac{1}{h^{\frac{2}{3}}}=+\infty,$$

因此函数 $y=\sqrt[3]{x}$ 在点 $x=0$ 处不可导.

3.1.3　单侧导数

有些时候,只需要考虑函数在某点一侧的变化率,于是有以下定义.

定义 2　设函数 $y=f(x)$ 在点 x_0 的某邻域内有定义.若极限

$$\lim_{\Delta x\to 0^-}\frac{f(x_0+\Delta x)-f(x_0)}{\Delta x}$$

存在,则称之为函数 $y=f(x)$ 在点 x_0 处的**左导数**,记作 $f'_-(x_0)$;若极限

$$\lim_{\Delta x\to 0^+}\frac{f(x_0+\Delta x)-f(x_0)}{\Delta x}$$

存在,则称之为函数 $y=f(x)$ 在点 x_0 处的**右导数**,记作 $f'_+(x_0)$.

由定义 1 知,函数 $y=f(x)$ 在点 x_0 处可导是指极限 $\lim\limits_{\Delta x\to 0}\dfrac{\Delta y}{\Delta x}=\lim\limits_{\Delta x\to 0}\dfrac{f(x_0+\Delta x)-f(x_0)}{\Delta x}$ 存在.由极限存在的充分必要条件知,此时左极限和右极限都存在且相等.而显然定义 2 中的左、右导数正好是导数定义的极限式(3-1)中的左、右极限,所以有以下定理.

定理 1　**函数 $y=f(x)$ 在点 x_0 处可导的充分必要条件是:函数 $y=f(x)$ 在点 x_0 处的左导数和右导数都存在且相等.**

定理 1 可以用来判别一个函数在一点处是否可导.

例 3　讨论函数 $f(x)=\begin{cases}2x^2, & x\leqslant 0,\\ 3x^3, & x>0\end{cases}$ 在点 $x=0$ 处是否可导;若可导,求其导数.

解　考察 $f(x)$ 在点 $x=0$ 处的左、右导数,有

$$f'_-(0)=\lim_{x\to 0^-}\frac{f(x)-f(0)}{x-0}=\lim_{x\to 0^-}\frac{2x^2}{x}=\lim_{x\to 0^-}2x=0,$$

$$f'_+(0)=\lim_{x\to 0^+}\frac{f(x)-f(0)}{x-0}=\lim_{x\to 0^+}\frac{3x^3}{x}=\lim_{x\to 0^+}3x^2=0,$$

所以函数在点 $x=0$ 处可导,且 $f'(0)=0$.

例 4　讨论函数 $f(x)=|x|$ 在点 $x=0$ 处是否可导.

解　考察 $f(x)$ 在点 $x=0$ 处的左、右导数,有

$$f'_-(0)=\lim_{x\to 0^-}\frac{f(x)-f(0)}{x-0}=\lim_{x\to 0^-}\frac{|x|}{x}=\lim_{x\to 0^-}\frac{-x}{x}=-1,$$

$$f'_+(0)=\lim_{x\to 0^+}\frac{f(x)-f(0)}{x-0}=\lim_{x\to 0^+}\frac{|x|}{x}=\lim_{x\to 0^+}\frac{x}{x}=1.$$

由于 $f'_-(0)\neq f'_+(0)$,因此 $f(x)=|x|$ 在点 $x=0$ 处不可导.

3.1.4　导函数

前面只定义了函数在某一点处的导数,现将这个概念拓展到区间上.

定义 3　如果函数 $y=f(x)$ 在开区间 (a,b) 内的每一点处均可导,则称**函数 $y=f(x)$ 在开区间 (a,b) 内可导**. 如果函数 $y=f(x)$ 在开区间 (a,b) 内可导,且 $f'_+(a)$ 和 $f'_-(b)$ 均存在,则称**函数 $y=f(x)$ 在闭区间 $[a,b]$ 上可导**.

设函数 $y=f(x)$ 在开区间 (a,b) 内可导. 此时,对于 (a,b) 内的每一个点 x,均对应着函数 $f(x)$ 的一个导数值 $f'(x)$,则这个对应关系就构成了一个定义在 (a,b) 上的新函数,称为函数 $f(x)$ 在 (a,b) 上对 x 的**导函数**,简称为**导数**,记作

$$f'(x),\quad y',\quad \frac{\mathrm{d}y}{\mathrm{d}x}\quad 或\quad \frac{\mathrm{d}f(x)}{\mathrm{d}x}.$$

根据定义 1 及其讨论,函数导数的计算式可用

$$f'(x)=\lim_{h\to 0}\frac{f(x+h)-f(x)}{h}$$

表示. 由此计算式及极限的计算方法,可以计算一些常用的基本初等函数的导数.

例 5　求常数函数 $f(x)=c$ (c 为常数) 的导数.

解　$f'(x)=\lim\limits_{h\to 0}\dfrac{f(x+h)-f(x)}{h}=\lim\limits_{h\to 0}\dfrac{c-c}{h}=0$,

即

$$(c)'=0.$$

例 6　求幂函数 $y=x^n$ (n 为正整数) 的导数.

解　$y'=\lim\limits_{h\to 0}\dfrac{f(x+h)-f(x)}{h}=\lim\limits_{h\to 0}\dfrac{(x+h)^n-x^n}{h}$

$$=\lim_{h\to 0}\left[nx^{n-1}+\frac{n(n-1)}{2!}x^{n-2}h+\cdots+h^{n-1}\right]=nx^{n-1},$$

即
$$(x^n)' = nx^{n-1}.$$

更一般地，对幂函数 $y = x^{\mu}(\mu \in \mathbf{R})$，有 $(x^{\mu})' = \mu x^{\mu-1}$.

例如：

当 $\mu = \frac{1}{2}$ 时，有 $(\sqrt{x})' = \left(x^{\frac{1}{2}}\right)' = \frac{1}{2}x^{\frac{1}{2}-1} = \frac{1}{2\sqrt{x}}$；

当 $\mu = -1$ 时，有 $\left(\frac{1}{x}\right)' = (x^{-1})' = (-1)x^{-1-1} = -\frac{1}{x^2}$；

当 $\mu = \frac{2}{3}$ 时，有 $\left(x^{\frac{2}{3}}\right)' = \frac{2}{3}x^{\frac{2}{3}-1} = \frac{2}{3}x^{-\frac{1}{3}} = \frac{2}{3\sqrt[3]{x}}$.

例 7 求指数函数 $f(x) = a^x(a > 0, a \neq 1)$ 的导数.

解 因为当 $x \to 0$ 时，$e^x - 1 \sim x$，所以

$$\begin{aligned} y' &= \lim_{h\to 0} \frac{f(x+h) - f(x)}{h} = \lim_{h\to 0} \frac{a^{x+h} - a^x}{h} = a^x \lim_{h\to 0} \frac{a^h - 1}{h} \\ &= a^x \lim_{h\to 0} \frac{e^{h\ln a} - 1}{h} = a^x \lim_{h\to 0} \frac{h\ln a}{h} = a^x \ln a, \end{aligned}$$

即
$$(a^x)' = a^x \ln a.$$

特别地，当 $a = e$ 时，$\ln a = \ln e = 1$，得 $(e^x)' = e^x$.

例 8 求对数函数 $y = \log_a x(a > 0, a \neq 1)$ 的导数.

解
$$\begin{aligned} y' &= \lim_{h\to 0} \frac{f(x+h) - f(x)}{h} = \lim_{h\to 0} \frac{\log_a(x+h) - \log_a x}{h} \\ &= \lim_{h\to 0} \frac{1}{h} \log_a\left(1 + \frac{h}{x}\right) = \lim_{h\to 0} \frac{1}{x} \cdot \frac{x}{h} \log_a\left(1 + \frac{h}{x}\right) \\ &= \frac{1}{x} \lim_{h\to 0} \log_a\left(1 + \frac{h}{x}\right)^{\frac{x}{h}} = \frac{1}{x} \log_a\left[\lim_{h\to 0}\left(1 + \frac{h}{x}\right)^{\frac{x}{h}}\right] \\ &= \frac{1}{x}\log_a e = \frac{1}{x\ln a} \quad \text{(这里用到了重要极限} \lim_{x\to 0}(1+x)^{\frac{1}{x}} = e\text{)}, \end{aligned}$$

即
$$(\log_a x)' = \frac{1}{x\ln a}.$$

特别地，当 $a = e$ 时，$\ln a = \ln e = 1$，从而有 $(\ln x)' = \frac{1}{x}$.

例 9 设正弦函数 $f(x) = \sin x$，求 $(\sin x)'$ 及 $(\sin x)'\Big|_{x=\frac{\pi}{3}}$

解 由和差化积公式，得

$$\begin{aligned} f'(x) &= \lim_{h\to 0} \frac{f(x+h) - f(x)}{h} = \lim_{h\to 0} \frac{\sin(x+h) - \sin x}{h} \\ &= \lim_{h\to 0} \frac{1}{h} \cdot 2\cos\left(x + \frac{h}{2}\right)\sin\frac{h}{2} = \lim_{h\to 0} \cos\left(x + \frac{h}{2}\right) \cdot \frac{\sin\frac{h}{2}}{\frac{h}{2}} = \cos x, \end{aligned}$$

即
$$(\sin x)' = \cos x.$$

于是
$$(\sin x)'\Big|_{x=\frac{\pi}{3}} = \cos x\Big|_{x=\frac{\pi}{3}} = \cos\frac{\pi}{3} = \frac{1}{2}.$$

用类似的方法也可求得 $(\cos x)' = -\sin x$.

以上例 5 至例 9 中推导的结果可以当作公式直接应用，应熟练掌握. 导函数反映了每一点 x 与该点处导数 $f'(x)$ 的对应关系. 因此，如果已知函数的导函数 $f'(x)$，要求函数在某点处的导数 $f'(x_0)$，则只要在导函数中代入该点计算即可，即

$$f'(x_0) = f'(x)\Big|_{x=x_0}.$$

如对例 1，可利用例 6 的结果：因为 $f'(x) = (x^2)' = 2x$，所以 $y = x^2$ 在点 $x = 1$ 处的导数为 $f'(1) = 2 \times 1 = 2$.

3.1.5　导数的几何意义

由第一个实例和导数的定义可知，若曲线 $y = f(x)$ 存在过切点 (x_0, y_0) 的切线，且存在导数 $f'(x_0)$，则导数 $f'(x_0)$ 就是该切线的斜率. 也就是说，导数 $f'(x_0)$ 的几何意义是：$f'(x_0)$ 是曲线 $y = f(x)$ 过切点 (x_0, y_0) 的切线的斜率.

于是，由几何意义可知，当 $f'(x_0)$ 存在时，曲线 $y = f(x)$ 在点 (x_0, y_0) 处的切线方程为

$$y - y_0 = f'(x_0)(x - x_0).$$

由于当直线越来越接近平行于 y 轴时，其斜率就趋于无穷大，因此，若导数 $f'(x_0) = \pm\infty$，则曲线 $y = f(x)$ 在点 (x_0, y_0) 处有垂直于 x 轴的切线 $x = x_0$.

过切点 (x_0, y_0) 且与切线垂直的直线称为曲线 $y = f(x)$ 在点 (x_0, y_0) 处的**法线**，故相对应的法线方程为

$$y - y_0 = -\frac{1}{f'(x_0)}(x - x_0) \quad (f'(x_0) \neq 0).$$

当切线为直线 $x = x_0$ 时，显然法线为直线 $y = y_0$；而当切线为 $y = y_0$ 时，法线为 $x = x_0$.

例 10　求曲线 $y = 2^x$ 在点 $(0,1)$ 处的切线斜率，并写出在该点处的切线方程和法线方程.

解　由导数的几何意义，得切线斜率为

$$k = y'\Big|_{x=0} = (2^x)'\Big|_{x=0} = (2^x \ln 2)\Big|_{x=0} = \ln 2,$$

故所求切线方程为 $y - 1 = \ln 2(x - 0)$，即 $x\ln 2 - y + 1 = 0$；法线方程为 $y - 1 = -\frac{1}{\ln 2}(x - 0)$，即 $\frac{1}{\ln 2}x + y - 1 = 0$.

例 11　抛物镜面反射问题：当平行于对称轴的平行光线照射在抛物镜面上时，其反射光线的轨迹如何？

解　抛物镜面是由抛物线绕其对称轴旋转产生的曲面，故其具有对称性，从而只需考虑过对称轴的平面截抛物镜面所得截线镜面对光线的反射即可. 显然此截线是一条抛物线，设其方程为 $y = x^2$. 如图 3-2 所示，设光线的入射点为 $A(a, a^2)$，反射光线与 y 轴的交点为 $F(0, c)$，点 A 处抛物线的切线与 y 轴交于点 G.

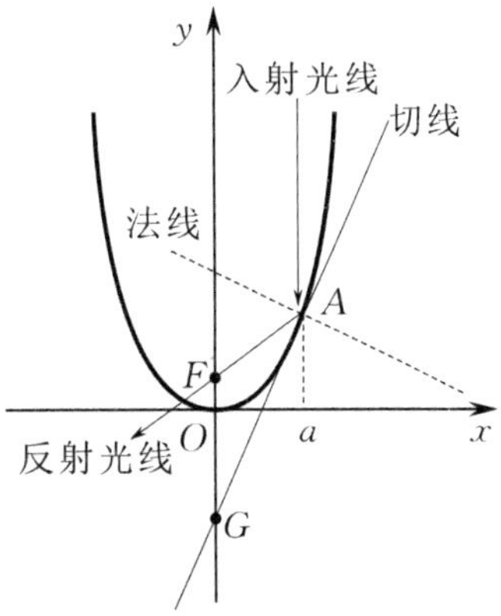

图 3-2

由 $y' = 2x$ 可知，点 A 处的导数，即切线斜率为 $2a$.

当 $a \neq 0$ 时,点 A 处的切线方程为 $y - a^2 = 2a(x-a)$,即 $y = 2ax - a^2$. 由此得点 G 为 $(0, -a^2)$. 根据光的反射定理(在同一介质中,光的入射角等于其反射角)可知,入射角和反射角的余角相等. 再由入射光线平行于 y 轴,可以发现 $\angle FAG = \angle AGF$,从而 $|AF| = |FG|$,于是有

$$\sqrt{(a-0)^2 + (a^2 - c)^2} = \sqrt{(0-0)^2 + [c - (-a^2)]^2},$$

化简得 $4a^2c = a^2$,即 $c = \frac{1}{4}$. 这说明,点 $F\left(0, \frac{1}{4}\right)$ 正好是抛物线的焦点.

当 $a = 0$ 时,点 A 处的切线斜率为 0,从而切线方程为 $y = 0$,因此法线即为 y 轴. 于是入射光线与法线重合,从而反射光线也与法线重合,即反射光线也经过抛物线的焦点 $\left(0, \frac{1}{4}\right)$.

综上所述,平行于对称轴的平行光线照射在抛物镜面上时,反射光线都经过抛物镜面的焦点,即平行光线经抛物镜面反射后汇聚于一点.

在同一介质中,入射光线与反射光线的路径是可以互换的,即当光线沿原来反射光线的路径反方向射入时,其反射光线就沿原来入射光线所在的路径反方向射出. 所以此例也说明,当在抛物镜面的焦点处放一个点光源时,其发出的光线经抛物镜面反射后就变成平行光线. 这正是探照灯、汽车大灯等的设计原理.

3.1.6　可导与连续

第二章中研究了函数的连续性. 比较连续性的定义与导数的定义可以发现,它们都是研究当自变量增量趋于 0 时,函数增量的不同变化. 那么它们之间有什么样的关系呢?现在来进行讨论.

如果函数 $y = f(x)$ 在点 x_0 处可导,则由定义可知 $\lim\limits_{\Delta x \to 0} \frac{\Delta y}{\Delta x} = f'(x_0)$ 存在. 于是有

$$\lim_{\Delta x \to 0} \Delta y = \lim_{\Delta x \to 0} \frac{\Delta y}{\Delta x} \cdot \Delta x = \lim_{\Delta x \to 0} \frac{\Delta y}{\Delta x} \cdot \lim_{\Delta x \to 0} \Delta x = f'(x_0) \cdot 0 = 0.$$

这说明,函数 $y = f(x)$ 在点 x_0 处连续. 因此有以下定理.

定理 2　**如果函数 $y = f(x)$ 在点 x_0 处可导,则 $y = f(x)$ 在点 x_0 处连续.**

例 12　因为函数 $f(x) = |x|$(见图 3-3)在点 $x = 0$ 处有

$$\lim_{x \to 0^+} f(x) = \lim_{x \to 0^+} |x| = \lim_{x \to 0^+} x = 0,$$

$$\lim_{x \to 0^-} f(x) = \lim_{x \to 0^-} |x| = \lim_{x \to 0^-} (-x) = 0,$$

所以 $\lim\limits_{x \to 0} f(x) = 0 = f(0)$,即 $f(x) = |x|$ 在点 $x = 0$ 处连续.

但由例 4 知,函数 $f(x) = |x|$ 在点 $x = 0$ 处不可导.

例 12 说明,定理 2 的逆命题不一定成立,即函数 $y = f(x)$ 在点 x_0 处连续,但其在点 x_0 处不一定可导. 这也说明,函数在一点处连续只是它在这一点处可导的必要条件.

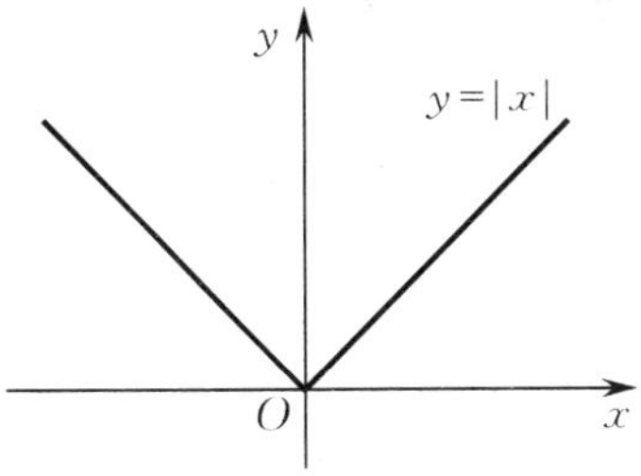

图 3 - 3

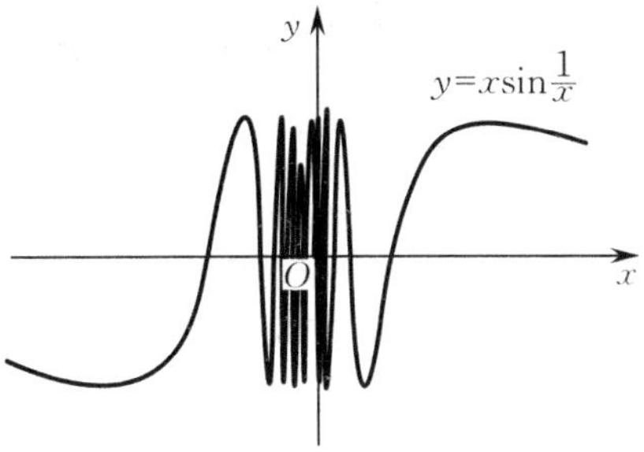

图 3 - 4

例 13　讨论 $f(x)=\begin{cases}x\sin\dfrac{1}{x}, & x\neq 0,\\ 0, & x=0\end{cases}$（见图 3 - 4）在点 $x=0$ 处的连续性与可导性.

解　因为 $\sin\dfrac{1}{x}$ 是有界函数,所以

$$\lim_{x\to 0} f(x)=\lim_{x\to 0} x\sin\frac{1}{x}=0.$$

又 $f(0)=0$,所以 $\lim\limits_{x\to 0} f(x)=f(0)$,从而 $f(x)$ 在点 $x=0$ 处连续.但在 $x=0$ 处有

$$\lim_{x\to 0}\frac{f(x)-f(0)}{x-0}=\lim_{x\to 0}\frac{x\sin\frac{1}{x}}{x}=\lim_{x\to 0}\sin\frac{1}{x}.$$

由于 $x\to 0$ 时,$\sin\dfrac{1}{x}$ 在 -1 和 1 之间振荡,因此该极限不存在,故 $f(x)$ 在点 $x=0$ 处不可导.

习题 3 - 1

1. 设某产品的总成本 C 是产量 q 的函数:$C=C(q)=-0.1q^2+10q+200$,求:
   (1) 从 $q=100$ 到 $q=102$ 时,$C(q)$ 的平均变化率;
   (2) $C(q)$ 在点 $q=100$ 处的变化率.
2. 设一物体的运动方程为 $s=t^2+10$,求:
   (1) 从 $t=1$ 时刻到 $t=1.1$ 时刻,该物体的平均速度;
   (2) 该物体在 $t=1$ 时刻的速度.
3. 设 $f(x)=2\sqrt{x}$,根据导数的定义求 $f'(1)$.
4. 根据函数导数的定义,证明:$(\cos x)'=-\sin x$.
5. 已知 $f'(a)=k$,求下列极限:

   (1) $\lim\limits_{x\to 0}\dfrac{f(a-x)-f(a)}{x}$;　　(2) $\lim\limits_{x\to 0}\dfrac{f(a+2x)-f(a-3x)}{x}$.
6. 已知 $f(0)=0$,$f'(0)=1$,计算极限 $\lim\limits_{x\to 0}\dfrac{f(2x)}{x}$.
7. 求下列函数的导数:

   (1) $y=x^5$;　　(2) $y=\sqrt{x\sqrt{x}}$;

   (3) $y=2^x e^x$;　　(4) $y=\lg x$.

8. 函数 $f(x)=\begin{cases}\sin x, & x\neq 0,\\ x, & x=0\end{cases}$ 在点 $x=0$ 处是否可导?若可导,求其导数.

9. 讨论函数 $f(x)=\begin{cases}-2x, & x\leqslant 0,\\ 3x, & 0<x\leqslant 1,\\ x^3-1, & x>1\end{cases}$ 在点 $x=0$ 和 $x=1$ 处的连续性与可导性.

10. 求曲线 $y=\sqrt[3]{x^2}$ 在点(1,1)处的切线斜率,并写出在该点处的切线方程和法线方程.

11. 求过点 $\left(\frac{3}{2},0\right)$ 与曲线 $y=\frac{1}{x^2}$ 相切的直线方程.

§3.2 导数的运算法则与导数公式

导数是解决有关函数变化率问题的有效工具. 但是如果由导数的定义去计算导数,则要求出函数增量与自变量增量之比的极限,这在很多情形下将变得复杂而又困难. 能否建立一些运算法则,使得能够根据一些已知的简单函数的导数,就可以简便地求出更多较为复杂的函数的导数?本节将介绍计算导数的一些基本法则,这些计算法则能方便地解决常用初等函数的导数计算问题.

3.2.1 导数的四则运算法则

定理 1 **设函数 $u=u(x)$,$v=v(x)$ 是 x 的可导函数,则有**

(1) **线性法则**:$(\alpha u+\beta v)'=\alpha u'+\beta v'$ (α,β **为任意常数**);

(2) **积法则(莱布尼茨法则)**:$(uv)'=u'v+uv'$;

(3) **商法则**:$\left(\frac{u}{v}\right)'=\frac{u'v-uv'}{v^2}$ $(v\neq 0)$.

由四则运算法则可以得到以下结论.

(1) 在线性法则中,

① 若 $\alpha=\beta=1$,则 $(u+v)'=u'+v'$,即和的导数等于导数的和;

② 若 $\alpha=1,\beta=-1$,则 $(u-v)'=u'-v'$,即差的导数等于导数的差;

③ 若 $\beta=0$,则 $(\alpha u)'=\alpha u'$,即常数因子可以提至导数符号前面.

(2) 线性法则与积法则可推广到更一般的情形. 设 $\alpha_1,\alpha_2,\cdots,\alpha_n$ 均为任意常数,函数 $u=u_i(x)(i=1,2,\cdots,n)$ 均是 x 的可导函数,则有

$$\Big(\sum_{i=1}^{n}\alpha_i u_i\Big)'=\sum_{i=1}^{n}\alpha_i u_i';$$

$$(u_1u_2\cdots u_n)'=u_1'u_2\cdots u_n+u_1u_2'\cdots u_n+\cdots+u_1u_2\cdots u_n'.$$

例 1 求函数 $y=x^3+3^x$ 的导数.

解 $y'-(x^3+3^x)'=(x^3)'+(3^x)'=3x^2+3^x\ln 3$.

例 2 求 $y=x^5-3x^3+7\sin x-\ln 2$ 的导数.

解 $y'=(x^5)'-3(x^3)'+7(\sin x)'-(\ln 2)'=5x^4-9x^2+7\cos x$.

例 3 求 $f(x)=(x^2+e^x)\cos x$ 的导数,并求 $f'(0)$.

解
$$\begin{aligned}f'(x)&=[(x^2+e^x)\cos x]'=(x^2+e^x)'\cos x+(x^2+e^x)(\cos x)'\\&=[(x^2)'+(e^x)']\cos x-(x^2+e^x)\sin x\\&=(2x+e^x)\cos x-(x^2+e^x)\sin x,\end{aligned}$$
故
$$f'(0)=(2\cdot 0+e^0)\cdot\cos 0-(0^2+e^0)\cdot\sin 0=1.$$

例 4 求 $y=e^x(\sin x+\cos x)$ 的导数.

解
$$\begin{aligned}y'&=(e^x)'(\sin x+\cos x)+e^x(\sin x+\cos x)'\\&=e^x(\sin x+\cos x)+e^x[(\sin x)'+(\cos x)']\\&=e^x(\sin x+\cos x)+e^x(\cos x-\sin x)=2e^x\cos x.\end{aligned}$$

例 5 求 $y=\dfrac{\ln x}{1+x^2}$ 的导数.

解
$$\begin{aligned}y'&=\left(\frac{\ln x}{1+x^2}\right)'=\frac{(\ln x)'(1+x^2)-\ln x\cdot(1+x^2)'}{(1+x^2)^2}\\&=\frac{\frac{1}{x}(1+x^2)-\ln x\cdot(2x)}{(1+x^2)^2}=\frac{1+x^2-2x^2\ln x}{x(1+x^2)^2}.\end{aligned}$$

例 6 验证下列公式:

(1) $(\tan x)'=\sec^2 x$;　　(2) $(\cot x)'=-\csc^2 x$;

(3) $(\sec x)'=\sec x\tan x$;　　(4) $(\csc x)'=-\csc x\cot x$.

证 (1)
$$\begin{aligned}(\tan x)'&=\left(\frac{\sin x}{\cos x}\right)'=\frac{(\sin x)'\cos x-\sin x(\cos x)'}{\cos^2 x}\\&=\frac{\cos^2 x+\sin^2 x}{\cos^2 x}=\frac{1}{\cos^2 x}=\sec^2 x.\end{aligned}$$

同理,可推出(2):$(\cot x)'=-\csc^2 x$.

(3) $(\sec x)'=\left(\dfrac{1}{\cos x}\right)'=\dfrac{-(\cos x)'}{\cos^2 x}=\dfrac{\sin x}{\cos^2 x}=\sec x\tan x$.

同理,可推出(4):$(\csc x)'=-\csc x\cot x$.

3.2.2 复合函数的导数

不同的函数经过复合运算可以产生新的函数,那么由可导的基本初等函数经复合运算后所得的复合函数是否可导?如果可导,其导数如何求?现在来讨论这些问题.

定理 2(链式法则) **若函数 $u=\varphi(x)$ 在点 x 处可导,而 $y=f(u)$ 在点 $u=\varphi(x)$ 处可导,则复合函数 $y=f[\varphi(x)]$ 在点 x 处可导,且其导数为**
$$\frac{dy}{dx}=f'(u)\cdot\varphi'(x)\quad\text{或}\quad\frac{dy}{dx}=\frac{dy}{du}\cdot\frac{du}{dx}.$$

复合函数求导的链式法则也可叙述为:复合函数的导数等于函数对中间变量的导数与中间变量对自变量的导数之积.

例 7 求函数 $y=(2x+1)^8$ 的导数.

解 设 $y=u^8,u=2x+1$,则

$$\frac{\mathrm{d}y}{\mathrm{d}x}=\frac{\mathrm{d}y}{\mathrm{d}u}\cdot\frac{\mathrm{d}u}{\mathrm{d}x}=8u^7\cdot 2=16u^7=16(2x+1)^7.$$

例 8 求函数 $y=\mathrm{e}^{\cos x}$ 的导数.

解 设 $y=\mathrm{e}^u,u=\cos x$,则

$$\frac{\mathrm{d}y}{\mathrm{d}x}=\frac{\mathrm{d}y}{\mathrm{d}u}\cdot\frac{\mathrm{d}u}{\mathrm{d}x}=\mathrm{e}^u\cdot(-\sin x)=-\mathrm{e}^{\cos x}\sin x.$$

在运用复合函数求导的链式法则时,首先要能准确地把复合函数分解成一些简单函数的复合,准确确定中间变量;然后由外层函数到内层函数逐层求导,即"由外及里,逐层求导".熟练之后就不必写出中间变量,而直接进行计算即可.

例 9 求函数 $y=\sin\sqrt{x}$ 的导数.

解 $y'=\cos\sqrt{x}\cdot(\sqrt{x})'=\cos\sqrt{x}\cdot\dfrac{1}{2\sqrt{x}}=\dfrac{\cos\sqrt{x}}{2\sqrt{x}}.$

例 10 求 $y=\left(\dfrac{\mathrm{e}^x}{1+x}\right)^n$($n$ 为正整数)的导数.

解 $y'=n\left(\dfrac{\mathrm{e}^x}{1+x}\right)^{n-1}\left(\dfrac{\mathrm{e}^x}{1+x}\right)'=n\left(\dfrac{\mathrm{e}^x}{1+x}\right)^{n-1}\dfrac{\mathrm{e}^x(1+x)-\mathrm{e}^x}{(1+x)^2}$

$$=\frac{n\mathrm{e}^{nx-x}}{(1+x)^{n-1}}\cdot\frac{x\mathrm{e}^x}{(1+x)^2}=\frac{nx\mathrm{e}^{nx}}{(1+x)^{n+1}}.$$

复合函数求导的链式法则也可以推广到多个中间变量的情形.例如,设 $y=f(u),u=\varphi(v),v=\psi(x)$ 均可导,则复合函数 $y=f\{\varphi[\psi(x)]\}$ 对 x 的导数为

$$\frac{\mathrm{d}y}{\mathrm{d}x}=f'(u)\cdot\varphi'(v)\cdot\psi'(x)\quad\text{或}\quad\frac{\mathrm{d}y}{\mathrm{d}x}=\frac{\mathrm{d}y}{\mathrm{d}u}\cdot\frac{\mathrm{d}u}{\mathrm{d}v}\cdot\frac{\mathrm{d}v}{\mathrm{d}x}.$$

例 11 求函数 $y=\ln(\sin\mathrm{e}^x)$ 的导数.

解 设 $y=\ln u,u=\sin v,v=\mathrm{e}^x$,则

$$\frac{\mathrm{d}y}{\mathrm{d}x}=\frac{\mathrm{d}y}{\mathrm{d}u}\cdot\frac{\mathrm{d}u}{\mathrm{d}v}\cdot\frac{\mathrm{d}v}{\mathrm{d}x}=\frac{1}{u}\cdot\cos v\cdot\mathrm{e}^x,$$

所以
$$y'=[\ln(\sin\mathrm{e}^x)]'=\frac{1}{\sin\mathrm{e}^x}\cdot\cos\mathrm{e}^x\cdot\mathrm{e}^x=\mathrm{e}^x\cot\mathrm{e}^x.$$

3.2.3 反函数的导数

已知原来函数的自变量是反函数的因变量,原来函数的因变量是反函数的自变量.那么,当一个可导函数存在反函数时,其反函数是否也是可导的?如果可导,其导数与原来函数的导数之间的关系如何?这也是值得研究的.

定理 3 **设函数 $x=f(y)$ 在区间 J 上可导,且 $f'(y)\neq 0$.若其存在反函数 $y=f^{-1}(x)$,则反函数 $y=f^{-1}(x)$ 在对应的区间 $I=\{x\mid x=f(y),y\in J\}$ 上也可导,且**

$$[f^{-1}(x)]'=\frac{1}{f'(y)}\quad\text{或}\quad\frac{\mathrm{d}y}{\mathrm{d}x}=\frac{1}{\dfrac{\mathrm{d}x}{\mathrm{d}y}}.$$

注意到原来函数与反函数的关系，反函数的求导法则也可叙述为：反函数的导数等于原来函数的导数的倒数.

例 12　求函数 $y=\arcsin x$ 的导数.

解　$y=\arcsin x$ 是 $x=\sin y$ 在 $J=\left(-\frac{\pi}{2},\frac{\pi}{2}\right)$ 内的反函数. 因为 $x=\sin y$ 在 J 内可导，且 $(\sin y)'=\cos y>0$，所以在对应区间 $I=(-1,1)$ 内，有

$$(\arcsin x)'=\frac{1}{(\sin y)'}=\frac{1}{\cos y}=\frac{1}{\sqrt{1-\sin^2 y}}=\frac{1}{\sqrt{1-x^2}}.$$

类似地，可得 $(\arccos x)'=-\frac{1}{\sqrt{1-x^2}}$.

例 13　求函数 $y=\arctan x$ 的导数.

解　$y=\arctan x$ 是 $x=\tan y$ 在 $J=\left(-\frac{\pi}{2},\frac{\pi}{2}\right)$ 内的反函数. 因为 $x=\tan y$ 在 J 内可导，且 $(\tan y)'=\sec^2 y>0$，所以在对应区间 $I=(-\infty,+\infty)$ 内，有

$$(\arctan x)'=\frac{1}{(\tan y)'}=\frac{1}{\sec^2 y}=\frac{1}{1+\tan^2 y}=\frac{1}{1+x^2}.$$

类似地，可得 $(\operatorname{arccot} x)'=-\frac{1}{1+x^2}$.

例 14　求函数 $y=\arctan\sqrt{x^2-1}$ 的导数.

解
$$y'=(\arctan\sqrt{x^2-1})'=\frac{1}{1+(\sqrt{x^2-1})^2}(\sqrt{x^2-1})'$$
$$=\frac{1}{x^2}\cdot\frac{x}{\sqrt{x^2-1}}=\frac{1}{x\sqrt{x^2-1}}.$$

例 15　求函数 $y=x\arcsin x+\sqrt{1-x^2}$ 的导数.

解
$$y'=(x\arcsin x+\sqrt{1-x^2})'=(x\arcsin x)'+(\sqrt{1-x^2})'$$
$$=\arcsin x+\frac{x}{\sqrt{1-x^2}}-\frac{x}{\sqrt{1-x^2}}=\arcsin x.$$

3.2.4　导数公式

至此，在前面的例题中得到了所有基本初等函数的导数. 为了方便使用，将基本初等函数的导数公式汇总如下：

(1) $(c)'=0$　(c 为常数)；　(2) $(x^\mu)'=\mu x^{\mu-1}$　(μ 为实数)；

(3) $(a^x)'=a^x\ln a$　($a>0,a\neq 1$)；　(4) $(e^x)'=e^x$；

(5) $(\log_a x)'=\frac{1}{x\ln a}$　($a>0,a\neq 1$)；　(6) $(\ln x)'=\frac{1}{x}$；

(7) $(\sin x)'=\cos x$；　(8) $(\cos x)'=-\sin x$；

(9) $(\tan x)'=\sec^2 x$；　(10) $(\cot x)'=-\csc^2 x$；

(11) $(\sec x)'=\sec x\tan x$；　(12) $(\csc x)'=-\csc x\cot x$；

(13) $(\arcsin x)' = \dfrac{1}{\sqrt{1-x^2}}$； (14) $(\arccos x)' = -\dfrac{1}{\sqrt{1-x^2}}$；

(15) $(\arctan x)' = \dfrac{1}{1+x^2}$； (16) $(\operatorname{arccot} x)' = -\dfrac{1}{1+x^2}$.

例 16 求函数 $y = x^a + a^x + a^a (a > 0, x > 0)$ 的导数.

解 $y' = (x^a + a^x + a^a)' = ax^{a-1} + a^x \ln a$.

例 17 求函数 $y = (\arctan x)^3 + \ln(\arctan x)$ 的导数.

解

$$\begin{aligned} y' &= [(\arctan x)^3 + \ln(\arctan x)]' = [(\arctan x)^3]' + [\ln(\arctan x)]' \\ &= 3(\arctan x)^2 (\arctan x)' + \frac{1}{\arctan x}(\arctan x)' \\ &= 3(\arctan x)^2 \frac{1}{1+x^2} + \frac{1}{\arctan x} \cdot \frac{1}{1+x^2} \\ &= \frac{3(\arctan x)^3 + 1}{(1+x^2)\arctan x}. \end{aligned}$$

例 18 求函数 $f(x) = \begin{cases} 2x, & 0 < x \leqslant 1, \\ x^2 + 1, & 1 < x < 2 \end{cases}$ 的导数.

解 求分段函数的导数时，在每一段内的导数可按一般的求导法则来求，但在分段点处的导数则要用左、右导数来求.

当 $0 < x < 1$ 时，$f'(x) = (2x)' = 2$.

当 $1 < x < 2$ 时，$f'(x) = (x^2 + 1)' = 2x$.

当 $x = 1$ 时，$f(1) = 2$. 因为

$$f'_-(1) = \lim_{x \to 1^-} \frac{f(x) - f(1)}{x - 1} = \lim_{x \to 1^-} \frac{2x - 2}{x - 1} = 2,$$

$$f'_+(1) = \lim_{x \to 1^+} \frac{f(x) - f(1)}{x - 1} = \lim_{x \to 1^+} \frac{x^2 - 1}{x - 1} = \lim_{x \to 1^+} (x + 1) = 2,$$

所以 $f'(1) = 2$.

综上所述，有 $f'(x) = \begin{cases} 2, & 0 < x \leqslant 1, \\ 2x, & 1 < x < 2. \end{cases}$

例 19 已知 $f(u)$ 可导，求函数 $y = f(\arcsin x)$ 的导数.

解 $y' = [f(\arcsin x)]' = f'(\arcsin x)(\arcsin x)' = \dfrac{f'(\arcsin x)}{\sqrt{1-x^2}}$.

例 20 求 $y = f(\mathrm{e}^x) + [f(x)]^2$ 的导数，其中 $f(x)$ 可导.

解 $y' = f'(\mathrm{e}^x)(\mathrm{e}^x)' + 2f(x)f'(x) = \mathrm{e}^x f'(\mathrm{e}^x) + 2f(x)f'(x)$.

例 19 与例 20 中函数的表示式部分是抽象的，因此也称为半抽象函数.

习题 3 - 2

1. 推导下列导数公式：

(1) $(\csc x)' = -\csc x \cot x$； (2) $(\operatorname{arccot} x)' = -\dfrac{1}{1+x^2}$.

2. 求下列函数的导数：

(1) $y=x^2+2e^x-4\sin x$；　(2) $y=\dfrac{x^3-1}{\sqrt{x}}$；

(3) $s=\sqrt{t}\sin t+\ln 2$；　(4) $y=x\ln x$；

(5) $y=\dfrac{e^x+1}{e^x-1}$；　(6) $y=\dfrac{\sin x}{x}+\dfrac{x}{\sin x}$.

3. 求下列函数在给定点处的导数：

(1) $y=x\arccos x$，求 $y'\Big|_{x=\frac{1}{2}}$；　(2) $\rho=\theta\sin\theta+\tan\theta$，求 $\dfrac{d\rho}{d\theta}\Big|_{\theta=\frac{\pi}{4}}$.

4. 在曲线 $y=\dfrac{1}{1+x^2}$ 上求一点，使通过该点的切线平行于 x 轴.

5. 求下列函数的导数：

(1) $y=(1+x^2)^3$；　(2) $y=(3x-1)^3(2x-1)^5$；

(3) $y=\sqrt{x^2-a^2}$　(a 为常数)；　(4) $y=e^{\frac{x}{\ln x}}$；

(5) $y=\ln(\ln x)$；　(6) $y=\ln(x+\sqrt{x^2+a^2})$　(a 为常数).

6. 已知函数 $y=f(u)$ 可导，求下列函数的导数：

(1) $y=f(\ln x)$；　(2) $y=f(\tan x)+\tan[f(x)]$.

§3.3　隐函数与参变量函数的导数

若由二元方程 $F(x,y)=0$ 可以确定一个函数，也就是说，在某个范围内每给一个 x 值，将其代入该二元方程，可解出唯一一个 y 值与 x 值对应，则称这样确定的函数为**隐函数**. 例如，由方程 $x^2+y^2-1=0(y\geqslant 0)$，$x^2+y^5+x-1=0$ 所确定的函数就是隐函数.

设因变量 y 与自变量 x 都是第三个变量 t 的函数 $x=\varphi(t)$，$y=\psi(t)$，如果它们之间的对应关系满足：在某个范围内每取一个 t 值，能够确定唯一一个 $y=\psi(t)$ 值与 $x=\varphi(t)$ 值对应，则称此对应关系为由参数方程 $\begin{cases}x=\varphi(t),\\ y=\psi(t)\end{cases}$ 所确定的函数关系 $y=f(x)$，简称为**参变量函数**.

本节首先讨论隐函数的求导问题，然后讨论参变量函数的求导问题.

3.3.1　隐函数的导数

假设 $y=y(x)$ 是由方程 $F(x,y)=0$ 所确定的隐函数. 若要求其导数，则只需将恒等式

$$F[x,y(x)]\equiv 0$$

的两边同时对自变量 x 求导(当遇到含有 y 的表达式时，将 y 当作中间变量，再利用复合函数求导法则)，就可解出所求导数 $\dfrac{dy}{dx}$.

例 1　求由 $y=x^3\ln y$ 所确定的函数 $y=y(x)$ 的导数 $\dfrac{dy}{dx}$.

解 方程两边同时对自变量 x 求导，得

$$\frac{\mathrm{d}y}{\mathrm{d}x}=\frac{\mathrm{d}}{\mathrm{d}x}(x^3)\cdot\ln y+x^3\frac{\mathrm{d}}{\mathrm{d}x}(\ln y).\tag{3-4}$$

由于 y 是关于 x 的函数 $y=y(x)$，应用复合函数求导法，则有

$$\frac{\mathrm{d}}{\mathrm{d}x}(\ln y)=\frac{\mathrm{d}}{\mathrm{d}y}(\ln y)\cdot\frac{\mathrm{d}y}{\mathrm{d}x}=\frac{1}{y}\cdot\frac{\mathrm{d}y}{\mathrm{d}x}.$$

代入(3-4)式，得 $\frac{\mathrm{d}y}{\mathrm{d}x}=3x^2\ln y+\frac{x^3}{y}\cdot\frac{\mathrm{d}y}{\mathrm{d}x}$. 整理即得 $\left(1-\frac{x^3}{y}\right)\frac{\mathrm{d}y}{\mathrm{d}x}=3x^2\ln y$，解得

$$\frac{\mathrm{d}y}{\mathrm{d}x}=\frac{3x^2y\ln y}{y-x^3}.$$

例 2 求由方程 $\mathrm{e}^y+xy-\mathrm{e}=0$ 所确定的隐函数 $y=y(x)$ 的导数 $\frac{\mathrm{d}y}{\mathrm{d}x}$ 及 $\left.\frac{\mathrm{d}y}{\mathrm{d}x}\right|_{x=0}$.

解 方程两边对 x 求导，得

$$\mathrm{e}^y\frac{\mathrm{d}y}{\mathrm{d}x}+y+x\frac{\mathrm{d}y}{\mathrm{d}x}=0,$$

解得

$$\frac{\mathrm{d}y}{\mathrm{d}x}=-\frac{y}{x+\mathrm{e}^y}.$$

由原方程知，当 $x=0$ 时，$y=1$. 所以

$$\left.\frac{\mathrm{d}y}{\mathrm{d}x}\right|_{x=0}=-\left.\frac{y}{x+\mathrm{e}^y}\right|_{\substack{x=0\\y=1}}=-\frac{1}{\mathrm{e}}.$$

例 3 求圆 $x^2+y^2=4$ 在点 $(1,\sqrt{3})$ 处的切线方程.

解 圆的方程两边同时对自变量 x 求导，得

$$2x+2yy'=0,$$

解得

$$y'=-\frac{x}{y}.$$

在点 $(1,\sqrt{3})$ 处，$\left.y'\right|_{(1,\sqrt{3})}=-\frac{1}{\sqrt{3}}$，于是在点 $(1,\sqrt{3})$ 处的切线方程为

$$y-\sqrt{3}=-\frac{1}{\sqrt{3}}(x-1),\quad 即\quad x+\sqrt{3}y-4=0.$$

由以上诸例可以看出，隐函数的求导实际上仍是复合函数求导法则的应用.

3.3.2 对数求导法

对形如

$$y=x^x,\quad y=\sqrt{\frac{(x-1)(x-2)}{(x-3)(x-4)}}$$

的函数求导时，若直接使用前面的求导法则，要么难以求出，要么计算过程烦琐，计算量过大. 但仔细观察一下这类函数可以发现，其中的运算只包含乘法运算、除法运算与指数运算. 在中学数学中学习过，对数运算能将乘法运算变为加法运算，将除法运算变为减法运算，将指数运算变为乘法运算，例如

$$\ln 2a = \ln 2 + \ln a,\quad \ln\frac{3}{2} = \ln 3 - \ln 2,\quad \ln 2^{\sqrt{3}} = \sqrt{3}\ln 2,$$

等等. 因此,是否可以考虑先对上述函数两边取对数,将这些运算化为和、差与积的形式,再进行求导呢?先看下面几个例子.

例 4　求函数 $y = x^x\,(x > 0)$ 的导数$\dfrac{\mathrm{d}y}{\mathrm{d}x}$.

解　对 $y = x^x$ 两边取对数,得

$$\ln y = x\ln x.$$

上式两边对 x 求导,得

$$\frac{1}{y}y' = \ln x + x\cdot\frac{1}{x},$$

故
$$\frac{\mathrm{d}y}{\mathrm{d}x} = y(\ln x + 1) = x^x(\ln x + 1).$$

例 5　求函数 $y = \sqrt{\dfrac{(x-1)(x-2)}{(x-3)(x-4)}}$ 的导数 y'.

解　显然,该函数的定义域为$(-\infty,1]\cup[2,3)\cup(4,+\infty)$. 而在点 $x=1$ 和 $x=2$ 处,该函数不可导.

当 $x>4$ 时,对函数式两边取对数,并利用对数的性质,可化简得

$$\ln y = \frac{1}{2}[\ln(x-1)+\ln(x-2)-\ln(x-3)-\ln(x-4)].$$

上式两边对 x 求导,得

$$\frac{1}{y}y' = \frac{1}{2}\left(\frac{1}{x-1}+\frac{1}{x-2}-\frac{1}{x-3}-\frac{1}{x-4}\right),$$

解得
$$y' = \frac{1}{2}\sqrt{\frac{(x-1)(x-2)}{(x-3)(x-4)}}\left(\frac{1}{x-1}+\frac{1}{x-2}-\frac{1}{x-3}-\frac{1}{x-4}\right).$$

当 $x<1$ 时,函数可改写为 $y=\sqrt{\dfrac{(1-x)(2-x)}{(3-x)(4-x)}}$;当 $2<x<3$ 时,函数可改写为 $y=\sqrt{\dfrac{(x-1)(x-2)}{(3-x)(4-x)}}$. 同理,容易验算,当 $x<1$ 或 $2<x<3$ 时,求导结果与 $x>4$ 时的求导结果相同.

例 4 与例 5 中的方法称为**对数求导法**,即先在函数两边取对数,利用对数的性质化简,再在等式两边同时对自变量 x 求导,最后解出所求导数. 可以看出,对数求导法,实质是将显函数隐式化,然后用隐函数求导法求导.

形如 $y=u(x)^{v(x)}\,(u(x)>0)$ 的函数称为**幂指函数**. 例 4 中的函数就是幂指函数. 对幂指函数,除了可以用取对数法求导外,也可以将其表示为

$$y = \mathrm{e}^{\ln u(x)^{v(x)}} = \mathrm{e}^{v(x)\ln u(x)},$$

然后用复合函数求导法求导,即有

$$\begin{aligned} y' &= [\mathrm{e}^{v(x)\ln u(x)}]' = \mathrm{e}^{v(x)\ln u(x)}[v(x)\ln u(x)]' \\ &= \mathrm{e}^{v(x)\ln u(x)}\{v'(x)\ln u(x) + v(x)[\ln u(x)]'\} \\ &= \mathrm{e}^{v(x)\ln u(x)}\left[v'(x)\ln u(x) + \frac{v(x)}{u(x)}u'(x)\right]. \end{aligned}$$

例如,例 4 也可以这样求解：

$$(x^x)'=(\mathrm{e}^{x\ln x})'=\mathrm{e}^{x\ln x}(x\ln x)'=\mathrm{e}^{x\ln x}(\ln x+1)=x^x(\ln x+1).$$

在 §2.2 中给出了幂函数 $y=x^\mu(\mu\in\mathbf{R})$ 的导数公式,但没有证明.现在利用上述方法就可以证明了.

例 6　证明：$(x^\mu)'=\mu x^{\mu-1}(\mu\in\mathbf{R})$.

证　$(x^\mu)'=(\mathrm{e}^{\mu\ln x})'=\mathrm{e}^{\mu\ln x}(\mu\ln x)'=x^\mu\dfrac{\mu}{x}=\mu x^{\mu-1}$.

例 7　如图 3-5 所示,在距水面高 h（单位：m）的岸上,有人用绳子拉船靠岸.假定绳子长 l（单位：m）,船位于离岸壁 s（单位：m）处,试问：当收绳速度为 v_0 时,船的速度 v 是多少?

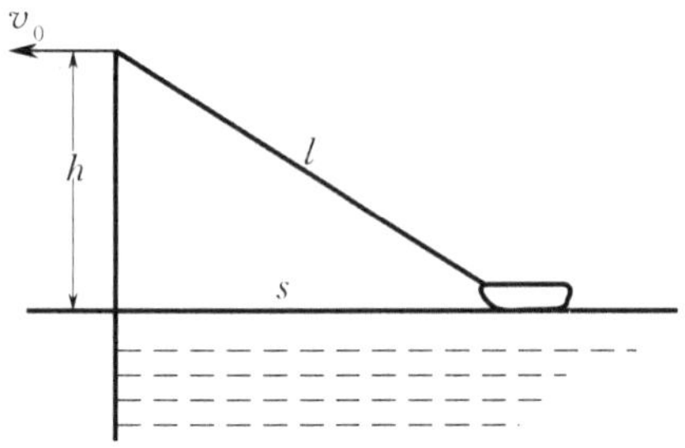

图 3-5

解　显然,在拉船过程中 h 固定不变,l 与 s 随时间 t 的变化而变化.由图 3-5 中的直角三角形关系可知 $l^2=s^2+h^2$.该式两边对时间 t 求导,得

$$2l\frac{\mathrm{d}l}{\mathrm{d}t}=2s\frac{\mathrm{d}s}{\mathrm{d}t}+0,$$

从而 $\dfrac{\mathrm{d}s}{\mathrm{d}t}=\dfrac{l}{s}\cdot\dfrac{\mathrm{d}l}{\mathrm{d}t}$.

因为 l 是绳长,所以其关于时间 t 的导数就是收绳的速度,即 $\dfrac{\mathrm{d}l}{\mathrm{d}t}=v_0$.又因为船是沿水面靠近岸壁,所以 $\dfrac{\mathrm{d}s}{\mathrm{d}t}$ 就是船的速度 v,从而有

$$v=\frac{l}{s}v_0=\frac{\sqrt{s^2+h^2}}{s}v_0.$$

3.3.3　参变量函数的导数

对参变量函数

$$\begin{cases}x=\varphi(t),\\ y=\psi(t),\end{cases}$$

若函数 $x=\varphi(t)$ 有可导的反函数 $t=\varphi^{-1}(x)$,则 y 关于 x 的函数为 $y=\psi[\varphi^{-1}(x)]$,即可看成是由 $y=\psi(t)$ 与 $t=\varphi^{-1}(x)$ 构成的复合函数,此时 t 是中间变量.于是由反函数求导法则与复合函数求导法则,有

$$\frac{\mathrm{d}y}{\mathrm{d}x}=\frac{\mathrm{d}y}{\mathrm{d}t}\cdot\frac{\mathrm{d}t}{\mathrm{d}x}=\frac{\mathrm{d}y}{\mathrm{d}t}\Big/\frac{\mathrm{d}x}{\mathrm{d}t}=\frac{\psi'(t)}{\varphi'(t)}.$$

例 8　求心形线 $\begin{cases}x=(1-\sin t)\cos t,\\ y=(1-\sin t)\sin t\end{cases}$（见图 3-6）在 $t=\dfrac{\pi}{4}$ 对应点处的切线方程.

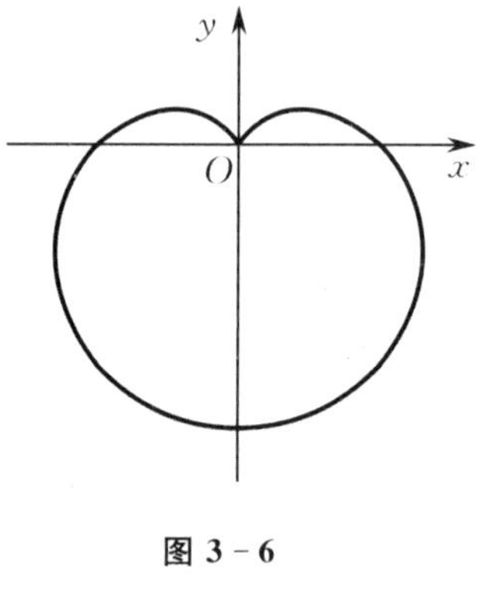

图 3-6

解　简单计算可知,$t=\dfrac{\pi}{4}$ 对应的点为 $\left(\dfrac{\sqrt{2}-1}{2},\dfrac{\sqrt{2}-1}{2}\right)$.又

因为

$$\frac{\mathrm{d}x}{\mathrm{d}t}=-\cos t\cdot\cos t+(1-\sin t)(-\sin t)=-\sin t-\cos 2t,$$

$$\frac{\mathrm{d}y}{\mathrm{d}t}=-\cos t\cdot\sin t+(1-\sin t)\cos t=\cos t-\sin 2t,$$

所以$\frac{\mathrm{d}y}{\mathrm{d}x}=\frac{\mathrm{d}y}{\mathrm{d}t}\Big/\frac{\mathrm{d}x}{\mathrm{d}t}=\frac{\cos t-\sin 2t}{-\sin t-\cos 2t}$. 因此,在 $t=\frac{\pi}{4}$ 对应点处的切线斜率为

$$\left.\frac{\mathrm{d}y}{\mathrm{d}x}\right|_{t=\frac{\pi}{4}}=\frac{\cos\frac{\pi}{4}-\sin\frac{\pi}{2}}{-\sin\frac{\pi}{4}-\cos\frac{\pi}{2}}=\frac{\frac{\sqrt{2}}{2}-1}{-\frac{\sqrt{2}}{2}-0}=\sqrt{2}-1.$$

故所求切线方程为

$$y-\frac{\sqrt{2}-1}{2}=(\sqrt{2}-1)\left(x-\frac{\sqrt{2}-1}{2}\right),$$

即

$$y=(\sqrt{2}-1)x+\frac{3\sqrt{2}-4}{2}.$$

例 9　已知椭圆的参数方程为$\begin{cases}x=a\cos t,\\ y=b\sin t\end{cases}(a>0,b>0)$,求椭圆在 $t=\frac{\pi}{4}$ 对应点处的切线方程.

解　因为

$$\frac{\mathrm{d}y}{\mathrm{d}x}=\frac{\mathrm{d}y}{\mathrm{d}t}\Big/\frac{\mathrm{d}x}{\mathrm{d}t}=\frac{(b\sin t)'}{(a\cos t)'}=\frac{b\cos t}{-a\sin t}=-\frac{b}{a}\cot t,$$

所以当 $t=\frac{\pi}{4}$ 时,切线斜率为$\left.\frac{\mathrm{d}y}{\mathrm{d}x}\right|_{t=\frac{\pi}{4}}=-\frac{b}{a}\cot\frac{\pi}{4}=-\frac{b}{a}$. 又因 $t=\frac{\pi}{4}$ 对应椭圆上点的坐标为 $x_0=a\cos\frac{\pi}{4}=\frac{a\sqrt{2}}{2}$, $y_0=b\sin\frac{\pi}{4}=\frac{b\sqrt{2}}{2}$,故所求切线方程为

$$y-\frac{b\sqrt{2}}{2}=-\frac{b}{a}\left(x-\frac{a\sqrt{2}}{2}\right),\quad 即\quad bx+ay-ab\sqrt{2}=0.$$

习题 3-3

1. 求由下列方程所确定的隐函数 $y=f(x)$ 的导数$\frac{\mathrm{d}y}{\mathrm{d}x}$:

(1) $x^2+y^2-xy=1$;　　(2) $y\sin x+\cos(x-y)=0$;

(3) $y=x+\ln y$;　　(4) $xy=\mathrm{e}^{x+y}$.

2. 求曲线 $x^3+3xy+y^3=5$ 在点(1,1)处的切线方程和法线方程.

3. 用对数求导法求下列函数的导数$\frac{\mathrm{d}y}{\mathrm{d}x}$:

(1) $y=x^{\sin x}\ (x>0)$;　　(2) $y=a^a+x^a+a^x+x^x\ (a>0)$;

(3) $y=\mathrm{e}^{x^2}\sqrt{\frac{(x-1)(x-2)}{x-3}}$;　　(4) $y=(x+1)(x+2)^2(x+3)^3\cdots(x+n)^n\ (x>0)$.

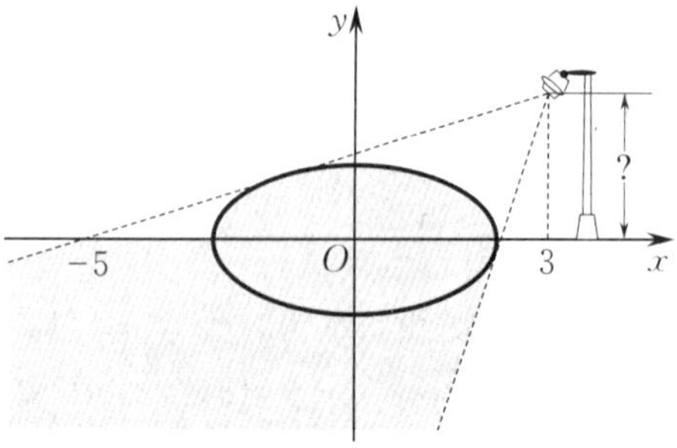

图 3-7

4. 求由下列参数方程所确定的参变量函数的导数$\frac{\mathrm{d}y}{\mathrm{d}x}$：

(1) $\begin{cases} x = 2t - t^2, \\ y = 3t - t^3; \end{cases}$　　(2) $\begin{cases} x = t - \sin t, \\ y = 1 - \cos t. \end{cases}$

5. 把一石头投入平静水面中，会产生同心圆波纹. 若最外一圈波的半径的增大速度均是 6 cm/s，问：在 2 s 时，水面扰动面积的增大速度为多少？

6. 图 3-7 中路灯在 y 轴右侧 3 m 处，椭圆形区域 $x^2 + 4y^2 \leqslant 5$ 在灯下产生了影子. 如点$(-5,0)$在影子的边缘上，则灯距 x 轴多远？

§3.4　高阶导数与微分

3.4.1　函数的高阶导数

在 §3.1 的速度问题中，瞬时速度 $v(t)$ 是路程函数 $s = s(t)$ 对时间 t 的导数，即
$$v(t) = s'(t).$$
根据物理学知识，速度函数 $v(t)$ 对于时间 t 的变化率就是瞬时加速度 $a(t)$. 也就是说，$a(t)$ 是 $v(t)$ 对于时间 t 的导数，即
$$a(t) = v'(t) = [s'(t)]'.$$
因此，变速直线运动的加速度就是路程函数 $s(t)$ 对 t 的导数的导数，称为 $s(t)$ 对 t 的二阶导数，记作
$$a(t) = s''(t).$$

定义 1　如果函数 $f(x)$ 的导数 $f'(x)$ 在点 x 处可导，即
$$[f'(x)]' = \lim_{\Delta x \to 0} \frac{f'(x + \Delta x) - f'(x)}{\Delta x}$$
存在，则称 $f'(x)$ 在点 x 处的导数$[f'(x)]'$为函数 $f(x)$ 在点 x 处的**二阶导数**，记为
$$f''(x),\quad y'',\quad \frac{\mathrm{d}^2 y}{\mathrm{d}x^2}\quad 或\quad \frac{\mathrm{d}^2[f(x)]}{\mathrm{d}x^2}.$$

类似地，二阶导数 $f''(x)$ 的导数称为函数 $f(x)$ 的**三阶导数**，记为
$$f'''(x),\quad y''',\quad \frac{\mathrm{d}^3 y}{\mathrm{d}x^3}\quad 或\quad \frac{\mathrm{d}^3[f(x)]}{\mathrm{d}x^3}.$$

一般地，定义函数 $f(x)$ 的 $n-1$ 阶导数的导数为函数 $f(x)$ 的 n **阶导数**，记为
$$f^{(n)}(x),\quad y^{(n)},\quad \frac{\mathrm{d}^n y}{\mathrm{d}x^n}\quad 或\quad \frac{\mathrm{d}^n[f(x)]}{\mathrm{d}x^n}.$$

二阶和二阶以上的导数统称为**高阶导数**. 相应地，$f'(x)$ 称为**一阶导数**. 而 $f(x)$ 本身也称为 $f(x)$ 的**零阶导数**，记作 $f^{(0)}(x) = f(x)$. 函数 $f(x)$ 的各阶导数在点 $x = x_0$ 处的导数值

记为

$$f'(x_0),f''(x_0),\cdots,f^{(n)}(x_0) \quad 或 \quad y'\Big|_{x=x_0},y''\Big|_{x=x_0},\cdots,y^{(n)}\Big|_{x=x_0}.$$

通常求高阶导数时，如果 n 不太大，就逐次求导去计算，也就是对函数 $f(x)$ 逐次求出导数 $f'(x),f''(x),\cdots$；如果 n 比较大，甚至是要求任意阶导数，则可以先求出较低阶的导数，然后归纳总结规律，写出任意阶导数的一般表达式.

例 1 求 $y=x^4+3x^3-x^2+1$ 的各阶导数.

解 $y'=(x^4+3x^3-x^2+1)'=4x^3+9x^2-2x$,

$y''=(4x^3+9x^2-2x)'=12x^2+18x-2$,

$y'''=(12x^2+18x-2)'=24x+18$,

$y^{(4)}=24$,

$y^{(5)}=y^{(6)}=\cdots=0$.

例 2 设 $y=x^\mu(\mu\in\mathbf{R})$，求 $y^{(n)}$.

解 $y'=\mu x^{\mu-1}$,

$y''=(y')'=\mu(\mu-1)x^{\mu-2}$,

$y'''=(y'')'=\mu(\mu-1)(\mu-2)x^{\mu-3}$,

……

$y^{(n)}=\mu(\mu-1)\cdots(\mu-n+1)x^{\mu-n} \quad (n\geqslant 1)$.

特别地，若 $\mu=n$ 为正整数，则 $y^{(n)}=(x^n)^{(n)}=n!$，并有 $(x^n)^{(n+1)}=(x^n)^{(n+2)}=\cdots=0$.

例 3 设 $y=\sin x$，求 $y^{(n)}$.

解 $y'=\cos x=\sin\left(x+\frac{\pi}{2}\right)$,

$y''=(y')'=\left[\sin\left(x+\frac{\pi}{2}\right)\right]'=\cos\left(x+\frac{\pi}{2}\right)=\sin\left(x+2\cdot\frac{\pi}{2}\right)$,

$y'''=(y'')'=\left[\sin\left(x+2\cdot\frac{\pi}{2}\right)\right]'=\cos\left(x+2\cdot\frac{\pi}{2}\right)=\sin\left(x+3\cdot\frac{\pi}{2}\right)$,

……

$y^{(n)}=\sin\left(x+n\cdot\frac{\pi}{2}\right)$,

即

$$(\sin x)^{(n)}=\sin\left(x+\frac{n\pi}{2}\right).$$

用同样方法可得

$$(\cos x)^{(n)}=\cos\left(x+\frac{n\pi}{2}\right).$$

例 4 设函数 $y=f(u)$ 二阶可导，对函数 $y=f(\ln x)$ 求二阶导数 $\frac{\mathrm{d}^2y}{\mathrm{d}x^2}$.

解 令 $u=\ln x$，由复合函数求导法则，有

$$\frac{\mathrm{d}y}{\mathrm{d}x}=\frac{\mathrm{d}y}{\mathrm{d}u}\cdot\frac{\mathrm{d}u}{\mathrm{d}x}=f'(u)\frac{\mathrm{d}(\ln x)}{\mathrm{d}x}=\frac{1}{x}f'(u),$$

于是

$$\frac{d^2y}{dx^2}=f'(u)\frac{d\left(\frac{1}{x}\right)}{dx}+\frac{1}{x}\cdot\frac{d[f'(u)]}{dx}=-\frac{1}{x^2}f'(u)+\frac{1}{x}\cdot\frac{d[f'(u)]}{du}\cdot\frac{du}{dx}$$

$$=-\frac{1}{x^2}f'(u)+\frac{1}{x^2}f''(u)=\frac{f''(\ln x)-f'(\ln x)}{x^2}.$$

例 5　设函数 $y=\ln(1+x)$,求$\frac{d^ny}{dx^n}$.

解　$\frac{dy}{dx}=[\ln(1+x)]'=(1+x)^{-1}$,

$$\frac{d^2y}{dx^2}=[(1+x)^{-1}]'=-(1+x)^{-2},$$

$$\frac{d^3y}{dx^3}=[-(1+x)^{-2}]'=(-1)(-2)(1+x)^{-3}=(-1)^2 2!(1+x)^{-3},$$

$$\frac{d^4y}{dx^4}=[(-1)^2 2!(1+x)^{-3}]'=(-3)(-1)^2 2!(1+x)^{-4}=(-1)^3 3!(1+x)^{-4},$$

……

$$\frac{d^ny}{dx^n}=(-1)^{n-1}(n-1)!(1+x)^{-n}=\frac{(-1)^{n-1}(n-1)!}{(1+x)^n}.$$

例 6　设函数 $y=x^2\ln x$,求$\frac{d^ny}{dx^n}$.

解　$\frac{dy}{dx}=(x^2\ln x)'=2x\ln x+x$,

$$\frac{d^2y}{dx^2}=(2x\ln x+x)'=2\ln x+3,$$

$$\frac{d^3y}{dx^3}=(2\ln x+3)'=2x^{-1},$$

$$\frac{d^4y}{dx^4}=(2x^{-1})'=-2x^{-2},$$

$$\frac{d^5y}{dx^5}=(-2x^{-2})'=2(-1)(-2)x^{-3}=(-1)^2 2\cdot 2!x^{-3},$$

$$\frac{d^6y}{dx^6}=[(-1)^2 2\cdot 2!x^{-3}]'=(-1)^3 2\cdot 3!x^{-4},$$

……

$$\frac{d^ny}{dx^n}=(-1)^{n-3}2\cdot(n-3)!x^{-(n-2)}=\frac{(-1)^{n-3}2\cdot(n-3)!}{x^{n-2}}\quad(n\geqslant 3).$$

例 7　已知函数 $y=f(x)$ 由方程 $y=x+\ln y$ 所确定,求$\frac{d^2y}{dx^2}$.

解　方程两边对 x 求导,得 $y'=1+\frac{1}{y}y'$,解得 $y'=\frac{y}{y-1}$,因此

$$\frac{d^2y}{dx^2}=\frac{y'(y-1)-yy'}{(y-1)^2}=\frac{-y'}{(y-1)^2}=-\frac{y}{(y-1)^3}.$$

例 8　求由参数方程$\begin{cases}x=2t-t^2,\\ y=3t-t^3\end{cases}$所确定的函数 $y=f(x)$ 的二阶导数$\frac{d^2y}{dx^2}$.

解　将 t 看成中间变量，由复合函数求导法则，有

$$\frac{dy}{dx}=\frac{dy}{dt}\Big/\frac{dx}{dt}=\frac{3-3t^2}{2-2t}=\frac{3}{2}(1+t).$$

仍将 t 看成中间变量，继续由复合函数求导法则，得

$$\frac{d^2y}{dx^2}=\frac{d}{dx}\left(\frac{dy}{dx}\right)=\frac{d}{dt}\left(\frac{dy}{dx}\right)\Big/\frac{dx}{dt}=\frac{d}{dt}\left[\frac{3}{2}(1+t)\right]\Big/\frac{dx}{dt}=\frac{\frac{3}{2}}{2-2t}=\frac{3}{4(1-t)}.$$

3.4.2　微分的概念

微分是微分学的重要内容之一，在近似计算中有非常重要的作用，其思想的基本出发点是：当自变量发生微小变化时，引起的函数改变量能否用自变量的改变量来近似计算？

由导数的定义可知，函数 $y=f(x)$ 在一点 x_0 处可导是指极限 $\lim\limits_{\Delta x\to 0}\frac{\Delta y}{\Delta x}=f'(x_0)$ 存在. 这说明，当 Δx 趋于 0 时，就有 $\frac{\Delta y}{\Delta x}$ 与 $f'(x_0)$ 很接近，即 $\frac{\Delta y}{\Delta x}\approx f'(x_0)$. 由此得，当 $|\Delta x|$ 很小时，有

$$\Delta y\approx f'(x_0)\Delta x.$$

例 9　设函数 $y=f(x)=x^2+1$ 在点 $x_0=1$ 处取得增量 $\Delta x=0.01$，则

$$\Delta y=f(x_0+\Delta x)-f(x_0)=[(1+0.01)^2+1]-(1^2+1)=0.0201.$$

又因为 $f'(x)=2x$，所以 $f'(x_0)\Delta x=2\times1\times0.01=0.02$. 显然，$\Delta y$ 与 $f'(x_0)\Delta x$ 非常接近，即 $f'(x_0)\Delta x$ 可以作为 Δy 的近似值.

定义 2　设函数 $y=f(x)$ 在某邻域 U 内有定义. 若函数 $y=f(x)$ 在点 x 处可导，则称 $f'(x)\Delta x$ 为函数 $y=f(x)$ 在点 x 处的**微分**，记作 dy，即

$$dy=f'(x)\Delta x.$$

此时也称函数 $y=f(x)$ 在点 x 处**可微**.

由定义 2 可知，一元函数在一点处可微与可导是等价的.

当考虑函数 $y=x$ 时，由定义 2，有

$$dy=dx=x'\cdot\Delta x=\Delta x.$$

因此，通常把自变量的增量 Δx 也称作**自变量的微分**，记为 dx. 于是函数 $y=f(x)$ 在点 x 处的微分可写成

$$dy=f'(x)dx,$$

且有 $\frac{dy}{dx}=f'(x)$.

由此可知，当引入了微分之后，$\frac{dy}{dx}$ 不再仅仅是导数的记号，同时也是函数的微分与自变量的微分的商. 因此，导数又称为**微商**. 也因为如此，微分的计算和导数的计算本质相同，即求微分可以归结为：先求出导数 $f'(x)$，然后乘以自变量的微分 dx.

例 10　求函数 $y=3x^2$ 当 x 由 1 改变到 1.01 的微分.

解　因为 $dy=y'dx=6xdx$，所以由已知条件：$x=1$，$dx=\Delta x=1.01-1=0.01$，得

所求微分为

$$dy = 6 \times 1 \times 0.01 = 0.06.$$

例 11 求函数 $y = e^x$ 在点 $x = 1$ 处的微分.

解 因为该函数的微分为 $dy = y'dx = e^x dx$,所以在点 $x = 1$ 处的微分为

$$dy\Big|_{x=1} = (e^x)'\Big|_{x=1} dx = e dx.$$

3.4.3 微分在近似计算中的应用

对于可微函数 $y = f(x)$,当 $|\Delta x|$ 充分小时,可用 dy 近似代替 Δy,则有近似公式:

$$\Delta y = f(x_0 + \Delta x) - f(x_0) \approx dy = f'(x_0)\Delta x$$

或

$$f(x_0 + \Delta x) \approx f(x_0) + f'(x_0)\Delta x.$$

若令 $x = x_0 + \Delta x$,则上面的近似公式可写为

$$f(x) \approx f(x_0) + f'(x_0)(x - x_0).$$

而由导数的几何意义可知,$y = f(x_0) + f'(x_0)(x - x_0)$ 即为曲线 $y = f(x)$ 在点 $M(x_0, y_0)$ 处的切线方程. 因此,上述近似式的几何意义是:在点 $M(x_0, y_0)$ 附近用切线近似代替曲线弧. 这种以直代曲的近似法称为**切线近似法**或**线性近似法**. 这种近似法的精确度未必很高,但其简单的形式得到广泛采纳. 若取 $x_0 = 0$,用 x 替换 Δx,则得到形式更为简单的近似公式:

$$f(x) \approx f(0) + f'(0)x,$$

其中 $f(x)$ 在点 $x = 0$ 处可微,$|x|$ 充分小.

应用此近似公式可推出下列常用的简易近似公式($|x|$ 充分小):

$$(1 + x)^\alpha \approx 1 + \alpha x;\quad e^x \approx 1 + x;\quad \ln(1 + x) \approx x;\quad \sin x \approx x;\quad \tan x \approx x.$$

例 12 一块边长为10 cm的均匀正方形薄片受热后,其边长增加了0.03 cm,问:面积大约增大了多少?

解 设正方形的边长为 x,则其面积为 $S = x^2$. 由已知条件 $x = 10$ cm,$\Delta x = 0.03$ cm,再根据近似公式,得到

$$\Delta S \approx dS = 2x \cdot \Delta x = 2 \times 10\text{ cm} \times 0.03\text{ cm} = 0.6\text{ cm}^2,$$

故面积大约增大了 0.6 cm^2.

在此例中,面积增大的真实值为 $(x + \Delta x)^2 - x^2 = 10.03^2\text{ cm}^2 - 10^2\text{ cm}^2 = 0.6009\text{ cm}^2$. 可见近似计算效果很好.

例 13 计算下列各数的近似值:

(1) $\sqrt[3]{1.03}$; (2) $e^{-0.02}$.

解 (1) $\sqrt[3]{1.03}$ 的近似值即是函数 $f(x) = \sqrt[3]{x}$ 在点 $x = 1.03$ 处函数值的近似值,则由近似公式得

$$f(x + \Delta x) \approx f(x) + f'(x)\Delta x = \sqrt[3]{x} + \frac{1}{3\sqrt[3]{x^2}}\Delta x.$$

取 $x = 1$,$\Delta x = 0.03$,得

$$\sqrt[3]{1.03} \approx \sqrt[3]{1} + \frac{1}{3\sqrt[3]{1^2}} \times 0.03 = 1.01.$$

(2) $e^{-0.02}$ 的近似值即是函数 $f(x) = e^{-x}$ 在点 $x = 0.02$ 处函数值的近似值. 因 $x = 0.02$ 离 $x = 0$ 很近,故可用近似公式 $f(x) \approx f(0) + f'(0)x$. 取 $x = 0.02$,得

$$e^{-0.02} \approx e^0 + (-e^0) \times 0.02 = 0.98.$$

例 14　计算 $\sqrt[3]{7}$ 的近似值.

解　由于 $\sqrt[3]{7} = \sqrt[3]{8-1} = \sqrt[3]{8\left(1-\frac{1}{8}\right)} = 2\sqrt[3]{1-\frac{1}{8}}$,且 $\left|-\frac{1}{8}\right|$ 较小,因此应用简易近似公式 $(1+x)^\alpha \approx 1+\alpha x$,有

$$\sqrt[3]{7} = 2\sqrt[3]{1-\frac{1}{8}} \approx 2\left[1+\frac{1}{3}\times\left(-\frac{1}{8}\right)\right] = 1.916\,67.$$

而 $\sqrt[3]{7}$ 的精确值为 1.912 931 1…,可见此例中的近似效果较好.

习题 3 - 4

1. 求下列函数的二阶导数:

(1) $y = x\ln x$;　(2) $y = (1+x^2)\arctan x$;

(3) $y = xe^{x^2}$;　(4) $y = \ln(1+x^2)$.

2. 求下列函数的 n 阶导数:

(1) $y = a^x \ (a > 0, a \neq 1)$;　(2) $y = (1+x)^3$;

(3) $y = \dfrac{1}{x}$.

3. 验证:函数 $y = C_1 e^{2x} + C_2 e^{-3x}$ (C_1, C_2 为任意常数) 满足方程 $y'' + y' - 6y = 0$.

4. 设函数 $y = f(x)$ 二阶可导,求下列函数的二阶导数:

(1) $y = f(\sin x)$;　(2) $y = x^2 f(\ln x)$.

5. 设函数 $y = f(x)$ 由方程 $e^y + xy = e^2$ 所确定,求 $\dfrac{d^2 y}{dx^2}$.

6. 设函数 $y = f(x)$ 由参数方程 $\begin{cases} x = a(t - \sin t), \\ y = a(1 - \cos t) \end{cases}$ 所确定,求 $\dfrac{d^2 y}{dx^2}$.

7. 在下列等式的括号中填入适当的函数,使等式成立:

(1) d(　　) = $3dx$;　(2) d(　　) = $2xdx$;

(3) d(　　) = $\sin \omega t\, dt$;　(4) $d(\cos x^2) =$ (　　)dx.

8. 求函数 $y = x^3$ 当 x 由 1 改变到 1.005 时的微分.

9. 求函数 $y = \tan 2x$ 在点 $x = 0$ 处的微分.

10. 求下列各函数的微分 dy:

(1) $y = \ln(x^2 - 1)$;　(2) $y = \sqrt{1-x^2}$;

(3) $y = \dfrac{\sin 2x}{x^2}$;　(4) $y = \arctan\sqrt{1+x^2}$.

11. 求由下列方程所确定的隐函数 $y = f(x)$ 的微分:

(1) $e^{xy} = 3x + y^2$;　(2) $xy^2 + x^2 y = 1$.

12. 计算下列各数的近似值:

(1) $e^{0.03}$；　　(2) $\sqrt[5]{30}$.

13. 设有一个外直径为 10 cm 的球壳，且球壳厚度为 $\frac{1}{16}$ cm，试求该球壳体积的近似值.

14. 已知某种扩音器插头为圆柱形，截面半径 r 为 0.15 cm，长度 l 为 4 cm. 为了提高这种扩音器的导电性能，要在其圆柱插头的侧面镀上一层厚为 0.001 cm 的纯铜. 求每个插头所需纯铜的质量(假定纯铜的密度为 8.9 g/cm^3).

15. 设函数 $C(t) = K(e^{-at} - e^{-bt})$($a,b,K$ 均为正常数，且 $a < b$) 可用来描述 t 时刻药物进入血液中的浓度.

(1) 试求 $\lim\limits_{t \to +\infty} C(t)$；

(2) 求 $C'(t)$，即药物在血液循环过程中的分解速度；

(3) 问：什么时候分解速度为 0?

第四章

导数的应用

当两个变量 x,y 之间的关系可以用函数 $y=f(x)$ 来描述时，变量 y 关于变量 x 的变化快慢程度是指当 x 有一个单位的改变量时，y 改变几个单位. 此时，也称之为 y 关于 x 的变化速度. 函数 $y=f(x)$ 在点 x_0 处可导，是指当自变量 x 在点 x_0 处取得增量 Δx 时，函数 y 取得相应的增量 $\Delta y=f(x_0+\Delta x)-f(x_0)$，且极限

$$\lim_{\Delta x\to 0}\frac{\Delta y}{\Delta x}=\lim_{\Delta x\to 0}\frac{f(x_0+\Delta x)-f(x_0)}{\Delta x}$$

存在. 在此定义中，$\dfrac{\Delta y}{\Delta x}$ 表示当 x 有一个单位的改变量时，平均来说 y 改变的单位数，即自变量 x 从 x_0 变到 $x_0+\Delta x$ 时 $f(x)$ 的平均变化速度. 而导数 $f'(x_0)=\lim\limits_{\Delta x\to 0}\dfrac{\Delta y}{\Delta x}$ 则表示当 x 在点 x_0 处有一个单位的改变量时，y 相应地改变了 $f'(x_0)$ 个单位. 它反映了点 x_0 处函数 $f(x)$ 随自变量变化而变化的快慢程度（一点处的变化速度）. 这使得导数在解决实际问题中大有用武之地.

§4.1　函数的极值与最值

导数可以用来处理很多实际应用中寻找最优方案的优化问题. 例如，罐头盒做成什么形状成本最小？气管收缩半径为多少时，咳嗽喷出气体的速度最快？等等. 这些问题最终都可归结为求函数的最大值和最小值.

4.1.1　函数的极值

在观察函数图像时，常遇到一点处的函数值比附近点处的函数值都大（或都小）这样的情形. 如图 4－1 所示，点 x_1, x_3, x_5 处的函数值比附近点处的函数值都大；点 x_2, x_4, x_6 处的函数值比附近点处的函数值都小. 观察点 x_1 附近的函数曲线就会发现，存在点 x_1 的一个小的去心邻域，对此去心邻域内任一点 x，恒有 $f(x) < f(x_1)$，即曲线在点 $(x_1, f(x_1))$ 处于相对“高点”. 类似地，曲线在点 $(x_3, f(x_3))$，$(x_5, f(x_5))$ 也处于相对“高点”. 同理，观察点 x_2 附近的函数曲线就会发现，存在点 x_2 的一个小的去心邻域，对此去心邻域内任一点 x，恒有 $f(x) > f(x_2)$，即曲线在点 $(x_2, f(x_2))$ 处于相对“低点”. 类似地，曲线在点 $(x_4, f(x_4))$，$(x_6, f(x_6))$ 也处于相对“低点”. 通过对函数图像的这种相对“高点”“低点”的观察，可以抽象得到如下极大值、极小值的概念.

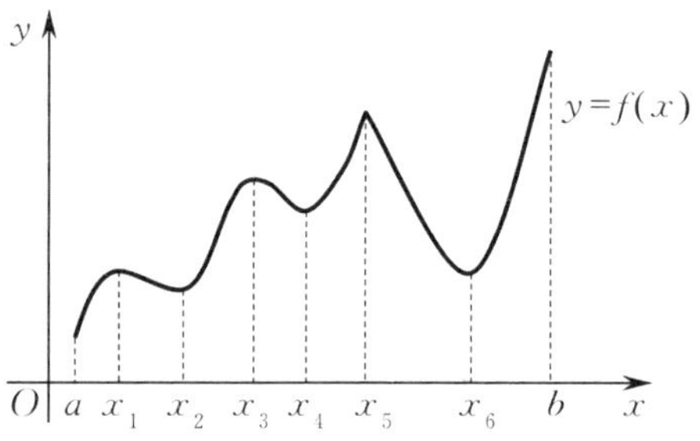

图 4－1

定义 1　(1) 如果点 x_0 与附近的点 $x(x \neq x_0)$ 相比，总有 $f(x) < f(x_0)$ 成立，则称点 $x = x_0$ 为函数 $y = f(x)$ 的**极大值点**，$f(x_0)$ 为函数 $y = f(x)$ 的**极大值**；

(2) 如果点 x_0 与附近的点 $x(x \neq x_0)$ 相比，总有 $f(x) > f(x_0)$ 成立，则称点 $x = x_0$ 为函数 $y = f(x)$ 的**极小值点**，$f(x_0)$ 为函数 $y = f(x)$ 的**极小值**.

极大值点、极小值点统称为**极值点**；极大值、极小值统称为**极值**.

注　定义 1 中的“附近的点 $x(x \neq x_0)$”是指点 x_0 的某个去心邻域内的一切点 x.

如图 4－1 所示，点 x_1, x_3, x_5 是函数 $y = f(x)$ 的极大值点，$f(x_1)$，$f(x_3)$，$f(x_5)$ 都是 $y = f(x)$ 的极大值；点 x_2, x_4, x_6 是函数 $y = f(x)$ 的极小值点，$f(x_2)$，$f(x_4)$，$f(x_6)$ 都是 $y = f(x)$ 的极小值.

定义 2　(1) 如果对定义域内的一切点 $x(x \neq x_0)$，总有 $f(x) < f(x_0)$ 成立，则称点 $x = x_0$ 为函数 $y = f(x)$ 的**最大值点**，$f(x_0)$ 为函数 $y = f(x)$ 的**最大值**；

(2) 如果对定义域内的一切点 $x(x \neq x_0)$，总有 $f(x) > f(x_0)$ 成立，则称点 $x = x_0$ 为函数 $y = f(x)$ 的**最小值点**，$f(x_0)$ 为函数 $y = f(x)$ 的**最小值**.

最大值点、最小值点统称为**最值点**；最大值、最小值统称为**最值**.

例 1　如图 4-2 所示，由函数 $y=3x^4-16x^3+18x^2(x\in[-1,4])$ 的图像可以看出，点 $x=1$ 是极大值点，极大值为 5；点 $x=3$ 是极小值点，极小值为 -27，这也是函数在整个定义域 $[-1,4]$ 上的最小值；点 $x=-1$ 是函数在整个定义域 $[-1,4]$ 上的最大值点，最大值为 37.

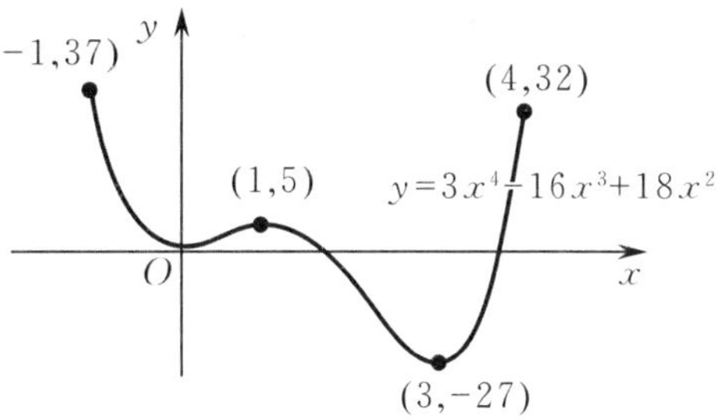

图 4-2

由定义 1 与定义 2 可知：

(1) 极值是局部概念，最值是整体概念. 考察 $f(x)$ 在点 x_0 处是否取极值，只需要把点 x_0 和其附近的点 x 的函数值进行比较，而不需要与整个定义域上所有函数值进行比较，但是考察最值时需要.

(2) 极大值与极小值没有固定的大小关系. 也就是说，极大值不一定比极小值大. 例如，图 4-1 中的函数在点 x_1 处取得极大值，在点 x_4 处取得极小值，但极大值 $f(x_1)$ 小于极小值 $f(x_4)$.

(3) 极值点也有可能成为最值点，如例 1 中的极小值点也是最小值点.

4.1.2　可能的极值点和最值点

第二章中我们学过：闭区间上的连续函数一定有最大值和最小值. 这个结果只说明了最值的存在性，但并没确定最值点在何处. 先通过例子来考虑可能的极值点在何处.

例 2　考察函数 $f(x)=x^2+1$ 的极值点及极值点处的导数.

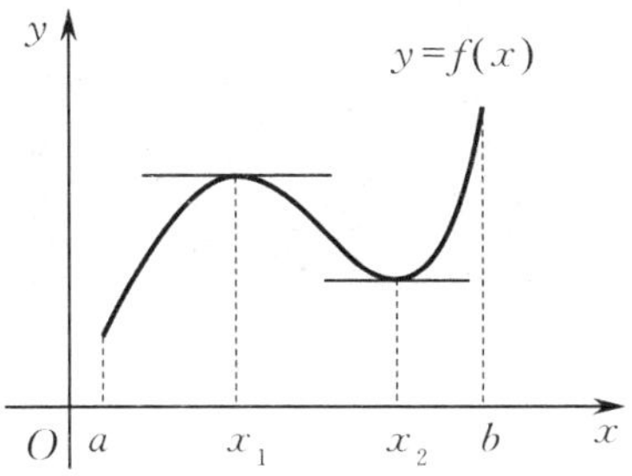

图 4-3

解　该函数的定义域为 $(-\infty,+\infty)$. 显然，无论 x 取什么值，都有 $x^2\geqslant 0$，所以 $x^2+1\geqslant 1$. 又因为 $f(0)=1$，所以 $f(x)=x^2+1$ 在点 $x=0$ 处取极小值. 而 $f(x)=x^2+1$ 没有极大值.

由 $f'(x)=2x$ 可知，在极小值点 $x=0$ 处的导数为 $f'(0)=0$. 这说明，此点处的切线斜率为 0，即切线平行于 x 轴.

由例 2 可发现，函数在极值点处的导数为 0. 这个结论是否具有普遍性？如图 4-3 所示，假定函数 $f(x)$ 在极值点可导，通过图像来观察极值点处的切线. 从图 4-3 中可以观察到，在极值点处的切线是水平的，即其斜率为 0. 也就是说，极值点处的导数为 0.

定理 1　**如果点 x_0 是函数 $f(x)$ 的极值点，且 $f'(x_0)$ 存在，则 $f'(x_0)=0$.**

定理 1 也称**费马**(Fermat)**引理**，此处略去其证明.

导数为 0 的点称为函数的**驻点**. 定理 1 说明，如果函数在极值点处可导，则极值点一定是驻点. 还有一种可能就是函数在极值点处不可导. 如 §3.1 中的例 12 已证明函数 $f(x)=|x|$ 在点 $x=0$ 处不可导，但显然 $f(x)=|x|$ 在点 $x=0$ 处取极小值(这是因为对一切点 $x(x\neq 0)$，都有 $f(x)=|x|>0=f(0)$). 综上所述，函数可能的极值点只能有两类：定义域

中的驻点;不可导点.

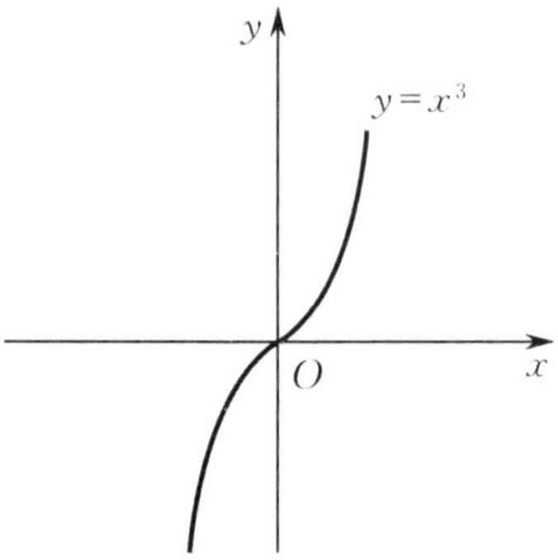

图 4-4

例 3 求函数 $f(x)=x^3$ 的驻点,并讨论驻点是否是极值点.

解 $f'(x)=3x^2$. 令 $f'(x)=0$,解得驻点为 $x=0$.

当 $x<0$ 时,$f(x)=x^3<0=f(0)$;当 $x>0$ 时,$f(x)=x^3>0=f(0)$. 故驻点 $x=0$ 不是函数 $f(x)=x^3$ 的极值点(见图 4-4).

例 3 说明,驻点不一定是极值点. 因此,导数为 0 只是取极值的必要条件,而非充分条件.

在日常生活和经济活动中,经常需要求解一些最大值或最小值问题. 最大(最小)值可以在区间的端点处取得,而极大(极小)值只能在区间的内部取到. 如果最大(最小)值在区间的内部取得,则最大(最小)值必定也是极大(极小)值. 因此,闭区间上的连续函数的最大值和最小值只可能在以下三种点处取得:

(1) 驻点;

(2) 导数不存在的点(不可导点);

(3) 区间端点.

综上所述,求连续函数在闭区间上的最大值和最小值,只需分别求出其在驻点、导数不存在的点及区间端点处的函数值,并加以比较,其中较大者即为该函数在闭区间上的最大值,较小者即为该函数在闭区间上的最小值.

例 4 哈勃空间望远镜(见图 4-5)于 1990 年 4 月 24 日在美国肯尼迪航天中心由“发现者”号航天飞机成功发射. 从起飞时刻 $t=0$ 秒到固体火箭助推器脱离时刻 $t=126$ 秒的这段时间内,航天飞机在 t 时刻的速度(单位:英尺 / 秒)为

$$v(t)=0.001\,302t^3-0.090\,29t^2+23.61t+3.083.$$

以此推算从起飞到固体火箭助推器脱离这段时间内,航天飞机加速度的最大值与最小值.

图 4-5

解 因加速度 $a(t)$ 是速度的导数,故

$$a(t)=v'(t)=0.003\,906t^2-0.180\,58t+23.61.$$

令 $a'(t)=0.007\,812t-0.180\,58=0$,得唯一驻点 $t_1=\dfrac{0.180\,58}{0.007\,812}\approx 23.12$. 显然 $a(t)$ 没有不可导的点. 计算驻点及端点处的函数值,得

$$a(0)=23.61,\quad a(23.12)\approx 21.52,\quad a(126)\approx 62.87,$$

故加速度的最大值约为 62.87 英尺 / 秒^2,最小值约为 21.5 英尺 / 秒^2.

习题 4－1

1. 试求出下列函数可能的极值点：

(1) $f(x)=x^2-4x$；　　(2) $f(x)=x^3-3x^2+4$；

(3) $f(x)=x^4-4x^3+8$；　　(4) $f(x)=\dfrac{1+x}{x}$.

2. 气管中有异物时会导致咳嗽，隔膜向上猛推引起肺压增加，同时伴随气管收缩形成一个细管道使空气排出. 要使在给定的时间内排出一定量的空气，气流在细管道中的速度必须比在粗管道中的速度快. 气流速度越大，对异物的作用力越大. X 光透视显示，在咳嗽中，气管的管道半径会收缩到正常时的$\frac{2}{3}$. 根据咳嗽的数学模型可知，气管中气流的速度 v 与气管的管道半径 r 的关系为

$$v(r)=k(r_0-r)r^2\quad\left(\frac{1}{2}r_0\leqslant r\leqslant r_0\right),$$

其中 k 是正常数，r_0 是正常情况下气管的管道半径. 对 r 的限制是考虑到气管壁在压力下会变硬，收缩后管道半径不能小于$\frac{1}{2}r_0$（否则会引起窒息）. 求 v 的最大值点与最大值.

§4.2　导数与曲线形状

函数的图像往往是一条曲线，如果知道了曲线的形状，函数的许多性质也就清楚了. 导数反映的是因变量关于自变量的变化速度；曲线的形状反映的是当自变量变化时因变量的变化趋势和走向. 这二者之间有什么内在联系呢？这种联系能否提供寻找到确定曲线形状的某些有效途径？

4.2.1　中值定理

先来考虑闭区间上的连续函数. 设 $y=f(x)$ 在闭区间$[a,b]$上连续，则由第二章可知，$y=f(x)$ 在$[a,b]$上存在最大值与最小值. 如果再假定 $f(a)=f(b)$，则最大值点与最小值点中至少有一个不在区间端点. 不妨设在点 $x=c\,(a<c<b)$ 处取得最值，这时点 $x=c$ 就成了极值点. 由本章 §4.1 中的费马引理可知，如果 $y=f(x)$ 在极值点 $x=c$ 处可导，则必有 $f'(c)=0$. 总结前面的讨论，可以得到以下定理.

定理 1（罗尔（Rolle）中值定理）　如果函数 $y=f(x)$ 满足条件：在闭区间$[a,b]$上连续；在开区间(a,b)内可导；$f(a)=f(b)$，则至少存在一点 $c\in(a,b)$，使 $f'(c)=0$.

定理 1 中满足条件的点 c 可能不止一点. 例如，图 4－6 中有一点 c；图 4－7 中有两点 c_1,c_2.

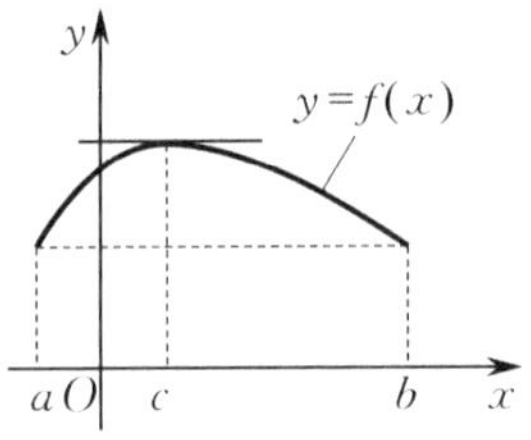

图 4-6

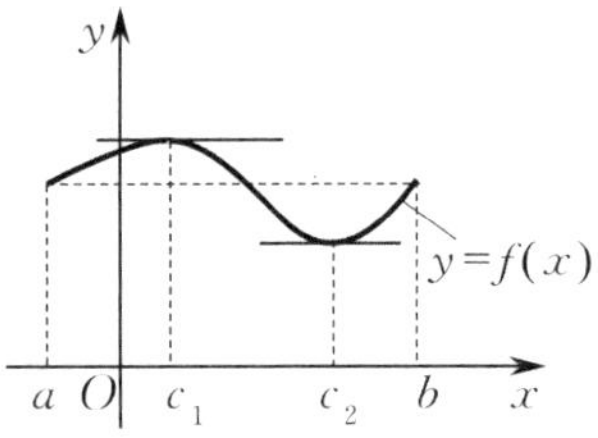

图 4-7

当函数 $y=f(x)$ 满足定理 1 的条件时，记曲线段的两个端点分别为 $A(a,f(a))$ 和 $B(b,f(b))$，则由 $f(a)=f(b)$ 知，弦 AB 的斜率为 0. 而定理 1 结论中的 $f'(c)=0$ 说明，函数在点 $x=c$ 处的切线斜率为 0，故点 $x=c$ 处的切线与弦 AB 平行. 于是定理 1 的几何意义是：满足定理 1 的曲线段上至少有一点处的切线与连接曲线段两个端点的弦平行.

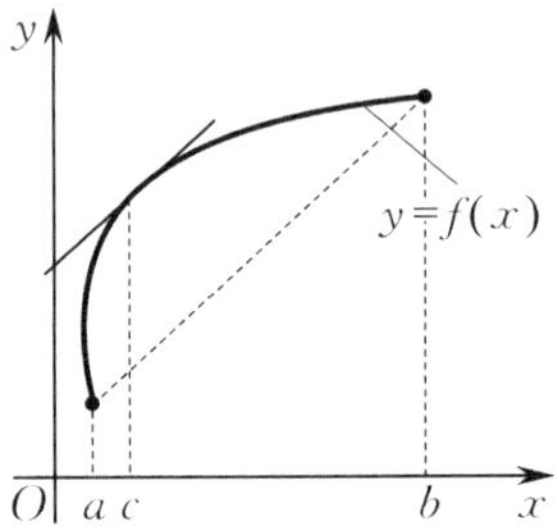

图 4-8

若将图 4-6 中满足定理 1 的曲线段在坐标系中改变位置（平移加旋转）变成图 4-8 中的曲线段，则相应函数的连续性、可导性及直线间的平行关系均保持不变，只破坏了定理 1 中的条件 $f(a)=f(b)$. 于是由图 4-8 可观察到，切线仍与弦平行. 此时，切线与弦的斜率分别为 $f'(c)$ 和 $\dfrac{f(b)-f(a)}{b-a}$，故

$$f'(c)=\frac{f(b)-f(a)}{b-a}.$$

总结上述讨论，可得下述定理.

定理 2（拉格朗日（Lagrange）中值定理）　**如果函数 $y=f(x)$ 满足条件：在闭区间 $[a,b]$ 上连续；在开区间 (a,b) 内可导，则至少存在一点 $c\in(a,b)$，使**

$$f'(c)=\frac{f(b)-f(a)}{b-a}\quad \text{或}\quad f(b)-f(a)=f'(c)(b-a).$$

定理 2 借助导数建立了两点函数值之差（函数增量）与自变量之差（自变量增量）的直接联系，这为以后利用导数研究函数性质带来了方便.

例 1　设 $f(x)=\dfrac{x^4}{8}-x^2$，验证 $f(x)$ 在 $[-3,3]$ 上满足罗尔中值定理的条件，并求出满足定理结论的点 c.

解　$f(x)$ 显然在 $[-3,3]$ 上连续，在 $(-3,3)$ 内可导，且 $f(-3)=f(3)=\dfrac{9}{8}$，故 $f(x)$ 在 $[-3,3]$ 上满足罗尔中值定理的条件.

又 $f'(x)=\dfrac{x^3}{2}-2x$，令 $f'(c)=\dfrac{c^3}{2}-2c=0$，于是满足定理结论的点 c 有

$$c_1=-2,\quad c_2=0,\quad c_3=2.$$

例 2　不求导数，判断函数 $f(x)=(x-1)(x-2)(x-3)$ 的导数有几个零点，并指出这些零点所在的范围.

解　因为 $f(x)$ 在 $(-\infty,+\infty)$ 内可导，且 $f(1)=f(2)=f(3)=0$，所以 $f(x)$ 在闭区间 $[1,2]$ 和 $[2,3]$ 上均满足罗尔中值定理的三个条件，从而在 $(1,2)$ 内至少存在一点 c_1，使

$f'(c_1)=0$,即 c_1 是 $f'(x)$ 的一个零点.同理,在(2,3)内至少存在一点 c_2,使 $f'(c_2)=0$,即 c_2 是 $f'(x)$ 的一个零点.

又因为 $f'(x)$ 为二次多项式,所以最多有两个零点,故 $f'(x)$ 恰好有两个零点,分别在区间(1,2)和(2,3)内.

例 3　给定函数 $f(x)=x^3-6x^2+11x$,验证 $f(x)$ 在闭区间[0,4]上满足拉格朗日中值定理的条件,并求出满足定理结论的点 c.

解　因为 $f(x)$ 在[0,4]上连续,在(0,4)内可导,所以 $f(x)$ 在闭区间[0,4]上满足拉格朗日中值定理的条件.又因为 $f'(x)=3x^2-12x+11$,且点 c 满足 $f'(c)=\dfrac{f(4)-f(0)}{4-0}=3$,所以有 $3c^2-12c+11=3$,即 $3c^2-12c+8=0$,解得 $c=2\pm\dfrac{2\sqrt{3}}{3}$.

例 4　某人上午 10 点驾车从某收费站上高速公路,上午 11 点从另一收费站下高速公路,两收费站相距 102 km,该段高速公路限速 100 km/h.刚下高速公路,一位交警拦住了他,向他递交了超速罚款单.如果在这段行程中没人测量过该车的速度,问:对此人递交罚款单是否合理?

解　设该车的路程函数为 $s=s(t),t\in[0,1]$.依题意知 $s(0)=0,s(1)=102$.不妨假设 $s=s(t)$ 是可导函数,则根据拉格朗日中值定理,必存在 $\xi\in(0,1)$,使 $\dfrac{s(1)-s(0)}{1-0}=s'(\xi)$ 成立,即 $s'(\xi)=102$.所以此人在某个时刻的速度为 102 km/h,交警向其递交超速罚款单合理.

推论 1　如果函数 $f(x)$ 在区间 (a,b) 内任意一点处的导数都等于零,则函数 $f(x)$ 在区间 (a,b) 内是一个常数函数.

推论 2　如果函数 $f(x),g(x)$ 在区间 (a,b) 内满足 $f'(x)=g'(x)$,则这两个函数在区间 (a,b) 内至多相差一个常数.

定理 3(柯西(Cauchy)中值定理)　**设函数 $f(x),g(x)$ 满足:在闭区间 $[a,b]$ 上连续;在开区间 (a,b) 内可导,且在 (a,b) 内任一点处都有 $g'(x)\neq 0$,则至少存在一点 $c\in(a,b)$,使**

$$\frac{f(b)-f(a)}{g(b)-g(a)}=\frac{f'(c)}{g'(c)}.$$

比较以上三个定理可以发现,拉格朗日中值定理是柯西中值定理当 $g(x)=x$ 时的特殊情况,罗尔中值定理是拉格朗日中值定理当 $f(a)=f(b)$ 时的特殊情况.

4.2.2　函数的单调性与极值

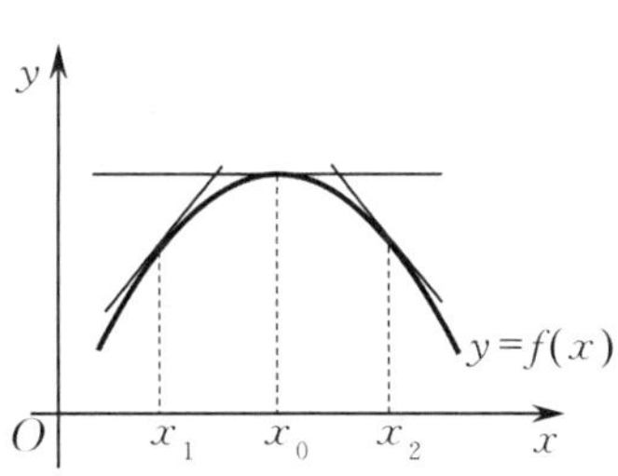

图 4-9

观察图 4-9 可知,在点 x_0 的左边,曲线 $y=f(x)$ 呈上升趋势,且在任一点处的切线对 x 轴正向的倾角为锐角,故斜率为正;在点 x_0 的右边,曲线 $y=f(x)$ 呈下降趋势,且在任一点处的切线对 x 轴正向的倾角为钝角,故斜率为负.由此得到,导数的符号应与函数的单调性有关.

假定函数 $y=f(x)$ 在某区间 I 上连续且可导,则由拉格朗日中值定理知，对此区间中任意两个点 $x_1,x_2(x_1<x_2)$，都有 $f(x_2)-f(x_1)=f'(c)(x_2-x_1)$ 成立.

(1) 若在区间 I 上 $f'(x)>0$，则 $f(x_2)-f(x_1)>0$，即 $f(x_2)>f(x_1)$，从而函数 $y=f(x)$ 在区间 I 上单调增加；

(2) 若在区间 I 上 $f'(x)<0$，则 $f(x_2)-f(x_1)<0$，即 $f(x_2)<f(x_1)$，从而函数 $y=f(x)$ 在区间 I 上单调减少.

综上所述，有以下定理.

定理 4 **设函数 $y=f(x)$ 在闭区间 $[a,b]$ 上连续，在开区间 (a,b) 内可导.**

(1) 如果在 (a,b) 内 $f'(x)>0$，则 $f(x)$ 在 $[a,b]$ 上单调增加；

(2) 如果在 (a,b) 内 $f'(x)<0$，则 $f(x)$ 在 $[a,b]$ 上单调减少.

定理 4 的结果说明，在一个区间上导数的符号决定了函数在该区间上的单调性. 于是定义域中导数为 0 的点(驻点)和不可导的点就是可能的单调区间的分界点，所以得到用导数确定函数的单调区间的如下方法：

第一步，写出 $f(x)$ 的定义域；

第二步，求 $f'(x)$，解方程 $f'(x)=0$，求出驻点并找出定义域中 $f'(x)$ 不存在的点；

第三步，利用第二步中得到的点划分定义域为若干个小区间；

第四步，考察第三步中每一个小区间上导数的符号，根据定理 4 确定每个区间上的单调性.

例 5 讨论函数 $f(x)=x^3-3x^2-24x+32$ 的单调性.

解 $f(x)$ 的定义域为 $(-\infty,+\infty)$，

$$f'(x)=3x^2-6x-24=3(x+2)(x-4).$$

令 $f'(x)=0$，求得 $x_1=-2,x_2=4$.

利用点 $x_1=-2,x_2=4$ 划分 $(-\infty,+\infty)$ 为 $(-\infty,-2)$，$(-2,4)$，$(4,+\infty)$. 列表讨论每一个小区间上 $f'(x)$ 的正负符号(见表 4-1).

表 4-1

x	$(-\infty,-2)$	$(-2,4)$	$(4,+\infty)$
$f'(x)$	$+$	$-$	$+$
$f(x)$	单调增加	单调减少	单调增加

故 $f(x)$ 分别在区间 $(-\infty,-2)$，$(4,+\infty)$ 内单调增加，在区间 $(-2,4)$ 内单调减少，如图 4-10 所示.

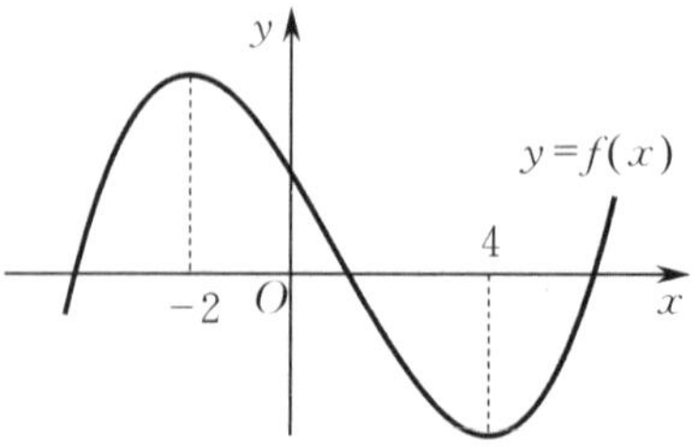

图 4-10

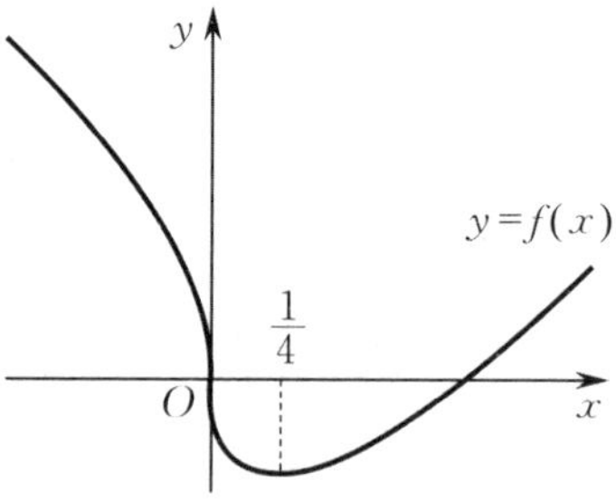

图 4-11

例 6　讨论函数 $f(x)=(x-1)\sqrt[3]{x}$ 的单调性.

解　$f(x)$ 的定义域为 $(-\infty,+\infty)$,

$$f'(x)=\frac{4x-1}{3\sqrt[3]{x^2}}.$$

由 $f'(x)=0$,得到 $x=\frac{1}{4}$. 当 $x=0$ 时,$f'(x)$ 不存在.

列表讨论(见表 4-2).

表 4-2

x	$(-\infty,0)$	$\left(0,\frac{1}{4}\right)$	$\left(\frac{1}{4},+\infty\right)$
$f'(x)$	$-$	$-$	$+$
$f(x)$	单调减少	单调减少	单调增加

故 $f(x)$ 分别在区间 $(-\infty,0)$,$\left(0,\frac{1}{4}\right)$ 内单调减少,在 $\left(\frac{1}{4},+\infty\right)$ 内单调增加,如图 4-11 所示.

用导数可以判断函数的单调性,而单调性与函数的极值点密切相关. 例如,图 4-7 中所示的函数 $f(x)$ 在点 c_1 的某个邻域内连续,当 $x<c_1$ 时,函数 $f(x)$ 单调增加,有 $f'(x)>0$;当 $x>c_1$ 时,函数 $f(x)$ 单调减少,有 $f'(x)<0$. 故点 c_1 是函数单调增、减区间的分界点,在其左侧,函数单调增加;在其右侧,函数单调减少. 所以函数曲线在点 $(c_1,f(c_1))$ 处于"峰顶",从而点 c_1 是 $f(x)$ 的极大值点. 类似地,点 c_2 也是函数单调增、减区间的分界点,在其左侧,函数单调减少;在其右侧,函数单调增加. 函数曲线在点 $(c_2,f(c_2))$ 处于"谷底",从而 c_2 是 $f(x)$ 的极小值点. 此例说明,单调区间的分界点是可能的极值点. 而由导数与单调性的关系可知,单调区间的分界点只可能是驻点或不可导点. 这再次说明,函数的极值点只可能是函数的驻点或导数不存在的点. 那么,如何判断一个函数的驻点或导数不存在的点是否为极值点呢?我们有以下定理.

定理 5(第一充分条件)　**设函数 $f(x)$ 在点 x_0 的某一邻域内连续且可导($f'(x_0)$ 可以不存在).**

(1) 如果当 $x<x_0$ 时,$f'(x)<0$;当 $x>x_0$ 时,$f'(x)>0$,那么点 x_0 是 $f(x)$ 的极小值点,$f(x_0)$ 是 $f(x)$ 的极小值.

(2) 如果当 $x<x_0$ 时,$f'(x)>0$;当 $x>x_0$ 时,$f'(x)<0$,那么点 x_0 是 $f(x)$ 的极大值点,$f(x_0)$ 是 $f(x)$ 的极大值.

(3) 如果在点 x_0 的两侧,$f'(x)$ 不变号,那么点 x_0 不是 $f(x)$ 的极值点.

由定理 4 和定理 5 得到求函数 $f(x)$ 的极值点及极值的步骤如下:

第一步,写出 $f(x)$ 的定义域,并求 $f'(x)$;

第二步,求出 $f(x)$ 在定义域内所有的驻点和导数不存在的点;

第三步,讨论 $f'(x)$ 在驻点及导数不存在点的两侧的符号变化情况,确定函数 $f(x)$ 的极值点并求出极值.

例 7　求函数 $f(x)=3x^{\frac{2}{3}}-x$ 的极值.

解　该函数的定义域为$(-\infty,+\infty)$，

$$f'(x)=2x^{-\frac{1}{3}}-1=\frac{2-\sqrt[3]{x}}{\sqrt[3]{x}}.$$

令 $f'(x)=0$，得驻点 $x_1=8$. 而在点 $x_2=0$ 处，导数不存在.

利用点 $x_1=8,x_2=0$ 划分定义域为三个区间$(-\infty,0)$，$(0,8)$，$(8,+\infty)$，列表讨论每一个区间上 $f'(x)$ 的符号情况(见表 4-3).

表 4-3

x	$(-\infty,0)$	0	$(0,8)$	8	$(8,+\infty)$
$f'(x)$	$-$	不存在	$+$	0	$-$
$f(x)$	单调减少	极小值	单调增加	极大值	单调减少

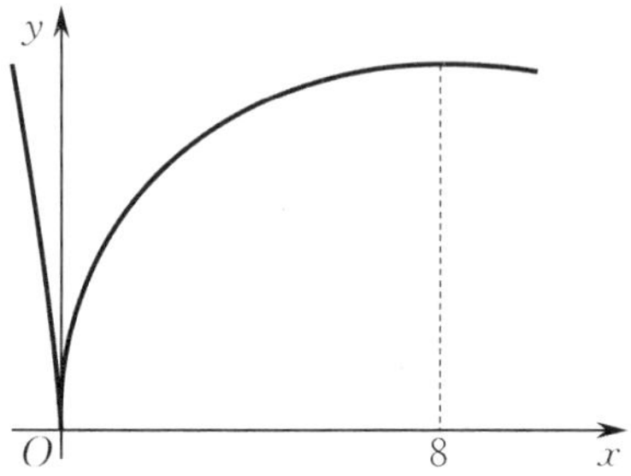

图 4-12

所以 $f(x)$ 在点 $x_2=0$ 处取得极小值，极小值为 $f(0)=0$；$f(x)$ 在点 $x_1=8$ 处取得极大值，极大值为 $f(8)=4$，如图 4-12 所示.

例 8　某扩音器系统制造销售公司的利润函数(单位:元)为

$$P(Q)=-0.02Q^2+300Q-200\ 000,$$

其中 Q(单位:套)为该公司扩音器系统销售量，试求出利润函数的单调区间及极值.

解　利润函数的导数为

$$P'(Q)=-0.04Q+300=-0.04(Q-7\ 500).$$

由 $P'(Q)=0$ 得到 $Q=7\ 500$. 当 $Q\in(0,7\ 500)$时，有 $P'(Q)>0$，此时 $P(Q)$ 为单调增加函数；当 $Q\in(7\ 500,+\infty)$时，有 $P'(Q)<0$，此时 $P(Q)$ 为单调减少函数. 所以，在点 $Q=7\ 500$ 处，利润函数取得极大值，极大值为 $P(7\ 500)=925\ 000$.

例 9　某社区 2002 年至 2013 年期间较大宗犯罪数量 N(单位:起)可由下列模型计算：

$$N(t)=-0.1t^3+1.5t^2+100\quad(t>0),$$

其中 t 以年计，且 $t=0$ 相当于 2002 年. 试求出 $N(t)$ 的单调区间及极值，并解释所得到的结果.

解　$N'(t)=-0.3t^2+3t=-0.3t(t-10)$. 令 $N'(t)=0$，得到 $t=10$，$t=0$(舍去).

当 $t<10$ 时，$N'(t)>0$，$N(t)$ 为单调增加函数；当 $t>10$ 时，$N'(t)<0$，$N(t)$ 为单调减少函数. 故当 $t=10$ 时，$N(t)$ 取得极大值，极大值为 $N(10)=150$.

根据上述计算，该社区较大宗犯罪数量自 2002 年开始呈上升趋势；2012 年为高峰期(150 起)；2012 年以后呈下降趋势.

如果函数在驻点处存在二阶导数，则有判别函数极值的另一种方法，即如下的定理 6.

定理 6(第二充分条件)　**设 $f'(x_0)=0$，$f''(x_0)$ 存在.**

(1) 如果 $f''(x_0)>0$，则 $f(x_0)$ 为函数 $f(x)$ 的极小值；

(2) 如果 $f''(x_0)<0$，则 $f(x_0)$ 为函数 $f(x)$ 的极大值；

(3) 如果 $f''(x_0)=0$，则不能判断 $f(x_0)$ 是否为函数 $f(x)$ 的极值.

例 10　求函数 $f(x)=3x^4-8x^3+6x^2+1$ 的极值.

解　$f'(x)=12x^3-24x^2+12x=12x(x-1)^2$. 令 $f'(x)=0$,得驻点 $x_1=0,x_2=1$. 又

$$f''(x)=12(x-1)(3x-1).$$

因 $f''(0)=12>0$,故函数有极小值 $f(0)=1$. 因 $f''(1)=0$,故不能用定理 6 来判别,改用定理 5 进行判别. 易知在点 $x_2=1$ 的两侧,均有 $f'(x)>0$,因此函数在点 $x_2=1$ 处无极值.

4.2.3　曲线的凹凸性

曲线形状除了上升、下降的不同,还有弯曲方向的不同. 如图 4-13 所示的两条曲线弧 $\widehat{ACB}$,$\widehat{ADB}$,虽然都单调上升,但 $\widehat{ACB}$ 向上凸出,称为**凸弧**;$\widehat{ADB}$ 向下凸出,称为**凹弧**. 下面我们讨论曲线的这种凹凸性及其判定方法.

如图 4-14 所示,在凹弧上任一点处作该点处的切线,就会发现凹弧都位于切线的上方. 如图 4-15 所示,在凸弧上任一点处作该点处的切线,就会发现凸弧都位于切线的下方. 于是可以以此来定义曲线弧的凹凸性.

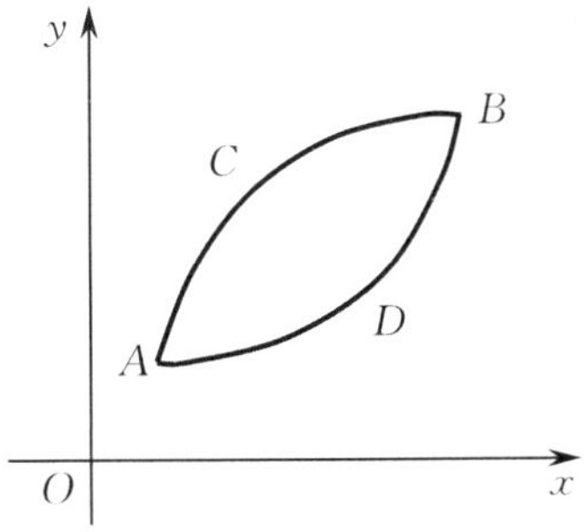

图 4-13

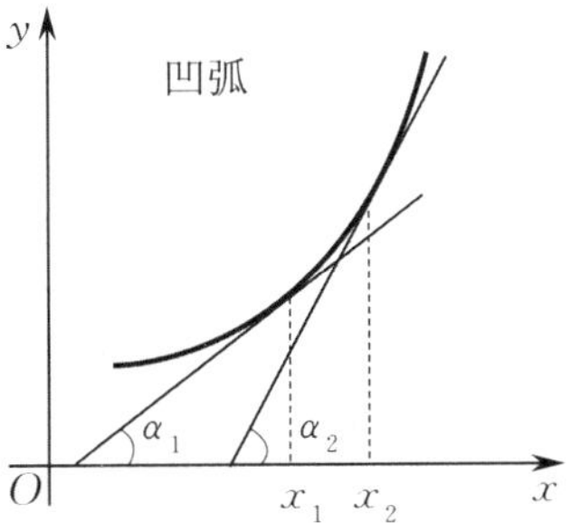

图 4-14

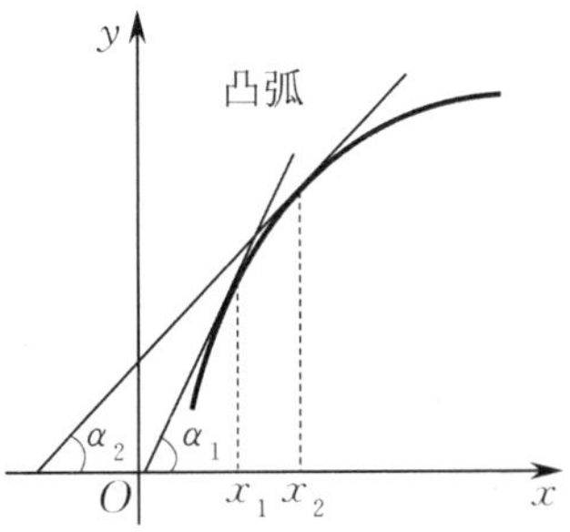

图 4-15

定义 1　设函数 $y=f(x)$ 在 $[a,b]$ 上连续,在 (a,b) 内可导,如果在 (a,b) 内函数曲线弧总位于每一点切线的上方(或下方),则称曲线 $y=f(x)$ 在 (a,b) 内为**凹弧**(或**凸弧**).

观察图 4-14 中的凹弧,在曲线弧上任取两点 x_1,x_2,且 $x_1<x_2$,作这两点处的切线. 可以发现,两点处的切线倾斜角满足 $\alpha_1<\alpha_2$,所以切线斜率满足 $k_1<k_2$. 而切线斜率就是该点处的导数,所以 $f'(x_1)<f'(x_2)$. 这说明,凹弧上当自变量增加时,导数变大,即导函数单调增加,从而导函数的导数,即二阶导数为正的. 类似地,由图 4-15 可知,凸弧上当自变量增加时,导数变小,即导函数单调减少,从而导函数的导数,即二阶导数为负的. 一般有以下结论.

定理 7(曲线凹凸性判别法)　**设函数 $y=f(x)$ 在 $[a,b]$ 上连续,在 (a,b) 内二阶可导.**

(1) 若在 (a,b) 内 $f''(x)>0$,则曲线 $y=f(x)$ 在 $[a,b]$ 上是凹弧;

(2) 若在 (a,b) 内 $f''(x)<0$,则曲线 $y=f(x)$ 在 $[a,b]$ 上是凸弧.

定义 2　曲线 $y=f(x)$ 上凹弧与凸弧的分界点称为该曲线的**拐点**.

由定义 2 可知,拐点即曲线弯曲方向发生改变的临界点. 由定理 7 可知,拐点只可能是定义域内 $f''(x)=0$ 的点或 $f''(x)$ 不存在的点.

确定曲线 $y=f(x)$ 的凹凸性及拐点的一般步骤如下:

第一步,求函数 $f(x)$ 的定义域;

第二步,求 $f''(x)$,解方程 $f''(x)=0$,并求出定义域内 $f''(x)$ 不存在的点 x;

第三步,利用第二步中得到的点划分定义域为若干个小区间;

第四步,考察 $f''(x)$ 在每个小区间上的符号,确定曲线 $y=f(x)$ 的凹凸性及拐点坐标.

例 11 求曲线 $y=x^4+2x^3+3$ 的凹凸区间及拐点坐标.

解 函数 $y=x^4+2x^3+3$ 的定义域为 $(-\infty,+\infty)$,$y'=4x^3+6x^2$,$y''=12x(x+1)$.令 $y''=0$,得 $x_1=-1$,$x_2=0$.列表讨论(见表 4-4).

表 4-4

x	$(-\infty,-1)$	-1	$(-1,0)$	0	$(0,+\infty)$
y''	+	0	−	0	+
y	凹	拐点	凸	拐点	凹

故该曲线的凹区间为 $(-\infty,-1)$,$(0,+\infty)$,凸区间为 $(-1,0)$,拐点坐标为 $(-1,2)$,$(0,3)$.

例 12 求曲线 $y=1-\sqrt[3]{x-2}$ 的凹凸区间及拐点坐标.

解 函数 $y=1-\sqrt[3]{x-2}$ 的定义域为 $(-\infty,+\infty)$,$y'=-\frac{1}{3}\cdot\frac{1}{\sqrt[3]{(x-2)^2}}$,$y''=\frac{2}{9\sqrt[3]{(x-2)^5}}$,故该函数在点 $x=2$ 处不存在一、二阶导数.

当 $x<2$ 时,$y''<0$,该曲线是凸弧;当 $x>2$ 时,$y''>0$,该曲线是凹弧.

因此,$(-\infty,2)$ 是凸区间,$(2,+\infty)$ 是凹区间,拐点坐标为 $(2,1)$.

4.2.4 函数图像的描绘

用图像来表示函数,是很常见的做法.如果能画出函数的图像,我们就可以直观地看到函数的变化规律,这无论是对定性分析还是对定量计算都很有帮助.当然,函数作图可用描点法来完成,但是描点法作图工作量太大.只要我们掌握了函数的主要特征,只描少数几个点就可以比较准确地画出函数的图像.而函数的主要特征包括函数的定义域、奇偶性、周期性、单调性(极值)、凹凸性(拐点)等.下面先讨论函数图像(即一般曲线)的渐近线问题,然后结合前面学习过的有关知识说明函数图像的描绘方法.

1. 曲线的渐近线

定义 3 如果当曲线 $y=f(x)$ 上一动点沿着曲线移向无穷远处时,该点与某条定直线 L 的距离趋近于零,则称直线 L 为曲线 $y=f(x)$ 的一条**渐近线**.

渐近线分水平渐近线、垂直渐近线、斜渐近线三种.

(1) 设函数 $y=f(x)$ 在 $(-\infty,+\infty)$ 内有定义,若当 $x\to\infty$ 或 $x\to-\infty$,$x\to+\infty$ 时,$f(x)\to b$,则称直线 $y=b$ 为曲线 $y=f(x)$ 的**水平渐近线**.

(2) 设点 $x=a$ 为函数 $y=f(x)$ 的间断点或定义区间的端点,且当 $x\to a$ 或 $x\to a^-$,$x\to a^+$ 时,$f(x)\to+\infty$ 或 $-\infty$,则称直线 $x=a$ 为曲线 $y=f(x)$ 的**垂直渐近线**.

例如，直线 $y=\frac{\pi}{2}$ 和 $y=-\frac{\pi}{2}$ 都是曲线 $y=\arctan x$ 的水平渐近线；而直线 $x=0$ 是曲线 $y=\ln x$ 的垂直渐近线.

(3) 设函数 $y=f(x)$，如果$\lim\limits_{x\to\infty}[f(x)-(ax+b)]=0$，则称直线 $y=ax+b$ 为曲线 $y=f(x)$ 的**斜渐近线**，其中

$$a=\lim_{x\to\infty}\frac{f(x)}{x}(a\neq 0),\quad b=\lim_{x\to\infty}[f(x)-ax].$$

特别地，如果 $a=0$，或者$\lim\limits_{x\to\infty}\frac{f(x)}{x}$不存在，或者$\lim\limits_{x\to\infty}\frac{f(x)}{x}$存在但$\lim\limits_{x\to\infty}[f(x)-ax]$不存在，则曲线 $y=f(x)$ 没有斜渐近线.

2. 绘制函数图像

利用导数绘制函数 $f(x)$ 的图像的一般步骤可归纳如下：

第一步，确定函数 $f(x)$ 的定义域，研究函数 $f(x)$ 是否具有奇偶性、周期性与有界性；

第二步，求一阶导数 $f'(x)$ 和二阶导数 $f''(x)$，在定义域内求出使 $f'(x)$ 和 $f''(x)$ 为零的点，以及 $f'(x)$ 和 $f''(x)$ 不存在的点(即所有可能的极值点与可能的拐点)，并求出函数 $f(x)$ 的间断点；

第三步，列表考察：用第二步中所求出的点把函数定义域划分成若干个小区间，考察 $f'(x)$ 和 $f''(x)$ 在这些小区间内的符号，判定函数 $f(x)$ 的单调性和凹凸性，确定极值点和拐点；

第四步，确定曲线 $y=f(x)$ 有无水平渐近线、垂直渐近线、斜渐近线；

第五步，描出曲线 $y=f(x)$ 上的极值点和拐点，以及该曲线与坐标轴的交点，并适当补充一些其他易计算的点，再根据以上四步确定曲线 $y=f(x)$ 在每个小区间上的走势，用平滑曲线连接以上各点，从而画出函数 $f(x)$ 的图像.

例 13　作函数 $f(x)=\frac{4+4x-2x^2}{x^2}$ 的图像.

解　(1) $f(x)$ 的定义域为$(-\infty,0)\cup(0,+\infty)$，它为非奇非偶函数.

(2) $f'(x)=-\frac{4(x+2)}{x^3}$，$f''(x)=\frac{8(x+3)}{x^4}$.

令 $f'(x)=0$，得 $x=-2$；令 $f''(x)=0$，得 $x=-3$；点 $x=0$ 是 $f(x)$ 的间断点.

(3) 列表考察(见表 4－5).

表 4－5

x	$(-\infty,-3)$	-3	$(-3,-2)$	-2	$(-2,0)$	0	$(0,+\infty)$
$f'(x)$	$-$		$-$	0	$+$	不存在	$-$
$f''(x)$	$-$	0	$+$		$+$	不存在	$+$
$f(x)$	递减、凸	拐点	递减、凹	极小值	递增、凹	间断点	递减、凹

(4) 由$\lim\limits_{x\to\infty}f(x)=\lim\limits_{x\to\infty}\frac{4+4x-2x^2}{x^2}=-2$，得水平渐近线 $y=-2$；由$\lim\limits_{x\to 0}f(x)=$

$\lim\limits_{x\to 0}\dfrac{4+4x-2x^2}{x^2}=+\infty$，得垂直渐近线 $x=0$；因 $a=\lim\limits_{x\to\infty}\dfrac{f(x)}{x}=0$，故没有斜渐近线.

(5) 已知极小值对应的点为 $(-2,-3)$，拐点为 $\left(-3,-\dfrac{26}{9}\right)$，曲线 $y=f(x)$ 与 x 轴的交点分别为 $(1-\sqrt{3},0)$ 和 $(1+\sqrt{3},0)$. 再补充点 $A(-1,-2)$，$B(1,6)$，$C(2,1)$，$D\left(3,-\dfrac{2}{9}\right)$，即可作出图像，如图 4-16 所示.

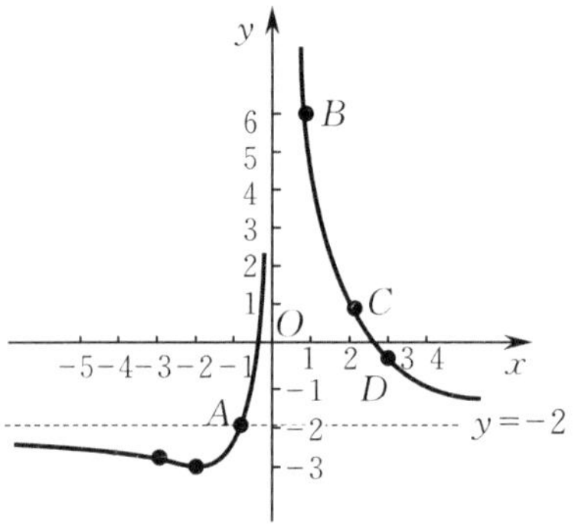

图 4-16

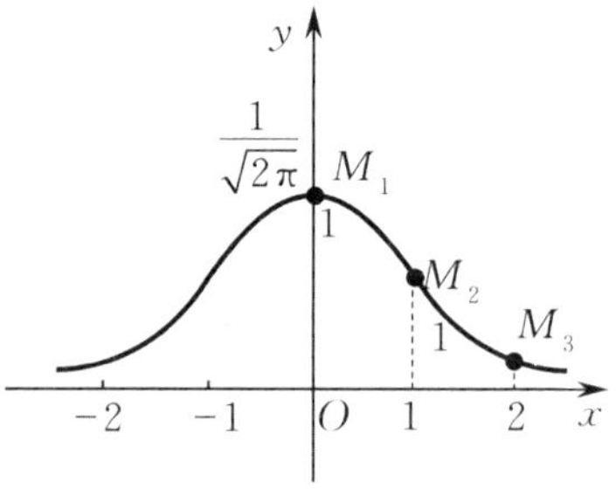

图 4-17

例 14　作函数 $f(x)=\dfrac{1}{\sqrt{2\pi}}e^{-\frac{x^2}{2}}$ 的图像.

解　(1) $f(x)$ 的定义域为 $(-\infty,+\infty)$，它是偶函数，故图像关于 y 轴对称.

(2) $f'(x)=-\dfrac{x}{\sqrt{2\pi}}e^{-\frac{x^2}{2}}$，$f''(x)=\dfrac{(x+1)(x-1)}{\sqrt{2\pi}}e^{-\frac{x^2}{2}}$.

令 $f'(x)=0$，得驻点 $x=0$；令 $f''(x)=0$，得 $x=-1$ 和 $x=1$.

(3) 列表考察(见表 4-6).

表 4-6

x	$(-\infty,-1)$	-1	$(-1,0)$	0	$(0,1)$	1	$(1,+\infty)$
$f'(x)$	+		+	0	−		−
$f''(x)$	+	0	−		−	0	+
$f(x)$	递增、凹	拐点	递增、凸	极大值	递减、凸	拐点	递减、凹

(4) 由 $\lim\limits_{x\to\infty}f(x)=\lim\limits_{x\to\infty}\dfrac{1}{\sqrt{2\pi}}e^{-\frac{x^2}{2}}=0$，得水平渐近线 $y=0$.

(5) 根据对称性，只要考虑区间 $[0,+\infty)$ 上的情况即可. 已知极大值对应的点为 $M_1\left(0,\dfrac{1}{\sqrt{2\pi}}\right)$，拐点为 $M_2\left(1,\dfrac{1}{\sqrt{2\pi e}}\right)$. 再补充点 $M_3\left(2,\dfrac{1}{\sqrt{2\pi}\,e^2}\right)$，即可画出右半平面部分的图像. 于是进一步可作出函数在整个定义域内的图像，如图 4-17 所示.

注　例 14 中的函数 $f(x)=\dfrac{1}{\sqrt{2\pi}}e^{-\frac{x^2}{2}}$ 是概率统计中标准正态分布的概率密度函数，其应用非常广泛.

习题 4－2

1. 解答以下各题：

(1) 验证函数 $f(x)=2x^2-x-3$ 在 $[-1,1.5]$ 上满足罗尔中值定理的条件，并求出满足定理结论的点 c；

(2) 验证函数 $f(x)=\cos 2x$ 在 $\left[-\frac{\pi}{4},\frac{\pi}{4}\right]$ 上满足罗尔中值定理的条件，并求出满足定理结论的点 c；

(3) 验证函数 $f(x)=\sqrt{x}$ 在 $[4,9]$ 上满足拉格朗日中值定理的条件，并求出满足定理结论的点 c；

(4) 设 $a>0$，验证函数 $f(x)=x^3$ 在 $[0,a]$ 上满足拉格朗日中值定理的条件，并求出满足定理结论的点 c.

2. 不求出函数 $f(x)=(x-1)(x-2)(x-3)(x-4)$ 的导数，试判定方程 $f'(x)=0$ 有几个实根，并确定它们所在的区间.

3. 求下列函数的单调区间与极值：

(1) $f(x)=2x^3-9x^2+12x-3$；　(2) $f(x)=2x^2-\ln x$；

(3) $f(x)=\sqrt[3]{(2-x)^2(x-1)}$；　(4) $f(x)=\dfrac{x^2}{1+x}$；

(5) $f(x)=\dfrac{x^2}{x^2-4}$；　(6) $f(x)=(x-1)^{\frac{2}{3}}$.

4. 证明：方程 $x^5+2x^3+x-1=0$ 有且只有一个小于 1 的正根.

5. 求下列曲线的凹凸区间及拐点坐标：

(1) $y=3x^4-4x^3+1$；　(2) $y=2-\sqrt[3]{x-1}$；

(3) $y=\dfrac{4}{1+x^2}$；　(4) $y=(x-1)\sqrt[3]{x^2}$.

6. 求下列曲线的渐近线：

(1) $y=\dfrac{1+\sin x}{x}$；　(2) $y=\mathrm{e}^{\frac{1}{x-1}}+1$.

7. 试绘制下列函数的图像：

(1) $f(x)=x^3-3x+1$；　(2) $f(x)=x^4-2x^3+1$；

(3) $f(x)=2-\sqrt[3]{x-1}$；　(4) $f(x)=\dfrac{x^2}{1+x}$.

§4.3 导数与未定式——洛必达法则

在第二章我们学过：两个无穷小的和、差、积仍然为无穷小. 可是两个无穷小之商的极限呢？两个无穷小之商的极限要复杂很多，可以是非零常数、零，还可能极限不存在. 当 $x\to x_0$ 时，如果 $f(x)$，$g(x)$ 都趋近于零或无穷大，则 $\lim\limits_{x\to x_0}\dfrac{f(x)}{g(x)}$ 不能利用极限的四则运算法则来计算，而这时极限 $\lim\limits_{x\to x_0}\dfrac{f(x)}{g(x)}$ 可能存在，也可能不存在. 此时我们分别称它们为 $\dfrac{0}{0}$ 型和 $\dfrac{\infty}{\infty}$ 型**未定式**. 例如，$\lim\limits_{x\to 0}\dfrac{x}{\sin x}$ 就是 $\dfrac{0}{0}$ 型未定式；$\lim\limits_{x\to+\infty}\dfrac{\ln x}{x}$ 就是 $\dfrac{\infty}{\infty}$ 型未定式. 下面我们给出求 $\dfrac{0}{0}$ 型和 $\dfrac{\infty}{\infty}$ 型未定式极限的有效方法——**洛必达法则**.

定理 1(洛必达法则一)　若函数 $f(x)$ 和 $g(x)$ 满足条件：

(1) $\lim\limits_{x\to a} f(x)=0, \lim\limits_{x\to a} g(x)=0$；

(2) $f(x), g(x)$ 在点 a 的某一去心邻域内可导，且 $g'(x)\neq 0$；

(3) $\lim\limits_{x\to a}\dfrac{f'(x)}{g'(x)}=A$ (A 为常数或∞)，

则必有
$$\lim_{x\to a}\frac{f(x)}{g(x)}=\lim_{x\to a}\frac{f'(x)}{g'(x)}.$$

定理 2(洛必达法则二)　若函数 $f(x)$ 和 $g(x)$ 满足条件：

(1) $\lim\limits_{x\to a} f(x)=\infty, \lim\limits_{x\to a} g(x)=\infty$；

(2) $f(x), g(x)$ 在点 a 的某一去心邻域内可导，且 $g'(x)\neq 0$；

(3) $\lim\limits_{x\to a}\dfrac{f'(x)}{g'(x)}=A$ (A 为常数或∞)，

则必有
$$\lim_{x\to a}\frac{f(x)}{g(x)}=\lim_{x\to a}\frac{f'(x)}{g'(x)}.$$

洛必达法则一、二的证明过程要用到柯西中值定理，这里省略. 若把法则中的极限过程换为 $x\to a^+, x\to a^-, x\to\infty, x\to+\infty, x\to-\infty$，相应结论仍然成立.

例 1　求$\lim\limits_{x\to 0}\dfrac{e^x-1}{x^2-x}$.

解　当 $x\to 0$ 时，$e^x-1\to 0, x^2-x\to 0$，所以
$$原式=\lim_{x\to 0}\frac{(e^x-1)'}{(x^2-x)'}=\lim_{x\to 0}\frac{e^x}{2x-1}=-1.$$

例 2　求$\lim\limits_{x\to 1}\dfrac{\ln x}{x-1}$.

解　当 $x\to 1$ 时，$\ln x\to 0, x-1\to 0$，所以
$$原式=\lim_{x\to 1}\frac{(\ln x)'}{(x-1)'}=\lim_{x\to 1}\frac{\frac{1}{x}}{1}=1.$$

例 3　求$\lim\limits_{x\to 1}\dfrac{\ln x}{(x-1)^2}$.

解　当 $x\to 1$ 时，$\ln x\to 0, (x-1)^2\to 0$，所以
$$原式=\lim_{x\to 1}\frac{(\ln x)'}{[(x-1)^2]'}=\lim_{x\to 1}\frac{\frac{1}{x}}{2(x-1)}=\lim_{x\to 1}\frac{1}{2x(x-1)}=\infty.$$

例 4　求$\lim\limits_{x\to+\infty}\dfrac{\frac{\pi}{2}-\arctan x}{\frac{1}{x}}$.

解　当 $x\to+\infty$ 时，有$\dfrac{\pi}{2}-\arctan x\to 0, \dfrac{1}{x}\to 0$，所以
$$原式=\lim_{x\to+\infty}\frac{\left(\frac{\pi}{2}-\arctan x\right)'}{\left(\frac{1}{x}\right)'}=\lim_{x\to+\infty}\frac{-\frac{1}{1+x^2}}{-\frac{1}{x^2}}=\lim_{x\to+\infty}\frac{x^2}{1+x^2}=1.$$

例 5　求 $\lim\limits_{x \to +\infty} \dfrac{\ln x}{x-1}$.

解　当 $x \to +\infty$ 时，$\ln x \to +\infty$，$x-1 \to +\infty$，所以

$$\text{原式} = \lim_{x \to +\infty} \frac{(\ln x)'}{(x-1)'} = \lim_{x \to +\infty} \frac{\frac{1}{x}}{1} = 0.$$

例 6　求 $\lim\limits_{x \to +\infty} \dfrac{\ln x}{x^{\alpha}}$，其中 $\alpha > 0$ 为常数.

解　当 $x \to +\infty$ 时，$\ln x \to +\infty$，$x^{\alpha} \to +\infty$，所以

$$\text{原式} = \lim_{x \to +\infty} \frac{(\ln x)'}{(x^{\alpha})'} = \lim_{x \to +\infty} \frac{\frac{1}{x}}{\alpha x^{\alpha-1}} = \lim_{x \to +\infty} \frac{1}{\alpha x^{\alpha}} = 0.$$

例 7　求 $\lim\limits_{x \to +\infty} \dfrac{x^3}{a^x}$，其中 $a > 1$ 为常数.

解　连续三次应用洛必达法则，有

$$\text{原式} = \lim_{x \to +\infty} \frac{3x^2}{a^x \ln a} = \lim_{x \to +\infty} \frac{6x}{a^x (\ln a)^2} = \lim_{x \to +\infty} \frac{6}{a^x (\ln a)^3} = 0.$$

请读者想一想：如何求 $\lim\limits_{x \to +\infty} \dfrac{x^n}{a^x}$（$n$ 为正整数，$a > 1$）？

由例 6 与例 7 可见，当 $x \to +\infty$ 时，对数函数 $\ln x$，幂函数 x^{α}（$\alpha > 0$），指数函数 a^x（$a > 1$）均为正无穷大，但其增大的速度不同，其中 a^x 最快，$\ln x$ 最慢.

洛必达法则不但可以用来求 $\dfrac{0}{0}$ 型和 $\dfrac{\infty}{\infty}$ 型未定式的极限，还可以用来求 $0 \cdot \infty$ 型，$\infty - \infty$ 型，0^0 型，1^{∞} 型，∞^0 型等诸多类型未定式的极限. 求这些未定式极限的基本方法就是设法将它们转化为 $\dfrac{0}{0}$ 型或 $\dfrac{\infty}{\infty}$ 型未定式的极限问题. 下面我们举例说明这些转化方法.

例 8（$0 \cdot \infty$ 型）　求 $\lim\limits_{x \to 0^+} x \ln x$.

解　当 $x \to 0^+$ 时，$\ln x \to -\infty$，$\dfrac{1}{x} \to +\infty$，所以

$$\text{原式} = \lim_{x \to 0^+} \frac{\ln x}{\frac{1}{x}} = \lim_{x \to 0^+} \frac{(\ln x)'}{\left(\frac{1}{x}\right)'} = \lim_{x \to 0^+} \frac{\frac{1}{x}}{-\frac{1}{x^2}} = \lim_{x \to 0^+} \frac{-x}{1} = 0.$$

例 9（$\infty - \infty$ 型）　求 $\lim\limits_{x \to \frac{\pi}{2}} (\sec x - \tan x)$.

解　当 $x \to \dfrac{\pi}{2}$ 时，$\sec x \to \infty$，$\tan x \to \infty$，所以

$$\begin{aligned}\text{原式} &= \lim_{x \to \frac{\pi}{2}} \left(\frac{1}{\cos x} - \frac{\sin x}{\cos x} \right) = \lim_{x \to \frac{\pi}{2}} \frac{1 - \sin x}{\cos x} \\ &= \lim_{x \to \frac{\pi}{2}} \frac{(1 - \sin x)'}{(\cos x)'} = \lim_{x \to \frac{\pi}{2}} \frac{-\cos x}{-\sin x} = 0.\end{aligned}$$

对于 0^0 型，∞^0 型，1^{∞} 型未定式，利用公式 $b = e^{\ln b}$，$\lim u^v = \lim e^{v \ln u} = e^{\lim (v \ln u)}$ 及指数函数

的连续性,可化为求指数的极限.而指数的极限为 $0\cdot\infty$ 的形式,可再化为 $\frac{0}{0}$ 型或 $\frac{\infty}{\infty}$ 型未定式的极限来计算.

例 10(0^0 型)　求 $\lim\limits_{x\to0^+}(\sin x)^{\frac{1}{\ln x}}$.

解　$$\lim_{x\to0^+}(\sin x)^{\frac{1}{\ln x}}=\lim_{x\to0^+}\mathrm{e}^{\frac{1}{\ln x}\ln(\sin x)}=\mathrm{e}^{\lim\limits_{x\to0^+}\frac{\ln(\sin x)}{\ln x}},$$

$$\lim_{x\to0^+}\frac{\ln(\sin x)}{\ln x}=\lim_{x\to0^+}\frac{\cot x}{\frac{1}{x}}=\lim_{x\to0^+}\frac{x\cos x}{\sin x}=1,$$

所以原式 $=\mathrm{e}$.

例 11(∞^0 型)　求 $\lim\limits_{x\to(\frac{\pi}{2})^-}(\tan x)^{\cos x}$.

解　$$\lim_{x\to(\frac{\pi}{2})^-}(\tan x)^{\cos x}=\lim_{x\to(\frac{\pi}{2})^-}\mathrm{e}^{\cos x\ln(\tan x)},$$

$$\lim_{x\to(\frac{\pi}{2})^-}\cos x\ln(\tan x)=\lim_{x\to(\frac{\pi}{2})^-}\frac{\ln(\tan x)}{\sec x}=\lim_{x\to(\frac{\pi}{2})^-}\frac{\frac{1}{\tan x}\sec^2 x}{\tan x\sec x}$$

$$=\lim_{x\to(\frac{\pi}{2})^-}\frac{\cos x}{\sin^2 x}=0,$$

所以原式 $=\mathrm{e}^0=1$.

例 12(1^∞ 型)　求 $\lim\limits_{x\to1}x^{\frac{1}{x-1}}$.

解　$\lim\limits_{x\to1}x^{\frac{1}{x-1}}=\lim\limits_{x\to1}\mathrm{e}^{\frac{1}{x-1}\ln x}$,故由例 2 知,原式 $=\mathrm{e}$.

从上面的例子可以看出,洛必达法则是求未定式极限的一种非常有效的方法.但它不是万能的,有时也会失效.不能用洛必达法则求出的极限不一定不存在,此时要用别的方法来求极限(注意,洛必达法则也是一个充分条件的结论).请看下例.

例 13　求 $\lim\limits_{x\to\infty}\frac{x+\sin x}{x+1}$.

解　这是 $\frac{\infty}{\infty}$ 型未定式,但极限 $\lim\limits_{x\to\infty}\frac{f'(x)}{g'(x)}=\lim\limits_{x\to\infty}\frac{1+\cos x}{1}$ 不存在,此时洛必达法则失效.事实上,该极限可按下面的方法计算:

$$\lim_{x\to\infty}\frac{x+\sin x}{x+1}=\lim_{x\to\infty}\frac{1+\frac{\sin x}{x}}{1+\frac{1}{x}}=1.$$

习题 4－3

1. 求下列极限:

(1) $\lim\limits_{x\to0}\frac{\mathrm{e}^x-\mathrm{e}^{-x}}{x}$;　　(2) $\lim\limits_{x\to1}\frac{x^3-3x^2+2}{x^3-x^2-x+1}$;

(3) $\lim\limits_{x\to0}\frac{\mathrm{e}^x-\mathrm{e}^{-x}-2x}{x-\sin x}$;　　(4) $\lim\limits_{x\to0}\frac{x-\sin x}{x^3}$;

(5) $\lim\limits_{x\to+\infty}\dfrac{x+\ln x}{x\ln x}$;

(6) $\lim\limits_{x\to0}\left(\dfrac{1}{x}-\dfrac{1}{e^x-1}\right)$;

(7) $\lim\limits_{x\to1}\left(\dfrac{x}{x-1}-\dfrac{1}{\ln x}\right)$;

(8) $\lim\limits_{x\to0}(\cos 2x)^{\frac{1}{x^2}}$;

(9) $\lim\limits_{x\to+\infty}(\ln x)^{\frac{1}{x-1}}$;

(10) $\lim\limits_{x\to+\infty}\dfrac{e^x-e^{-x}}{e^x+e^{-x}}$;

(11) $\lim\limits_{x\to\infty}\dfrac{x-\sin x}{x+\sin x}$.

§ 4.4　最值问题

在实际应用中，常常需要求出给定函数的最大值或最小值. 例如，公司管理层最关心生产量为多少时公司能获得最大利润，农民最关心施肥量为多少时农作物产量最大，医生最关心某种药物什么时候在病人体内达到最大浓度，工程师最关心容器的尺寸为多少时制造成本最少，等等. 这些问题统称为**最值问题**. 求最值的方法已经在 §4.1，§4.2 中给出.

例 1　当一个人咳嗽时，气管会略微收缩，CO_2 等废气被迫以最大速度喷出. 据研究，咳嗽期间，体内废气喷出的速度 v(单位:cm/s) 可由如下模型计算：

$$v=f(r)=kr^2(R-r),$$

这里 r(单位:cm) 为咳嗽期间气管的半径，R(单位:cm) 为正常期间气管的半径，k 为正常数. 试问：r 为多少时，$f(r)$ 最大？

解　即求 $f(r)$ 在区间 $(0,R)$ 内的最大值. 因为

$$f'(r)=2kr(R-r)+(-1)kr^2=kr(2R-3r),$$

所以由 $f'(r)=0$，得区间 $(0,R)$ 内的唯一驻点 $r=\dfrac{2}{3}R$. 进一步判断可得出，在点 $r=\dfrac{2}{3}R$ 处，函数 $f(r)$ 取得极大值. 分析函数的单调性可知，此时函数的唯一极大值也是最大值.

在实际应用中经常出现这种情况：若 $f(x)$ 在一个区间(有限或无限，开或闭) 内可导且只有一个驻点 x_0，并且这个驻点是函数的唯一极值点，则通过分析函数的单调性可知，当 $f(x_0)$ 是极大值时，$f(x_0)$ 就是该区间内的最大值；当 $f(x_0)$ 是极小值时，$f(x_0)$ 就是该区间内的最小值. 如果遇到这种情形，则最值问题可以当作极值问题来解决，不必再与区间端点处的函数值相比较.

例 2　某公司制造销售计算器，每日的平均成本函数(单位:元 / 台) 为

$$\overline{C}(Q)=0.000\,1Q^2-0.08Q+40+\frac{5\,000}{Q},$$

其中 Q(单位:台) 为每日的生产量. 试求出 $\overline{C}(Q)$ 的最小值.

解　即求 $\overline{C}(Q)$ 在区间 $(0,+\infty)$ 内的最小值. 因为

$$\overline{C}'(Q)=0.000\,2Q-0.08-\frac{5\,000}{Q^2},$$

所以由 $\overline{C}'(Q)=0$，得唯一驻点 $Q=500$. 通过计算点 $Q=500$ 两侧的导数值知，$Q=500$ 是 $\overline{C}(Q)$ 的极小值点. 故 $\overline{C}(500)=35$ 也是函数 $\overline{C}(Q)$ 在区间 $(0,+\infty)$ 内的最小值.

例 3 已知圆柱形易拉罐饮料的容积 V 是定值，假设易拉罐顶部和底面的厚度相同且为侧面厚度的 2 倍，问：如何设计易拉罐的高和底面直径，才能使易拉罐所用材料最省？

解 设圆柱形易拉罐高为 h，底面半径为 r，并假定侧面厚度为 m，则顶部和底面的厚度都为 $2m$. 故所需材料量为

$$W = \pi r^2 \cdot 2m + 2\pi rh \cdot m + \pi r^2 \cdot 2m = 2\pi m(rh + 2r^2).$$

由于容积 $V = \pi r^2 h$ 是定值，即 $h = \dfrac{V}{\pi r^2}$，因此得到目标函数为

$$W = 2\pi m\left(\frac{V}{\pi r} + 2r^2\right), \quad r \in (0, +\infty).$$

求导数，有 $\dfrac{\mathrm{d}W}{\mathrm{d}r} = 2\pi m\left(-\dfrac{V}{\pi r^2} + 4r\right)$. 令 $\dfrac{\mathrm{d}W}{\mathrm{d}r} = 0$，得 $r = \sqrt[3]{\dfrac{V}{4\pi}}$ 为唯一驻点. 又因二阶导数为 $\dfrac{\mathrm{d}^2 W}{\mathrm{d}r^2} = 2\pi m\left(\dfrac{2V}{\pi r^3} + 4\right) > 0$，故 $r = \sqrt[3]{\dfrac{V}{4\pi}}$ 为唯一的极小值点，也为最小值点.

因此，设计易拉罐的底面直径为 $2r = 2\sqrt[3]{\dfrac{V}{4\pi}}$，高为 $h = \dfrac{V}{\pi r^2} = r\dfrac{V}{\pi r^3} = 4\sqrt[3]{\dfrac{V}{4\pi}}$ 时，才能使易拉罐的材料最省. 此时，易拉罐的高与底面直径之比为 2 : 1.

例 4 设某产品日产量为 Q 件时，需要付出的总成本(单位：元) 为

$$C(Q) = \frac{1}{100}Q^2 + 20Q + 1\ 600,$$

求：(1) 日产量为 500 件时的总成本和平均成本；(2) 最低平均成本及相应的产量.

解 (1) 当日产量为 500 件时，总成本为

$$C(500) = \frac{500^2}{100} + 20 \times 500 + 1\ 600 = 14\ 100(\text{元});$$

平均成本为 $\overline{C}(500) = \dfrac{14\ 100}{500} = 28.2(\text{元}/\text{件})$.

(2) 日产量为 Q 件时的平均成本为 $\overline{C}(Q) = \dfrac{C(Q)}{Q} = \dfrac{Q}{100} + 20 + \dfrac{1\ 600}{Q}$，于是

$$\overline{C}'(Q) = \frac{1}{100} - \frac{1\ 600}{Q^2}.$$

令 $\overline{C}'(Q) = 0$，因 $Q > 0$，故得唯一驻点为 $Q = 400$.

又因 $\overline{C}''(400) = \dfrac{3\ 200}{400^3} > 0$，故 $Q = 400$ 是 $\overline{C}(Q)$ 的极小值点，即当日产量为 400 件时，平均成本最低，且最低平均成本为 $\overline{C}(400) = \dfrac{400}{100} + 20 + \dfrac{1\ 600}{400} = 28(\text{元}/\text{件})$.

例 5 某物业公司策划出租 100 间办公室. 经过市场调查发现，当每间办公室租金定为每月5 000 元时，可以全部出租；当租金每增加 100 元时，就多 1 间办公室租不出去. 已知每租出去 1 间办公室，物业公司每月需为其支付 300 元的物业管理费. 为使收入最大，租金应定为多少才合适？

解 设每间办公室的月租金为 x 元，则租出去的办公室有 $100 - \dfrac{x - 5\ 000}{100}$ 间，每月总收入(单位：元) 为

$$R(x)=(x-300)\left(100-\frac{x-5\,000}{100}\right)=(x-300)\left(150-\frac{x}{100}\right).$$

于是 $R'(x)=\left(150-\frac{x}{100}\right)+(x-300)\left(-\frac{1}{100}\right)=153-\frac{x}{50}$. 令 $R'(x)=0$,得唯一驻点为 $x=7\,650$. 又因 $R''(x)=-\frac{1}{50}<0$,故 $x=7\,650$ 为唯一的极大值点.

因此,从数学的角度考虑,当每间办公室的月租金定为 7 650 元时,收入最高,最高收入为 $R(7\,650)=540\,225$ 元.

实际上,当月租金为 7 600 元时,可租出去 74 间,收入为 $R(7\,600)=540\,200$ 元;当月租金为7 700 元时,可租出去 73 间,收入为 $R(7\,700)=540\,200$ 元.

习题 4 - 4

1. 求下列函数在指定区间上或整个定义域内的最大(或最小)值:

(1) $f(x)=2x^2+3x-4$;　(2) $f(x)=\frac{1}{x^2+1}$;

(3) $f(x)=3x^4+4x^3$, $[-2,1]$;　(4) $f(x)=\frac{1}{2}x^2-2\sqrt{x}$, $[0,3]$.

2. 设某公司现有 100 套公寓房待租,每月利润(单位:美元)可由如下模型计算:

$$P(x)=-10x^2+1\,760x-50\,000,$$

这里 x 为被租的公寓房套数. 试问:被租多少套公寓房时,该公司可获得最大利润?最大利润为多少?

3. 设制造某种精密仪器 Q 件时总成本(单位:美元)为

$$C(Q)=0.002\,5Q^2+80Q+10\,000,$$

试求:(1) 平均成本函数 $\overline{C}(Q)$;

(2) 平均成本最小时的生产量;

(3) 平均成本等于边际成本时的生产量.

4. 某饮料生产销售公司估计,每天销售 Q 箱饮料的利润(单位:美元)为

$$P(Q)=-0.000\,002Q^3+6Q-400,$$

试计算该公司一天内能实现的最大利润.

5. 一公司生产某种产品,设该产品一个月的需求方程为

$$p=-0.000\,42Q+6\quad(0\leqslant Q\leqslant 12\,000).$$

而每个月制造 Q 件该产品的总成本(单位:美元)为

$$C(Q)=-0.000\,02Q^2+2Q+600\quad(0\leqslant Q\leqslant 12\,000).$$

试问:该公司为了实现最大利润,每月的生产量 Q 应该为多少件?

6. 设某羽毛球拍制造商每天制造 Q 副羽毛球拍的总成本(单位:美元)为

$$C(Q)=0.000\,1Q^2+4Q+400,$$

每副羽毛球拍的销售价为 p 美元,需求方程为 $p=10-0.000\,4Q$. 假设所生产出的羽毛球拍都能卖掉,试问:该制造商每天的生产量 Q 为多少时,能获得最大利润?最大利润为多少?

7. 设某饮料制造商每天制造 Q 箱饮料的总成本(单位:美元)为

$$C(Q)=0.000\,002Q^3+5Q+4\,000,$$

试求:(1) 平均成本函数 $\overline{C}(Q)$;

(2) 平均成本最小时的生产量;

(3) 平均成本等于边际成本时的生产量.

8. 已知某城市闹市区在五月某一天 t(单位:h) 时刻的空气污染指数 $A(t)$ 为

$$A(t)=\frac{136}{1+0.25\,(t-4.5)^2}+28\quad(0\leqslant t\leqslant 11),$$

其中 $t=0$ 相当于早上 7 时. 试问:在这一天什么时刻,空气污染最严重?

§4.5 导数在经济学中的初步应用

4.5.1 导数概念的经济学解释

函数 $y=f(x)$ 在点 x_0 处的导数 $f'(x_0)$ 就是函数 $y=f(x)$ 在闭区间 $[x_0, x_0+h]$ 上的平均变化率的极限,即函数 $y=f(x)$ 在点 x_0 处的瞬时变化率. 所以 $f'(x_0)$ 刻画了当自变量在点 x_0 处有 1 个单位的改变量时,函数 y 在点 $f(x_0)$ 处相应地有 $f'(x_0)$ 个单位的改变量.

类似于以上分析,如果市场中有两个经济量 X 与 Y,它们的函数关系是 $Y=f(X)$,则导数 $f'(X_0)$ 表示当经济量 X 在点 X_0 处有 1 个单位的改变量时,经济量 Y 在点 $f(X_0)$ 处将会有 $f'(X_0)$ 个单位的改变量.

例 1 设某公司的某产品日生产能力为 500 台,该产品每日的总成本 C(单位:千元)是日产量 Q(单位:台)的函数:$C(Q)=400+2Q+5\sqrt{Q}\,(0\leqslant Q\leqslant 500)$,求:

(1) 产量为 400 台时的总成本;

(2) 产量为 400 台时的平均成本;

(3) 产量为 400 台时总成本的变化率.

解 (1) 当产量为 400 台时,总成本为

$$C(400)=400+2\times 400+5\sqrt{400}=1\,300(\text{千元}).$$

(2) 当产量为 400 台时,平均成本为

$$\overline{C}(400)=\frac{C(400)}{400}=\frac{1\,300}{400}=3.25(\text{千元}/\text{台}).$$

(3) 因为 $C'(Q)=(400+2Q+5\sqrt{Q})'=2+5\times\frac{1}{2}Q^{-\frac{1}{2}}=2+\frac{5}{2}Q^{-\frac{1}{2}}$,所以当产量为 400 台时,总成本的变化率为

$$C'(400)=2+\frac{5}{2}\times 400^{-\frac{1}{2}}=2.125(\text{千元}/\text{台}).$$

在上式中,$C'(400)=2.125$(千元/台)表示当日产量为 400 台时,再多生产 1 台,总成本将增加 2 125 元.

例 2 设某一地区某种家具的需求函数为 $Q=1\,200-3p$,其中 p(单位:元)为这种家具的销售价格,Q(单位:件)为这种家具的需求量,求销售量 Q 分别为 450,600,750 件时总收入的变化率,并解释所得到的结果.

解 由需求函数 $Q=1\,200-3p$,得价格 $p=400-\frac{1}{3}Q$,则总收入函数为

$$R = R(Q) = pQ = \left(400 - \frac{1}{3}Q\right)Q = 400Q - \frac{1}{3}Q^2.$$

于是 $R'(Q) = \left(400Q - \frac{1}{3}Q^2\right)' = 400 - \frac{2}{3}Q$，故

$$R'(450) = 400 - \frac{2}{3} \times 450 = 100,$$

$$R'(600) = 400 - \frac{2}{3} \times 600 = 0,$$

$$R'(750) = 400 - \frac{2}{3} \times 750 = -100.$$

上述计算表明，当家具的销售量为 450 件时，再多销售 1 件家具，总收入将增加 100 元；当家具的销售量为 600 件时，再多销售 1 件家具，总收入不会变化；当家具的销售量为 750 件时，再多销售 1 件家具，总收入将减少 100 元.

4.5.2　边际分析

边际是经济学中的一个重要概念. 利用导数研究经济函数的边际变化的方法，称作**边际分析方法**. 常考虑边际成本、边际收入、边际利润这三种边际概念.

1. 边际成本

在经济学中，**边际成本**定义为产量增加 1 个单位时成本的改变量.

设某产品生产量为 Q 单位时的成本为 $C = C(Q)$. 因为

$$C(Q+1) - C(Q) = \Delta C(Q) \approx \mathrm{d}C(Q) = C'(Q)\Delta Q = C'(Q),$$

所以边际成本约等于成本函数的变化率，通常就把边际成本理解为成本函数的变化率.

2. 边际收入

在经济学中，**边际收入**定义为销售量增加 1 个单位时收入的改变量.

设某产品销售量为 Q 单位时的收入为 $R = R(Q)$. 因为

$$R(Q+1) - R(Q) = \Delta R(Q) \approx \mathrm{d}R(Q) = R'(Q)\Delta Q = R'(Q),$$

所以边际收入约等于收入函数的变化率，通常就把边际收入理解为收入函数的变化率.

3. 边际利润

在经济学中，**边际利润**定义为销售量增加 1 个单位时利润的改变量.

设某产品销售量为 Q 单位时的利润为 $L = L(Q)$. 因为

$$L(Q+1) - L(Q) = \Delta L(Q) \approx \mathrm{d}L(Q) = L'(Q)\Delta Q = L'(Q),$$

所以边际利润约等于利润函数的变化率，通常就把边际利润理解为利润函数的变化率.

例 3　设某公司在一个生产周期内制造 Q 台电冰箱的总成本(单位：美元)为

$$C(Q) = 8\,000 + 200Q - 0.2Q^2 \quad (0 \leqslant Q \leqslant 400),$$

求：(1) 第 251 台电冰箱的实际制造成本；(2) 当 $Q = 250$ 时的边际成本.

解 (1) 第 251 台电冰箱的实际制造成本为

$$C(251)-C(250)=(8\,000+200\times 251-0.2\times 251^2)-(8\,000+200\times 250-0.2\times 250^2)$$
$$=45\,599.8-45\,500=99.8(\text{美元}).$$

(2) 当 $Q=250$ 时,边际成本为

$$C'(250)=(8\,000+200Q-0.2Q^2)'\Big|_{Q=250}$$
$$=(200-0.4Q)\Big|_{Q=250}=100(\text{美元}).$$

可以看出,第 251 台电冰箱的实际制造成本与 $Q=250$ 时的边际成本非常接近.

例 4 设某种扩音器系统的单价 p(单位:美元) 与需求量 Q(单位:套) 之间的函数关系为

$$p=-0.02Q+400 \quad (0\leqslant Q\leqslant 20\,000),$$

求:(1) 收入函数 R;(2) 边际收入 R';(3) $R'(2\,000)$,并解释所得到的结果.

解 (1) 收入函数为

$$R=R(Q)=pQ=Q(-0.02Q+400)$$
$$=-0.02Q^2+400Q \quad (0\leqslant Q\leqslant 20\,000).$$

(2) 边际收入为

$$R'=R'(Q)=(-0.02Q^2+400Q)'=-0.04Q+400.$$

(3) $R'(2\,000)=-0.04\times 2\,000+400=320$. 此结果表明,销售第 2 001 套扩音器系统所增加的收入大约为 320 美元.

例 5 设需求函数同例 4,且制造 Q 套扩音器系统的总成本(单位:美元) 为

$$C(Q)=100Q+200\,000,$$

求:(1) 利润函数 $L(Q)$;(2) 边际利润 $L'(Q)$;(3) $L'(2\,000)$,并解释所得到的结果.

解 (1) 由例 4(1) 知,利润函数为

$$L(Q)=R(Q)-C(Q)=(-0.02Q^2+400Q)-(100Q+200\,000)$$
$$=-0.02Q^2+300Q-200\,000.$$

(2) 边际利润为

$$L'(Q)=(-0.02Q^2+300Q-200\,000)'=-0.04Q+300.$$

(3) $L'(2\,000)=-0.04\times 2\,000+300=220$. 此结果表明,销售第 2 001 套扩音器系统所增加的利润大约为 220 美元.

4.5.3 弹性分析

在分析经济现象时,常会遇到两个相关联的变量. 当其中一个变量改变了 1% 时,需要考虑另一个变量如何变化、怎样变化、变化的幅度有多大等问题. 例如,市场的总需求显然与社会人员手中可支配使用的货币量相关联. 当银行存款的利率减少 1% 时,货币将朝流通方向转移. 这对需求的增加明显有促进作用,但需求增加的幅度到底有多大?经济数学中的弹性概念将有助于我们讨论这类问题.

例 6 对于函数 $y=x^2$,当 x 由 10 变到 11 时,y 由 100 变到 121. 此时自变量与因变量

的绝对改变量分别为 $\Delta x=1$，$\Delta y=21$，而它们的相对改变量分别为

$$\frac{\Delta x}{x}=\frac{1}{10}=10\%,\quad \frac{\Delta y}{y}=\frac{21}{100}=21\%.$$

这表明，若自变量在值为 10 时改变了 10%，则因变量在值为 100 处改变了 21%. 也就是说，若自变量在值为 10 时仅改变 1%，那么因变量在值为 100 处就只改变了 $\frac{21}{10}\%$，即 2.1%. 这就是函数在一点处弹性概念的雏形.

定义 1　设函数 $y=f(x)$ 在点 x_0 处可导，且 $y_0=f(x_0)\neq 0$，则 y 的相对改变量 $\frac{\Delta y}{y_0}=\frac{f(x_0+\Delta x)-f(x_0)}{y_0}$ 与自变量的相对改变量 $\frac{\Delta x}{x_0}$ 的比值 $\frac{\Delta y}{y_0}\Big/\frac{\Delta x}{x_0}=\frac{x_0}{y_0}\cdot\frac{\Delta y}{\Delta x}$ 称为函数 $y=f(x)$ 在 x_0 与 $x_0+\Delta x$ 之间的**平均相对变化率**或**平均弹性**，其极限 $\frac{x_0}{y_0}f'(x_0)$（令 $\Delta x\to 0$）称为函数 $y=f(x)$ 在点 x_0 处的**弹性**，记作 $Ef\Big|_{x_0}$，即

$$Ef\Big|_{x_0}=\lim_{\Delta x\to 0}\frac{x_0}{y_0}\cdot\frac{\Delta y}{\Delta x}=\frac{x_0}{y_0}f'(x_0).$$

由于 $Ef\Big|_{x_0}=\frac{x_0}{y_0}f'(x_0)=\frac{x_0}{y_0}\cdot\frac{\mathrm{d}y}{\mathrm{d}x}\Big|_{x=x_0}$，因此 $\frac{\mathrm{d}y\Big|_{x=x_0}}{y_0}=Ef\Big|_{x_0}\frac{\mathrm{d}x}{x_0}$. 而 $\frac{\mathrm{d}x}{x_0}$ 约等于自变量的相对改变量，$\frac{\mathrm{d}y\Big|_{x=x_0}}{y_0}$ 约等于函数值的相对改变量，所以函数 $f(x)$ 在点 x_0 处的弹性 $Ef\Big|_{x_0}$ 反映了当自变量在点 x_0 处有 1% 的相对变化时，函数值在点 $f(x_0)$ 处相对改变了 $\left(Ef\Big|_{x_0}\right)\%$，即弹性刻画了函数值对自变量相对变化的幅度.

在经济学中，设某一商品的需求函数为 $Q=f(p)$，其中 p 为该商品的单价，Q 为该商品的需求量，则需求量 Q 对于单价 p 的弹性为

$$EQ\Big|_p=\frac{p}{Q}f'(p)=\frac{pf'(p)}{f(p)}.$$

由于 Q 为 p 的单调减少函数，这样 $f'(p)<0$，于是上述得到的 $EQ\Big|_p$ 为一个负数. 在对需求价格弹性做经济意义的解释时，应理解为需求量与价格呈反方向变化.

例 7　某公司生产的某型号扩音器系统的需求量 Q（单位：套）与单价 p（单位：美元）之间的函数关系为

$$p=-0.02Q+400\quad (0\leqslant Q\leqslant 20\,000).$$

(1) 求需求弹性 $EQ(p)$；

(2) 计算 $EQ(100)$，并解释得到的结果；

(3) 计算 $EQ(300)$，并解释得到的结果.

解　(1) 把需求函数改写为

$$Q=f(p)=-50p+20\,000,$$

于是 $f'(p)=-50$，故需求价格弹性为

$$EQ(p)=\frac{pf'(p)}{f(p)}=\frac{p(-50)}{-50p+20\ 000}=\frac{p}{p-400}.$$

(2) $EQ(100)=\frac{100}{100-400}=-\frac{1}{3}$. 此结果的含义为：当该型号扩音器每套售价100美元时，若单价增加1%，则需求量将约减少0.33%；若单价减少1%，则需求量将约增加0.33%.

(3) $EQ(300)=\frac{300}{300-400}=-3$. 此结果的含义为：当该型号扩音器每套售价300美元时，若单价增加1%，则需求量将减少3%；若单价减少1%，则需求量将增加3%.

在例7中，不难发现，当 $p=100$ 时，若价格减少1%，则需求仅约增加0.33%，此时降价措施并不能有效促进需求；当 $p=300$ 时，若价格减少1%，则需求将增加3%，此时适当降价就可以有效促进需求.

为了经济学中进一步分析的需要，引入如下定义：

定义2 若 $|EQ(p)|>1$，则称需求量对价格**富有弹性**，即价格的相对变化将引起需求量较大的相对变化；若 $|EQ(p)|=1$，则称需求量对价格具有**单位弹性**，即价格的相对变化与需求量的相对变化同步；若 $|EQ(p)|<1$，则称需求量对价格**缺乏弹性**，即价格的相对变化只能引起需求量微小的相对变化.

在例7中，$EQ(100)=-\frac{1}{3}$，此时需求量对价格缺乏弹性，即降价只能引起需求量微小的增加；$EQ(300)=-3$，此时需求量对价格富有弹性，即降价可以引起需求量较大幅度的增加.

例8 设某种商品一周的需求量 Q（单位：件）与其单价 p（单位：元）具有如下的函数关系：

$$p=-0.02Q+300\quad(0\leqslant Q\leqslant 15\ 000),$$

而且一周内制造 Q 件该商品的总成本（单位：元）为

$$C(Q)=0.000\ 003Q^3-0.04Q^2+200Q+70\ 000.$$

(1) 求出收入函数 R，利润函数 L；

(2) 求出边际成本 C'，边际收入 R'，边际利润 L'；

(3) 求出边际平均成本 $\overline{C}'$；

(4) 计算 $C'(3\ 000)$，$R'(3\ 000)$，$L'(3\ 000)$；

(5) 分别求出 $p=100$，$p=200$ 时的需求弹性，并判断它们属于富有弹性，还是单位弹性或缺乏弹性.

解 (1) 收入函数为

$$\begin{aligned}R(Q)&=pQ=Q(-0.02Q+300)\\&=-0.02Q^2+300Q\quad(0\leqslant Q\leqslant 15\ 000),\end{aligned}$$

利润函数为

$$\begin{aligned}L(Q)&=R(Q)-C(Q)\\&=(-0.02Q^2+300Q)-(0.000\ 003Q^3-0.04Q^2+200Q+70\ 000)\\&=-0.000\ 003Q^3+0.02Q^2+100Q-70\ 000.\end{aligned}$$

(2) $C'(Q)=0.000\ 009Q^2-0.08Q+200$,

$R'(Q)=-0.04Q+300$,

$$L'(Q)=-0.000\,009Q^2+0.04Q+100.$$

(3) 平均成本函数为

$$\overline{C}(Q)=\frac{C(Q)}{Q}=\frac{0.000\,003Q^3-0.04Q^2+200Q+70\,000}{Q}$$
$$=0.000\,003Q^2-0.04Q+200+\frac{70\,000}{Q},$$

于是边际平均成本为

$$\overline{C}'(Q)=0.000\,006Q-0.04-\frac{70\,000}{Q^2}.$$

(4) 由(2)中的结果可得到：

$$C'(3\,000)=0.000\,009\times3\,000^2-0.08\times3\,000+200=41;$$
$$R'(3\,000)=-0.04\times3\,000+300=180;$$
$$L'(3\,000)=-0.000\,009\times3\,000^2+0.04\times3\,000+100=139.$$

其含义分别为：当产量达到 3 000 件时，若再多生产 1 件该商品，则成本约增加 41 元；当销售量达到 3 000 件时，若再多销售 1 件该商品，则收入约增加 180 元；当销售量达到 3 000 件时，若再多销售 1 件该商品，则利润约增加 139 元.

(5) 改写需求函数为

$$Q=f(p)=-50p+15\,000,$$

则 $f'(p)=-50$，于是

$$EQ(p)=\frac{pf'(p)}{f(p)}=\frac{p(-50)}{-50p+15\,000}=\frac{p}{p-300}\quad(0\leqslant p<300).$$

因 $EQ(100)=-0.5$，故当 $p=100$ 时，需求量对价格缺乏弹性；

因 $EQ(200)=-2$，故当 $p=200$ 时，需求量对价格富有弹性.

因为 $R=Qp=pf(p)$，所以收入函数关于价格的变化率可以由下式计算：

$$R'=f(p)+pf'(p)=f(p)\left[1+\frac{pf'(p)}{f(p)}\right]=f(p)[1+EQ(p)].$$

由此可以求出收入对于价格的弹性为

$$ER(p)=\frac{p}{R(p)}R'=\frac{p}{pf(p)}f(p)[1+E(p)]=1+EQ(p).$$

定理 1　**设商品的需求函数为 $Q=f(p)$，收入函数为 $R=Qp$，则收入弹性 $ER(p)$ 与需求弹性 $EQ(p)$ 之间有关系式**

$$ER(p)=1+EQ(p).$$

如果需求量对价格富有弹性，即 $|EQ(p)|>1$，那么 $R'(p)<0$，这时价格降低导致收入增加，价格增加导致收入减少，也即价格与收入反方向变化；如果需求量对价格缺乏弹性，即 $|EQ(p)|<1$，那么 $R'(p)>0$，这时价格降低导致收入减少，价格增加导致收入增加，也即价格与收入同方向变化.

于是我们得到如下定理：

定理 2　**若需求量对价格富有弹性，则价格升降与收入增减反方向变化；若需求量对价格缺乏弹性，则价格升降与收入增减同方向变化.**

例 9　设某商品的需求函数为 $Q=f(p)=75-p^2$，求：

(1) 当 $p=4$ 时的边际需求，并解释所得到的结果；

(2) 当 $p=4$ 时的需求弹性，并解释所得到的结果；

(3) 当 $p=4,6$ 时，若价格上涨 1%，收入如何变化？变化的幅度有多大？

解　(1) $f'(4)=(75-p^2)'\Big|_{p=4}=-2p\Big|_{p=4}=-8$. 故当 $p=4$ 时，若价格上涨(或下降)1 个单位，则需求将约减少(或增加)8 个单位.

(2) 当 $p=4$ 时，需求弹性为

$$EQ(4)=\frac{pf'(p)}{f(p)}\Big|_{p=4}=\frac{p(-2p)}{75-p^2}\Big|_{p=4}=-\frac{32}{59}\approx-0.54,$$

故当 $p=4$ 时，若价格上涨(或下降)1%，则需求将约减少(或增加)0.54%.

(3) 当 $p=4$ 时，由前面的计算知 $EQ(4)\approx-0.54$，故

$$ER(4)=1+EQ(4)\approx1-0.54=0.46.$$

这样当 $p=4$ 时，若价格上升(或下降)1%，则总收入约增加(或减少)0.46%.

当 $p=6$ 时，

$$EQ(6)=\frac{pf'(p)}{f(p)}\Big|_{p=6}=\frac{p(-2p)}{75-p^2}\Big|_{p=6}=-\frac{72}{39}\approx-1.85,$$

故 $ER(6)=1+EQ(6)\approx1-1.85=-0.85$. 这样当 $p=6$ 时，若价格上升(或下降)1%，则总收入约减少(或增加)0.85%.

习题 4－5

1. 设生产某商品 Q 件的成本函数(单位:元)为

$$C(Q)=0.001Q^3-0.3Q^2+40Q+1\,000,$$

求边际成本 $C'(Q)$，$C'(50)$，并解释 $C'(50)$ 的经济学含义.

2. 设某商品的需求函数为 $p=20-\dfrac{Q}{5}$，其中 Q 表示销售量(单位:件)，p 表示销售价格(单位:万元)，求：

(1) 销售量为 15 件时的总收入 $R(15)$、平均收入 $\overline{R}(15)$、边际收入 $R'(15)$；

(2) 销售量从 15 件增加到 20 件时的总收入的平均变化率.

3. 设某商品的需求函数为 $Q=10-\dfrac{p}{2}$，求：

(1) $EQ(p)$；　(2) $EQ(3)$；

(3) 当 $p=3$ 时，若价格上涨 1%，其总收入如何变化？变化的幅度有多大？

4. 设某唱片录制公司录制 Q 张唱片的成本(单位:元)为

$$C(Q)=2\,000+2Q-0.000\,1Q^2\quad(0\leqslant Q\leqslant 6\,000).$$

(1) 录制第 1 001 张、第 2 001 张唱片的实际成本分别为多少？

(2) 当 $Q=1\,000,2\,000$ 时，边际成本分别为多少？

5. 设某微波炉制造公司每天制造 Q 台微波炉的成本函数(单位:元)为

$$C(Q)=0.000\,2Q^3-0.06Q^2+120Q+5\,000.$$

(1) 制造第 101 台、第 201 台、第 301 台微波炉的实际成本分别为多少？

(2) 当 $Q=100,200,300$ 时，边际成本分别为多少？

6. 某公司生产一种写字台，据估计一年内生产 Q 件该种写字台的总成本函数（单位：元）为

$$C(Q) = 100Q + 200\,000.$$

(1) 求出平均成本函数 $\overline{C}(Q)$； (2) 求出边际平均成本 $\overline{C}'(Q)$.

7. 某扩音器制造公司估计一年内其扩音器产品的需求函数为

$$p = -0.04Q + 800 \quad (0 \leqslant Q \leqslant 20\,000),$$

这里 p 为扩音器的销售价（单位：元），Q 为销售量（单位：套）.

(1) 求出收入函数 $R(Q)$； (2) 求出边际收入 $R'(Q)$； (3) 计算 $R'(5\,000)$，并解释所得到的结果.

8. 接第 7 题，若该公司一年内生产 Q 套产品的成本函数（单位：元）为

$$C(Q) = 200Q + 300\,000.$$

(1) 求出利润函数 $L(Q)$； (2) 求出边际利润 $L'(Q)$；

(3) 计算 $L'(5\,000)$，$L'(8\,000)$，并解释所得到的结果.

9. 设某房屋租赁公司每个月出租 Q 套公寓房的月收入（单位：元）为

$$R(Q) = -10Q^2 + 1\,760Q - 50\,000 \quad (0 \leqslant Q \leqslant 100).$$

(1) 假设 50 套公寓已经租出，问：租出第 51 套公寓的实际收入为多少？

(2) 计算 $R'(50)$，并与(1)中得到的结果加以对比.

10. 设某种彩色电视的周需求量 Q（单位：台）与零售价格 p（单位：欧元/台）之间的函数关系为

$$p = 600 - 0.05Q \quad (0 \leqslant Q \leqslant 12\,000),$$

每周制造 Q 台该彩色电视的总成本（单位：欧元）为

$$C(Q) = 0.000\,002Q^3 - 0.03Q^2 + 400Q + 80\,000.$$

(1) 求出收入函数、利润函数； (2) 求出边际成本、边际收入、边际利润；

(3) 计算 $C'(2\,000)$，$R'(2\,000)$，$L'(2\,000)$，并解释所得到的结果.

11. 设某种手表每月的需求量 Q（单位：千只）与零售价 p（单位：欧元/只）之间的关系为

$$p = \frac{50}{0.01Q^2 + 1} \quad (0 \leqslant x \leqslant 20).$$

(1) 求出收入函数； (2) 求出边际收入； (3) 计算 $R'(2)$，并解释所得到的结果.

12. 求以下各种情形的需求弹性，并确定弹性的类型：

(1) $Q = -\dfrac{3}{2}p + 9,\ p = 2$； (2) $Q = -\dfrac{5}{4}p + 20,\ p = 10$；

(3) $Q + \dfrac{1}{3}p - 20 = 0,\ p = 30$； (4) $0.4Q + p - 20 = 0,\ p = 10$.

13. 设某种手提式头发干燥器一周的需求量 Q（单位：百台）与零售价 p（单位：欧元/台）之间的关系式为

$$Q = \frac{1}{5}(225 - p^2) \quad (0 \leqslant p \leqslant 15).$$

(1) 当 $p = 8, 10$ 时，需求量对价格是富有弹性还是缺乏弹性？

(2) p 为多少时，需求量对价格具有单位弹性？

(3) 如果在 $p = 10$ 时价格小幅度下降，收入是增加还是减少？

(4) 如果在 $p = 8$ 时价格小幅度上升，收入是增加还是减少？

14. 设某商品的收入 R 关于销售量 Q 的函数关系为 $R(Q) = 104Q - 0.4Q^2$.

(1) 求出销售量为 Q 单位时的边际收入； (2) 求出销售量为 $Q = 50$ 单位时的边际收入.

第五章

定积分及其应用

导数与微分考虑的是两个量之间的变化速度问题.在现实生活中,很多情况还要考虑变化的量在一定范围内的积累.这就是积分学研究的主要问题.一个量随另一个量变化积累的结果就是定积分研究的主要对象.定积分的有关理论是从17世纪开始出现和发展起来的,人们对几何学与力学中某些问题的研究是导致定积分理论出现的主要背景.今天,定积分在自然科学、工程技术、经济管理等领域中都有着广泛的应用.本章我们先从几何学问题和力学问题出发引入定积分的定义,然后讨论定积分的性质及计算方法,最后介绍定积分的应用.

§5.1　定积分的概念与性质

5.1.1　定积分问题举例

1. 曲边梯形的面积

设函数 $f(x)$ 在区间 $[a,b]$ 上非负、连续，则由曲线 $y=f(x)$ ($f(x)\geqslant 0$) 及直线 $x=a$, $x=b$, $y=0$ 所围成的图形称为**曲边梯形**(见图 5-1). 下面我们讨论如何求这个曲边梯形的面积 A.

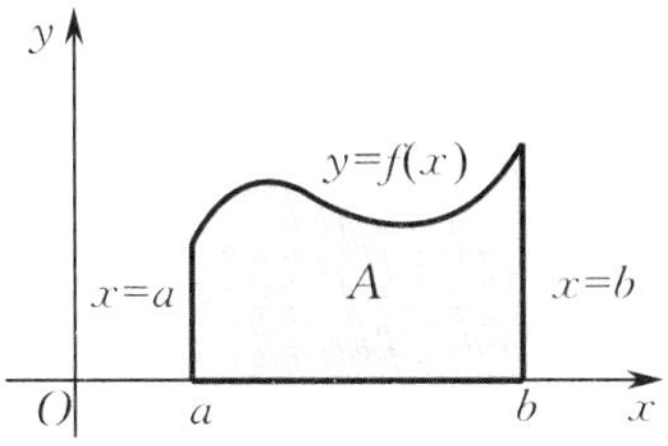

图 5-1

我们会计算直边图形的面积，如矩形的面积、三角形的面积及多边形的面积(见图 5-2). 而曲边梯形有一条边是弯曲的，故它的面积不能直接用直边图形的面积公式来计算.

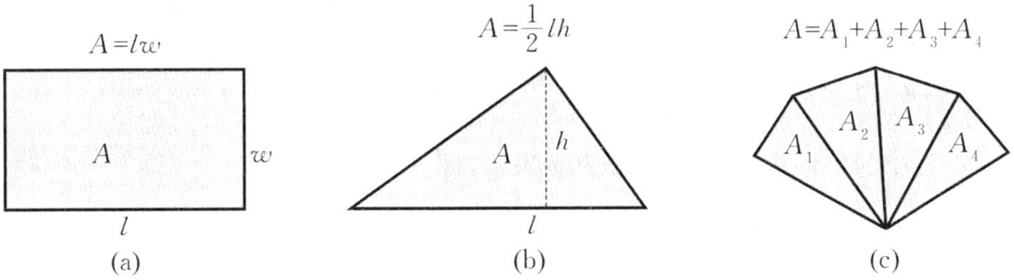

图 5-2

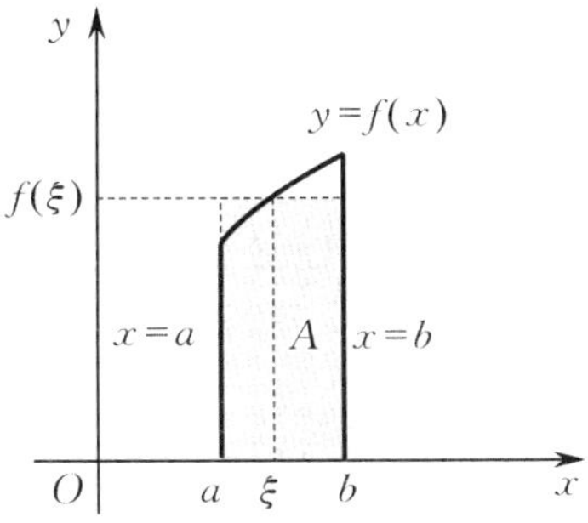

图 5-3

现在，回到曲边梯形. 当 $x=a$ 与 $x=b$ 离得很近时，曲边梯形是很窄的一条，如图 5-3 所示. 可以发现，尽管 $f(x)$ 有变化，但变化很小. 于是可在 a 与 b 之间任取一点 ξ，以该点处的 $f(\xi)$ 为高，将曲边梯形近似看成一个矩形，故其面积 $A\approx f(\xi)(b-a)$. 显然，a 与 b 越接近，近似程度越好.

对于一般的 $x=a$ 与 $x=b$，可把曲边梯形沿 x 轴切割成若干细条，每一细条用矩形来近似. 也就是说，若把区间 $[a,b]$ 划分为许多个小区间，在每个小区间上用其中某一点处的高来近似代替同一小区间上的小曲边梯形的变高，则每个小曲边梯形就可以近似看成这样得到的小矩形，我们就可以把所有这些小矩形的面积之和作为该曲边梯形面积的近似值. 当把区间 $[a,b]$ 无限细分，即使得每个小区间的长度都趋于零时，所有小矩形的面积之和的极限就可以定义为该曲边梯形的面积.

这个定义同时也给出了计算曲边梯形面积的方法，步骤如下：

(1) **分割**. 在区间$[a,b]$内任意插入$n-1$个分点

$$a=x_0<x_1<x_2<\cdots<x_{n-1}<x_n=b,$$

则区间$[a,b]$被分成n个小区间

$$[x_0,x_1],[x_1,x_2],\cdots,[x_{i-1},x_i],\cdots,[x_{n-1},x_n].$$

记第i个小区间的长度为Δx_i，即$\Delta x_i=x_i-x_{i-1}(i=1,2,\cdots,n)$. 此时，整个曲边梯形就相应地被直线$x=x_i(i=1,2,\cdots,n-1)$分成$n$个小曲边梯形.

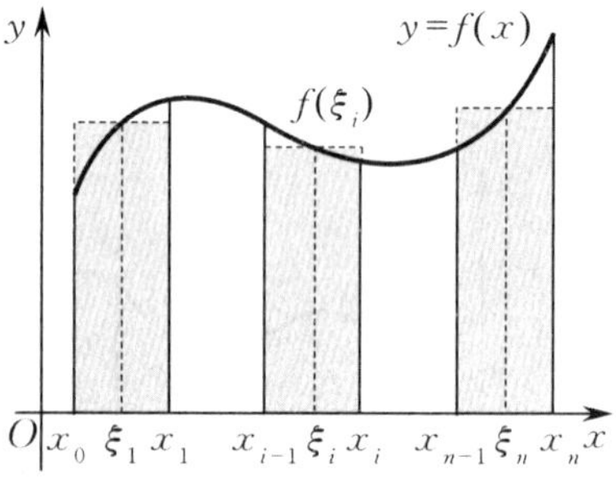

图 5-4

(2) **近似代替**. 对于第i个小曲边梯形来说，当其底边长Δx_i足够小时，其高度的变化也是非常小的，这时它的面积可以用小矩形的面积来近似代替. 在每个小区间$[x_{i-1},x_i]$上任取一点ξ_i，用$f(\xi_i)$作为第i个小矩形的高(见图 5-4)，则第i个小曲边梯形面积ΔA_i的近似值为

$$\Delta A_i\approx f(\xi_i)\Delta x_i\quad(i=1,2,\cdots,n).$$

(3) **求和**. 将这样得到的n个小曲边梯形的面积相加，得到整个曲边梯形面积的近似值：

$$A=\sum_{i=1}^{n}\Delta A_i\approx\sum_{i=1}^{n}f(\xi_i)\Delta x_i.$$

(4) **取极限**. 从直观上看，当分点越密时，小矩形的面积与小曲边梯形的面积就会越接近，因而和式$\sum\limits_{i=1}^{n}f(\xi_i)\Delta x_i$与曲边梯形的面积$A$也会越接近. 记$\lambda=\max\limits_{1\leqslant i\leqslant n}\{\Delta x_i\}$，当$\lambda\to0$时，和式$\sum\limits_{i=1}^{n}f(\xi_i)\Delta x_i$的极限即为曲边梯形的面积$A$，即

$$A=\lim_{\lambda\to0}\sum_{i=1}^{n}f(\xi_i)\Delta x_i.$$

例 1　求由曲线$y=x^2$，直线$x=1$及x轴所围成的曲边梯形(见图 5-5)的面积A.

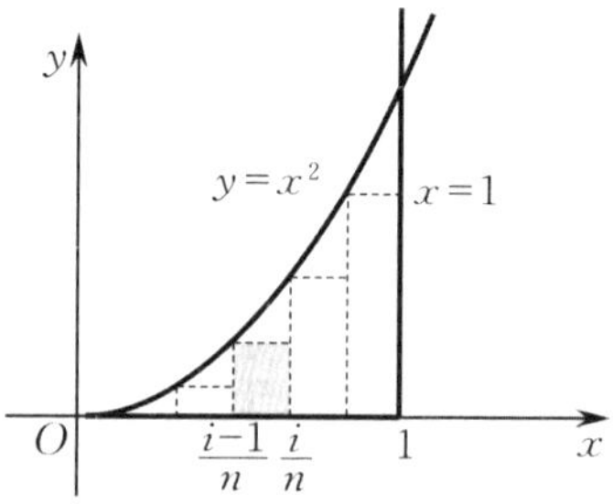

图 5-5

分析　依照上述求曲边梯形面积的方法，可按如下步骤计算：

(1) 分割. 在区间$[0,1]$内依次均匀插入$n-1$个分点$x_i=\dfrac{i}{n}(i=1,2,\cdots,n-1)$，即

$$x_0=0<\frac{1}{n}<\frac{2}{n}<\cdots<\frac{n-1}{n}<1=x_n,$$

把区间$[0,1]$等分成n个小区间

$$\left[0,\frac{1}{n}\right],\left[\frac{1}{n},\frac{2}{n}\right],\left[\frac{2}{n},\frac{3}{n}\right],\cdots,\left[\frac{i-1}{n},\frac{i}{n}\right],\cdots,\left[\frac{n-1}{n},1\right],$$

则第i个小区间的长度为$\Delta x_i=x_i-x_{i-1}=\dfrac{1}{n}(i=1,2,\cdots,n)$. 此时，整个曲边梯形就分成$n$个小曲边梯形.

(2) 近似代替. 为简单起见,在每个小区间$[x_{i-1},x_i]$上取点$\xi_i=\dfrac{i-1}{n}(i=1,2,\cdots,n)$,用$f(\xi_i)$作为第$i$个小矩形的高(见图 5-5),则第$i$个小曲边梯形面积的近似值为

$$\Delta A_i\approx f(\xi_i)\Delta x_i=\left(\frac{i-1}{n}\right)^2\frac{1}{n}\quad(i=1,2,\cdots,n).$$

(3) 求和. 整个曲边梯形面积的近似值为

$$A\approx\sum_{i=1}^{n}\Delta A_i=\sum_{i=1}^{n}f(\xi_i)\Delta x_i=\sum_{i=1}^{n}\left(\frac{i-1}{n}\right)^2\frac{1}{n}.$$

(4) 取极限. 记$\lambda=\max\limits_{1\leqslant i\leqslant n}\{\Delta x_i\}$,则显然$\lambda=\dfrac{1}{n}$. 此时$\lambda\to0$等价于$n\to\infty$,从而所求曲边梯形的面积为

$$A=\lim_{\lambda\to0}\sum_{i=1}^{n}f(\xi_i)\Delta x_i=\lim_{n\to\infty}\sum_{i=1}^{n}\left(\frac{i-1}{n}\right)^2\frac{1}{n}.$$

为了直观,我们分别取$n=10,25,50$作图观察(见图 5-6). 可以看到,当n越来越大时,所有小矩形的面积之和与所求曲边梯形的面积的近似程度越来越好.

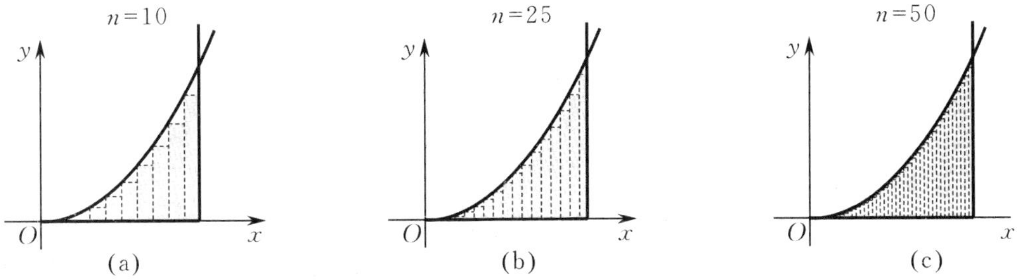

图 5-6

解　由分析可知,所求面积为

$$A=\lim_{n\to\infty}\sum_{i=1}^{n}\left(\frac{i-1}{n}\right)^2\frac{1}{n}=\lim_{n\to\infty}\sum_{i=1}^{n}\frac{(i-1)^2}{n^3}=\lim_{n\to\infty}\frac{1}{n^3}\sum_{i=1}^{n}(i-1)^2$$

$$=\lim_{n\to\infty}\frac{1}{n^3}\cdot\frac{(n-1)n(2n-1)}{6}=\frac{1}{6}\lim_{n\to\infty}\left(1-\frac{1}{n}\right)\left(2-\frac{1}{n}\right)=\frac{1}{3}.$$

2. 变速直线运动的路程

设某物体做变速直线运动,已知其速度$v=v(t)$是时间t的连续函数,计算在时间区间$[T_1,T_2]$内该物体所经过的路程s.

对于匀速直线运动,路程 = 速度 × 时间. 但是在变速直线运动中,速度不是常量而是随时间变化的变量,故所求路程s不能直接按匀速直线运动的路程公式来计算. 然而,由假定条件:物体运动的速度函数$v=v(t)$是连续变化的,可知在很短的时间内,速度的变化很小. 因此,如果把$[T_1,T_2]$细分,在小段时间内,以匀速运动近似代替变速运动,那么就可算出各部分路程的近似值;然后,求和就得到整个路程的近似值;最后,通过对$[T_1,T_2]$无限细分的极限运算,可求得该物体在时间区间$[T_1,T_2]$内所经过的路程.

对于这一问题,其求解过程的数学描述类似于上述求曲边梯形面积的过程,具体如下:

(1) **分割**. 在区间$[T_1,T_2]$内任意插入$n-1$个分点

$$T_1=t_0<t_1<t_2<\cdots<t_{n-1}<t_n=T_2,$$

把区间$[T_1,T_2]$分成n个小区间

$$[t_0,t_1],[t_1,t_2],\cdots,[t_{n-1},t_n],$$

各小区间的长度依次为$\Delta t_1,\Delta t_2,\cdots,\Delta t_n$.

(2) **近似代替**. 在小区间$[t_{i-1},t_i]$上任取一点τ_i,以此时刻的速度$v(\tau_i)$作为此小区间上的速度,则$[t_{i-1},t_i]$内经过的路程的近似值为

$$\Delta s_i\approx v(\tau_i)\Delta t_i\quad(i=1,2,\cdots,n).$$

(3) **求和**. 将这样得到的n个小时间段内经过的路程的近似值之和作为所求变速直线运动路程的近似值,即

$$s=\sum_{i=1}^{n}\Delta s_i\approx\sum_{i=1}^{n}v(\tau_i)\Delta t_i.$$

(4) **取极限**. 记$\lambda=\max\limits_{1\leqslant i\leqslant n}\{\Delta t_i\}$,当$\lambda\to 0$时,和式$\sum\limits_{i=1}^{n}v(\tau_i)\Delta t_i$的极限即为该物体在时间区间$[T_1,T_2]$内所经过的路程,即

$$s=\lim_{\lambda\to 0}\sum_{i=1}^{n}v(\tau_i)\Delta t_i.$$

5.1.2 定积分的定义

从上面两个例题可以看出,虽然问题的客观背景大不相同,但解决的方法是相同的,都是归结为求同一结构的和式的极限.还有许多其他问题都可归结为求这一类极限,所以我们有必要在抽象的形式下研究它,这就引出了如下定积分的概念:

定义 1 设函数$f(x)$是区间$[a,b]$上的有界函数,在$[a,b]$内任意插入$n-1$个分点

$$a=x_0<x_1<x_2<\cdots<x_{n-1}<x_n=b,$$

把区间$[a,b]$分成n个小区间

$$[x_0,x_1],[x_1,x_2],\cdots,[x_{i-1},x_i],\cdots,[x_{n-1},x_n],$$

各小区间的长度依次为

$$\Delta x_1=x_1-x_0,\Delta x_2=x_2-x_1,\cdots,\Delta x_n=x_n-x_{n-1}.$$

在每个小区间$[x_{i-1},x_i]$上任取一点ξ_i,做乘积$f(\xi_i)\Delta x_i(i=1,2,\cdots,n)$,再做和式

$$S=\sum_{i=1}^{n}f(\xi_i)\Delta x_i,$$

记$\lambda=\max\limits_{1\leqslant i\leqslant n}\{\Delta x_i\}$.若当$\lambda\to 0$时,和式$S$趋于确定的极限$I$,且此极限与区间$[a,b]$的分法及点$\xi_i$的取法无关,则称$f(x)$在$[a,b]$上**可积**,称极限$I$为函数$f(x)$在区间$[a,b]$上的**定积分**,记作$\int_a^b f(x)\mathrm{d}x$,即

$$\int_a^b f(x)\mathrm{d}x=\lim_{\lambda\to 0}\sum_{i=1}^{n}f(\xi_i)\Delta x_i=I,$$

其中$f(x)$叫作**被积函数**,$f(x)\mathrm{d}x$叫作**被积表达式**,x叫作**积分变量**,a叫作**积分下限**,b叫作

积分上限，$[a,b]$ 叫作**积分区间**，和式 $\sum_{i=1}^{n} f(\xi_i)\Delta x_i$ 叫作**积分和**.

显然由定义 1 可知，当和式 $\sum_{i=1}^{n} f(\xi_i)\Delta x_i$ 的极限存在时，其极限值（即定积分）仅与被积函数 $f(x)$ 及积分区间 $[a,b]$ 有关，而与积分变量所用的字母（即变量名）无关，即

$$\int_a^b f(x)\mathrm{d}x = \int_a^b f(t)\mathrm{d}t = \int_a^b f(u)\mathrm{d}u.$$

定理 1（必要条件） 设函数 $f(x)$ 在 $[a,b]$ 上有定义，若 $f(x)$ 在 $[a,b]$ 上可积，则 $f(x)$ 在 $[a,b]$ 上一定有界.

定理 2（充分条件） 设函数 $f(x)$ 在 $[a,b]$ 上有定义，若 $f(x)$ 满足下列条件之一，则 $f(x)$ 在 $[a,b]$ 上可积：

(1) $f(x)$ 在 $[a,b]$ 上连续；

(2) $f(x)$ 在 $[a,b]$ 上只有有限个间断点，且有界；

(3) $f(x)$ 在 $[a,b]$ 上单调.

利用定积分的定义，前面所讨论的两个实际问题可以分别表述如下：

(1) 曲线 $y = f(x)(f(x) \geqslant 0)$ 与 x 轴及两条直线 $x = a, x = b$ 所围成的曲边梯形的面积 A 等于函数 $f(x)$ 在区间 $[a,b]$ 上的定积分，即 $A = \int_a^b f(x)\mathrm{d}x$；

(2) 物体以变速 $v = v(t)(v(t) \geqslant 0)$ 做直线运动，从时刻 $t = T_1$ 到时刻 $t = T_2$ 物体所经过的路程 s 等于函数 $v(t)$ 在区间 $[T_1, T_2]$ 上的定积分，即 $s = \int_{T_1}^{T_2} v(t)\mathrm{d}t$.

5.1.3 定积分的几何意义

设函数 $f(x)$ 在区间 $[a,b]$ 上有定义，当 $f(x) \geqslant 0$ 时，我们已经知道，定积分 $\int_a^b f(x)\mathrm{d}x$ 在几何上表示由曲线 $y = f(x)$ 与两条直线 $x = a, x = b$ 及 x 轴所围成的曲边梯形的面积（见图 5-7(a)）. 于是可类推出另外两种情形：当 $f(x) \leqslant 0$，即由曲线 $y = f(x)$ 与两条直线 $x = a, x = b$ 及 x 轴所围成的曲边梯形位于 x 轴的下方（见图 5-7(b)）时，定积分 $\int_a^b f(x)\mathrm{d}x$ 在几何上表示上述曲边梯形面积的负值；当 $f(x)$ 既取得正值又取得负值，即函数 $f(x)$ 的图像某些部分在 x 轴上方，其他部分在 x 轴的下方（见图 5-7(c)）时，如果我们对面积赋以正负号，在 x 轴上方的图形面积赋以正号，在 x 轴下方的图形面积赋以负号，则此时定积分 $\int_a^b f(x)\mathrm{d}x$ 表示介于 x 轴，函数 $f(x)$ 的图像及两条直线 $x = a, x = b$ 之间的各部分面积的代数和.

例 2 计算定积分 $\int_{-1}^{1} \sqrt{1-x^2}\,\mathrm{d}x$ 的值.

解 因 $f(x) = \sqrt{1-x^2}\ (x \in [-1,1])$ 表示上半个单位圆周，故根据定积分的几何意义，所求定积分即为由上半个单位圆周与 x 轴所围成的半个圆盘的面积，即

$$\int_{-1}^{1} \sqrt{1-x^2}\,\mathrm{d}x = \frac{1}{2}\pi \cdot 1^2 = \frac{1}{2}\pi.$$

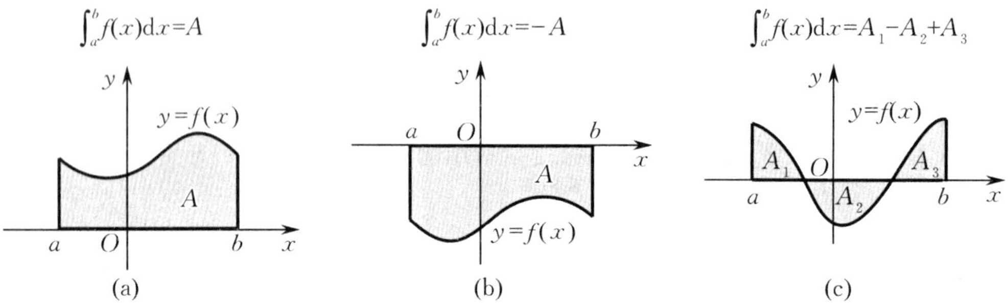

图 5－7

5.1.4　定积分的性质

为了以后计算及应用方便，先对定积分做以下两点补充规定：

(1) 当 $a=b$ 时，$\int_a^b f(x)\mathrm{d}x=\int_a^a f(x)\mathrm{d}x=0$；

(2) 当 $a>b$ 时，$\int_a^b f(x)\mathrm{d}x=-\int_b^a f(x)\mathrm{d}x$.

根据定积分的定义，规定(1)与(2)是显然的. 规定(2)说明，定积分中积分上限不必大于积分下限.

设 α,β 是任意取定的两个实数，定积分 $\int_a^b f(x)\mathrm{d}x$ 与 $\int_a^b g(x)\mathrm{d}x$ 都存在，且如不特别指明，积分上、下限 a,b 的大小均不加限制，则定积分有如下的性质：

性质 1(线性性质)　定积分 $\int_a^b[\alpha f(x)+\beta g(x)]\mathrm{d}x$ 存在，且

$$\int_a^b[\alpha f(x)+\beta g(x)]\mathrm{d}x=\alpha\int_a^b f(x)\mathrm{d}x+\beta\int_a^b g(x)\mathrm{d}x.$$

证

$$\begin{aligned}\int_a^b[\alpha f(x)+\beta g(x)]\mathrm{d}x&=\lim_{\lambda\to 0}\sum_{i=1}^n[\alpha f(\xi_i)+\beta g(\xi_i)]\Delta x_i\\&=\alpha\lim_{\lambda\to 0}\sum_{i=1}^n f(\xi_i)\Delta x_i+\beta\lim_{\lambda\to 0}\sum_{i=1}^n g(\xi_i)\Delta x_i\\&=\alpha\int_a^b f(x)\mathrm{d}x+\beta\int_a^b g(x)\mathrm{d}x.\end{aligned}$$

由性质 1 可发现：

(1)(**和运算**) 若 $\alpha=\beta=1$，则 $\int_a^b[f(x)+g(x)]\mathrm{d}x=\int_a^b f(x)\mathrm{d}x+\int_a^b g(x)\mathrm{d}x$.

(2)(**差运算**) 若 $\alpha=1,\beta=-1$，则 $\int_a^b[f(x)-g(x)]\mathrm{d}x=\int_a^b f(x)\mathrm{d}x-\int_a^b g(x)\mathrm{d}x$.

(3)(**数乘运算**) 若 $\beta=0$，则 $\int_a^b\alpha f(x)\mathrm{d}x=\alpha\int_a^b f(x)\mathrm{d}x$. 这说明，被积函数的常数因子可以提到积分符号外面.

性质 1 可以推广到任意有限个函数代数和的情况，即

$$\int_a^b \sum_{i=1}^n \alpha_i f_i(x)\mathrm{d}x = \sum_{i=1}^n \alpha_i \int_a^b f_i(x)\mathrm{d}x.$$

性质 2 如果在区间$[a,b]$上 $f(x)\equiv k$(见图 5-8),则

$$\int_a^b k\,\mathrm{d}x = k(b-a).$$

证 $\int_a^b k\,\mathrm{d}x = \lim\limits_{\lambda\to 0}\sum\limits_{i=1}^n k\Delta x_i = \lim\limits_{\lambda\to 0} k\sum\limits_{i=1}^n \Delta x_i$

$= \lim\limits_{\lambda\to 0} k(b-a) = k(b-a).$

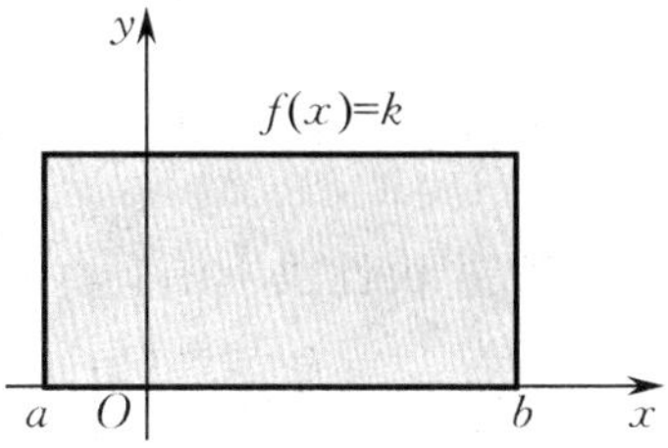

图 5-8

性质 3(积分区间的可加性) 如果将积分区间分成两部分,则在整个区间上的定积分等于这两部分区间上的定积分之和,即设 $a<c<b$(见图 5-9),则

$$\int_a^b f(x)\mathrm{d}x = \int_a^c f(x)\mathrm{d}x + \int_c^b f(x)\mathrm{d}x.$$

证 因为函数 $f(x)$ 在区间$[a,b]$上可积,所以不论把$[a,b]$怎样分,积分和的极限总是不变的.因此,我们在分区间时,总是可以选取点 c 为一个分点,那么$[a,b]$上的积分和等于$[a,c]$上的积分和加上$[c,b]$上的积分和,记为

$$\sum_{[a,b]} f(\xi_i)\Delta x_i = \sum_{[a,c]} f(\xi_i)\Delta x_i + \sum_{[c,b]} f(\xi_i)\Delta x_i.$$

令 $\lambda\to 0$,上式两端同时取极限,即得

$$\int_a^b f(x)\mathrm{d}x = \int_a^c f(x)\mathrm{d}x + \int_c^b f(x)\mathrm{d}x.$$

按定积分的补充规定,不论 a,b,c 的相对位置如何,总有上述等式成立.例如,当 $a<b<c$ 时,由于

$$\int_a^c f(x)\mathrm{d}x = \int_a^b f(x)\mathrm{d}x + \int_b^c f(x)\mathrm{d}x,$$

于是得

$$\int_a^b f(x)\mathrm{d}x = \int_a^c f(x)\mathrm{d}x - \int_b^c f(x)\mathrm{d}x = \int_a^c f(x)\mathrm{d}x + \int_c^b f(x)\mathrm{d}x.$$

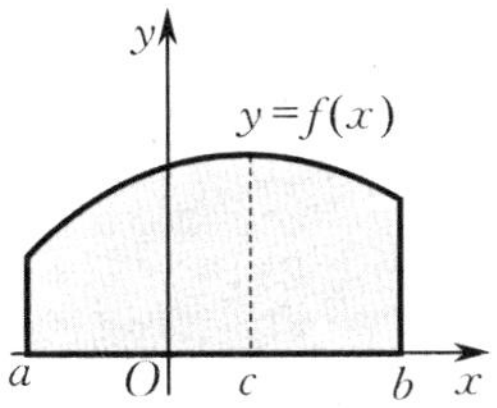

图 5-9

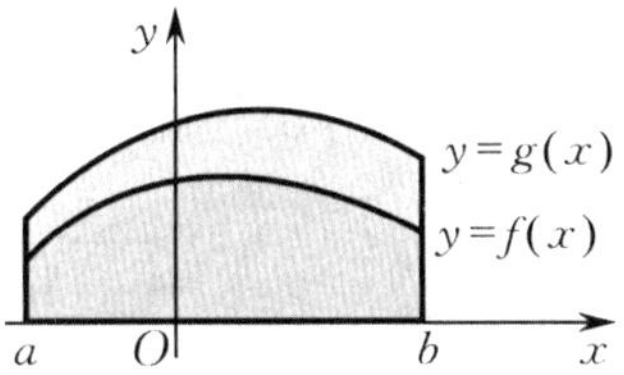

图 5-10

性质 4(比较性质) 如果在区间$[a,b]$上 $f(x)\leqslant g(x)$(见图 5-10),则

$$\int_a^b f(x)\mathrm{d}x \leqslant \int_a^b g(x)\mathrm{d}x.$$

证 由 $f(x)\leqslant g(x)$,$x\in[a,b]$可知,$f(\xi_i)\leqslant g(\xi_i)$,从而 $f(\xi_i)\Delta x_i \leqslant g(\xi_i)\Delta x_i$,于是

$$\sum_{i=1}^n f(\xi_i)\Delta x_i \leqslant \sum_{i=1}^n g(\xi_i)\Delta x_i.$$

因此

$$\int_a^b f(x)\mathrm{d}x = \lim_{\lambda \to 0} \sum_{i=1}^{n} f(\xi_i)\Delta x_i \leqslant \lim_{\lambda \to 0} \sum_{i=1}^{n} g(\xi_i)\Delta x_i = \int_a^b g(x)\mathrm{d}x.$$

推论 1　如果在区间$[a,b]$上 $f(x) \geqslant 0$,则$\int_a^b f(x)\mathrm{d}x \geqslant 0$.

证　由性质 4,有$\int_a^b f(x)\mathrm{d}x \geqslant \int_a^b 0\mathrm{d}x = 0$.

推论 2　$\left|\int_a^b f(x)\mathrm{d}x\right| \leqslant \int_a^b |f(x)|\mathrm{d}x \quad (a < b)$.

证　因为

$$-|f(x)| \leqslant f(x) \leqslant |f(x)|,$$

所以由性质 1 及性质 4 可得

$$-\int_a^b |f(x)|\mathrm{d}x \leqslant \int_a^b f(x)\mathrm{d}x \leqslant \int_a^b |f(x)|\mathrm{d}x,$$

即

$$\left|\int_a^b f(x)\mathrm{d}x\right| \leqslant \int_a^b |f(x)|\mathrm{d}x.$$

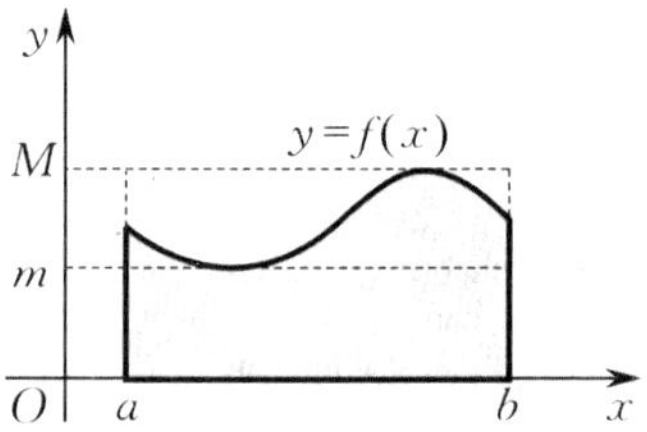

图 5 - 11

性质 5　设 M 及 m 分别是函数 $f(x)$ 在区间$[a,b]$上的最大值及最小值(见图 5 - 11),则

$$m(b-a) \leqslant \int_a^b f(x)\mathrm{d}x \leqslant M(b-a).$$

证　因为 $m \leqslant f(x) \leqslant M$,所以由性质 4 得

$$\int_a^b m\mathrm{d}x \leqslant \int_a^b f(x)\mathrm{d}x \leqslant \int_a^b M\mathrm{d}x.$$

再由性质 1,即得到所要证的不等式.

性质 5 说明,由被积函数在积分区间上的最大值及最小值可以估计出积分值的大致范围.

例 3　估计定积分$\int_1^2 \frac{x}{x^2+1}\mathrm{d}x$的值.

解　因为 $f(x) = \frac{x}{x^2+1}$ 在$[1,2]$上连续,所以在$[1,2]$上可积. 又因为

$$f'(x) = \frac{1-x^2}{(x^2+1)^2} \leqslant 0 \quad (1 \leqslant x \leqslant 2),$$

所以 $f(x)$ 在$[1,2]$上单调减少,从而有$\frac{2}{5} \leqslant f(x) \leqslant \frac{1}{2}$. 于是由性质 5 有

$$\frac{2}{5} \leqslant \int_1^2 f(x)\mathrm{d}x \leqslant \frac{1}{2}.$$

性质 6(定积分中值定理)　如果函数 $f(x)$ 在闭区间$[a,b]$上连续,则至少存在一点 $\xi \in [a,b]$,使下式成立:

$$\int_a^b f(x)\mathrm{d}x = f(\xi)(b-a) \quad (a \leqslant \xi \leqslant b).$$

这个公式叫作**积分中值公式**.

证　由性质 5 得

$$m \leqslant \frac{1}{b-a}\int_a^b f(x)\mathrm{d}x \leqslant M.$$

这表明,确定的数值$\frac{1}{b-a}\int_a^b f(x)\mathrm{d}x$介于函数$f(x)$的最小值$m$及最大值$M$之间.根据闭区间上连续函数的介值定理,在$[a,b]$上至少存在一点$\xi$,使得函数$f(x)$在点$\xi$处的值与这个确定的数值相等,即有

$$\frac{1}{b-a}\int_a^b f(x)\mathrm{d}x = f(\xi) \quad (a \leqslant \xi \leqslant b),$$

亦即

$$\int_a^b f(x)\mathrm{d}x = f(\xi)(b-a) \quad (a \leqslant \xi \leqslant b).$$

积分中值公式有如下的几何解释:在区间$[a,b]$上至少存在一点ξ,使得以区间$[a,b]$为底边、以曲线$y=f(x)$为曲边的曲边梯形的面积等于同一底边而高为$f(\xi)$的矩形的面积(见图 5－12).

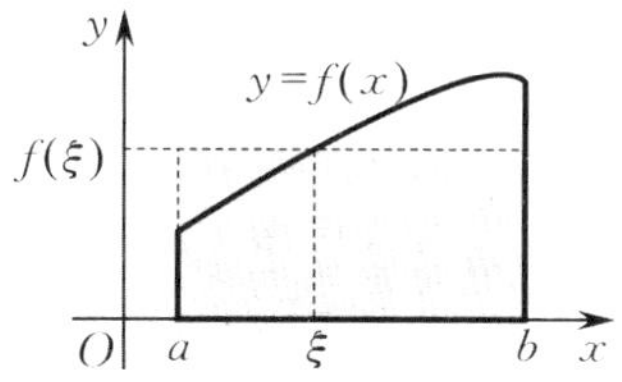

图 5－12

显然,积分中值公式不论$a<b$或$a>b$都是成立的,即

$$\int_a^b f(x)\mathrm{d}x = f(\xi)(b-a) \quad (\xi\text{在}a\text{与}b\text{之间}).$$

通常称$f(\xi)=\frac{1}{b-a}\int_a^b f(x)\mathrm{d}x$为函数$f(x)$在区间$[a,b]$上的平均值.

习题 5－1

1. 利用定积分的定义求由抛物线$y=x^2+1$,直线$x=1$,x轴和y轴所围成的曲边梯形的面积.

2. 根据定积分的几何意义求下列定积分:

(1) $\int_{-3}^{1} 4x\mathrm{d}x$;　　(2) $\int_{-a}^{a}\sqrt{a^2-x^2}\,\mathrm{d}x \quad (a>0)$.

3. 不计算定积分,比较下列各组积分值的大小:

(1) $\int_0^1 x^2\mathrm{d}x$与$\int_0^1 x^3\mathrm{d}x$;　　(2) $\int_0^{\frac{\pi}{4}}\cos x\mathrm{d}x$与$\int_0^{\frac{\pi}{4}}\sin x\mathrm{d}x$.

4. 选择题:

(1) 下列各不等式成立的是(　　).

A. $\int_0^1 x\mathrm{d}x \leqslant \int_0^1 x^2\mathrm{d}x$　　B. $\int_3^4(\ln x)^2\mathrm{d}x \geqslant \int_3^4 \ln x\mathrm{d}x$

C. $\int_0^1 x\mathrm{d}x \leqslant \int_0^1 \sin x\mathrm{d}x$　　D. $\int_0^1 \mathrm{e}^x\mathrm{d}x \leqslant \int_0^1 \mathrm{e}^{x^2}\mathrm{d}x$

(2) 下列各式有意义的是(　　).

A. $\int_{-1}^{1}\sqrt{x}\,\mathrm{d}x$　　B. $\int_{-1}^{3}\ln x\mathrm{d}x$　　C. $\int_{-1}^{2}\frac{\mathrm{d}x}{\sqrt{1-x^2}}$　　D. $\int_{-1}^{2}\sqrt{\sin^2 x}\,\mathrm{d}x$

5. 估计下列各积分值的范围:

(1) $\int_1^4(x^2+1)\mathrm{d}x$;　　(2) $\int_{-a}^{a}\mathrm{e}^{-x^2}\mathrm{d}x \quad (a>0)$.

6. 求 $f(x)=2x$ 在区间$[0,2]$上的平均值.

§5.2 不定积分与微积分基本公式

由§5.1可知,当物体以变速 $v=v(t)(v(t)\geqslant 0)$ 做直线运动时,从时刻 $t=T_1$ 到时刻 $t=T_2$ 物体所经过的路程 s 等于函数 $v(t)$ 在区间$[T_1,T_2]$上的定积分,即 $s=\int_{T_1}^{T_2}v(t)\mathrm{d}t$. 如果设物体的运动方程为 $s=s(t)$,则从时刻 $t=T_1$ 到时刻 $t=T_2$ 物体所经过的路程又可表示为 $s=s(T_2)-s(T_1)$. 于是有

$$\int_{T_1}^{T_2}v(t)\mathrm{d}t=s(T_2)-s(T_1).$$

而由第三章知道 $s'(t)=v(t)$,因此这个例子给出了一个提示:一个函数的定积分似乎与某个函数(这个函数的导数是被积函数)有关. 下面我们来探讨对于一般函数是否有确定的结论. 为此,我们先引入一些概念.

5.2.1 不定积分及其性质

定义 1 若在某区间 I 上有

$$F'(x)=f(x)\quad 或\quad \mathrm{d}F(x)=f(x)\mathrm{d}x,$$

则称 $F(x)$ 为 $f(x)$ 在区间 I 上的一个**原函数**.

例如,在$(-\infty,+\infty)$上有$(\sin x)'=\cos x$,故 $\sin x$ 是 $\cos x$ 在$(-\infty,+\infty)$上的一个原函数. 又因为常数函数的导数是0,所以对任何常数 C,都有$(\sin x+C)'=\cos x$,因此 $\sin x+C$ 都是 $\cos x$ 在$(-\infty,+\infty)$上的原函数. 这个例子也说明,若一个函数存在原函数,则原函数有无穷多个.

定义 2 若函数 $f(x)$ 在某区间 I 上存在原函数,则称其在区间 I 上的全体原函数为 $f(x)$ 的**不定积分**,记作

$$\int f(x)\mathrm{d}x,$$

其中$\int$叫作**积分符号**,$f(x)$ 叫作**被积函数**,$f(x)\mathrm{d}x$ 叫作**被积表达式**,x 叫作**积分变量**.

另由§4.2中定理2的推论2可知,若两个函数的导函数相同,则这两个函数之间最多只相差一个常数. 这也说明,一个函数的任意两个原函数之间最多相差一个常数. 因此,若知道了 $f(x)$ 的一个原函数为 $F(x)$,则其全体原函数可表示为 $F(x)+C$,即

$$\int f(x)\mathrm{d}x=F(x)+C,$$

其中 C 为任意常数,也称为**积分常数**. 也就是说,求不定积分,只需求一个原函数即可.

例 1　求不定积分$\int \sin x\mathrm{d}x$.

解　因为$(-\cos x)'=\sin x$,所以$-\cos x$是$\sin x$的一个原函数,故

$$\int \sin x\mathrm{d}x=-\cos x+C.$$

例 2　求不定积分$\int \frac{1}{x}\mathrm{d}x$.

解　当$x>0$时,因为$(\ln x)'=\frac{1}{x}$,所以$\int \frac{1}{x}\mathrm{d}x=\ln x+C$;当$x<0$时,因为$[\ln(-x)]'=\frac{1}{x}$,所以$\int \frac{1}{x}\mathrm{d}x=\ln(-x)+C$.故

$$\int \frac{1}{x}\mathrm{d}x=\ln|x|+C.$$

类似于例1和例2,由§3.2中的基本导数公式可得出以下**基本积分公式**:

(1) $\int k\mathrm{d}x=kx+C$　(k为常数);　(2) $\int x^{\alpha}\mathrm{d}x=\frac{x^{\alpha+1}}{\alpha+1}+C$　($\alpha\neq-1$);

(3) $\int \frac{1}{x}\mathrm{d}x=\ln|x|+C$;　(4) $\int a^{x}\mathrm{d}x=\frac{a^{x}}{\ln a}+C$　($a>0,a\neq1$);

(5) $\int \mathrm{e}^{x}\mathrm{d}x=\mathrm{e}^{x}+C$;　(6) $\int \sin x\mathrm{d}x=-\cos x+C$;

(7) $\int \cos x\mathrm{d}x=\sin x+C$;　(8) $\int \sec^{2}x\mathrm{d}x=\tan x+C$;

(9) $\int \csc^{2}x\mathrm{d}x=-\cot x+C$;　(10) $\int \sec x\tan x\mathrm{d}x=\sec x+C$;

(11) $\int \csc x\cot x\mathrm{d}x=-\csc x+C$;　(12) $\int \frac{1}{\sqrt{1-x^{2}}}\mathrm{d}x=\arcsin x+C$;

(13) $\int \frac{1}{1+x^{2}}\mathrm{d}x=\arctan x+C$.

根据不定积分的定义,不定积分具有如下性质:

性质 1　$\left[\int f(x)\mathrm{d}x\right]'=f(x)$　或　$\mathrm{d}\int f(x)\mathrm{d}x=f(x)\mathrm{d}x$.

性质 2　$\int F'(x)\mathrm{d}x=F(x)+C$　或　$\int \mathrm{d}F(x)=F(x)+C$.

由此可见,微分运算(以记号d表示)与求不定积分的运算$\left(\text{简称}\textbf{积分运算},\text{以记号}\int\text{表示}\right)$是互逆的.当记号$\int$与d连在一起时,或者抵消,或者抵消后相差一个常数.

性质 3　$\int[\alpha f(x)+\beta g(x)]\mathrm{d}x=\alpha\int f(x)\mathrm{d}x+\beta\int g(x)\mathrm{d}x$,其中$\alpha,\beta$是不同时为零的常数.

证　即证上式右端是$\alpha f(x)+\beta g(x)$的不定积分.将上式右端对x求导,得

$$\begin{aligned}\left[\alpha\int f(x)\mathrm{d}x+\beta\int g(x)\mathrm{d}x\right]'&=\left[\alpha\int f(x)\mathrm{d}x\right]'+\left[\beta\int g(x)\mathrm{d}x\right]'\\&=\alpha f(x)+\beta g(x).\end{aligned}$$

性质3可以推广到有限多个函数的代数和的情形.

例 3　求不定积分$\int\left(2x+\frac{5}{x}-3\sin x\right)\mathrm{d}x$.

解　由性质 3 及基本积分公式,有

$$\begin{aligned}\int\left(2x+\frac{5}{x}-3\sin x\right)\mathrm{d}x &= 2\int x\mathrm{d}x+5\int\frac{1}{x}\mathrm{d}x-3\int\sin x\mathrm{d}x\\ &= 2\cdot\frac{1}{2}x^2+5\ln|x|-3(-\cos x)+C\\ &= x^2+5\ln|x|+3\cos x+C.\end{aligned}$$

例 4　求不定积分$\int\frac{x-1}{\sqrt{x}}\mathrm{d}x$.

解　由性质 3 及基本积分公式,有

$$\int\frac{x-1}{\sqrt{x}}\mathrm{d}x=\int(x^{\frac{1}{2}}-x^{-\frac{1}{2}})\mathrm{d}x=\frac{2}{3}x^{\frac{3}{2}}-\frac{1}{2}x^{\frac{1}{2}}+C.$$

5.2.2　原函数的存在性及不定积分与定积分的关系

设函数 $f(x)$ 在区间$[a,b]$上连续,则对于任意一点 $x\in[a,b]$,定积分$\int_a^x f(t)\mathrm{d}t$ 一定存在. 显然$\int_a^x f(t)\mathrm{d}t$随着x 的变化而变化,且对每个 x 来说,$\int_a^x f(t)\mathrm{d}t$都有唯一确定的值,所以变上限的定积分$\int_a^x f(t)\mathrm{d}t$ 定义了一个关于积分上限x 的函数,记作 $\Phi(x)=\int_a^x f(t)\mathrm{d}t$,并称之为**积分上限函数**(或 $f(t)$ 的变上限积分).

定理 1　**如果函数 $f(x)$ 在区间$[a,b]$上连续,则积分上限函数 $\Phi(x)=\int_a^x f(t)\mathrm{d}t$ 在$[a,b]$上可导,且其在点 x 处的导数等于被积函数在上限 x 处的值,即**

$$\Phi'(x)=\frac{\mathrm{d}}{\mathrm{d}x}\int_a^x f(t)\mathrm{d}t=f(t)\Big|_{t=x}=f(x)\quad(a\leqslant x\leqslant b).$$

证　我们只对 $x\in(a,b)$ 的情形来证明(点 $x=a$ 处的右导数与点 $x=b$ 处的左导数也可类似证明).

取$|\Delta x|$充分小,使 $x+\Delta x\in(a,b)$,则

$$\begin{aligned}\Delta\Phi=\Phi(x+\Delta x)-\Phi(x) &= \int_a^{x+\Delta x}f(t)\mathrm{d}t-\int_a^x f(t)\mathrm{d}t\\ &= \int_a^x f(t)\mathrm{d}t+\int_x^{x+\Delta x}f(t)\mathrm{d}t-\int_a^x f(t)\mathrm{d}t=\int_x^{x+\Delta x}f(t)\mathrm{d}t.\end{aligned}$$

因 $f(x)$ 在$[a,b]$上连续,故由定积分中值定理有

$$\Delta\Phi=f(\xi)\Delta x\quad(\xi\text{ 介于 }x\text{ 与 }x+\Delta x\text{ 之间}),$$

所以$\frac{\Delta\Phi}{\Delta x}=f(\xi)$. 由于 $\Delta x\to 0$ 时,$\xi\to x$,而 $f(x)$ 是连续函数,因此上式两边同取极限,有

$$\lim_{\Delta x\to 0}\frac{\Delta\Phi}{\Delta x}=\lim_{\Delta x\to 0}f(\xi)=\lim_{\xi\to x}f(\xi)=f(x),$$

即
$$\Phi'(x)=\frac{\mathrm{d}}{\mathrm{d}x}\int_a^x f(t)\mathrm{d}t=f(x).$$

另外，若 $f(x)$ 在$[a,b]$上连续，则称函数
$$\Psi(x)=\int_x^b f(t)\mathrm{d}t\quad(a\leqslant x\leqslant b)$$
为 $f(x)$ 在$[a,b]$上的**积分下限函数**. 由定理 1 可得
$$\Psi'(x)=\frac{\mathrm{d}}{\mathrm{d}x}\int_x^b f(t)\mathrm{d}t=-\frac{\mathrm{d}}{\mathrm{d}x}\int_b^x f(t)\mathrm{d}t=-f(x).$$

推论 1（原函数存在定理）　如果函数 $f(x)$ 在区间$[a,b]$上连续，则函数
$$\Phi(x)=\int_a^x f(t)\mathrm{d}t\quad(a\leqslant x\leqslant b)$$
就是 $f(x)$ 在$[a,b]$上的一个原函数.

推论 1 说明，连续函数一定存在原函数. 由于不定积分$\int f(x)\mathrm{d}x$ 表示 $f(x)$ 的全体原函数，因此若 $f(x)$ 连续，且 a 是其定义域中任意取定的一个点，则由上述推论 1 及原函数之间的关系可知
$$\int f(x)\mathrm{d}x=\int_a^x f(t)\mathrm{d}t+C.$$
此式说明了不定积分与变上限定积分之间的关系. 但也需要注意不定积分与定积分之间的区别：不定积分是全体原函数，而定积分是一个数值.

例 5　求$\frac{\mathrm{d}}{\mathrm{d}x}\int_0^x\cos^2u\mathrm{d}u$.

解　$\frac{\mathrm{d}}{\mathrm{d}x}\int_0^x\cos^2u\mathrm{d}u=\cos^2x$.

例 6　求$\left(\int_x^0\mathrm{e}^{t^2}\mathrm{d}t\right)'$.

解　因为$\int_x^0\mathrm{e}^{t^2}\mathrm{d}t=-\int_0^x\mathrm{e}^{t^2}\mathrm{d}t$，所以由定理 1 有
$$\left(\int_x^0\mathrm{e}^{t^2}\mathrm{d}t\right)'=\left(-\int_0^x\mathrm{e}^{t^2}\mathrm{d}t\right)'=-\mathrm{e}^{x^2}.$$

例 7　求$\frac{\mathrm{d}}{\mathrm{d}x}\int_0^{\sqrt{x}}\mathrm{e}^{-t^2}\mathrm{d}t$.

解　将$\int_0^{\sqrt{x}}\mathrm{e}^{-t^2}\mathrm{d}t$ 视为$\sqrt{x}$ 的函数，因而也是 x 的复合函数. 令$\sqrt{x}=u$，则$\Phi(u)=\int_0^u\mathrm{e}^{-t^2}\mathrm{d}t$.
根据复合函数求导公式，有
$$\frac{\mathrm{d}}{\mathrm{d}x}\left(\int_0^{\sqrt{x}}\mathrm{e}^{-t^2}\mathrm{d}t\right)=\frac{\mathrm{d}}{\mathrm{d}u}\left(\int_0^u\mathrm{e}^{-t^2}\mathrm{d}t\right)\cdot\frac{\mathrm{d}u}{\mathrm{d}x}=\Phi'(u)\frac{1}{2\sqrt{x}}=\mathrm{e}^{-u^2}\frac{1}{2\sqrt{x}}=\frac{\mathrm{e}^{-x}}{2\sqrt{x}}.$$

例 8　求极限$\lim\limits_{x\to0}\frac{\int_0^x\mathrm{e}^{-t^2}\mathrm{d}t}{\sin x}$.

解　这是$\frac{0}{0}$型未定式，应用洛必达法则，有

$$\lim_{x\to 0}\frac{\int_0^x e^{-t^2}\,dt}{\sin x}=\lim_{x\to 0}\frac{\left(\int_0^x e^{-t^2}\,dt\right)'}{(\sin x)'}=\lim_{x\to 0}\frac{e^{-x^2}}{\cos x}=1.$$

5.2.3　微积分基本公式(牛顿-莱布尼茨公式)

由 5.2.2 可知,当 $f(x)$ 在区间 $[a,b]$ 上连续时,$\int_a^x f(t)\mathrm{d}t(a\leqslant x\leqslant b)$ 表示 $f(x)$ 在区间 $[a,b]$ 上的一个原函数.若设 $F(x)$ 是 $f(x)$ 在区间 $[a,b]$ 上的另一个原函数,则它们之间只能相差一个常数 C,即

$$\int_a^x f(t)\mathrm{d}t=F(x)+C.\tag{5-1}$$

上式中,若令 $x=b$,则可得定积分 $\int_a^b f(t)\mathrm{d}t$,即

$$\int_a^b f(t)\mathrm{d}t=F(b)+C.$$

这提示我们:若能得到上式中的常数 C,就可得到定积分 $\int_a^b f(t)\mathrm{d}t$.为此在(5-1)式中令 $x=a$,则有 $\int_a^a f(t)\mathrm{d}t=F(a)+C$.因 $\int_a^a f(t)\mathrm{d}t=0$,故可得 $C=-F(a)$.因此

$$\int_a^b f(t)\mathrm{d}t=F(b)-F(a).$$

又因为定积分与积分变量名无关,即 $\int_a^b f(t)\mathrm{d}t=\int_a^b f(x)\mathrm{d}x$,于是有如下定理:

定理 2(微积分基本定理)　**设函数 $f(x)$ 在区间 $[a,b]$ 上连续,$F(x)$ 是 $f(x)$ 在 $[a,b]$ 上的一个原函数,则**

$$\int_a^b f(x)\mathrm{d}x=F(b)-F(a).$$

定理 2 说明,若 $f(x)$ 在区间 $[a,b]$ 上连续,则其在 $[a,b]$ 上的定积分等于其原函数在积分上限处的值减去在积分下限处的值.定理 2 将积分学中的两个重要概念 —— 不定积分与定积分联系到了一起,并把求定积分的过程大大简化了,故也称其为**微积分基本定理**.定理 2 中的公式也叫作**微积分基本公式**,同时,它是由牛顿(Newton)和莱布尼茨(Leibniz)各自单独创立的,故又称**牛顿-莱布尼茨公式**.为方便起见,以后把 $F(b)-F(a)$ 记成 $F(x)\Big|_a^b$,于是定理 2 中的公式又可写成

$$\int_a^b f(x)\mathrm{d}x=F(x)\Big|_a^b.$$

例 9　求定积分 $\int_0^1 x^2\mathrm{d}x$.

解　因 $\frac{1}{3}x^3$ 是 x^2 的一个原函数,故由定理 2 有

$$\int_0^1 x^2\mathrm{d}x=\frac{1}{3}x^3\Big|_0^1=\frac{1}{3}.$$

例 10　求定积分$\int_{-1}^{3}|2-x|\mathrm{d}x$.

解　$$\int_{-1}^{3}|2-x|\mathrm{d}x=\int_{-1}^{2}(2-x)\mathrm{d}x+\int_{2}^{3}(x-2)\mathrm{d}x$$

$$=\left(2x-\frac{1}{2}x^2\right)\Big|_{-1}^{2}+\left(\frac{1}{2}x^2-2x\right)\Big|_{2}^{3}=5.$$

例 11　求定积分$\int_{0}^{\frac{\pi}{2}}\sqrt{1-\sin 2x}\,\mathrm{d}x$.

解　$$\int_{0}^{\frac{\pi}{2}}\sqrt{1-\sin 2x}\,\mathrm{d}x=\int_{0}^{\frac{\pi}{2}}\sqrt{\sin^2 x-2\sin x\cos x+\cos^2 x}\,\mathrm{d}x$$

$$=\int_{0}^{\frac{\pi}{2}}|\sin x-\cos x|\mathrm{d}x$$

$$=\int_{0}^{\frac{\pi}{4}}(\cos x-\sin x)\mathrm{d}x+\int_{\frac{\pi}{4}}^{\frac{\pi}{2}}(\sin x-\cos x)\mathrm{d}x$$

$$=(\sin x+\cos x)\Big|_{0}^{\frac{\pi}{4}}+(-\sin x-\cos x)\Big|_{\frac{\pi}{4}}^{\frac{\pi}{2}}$$

$$=2\sqrt{2}-2.$$

注　如果函数在所讨论的区间上不满足可积条件，则定理 2 不能使用. 例如

$$f(x)=\frac{1}{x^2},$$

如果直接利用牛顿-莱布尼茨公式，则有

$$\int_{-1}^{1}\frac{1}{x^2}\mathrm{d}x=-\frac{1}{x}\Big|_{-1}^{1}=-1-1=-2.$$

显然这是错误的，因为根据性质，在$[-1,1]$上有$\frac{1}{x^2}\geqslant 0$，所以

$$\int_{-1}^{1}\frac{1}{x^2}\mathrm{d}x\geqslant 0,$$

这显然与上面用牛顿-莱布尼茨公式计算的结果相矛盾. 造成矛盾的原因是函数$\frac{1}{x^2}$在$[-1,1]$上不连续且无界，即它不满足牛顿-莱布尼茨公式的条件，从而也就不能利用该公式来计算.

习题 5-2

1. 填空题：

(1) $\int_{1}^{2}x^2\mathrm{d}x=$ ________；

(2) $\frac{\mathrm{d}}{\mathrm{d}x}\int_{0}^{x}\arctan t\mathrm{d}t=$ ________.

2. 选择题：

(1) 下列函数在$[-1,1]$上满足牛顿-莱布尼茨公式条件的是(　　).

A. $f(x)=\frac{1}{x}$　　　　B. $f(x)=\sqrt{x}$

C. $f(x)=\dfrac{1}{(1+x)^2}$　　D. $f(x)=\dfrac{1}{\sqrt{1+x^2}}$

(2) 设 $f(x)=\int_1^x \cos t\,\mathrm{d}t$，则 $f'\left(\dfrac{\pi}{2}\right)=$ (　　).

A. 0　　B. 1　　C. -1　　D. $\dfrac{\pi}{2}$

3. 求下列函数的导数：

(1) $\int_0^x \sqrt{1+t^2}\,\mathrm{d}t$；　　(2) $\int_{\ln 2}^x t^5 \mathrm{e}^{-t}\,\mathrm{d}t$；

(3) $\int_0^{\cos x} \cos(\pi t^2)\,\mathrm{d}t$；　　(4) $\int_x^{\pi} \dfrac{\sin t}{t}\mathrm{d}t \quad (x>0)$.

4. 求下列极限：

(1) $\lim\limits_{x\to 0}\dfrac{1}{x^3}\int_0^x \sin t^2\,\mathrm{d}t$；　　(2) $\lim\limits_{x\to 0}\dfrac{\int_0^x(\mathrm{e}^t-\mathrm{e}^{-t})\,\mathrm{d}t}{x}$；

(3) $\lim\limits_{x\to 0}\dfrac{\int_0^x \arctan t\,\mathrm{d}t}{x^2}$；　　(4) $\lim\limits_{x\to 0}\dfrac{\left(\int_0^x \mathrm{e}^{t^2}\,\mathrm{d}t\right)^2}{\int_0^x t\mathrm{e}^{2t^2}\,\mathrm{d}t}$.

5. 求函数 $F(x)=\int_0^x t(t-2)\,\mathrm{d}t$ 在区间$[-1,3]$上的最大值和最小值.

6. 求由曲线 $y=-x^2+2x$ 与直线 $x=0,x=2$ 及 x 轴所围成的曲边梯形的面积.

7. 用牛顿-莱布尼茨公式求下列定积分：

(1) $\int_{-1}^1 (x^3-x^2)\,\mathrm{d}x$；　　(2) $\int_1^{27}\dfrac{\mathrm{d}x}{\sqrt[3]{x}}$；

(3) $\int_{-1}^2 |x^2-x|\,\mathrm{d}x$；　　(4) $\int_0^{\frac{\pi}{2}} \cos x\,\mathrm{d}x$；

(5) $\int_0^2 f(x)\,\mathrm{d}x$，其中 $f(x)=\begin{cases} x, & x>0, \\ x^2+1, & x\leqslant 0;\end{cases}$

(6) 设 $f(x)=\begin{cases} x, & 0\leqslant x\leqslant \dfrac{\pi}{2}, \\ \sin x, & \dfrac{\pi}{2}<x\leqslant \pi,\end{cases}$ 求 $\int_0^{\pi} f(x)\,\mathrm{d}x$.

8. 设函数 $f(x)$ 在区间$[a,b]$上连续，在(a,b)内可导，$f'(x)\leqslant 0$，$F(x)=\dfrac{1}{x-a}\int_a^x f(t)\,\mathrm{d}t$，证明：在$(a,b)$内，有 $F'(x)\leqslant 0$.

§ 5.3　换元积分法和分部积分法

由牛顿-莱布尼茨公式知道，若函数 $f(x)$ 在区间$[a,b]$上连续，则其定积分 $\int_a^b f(x)\,\mathrm{d}x$ 的计算需要两个步骤：(1) 求被积函数 $f(x)$ 的原函数 $F(x)$；(2) 求 $F(b)-F(a)$. 而求原函数就相当于求不定积分，所以下面先来探讨不定积分的求法.

5.3.1　换元积分法

1. 不定积分的换元积分法

若 $F'(u)=f(u)$，且 $u=\varphi(x)$ 可导，则由复合函数求导的链式法则，有

$$\{F[\varphi(x)]\}'=f(u)\cdot\varphi'(x)=f[\varphi(x)]\cdot\varphi'(x).$$

于是

$$\mathrm{d}F(u)=\boxed{f[\varphi(x)]\cdot\varphi'(x)\mathrm{d}x}=f[\varphi(x)]\mathrm{d}[\varphi(x)]=\boxed{f(u)\mathrm{d}u},$$

对上式方框中的式子同求不定积分，有

$$\int f[\varphi(x)]\cdot\varphi'(x)\mathrm{d}x=\int f(u)\mathrm{d}u. \tag{5-2}$$

(1) 对(5-2)式从左往右看，左边的不定积分中被积表达式的第一部分是 $f(u)$ 与 $u=\varphi(x)$ 的复合函数，而剩余部分为 $\varphi'(x)\mathrm{d}x=\mathrm{d}[\varphi(x)]$，因此这时(5-2)式可看作由变换 $\varphi(x)=u$ 得到. 若 $\int f(u)\mathrm{d}u$ 容易计算，不妨设 $\int f(u)\mathrm{d}u=F(u)+C$，则回代 $u=\varphi(x)$ 即得

$$\int f[\varphi(x)]\cdot\varphi'(x)\mathrm{d}x=F[\varphi(x)]+C.$$

这种通过变换求积分的方法称为**不定积分的第一换元积分法**. 正因为此换元积分法中用到了 $\varphi'(x)\mathrm{d}x=\mathrm{d}[\varphi(x)]$，所以也称其为**凑微分法**.

(2) 对(5-2)式从右往左看，令 $u=\varphi(x)$，若 $x=\varphi^{-1}(u)$ 存在，则 $\mathrm{d}u=\mathrm{d}[\varphi(x)]=\varphi'(x)\mathrm{d}x$，于是这时(5-2)式可看作由变换 $u=\varphi(x)$ 得到. 若 $\int f[\varphi(x)]\cdot\varphi'(x)\mathrm{d}x$ 容易计算，不妨设 $\int f[\varphi(x)]\cdot\varphi'(x)\mathrm{d}x=F(x)+C$，则回代 $x=\varphi^{-1}(u)$ 即得

$$\int f(u)\mathrm{d}u=F[\varphi^{-1}(u)]+C.$$

这种通过变换求积分的方法称为**不定积分的第二换元积分法**.

综上所述，有

$$\int f[\varphi(x)]\cdot\varphi'(x)\mathrm{d}x \underset{\text{第二换元积分法：令 } u=\varphi(x)\text{，则 } \mathrm{d}u=\varphi'(x)\mathrm{d}x}{\overset{\text{第一换元积分法：令 } \varphi(x)=u\text{，则 } \varphi'(x)\mathrm{d}x=\mathrm{d}u}{\rightleftarrows}} \int f(u)\mathrm{d}u.$$

例 1　求不定积分 $\int\sin 3x\mathrm{d}x$.

解　做变量代换 $3x=u$，则 $\mathrm{d}(3x)=\mathrm{d}u$，即 $3\mathrm{d}x=\mathrm{d}u$. 于是

$$\int\sin 3x\mathrm{d}x=\frac{1}{3}\int\sin 3x\cdot(3x)'\mathrm{d}x=\frac{1}{3}\int\sin 3x\mathrm{d}(3x)=\frac{1}{3}\int\sin u\mathrm{d}u$$

$$=-\frac{1}{3}\cos u+C=-\frac{1}{3}\cos 3x+C.$$

例 2　求不定积分 $\int\frac{1}{2x-5}\mathrm{d}x$.

解　令 $2x-5=u$，则 $\mathrm{d}(2x-5)=\mathrm{d}u$，即 $2\mathrm{d}x=\mathrm{d}u$. 于是

$$\int\frac{1}{2x-5}\mathrm{d}x=\int\frac{1}{2}\cdot\frac{1}{2x-5}(2x-5)'\mathrm{d}x=\frac{1}{2}\int\frac{1}{2x-5}\mathrm{d}(2x-5)$$

$$= \frac{1}{2}\int \frac{1}{u}\mathrm{d}u = \frac{1}{2}\ln|u| + C = \frac{1}{2}\ln|2x-5| + C.$$

例 3 求不定积分$\int \frac{1}{\cos^2 5x}\mathrm{d}x$.

解 设 $5x = u$,则 $5\mathrm{d}x = \mathrm{d}u$,即 $\mathrm{d}x = \frac{1}{5}\mathrm{d}u$. 于是

$$\int \frac{1}{\cos^2 5x}\mathrm{d}x = \frac{1}{5}\int \frac{1}{\cos^2 u}\mathrm{d}u = \frac{1}{5}\tan u + C = \frac{1}{5}\tan 5x + C.$$

一般地,对于不定积分$\int f(ax+b)\mathrm{d}x$,总可以做变量代换 $ax+b=u$,把它简化:

$$\int f(ax+b)\mathrm{d}x = \int \frac{1}{a}f(ax+b)\mathrm{d}(ax+b) = \frac{1}{a}\left[\int f(u)\mathrm{d}u\right]\bigg|_{u=ax+b}.$$

例 4 求不定积分$\int x\mathrm{e}^{x^2}\mathrm{d}x$.

解 令 $x^2 = u$,则 $2x\mathrm{d}x = \mathrm{d}u$,即 $x\mathrm{d}x = \frac{1}{2}\mathrm{d}u$,于是

$$\int x\mathrm{e}^{x^2}\mathrm{d}x = \int \mathrm{e}^{x^2}\cdot x\mathrm{d}x = \int \mathrm{e}^{u}\cdot \frac{1}{2}\mathrm{d}u = \frac{1}{2}\mathrm{e}^{u} + C = \frac{1}{2}\mathrm{e}^{x^2} + C.$$

换元的目的是为了方便利用基本积分公式. 在比较熟悉不定积分的换元积分法后,就可以省略换元的步骤.

例 5 求不定积分$\int \frac{1}{x(1-2\ln x)}\mathrm{d}x$.

解 $\int \frac{1}{x(1-2\ln x)}\mathrm{d}x = \int \frac{1}{1-2\ln x}\mathrm{d}(\ln x) = -\frac{1}{2}\int \frac{\mathrm{d}(-2\ln x)}{1-2\ln x}$

$$= -\frac{1}{2}\int \frac{\mathrm{d}(1-2\ln x)}{1-2\ln x} = -\frac{1}{2}\ln|1-2\ln x| + C.$$

例 6 求不定积分$\int \frac{1}{a^2+x^2}\mathrm{d}x$.

解 $\int \frac{1}{a^2+x^2}\mathrm{d}x = \int \frac{1}{a^2}\cdot \frac{1}{1+\left(\frac{x}{a}\right)^2}\mathrm{d}x = \frac{1}{a}\int \frac{1}{1+\left(\frac{x}{a}\right)^2}\mathrm{d}\left(\frac{x}{a}\right) = \frac{1}{a}\arctan\frac{x}{a} + C.$

例 7 求不定积分$\int \tan x\mathrm{d}x$.

解 $\int \tan x\mathrm{d}x = \int \frac{\sin x}{\cos x}\mathrm{d}x = -\int \frac{1}{\cos x}\mathrm{d}(\cos x) = -\ln|\cos x| + C.$

类似地,可得$\int \cot x\mathrm{d}x = \ln|\sin x| + C$.

例 8 求不定积分$\int \csc x\mathrm{d}x$.

解 $\int \csc x\mathrm{d}x = \int \frac{1}{\sin x}\mathrm{d}x = \int \frac{\sin x}{\sin^2 x}\mathrm{d}x = -\int \frac{\mathrm{d}(\cos x)}{1-\cos^2 x} = -\int \frac{\mathrm{d}(\cos x)}{(1-\cos x)(1+\cos x)}$

$$= -\frac{1}{2}\int\left(\frac{1}{1-\cos x} + \frac{1}{1+\cos x}\right)\mathrm{d}(\cos x)$$

$$= \frac{1}{2}\int \frac{1}{1-\cos x}\mathrm{d}(1-\cos x) - \frac{1}{2}\int \frac{1}{1+\cos x}\mathrm{d}(1+\cos x)$$

$$= \frac{1}{2}\ln|1-\cos x| - \frac{1}{2}\ln|1+\cos x| + C = \frac{1}{2}\ln\left|\frac{1-\cos x}{1+\cos x}\right| + C$$

$$= \frac{1}{2}\ln\left|\frac{1-\cos x}{\sin x}\right|^2 + C = \ln|\csc x - \cot x| + C.$$

类似地，可得$\int \sec x\mathrm{d}x = \ln|\sec x + \tan x| + C$.

例 9　求不定积分$\int \frac{1}{\sqrt{x}+\sqrt[3]{x}}\mathrm{d}x$.

解　为了去掉根式，令$\sqrt[6]{x} = t$，即 $x = t^6$，$\mathrm{d}x = 6t^5\mathrm{d}t$，所以

$$\int \frac{1}{\sqrt{x}+\sqrt[3]{x}}\mathrm{d}x = \int \frac{6t^5\mathrm{d}t}{t^3+t^2} = \int \frac{6t^3}{t+1}\mathrm{d}t = 6\int \frac{t^3+1-1}{t+1}\mathrm{d}t$$

$$= 6\int\left(t^2 - t + 1 - \frac{1}{t+1}\right)\mathrm{d}t$$

$$= 6\left(\frac{1}{3}t^3 - \frac{1}{2}t^2 + t - \ln|t+1|\right) + C.$$

将 $t = \sqrt[6]{x}$ 回代，得$\int \frac{1}{\sqrt{x}+\sqrt[3]{x}}\mathrm{d}x = 2\sqrt{x} - 3\sqrt[3]{x} + 6\sqrt[6]{x} - 6\ln|\sqrt[6]{x}+1| + C$.

例 10　求不定积分$\int \sqrt{a^2-x^2}\,\mathrm{d}x$ $(a > 0)$.

解　利用三角公式$\sin^2 t + \cos^2 t = 1$，将被积函数有理化.

令 $x = a\sin t$，$t \in \left[-\frac{\pi}{2}, \frac{\pi}{2}\right]$，则它是 t 的单调、可导函数，具有反函数 $t = \arcsin\frac{x}{a}$，且 $\sqrt{a^2-x^2} = a\cos t$(见图 5-13)，$\mathrm{d}x = a\cos t\mathrm{d}t$，因而

$$\int \sqrt{a^2-x^2}\,\mathrm{d}x = \int a\cos t \cdot a\cos t\mathrm{d}t = a^2\int \cos^2 t\mathrm{d}t$$

$$= a^2\int \frac{1+\cos 2t}{2}\mathrm{d}t$$

$$= \frac{a^2}{2}\left(t + \frac{1}{2}\sin 2t\right) + C$$

$$= \frac{a^2}{2}t + \frac{a^2}{2}\sin t\cos t + C$$

$$= \frac{a^2}{2}\arcsin\frac{x}{a} + \frac{1}{2}x\sqrt{a^2-x^2} + C.$$

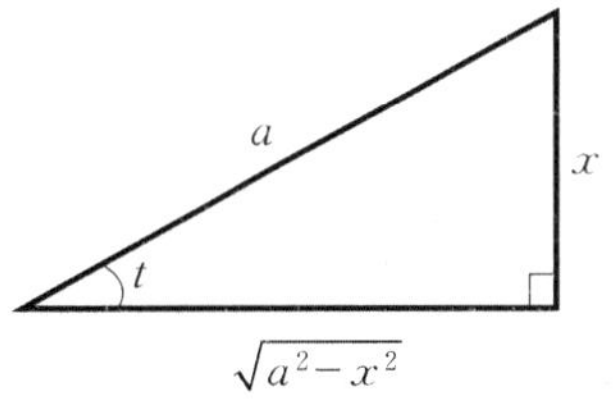

图 5-13

下面给出一些直接用第一换元积分法求积分的常见类型.

如果$\int f(u)\mathrm{d}u = F(u) + C$，则有

(1) $\int xf(x^2+b)\mathrm{d}x = \frac{1}{2}\int f(x^2+b)\mathrm{d}(x^2+b) = \frac{1}{2}F(x^2+b) + C$;

(2) $\int \frac{f(\ln x)}{x}\mathrm{d}x = \int f(\ln x)\mathrm{d}(\ln x) = F(\ln x) + C$;

(3) $\int \frac{f\left(\frac{1}{x}\right)}{x^2}\mathrm{d}x = -\int f\left(\frac{1}{x}\right)\mathrm{d}\left(\frac{1}{x}\right) = -F\left(\frac{1}{x}\right)+C$;

(4) $\int f(\sin x)\cos x\mathrm{d}x = \int f(\sin x)\mathrm{d}(\sin x) = F(\sin x)+C$;

(5) $\int f(\mathrm{e}^x)\mathrm{e}^x\mathrm{d}x = \int f(\mathrm{e}^x)\mathrm{d}(\mathrm{e}^x) = F(\mathrm{e}^x)+C$.

2. 定积分的换元积分法

设函数 $f(x)$ 在区间$[a,b]$上连续,且函数 $x=\varphi(t)$ 满足如下条件:

(1) 当 $t\in[\alpha,\beta]$ 或$[\beta,\alpha]$时,$\varphi(t)$ 从 $\varphi(\alpha)=a$ 单调地变到 $\varphi(\beta)=b$;

(2) $\varphi(t)$ 在区间$[\alpha,\beta]$或$[\beta,\alpha]$上具有连续导数,

则有

$$\int_a^b f(x)\mathrm{d}x = \int_\alpha^\beta f[\varphi(t)]\varphi'(t)\mathrm{d}t.$$

此公式叫作**定积分换元公式**.

证 假设 $F(x)$ 是 $f(x)$ 的一个原函数,则

$$\int_a^b f(x)\mathrm{d}x = F(b)-F(a).$$

又由复合函数的求导法则知,$\Phi(t)=F[\varphi(t)]$($t\in[\alpha,\beta]$或$[\beta,\alpha]$)是 $f[\varphi(t)]\varphi'(t)$ 的一个原函数,故

$$\int_\alpha^\beta f[\varphi(t)]\varphi'(t)\mathrm{d}t = F[\varphi(\beta)]-F[\varphi(\alpha)] = F(b)-F(a),$$

故
$$\int_a^b f(x)\mathrm{d}x = \int_\alpha^\beta f[\varphi(t)]\varphi'(t)\mathrm{d}t.$$

注 应用定积分换元公式时,有两点值得注意:(1) 用 $x=\varphi(t)$ 把原来的积分变量 x 变换成新变量 t 时,原积分限也要换成相应于新变量 t 的积分限;(2) 求出 $f[\varphi(t)]\varphi'(t)$ 的原函数 $\Phi(t)$ 后,不必代回原积分变量,而只要把新变量 t 的上、下限分别代入 $\Phi(t)$ 中,然后相减就行了.

例 11 求定积分$\int_0^8 \frac{1}{1+\sqrt[3]{x}}\mathrm{d}x$.

解 设 $t=\sqrt[3]{x}$,则 $x=t^3$,$\mathrm{d}x=3t^2\mathrm{d}t$,且当 $x=0$ 时,$t=0$;当 $x=8$ 时,$t=2$. 于是

$$\int_0^8 \frac{1}{1+\sqrt[3]{x}}\mathrm{d}x = \int_0^2 \frac{3t^2}{1+t}\mathrm{d}t = 3\int_0^2\left(t-1+\frac{1}{1+t}\right)\mathrm{d}t$$
$$= 3\left[\frac{t^2}{2}-t+\ln(1+t)\right]\Bigg|_0^2 = 3\ln 3.$$

例 12 求定积分$\int_0^{\frac{\pi}{2}} \cos^5 x\sin x\mathrm{d}x$.

解 设 $t=\cos x$,则 $\mathrm{d}t=-\sin x\mathrm{d}x$,且当 $x=0$ 时,$t=1$;当 $x=\frac{\pi}{2}$ 时,$t=0$. 于是

$$\int_0^{\frac{\pi}{2}} \cos^5 x\sin x\mathrm{d}x = -\int_1^0 t^5\mathrm{d}t = \int_0^1 t^5\mathrm{d}t = \frac{t^6}{6}\Bigg|_0^1 = \frac{1}{6}.$$

在例 12 中，如果不明显地写出新变量 t，直接用凑微分法求解，那么定积分的上、下限就不要变换，即

$$\int_0^{\frac{\pi}{2}} \cos^5 x\sin x\mathrm{d}x = -\int_0^{\frac{\pi}{2}} \cos^5 x\mathrm{d}(\cos x) = -\frac{\cos^6 x}{6}\Big|_0^{\frac{\pi}{2}}$$

$$= -\left(0 - \frac{1}{6}\right) = \frac{1}{6}.$$

例 13　求定积分 $\int_0^a \sqrt{a^2 - x^2}\,\mathrm{d}x \ (a > 0)$.

解　设 $x = a\sin t, t \in \left[-\frac{\pi}{2}, \frac{\pi}{2}\right]$，则 $\mathrm{d}x = a\cos t\mathrm{d}t$，且当 $x = 0$ 时，$t = 0$；当 $x = a$ 时，$t = \frac{\pi}{2}$. 于是

$$\int_0^a \sqrt{a^2 - x^2}\,\mathrm{d}x = a^2\int_0^{\frac{\pi}{2}} \cos^2 t\mathrm{d}t = \frac{a^2}{2}\int_0^{\frac{\pi}{2}} (1 + \cos 2t)\mathrm{d}t$$

$$= \frac{a^2}{2}\left(t + \frac{1}{2}\sin 2t\right)\Big|_0^{\frac{\pi}{2}} = \frac{\pi a^2}{4}.$$

从几何的角度看例 13 可以发现，在区间 $[0,a]$ 上，曲线 $y = \sqrt{a^2 - x^2}$ 是圆周 $x^2 + y^2 = a^2$ 在第一象限内的四分之一圆弧，所以所求定积分是半径为 a 的圆面积的四分之一，即 $\frac{\pi a^2}{4}$.

当我们熟练掌握方法后，变量代换过程中的中间变量不必写出，此时积分变量没有代换，故积分限不发生变化.

例 14　求定积分 $\int_4^9 \frac{\mathrm{e}^{\sqrt{x}}}{\sqrt{x}}\mathrm{d}x$.

解　$\int_4^9 \frac{\mathrm{e}^{\sqrt{x}}}{\sqrt{x}}\mathrm{d}x = 2\int_4^9 \mathrm{e}^{\sqrt{x}}\mathrm{d}(\sqrt{x}) = 2\mathrm{e}^{\sqrt{x}}\Big|_4^9 = 2(\mathrm{e}^3 - \mathrm{e}^2)$.

例 15　求定积分 $\int_{\ln 2}^{\ln 3} \frac{1}{1 + \mathrm{e}^x}\mathrm{d}x$.

解　$\int_{\ln 2}^{\ln 3} \frac{1}{1 + \mathrm{e}^x}\mathrm{d}x = \int_{\ln 2}^{\ln 3} \frac{1 + \mathrm{e}^x - \mathrm{e}^x}{1 + \mathrm{e}^x}\mathrm{d}x = \int_{\ln 2}^{\ln 3} \left(1 - \frac{\mathrm{e}^x}{1 + \mathrm{e}^x}\right)\mathrm{d}x = \int_{\ln 2}^{\ln 3} \mathrm{d}x - \int_{\ln 2}^{\ln 3} \frac{\mathrm{e}^x}{1 + \mathrm{e}^x}\mathrm{d}x$

$$= x\Big|_{\ln 2}^{\ln 3} - \int_{\ln 2}^{\ln 3} \frac{1}{1 + \mathrm{e}^x}\mathrm{d}(1 + \mathrm{e}^x) = \ln 3 - \ln 2 - \ln(1 + \mathrm{e}^x)\Big|_{\ln 2}^{\ln 3}$$

$$= \ln 3 - \ln 2 - (\ln 4 - \ln 3) = \ln\frac{9}{8}.$$

例 16　设函数 $f(x)$ 在区间 $[-a,a]$ 上连续，试证：

(1) $\int_{-a}^{a} f(x)\mathrm{d}x = \int_0^a [f(-x) + f(x)]\mathrm{d}x$；

(2) 当 $f(x)$ 为奇函数时，$\int_{-a}^{a} f(x)\mathrm{d}x = 0$；

(3) 当 $f(x)$ 为偶函数时，$\int_{-a}^{a} f(x)\mathrm{d}x = 2\int_0^a f(x)\mathrm{d}x$.

证　(1) 已知 $\int_{-a}^{a} f(x)\mathrm{d}x = \int_{-a}^{0} f(x)\mathrm{d}x + \int_0^a f(x)\mathrm{d}x$.

在$\int_{-a}^{0}f(x)\mathrm{d}x$中，设$x=-t$，则

$$\int_{-a}^{0}f(x)\mathrm{d}x=-\int_{a}^{0}f(-t)\mathrm{d}t=\int_{0}^{a}f(-x)\mathrm{d}x.$$

故
$$\int_{-a}^{a}f(x)\mathrm{d}x=\int_{0}^{a}f(-x)\mathrm{d}x+\int_{0}^{a}f(x)\mathrm{d}x=\int_{0}^{a}[f(-x)+f(x)]\mathrm{d}x.$$

(2) 当$f(x)$是奇函数时，$f(-x)+f(x)=0$，因此

$$\int_{-a}^{a}f(x)\mathrm{d}x=0.$$

(3) 当$f(x)$是偶函数时，$f(-x)+f(x)=2f(x)$，因此

$$\int_{-a}^{a}f(x)\mathrm{d}x=2\int_{0}^{a}f(x)\mathrm{d}x.$$

利用例16的结论，常可简化在对称区间上的定积分的计算.

例17　求定积分$\int_{-1}^{1}(x^2+2x-3)\mathrm{d}x$.

解　
$$\int_{-1}^{1}(x^2+2x-3)\mathrm{d}x=\int_{-1}^{1}(x^2-3)\mathrm{d}x+\int_{-1}^{1}2x\mathrm{d}x=2\int_{0}^{1}(x^2-3)\mathrm{d}x+0$$
$$=2\left(\frac{x^3}{3}-3x\right)\Big|_0^1=-\frac{16}{3}.$$

例18　求定积分$\int_{-1}^{1}\left(\sin 3x\tan^2x+\frac{x}{\sqrt{1+x^2}}+x^2\right)\mathrm{d}x$.

解　因为$\sin 3x\tan^2x$和$\frac{x}{\sqrt{1+x^2}}$都是奇函数，所以

$$\int_{-1}^{1}\left(\sin 3x\tan^2x+\frac{x}{\sqrt{1+x^2}}+x^2\right)\mathrm{d}x=\int_{-1}^{1}\sin 3x\tan^2x\mathrm{d}x+\int_{-1}^{1}\frac{x}{\sqrt{1+x^2}}\mathrm{d}x+2\int_{0}^{1}x^2\mathrm{d}x$$
$$=0+0+\frac{2}{3}x^3\Big|_0^1=\frac{2}{3}.$$

5.3.2　分部积分法

1. 不定积分的分部积分法

若$u=u(x)$，$v=v(x)$均可导，则由导数的乘积运算法则：$(uv)'=u'v+uv'$，有

$$uv'=(uv)'-u'v,$$

从而有$\int uv'\mathrm{d}x=\int(uv)'\mathrm{d}x-\int u'v\mathrm{d}x$. 而$uv$就是$(uv)'$的一个原函数，故

$$\int uv'\mathrm{d}x=uv-\int u'v\mathrm{d}x,$$

此即**不定积分的分部积分公式**. 显然，分部积分公式也可写成如下形式：

$$\int u\mathrm{d}v=uv-\int v\mathrm{d}u.$$

由分部积分公式可以看出，当被积函数是一个函数与另一个函数的导数之积，即被积表

达式是一个函数与另一个函数的微分之积时，就可以考虑用分部积分公式.

例 19　求不定积分$\int \ln x\mathrm{d}x$.

解　被积表达式是函数 $u=\ln x$ 与另一函数 $v=x$ 的微分之积，于是由分部积分有

$$\int \underbrace{\ln x}_{u}\,\underbrace{\mathrm{d}x}_{\mathrm{d}v}=\underbrace{x\ln x}_{uv}-\int \underbrace{x}_{v}\,\underbrace{\mathrm{d}(\ln x)}_{\mathrm{d}u}=x\ln x-\int x\cdot\frac{1}{x}\mathrm{d}x=x\ln x-x+C.$$

例 20　求不定积分$\int x\sin x\mathrm{d}x$.

解　被积函数是两个函数的乘积. 令 $u=x, v'=\sin x$，则 $v=-\cos x$，于是

$$\int \underbrace{x}_{u}\,\underbrace{\sin x}_{v'}\mathrm{d}x=\int \underbrace{x}_{u}(\underbrace{-\cos x}_{v=-\cos x})'\mathrm{d}x=\underbrace{-x\cos x}_{uv}-\int \underbrace{(x)'}_{u'}(\underbrace{-\cos x}_{v})\mathrm{d}x$$

$$=-x\cos x+\int\cos x\mathrm{d}x=-x\cos x+\sin x+C.$$

在例 20 中，若令 $u=\sin x, v'=x$，则 $v=\frac{1}{2}x^2$，于是

$$\int \underbrace{\sin x}_{u}\,\underbrace{x}_{v'}\mathrm{d}x=\int \underbrace{\sin x}_{u}\Big(\underbrace{\frac{1}{2}x^2}_{v=\frac{1}{2}x^2}\Big)'\mathrm{d}x=\underbrace{\frac{1}{2}x^2\sin x}_{uv}-\int \underbrace{(\sin x)'}_{u'}\Big(\underbrace{\frac{1}{2}x^2}_{v}\Big)\mathrm{d}x$$

$$=\frac{1}{2}x^2\sin x-\frac{1}{2}\int x^2\cos x\mathrm{d}x.$$

此时发现，当施行完一次分部积分后，新的不定积分中被积函数的 x 的次数升高了，显然新的不定积分的计算难度提升了，所以这样选择 $u=\sin x$ 与 $v'=x$ 反而使问题变得更难. 因此，在进行分部积分时，被积函数中 u 与 v' 的选取要谨慎. 一般的经验是，分部积分公式中的 u 按下面的次序优先选择：

反(反三角函数)，对(对数函数)，幂(幂函数)，指(指数函数)，三(三角函数).

如例 20 中，x 是幂函数，$\sin x$ 是三角函数，所以选 $u=x$.

例 21　求不定积分$\int x\mathrm{e}^x\mathrm{d}x$.

解　被积函数是幂函数与指数函数的乘积，故令 $u=x, v'=\mathrm{e}^x$，则 $v=\mathrm{e}^x$. 于是

$$\int x\mathrm{e}^x\mathrm{d}x=\int x(\mathrm{e}^x)'\mathrm{d}x=x\mathrm{e}^x-\int(x)'\mathrm{e}^x\mathrm{d}x$$

$$=x\mathrm{e}^x-\mathrm{e}^x+C=(x-1)\mathrm{e}^x+C.$$

例 22　求不定积分$\int x^2\mathrm{e}^x\mathrm{d}x$.

解　被积函数是幂函数与指数函数的乘积，故令 $u=x^2, v'=\mathrm{e}^x$，则 $v=\mathrm{e}^x$. 于是

$$\int x^2\mathrm{e}^x\mathrm{d}x=\int x^2(\mathrm{e}^x)'\mathrm{d}x=x^2\mathrm{e}^x-\int(x^2)'\mathrm{e}^x\mathrm{d}x=x^2\mathrm{e}^x-2\int x\mathrm{e}^x\mathrm{d}x.$$

在得到的新积分$\int x\mathrm{e}^x\mathrm{d}x$ 中，再令 $u=x, v'=\mathrm{e}^x$，则

$$\int x^2\mathrm{e}^x\mathrm{d}x=x^2\mathrm{e}^x-2\int x(\mathrm{e}^x)'\mathrm{d}x=x^2\mathrm{e}^x-2\Big[x\mathrm{e}^x-\int(x)'\mathrm{e}^x\mathrm{d}x\Big]$$

$$= x^2e^x - 2\left(xe^x - \int e^x dx\right) = x^2e^x - 2(xe^x - e^x) + C$$
$$= (x^2 - 2x + 2)e^x + C.$$

例 22 说明，在条件具备的情况下，分部积分可以反复施行.

例 23 求不定积分 $\int e^x \sin x dx$.

解 被积函数是指数函数与三角函数的乘积，故令 $u = e^x, v' = \sin x$，则 $v = -\cos x$. 再令 $I = \int e^x \sin x dx$，于是

$$I = \int e^x(-\cos x)' dx = -e^x \cos x + \int (e^x)' \cos x dx = -e^x \cos x + \int e^x \cos x dx$$
$$= -e^x \cos x + \int e^x(\sin x)' dx = -e^x \cos x + e^x \sin x - \int (e^x)' \sin x dx$$
$$= e^x(\sin x - \cos x) - \int e^x \sin x dx = e^x(\sin x - \cos x) - I.$$

移项，整理得 $\int e^x \sin x dx = I = \frac{1}{2}e^x(\sin x - \cos x) + C$.

2. 定积分的分部积分法

利用不定积分的分部积分公式及牛顿-莱布尼茨公式，即可得出定积分的分部积分公式.

设函数 $u = u(x), v = v(x)$ 在区间 $[a,b]$ 上具有连续导数，则由不定积分的分部积分法可得

$$\int_a^b uv' dx = uv\Big|_a^b - \int_a^b u'v dx \quad 或 \quad \int_a^b u dv = uv\Big|_a^b - \int_a^b v du.$$

这就是**定积分的分部积分公式**.

例 24 求定积分 $\int_0^{\frac{\pi}{3}} x\sin x dx$.

解 令 $u = x, dv = \sin x dx$，则 $du = dx, v = -\cos x$，故

$$\int_0^{\frac{\pi}{3}} x\sin x dx = -x\cos x\Big|_0^{\frac{\pi}{3}} + \int_0^{\frac{\pi}{3}} \cos x dx = -\frac{\pi}{6} + \sin x\Big|_0^{\frac{\pi}{3}} = -\frac{\pi}{6} + \frac{\sqrt{3}}{2}.$$

例 25 求定积分 $\int_0^1 xe^x dx$.

解 $\int_0^1 xe^x dx = \int_0^1 x d(e^x) = xe^x\Big|_0^1 - \int_0^1 e^x dx = xe^x\Big|_0^1 - e^x\Big|_0^1 = e^x(x-1)\Big|_0^1 = 1.$

例 26 求定积分 $\int_0^{\frac{1}{2}} \arcsin x dx$.

解 $\int_0^{\frac{1}{2}} \arcsin x dx = x\arcsin x\Big|_0^{\frac{1}{2}} - \int_0^{\frac{1}{2}} \frac{x}{\sqrt{1-x^2}} dx$

$$= \frac{1}{2} \cdot \frac{\pi}{6} + \frac{1}{2}\int_0^{\frac{1}{2}} (1-x^2)^{-\frac{1}{2}} d(1-x^2)$$
$$= \frac{\pi}{12} + \sqrt{1-x^2}\Big|_0^{\frac{1}{2}} = \frac{\pi}{12} + \frac{\sqrt{3}}{2} - 1.$$

例 27　求定积分$\int_0^1 x\arctan x\mathrm{d}x$.

解　$\int_0^1 x\arctan x\mathrm{d}x = \frac{1}{2}x^2\arctan x\Big|_0^1 - \frac{1}{2}\int_0^1 \frac{x^2}{1+x^2}\mathrm{d}x = \frac{1}{2}\cdot\frac{\pi}{4} - \frac{1}{2}\int_0^1 \frac{1+x^2-1}{1+x^2}\mathrm{d}x$

$$= \frac{\pi}{8} - \frac{1}{2}x\Big|_0^1 + \frac{1}{2}\arctan x\Big|_0^1 = \frac{\pi}{4} - \frac{1}{2}.$$

例 28　求定积分$\int_1^{e^2} \frac{1}{\sqrt{x}}(\ln x)^2\mathrm{d}x$.

解　$\int_1^{e^2} \frac{1}{\sqrt{x}}(\ln x)^2\mathrm{d}x = 2\int_1^{e^2}(\ln x)^2\mathrm{d}(\sqrt{x}) = 2\left[\sqrt{x}(\ln x)^2\Big|_1^{e^2} - \int_1^{e^2}\frac{2}{\sqrt{x}}\ln x\mathrm{d}x\right]$

$$= 8e - 8\int_1^{e^2}\ln x\mathrm{d}(\sqrt{x}) = 8e - 8\left(\sqrt{x}\ln x\Big|_1^{e^2} - \int_1^{e^2}\frac{1}{\sqrt{x}}\mathrm{d}x\right)$$

$$= 8e - 16e + 16\sqrt{x}\Big|_1^{e^2} = 8e - 16 = 8(e-2).$$

例 29　求定积分$\int_0^{\frac{\pi}{2}} x^2\sin x\mathrm{d}x$.

解　$\int_0^{\frac{\pi}{2}} x^2\sin x\mathrm{d}x = \int_0^{\frac{\pi}{2}} x^2\mathrm{d}(-\cos x) = -x^2\cos x\Big|_0^{\frac{\pi}{2}} + 2\int_0^{\frac{\pi}{2}} x\cos x\mathrm{d}x$

$$= 0 + 2\int_0^{\frac{\pi}{2}} x\mathrm{d}(\sin x) = 2x\sin x\Big|_0^{\frac{\pi}{2}} - 2\int_0^{\frac{\pi}{2}}\sin x\mathrm{d}x$$

$$= 2\cdot\frac{\pi}{2} - 2\cdot(-\cos x)\Big|_0^{\frac{\pi}{2}} = \pi - 2.$$

例 30　求定积分$\int_0^1 e^{\sqrt{x}}\mathrm{d}x$.

解　先用换元法. 令$\sqrt{x} = t$，则$x = t^2$，$\mathrm{d}x = 2t\mathrm{d}t$，且当$x = 0$时，$t = 0$；当$x = 1$时，$t = 1$. 于是

$$\int_0^1 e^{\sqrt{x}}\mathrm{d}x = 2\int_0^1 te^t\mathrm{d}t.$$

再用分部积分法来求. 因为

$$\int_0^1 te^t\mathrm{d}t = \int_0^1 t\mathrm{d}(e^t) = te^t\Big|_0^1 - \int_0^1 e^t\mathrm{d}t = e - e^t\Big|_0^1 = 1,$$

所以

$$\int_0^1 e^{\sqrt{x}}\mathrm{d}x = 2\int_0^1 te^t\mathrm{d}t = 2.$$

习题 5－3

1. 计算下列积分：

(1) $\int\frac{1}{1+\sqrt{x}}\mathrm{d}x$；　　(2) $\int x\sqrt{2-x^2}\mathrm{d}x$；

(3) $\int\cos^3 x\sin x\mathrm{d}x$；　　(4) $\int\sqrt{e^x-1}\mathrm{d}x$；

(5) $\int\sin\left(x+\frac{\pi}{3}\right)\mathrm{d}x$；　　(6) $\int\frac{1}{x\ln x}\mathrm{d}x$；

(7) $\int_{-1}^{1} \frac{x}{\sqrt{5-4x}}\mathrm{d}x$;

(8) $\int_{0}^{\frac{\pi}{2}} \sin\varphi\cos^3\varphi\mathrm{d}\varphi$;

(9) $\int_{\frac{\pi}{6}}^{\frac{\pi}{2}} \cos^2 u\mathrm{d}u$;

(10) $\int_{1}^{2} \frac{\mathrm{e}^{\frac{1}{x}}}{x^2}\mathrm{d}x$;

(11) $\int_{\ln 2}^{\ln 3} \frac{\mathrm{d}x}{\mathrm{e}^x-\mathrm{e}^{-x}}$;

(12) $\int_{2}^{3} \frac{\mathrm{d}x}{x^2+x-2}$;

(13) $\int_{0}^{4} \frac{1}{1+\sqrt{x}}\mathrm{d}x$;

(14) $\int_{0}^{\ln 2} \mathrm{e}^x(1+\mathrm{e}^x)^2\mathrm{d}x$.

2. 计算下列积分：

(1) $\int x\mathrm{e}^{-x}\mathrm{d}x$;

(2) $\int x\ln x\mathrm{d}x$;

(3) $\int(\ln x)^3\mathrm{d}x$;

(4) $\int\arccos x\mathrm{d}x$;

(5) $\int\frac{\ln x}{\sqrt{x}}\mathrm{d}x$;

(6) $\int x\cos x\mathrm{d}x$;

(7) $\int_0^1\arctan x\mathrm{d}x$;

(8) $\int_1^{\mathrm{e}}\sin(\ln x)\mathrm{d}x$;

(9) $\int_0^{\sqrt{\ln 2}} x^3\mathrm{e}^{x^2}\mathrm{d}x$;

(10) $\int_0^{2\pi}\frac{x(1+\cos 2x)}{2}\mathrm{d}x$;

(11) $\int_0^{\frac{\pi}{2}}\mathrm{e}^{2x}\cos x\mathrm{d}x$;

(12) $\int_{\frac{1}{\mathrm{e}}}^{\mathrm{e}}|\ln x|\mathrm{d}x$;

(13) $\int_0^{\pi}x^2\cos 2x\mathrm{d}x$;

(14) $\int_{\frac{1}{2}}^{1}\mathrm{e}^{-\sqrt{2x-1}}\mathrm{d}x$.

3. 利用被积函数的奇偶性计算下列积分：

(1) $\int_{-\frac{\pi}{2}}^{\frac{\pi}{2}}4\cos^4\theta\mathrm{d}\theta$;

(2) $\int_{-1}^{1}\frac{2+\sin x}{1+x^2}\mathrm{d}x$.

4. 计算 $2\int_{-1}^{1}\sqrt{1-x^2}\mathrm{d}x$，并利用此结果求下列积分：

(1) $\int_{-3}^{3}\sqrt{9-x^2}\mathrm{d}x$;

(2) $\int_0^2\sqrt{1-\frac{1}{4}x^2}\mathrm{d}x$;

(3) $\int_{-2}^{2}(x-5)\sqrt{4-x^2}\mathrm{d}x$.

5. 若 $f(x)$ 在 $[0,1]$ 上连续，证明：$\int_0^{\frac{\pi}{2}}f(\sin x)\mathrm{d}x=\int_0^{\frac{\pi}{2}}f(\cos x)\mathrm{d}x$.

§5.4 反常积分

前面我们讨论的定积分，是以有限积分区间与有界函数(特别是连续函数)为前提的. 但在一些实际问题中，不得不考虑无穷区间上的积分或无界函数的积分. 这两种积分统称为**反常积分**或**广义积分**. 相应地，前面的定积分则称为**常义积分**.

5.4.1　无穷区间上的反常积分

先看一个例子. 考虑函数 $f(x)=\dfrac{1}{x^2}$ 在 $[1,t](t>1)$ 上的定积分 $\int_1^t \dfrac{1}{x^2}\mathrm{d}x$. 因 $f(x)=\dfrac{1}{x^2}$ 在 $[1,t]$ 上连续,故由牛顿-莱布尼茨公式有

$$\int_1^t \frac{1}{x^2}\mathrm{d}x=-\frac{1}{x}\Big|_1^t=1-\frac{1}{t}.$$

从几何上看,上式表示由 $y=\dfrac{1}{x^2}$, $x=1$, $x=t$ 及 x 轴所围成的曲边梯形的面积(见图 5-14). 现在,如果让 $t\to+\infty$,则曲边梯形的面积变为在曲线 $y=\dfrac{1}{x^2}$ 下方,直线 $x=1$ 右侧,x 轴之上的开口曲边三角形的面积,此面积为

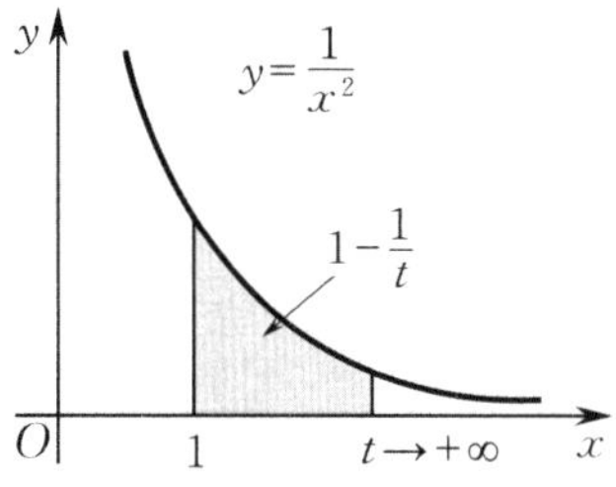

图 5-14

$$\lim_{t\to+\infty}\int_1^t \frac{1}{x^2}\mathrm{d}x=\lim_{t\to+\infty}\left(1-\frac{1}{t}\right)=1.$$

从形式上看,让 $t\to+\infty$,就是将区间 $[1,t]$ 拉长成为 $[1,+\infty)$,从而可将上述极限定义为函数 $f(x)=\dfrac{1}{x^2}$ 在 $[1,+\infty)$ 上的积分 $\int_1^{+\infty}\dfrac{1}{x^2}\mathrm{d}x$,即

$$\int_1^{+\infty}\frac{1}{x^2}\mathrm{d}x=\lim_{t\to+\infty}\int_1^t \frac{1}{x^2}\mathrm{d}x.$$

此例说明,通过极限运算可以将有限区间上的定积分推广成无穷区间上的积分.

定义 1　(1) 若对任意的 $t\geqslant a$,定积分 $\int_a^t f(x)\mathrm{d}x$ 都存在,且极限 $\lim\limits_{t\to+\infty}\int_a^t f(x)\mathrm{d}x$ 也存在,则称 $f(x)$ 在区间 $[a,+\infty)$ 上的反常积分 $\int_a^{+\infty}f(x)\mathrm{d}x$ **收敛**,其积分值为

$$\int_a^{+\infty}f(x)\mathrm{d}x=\lim_{t\to+\infty}\int_a^t f(x)\mathrm{d}x;$$

否则,称该反常积分**发散**.

(2) 若对任意的 $t\leqslant b$,定积分 $\int_t^b f(x)\mathrm{d}x$ 都存在,且极限 $\lim\limits_{t\to-\infty}\int_t^b f(x)\mathrm{d}x$ 也存在,则称 $f(x)$ 在区间 $(-\infty,b]$ 上的反常积分 $\int_{-\infty}^b f(x)\mathrm{d}x$ **收敛**,其积分值为

$$\int_{-\infty}^b f(x)\mathrm{d}x=\lim_{t\to-\infty}\int_t^b f(x)\mathrm{d}x;$$

否则,称该反常积分**发散**.

(3) 若对任意的 c,反常积分 $\int_{-\infty}^c f(x)\mathrm{d}x$ 及 $\int_c^{+\infty}f(x)\mathrm{d}x$ 都收敛,则称 $f(x)$ 在区间 $(-\infty,+\infty)$ 上的反常积分 $\int_{-\infty}^{+\infty}f(x)\mathrm{d}x$ **收敛**,其积分值为

$$\int_{-\infty}^{+\infty}f(x)\mathrm{d}x=\int_{-\infty}^c f(x)\mathrm{d}x+\int_c^{+\infty}f(x)\mathrm{d}x=\lim_{a\to-\infty}\int_a^c f(x)\mathrm{d}x+\lim_{b\to+\infty}\int_c^b f(x)\mathrm{d}x;$$

否则,称该反常积分**发散**.

以上三种反常积分也称为**无穷积分**.

例 1　计算$\int_0^{+\infty} x\mathrm{e}^{-x^2}\,\mathrm{d}x$.

解　$\int_0^{+\infty} x\mathrm{e}^{-x^2}\,\mathrm{d}x = \lim\limits_{b\to+\infty}\int_0^b x\mathrm{e}^{-x^2}\,\mathrm{d}x = \lim\limits_{b\to+\infty}\left(-\frac{1}{2}\mathrm{e}^{-x^2}\right)\Big|_0^b = \frac{1}{2}$.

例 2　讨论广义积分$\int_1^{+\infty}\frac{1}{x^p}\mathrm{d}x$的敛散性.

解　当$p=1$时,

$$\int_1^{+\infty}\frac{1}{x^p}\mathrm{d}x = \lim_{b\to+\infty}\int_1^b\frac{1}{x}\mathrm{d}x = \lim_{b\to+\infty}(\ln x)\Big|_1^b = \lim_{b\to+\infty}\ln b = +\infty.$$

当$p\neq 1$时,

$$\int_1^{+\infty}\frac{1}{x^p}\mathrm{d}x = \lim_{b\to+\infty}\int_1^b\frac{1}{x^p}\mathrm{d}x = \lim_{b\to+\infty}\left(\frac{x^{1-p}}{1-p}\Big|_1^b\right)$$

$$= \lim_{b\to+\infty}\frac{b^{1-p}-1}{1-p} = \begin{cases} +\infty, & p<1, \\ \dfrac{1}{p-1}, & p>1. \end{cases}$$

综上所述,当$p>1$时,广义积分$\int_1^{+\infty}\frac{1}{x^p}\mathrm{d}x$收敛;当$p\leqslant 1$时,广义积分$\int_1^{+\infty}\frac{1}{x^p}\mathrm{d}x$发散.

例 3　计算$\int_{-\infty}^{+\infty}\frac{\mathrm{d}x}{1+x^2}$.

解　由定义有

$$\int_{-\infty}^{+\infty}\frac{\mathrm{d}x}{1+x^2} = \int_{-\infty}^{0}\frac{\mathrm{d}x}{1+x^2} + \int_0^{+\infty}\frac{\mathrm{d}x}{1+x^2} = \lim_{a\to-\infty}\int_a^0\frac{\mathrm{d}x}{1+x^2} + \lim_{b\to+\infty}\int_0^b\frac{\mathrm{d}x}{1+x^2}$$

$$= \lim_{a\to-\infty}(\arctan x)\Big|_a^0 + \lim_{b\to+\infty}(\arctan x)\Big|_0^b$$

$$= -\lim_{a\to-\infty}\arctan a + \lim_{b\to+\infty}\arctan b = -\left(-\frac{\pi}{2}\right) + \frac{\pi}{2} = \pi.$$

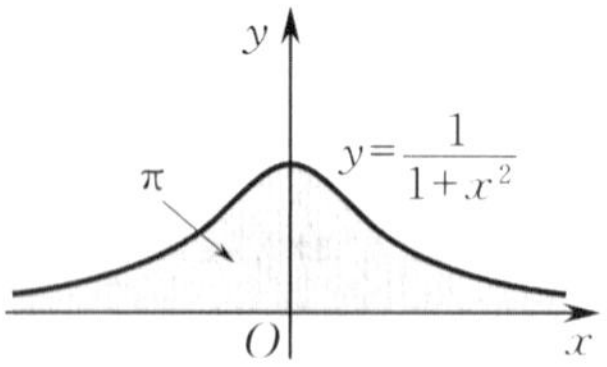

图 5-15

广义积分$\int_{-\infty}^{+\infty}\frac{\mathrm{d}x}{1+x^2}$的几何意义是:在曲线$y=\frac{1}{1+x^2}$下方,$x$轴上方的图形的面积,如图 5-15 阴影部分所示.

设$F(x)$是$f(x)$的一个原函数,对于反常积分$\int_a^{+\infty}f(x)\mathrm{d}x$,为书写方便,可简记为

$$\int_a^{+\infty}f(x)\mathrm{d}x = \lim_{b\to+\infty}\left[F(x)\Big|_a^b\right] = F(x)\Big|_a^{+\infty} = F(+\infty)-F(a).$$

同理,记

$$\int_{-\infty}^{b}f(x)\mathrm{d}x = \lim_{a\to-\infty}\left[F(x)\Big|_a^b\right] = F(x)\Big|_{-\infty}^{b} = F(b)-F(-\infty).$$

例如,对于例 1,计算过程可表示为

$$\int_0^{+\infty}x\mathrm{e}^{-x^2}\mathrm{d}x = -\frac{1}{2}\int_0^{+\infty}\mathrm{e}^{-x^2}\mathrm{d}(-x^2) = -\frac{1}{2}\mathrm{e}^{-x^2}\Big|_0^{+\infty} = \frac{1}{2}.$$

5.4.2　被积函数具有无穷间断点的反常积分

再看一个例子. 考虑函数 $f(x)=\ln x$ 在 $[t,1](0<t<1)$ 上的定积分 $\int_t^1 \ln x\mathrm{d}x$. 因为 $f(x)=\ln x$ 在 $[t,1]$ 上连续,所以由牛顿-莱布尼茨公式有

$$\int_t^1 \ln x\mathrm{d}x=(x\ln x-x)\Big|_t^1=-1-(t\ln t-t)=t-t\ln t-1.$$

从几何上看,上式表示由曲线 $y=\ln x$,直线 $x=t$ 及 x 轴所围成的曲边三角形的面积的负值(见图 5-16). 现在让 $t\to 0^+$,则曲边三角形变为在曲线 $y=\ln x$ 上方,直线 $x=0$ 右侧,x 轴下方的开口曲边三角形,此时数值为

$$\lim_{t\to 0^+}\int_t^1 \ln x\mathrm{d}x=\lim_{t\to 0^+}(t-t\ln t-1)=-1.$$

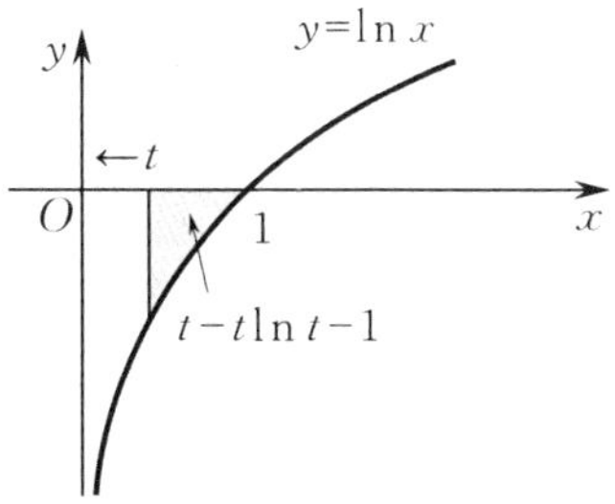

图 5-16

从形式上看,让 $t\to 0^+$ 就是将区间 $[t,1]$ 拉长为 $(0,1]$,从而可将上述极限定义为函数 $f(x)=\ln x$ 在 $(0,1]$ 上的积分 $\int_0^1 \ln x\mathrm{d}x$,即

$$\int_0^1 \ln x\mathrm{d}x=\lim_{t\to 0^+}\int_t^1 \ln x\mathrm{d}x.$$

这里 $f(x)=\ln x$ 在点 $x=0$ 处无定义,且 $\lim\limits_{x\to 0^+}\ln x=-\infty$,即当 $x\to 0^+$ 时,$f(x)=\ln x$ 无界.

此例说明,通过极限运算可以将有限区间上有界函数的定积分推广成有限区间上无界函数的积分.

定义 2　(1) 设函数 $f(x)$ 在区间 $(a,b]$ 上连续,且 $\lim\limits_{x\to a^+}f(x)=\infty$. 若 $\lim\limits_{t\to a^+}\int_t^b f(x)\mathrm{d}x$ 存在,则称 $f(x)$ 在区间 $[a,b]$ 上的反常积分 $\int_a^b f(x)\mathrm{d}x$ **收敛**,其积分值为

$$\int_a^b f(x)\mathrm{d}x=\lim_{t\to a^+}\int_t^b f(x)\mathrm{d}x;$$

否则,称此反常积分**发散**.

(2) 设函数 $f(x)$ 在区间 $[a,b)$ 上连续,且 $\lim\limits_{x\to b^-}f(x)=\infty$. 若 $\lim\limits_{t\to b^-}\int_a^t f(x)\mathrm{d}x$ 存在,则称 $f(x)$ 在区间 $[a,b]$ 上的反常积分 $\int_a^b f(x)\mathrm{d}x$ **收敛**,其积分值为

$$\int_a^b f(x)\mathrm{d}x=\lim_{t\to b^-}\int_a^t f(x)\mathrm{d}x;$$

否则,称此反常积分**发散**.

(3) 设函数 $f(x)$ 在区间 $[a,b]$ 上除点 $c(a<c<b)$ 外都连续,且 $\lim\limits_{x\to c}f(x)=\infty$. 若反常积分 $\int_a^c f(x)\mathrm{d}x$ 与 $\int_c^b f(x)\mathrm{d}x$ 同时收敛,则称 $f(x)$ 在区间 $[a,b]$ 上的反常积分 $\int_a^b f(x)\mathrm{d}x$ **收敛**,其积分值为

$$\int_a^b f(x)\mathrm{d}x=\int_a^c f(x)\mathrm{d}x+\int_c^b f(x)\mathrm{d}x=\lim_{t_1\to c^-}\int_a^{t_1} f(x)\mathrm{d}x+\lim_{t_2\to c^+}\int_{t_2}^b f(x)\mathrm{d}x;$$

否则,称此反常积分发散.

定义 2 中讨论的是无界函数在有限区间上的积分. 定义 2 中的三种反常积分也称为**瑕积分**,其中(1) 中的点 $x=a$,(2) 中的点 $x=b$,(3) 中的点 $x=c$ 分别称为相应瑕积分的**瑕点**.

例 4　计算$\int_0^1 \frac{1}{x^2}\mathrm{d}x$.

解　因为$\lim\limits_{x\to 0^+}\frac{1}{x^2}=\infty$,所以点 $x=0$ 是被积函数的瑕点. 于是

$$\int_0^1 \frac{1}{x^2}\mathrm{d}x=\lim_{t\to 0^+}\int_t^1 \frac{1}{x^2}\mathrm{d}x=\lim_{t\to 0^+}\left(-\frac{1}{x}\right)\bigg|_t^1=\lim_{t\to 0^+}\left(-1+\frac{1}{t}\right)=+\infty,$$

即反常积分$\int_0^1 \frac{1}{x^2}\mathrm{d}x$ 发散.

设 $F(x)$ 是 $f(x)$ 在$(a,b]$上的一个原函数,且$\lim\limits_{x\to a^+}f(x)=\infty$. 为书写方便,我们仍用记号 $F(x)\Big|_a^b$ 来表示$F(b)-F(a+0)$,其中 $F(a+0)=\lim\limits_{x\to a^+}F(x)$,这样定义 2 中(1) 的定义公式也可写为

$$\int_a^b f(x)\mathrm{d}x=F(x)\Big|_a^b=F(b)-F(a+0).$$

同样,定义 2 中(2) 的定义公式可写为

$$\int_a^b f(x)\mathrm{d}x=F(x)\Big|_a^b=F(b-0)-F(a),$$

其中 $F(b-0)=\lim\limits_{x\to b^-}F(x)$.

例 5　计算$\int_0^2 \frac{x}{\sqrt{4-x^2}}\mathrm{d}x$.

解　因为$\lim\limits_{x\to 2^-}\frac{x}{\sqrt{4-x^2}}=\infty$,所以点 $x=2$ 是被积函数的瑕点. 于是

$$\int_0^2 \frac{x}{\sqrt{4-x^2}}\mathrm{d}x=-\frac{1}{2}\int_0^2 (4-x^2)^{-\frac{1}{2}}\mathrm{d}(4-x^2)=-(4-x^2)^{\frac{1}{2}}\Big|_0^2=2.$$

例 6　计算$\int_{-1}^1 \frac{\mathrm{d}x}{x^2}$.

解　因为$\lim\limits_{x\to 0}\frac{1}{x^2}=\infty$,所以点 $x=0$ 是被积函数的瑕点. 于是

$$\int_{-1}^1 \frac{\mathrm{d}x}{x^2}=\int_{-1}^0 \frac{\mathrm{d}x}{x^2}+\int_0^1 \frac{\mathrm{d}x}{x^2}.$$

而由例 4 知反常积分$\int_0^1 \frac{\mathrm{d}x}{x^2}$ 发散,故反常积分$\int_{-1}^1 \frac{\mathrm{d}x}{x^2}$ 发散.

在例 6 中,如果疏忽了点 $x=0$ 是被积函数的无穷间断点,就会得到如下的错误结果:

$$\int_{-1}^1 \frac{\mathrm{d}x}{x^2}=-\frac{1}{x}\Big|_{-1}^1=-2.$$

由于无界函数的反常积分与定积分在形式上并没有什么区别,因此在计算有限区间上的积分时,应注意被积函数是否有界. 一般地,若被积函数在积分区间内有无穷间断点时,应该用无穷间断点划分积分区间,然后在每个小区间上积分. 也就是说,积分时无穷间断点应

为积分区间的端点.

习题 5－4

1. 判断下列反常积分的敛散性;若收敛,求其值.

(1) $\int_1^{+\infty}\frac{\mathrm{d}x}{x^4}$;　　(2) $\int_1^{+\infty}\frac{\mathrm{d}x}{\sqrt{x}}$;

(3) $\int_0^{+\infty}\mathrm{e}^{-x}\mathrm{d}x$;　　(4) $\int_0^{+\infty}x\mathrm{e}^{-x}\mathrm{d}x$;

(5) $\int_{-1}^{1}\frac{\mathrm{d}x}{\sqrt{1-x^2}}$;　　(6) $\int_{-\infty}^{+\infty}\frac{\mathrm{d}x}{x^2+2x+1}$;

(7) $\int_1^2\frac{x\mathrm{d}x}{\sqrt{x-1}}$;　　(8) $\int_0^1 x\ln x\mathrm{d}x$.

2. 当 k 为何值时,反常积分 $\int_2^{+\infty}\frac{\mathrm{d}x}{x(\ln x)^k}$ 收敛?又为何值时,发散?

§5.5　定积分的应用

定积分的应用十分广泛,本节我们将讨论定积分在几何学和经济学中的应用.更重要的是,介绍一种可以把所求的量归结为某个定积分的分析方法——微元法.

5.5.1　定积分的微元法

由定积分定义可知,若 $f(x)$ 在 $[a,b]$ 上可积,则对于 $[a,b]$ 的任一划分

$$a=x_0<x_1<x_2<\cdots<x_{n-1}<x_n=b$$

及 $[x_{i-1},x_i]$ 上任一点 ξ_i,均有

$$\int_a^b f(x)\mathrm{d}x=\lim_{\lambda\to 0}\sum_{i=1}^{n}f(\xi_i)\Delta x_i,$$

这里 $\Delta x_i=x_i-x_{i-1}(i=1,2,\cdots,n)$,$\lambda=\max\limits_{1\leqslant i\leqslant n}\{\Delta x_i\}$.上式表明,定积分的本质就是一个特定和式的极限.基于此,我们可以将一些实际问题中有关量的计算问题归结为定积分的计算.例如前面介绍过的曲边梯形面积的计算问题,其归结过程概括地说就是"分割、求和、取极限",也就是将整体化成局部之和,利用"整体上变化的量局部近似不变"这一辩证关系,局部以"不变"代替"变".这就是我们利用定积分解决实际问题的基本思想.

根据定积分的定义,如果某一实际问题中的所求量 Q 符合下列条件:

(1) 所求量 Q(例如面积)与自变量 x 的变化区间有关;

(2) 所求量 Q 对于区间 $[a,b]$ 具有可加性,即如果把区间 $[a,b]$ 任意分成 n 个部分区间 $[x_{i-1},x_i](i=1,2,\cdots,n)$,则 Q 相应地分成 n 个部分量 ΔQ_i,且 $Q=\sum\limits_{i=1}^{n}\Delta Q_i$;

(3) 部分量 ΔQ_i 可近似表示为 $f(\xi_i)\Delta x_i(\xi_i \in [x_{i-1}, x_i])$，且 $\Delta Q_i - f(\xi_i)\Delta x_i = o(\Delta x_i)$，那么所求量 Q 就可表示为定积分，即

$$Q = \lim_{\lambda \to 0} \sum_{i=1}^{n} f(\xi_i)\Delta x_i = \int_a^b f(x)\mathrm{d}x,$$

其中

$$\Delta x_i = x_i - x_{i-1}(i = 1,2,\cdots,n), \ \lambda = \max_{1 \leqslant i \leqslant n}\{\Delta x_i\}.$$

概括地，如果所求量 Q 与变量 x 的变化区间有关，且对区间 $[a,b]$ 具有可加性，若任取一个小区间 $[x, x+\mathrm{d}x] \subset [a,b]$，可求出 Q 在这个小区间上的部分量 ΔQ 的近似值为 $\mathrm{d}Q = f(x)\mathrm{d}x$，那么以 $\mathrm{d}Q$ 作为被积表达式，就可得到所求量 Q 的积分表达式：

$$Q = \int_a^b f(x)\mathrm{d}x.$$

这种建立定积分表达式的方法称为**微元法**（或**元素法**），其中 $\mathrm{d}Q = f(x)\mathrm{d}x$ 称为 Q 的**微元**（或**元素**）.

下面，我们利用微元法来解决一些几何学及经济学中的实际问题.

5.5.2 平面图形的面积

设一平面图形由连续曲线 $y = f(x)$，$y = g(x)$ 和直线 $x = a$，$x = b$ 所围成，其中 $f(x) \geqslant g(x)(a \leqslant x \leqslant b)$，考虑如何求它的面积 A.

取 x 为积分变量，则它的变化区间为 $[a,b]$. 任取一小区间 $[x,x+\mathrm{d}x] \subset [a,b]$，则与这个小区间对应的窄曲边梯形的面积 ΔA 近似地等于高为 $f(x)-g(x)$，底为 $\mathrm{d}x$ 的窄矩形的面积（见图 5－17），从而得到面积微元为

$$\mathrm{d}A = [f(x) - g(x)]\mathrm{d}x,$$

所以

$$A = \int_a^b [f(x) - g(x)]\mathrm{d}x.$$

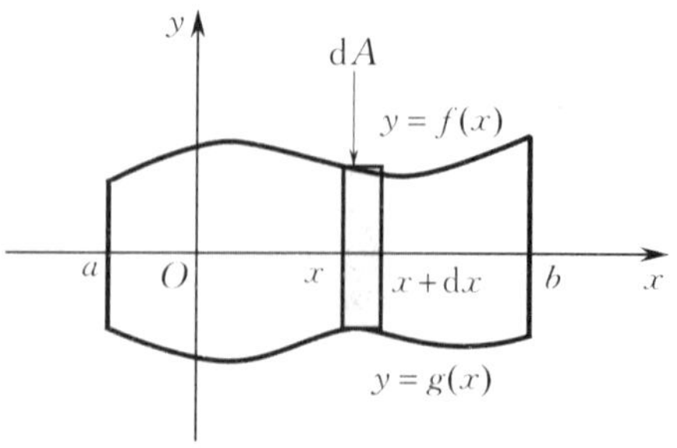

图 5－17

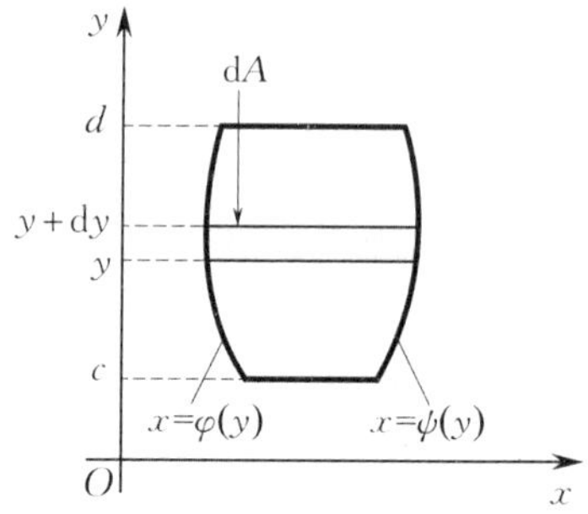

图 5－18

类似地，若一平面图形由连续曲线 $x = \varphi(y)$，$x = \psi(y)(\varphi(y) \leqslant \psi(y))$ 及直线 $y = c$，$y = d(c < d)$ 所围成（见图 5－18），取 y 为积分变量，则其面积 A 为

$$A = \int_c^d [\psi(y) - \varphi(y)]\mathrm{d}y.$$

例 1　计算由抛物线 $y=x^2$ 与 $y=2x-x^2$ 所围成的平面图形的面积 A.

解　由方程组 $\begin{cases} y=x^2, \\ y=2x-x^2 \end{cases}$ 解得两抛物线交点 $(0,0)$ 及 $(1,1)$，于是所围成的图形位于直线 $x=0$ 与 $x=1$ 之间(见图 5-19). 取 x 为积分变量，则 $0\leqslant x\leqslant 1$，面积元素为

$$\mathrm{d}A=[(2x-x^2)-x^2]\mathrm{d}x=(2x-2x^2)\mathrm{d}x.$$

因此

$$A=\int_0^1(2x-2x^2)\mathrm{d}x=\left(x^2-\frac{2}{3}x^3\right)\Big|_0^1=\frac{1}{3}.$$

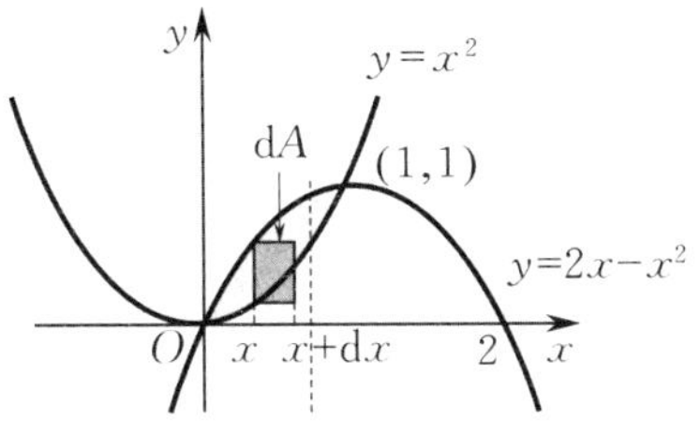

图 5-19

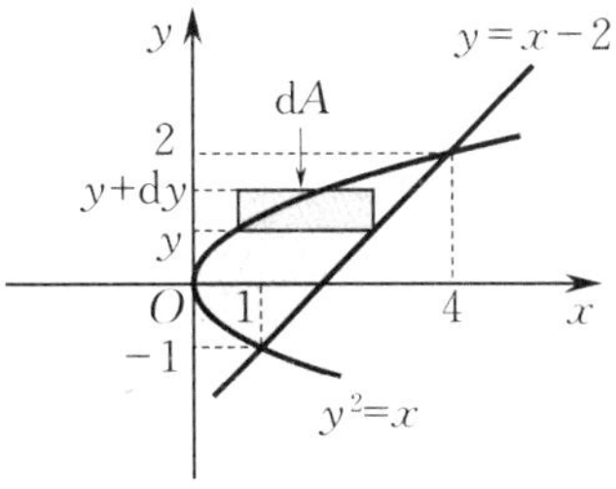

图 5-20

例 2　计算抛物线 $y^2=x$ 与直线 $y=x-2$ 所围成的平面图形的面积 A.

解　两线交点由方程组 $\begin{cases} y^2=x, \\ y=x-2 \end{cases}$ 解得为 $(1,-1)$ 及 $(4,2)$，如图 5-20 所示. 取 y 为积分变量，则 $-1\leqslant y\leqslant 2$，面积元素 $\mathrm{d}A=(y+2-y^2)\mathrm{d}y$，于是得

$$A=\int_{-1}^2(y+2-y^2)\mathrm{d}y=\left(\frac{y^2}{2}+2y-\frac{y^3}{3}\right)\Big|_{-1}^2=\frac{9}{2}.$$

例 3　求由椭圆 $\dfrac{x^2}{a^2}+\dfrac{y^2}{b^2}=1\,(a>0,b>0)$ 所围成的椭圆盘的面积 A.

解　因为椭圆盘关于两坐标轴对称，所以其面积是第一象限内那部分面积的 4 倍. 对于椭圆盘在第一象限部分的面积 A_1(见图 5-21)，取 x 为积分变量，则 $0\leqslant x\leqslant a$，面积元素为

$$\mathrm{d}A_1=\frac{b}{a}\sqrt{a^2-x^2}\,\mathrm{d}x,$$

于是

$$A_1=\int_0^a\frac{b}{a}\sqrt{a^2-x^2}\,\mathrm{d}x.$$

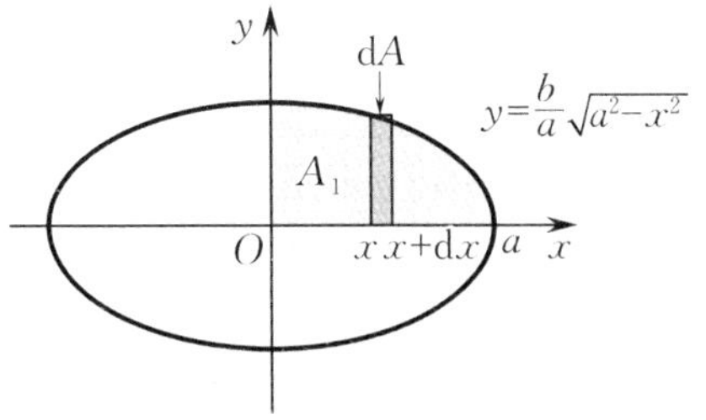

图 5-21

应用定积分换元法，令 $x=a\sin t\left(0\leqslant t\leqslant\dfrac{\pi}{2}\right)$，则 $\mathrm{d}x=a\cos t\mathrm{d}t$，且当 $x=0$ 时，$t=0$；当 $x=a$ 时，$t=\dfrac{\pi}{2}$. 于是

$$\begin{aligned}A=4A_1&=4\int_0^{\frac{\pi}{2}}b\cos t\cdot(a\cos t)\mathrm{d}t=4ab\int_0^{\frac{\pi}{2}}\cos^2t\mathrm{d}t=4ab\int_0^{\frac{\pi}{2}}\frac{1+\cos 2t}{2}\mathrm{d}t\\&=4ab\left(\frac{1}{2}t+\frac{1}{4}\sin 2t\right)\Big|_0^{\frac{\pi}{2}}=\pi ab.\end{aligned}$$

例 4　求由曲线 $y=\sin x, y=\cos x$ 及直线 $x=0, x=\frac{\pi}{2}$ 所围成的平面图形的面积 A.

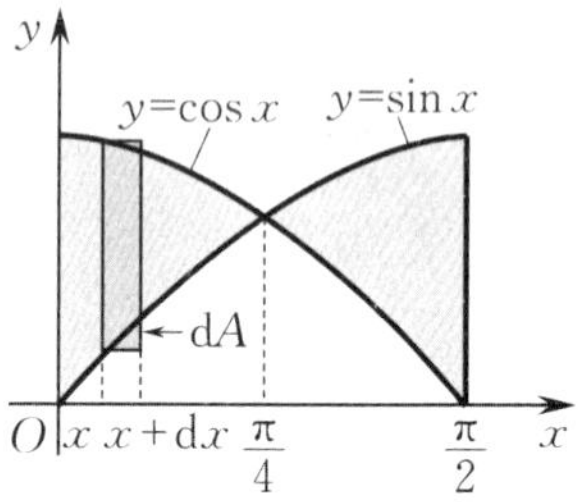

图 5-22

解　由方程组 $\begin{cases} y=\sin x, \\ y=\cos x \end{cases}$ 解得两曲线的交点为 $\left(\frac{\pi}{4}, \frac{\sqrt{2}}{2}\right)$，如图 5-22 所示. 取 x 为积分变量，则当 $0 \leqslant x \leqslant \frac{\pi}{4}$ 时，面积元素为 $\mathrm{d}A=(\cos x-\sin x)\mathrm{d}x$；当 $\frac{\pi}{4} \leqslant x \leqslant \frac{\pi}{2}$ 时，面积元素为 $\mathrm{d}A=(\sin x-\cos x)\mathrm{d}x$. 因此有

$$
\begin{aligned}
A &= \int_0^{\frac{\pi}{4}}(\cos x-\sin x)\mathrm{d}x+\int_{\frac{\pi}{4}}^{\frac{\pi}{2}}(\sin x-\cos x)\mathrm{d}x \\
&= (\sin x+\cos x)\Big|_0^{\frac{\pi}{4}}+(-\sin x-\cos x)\Big|_{\frac{\pi}{4}}^{\frac{\pi}{2}} \\
&= 2(\sqrt{2}-1).
\end{aligned}
$$

5.5.3　旋转体的体积

所谓**旋转体**就是由一平面图形绕它所在平面内的一条定直线旋转一周而成的立体.

如图 5-23 所示，设一旋转体是由连续曲线 $y=f(x)$，直线 $x=a, x=b(a<b)$ 和 x 轴所围成的曲边梯形绕 x 轴旋转一周而成的.

取 x 为积分变量，则它的变化区间为 $[a,b]$. 在 $[a,b]$ 上任取一小区间 $[x,x+\mathrm{d}x]$，则该小区间上对应的窄曲边梯形绕 x 轴旋转而成的扁旋转体的体积近似等于以 $|f(x)|$ 为底半径，以 $\mathrm{d}x$ 为高的扁圆柱体的体积，即得体积元素为

$$\mathrm{d}V_x=\pi[f(x)]^2\mathrm{d}x.$$

于是所求旋转体的体积为

$$V_x=\pi\int_a^b f^2(x)\mathrm{d}x.$$

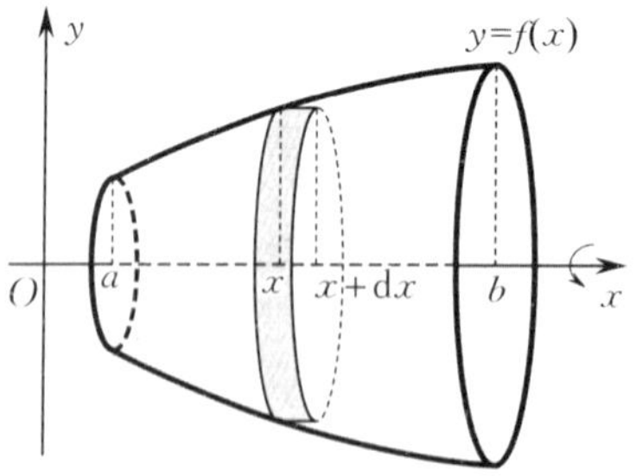

图 5-23

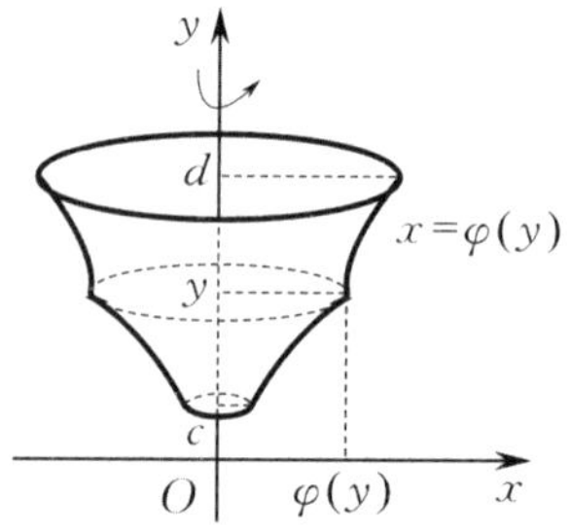

图 5-24

类似地，若一旋转体是由连续曲线 $x=\varphi(y)$，直线 $y=c, y=d(c<d)$ 和 y 轴所围成的曲边梯形绕 y 轴旋转一周而成的，如图 5-24 所示，则其体积为

$$V_y=\pi\int_c^d \varphi^2(y)\mathrm{d}y.$$

例 5　求由直线 $y=2x$ 与抛物线 $y=x^2$ 所围成的图形分别绕 x 轴和 y 轴旋转一周所成的旋转体的体积.

解　易知 $y=2x$ 与 $y=x^2$ 有两个交点，分别是(0,0)和(2,4). 因此，直线 $y=2x$ 与抛物线 $y=x^2$ 所围成的图形绕 x 轴旋转一周所成的旋转体(见图 5－25(a))的体积为

$$V_x=\pi\int_0^2(2x)^2\mathrm{d}x-\pi\int_0^2(x^2)^2\mathrm{d}x=\pi\int_0^2 4x^2\mathrm{d}x-\pi\int_0^2 x^4\mathrm{d}x$$
$$=\pi\left(\frac{4x^3}{3}\Big|_0^2-\frac{x^5}{5}\Big|_0^2\right)=\frac{64\pi}{15}.$$

又由 $y=2x$，$y=x^2$ 可得 $x=\frac{y}{2}$，$x=\sqrt{y}$，因此直线 $y=2x$ 与抛物线 $y=x^2$ 所围成的图形绕 y 轴旋转一周所成的旋转体(见图 5－25(b))的体积为

$$V_y=\pi\int_0^4(\sqrt{y})^2\mathrm{d}y-\pi\int_0^4\left(\frac{y}{2}\right)^2\mathrm{d}y=\pi\int_0^4 y\mathrm{d}y-\pi\int_0^4\frac{y^2}{4}\mathrm{d}y$$
$$=\pi\left(\frac{y^2}{2}\Big|_0^4-\frac{y^3}{12}\Big|_0^4\right)=\frac{8\pi}{3}.$$

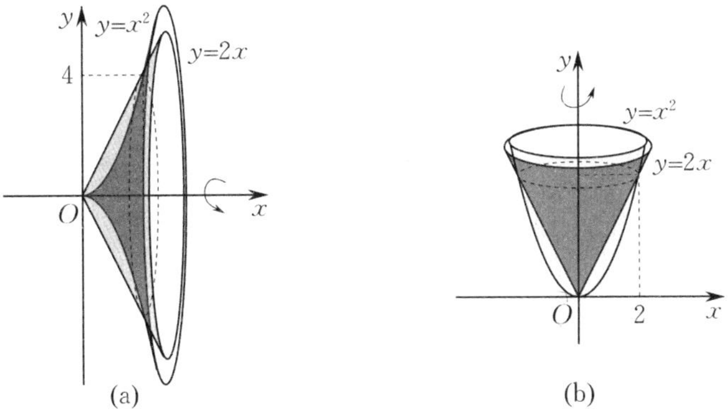

图 5－25

例 6　计算由椭圆 $\frac{x^2}{a^2}+\frac{y^2}{b^2}=1(a>0,b>0)$ 所围成的椭圆盘绕 x 轴旋转而成的旋转体(称为**旋转椭球体**，如图 5－26 所示)的体积.

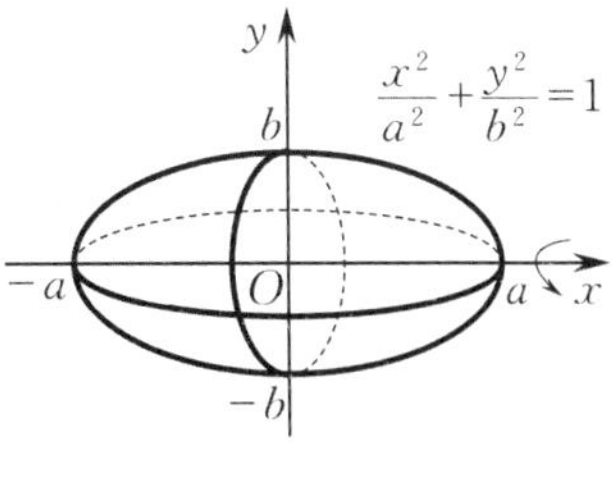

图 5－26

解　这个旋转体实际上就是由半个椭圆 $y=\frac{b}{a}\sqrt{a^2-x^2}$ 及 x 轴所围成的半椭圆盘绕 x 轴旋转而成的立体. 取 x 为积分变量，则 $-a\leqslant x\leqslant a$，体积元素为

$$\mathrm{d}V_x=\pi\left(\frac{b}{a}\sqrt{a^2-x^2}\right)^2\mathrm{d}x=\frac{b^2}{a^2}\pi(a^2-x^2)\mathrm{d}x,$$

于是所求体积为

$$V_x=\pi\int_{-a}^{a}\frac{b^2}{a^2}(a^2-x^2)\mathrm{d}x=2\pi\int_0^a\frac{b^2}{a^2}(a^2-x^2)\mathrm{d}x$$
$$=2\pi\frac{b^2}{a^2}\left(a^2x-\frac{x^3}{3}\right)\Big|_0^a=\frac{4}{3}\pi ab^2.$$

特别地，当 $a=b$ 时，旋转椭球体就变成了球体. 于是，由旋转椭球体的体积公式就得到半径为 a 的球的体积为 $\frac{4}{3}\pi a^3$.

5.5.4 定积分在经济学中的应用

由§4.5中的边际分析可知，对一已知的经济函数 $F(x)$（如需求函数、成本函数、总收入函数和利润函数等），它的边际函数就是它的导数 $F'(x)$. 反之，若已知边际函数，则由积分运算可求得原经济函数.

由原函数与定积分的关系，经济函数 $F(x)$ 也可用定积分表示为

$$F(x)=\int_0^x F'(x)\mathrm{d}x+F(0),$$

其中 $F(0)$ 由具体的经济函数的经济意义确定.

1. 需求函数和供给函数

(1) 设需求函数为 $Q=Q(p)$，其中 Q 是需求量，p 是价格. 当 $p=0$ 时，需求量最大. 设最大需求量为 Q_0，即 $Q_0=Q(0)$. 若已知边际需求函数为 $Q'(p)$，则需求函数 $Q(p)$ 为

$$Q(p)=\int_0^p Q'(p)\mathrm{d}p+Q_0. \tag{5-3}$$

(2) 设供给函数为 $S=S(p)$，其中 S 是供给量，p 是价格. 当 $p=0$ 时，供给量为 0. 若已知边际供给函数为 $S'(p)$，则供给函数 $S(p)$ 为

$$S(p)=\int_0^p S'(p)\mathrm{d}p. \tag{5-4}$$

例 7 设某商品的需求量 Q 是价格 p 的函数，最大需求量为 100，已知边际需求为 $Q'(p)=-\dfrac{30}{p+1}$，求需求量与价格的函数关系.

解 由求需求函数的定积分公式(5-3)，可直接求得

$$Q(p)=\int_0^p\left(-\frac{30}{p+1}\right)\mathrm{d}p+100=-30\ln(p+1)+100.$$

例 8 设某种名牌女士鞋的价格 p(单位:美元)关于需求量 Q(单位:百双)的变化率为 $p'(Q)=\dfrac{-250Q}{(16+Q^2)^{\frac{3}{2}}}$. 如果销售量为 $Q=3$ 百双时，每双售价为 50 美元，求这种名牌女士鞋的需求函数 $p(Q)$.

解 由已知可求出价格 p 和需求量 Q 的函数关系为

$$p(Q)=\int p'(Q)\mathrm{d}Q=\int\frac{-250Q}{(16+Q^2)^{\frac{3}{2}}}\mathrm{d}Q=\frac{-250}{2}\int(16+Q^2)^{-\frac{3}{2}}\mathrm{d}(16+Q^2)$$

$$=\frac{250\times 2}{2}(16+Q^2)^{-\frac{1}{2}}+C=250(16+Q^2)^{-\frac{1}{2}}+C=\frac{250}{\sqrt{16+Q^2}}+C.$$

已知当 $Q=3$ 时，$p=50$，代入上式得 $50=250(16+9)^{-\frac{1}{2}}+C$，求得 $C=0$. 从而得到需求函数为 $p(Q)=\dfrac{250}{\sqrt{16+Q^2}}$. 显然，价格越低，需求量越大.

2. 总成本函数

设产量为 Q 时的边际成本为 $C'(Q)$，则产量为 Q 时的总成本函数可由定积分表示为

$$C(Q)=\int_0^Q C'(Q)\mathrm{d}Q+C_0, \tag{5-5}$$

其中 C_0 是**固定成本**，$\int_0^Q C'(Q)\mathrm{d}Q$ 为**可变成本**.

例 9　如果某企业生产一种产品的边际成本为 $C'(Q)=4\mathrm{e}^{0.02Q}$，固定成本 $C_0=80$，求总成本函数.

解　由定积分求总成本函数的公式可得

$$C(Q)=\int_0^Q C'(Q)\mathrm{d}Q+C_0=\int_0^Q 4\mathrm{e}^{0.02Q}\mathrm{d}Q+80=\frac{4}{0.02}\mathrm{e}^{0.02Q}+80=200\mathrm{e}^{0.02Q}+80.$$

例 10　某跨国公司生产一种便携式烤炉，每天生产这种烤炉的边际成本（单位：美元 / 台）为

$$C'(Q)=0.000\,3Q^2-0.12Q+20,$$

其中 Q（单位：台）表示这种产品每天的生产量，生产这种产品的固定成本为 800 美元 / 天.

(1) 求总成本函数.

(2) 该公司每天生产该产品为 300 台时，总成本是多少？

(3) 日产量由 200 台变化到 300 台时，该公司的生产成本是多少？

解　(1) 由求总成本函数的定积分公式(5-5)，有

$$\begin{aligned}C(Q)&=\int_0^Q(0.000\,3Q^2-0.12Q+20)\mathrm{d}Q+800\\&=0.000\,1Q^3-0.06Q^2+20Q+800.\end{aligned}$$

(2) $C(300)-C(0)=\int_0^{300}(0.000\,3Q^2-0.12Q+20)\mathrm{d}Q=3\,300$，所以有

$$C(300)=3\,300+C(0)=3\,300+800=4\,100\text{（美元）}.$$

(3) $$\begin{aligned}C(300)-C(200)&=\int_{200}^{300}C'(Q)\mathrm{d}Q=\int_{200}^{300}(0.000\,3Q^2-0.12Q+20)\mathrm{d}Q\\&=(0.000\,1Q^3-0.06Q^2+20Q)\Big|_{200}^{300}=900\text{（美元）}.\end{aligned}$$

3. 总收入函数

设销量为 Q 时的边际收入为 $R'(Q)$. 当销量为 0 时，总收入为 0，即 $R(0)=0$，则销量为 Q 时的总收入函数可由定积分表示为

$$R(Q)=\int_0^Q R'(Q)\mathrm{d}Q. \tag{5-6}$$

例 11　已知销售某产品 Q 单位时的边际收入（单位：元 / 单位）为 $R'(Q)=100-2Q$，求销售 40 单位产品时的总收入及平均收入，以及再多销售 20 单位产品时所增加的总收入.

解　由求总收入函数的定积分公式(5-6)，有

$$R(Q)=\int_0^Q(100-2Q)\mathrm{d}Q=100Q-Q^2.$$

于是销售 40 单位产品时的总收入为

$$R(40)=100\times40-40^2=2\,400\text{（元）},$$

平均收入为

$$\frac{R(40)}{40}=\frac{2\,400}{40}=60\text{（元）}.$$

如果再多销售 20 单位产品，则增加的总收入为

$$R(60)-R(40)=(100\times 60-60^2)-(100\times 40-40^2)=0(\text{元}).$$

由例 11 可见，多销售产品，总收入不一定会增加. 因此，如何安排生产，使收入最大化，是值得重视的问题.

4. 利润函数

设某产品的边际收入为 $R'(Q)$，边际成本为 $C'(Q)$，则边际利润为 $L'(Q)=R'(Q)-C'(Q)$，利润函数为

$$\begin{aligned}L(Q)&=R(Q)-C(Q)=\int_0^Q R'(Q)\mathrm{d}Q-\left[\int_0^Q C'(Q)\mathrm{d}Q+C_0\right]\\&=\int_0^Q[R'(Q)-C'(Q)]\mathrm{d}Q-C_0=\int_0^Q L'(Q)\mathrm{d}Q-C_0,\end{aligned}$$

其中 $\int_0^Q L'(Q)\mathrm{d}Q$ 称为销量为 Q 时的**毛利润**，即没有计算固定成本时的利润.

例 12 已知某产品的边际收入为 $R'(Q)=25-2Q$，边际成本为 $C'(Q)=13-4Q$，固定成本为 $C_0=10$，求当 $Q=5$ 时的毛利润和纯利润.

解 由已知，得边际利润 $L'(Q)=R'(Q)-C'(Q)=12+2Q$.

由求毛利润的定积分公式 $\int_0^Q L'(Q)\mathrm{d}Q$，得到当产量 $Q=5$ 时的毛利润为

$$\int_0^5(12+2Q)\mathrm{d}Q=(12Q+Q^2)\Big|_0^5=85.$$

又因为固定成本为 $C_0=10$，所以纯利润为 $85-10=75$.

5. 已知边际函数，求该经济函数的增量

已知边际函数 $f(x)$，要求当自变量 x 从 a 变化到 b 时原经济函数 $F(x)$ 相应的增量. 由定积分可直接求得增量为 $\Delta F(x)=F(b)-F(a)=\int_a^b f(x)\mathrm{d}x$.

例 13 设某产品的生产是连续进行的，总产量 Q(单位：吨)是时间 t(单位：天)的函数. 如果总产量的变化率为 $Q'(t)=\frac{324}{t^2}\mathrm{e}^{-\frac{9}{t}}$(吨 / 天)，求投产后从 $t=3$ 天到 $t=30$ 天这段时间内的总产量.

解 $$\begin{aligned}Q(30)-Q(3)&=\int_3^{30}Q'(t)\mathrm{d}t=\int_3^{30}\frac{324}{t^2}\mathrm{e}^{-\frac{9}{t}}\mathrm{d}t=\frac{324}{9}\int_3^{30}\mathrm{e}^{-\frac{9}{t}}\mathrm{d}\left(-\frac{9}{t}\right)=36\mathrm{e}^{-\frac{9}{t}}\Big|_3^{30}\\&=36(\mathrm{e}^{-\frac{9}{30}}-\mathrm{e}^{-\frac{9}{3}})=36(\mathrm{e}^{-0.3}-\mathrm{e}^{-3})\approx 20.043(\text{吨}).\end{aligned}$$

6. 由边际函数求最优化问题

根据求函数极值的方法，下面我们讨论经济学中的一些最优化问题.

例 14 已知某商品的边际成本为 $C'(Q)=\frac{Q}{2}$(单位：万元 / 台)，固定成本 C_0 为 10 万元，又已知该商品的总收入函数为 $R(Q)=100Q$(单位：万元)，求：

(1) 使利润最大的销售量和最大利润；

(2) 在获得最大利润的销售量的基础上，再多销售 20 台，利润将减少多少？

解　(1) 设利润函数为 $L(Q)$，由已知有

$$L'(Q)=R'(Q)-C'(Q)=(100Q)'-\frac{Q}{2}=100-\frac{Q}{2}.$$

令 $L'(Q)=0$，求得唯一驻点 $Q=200$. 又 $L''(Q)=-\frac{1}{2}<0$，故当 $Q=200$ 台时，利润最大. 又因

$$C(Q)=\int_0^Q C'(Q)\mathrm{d}Q+C_0=\int_0^Q \frac{Q}{2}\mathrm{d}Q+10=\frac{Q^2}{4}+10,$$

故

$$L(Q)=R(Q)-C(Q)=100Q-\frac{Q^2}{4}-10,$$

所以最大利润为 $L(200)=9\ 990$ 万元.

(2) 根据(1) 求出的利润函数，得 $L(220)-L(200)=-100$ 万元. 所以再多销售 20 台，利润反而减少 100 万元.

7. 投资问题

在第一章我们已介绍了连续复利的概念，在此基础上，下面我们介绍有关投资的问题. 为此，首先给出几个有关的经济概念.

(1) 终值和现值：现有本金 A 元，若按年利率 r 做连续复利计算，则第 t 年年末的本利和为 $A\mathrm{e}^{rt}$，称 $A\mathrm{e}^{rt}$ 为 A 元本金在第 t 年年末的**终值**；反之，若第 t 年年末想得到 A 元资金，同样按年利率 r 做连续复利计算，则现在需要投入的本金为 $A\mathrm{e}^{-rt}$，称之为 A 元资金的**现值**.

(2) **收入率**(或**支出率**)：在 t 时刻收入(或支出) 的变化率.

对于一个企业，其收入和支出是频繁进行的. 在实际分析过程中，为了计算的方便，我们将它们近似看作是连续发生的. 设在 $[0,T]$ 这段时间内收入的变化率为 $f(t)$，若按年利率为 r 的连续复利计算，则由定积分的思想，可得到在 $[0,T]$ 这段时间内总收入的现值为

$$\int_0^T f(t)\mathrm{e}^{-rt}\,\mathrm{d}t.$$

类似地，在 $[0,T]$ 这段时间内总收入的终值为 $\int_0^T f(t)\mathrm{e}^{r(T-t)}\,\mathrm{d}t$.

终值和现值是经济管理中的两个重要概念，因为它们可将不同时期的资金转化为同一时期的资金进行比较、分析，然后再做出决策.

例 15　设一居民准备购买一座现价为 300 万元的别墅. 如果以分期付款的方式，则每年需付款 21 万元，且 20 年付清，而银行的贷款年利率为 4%，按连续复利计息. 问：这位购房者是采用一次付款合算还是分期付款合算？

解　由已知有 $f(t)=21$，则分期付款的总金额的现值为

$$\begin{aligned}\int_0^{20} 21\mathrm{e}^{-0.04t}\mathrm{d}t&=-\frac{21}{0.04}\mathrm{e}^{-0.04t}\Big|_0^{20}=525(1-\mathrm{e}^{-0.8})\\&\approx 289.102(\text{万元})<300(\text{万元}),\end{aligned}$$

所以分期付款合算.

例 16　设某企业将投资 800 万元生产一种产品，年利率为 5%. 经测算知，该企业在 20

年内的收入率都为 200 万元 / 年. 问：

(1) 需要多少年可以收回投资？

(2) 该投资在 20 年中可获得的纯利润为多少？

解 (1) 设需要 T 年可以收回投资，由公式可得在$[0,T]$这段时间内的总收入的现值为

$$R(T)=\int_0^T 200\mathrm{e}^{-0.05t}\mathrm{d}t=-\frac{200}{0.05}\mathrm{e}^{-0.05t}\Big|_0^T=\frac{200}{0.05}(1-\mathrm{e}^{-0.05T}).$$

由已知，有$\dfrac{200}{0.05}(1-\mathrm{e}^{-0.05T})=800$，整理得

$$T=-\frac{1}{0.05}\ln 0.8=20\ln 1.25\approx 4.46(\text{年}),$$

所以大约需要四年半能收回投资.

(2) 由(1) 可知，20 年内的纯收入为

$$R(20)-800=\frac{200}{0.05}(1-\mathrm{e}^{-0.05\times 20})-800\approx 2\,528.4-800=1\,728.2(\text{万元}),$$

所以该投资在 20 年中可获得的纯利润为 1 728.2 万元.

5.5.5 定积分在其他学科中的应用

例 17 已知将一根自然长度为 10 cm 的弹簧拉长至 15 cm 需要 40 N 的力，求将此弹簧从 15 cm 拉长至 18 cm 要做多少功.

解 由胡克(Hooke) 定律可知，若弹簧从自然长度起被拉长了，则其拉力 F(单位：N) 与弹簧的伸长量 x(单位：m) 成正比，即 $F=kx$，其中 k 为弹簧的劲度系数.

由已知，弹簧被拉长至 15 cm，即被拉长了 5 cm $=0.05$ m，需要 40 N 的力，故由胡克定律，有$0.05k=40$，因此可得该弹簧的劲度系数为 $k=800$.

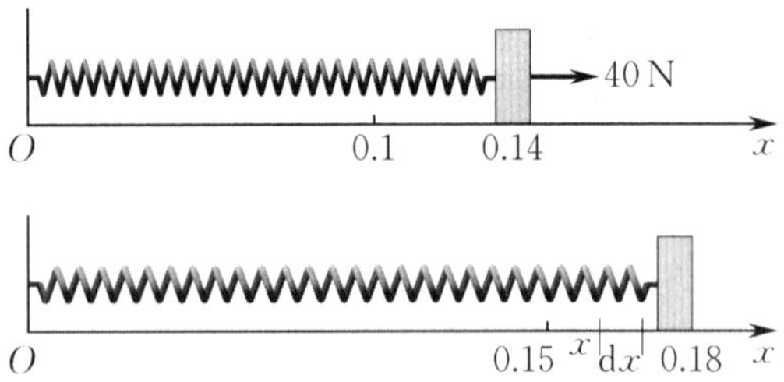

图 5-27

现在考虑弹簧从 15 cm $=0.15$ m 被拉长至 18 cm $=0.18$ m. 如图 5-27 所示，假定弹簧现在已被拉长到 x(单位：m)，当弹簧再被拉长一个微小的长度 $\mathrm{d}x$ 时，此过程中可近似看成拉力不变，则由胡克定律知，此过程中的拉力近似为

$$F=k(x-0.1)=800(x-0.1),$$

于是此过程中所做功，即功元素为 $\mathrm{d}W=F\mathrm{d}x=800(x-0.1)\mathrm{d}x$. 故弹簧从 15 cm 拉长至 18 cm 所做功为

$$W=\int_{0.15}^{0.18}800(x-0.1)\mathrm{d}x=400(x-0.1)^2\Big|_{0.15}^{0.18}=1.56(\mathrm{J}).$$

习题 5 - 5

1. 求由下列曲线所围成的平面图形的面积：

(1) 由直线 $y=2x$，$x=3$ 与 x 轴所围成的平面图形；

(2) 由曲线 $y=x^2$ 与直线 $y=2x$ 所围成的平面图形；

(3) 由曲线 $xy=1$ 与直线 $y=x$，$x=3$ 所围成的平面图形；

(4) 由曲线 $xy=1$ 与直线 $y=x$ 及 $y=2$ 所围成的平面图形；

(5) 由曲线 $y=\sin 2x\,(x\in[0,\pi])$ 与 x 轴所围成的平面图形；

(6) 由曲线 $y=x^2$ 与 $y=2-x^2$ 所围成的平面图形.

2. 求 k 的值，使得由曲线 $y=x^2$，$y^2=kx$ 所围成平面图形的面积为 $\frac{2}{3}$.

3. 求由下列曲线所围成的平面图形绕指定坐标轴旋转而成的旋转体的体积：

(1) $y=\sqrt{x}$，$x=1$，$x=4$，$y=0$，绕 x 轴；

(2) $y=x^3$，$x=2$，x 轴，分别绕 x 轴与 y 轴；

(3) $y=x^2$，$x=y^2$，绕 y 轴.

4. 设某产品的边际收入(单位:元 / 件)是产量 Q(单位:件)的函数：$R'(Q)=15-2Q$，试求总收入函数.

5. 已知某产品产量 $F(t)$ 的变化率是时间 t 的函数：$f(t)=at^2+bt+c$(a,b,c 是常数)，求 $F(0)=0$ 时产量与时间的函数关系 $F(t)$.

6. 已知某产品产量的变化率是时间 t(单位:月)的函数：$f(t)=2t+5$，$t\geqslant 0$，问：第 1 个五月和第 2 个五月的总产量各是多少？

7. 设某厂生产某产品 Q 百台时的总成本 $C(Q)$(单位:万元)的变化率为 $C'(Q)=2$(设固定成本为 0)，总收入 $R(Q)$(单位:万元)的变化率为产量 Q 的函数：$R'(Q)=7-2Q$，问：

(1) 产量 Q 为多少时，总利润最大？最大利润为多少？

(2) 若在利润最大的基础上又多生产了 50 台，总利润减少了多少？

8. 设生产某产品 Q 单位时的边际收入为 $R'(Q)=\frac{ab}{Q+b}$，求总收入函数和平均收入函数，其中 a,b 为常数.

9. 设某投资项目的成本为 100 万元，在 10 年中每年可获得 25 万元的收入，投资率为 5%，试求这 10 年中该项投资的纯收入的现值.

10. 设某产品的边际成本(单位:万元 / 百台)为 $C'(Q)=4+\frac{Q}{4}$，固定成本为 $C_0=1$ 万元，边际收入(单位:万元 / 百台)为 $R'(Q)=8-Q$，求：

(1) 产量 Q 从 1 百台增加到 5 百台的成本增量；

(2) 总成本函数 $C(Q)$ 和总收入函数 $R(Q)$；

(3) 产量 Q 为多少时，总利润最大？并求最大利润.

第六章

多元函数微积分学简介

以前主要研究的是一个变量依赖另一个变量变化而变化的现象,用数学语言描述就是研究只有一个自变量的函数,即因变量只依赖于一个自变量的函数.这种函数称为一元函数.但在许多实际问题中,一个结果的出现往往是由多个因素共同作用的结果,即一个因素涉及多方面的因素.用数学语言描述就是一个变量依赖多个变量的变化而变化.所以,要研究一个变量和几个其他变量之间的关系.由此引入了多元函数及其微分和积分问题.本章在一元函数微积分学的基础上,以二元函数为主进一步学习多元函数的微积分学基础.

§ 6.1　空间解析几何简介

将几何图形放入坐标系中,用代数方法研究几何图形的性质,这是解析几何的主要思想方法.本节简单介绍空间解析几何的一些基本概念,包括空间直角坐标系、空间中任意两点间的距离、空间曲面及其方程等.这些内容是我们学习认识多元函数的基础.

6.1.1　空间直角坐标系

在立体空间中取定一点 O,并以点 O 为原点作三条两两垂直的数轴,依次记为 x **轴**(**横轴**),y **轴**(**纵轴**),z **轴**(**竖轴**),统称为**坐标轴**.这三条数轴正向的选取通常符合右手规则:右手握住 z 轴,当右手的四指从 x 轴的正向以$90°$ 角转向 y 轴正向时,大拇指的指向就是 z 轴的正向.称这样选取的有公共原点 O 的三条坐标轴构成一个**空间直角坐标系**,记为 $Oxyz$.

在空间直角坐标系中,任意两个坐标轴可以确定一个平面,这种平面称为**坐标面**.如 x 轴及 y 轴所确定的坐标面叫作 xOy **面**.类似地,另外两个坐标面是 yOz **面**和 zOx **面**.

三个坐标面把空间分成八个部分,每一部分叫作一个**卦限**.位于 xOy 面上方,含有三个正半轴的卦限叫作**第一卦限**.在 xOy 面上方的其余卦限,按逆时针方向依次称为**第二卦限**、**第三卦限**和**第四卦限**.在 xOy 面下方,与第一卦限对应的是**第五卦限**,其他按逆时针方向排列的依次是**第六卦限**、**第七卦限**和**第八卦限**.八个卦限分别用罗马数字 Ⅰ,Ⅱ,Ⅲ,Ⅳ,Ⅴ,Ⅵ,Ⅶ,Ⅷ 表示,如图 6-1 所示.

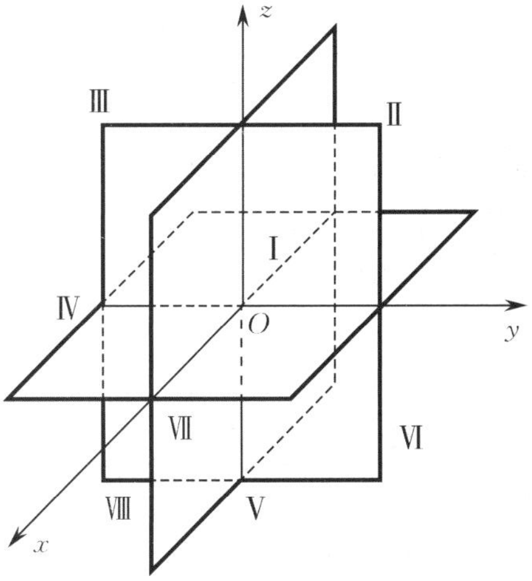

图 6-1

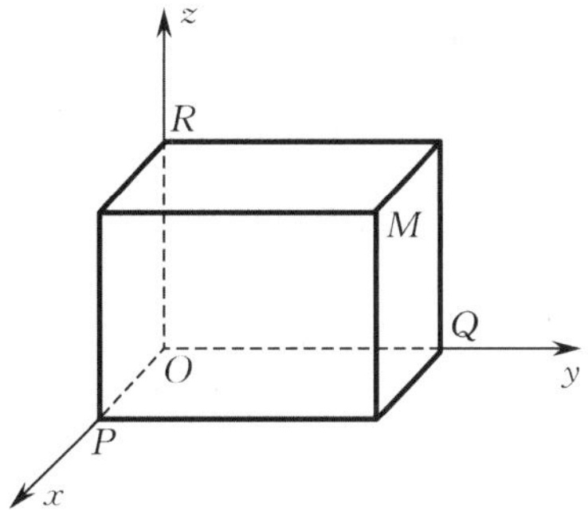

图 6-2

如图 6-2 所示,任取空间中一点 M,过点 M 分别作垂直于三条坐标轴的平面,设它们分别与 x 轴,y 轴,z 轴交于点 P,Q,R,并记这三点在各自对应坐标轴上的坐标分别为 x,y,z,则点 M 对应一个三元有序数组(x,y,z).反过来,对于任一个三元有序数组(x,y,z),记三条坐

标轴上分别以 x,y,z 为坐标的点依次为 P,Q,R，再过点 P,Q,R 分别作垂直于三条坐标轴的平面，则这三个平面有唯一一个交点 M，即三元有序数组 (x,y,z) 对应唯一一个点 M. 上述讨论表明，空间中的点 M 与三元有序数组 (x,y,z) 一一对应. 由上述方式确定的三元有序数组 (x,y,z) 就称为点 M 在空间直角坐标系中的**坐标**，记为 $M(x,y,z)$.

若点 $M(x,y,z)$ 在 yOz 面上，则过点 M 垂直于 x 轴的平面就是 yOz 面，与 x 轴的交点为原点 O，故 $x=0$，即点 M 的坐标的形式为 $(0,y,z)$. 同样地，在 zOx 面上的点的坐标为 $(x,0,z)$，即 $y=0$；在 xOy 面上的点的坐标为 $(x,y,0)$，即 $z=0$.

如果点 $M(x,y,z)$ 在 x 轴上，则过点 M 垂直于 y 轴，z 轴的平面就分别是 zOx 面和 xOy 面，故 $y=z=0$，即点 M 的坐标的形式为 $(x,0,0)$. 同样地，在 y 轴上的点的坐标为 $(0,y,0)$，即 $z=x=0$；在 z 轴上的点的坐标为 $(0,0,z)$，即 $x=y=0$. 显然，如果点 $M(x,y,z)$ 为原点，则 $x=y=z=0$.

6.1.2　空间中任意两点间的距离

设点 $N(x_1,y_1,z_1)$ 与 $M(x_2,y_2,z_2)$ 是空间直角坐标系中的任意两个点，分别过这两个点作垂直于三条坐标轴的平面，则这六个平面围成了一个长方体，NM 是该长方体的一条对角线，如图 6－3 所示. 由图 6－3 可知

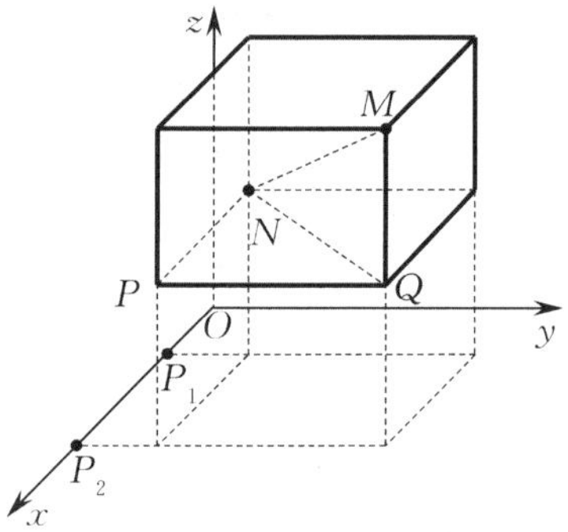

图 6－3

$$|NM|^2=|NQ|^2+|QM|^2$$
$$=|NP|^2+|PQ|^2+|QM|^2.$$

设过点 N 且垂直于 x 轴的平面与 x 轴交于点 P_1，则点 P_1 在 x 轴上的坐标为 x_1. 再设过点 M 且垂直于 x 轴的平面与 x 轴交于点 P_2，则点 P_2 在 x 轴上的坐标为 x_2. 于是

$$|NP|=|P_1P_2|=|x_2-x_1|.$$

类似地，可得

$$|PQ|=|y_2-y_1|,\quad |QM|=|z_2-z_1|.$$

所以两点 N,M 间的距离为

$$|NM|=\sqrt{(x_2-x_1)^2+(y_2-y_1)^2+(z_2-z_1)^2}.$$

例 1　证明：以三点 $M_1(4,3,1)$，$M_2(7,1,2)$，$M_3(5,2,3)$ 为顶点的三角形是一个等腰三角形.

证　因为

$$|M_1M_2|^2=(7-4)^2+(1-3)^2+(2-1)^2=14,$$
$$|M_2M_3|^2=(5-7)^2+(2-1)^2+(3-2)^2=6,$$
$$|M_1M_3|^2=(5-4)^2+(2-3)^2+(3-1)^2=6,$$

所以 $|M_2M_3|=|M_1M_3|$，即 $\triangle M_1M_2M_3$ 为等腰三角形.

例 2　在 z 轴上求与两点 $A(-4,1,7)$，$B(3,5,-2)$ 等距离的点.

解　设所求的点为 $M(0,0,z)$，依题意有 $|MA|^2=|MB|^2$，即

$$(0+4)^2+(0-1)^2+(z-7)^2=(3-0)^2+(5-0)^2+(-2-z)^2,$$

解得 $z=\frac{14}{9}$，故所求的点为 $M\left(0,0,\frac{14}{9}\right)$.

6.1.3　曲面及其方程

在日常生活中，我们常常会看到各种曲面，如反光镜面、球面、锥面等. 与在平面解析几何中把平面曲线看作是动点的几何轨迹类似，在空间解析几何中也可把曲面看作是动点的几何轨迹. 在这样的意义下，如果曲面 S 与三元方程

$$F(x,y,z)=0$$

有下述关系：

(1) 曲面 S 上任一点的坐标都满足方程 $F(x,y,z)=0$；

(2) 不在曲面 S 上的点的坐标都不满足方程 $F(x,y,z)=0$，

那么，方程 $F(x,y,z)=0$ 就叫作**曲面 S 的方程**，而曲面 S 就叫作方程 $F(x,y,z)=0$ 的**图形**，如图 6-4 所示.

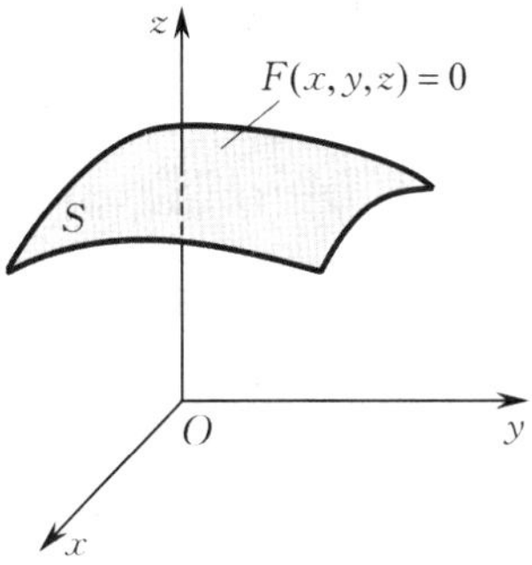

图 6-4

例 3　已知两点 $A(1,2,3)$，$B(2,-1,4)$，求线段 AB 的垂直平分面的方程.

解　由题意知，所求的平面就是与两点 A,B 等距离的点的几何轨迹. 设 $M(x,y,z)$ 为所求平面上的任一点，则有 $|AM|=|BM|$，即

$$\sqrt{(x-1)^2+(y-2)^2+(z-3)^2}=\sqrt{(x-2)^2+(y+1)^2+(z-4)^2}.$$

等式两边平方，然后化简，得

$$2x-6y+2z-7=0.$$

这就是所求平面上的点的坐标满足的方程，而不在此平面上的点的坐标都不满足这个方程，所以这个方程就是所求平面的方程，如图 6-5 所示.

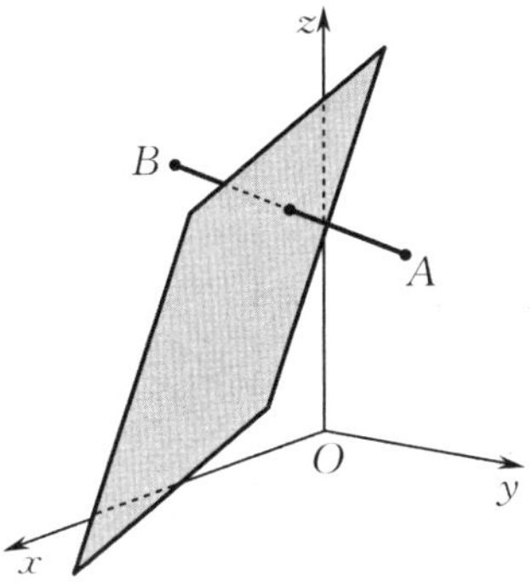

图 6-5

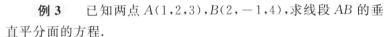

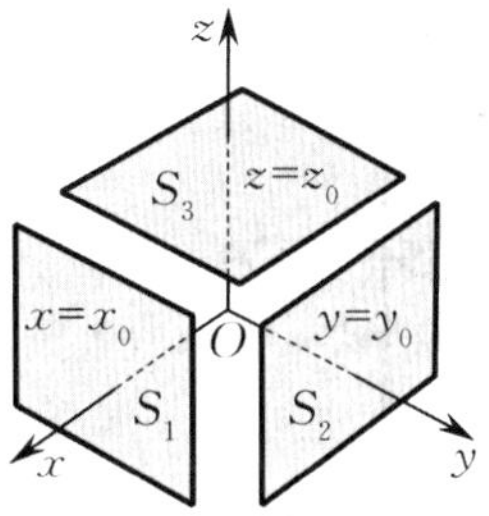

图 6-6

一般情况下，平面的方程有如下形式：$Ax+By+Cz+D=0$，其中 A,B,C,D 均为常数，且 A,B,C 不同时为 0.

例 4　如图 6-6 所示，过点 $(x_0,0,0)$ 且垂直于 x 轴的平面 S_1 平行于 yOz 平面，其上任意一点处的横轴坐标都为 x_0，故平面 S_1 的方程为 $x=x_0$. 类似地，过点 $(0,y_0,0)$ 且垂直于

y 轴的平面 S_2 的方程为 $y = y_0$；过点 $(0,0,z_0)$ 且垂直于 z 轴的平面 S_3 的方程为 $z = z_0$.

例 5　建立球心为点 $M_0(x_0, y_0, z_0)$，半径为 R 的球面的方程.

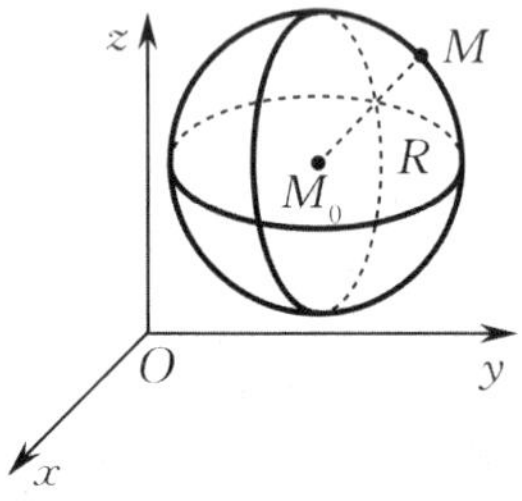

图 6-7

解　设 $M(x,y,z)$ 是球面上的任一点(见图 6-7)，那么

$$|M_0M| = R,$$

即 $\sqrt{(x-x_0)^2+(y-y_0)^2+(z-z_0)^2} = R$ 或

$$(x-x_0)^2+(y-y_0)^2+(z-z_0)^2 = R^2.$$

这就是球面上的点的坐标所满足的方程，而不在球面上的点的坐标都不满足这个方程.

特别地，球心为原点 $O(0,0,0)$，半径为 R 的球面的方程为

$$x^2+y^2+z^2 = R^2.$$

下面研究关于曲面的两个基本问题：

(1) 已知一曲面作为动点的几何轨迹，要建立该曲面的方程；

(2) 已知坐标 x,y,z 间的一个方程，要研究该方程所表示的曲面的形状.

例 6　方程 $x^2+y^2+z^2-6x+8y=0$ 表示怎样的曲面?

解　通过配方，原方程可以改写成

$$(x-3)^2+(y+4)^2+z^2 = 25.$$

故 $x^2+y^2+z^2-6x+8y=0$ 表示球心为点 $(3,-4,0)$，半径为 $R=5$ 的球面.

例 7　方程 $x^2+y^2=R^2(R>0)$ 表示怎样的曲面?

解　方程 $x^2+y^2=R^2$ 在平面上表示的是以原点为圆心、以 R 为半径的圆. 在空间中，由于该方程中不含 z，意味着 z 可取任意值，只要 x,y 满足 $x^2+y^2=R^2$ 即可，因此这个方程所表示的曲面是由平行于 z 轴的直线沿着 xOy 面上的圆 $x^2+y^2=R^2$ 移动而成的圆柱面，如图 6-8 所示，其中平行于 z 轴的直线称为**母线**，xOy 面上的圆 $x^2+y^2=R^2$ 称为**准线**.

一般地，只含 x,y 而缺 z 的方程 $F(x,y)=0$，在空间中表示母线平行于 z 轴的柱面，其准线是 xOy 面上的曲线 $C: F(x,y)=0$.

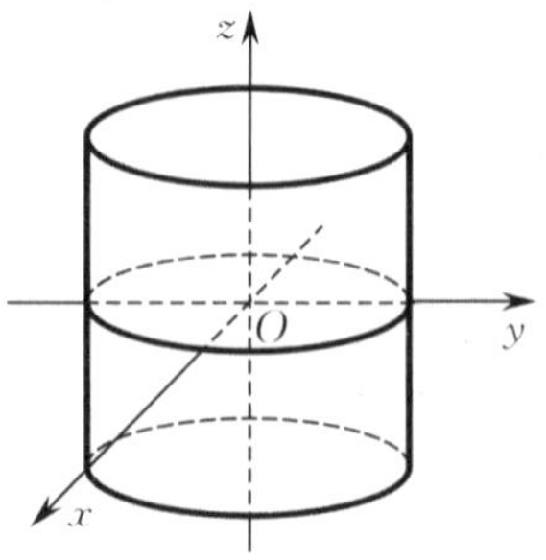

图 6-8

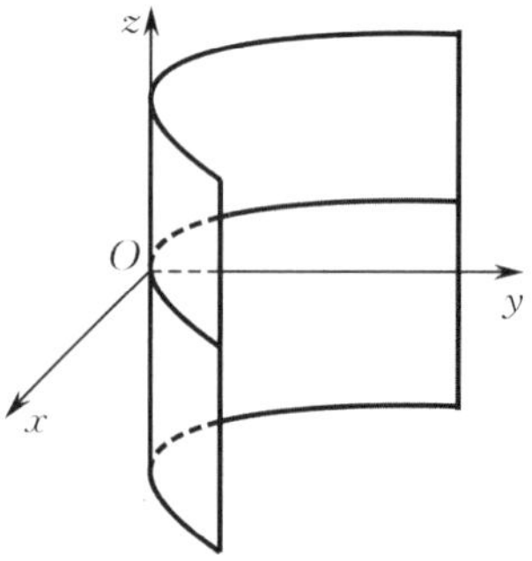

图 6-9

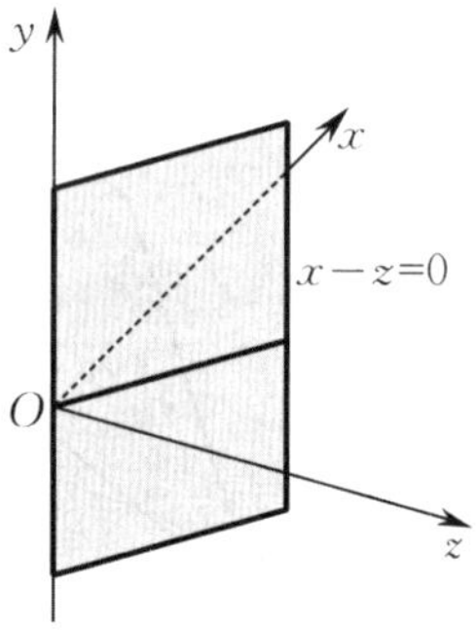

图 6-10

例如，方程 $2y=x^2$ 表示母线平行于 z 轴的柱面，其准线是 xOy 面上的抛物线 $2y=x^2$，该柱面叫作**抛物柱面**，如图 6-9 所示.

类似地，只含 z,x 而缺 y 的方程 $G(z,x)=0$ 和只含 y,z 而缺 x 的方程 $H(y,z)=0$ 分别表示母线平行于 y 轴和 x 轴的柱面.

例如,方程 $x-z=0$ 表示母线平行于 y 轴的柱面,其准线是 zOx 面上的直线 $x-z=0$,故它是过 y 轴的平面,如图 6-10 所示.

6.1.4　其他二次曲面

(1) **椭球面**:

由方程 $\frac{x^2}{a^2}+\frac{y^2}{b^2}+\frac{z^2}{c^2}=1\ (a,b,c>0)$ 所表示的曲面称为椭球面,如图 6-11 所示.

(2) **单叶双曲面**:

由方程 $\frac{x^2}{a^2}+\frac{y^2}{b^2}-\frac{z^2}{c^2}=1\ (a,b,c>0)$ 所表示的曲面称为单叶双曲面,如图 6-12 所示.

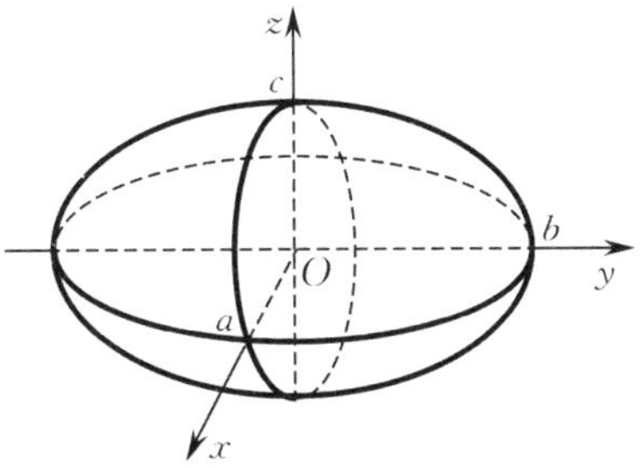

图 6-11

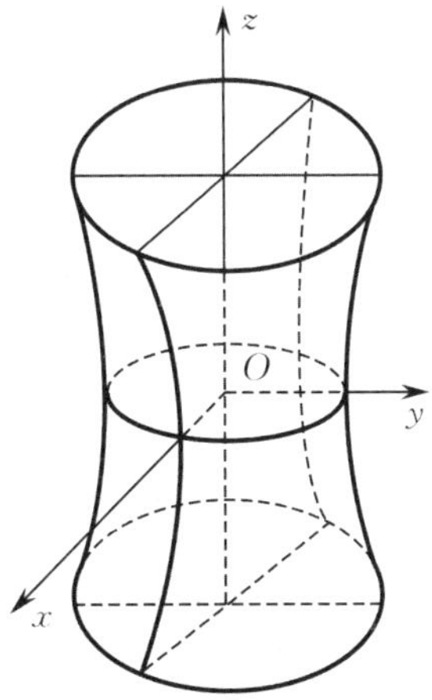

图 6-12

(3) **双叶双曲面**:

由方程 $\frac{x^2}{a^2}-\frac{y^2}{b^2}-\frac{z^2}{c^2}=1\ (a,b,c>0)$ 所表示的曲面称为双叶双曲面,如图 6-13 所示.

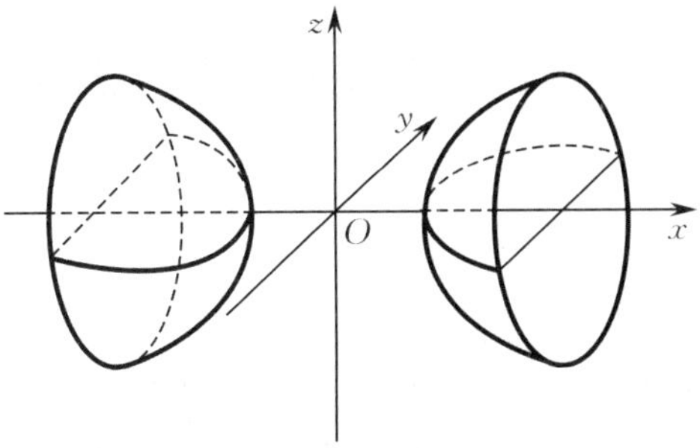

图 6-13

(4) **椭圆抛物面**:

由方程 $\frac{x^2}{a^2}+\frac{y^2}{b^2}=z\ (a,b>0)$ 所表示的曲面称为椭圆抛物面,如图 6-14 所示.

(5) **双曲抛物面**：

由方程$\dfrac{x^2}{a^2}-\dfrac{y^2}{b^2}=z\ (a,b>0)$所表示的曲面称为双曲抛物面，如图 6 - 15 所示.

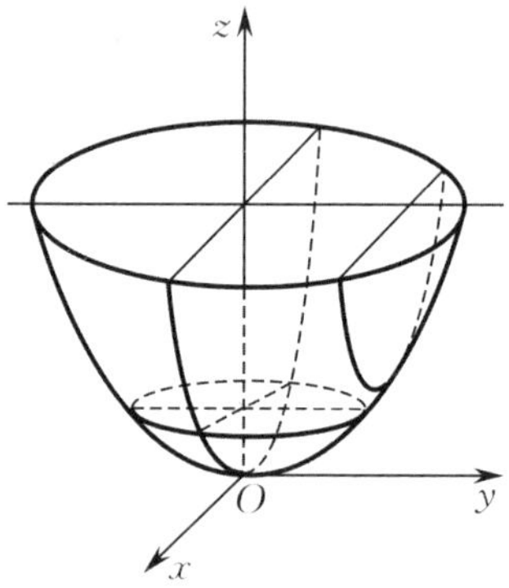

图 6 - 14

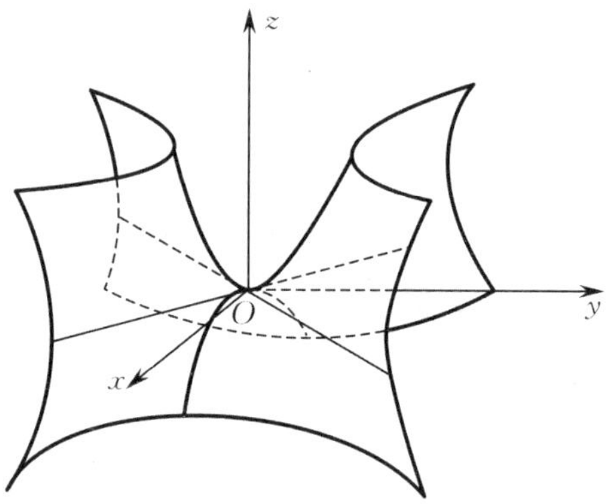

图 6 - 15

习题 6 - 1

1. 指出下列各点所在的坐标轴或坐标面、卦限：

$$A(2,1,-6),\quad B(0,2,0),\quad C(-3,0,5),\quad D(1,-1,-7).$$

2. 已知点 $M(-1,2,3)$，求点 M 关于坐标原点、各坐标轴及各坐标面的对称点的坐标.
3. 在 z 轴上求与两点 $A(4,1,-7)$，$B(-3,5,2)$ 等距离的点.
4. 求点 $M(4,3,-5)$ 到三条坐标轴的距离.
5. 求以点 $P(1,3,-2)$ 为球心，且通过坐标原点的球面方程.
6. 求与两定点 $A(2,3,1)$，$B(4,5,6)$ 等距离的动点轨迹的方程.
7. 指出下列方程在平面上和空间中分别表示什么图形：

(1) $x=1$； (2) $y=x+1$； (3) $x^2+y^2=4$； (4) $x^2-y^2=1$.

§6.2 多元函数的极限和连续性

6.2.1 多元函数的基本概念

前面几章我们研究的函数是因变量只依赖于一个自变量的函数，称之为一元函数. 但在实际问题中，往往需要研究因变量依赖于多于一个自变量的现象. 如地球上一点处的温度 T 依赖于此点处的经度 x 和纬度 y；圆柱体的体积 V 依赖于底面半径 r 和高度 l. 这种因变量与两个自变量之间的函数关系，就称为二元函数.

定义 1 设 D 是一个非空二元有序数组(x,y)的集合. 若按照某个对应法则 f，对每一个$(x,y)\in D$，都有唯一确定的实数 z 与之对应，则称对应法则 f 为定义在 D 上的**二元函数**(简

称**函数**)，通常记为

$$z=f(x,y),\quad (x,y)\in D,$$

其中集合 D 称为该函数的**定义域**，而 x,y 称为**自变量**，z 称为**因变量**. 与点 (x,y) 相对应的因变量的值 z，也称为 f 在点 (x,y) 处的**函数值**，记作 $f(x,y)$，即 $z=f(x,y)$. 全体函数值的集合 $f(D)=\{z\mid z=f(x,y),(x,y)\in D\}$ 称为**值域**.

类似地，可定义三元函数 $u=f(x,y,z)$，$(x,y,z)\in D$，以及三元以上的函数. 二元及二元以上的函数统称为**多元函数**.

例 1　圆柱体的体积 V 是它的底半径 r，高 h 的二元函数：

$$V=\pi r^2h.$$

这里，当 r,h 在集合 $\{(r,h)\mid r>0,h>0\}$ 内取定一对值 (r,h) 时，V 对应的值就随之唯一确定.

例 2　一定量的理想气体的压强 p，体积 V 和绝对温度 T 之间具有关系式

$$p=\frac{RT}{V},$$

其中 R 为常数，即 p 是 V,T 的二元函数. 这里，当 V,T 在集合 $\{(V,T)\mid V>0,T>0\}$ 内取定一对值 (V,T) 时，p 对应的值就随之唯一确定.

一般二元函数 $z=f(x,y)$ 的定义域在几何上表示 xOy 面上的一个区域. 如果没有特别指明，二元函数的定义域就取使得函数表达式有意义的所有自变量的集合，也称为**自然定义域**. 平面上围成一个区域的所有曲线称为该区域的**边界**. 我们将包括边界在内的区域称为**闭区域**；不包括边界的区域称为**开区域**. 如果该区域是延伸到无穷远的，则称为**无界区域**；否则，称为**有界区域**. 有界区域总可以包含在一个以原点为圆心、半径足够大的圆内.

例如，函数 $z=\ln(x+y)$ 的定义域为 $\{(x,y)\mid x+y>0\}$(无界开区域)，如图 6-16 所示；函数 $z=\arcsin(x^2+y^2)$ 的定义域为 $\{(x,y)\mid x^2+y^2\leqslant 1\}$(有界闭区域)，如图 6-17 所示.

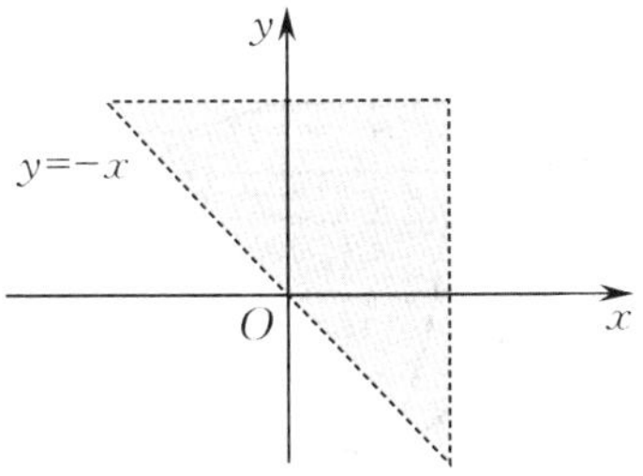

图 6-16

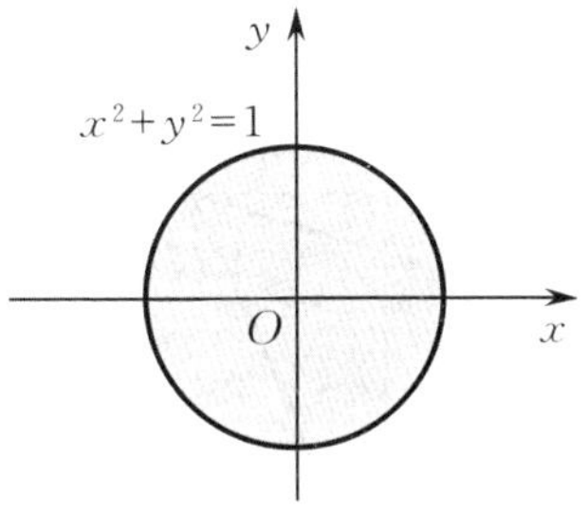

图 6-17

例 3　求二元函数 $f(x,y)=\dfrac{\ln(x^2+y^2-1)}{\sqrt{4-x^2-y^2}}$ 的定义域.

解　由 $\begin{cases}x^2+y^2-1>0,\\4-x^2-y^2>0,\end{cases}$ 得 $\begin{cases}x^2+y^2>1,\\x^2+y^2<4.\end{cases}$ 故所求定义域为

$$D=\{(x,y)\mid 1<x^2+y^2<4\},$$

它表示一个不包含圆周的圆环域，如图 6-18 所示.

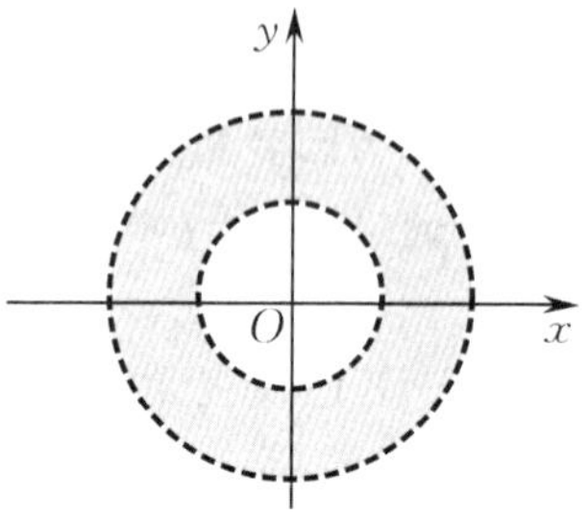

图 6-18

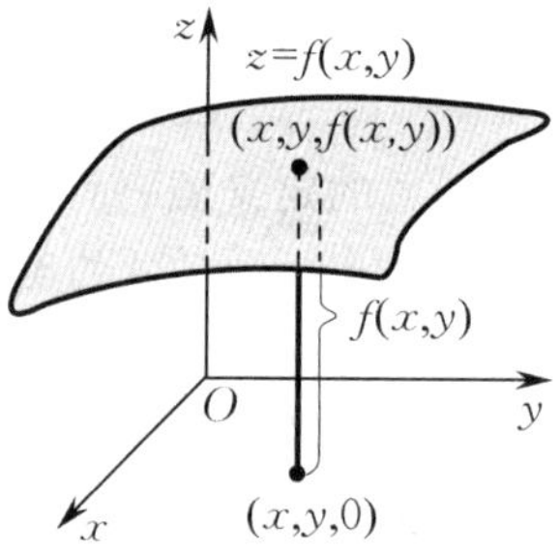

图 6-19

二元函数的一对自变量 x,y 与其对应的因变量 z 放在一起就组成一个三元有序数组 (x,y,z)，它在空间直角坐标系 $Oxyz$ 中表示一个点. 将二元函数中所有这样的点组成的点集 $\{(x,y,z)\mid z=f(x,y),(x,y)\in D\}$ 称为二元函数 $z=f(x,y)$ 的**图像**. 一般情况下，二元函数的图像是一张曲面(见图 6-19).

例 4 描绘二元函数 $z=2x+3y-6$ 的图像.

解 由函数的表达式可知，其图像为一张平面. 求得该平面与三条坐标轴的交点分别为 $(3,0,0),(0,2,0),(0,0,-6)$. 将这三个点连接起来就可得该平面的图形，如图 6-20 所示.

例 5 描绘二元函数 $z=x^2+y^2$ 的图像.

解 如果取 $z=k(k>0)$，则它表示平行于 xOy 面的平面，且与曲面 $z=x^2+y^2$ 的交线为 $x^2+y^2=k$，即为圆；若取 $x=k$，则它表示平行于 yOz 面的平面，且与曲面 $z=x^2+y^2$ 的交线为 $z=k^2+y^2$，即为抛物线；若取 $y=k$，则它表示平行于 zOx 面的平面，且与曲面 $z=x^2+y^2$ 的交线为 $z=x^2+k^2$，即为抛物线. 由此可绘出二元函数 $z=x^2+y^2$ 的图像，如图 6-21 所示.

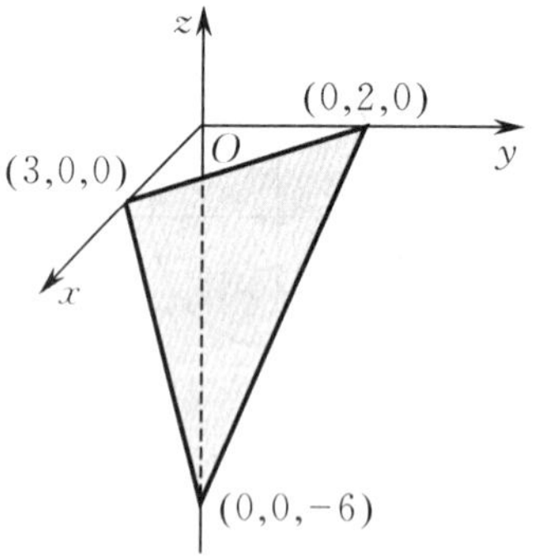

图 6-20

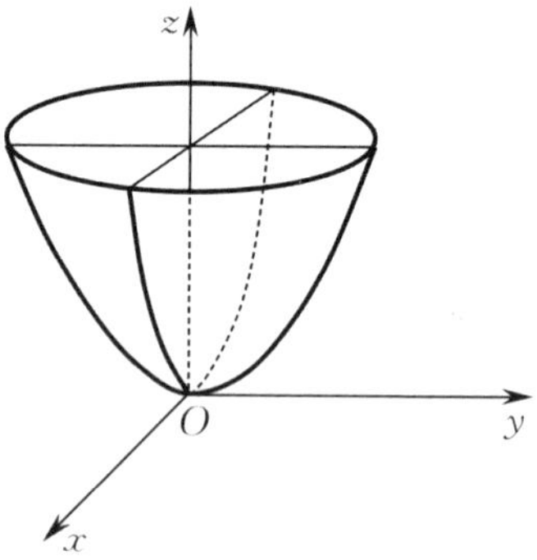

图 6-21

6.2.2 二元函数的极限

当自变量变化时，函数值随着自变量的变化而变化. 考虑两函数

$$f(x,y)=\frac{\sin(x^2+y^2)}{x^2+y^2},\quad g(x,y)=\frac{x^2-y^2}{x^2+y^2}.$$

当(x,y)越来越趋于点$(0,0)$时，这两个函数的值的变化分别如表6-1和表6-2所示. 由这两个表可知，当点(x,y)趋于点$(0,0)$时，$f(x,y)$的值越来越趋近于1；而$g(x,y)$的值有些趋近于1，有些趋近于-1.

表 6-1

y \ x	-1.0	-0.5	-0.2	0	0.2	0.5	1.0
-0.1	0.445	0.759	0.829	0.841	0.829	0.759	0.455
-0.5	0.759	0.959	0.986	0.990	0.986	0.959	0.759
-0.2	0.829	0.986	0.999	1.000	0.999	0.986	0.829
0	0.841	0.990	1.000	—	1.000	0.999	0.841
0.2	0.829	0.986	0.999	1.000	0.999	0.986	0.829
0.5	0.759	0.959	0.986	0.990	0.986	0.959	0.759
-0.1	0.445	0.759	0.829	0.841	0.829	0.759	0.455

表 6-2

y \ x	-1.0	-0.5	-0.2	0	0.2	0.5	1.0
-0.1	0.000	0.600	0.923	1.000	0.923	0.600	0.000
-0.5	-0.600	0.000	0.724	1.000	0.724	0.000	-0.600
-0.2	-0.923	-0.724	0.000	1.000	0.000	-0.724	-0.923
0	-1.000	-1.000	-1.000	—	-1.000	-1.000	-1.000
0.2	-0.923	-0.724	0.000	1.000	0.000	-0.724	-0.923
0.5	-0.600	0.000	0.724	1.000	0.724	0.000	-0.600
-0.1	0.000	0.600	0.923	1.000	0.923	0.600	0.000

定义 2　如果在动点$P(x,y)$趋近于定点$P_0(x_0,y_0)$的过程中，对应的函数值$f(x,y)$无限趋近于一个确定的常数A，则称A是函数$f(x,y)$当$(x,y)\to(x_0,y_0)$时的**极限**，记为

$$\lim_{(x,y)\to(x_0,y_0)} f(x,y)=A \quad 或 \quad f(x,y)\to A \ ((x,y)\to(x_0,y_0)).$$

定义2中的极限也称为**二重极限**.

注　(1) 二重极限存在，是指当点P以任何方式趋于点P_0时，函数值都无限趋近于A；

(2) 如果当点P以两种不同方式趋于点P_0时，函数值趋于不同的值，则函数的极限不存在.

例 6　讨论函数$f(x,y)=\begin{cases}\dfrac{xy}{x^2+y^2}, & x^2+y^2\neq 0,\\ 0, & x^2+y^2=0\end{cases}$在点$(0,0)$处有无极限.

解　当点$P(x,y)$沿x轴趋于点$(0,0)$时，

$$\lim_{(x,y)\to(0,0)} f(x,y)=\lim_{x\to 0} f(x,0)=\lim_{x\to 0} 0=0;$$

当点$P(x,y)$沿y轴趋于点$(0,0)$时，

$$\lim_{(x,y)\to(0,0)} f(x,y) = \lim_{y\to 0} f(0,y) = \lim_{y\to 0} 0 = 0;$$

但当点 $P(x,y)$ 沿直线 $y = kx(k \in \mathbf{R})$ 趋于点$(0,0)$时(见图 6 - 22),

$$\lim_{(x,y)\to(0,0)} f(x,y) = \lim_{\substack{(x,y)\to(0,0)\\ y=kx}} f(x,y) = \lim_{x\to 0} \frac{kx^2}{x^2 + k^2x^2} = \frac{k}{1+k^2},$$

其值随 k 的不同而不同.因此,函数 $f(x,y)$ 在点$(0,0)$处无极限.

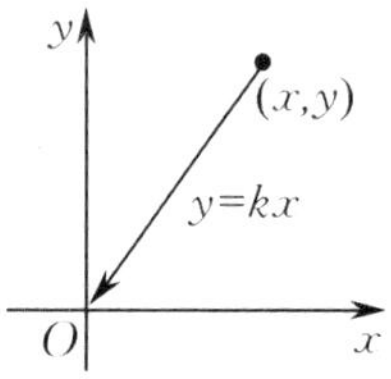

图 6 - 22

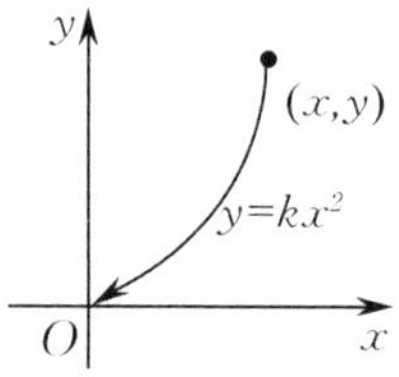

图 6 - 23

例 7　证明:$\lim\limits_{(x,y)\to(0,0)} \dfrac{x^2y}{x^4+y^2}$ 不存在.

证　取 $y = kx^2(k \in \mathbf{R})$,如图 6 - 23 所示,则有

$$\lim_{(x,y)\to(0,0)} \frac{x^2y}{x^4+y^2} = \lim_{\substack{x\to 0\\ y=kx^2}} \frac{x^2 \cdot kx^2}{x^4+k^2x^4} = \frac{k}{1+k^2},$$

其值随 k 的不同而不同,故极限不存在.

多元函数的极限运算法则与一元函数的情况类似,如例 8.

例 8　求 $\lim\limits_{(x,y)\to(0,2)} \dfrac{\sin(xy)}{x}$.

解

$$\lim_{(x,y)\to(0,2)} \frac{\sin(xy)}{x} = \lim_{(x,y)\to(0,2)} \frac{\sin(xy)}{xy} \cdot y = \lim_{(x,y)\to(0,2)} \frac{\sin(xy)}{xy} \cdot \lim_{(x,y)\to(0,2)} y$$
$$= 1 \times 2 = 2.$$

6.2.3　二元函数的连续性

设 $P_0(x_0,y_0)$ 是 xOy 面上的一个点,δ 是某一正数.与点 $P_0(x_0,y_0)$ 距离小于 δ 的点 $P(x,y)$ 的全体,称为点 P_0 的 δ 邻域,记为 $U(P_0,\delta)$,即

$$U(P_0,\delta) = \{P \mid |PP_0| < \delta\}$$

或

$$U(P_0,\delta) = \{(x,y) \mid \sqrt{(x-x_0)^2+(y-y_0)^2} < \delta\}.$$

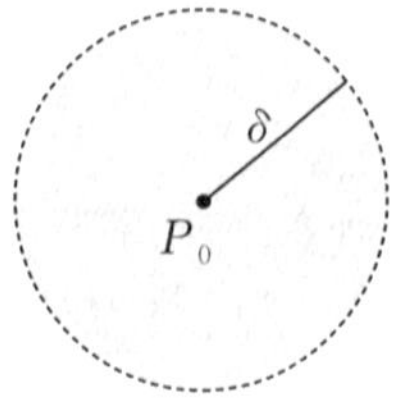

图 6 - 24

邻域的几何意义:$U(P_0,\delta)$ 表示 xOy 面上以点 $P_0(x_0,y_0)$ 为中心、以 δ 为半径的圆的内部点 $P(x,y)$ 的全体,如图 6 - 24 所示.

定义 3　设二元函数 $z = f(x,y)$ 在点(x_0,y_0)的某个邻域内有定义.若

$$\lim_{(x,y)\to(x_0,y_0)} f(x,y) = f(x_0,y_0),$$

则称函数 $f(x,y)$ **在点(x_0,y_0)处连续**.

如果函数 $f(x,y)$ 在区域 D 中的每一点处都连续，那么就称函数 $f(x,y)$ **在区域 D 上连续**，或者称 $f(x,y)$ 是**区域 D 上的连续函数**.

二元函数的连续性概念可相应地推广到 n 元函数上去.

可以证明，多元连续函数的和、差、积仍为连续函数；多元连续函数的商在分母不为零的点处仍连续；多元连续函数的复合函数也是连续函数.

与一元初等函数类似，多元初等函数是指可用一个式子表示的多元函数，且这个式子是由常数及各自变量的一元基本初等函数经过有限次的四则运算和复合运算得到的.

例如，$\dfrac{x+x^2-y^2}{1+y^2}$，$\sin(x+y)$，$e^{x^2+y^2+z^2}$ 都是多元初等函数.

由此可知，一切多元初等函数在其定义区域上都连续.

由多元连续函数的连续性，如果要求多元连续函数 $f(P)$ 在点 P_0 处的极限，而该点又在此函数的定义区域上，则 $\lim\limits_{P\to P_0} f(P)=f(P_0)$.

例 9　求 $\lim\limits_{(x,y)\to(1,2)}\dfrac{x+y}{xy}$.

解　因 $f(x,y)=\dfrac{x+y}{xy}$ 是初等函数，其定义域为 $D=\{(x,y)\mid x\neq 0,y\neq 0\}$，故它在点 $(1,2)$ 处连续，所以

$$\lim_{(x,y)\to(1,2)} f(x,y)=f(1,2)=\frac{3}{2}.$$

例 10　求 $\lim\limits_{(x,y)\to(0,1)}\dfrac{ye^x}{x^2+y^2+1}$.

解　因初等函数 $f(x,y)=\dfrac{ye^x}{x^2+y^2+1}$ 在点 $(0,1)$ 处连续，故有

$$\lim_{(x,y)\to(0,1)}\frac{ye^x}{x^2+y^2+1}=\frac{1\times e^0}{0+1^2+1}=\frac{1}{2}.$$

例 11　求 $\lim\limits_{(x,y)\to(0,0)}\dfrac{\sqrt{xy+1}-1}{xy}$.

解

$$\lim_{(x,y)\to(0,0)}\frac{\sqrt{xy+1}-1}{xy}=\lim_{(x,y)\to(0,0)}\frac{(\sqrt{xy+1}-1)(\sqrt{xy+1}+1)}{xy(\sqrt{xy+1}+1)}$$

$$=\lim_{(x,y)\to(0,0)}\frac{1}{\sqrt{xy+1}+1}=\frac{1}{2}.$$

多元连续函数具有与一元连续函数类似的性质，下面我们不加证明地列出这些性质.

性质 1（最值定理）　在有界闭区域 D 上的多元连续函数必有最大值和最小值.

性质 2（介值定理）　在有界闭区域 D 上的多元连续函数必定能够取得介于最大值和最小值之间的任何值.

习题 6－2

1. 已知函数 $f(x,y)=\dfrac{x^2+y^2}{xy}$，求 $f(1,2)$，$f\left(xy,\dfrac{y}{x}\right)$.

2. 求下列函数的定义域：

(1) $z = \ln(y^2 - 2x)$；

(2) $z = \sqrt{x - \sqrt{y}}$；

(3) $z = \ln(y - x) + \dfrac{\sqrt{x}}{\sqrt{1 - x^2 - y^2}}$；

(4) $z = \sin \dfrac{1}{x^2 + y^2 - 1}$；

(5) $z = \sqrt{1 - x^2} + \sqrt{y^2 - 1}$；

(6) $z = \sqrt{1 - x}\ln(x - y)$；

(7) $z = \dfrac{\arcsin(3 - x^2 - y^2)}{\sqrt{x - y^2}}$.

3. 求下列极限：

(1) $\lim\limits_{(x,y)\to(0,1)} \dfrac{e^x + y}{x + y}$；

(2) $\lim\limits_{(x,y)\to(2,1)} \dfrac{\sqrt{2 + xy} - 2}{xy - 2}$；

(3) $\lim\limits_{(x,y)\to(0,0)} \dfrac{1 - \cos xy}{x^2 y^2}$；

(4) $\lim\limits_{(x,y)\to(0,1)} \dfrac{1 - xy}{x^2 + y^2}$；

(5) $\lim\limits_{(x,y)\to(3,0)} \dfrac{x - y}{x^2 - y^2}$.

4. 证明：极限 $\lim\limits_{(x,y)\to(0,0)} \dfrac{x - y}{x + y}$ 不存在.

§6.3 偏导数与全微分

对于多元函数，当自变量变化时，因变量也随着变化，那么因变量关于自变量的变化快慢程度如何反映呢？这也是一个值得研究的问题. 本节主要以二元函数为例讨论多元函数的因变量关于一个自变量的变化率 —— 偏导数.

6.3.1 偏导数的定义及其计算法

设二元函数 $z = f(x,y)$ 在点 (x_0, y_0) 的某一邻域内有定义，当 y 固定在 y_0，而 x 在点 x_0 处有增量 Δx 时，函数 $z = f(x,y)$ 相应地有增量

$$\Delta_x z = f(x_0 + \Delta x, y_0) - f(x_0, y_0),$$

称之为函数 $z = f(x,y)$ **关于 x 的偏增量**.

类似地，当 x 固定在 x_0，而 y 在点 y_0 处有增量 Δy 时，函数 $z = f(x,y)$ 相应地有增量

$$\Delta_y z = f(x_0, y_0 + \Delta y) - f(x_0, y_0),$$

称之为函数 $z = f(x,y)$ **关于 y 的偏增量**.

当自变量 x, y 分别在点 x_0, y_0 处取得增量 $\Delta x, \Delta y$ 时，函数 $z = f(x,y)$ 相应地有增量

$$\Delta z = f(x_0 + \Delta x, y_0 + \Delta y) - f(x_0, y_0),$$

称之为函数 $z = f(x,y)$ 的**全增量**.

如果函数 $f(x,y)$ 只有自变量 x 变化，而自变量 y 固定，这时它就是 x 的一元函数，那么 $f(x,y)$ 对 x 的导数，就称为二元函数 $z = f(x,y)$ 对于 x 的偏导数.

定义 1　设函数 $z=f(x,y)$ 在点 (x_0,y_0) 的某一邻域内有定义，当 y 固定在 y_0，而 x 在点 x_0 处有增量 Δx 时，函数 $z=f(x,y)$ 相应地有增量 $f(x_0+\Delta x,y_0)-f(x_0,y_0)$. 如果极限

$$\lim_{\Delta x\to 0}\frac{f(x_0+\Delta x,y_0)-f(x_0,y_0)}{\Delta x}$$

存在，则称此极限值为函数 $z=f(x,y)$ **在点** (x_0,y_0) **处对** x **的偏导数**，记作

$$\left.\frac{\partial z}{\partial x}\right|_{(x_0,y_0)},\quad \left.\frac{\partial f}{\partial x}\right|_{(x_0,y_0)},\quad \left.z'_x\right|_{(x_0,y_0)}\quad 或\quad f'_x(x_0,y_0).$$

类似地，函数 $z=f(x,y)$ **在点** (x_0,y_0) **处对** y **的偏导数**定义为

$$\lim_{\Delta y\to 0}\frac{f(x_0,y_0+\Delta y)-f(x_0,y_0)}{\Delta y},$$

记作

$$\left.\frac{\partial z}{\partial y}\right|_{(x_0,y_0)},\quad \left.\frac{\partial f}{\partial y}\right|_{(x_0,y_0)},\quad \left.z'_y\right|_{(x_0,y_0)}\quad 或\quad f'_y(x_0,y_0).$$

定义 2　如果函数 $z=f(x,y)$ 在区域 D 内每一点 (x,y) 处对 x 的偏导数都存在，那么这个偏导数就是 x,y 的函数，它称为函数 $z=f(x,y)$ **对自变量** x **的偏导函数**，记作

$$\frac{\partial z}{\partial x},\quad \frac{\partial f}{\partial x},\quad z'_x\quad 或\quad f'_x(x,y).$$

对 x 的偏导函数的定义式：$f'_x(x,y)=\lim\limits_{\Delta x\to 0}\dfrac{f(x+\Delta x,y)-f(x,y)}{\Delta x}$.

类似地，可定义函数 $z=f(x,y)$ **对自变量** y **的偏导函数**，记为

$$\frac{\partial z}{\partial y},\quad \frac{\partial f}{\partial y},\quad z'_y\quad 或\quad f'_y(x,y).$$

对 y 的偏导函数的定义式：$f'_y(x,y)=\lim\limits_{\Delta y\to 0}\dfrac{f(x,y+\Delta y)-f(x,y)}{\Delta y}$.

求 $\dfrac{\partial f}{\partial x}$ 时，只要把 y 暂时看作常量而对 x 求导数；求 $\dfrac{\partial f}{\partial y}$ 时，只要把 x 暂时看作常量而对 y 求导数.

偏导数的概念还可推广到二元以上的函数. 例如，三元函数 $u=f(x,y,z)$ 在点 (x,y,z) 处对 x 的偏导数定义为

$$f'_x(x,y,z)=\lim_{\Delta x\to 0}\frac{f(x+\Delta x,y,z)-f(x,y,z)}{\Delta x}.$$

$f'_y(x,y,z)$，$f'_z(x,y,z)$ 可类似定义.

例 1　求 $f(x,y)=x^2+3xy-y^2$ 在点 $(2,1)$ 处的偏导数.

解　把 y 看作常数，对 x 求导得到

$$f'_x(x,y)=2x+3y;$$

把 x 看作常数，对 y 求导得到

$$f'_y(x,y)=3x-2y.$$

代入 $x=2,y=1$，得所求偏导数为 $f'_x(2,1)=7$，$f'_y(2,1)=4$.

例 2　求 $z=\ln x+\mathrm{e}^{xy}+y^2$ 在点 $(1,0)$ 处的偏导数.

解　因 $\dfrac{\partial z}{\partial x}=\dfrac{1}{x}+y\mathrm{e}^{xy}$，$\dfrac{\partial z}{\partial y}=x\mathrm{e}^{xy}+2y$，故 $\left.\dfrac{\partial z}{\partial x}\right|_{(1,0)}=1$，$\left.\dfrac{\partial z}{\partial y}\right|_{(1,0)}=1$.

例 3 已知 $f(x,y)=\mathrm{e}^{\arctan\frac{x}{y}}\ln(x^3+y^3)$，求 $f'_y(0,1)$.

解 如果先求出导函数，则很繁杂. 根据偏导数的定义，把 x 固定在点 $x=0$ 处，即

$$f(0,y)=\ln y^3=3\ln y,$$

因此

$$f'_y(0,1)=(3\ln y)'_y\Big|_{y=1}=\frac{3}{y}\Big|_{y=1}=3.$$

例 4 求 $z=x^2\sin 2y$ 的偏导数.

解 $\dfrac{\partial z}{\partial x}=2x\sin 2y,\quad \dfrac{\partial z}{\partial y}=2x^2\cos 2y.$

例 5 设 $z=x^y(x>0,x\neq 1)$，求证：$\dfrac{x}{y}\cdot\dfrac{\partial z}{\partial x}+\dfrac{1}{\ln x}\cdot\dfrac{\partial z}{\partial y}=2z$.

证 因为$\dfrac{\partial z}{\partial x}=yx^{y-1}$，$\dfrac{\partial z}{\partial y}=x^y\ln x$，所以

$$\frac{x}{y}\cdot\frac{\partial z}{\partial x}+\frac{1}{\ln x}\cdot\frac{\partial z}{\partial y}=\frac{x}{y}yx^{y-1}+\frac{1}{\ln x}x^y\ln x=x^y+x^y=2z.$$

例 6 求 $r=\sqrt{x^2+y^2+z^2}$ 的偏导数.

解 $\dfrac{\partial r}{\partial x}=\dfrac{x}{\sqrt{x^2+y^2+z^2}}=\dfrac{x}{r},\quad \dfrac{\partial r}{\partial y}=\dfrac{y}{\sqrt{x^2+y^2+z^2}}=\dfrac{y}{r},$

$\dfrac{\partial r}{\partial z}=\dfrac{z}{\sqrt{x^2+y^2+z^2}}=\dfrac{z}{r}.$

例 7 已知理想气体的状态方程为 $pV=RT$（R 为常数），求证：$\dfrac{\partial p}{\partial V}\cdot\dfrac{\partial V}{\partial T}\cdot\dfrac{\partial T}{\partial p}=-1$.

证 因为 $p=\dfrac{RT}{V}$，$V=\dfrac{RT}{p}$，$T=\dfrac{pV}{R}$，所以

$$\frac{\partial p}{\partial V}=-\frac{RT}{V^2},\quad \frac{\partial V}{\partial T}=\frac{R}{p},\quad \frac{\partial T}{\partial p}=\frac{V}{R},$$

从而

$$\frac{\partial p}{\partial V}\cdot\frac{\partial V}{\partial T}\cdot\frac{\partial T}{\partial p}=-\frac{RT}{V^2}\cdot\frac{R}{p}\cdot\frac{V}{R}=-\frac{RT}{pV}=-1.$$

例 7 说明，偏导数的记号是一个整体记号，不能看作分子与分母之商.

例 8 讨论函数 $f(x,y)=\begin{cases}\dfrac{xy}{x^2+y^2}, & x^2+y^2\neq 0,\\ 0, & x^2+y^2=0\end{cases}$ 在点(0,0)处是否存在偏导数.

解 在点(0,0)处，有

$$f'_x(0,0)=\lim_{\Delta x\to 0}\frac{f(0+\Delta x,0)-f(0,0)}{\Delta x}=\lim_{\Delta x\to 0}\frac{\dfrac{\Delta x\cdot 0}{(\Delta x)^2+0^2}-0}{\Delta x}=0,$$

$$f'_y(0,0)=\lim_{\Delta y\to 0}\frac{f(0,0+\Delta y)-f(0,0)}{\Delta y}=\lim_{\Delta y\to 0}\frac{\dfrac{0\cdot\Delta y}{0^2+(\Delta y)^2}-0}{\Delta y}=0.$$

由§6.2的例 6 可知，例 8 中的函数在点(0,0)处不存在极限，故在点(0,0)处不连续. 由此例可知，多元函数在一点处的各偏导数都存在不能保证函数在该点处连续. 这与一元函数是不同的.

6.3.2　高阶偏导数

定义 3　设函数 $z=f(x,y)$ 在区域 D 内各偏导数都存在，则其偏导数 $\frac{\partial z}{\partial x}=f'_x(x,y)$，$\frac{\partial z}{\partial y}=f'_y(x,y)$ 在 D 内仍是以 x,y 为自变量的二元函数. 如果这两个偏导函数的偏导数也存在，则称它们是函数 $z=f(x,y)$ 的**二阶偏导数**. 按照对变量求导次序的不同，有下列四个二阶偏导数：

$$\frac{\partial}{\partial x}\left(\frac{\partial z}{\partial x}\right)=\frac{\partial^2 z}{\partial x^2}=f''_{xx}(x,y),\quad \frac{\partial}{\partial y}\left(\frac{\partial z}{\partial x}\right)=\frac{\partial^2 z}{\partial x\partial y}=f''_{xy}(x,y),$$

$$\frac{\partial}{\partial x}\left(\frac{\partial z}{\partial y}\right)=\frac{\partial^2 z}{\partial y\partial x}=f''_{yx}(x,y),\quad \frac{\partial}{\partial y}\left(\frac{\partial z}{\partial y}\right)=\frac{\partial^2 z}{\partial y^2}=f''_{yy}(x,y),$$

其中 $\frac{\partial^2 z}{\partial x\partial y}=f''_{xy}(x,y)$，$\frac{\partial^2 z}{\partial y\partial x}=f''_{yx}(x,y)$ 称为**二阶混合偏导数**.

类似地，可以定义三阶、四阶以及 $n(n\geqslant 5)$ 阶偏导数. 二阶及二阶以上的偏导数统称为**高阶偏导数**.

例 9　设 $z=x^3y^2-3xy^3-xy+1$，求 $\frac{\partial^2 z}{\partial x^2}$，$\frac{\partial^3 z}{\partial x^3}$，$\frac{\partial^2 z}{\partial x\partial y}$ 和 $\frac{\partial^2 z}{\partial y\partial x}$.

解　因为 $\frac{\partial z}{\partial x}=3x^2y^2-3y^3-y$，$\frac{\partial z}{\partial y}=2x^3y-9xy^2-x$，所以

$$\frac{\partial^2 z}{\partial x^2}=6xy^2,\quad \frac{\partial^3 z}{\partial x^3}=6y^2,\quad \frac{\partial^2 z}{\partial x\partial y}=6x^2y-9y^2-1,\quad \frac{\partial^2 z}{\partial y\partial x}=6x^2y-9y^2-1.$$

例 10　设 $z=e^{-x}\cos 2y$，求二阶偏导数.

解　因为 $\frac{\partial z}{\partial x}=-e^{-x}\cos 2y$，$\frac{\partial z}{\partial y}=-2e^{-x}\sin 2y$，所以

$$\frac{\partial^2 z}{\partial x^2}=e^{-x}\cos 2y,\quad \frac{\partial^2 z}{\partial y^2}=-4e^{-x}\cos 2y,\quad \frac{\partial^2 z}{\partial x\partial y}=2e^{-x}\sin 2y,\quad \frac{\partial^2 z}{\partial y\partial x}=2e^{-x}\sin 2y.$$

由例 9 和例 10 观察到 $\frac{\partial^2 z}{\partial y\partial x}=\frac{\partial^2 z}{\partial x\partial y}$，这不是偶然的. 我们不加证明地给出下述定理.

定理 1　**如果函数 $z=f(x,y)$ 的两个二阶混合偏导数 $\frac{\partial^2 z}{\partial y\partial x}$ 及 $\frac{\partial^2 z}{\partial x\partial y}$ 在区域 D 内连续，那么在该区域内这两个二阶混合偏导数必相等.**

6.3.3　切平面及线性近似

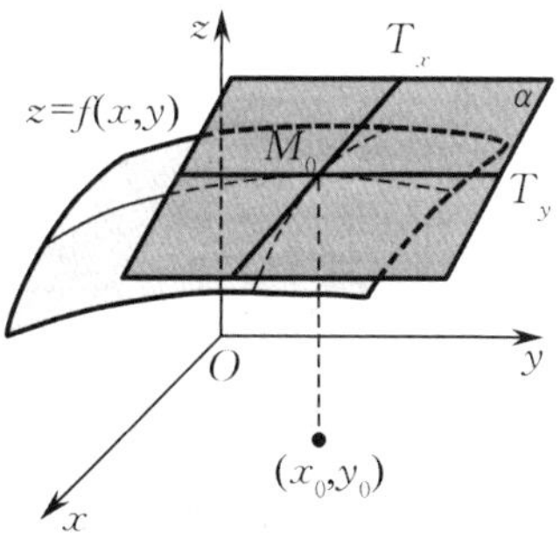

图 6－25

若函数 $z=f(x,y)$ 在点 (x_0,y_0) 处存在偏导数，则由偏导数的定义可知其几何意义是：两个偏导数 $f'_x(x_0,y_0)$，$f'_y(x_0,y_0)$ 分别是曲面 $z=f(x,y)$ 与平面 $y=y_0$，$x=x_0$ 的交线在交点 $M_0(x_0,y_0,f(x_0,y_0))$ 处的切线 T_x，T_y 对 x 轴，y 轴的斜率. 若这两条切线不平行，则这两条切线可以确定唯一一个平面 α（见图 6－25），称之为曲面 $z=f(x,y)$ 在点 (x_0,y_0) 处的**切平面**，其

中点(x_0,y_0)称为**切点**.可以推导出该切平面的方程为

$$z=f(x_0,y_0)+f'_x(x_0,y_0)(x-x_0)+f'_y(x_0,y_0)(y-x_0).$$

显然,曲面$z=f(x,y)$在点(x_0,y_0)处的切平面是在该点处与曲面贴得最近的平面,因此曲面$z=f(x,y)$上点$(x_0,y_0,f(x_0,y_0))$附近的其他点处的纵坐标可由切平面上对应点的纵坐标来近似,即如果点(x,y)在点(x_0,y_0)附近,则有

$$f(x,y)\approx f(x_0,y_0)+f'_x(x_0,y_0)(x-x_0)+f'_y(x_0,y_0)(y-x_0).$$

若令$\Delta x=x-x_0,\Delta y=y-y_0$,则上面的近似公式也可改写成

$$f(x_0+\Delta x,y_0+\Delta y)\approx f(x_0,y_0)+f'_x(x_0,y_0)\Delta x+f'_y(x_0,y_0)\Delta y$$

或

$$\Delta z=f(x_0+\Delta x,y_0+\Delta y)-f(x_0,y_0)\approx f'_x(x_0,y_0)\Delta x+f'_y(x_0,y_0)\Delta y.$$

若$z=f(x,y)$在定义域中任一点(x,y)处都存在偏导数,则依照上述讨论,当$|\Delta x|$,$|\Delta y|$都较小时,有如下的近似:

$$f(x+\Delta x,y+\Delta y)\approx f(x,y)+f'_x(x,y)\Delta x+f'_y(x,y)\Delta y \tag{6-1}$$

或

$$\Delta z=f(x+\Delta x,y+\Delta y)-f(x,y)\approx f'_x(x,y)\Delta x+f'_y(x,y)\Delta y.$$

上述近似称为**曲面在一点处的线性近似**.

例 11 计算$(1.05)^{3.02}$的近似值.

解 设函数$f(x,y)=x^y$,则$f'_x(x,y)=yx^{y-1}$,$f'_y(x,y)=x^y\ln x$.令$x=1,y=3$,$\Delta x=0.05,\Delta y=0.02$,于是

$$f(1,3)=1^3=1,\quad f'_x(1,3)=3,\quad f'_y(1,3)=0.$$

故由近似计算公式(6-1)得

$$(1.05)^{3.02}\approx 1+3\times 0.05+0\times 0.02=1.15.$$

6.3.4 全微分

由近似计算公式(6-1)可知,当$|\Delta x|$,$|\Delta y|$都较小时,有

$$\Delta z\approx f'_x(x,y)\Delta x+f'_y(x,y)\Delta y.$$

于是有以下定义:

定义 4 若函数$z=f(x,y)$在点(x,y)处有连续的偏导数,则$f'_x(x,y)\Delta x+f'_y(x,y)\Delta y$称为函数$z=f(x,y)$在点$(x,y)$处的**全微分**,记作$\mathrm{d}z$,即

$$\mathrm{d}z=f'_x(x,y)\Delta x+f'_y(x,y)\Delta y.$$

此时,也称函数$z=f(x,y)$在点(x,y)处**可微分**.

习惯上,将$\Delta x,\Delta y$分别记作$\mathrm{d}x,\mathrm{d}y$,并分别称之为**自变量**x,y**的微分**,则函数$z=f(x,y)$的全微分也可写作

$$\mathrm{d}z=\frac{\partial z}{\partial x}\mathrm{d}x+\frac{\partial z}{\partial y}\mathrm{d}y.$$

对于二元以上的函数,也可类似地定义其全微分.例如,三元函数$u=f(x,y,z)$的全微分定义为

$$du = \frac{\partial u}{\partial x}dx + \frac{\partial u}{\partial y}dy + \frac{\partial u}{\partial z}dz.$$

例 12　计算函数 $z = x^2 y + y^2$ 的全微分.

解　因为$\frac{\partial z}{\partial x} = 2xy$,$\frac{\partial z}{\partial y} = x^2 + 2y$,且这两个偏导数连续,所以

$$dz = 2xy\,dx + (x^2 + 2y)dy.$$

例 13　计算函数 $z = e^{xy}$ 在点(2,1)处的全微分.

解　因为$\left.\frac{\partial z}{\partial x}\right|_{(2,1)} = \left.ye^{xy}\right|_{(2,1)} = e^2$,$\left.\frac{\partial z}{\partial y}\right|_{(2,1)} = \left.xe^{xy}\right|_{(2,1)} = 2e^2$,所以

$$\left.dz\right|_{(2,1)} = e^2 dx + 2e^2 dy.$$

例 14　计算函数 $u = x + \sin\frac{y}{2} + e^{yz}$ 的全微分.

解　因为

$$\frac{\partial u}{\partial x} = 1,\quad \frac{\partial u}{\partial y} = \frac{1}{2}\cos\frac{y}{2} + ze^{yz},\quad \frac{\partial u}{\partial z} = ye^{yz},$$

所以

$$du = dx + \left(\frac{1}{2}\cos\frac{y}{2} + ze^{yz}\right)dy + ye^{yz}dz.$$

由定义 4 及近似计算公式(6-1)可知,当二元函数 $z = f(x,y)$ 在点(x,y)处的两个偏导数$f'_x(x,y)$,$f'_y(x,y)$连续,并且$|\Delta x|$,$|\Delta y|$都较小时,有线性近似

$$\Delta z \approx dz = f'_x(x,y)\Delta x + f'_y(x,y)\Delta y, \tag{6-2}$$

即可用函数的全微分作为函数增量的近似值.

例 15　设有一圆柱体受压后发生形变,它的半径由 20 cm 增大到 20.05 cm,高度由 100 cm 减少到 99 cm. 求此圆柱体体积变化的近似值.

解　设圆柱体的半径、高和体积依次为 r,h 和 V,则有

$$V = \pi r^2 h.$$

已知 $r = 20$,$h = 100$,$\Delta r = 0.05$,$\Delta h = -1$. 根据近似计算公式(6-2),有

$$\begin{aligned}\Delta V \approx dV &= V'_r\Delta r + V'_h\Delta h = 2\pi rh\Delta r + \pi r^2\Delta h \\ &= 2\pi \times 20 \times 100 \times 0.05 + \pi \times 20^2 \times (-1) = -200\pi,\end{aligned}$$

即此圆柱体在受压后体积约减少了 200π cm^3.

习题 6-3

1. 求下列函数的偏导数和全微分:

(1) $z = x^3 + 3xy + y^3$;　(2) $z = \frac{\sin y^2}{x}$;

(3) $z = \ln(x - 3y)$;　(4) $z = x^y + \ln xy\ (x > 0, y > 0, x \neq 1)$;

(5) $u = x^{\frac{z}{y}}$;　(6) $u = \cos(x^2 - y^2 + e^{-z})$;

(7) $z = x^3 y + x^2 + 2xy$;　(8) $z = e^{xy} + \cos xy$;

(9) $z = x^y$；　　(10) $z = \ln\left(\tan \frac{x}{y}\right)$.

2. 设 $z = e^{-\frac{1}{x}-\frac{1}{y}}$，证明：$x^2 \frac{\partial z}{\partial x} + y^2 \frac{\partial z}{\partial y} = 2z$.

3. 设 $r = \sqrt{x^2+y^2+z^2}$，证明：

(1) $\left(\frac{\partial r}{\partial x}\right)^2 + \left(\frac{\partial r}{\partial y}\right)^2 + \left(\frac{\partial r}{\partial z}\right)^2 = 1$；　　(2) $\frac{\partial^2 r}{\partial x^2} + \frac{\partial^2 r}{\partial y^2} + \frac{\partial^2 r}{\partial z^2} = \frac{2}{r}$；

(3) $\frac{\partial^2 (\ln r)}{\partial x^2} + \frac{\partial^2 (\ln r)}{\partial y^2} + \frac{\partial^2 (\ln r)}{\partial z^2} = \frac{1}{r^2}$.

4. 设函数 $f(x,y) = x + (y-1)\arcsin\sqrt{\frac{x}{y}}$，求 $f'_x(x,1)$.

5. 求下列函数的二阶偏导数 $\frac{\partial^2 z}{\partial x^2}, \frac{\partial^2 z}{\partial y^2}, \frac{\partial^2 z}{\partial y \partial x}$：

(1) $z = 4x^3 + 3x^2 y - 3xy^2 - x + y$；　　(2) $z = \arctan \frac{y}{x}$.

6. 计算函数 $z = x^y$ 在点(3,1)处的全微分.

7. 求函数 $z = xy$ 在点(2,3)处关于 $\Delta x = 0.1, \Delta y = 0.2$ 的全增量与全微分.

8. 计算 $(1.97)^{1.05}$ 的近似值.

9. 设有一个无盖圆柱形玻璃容器，其内高为 20 cm，内半径为 4 cm，容器的壁与底的厚度均为 0.1 cm，求容器外壳体积的近似值.

§6.4 多元复合函数与隐函数微分法

6.4.1 复合函数微分法

设 $z = f(u,v)$，而 $u = \varphi(x,y)$，$v = \psi(x,y)$，则 $z = f[\varphi(x,y),\psi(x,y)]$ 是关于 x,y 的复合函数. 如何求 $\frac{\partial z}{\partial x}, \frac{\partial z}{\partial y}$ 呢?

定理 1　如果函数 $u = \varphi(t)$ 及 $v = \psi(t)$ 都在点 t 处可导，函数 $z = f(u,v)$ 在对应点 (u,v) 处具有连续偏导数，则复合函数 $z = f[\varphi(t),\psi(t)]$ 在点 t 处可导，且有

$$\frac{dz}{dt} = \frac{\partial z}{\partial u} \cdot \frac{du}{dt} + \frac{\partial z}{\partial v} \cdot \frac{dv}{dt}.$$

推广：设 $z = f(u,v,w)$，$u = \varphi(t)$，$v = \psi(t)$，$w = \omega(t)$，则

$$\frac{dz}{dt} = \frac{\partial z}{\partial u} \cdot \frac{du}{dt} + \frac{\partial z}{\partial v} \cdot \frac{dv}{dt} + \frac{\partial z}{\partial w} \cdot \frac{dw}{dt}.$$

这里 $\frac{dz}{dt}$ 也称为全导数.

定理 2　如果函数 $u = \varphi(x,y)$，$v = \psi(x,y)$ 都在点 (x,y) 处具有对 x,y 的偏导数，函数 $z = f(u,v)$ 在对应点 (u,v) 处具有连续偏导数，则复合函数 $z = f[\varphi(x,y),\psi(x,y)]$ 在点

(x,y) **处的两个偏导数存在，且有**

$$\frac{\partial z}{\partial x}=\frac{\partial z}{\partial u}\cdot\frac{\partial u}{\partial x}+\frac{\partial z}{\partial v}\cdot\frac{\partial v}{\partial x},\qquad \frac{\partial z}{\partial y}=\frac{\partial z}{\partial u}\cdot\frac{\partial u}{\partial y}+\frac{\partial z}{\partial v}\cdot\frac{\partial v}{\partial y}.$$

推广：设 $z=f(u,v,w)$，$u=\varphi(x,y)$，$v=\psi(x,y)$，$w=\omega(x,y)$，则

$$\frac{\partial z}{\partial x}=\frac{\partial z}{\partial u}\cdot\frac{\partial u}{\partial x}+\frac{\partial z}{\partial v}\cdot\frac{\partial v}{\partial x}+\frac{\partial z}{\partial w}\cdot\frac{\partial w}{\partial x},\qquad \frac{\partial z}{\partial y}=\frac{\partial z}{\partial u}\cdot\frac{\partial u}{\partial y}+\frac{\partial z}{\partial v}\cdot\frac{\partial v}{\partial y}+\frac{\partial z}{\partial w}\cdot\frac{\partial w}{\partial y}.$$

定理 3　**如果函数** $u=\varphi(x,y)$ **在点** (x,y) **处具有对** x,y **的偏导数，函数** $v=\psi(y)$ **在点** y **处可导，函数** $z=f(u,v)$ **在对应点** (u,v) **处具有连续偏导数，则复合函数** $z=f[\varphi(x,y),\psi(y)]$ **在点** (x,y) **处的两个偏导数存在，且有**

$$\frac{\partial z}{\partial x}=\frac{\partial z}{\partial u}\cdot\frac{\partial u}{\partial x},\qquad \frac{\partial z}{\partial y}=\frac{\partial z}{\partial u}\cdot\frac{\partial u}{\partial y}+\frac{\partial z}{\partial v}\cdot\frac{\mathrm{d}v}{\mathrm{d}y}.$$

以上复合函数求导法则称为**链式法则**.

例 1　已知 $z=\mathrm{e}^{xy}\sin(x+y)$，求$\frac{\partial z}{\partial x}$和$\frac{\partial z}{\partial y}$.

解　原函数可以看成是由 $z=\mathrm{e}^u\sin v$，$u=xy$，$v=x+y$ 三个二元函数复合而成，所以

$$\begin{aligned}\frac{\partial z}{\partial x}&=\frac{\partial z}{\partial u}\cdot\frac{\partial u}{\partial x}+\frac{\partial z}{\partial v}\cdot\frac{\partial v}{\partial x}=\mathrm{e}^u\sin v\cdot y+\mathrm{e}^u\cos v\cdot 1\\&=\mathrm{e}^{xy}[y\sin(x+y)+\cos(x+y)],\\\frac{\partial z}{\partial y}&=\frac{\partial z}{\partial u}\cdot\frac{\partial u}{\partial y}+\frac{\partial z}{\partial v}\cdot\frac{\partial v}{\partial y}=\mathrm{e}^u\sin v\cdot x+\mathrm{e}^u\cos v\cdot 1\\&=\mathrm{e}^{xy}[x\sin(x+y)+\cos(x+y)].\end{aligned}$$

例 2　设 $u=f(x,y,z)=\mathrm{e}^{x^2+y^2+z^2}$，而 $z=x^2\sin y$，求$\frac{\partial u}{\partial x}$和$\frac{\partial u}{\partial y}$.

解

$$\begin{aligned}\frac{\partial u}{\partial x}&=\frac{\partial f}{\partial x}+\frac{\partial f}{\partial z}\cdot\frac{\partial z}{\partial x}=2x\mathrm{e}^{x^2+y^2+z^2}+2z\mathrm{e}^{x^2+y^2+z^2}\cdot 2x\sin y\\&=2x(1+2x^2\sin^2 y)\mathrm{e}^{x^2+y^2+x^4\sin^2 y},\\\frac{\partial u}{\partial y}&=\frac{\partial f}{\partial y}+\frac{\partial f}{\partial z}\cdot\frac{\partial z}{\partial y}=2y\mathrm{e}^{x^2+y^2+z^2}+2z\mathrm{e}^{x^2+y^2+z^2}\cdot x^2\cos y\\&=2(y+x^4\sin y\cos y)\mathrm{e}^{x^2+y^2+x^4\sin^2 y}.\end{aligned}$$

例 3　设 $z=uv+\sin t$，而 $u=\mathrm{e}^t$，$v=\cos t$，求全导数$\frac{\mathrm{d}z}{\mathrm{d}t}$.

解

$$\begin{aligned}\frac{\mathrm{d}z}{\mathrm{d}t}&=\frac{\partial z}{\partial u}\cdot\frac{\mathrm{d}u}{\mathrm{d}t}+\frac{\partial z}{\partial v}\cdot\frac{\mathrm{d}v}{\mathrm{d}t}+\frac{\partial z}{\partial t}=v\mathrm{e}^t+u(-\sin t)+\cos t\\&=\mathrm{e}^t\cos t-\mathrm{e}^t\sin t+\cos t=\mathrm{e}^t(\cos t-\sin t)+\cos t.\end{aligned}$$

例 4　求 $z=(3x^2+y^2)^{\cos 2y}$ 的偏导数.

解　设 $u=3x^2+y^2$，$v=\cos 2y$，则 $z=u^v$，可得

$$\frac{\partial z}{\partial u}=vu^{v-1},\qquad \frac{\partial z}{\partial v}=u^v\ln u,\qquad \frac{\partial u}{\partial x}=6x,\qquad \frac{\partial u}{\partial y}=2y,\qquad \frac{\mathrm{d}v}{\mathrm{d}y}=-2\sin 2y,$$

于是有

$$\frac{\partial z}{\partial x}=\frac{\partial z}{\partial u}\cdot\frac{\partial u}{\partial x}=vu^{v-1}\cdot 6x=6x(3x^2+y^2)^{\cos 2y-1}\cos 2y,$$

$$\begin{aligned}\frac{\partial z}{\partial y}&=\frac{\partial z}{\partial u}\cdot\frac{\partial u}{\partial y}+\frac{\partial z}{\partial v}\cdot\frac{\mathrm{d}v}{\mathrm{d}y}=vu^{v-1}\cdot 2y+u^v\ln u\cdot(-2\sin 2y)\\&=2y(3x^2+y^2)^{\cos 2y-1}\cos 2y-2(3x^2+y^2)^{\cos 2y}\ln(3x^2+y^2)\sin 2y.\end{aligned}$$

例 5 设 $z=x^nf\left(\frac{y}{x^2}\right)$，其中 f 是任意可微函数，证明：$x\frac{\partial z}{\partial x}+2y\frac{\partial z}{\partial y}=nz$.

证 令 $u=\frac{y}{x^2}$，则 $\frac{\partial u}{\partial x}=-\frac{2y}{x^3}$，$\frac{\partial u}{\partial y}=\frac{1}{x^2}$. 因此

$$\frac{\partial z}{\partial x}=nx^{n-1}f(u)+x^nf'(u)\frac{\partial u}{\partial x}=nx^{n-1}f(u)+x^nf'(u)\left(-\frac{2y}{x^3}\right),$$

$$\frac{\partial z}{\partial y}=x^nf'(u)\frac{\partial u}{\partial y}=x^nf'(u)\frac{1}{x^2},$$

于是有

$$\begin{aligned}x\frac{\partial z}{\partial x}+2y\frac{\partial z}{\partial y}&=x\cdot nx^{n-1}f(u)+x^nf'(u)\left(-\frac{2y}{x^3}\right)x+2y\cdot x^nf'(u)\frac{1}{x^2}\\&=nx^nf(u)=nz.\end{aligned}$$

例 6 设 $w=f(x+y+z,xyz)$，f 具有二阶连续偏导数，求 $\frac{\partial w}{\partial x}$ 及 $\frac{\partial^2 w}{\partial x\partial z}$.

解 令 $u=x+y+z$，$v=xyz$，则 $w=f(u,v)$.

引入记号：$f_1'=\frac{\partial f(u,v)}{\partial u}$ 表示 f 对第一个中间变量的偏导数；$f_{12}''=\frac{\partial f(u,v)}{\partial u\partial v}$ 表示 f 先对第一个中间变量，再对第二个中间变量的二阶混合偏导数；同理有 f_2'，f_{11}''，f_{22}'' 等. 于是有

$$\frac{\partial w}{\partial x}=\frac{\partial f}{\partial u}\cdot\frac{\partial u}{\partial x}+\frac{\partial f}{\partial v}\cdot\frac{\partial v}{\partial x}=f_1'+yzf_2',$$

$$\frac{\partial^2 w}{\partial x\partial z}=\frac{\partial}{\partial z}(f_1'+yzf_2')=\frac{\partial f_1'}{\partial z}+yf_2'+yz\frac{\partial f_2'}{\partial z}.$$

因为

$$\frac{\partial f_1'}{\partial z}=\frac{\partial f_1'}{\partial u}\cdot\frac{\partial u}{\partial z}+\frac{\partial f_1'}{\partial v}\cdot\frac{\partial v}{\partial z}=f_{11}''+xyf_{12}'',$$

$$\frac{\partial f_2'}{\partial z}=\frac{\partial f_2'}{\partial u}\cdot\frac{\partial u}{\partial z}+\frac{\partial f_2'}{\partial v}\cdot\frac{\partial v}{\partial z}=f_{21}''+xyf_{22}'',$$

所以

$$\begin{aligned}\frac{\partial^2 w}{\partial x\partial z}&=f_{11}''+xyf_{12}''+yf_2'+yzf_{21}''+xy^2zf_{22}''\\&=f_{11}''+y(x+z)f_{12}''+yf_2'+xy^2zf_{22}''.\end{aligned}$$

6.4.2 隐函数微分法

定理 4 **若方程 $F(x,y)=0$ 能唯一确定一个连续且具有连续导数的函数 $y=f(x)$，则有**

$$\frac{\mathrm{d}y}{\mathrm{d}x}=-\frac{F'_x}{F'_y}.$$

证　将 $y=f(x)$ 代入 $F(x,y)=0$，得恒等式 $F[x,f(x)]\equiv 0$. 等式两边对 x 求偏导，由链式法则得

$$\frac{\partial F}{\partial x}+\frac{\partial F}{\partial y}\cdot\frac{\mathrm{d}y}{\mathrm{d}x}=0,$$

于是得

$$\frac{\mathrm{d}y}{\mathrm{d}x}=-\frac{F'_x}{F'_y}.$$

例 7　求由方程 $x^2+y^2-1=0$ 确定的隐函数 $y=f(x)$ 的导数.

解　设 $F(x,y)=x^2+y^2-1$，则 $F'_x=2x,F'_y=2y$，于是有

$$\frac{\mathrm{d}y}{\mathrm{d}x}=-\frac{F'_x}{F'_y}=-\frac{x}{y}.$$

定理 4 还可以推广到三元函数的情形，即有以下定理：

定理 5　**若方程 $F(x,y,z)=0$ 能唯一确定一个具有连续偏导数的函数 $z=f(x,y)$，则有**

$$\frac{\partial z}{\partial x}=-\frac{F'_x}{F'_z},\quad \frac{\partial z}{\partial y}=-\frac{F'_y}{F'_z}.$$

证　将 $z=f(x,y)$ 代入 $F(x,y,z)=0$，得 $F[x,y,f(x,y)]\equiv 0$. 将等式两端分别对 x，y 求偏导，由链式法则得

$$F'_x+F'_z\frac{\partial z}{\partial x}=0,\quad F'_y+F'_z\frac{\partial z}{\partial y}=0,$$

于是得

$$\frac{\partial z}{\partial x}=-\frac{F'_x}{F'_z},\quad \frac{\partial z}{\partial y}=-\frac{F'_y}{F'_z}.$$

例 8　设 $x^2+y^2+z^2-4z=0$，求 $\frac{\partial^2 z}{\partial x^2}$.

解　设 $F(x,y,z)=x^2+y^2+z^2-4z$，则 $F'_x=2x,F'_y=2y,F'_z=2z-4$，于是有

$$\frac{\partial z}{\partial x}=-\frac{F'_x}{F'_z}=-\frac{2x}{2z-4}=\frac{x}{2-z},$$

$$\frac{\partial^2 z}{\partial x^2}=\frac{2-z+x\dfrac{\partial z}{\partial x}}{(2-z)^2}=\frac{2-z+x\cdot\dfrac{x}{2-z}}{(2-z)^2}=\frac{(2-z)^2+x^2}{(2-z)^3}.$$

例 9　求由方程 $\frac{x}{z}=\ln\frac{z}{y}$ 所确定的隐函数 $z=f(x,y)$ 的偏导数 $\frac{\partial z}{\partial x},\frac{\partial z}{\partial y}$.

解　令 $F(x,y,z)=\frac{x}{z}-\ln\frac{z}{y}=\frac{x}{z}-\ln z+\ln y$，则

$$F'_x=\frac{1}{z},\quad F'_y=\frac{1}{y},\quad F'_z=-\frac{x}{z^2}-\frac{1}{z}=-\frac{x+z}{z^2},$$

于是有

$$\frac{\partial z}{\partial x}=-\frac{F'_x}{F'_z}=\frac{z}{x+z},\quad \frac{\partial z}{\partial y}=-\frac{F'_y}{F'_z}=\frac{z^2}{y(x+z)}.$$

例 10　设 $z=f(x+y+z,xyz)$，求 $\frac{\partial z}{\partial x},\frac{\partial z}{\partial y}$.

解 令 $F(x,y,z)=z-f(x+y+z,xyz)$,则

$$F'_x=-f'_1-yzf'_2,\quad F'_y=-f'_1-xzf'_2,\quad F'_z=1-f'_1-xyf'_2,$$

于是有

$$\frac{\partial z}{\partial x}=-\frac{F'_x}{F'_z}=\frac{f'_1+yzf'_2}{1-f'_1-xyf'_2},\quad \frac{\partial z}{\partial y}=-\frac{F'_y}{F'_z}=\frac{f'_1+xzf'_2}{1-f'_1-xyf'_2}.$$

例 11 设方程 $x+y-z=\mathrm{e}^z$ 确定了隐函数 $z=z(x,y)$,求$\frac{\partial^2 z}{\partial x^2},\frac{\partial^2 z}{\partial x\partial y},\frac{\partial^2 z}{\partial y^2}$.

解 令 $F(x,y,z)=x+y-z-\mathrm{e}^z$,则

$$F'_x=1,\quad F'_y=1,\quad F'_z=-1-\mathrm{e}^z,$$

所以

$$\frac{\partial z}{\partial x}=-\frac{F'_x}{F'_z}=\frac{1}{\mathrm{e}^z+1},\quad \frac{\partial z}{\partial y}=-\frac{F'_y}{F'_z}=\frac{1}{\mathrm{e}^z+1}.$$

于是有

$$\frac{\partial^2 z}{\partial x^2}=\frac{\partial}{\partial x}\left(\frac{\partial z}{\partial x}\right)=-\frac{1}{(\mathrm{e}^z+1)^2}\cdot\mathrm{e}^z\frac{\partial z}{\partial x}=-\frac{\mathrm{e}^z}{(\mathrm{e}^z+1)^2}\cdot\frac{1}{\mathrm{e}^z+1}=-\frac{\mathrm{e}^z}{(\mathrm{e}^z+1)^3}.$$

同理,有

$$\frac{\partial^2 z}{\partial y^2}=\frac{\partial^2 z}{\partial x\partial y}=-\frac{\mathrm{e}^z}{(\mathrm{e}^z+1)^3}.$$

习题 6－4

1. 设 $z=u^2\ln v,u=\frac{x}{y},v=3x-2y$,求$\frac{\partial z}{\partial x},\frac{\partial z}{\partial y}$.

2. 设 $z=\mathrm{e}^{x-2y},x=\sin t,y=t^3$,求$\frac{\mathrm{d}z}{\mathrm{d}t}$.

3. 设 $z=u^2-v^2,u=x+y,v=x-y$,求 $\mathrm{d}z$.

4. 设 $z=f(x^2-y^2,xy)$,f 具有连续偏导数,求$\frac{\partial z}{\partial x},\frac{\partial z}{\partial y}$.

5. 若 f 的导数存在,验证下列各式:

(1) 设 $u=yf(x^2-y^2)$,则 $y^2\frac{\partial u}{\partial x}+xy\frac{\partial u}{\partial y}=xu$;

(2) 设 $z=xy+xf\left(\frac{y}{x}\right)$,则 $x\frac{\partial z}{\partial x}+y\frac{\partial z}{\partial y}=z+xy$.

6. 设 $\ln\sqrt{x^2+y^2}=\arctan\frac{y}{x}$,求$\frac{\mathrm{d}y}{\mathrm{d}x}$.

7. 设 $x+2y+z-2\sqrt{xyz}=0$,求$\frac{\partial z}{\partial x},\frac{\partial z}{\partial y}$.

8. 求由下列方程所确定的隐函数 $z=f(x,y)$ 的偏导数$\frac{\partial z}{\partial x},\frac{\partial z}{\partial y}$:

(1) $x^2+y^2+z^2-4z=0$;　　(2) $z^3-3xyz=1$.

9. 设 $2\sin(x+2y-3z)=x+2y-3z$,证明:

$$\frac{\partial z}{\partial x}+\frac{\partial z}{\partial y}=1.$$

§6.5 多元函数的极值

6.5.1 多元函数的极值及最大值、最小值

定义 1 设函数 $z=f(x,y)$ 在点 (x_0,y_0) 的某个邻域内有定义. 如果对于该邻域内任何异于 (x_0,y_0) 的点 (x,y)，都有

$$f(x,y)<f(x_0,y_0)\quad(\text{或 } f(x,y)>f(x_0,y_0)),$$

则称函数在点 (x_0,y_0) 处有极大值(或极小值) $f(x_0,y_0)$.

极大值、极小值统称为**极值**，使函数取得极值的点称为**极值点**.

例 1 函数 $z=3x^2+4y^2$ 在点 $(0,0)$ 处有极小值.

当 $(x,y)=(0,0)$ 时，$z=0$；而当 $(x,y)\neq(0,0)$ 时，$z>0$. 因此 $z=0$ 是函数的极小值，如图 6-26 所示.

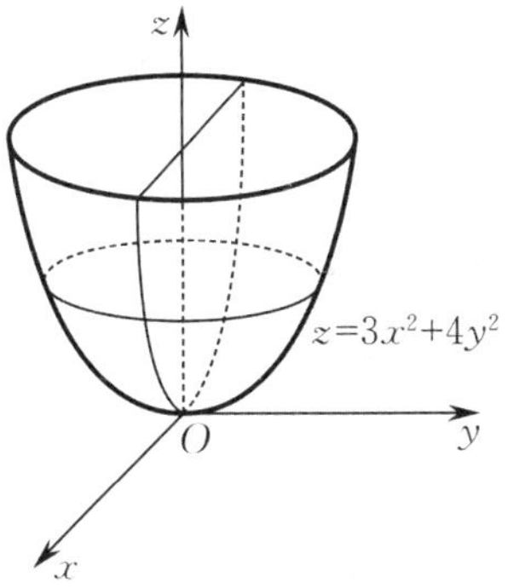

图 6-26

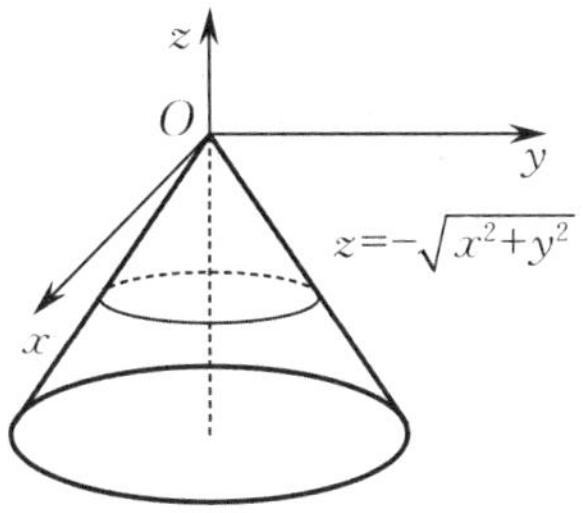

图 6-27

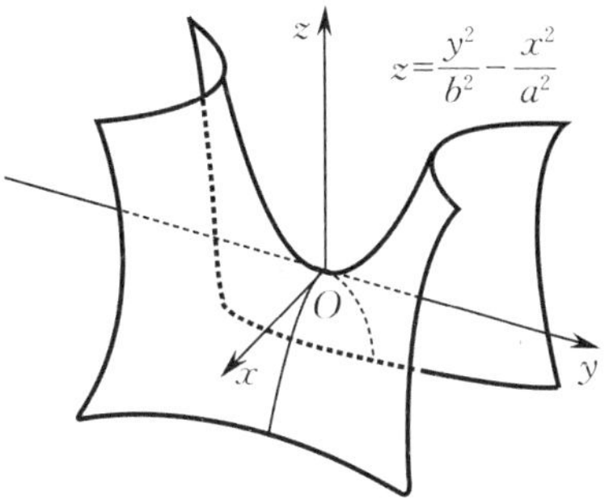

图 6-28

例 2 函数 $z=-\sqrt{x^2+y^2}$ 在点 $(0,0)$ 处有极大值.

当 $(x,y)=(0,0)$ 时，$z=0$；而当 $(x,y)\neq(0,0)$ 时，$z<0$. 因此 $z=0$ 是函数的极大值，如图 6-27 所示.

例 3 函数 $z=\dfrac{y^2}{b^2}-\dfrac{x^2}{a^2}(a,b>0)$ 在点 $(0,0)$ 处既不取得极大值也不取得极小值.

这是因为 $(x,y)=(0,0)$ 时，$z=0$，而在点 $(0,0)$ 的任一邻域内，总有使函数值为正的点，也有使函数值为负的点，如图 6-28 所示.

定理 1(必要条件) **设函数 $z=f(x,y)$ 在点 (x_0,y_0) 处具有偏导数，且在点 (x_0,y_0) 处有极值，则有**

$$f'_x(x_0,y_0)=0,\quad f'_y(x_0,y_0)=0.$$

证 不妨设 $z=f(x,y)$ 在点 (x_0,y_0) 处有极大值，则依极大值的定义，对于点 (x_0,y_0)

的某邻域内异于(x_0,y_0)的点(x,y)，都有不等式

$$f(x,y)<f(x_0,y_0).$$

特殊地，在该邻域内取$y=y_0$而$x\neq x_0$的点，也应有不等式

$$f(x,y_0)<f(x_0,y_0).$$

这表明，一元函数$f(x,y_0)$在点$x=x_0$处取得极大值，因而必有

$$f'_x(x_0,y_0)=0.$$

类似地可证$f'_y(x_0,y_0)=0$.

仿照一元函数，将使$f'_x(x,y)=0$，$f'_y(x,y)=0$同时成立的点(x_0,y_0)称为二元函数$z=f(x,y)$的**驻点**.

从定理1可知，具有偏导数的函数的极值点必定是驻点.但函数的驻点不一定是极值点.如例3中的函数$z=\dfrac{y^2}{b^2}-\dfrac{x^2}{a^2}$，它在点$(0,0)$处的两个偏导数都是零，但该函数在点$(0,0)$处既不取得极大值也不取得极小值.

定理2(充分条件)　**设函数$z=f(x,y)$在点(x_0,y_0)的某邻域内连续且有连续的一阶、二阶偏导数，又$f'_x(x_0,y_0)=0$，$f'_y(x_0,y_0)=0$.记**

$$f''_{xx}(x_0,y_0)=A,\quad f''_{xy}(x_0,y_0)=B,\quad f''_{yy}(x_0,y_0)=C.$$

令$\Delta=AC-B^2$，则

(1) $\Delta>0$时，(x_0,y_0)是极值点，且当$A<0$时，$f(x,y)$在点(x_0,y_0)处取得极大值，当$A>0$时，$f(x,y)$在点(x_0,y_0)处取得极小值；

(2) $\Delta<0$时，$f(x,y)$在点(x_0,y_0)处不取得极值；

(3) $\Delta=0$时，$f(x,y)$在点(x_0,y_0)处可能有极值，也可能没有极值.

根据定理1和定理2，可总结出求具有偏导数的二元函数极值的步骤：

第一步，解方程组$\begin{cases}f'_x(x,y)=0,\\ f'_y(x,y)=0,\end{cases}$求得一切实数解，即可得一切驻点；

第二步，对于每一个驻点(x_0,y_0)，求出它们的二阶偏导数的值A，B和C；

第三步，定出$\Delta=AC-B^2$的符号，按定理2的结论判定$f(x_0,y_0)$是否是极值，是极大值还是极小值.

例4　求函数$f(x,y)=x^3-y^3+3x^2+3y^2-9x$的极值.

解　解方程组

$$\begin{cases}f'_x(x,y)=3x^2+6x-9=0,\\ f'_y(x,y)=-3y^2+6y=0,\end{cases}$$

求得$x=1,-3$；$y=0,2$.于是得驻点为$(1,0)$，$(1,2)$，$(-3,0)$，$(-3,2)$.

再求出二阶偏导数

$$f''_{xx}(x,y)=6x+6,\quad f''_{xy}(x,y)=0,\quad f''_{yy}(x,y)=-6y+6.$$

在点$(1,0)$处，$AC-B^2=12\cdot 6>0$，又$A>0$，所以函数在点$(1,0)$处有极小值$f(1,0)=-5$；

在点$(1,2)$处，$AC-B^2=12\cdot(-6)<0$，所以$f(1,2)$不是极值；

在点$(-3,0)$处，$AC-B^2=-12\cdot 6<0$，所以$f(-3,0)$不是极值；

在点 $(-3,2)$ 处，$AC-B^2=-12\cdot(-6)>0$，又 $A<0$，所以函数在点 $(-3,2)$ 处有极大值 $f(-3,2)=31$.

注　函数在偏导数不存在的点也可能取得极值.

例如，函数 $z=-\sqrt{x^2+y^2}$ 在点 $(0,0)$ 处有极大值，但点 $(0,0)$ 不是函数的驻点. 因此，在考虑函数的极值问题时，除了考虑函数的驻点外，如果有偏导数不存在的点，那么这些点也应当考虑.

如果 $f(x,y)$ 在有界闭区域 D 上连续，则 $f(x,y)$ 在 D 上必定能取得最大值和最小值. 这种使函数取得最大值或最小值的点既可能在 D 的内部，也可能在 D 的边界上. 我们假定函数在 D 上连续，在 D 内可微分，且只有有限个驻点，这时如果函数在 D 的内部取得最大值(或最小值)，那么这个最大值(或最小值)也是函数的极大值(或极小值). 因此，求最大值和最小值的一般方法是：将函数 $f(x,y)$ 在 D 内的所有驻点处的函数值与在 D 的边界上的最大值和最小值相互比较，其中最大的就是最大值，最小的就是最小值. 在通常遇到的实际问题中，如果根据问题的性质知道，函数 $f(x,y)$ 的最大值(或最小值)一定在 D 的内部取得，而函数在 D 内只有一个驻点，那么可以肯定该驻点处的函数值就是函数 $f(x,y)$ 在 D 上的最大值(或最小值). 在实际应用中常遇到这种情况.

例 5　设某厂要用铁板做成一个体积为 V 的有盖长方体水箱，问：当长、宽、高各取多少时，用料最省？

解　设水箱的长为 x，宽为 y，则其高应为 $\dfrac{V}{xy}$. 于是此水箱所用材料的面积为

$$A=2\left(xy+y\cdot\frac{V}{xy}+x\cdot\frac{V}{xy}\right)=2\left(xy+\frac{V}{x}+\frac{V}{y}\right)\quad(x>0,y>0).$$

令

$$A'_x=2\left(y-\frac{V}{x^2}\right)=0,\quad A'_y=2\left(x-\frac{V}{y^2}\right)=0,$$

解得驻点为 $x=\sqrt[3]{V}$，$y=\sqrt[3]{V}$.

根据题意可知，水箱所用材料面积的最小值一定存在，并在开区域 $D=\{(x,y)\mid x>0,y>0\}$ 内取得. 又因为函数 A 在 D 内只有一个驻点，所以此驻点一定是 A 的最小值点，即当水箱的长为 $\sqrt[3]{V}$，宽为 $\sqrt[3]{V}$，高为 $\dfrac{V}{\sqrt[3]{V}\cdot\sqrt[3]{V}}=\sqrt[3]{V}$ 时，所用的材料最省.

例 6　设某工厂生产甲、乙两种产品，甲种产品的售价为 900 元 / 吨，乙种产品的售价为 1 000 元 / 吨. 已知生产 x 吨甲种产品和 y 吨乙种产品的总成本(单位：元)为

$$C(x,y)=30\,000+300x+200y+3x^2+xy+3y^2,$$

问：甲、乙两种产品的产量各为多少时，利润最大？

解　设 $L(x,y)$ 为销售 x 吨甲种产品和 y 吨乙种产品所获得的总利润，则

$$\begin{aligned}L(x,y)&=900x+1\,000y-C(x,y)\\&=-3x^2-xy-3y^2+600x+800y-30\,000.\end{aligned}$$

解方程组

$$\begin{cases}L'_x(x,y)=-6x-y+600=0,\\L'_y(x,y)=-x-6y+800=0,\end{cases}$$

得 $x=80,y=120$，即唯一驻点是(80,120). 又

$$A=L''_{xx}=-6<0,\quad B=L''_{xy}=-1,\quad C=L''_{yy}=-6,$$

因此在点(80,120)处，有

$$\Delta=AC-B^2=(-6)\cdot(-6)-(-1)^2=35>0,$$

故 $L(x,y)$ 在驻点(80,120)处有极大值. 于是可以断定，当生产 80 吨甲种产品和 120 吨乙种产品时，利润最大，且最大利润为 $L(80,120)=42\,000$ 元.

6.5.2 条件极值与拉格朗日乘数法

对自变量有附加条件的极值称为**条件极值**. 例如，求表面积为 a^2 而体积为最大的长方体体积的问题. 设长方体的三棱的长分别为 x,y,z，则体积 $V=xyz$. 又因为假定表面积为 a^2，所以自变量 x,y,z 还必须满足附加条件 $2(xy+yz+xz)=a^2$. 这个问题就是求函数 $V=xyz$ 在条件 $2(xy+yz+xz)=a^2$ 下的最大值的问题，这是一个**条件极值问题**.

对于这个例题，可以把条件极值问题化为**无条件极值问题**.

由条件 $2(xy+yz+xz)=a^2$，解得 $z=\dfrac{a^2-2xy}{2(x+y)}$，于是得

$$V=\frac{xy}{2}\cdot\frac{a^2-2xy}{x+y},$$

即只需求 V 的无条件极值.

在很多情形下，将条件极值问题化为无条件极值问题并不容易，故需要另一种求条件极值的方法，这就是下面的拉格朗日乘数法.

拉格朗日乘数法：要找函数 $z=f(x,y)$ 在条件 $\varphi(x,y)=0$ 下的可能极值点，可以先构造辅助函数

$$L(x,y,\lambda)=f(x,y)+\lambda\varphi(x,y),$$

其中 λ 为某一常数；然后解方程组

$$\begin{cases}L'_x(x,y,\lambda)=f'_x(x,y)+\lambda\varphi'_x(x,y)=0,\\ L'_y(x,y,\lambda)=f'_y(x,y)+\lambda\varphi'_y(x,y)=0,\\ L'_\lambda(x,y,\lambda)=\varphi(x,y)=0,\end{cases}$$

得 x,y 及 λ，则 (x,y) 就是所要求的可能极值点.

这种方法可以推广到自变量多于两个或条件多于一个的情形. 至于如何确定所求的点是否是极值点，在实际问题中往往可根据问题本身的性质来判定.

例 7 求表面积为 a^2 而体积为最大的长方体的体积.

解 设长方体的三棱的长分别为 x,y,z，则问题就是在条件

$$2(xy+yz+xz)=a^2$$

下求函数 $V=xyz$ 的最大值.

构造辅助函数

$$L(x,y,z,\lambda)=xyz+\lambda(2xy+2yz+2xz-a^2).$$

解方程组

$$\begin{cases} L'_x(x,y,z,\lambda) = yz + 2\lambda(y+z) = 0, \\ L'_y(x,y,z,\lambda) = xz + 2\lambda(x+z) = 0, \\ L'_z(x,y,z,\lambda) = xy + 2\lambda(y+x) = 0, \\ L'_\lambda(x,y,z,\lambda) = 2xy + 2yz + 2xz - a^2 = 0, \end{cases}$$

得 $x = y = z = \frac{\sqrt{6}}{6}a$，这是唯一的可能极值点. 因为由问题本身可知最大值一定存在，所以最大值就在这个可能的极值点处取得. 此时 $V = \frac{\sqrt{6}}{36}a^3$.

例 8　设某公司销售收入 R(单位：万元) 与花费在两种广告宣传的费用 x, y(单位：万元) 之间的关系为

$$R = \frac{200x}{x+5} + \frac{100y}{10+y},$$

而利润额是销售收入的 2 成，并要扣除广告费用. 已知广告费用总预算金额是 15 万元，试问：如何分配两种广告费用可使利润最大?

解　设利润为 z，则问题是在约束条件 $x + y = 15(x > 0, y > 0)$ 下求函数

$$z = \frac{1}{5}R - x - y = \frac{40x}{x+5} + \frac{20y}{10+y} - x - y$$

的条件极值问题. 构造辅助函数

$$L(x,y,\lambda) = \frac{40x}{x+5} + \frac{20y}{10+y} - x - y + \lambda(x+y-15),$$

从

$$L'_x = \frac{200}{(5+x)^2} - 1 + \lambda = 0, \quad L'_y = \frac{200}{(10+y)^2} - 1 + \lambda = 0, \quad L'_\lambda = x + y - 15 = 0$$

解得 $x = 10, y = 5$.

根据问题本身的意义及驻点的唯一性知，当投入两种广告的费用为 $x = 10$ 万元，$y = 5$ 万元时，可使利润最大.

习题 6 - 5

1. 求函数 $f(x,y) = x^3 + y^3 - 3xy$ 的极值.
2. 求函数 $f(x,y) = e^{2x}(x + y^2 + 2y)$ 的极值.
3. 求函数 $z = xy$ 在附加条件 $x + y = 1$ 下的极值.
4. 某工厂生产两种产品 A 与 B，出售单价分别为 10 元与 9 元，生产 x 单位的产品 A 与生产 y 单位的产品 B 的总成本费用(单位：元) 为 $400 + 2x + 3y + 0.01(3x^2 + xy + 3y^2)$，求取得最大利润时两种产品的产量.
5. 设某工厂生产甲、乙两种产品的日产量分别为 x 件和 y 件，总成本函数(单位：元) 为

$$C(x,y) = 1\,000 + 8x^2 - xy + 12y^2.$$

要求每天生产这两种产品的总量为 42 件，问：当甲、乙两种产品的日产量为多少时，成本最低?
6. 设某公司通过电视和报纸两种媒体做广告，已知销售收入 R(单位：万元) 与电视广告费 x(单位：万元) 和报纸广告费 y(单位：万元) 之间的关系为

$$R(x,y) = 15 + 14x + 32y - 8xy - 2x^2 - 10y^2.$$

(1) 若广告费用不设限,求最佳广告策略;

(2) 若广告费用总预算是 2 万元,分别用求条件极值和无条件极值的方法求最佳广告策略.

§6.6 二重积分

与定积分类似,二重积分的概念也是一种"和式极限",只是被积函数是二元函数,积分范围是平面上的有界闭区域.它也可通过定积分来计算.

6.6.1 二重积分的定义和性质

引例 曲顶柱体的体积 V.

设有一立体,它的底面是 xOy 面上的闭区域 D,其侧面为母线平行于 z 轴、准线为闭区域 D 的边界曲线的柱面,其顶是曲面 $z=f(x,y)$,且 $f(x,y)$ 非负、连续,称这种立体为**曲顶柱体**,如图 6-29 所示.

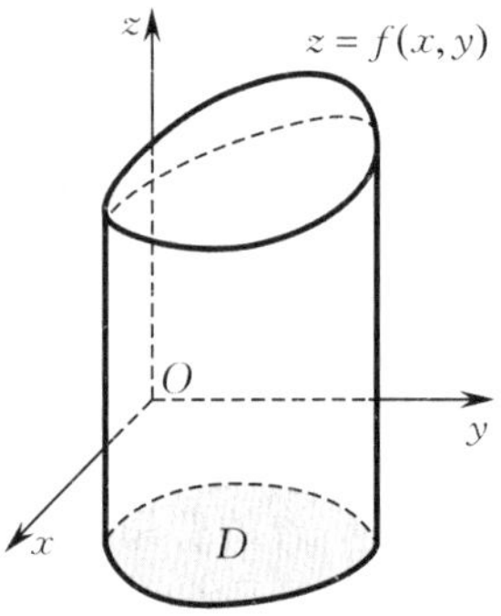

图 6-29

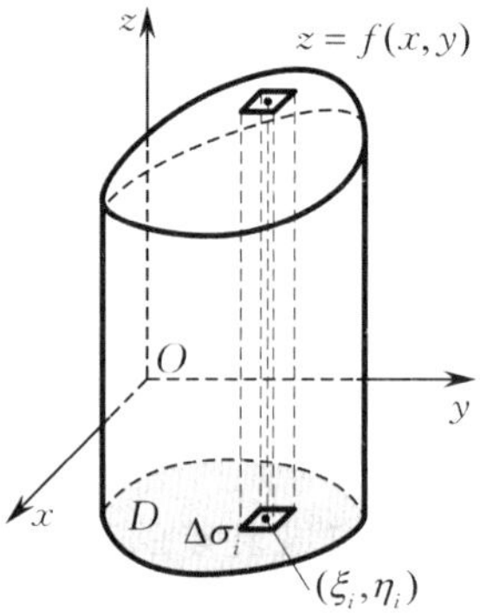

图 6-30

若上述立体的顶是平行于 xOy 面的平面,则曲顶柱体就变为一平顶柱体,且

$$体积 = 底面积 \times 高.$$

现在我们来讨论如何计算曲顶柱体的体积 V.

(1) **分割**.用任意曲线网把 D 分成 n 个小闭区域

$$\Delta\sigma_1, \Delta\sigma_2, \cdots, \Delta\sigma_n,$$

分别以这些小闭区域的边界曲线为准线,作母线平行于 z 轴的柱面,这些柱面把原来的曲顶柱体分为 n 个小曲顶柱体(见图 6-30).

(2) **近似代替**.在每个 $\Delta\sigma_i$ 中任取一点 (ξ_i, η_i),则以 $f(\xi_i, \eta_i)$ 为高而底为 $\Delta\sigma_i$(仍用 $\Delta\sigma_i$ 表示小闭区域 $\Delta\sigma_i$ 的面积)的平顶柱体的体积为

$$f(\xi_i, \eta_i)\Delta\sigma_i \quad (i=1,2,\cdots,n),$$

可把它作为小区域 $\Delta\sigma_i$ 上小曲顶柱体体积的近似值.

(3) **求和**.整个曲顶柱体的体积 V 就近似为

$$V \approx \sum_{i=1}^{n} f(\xi_i, \eta_i) \Delta\sigma_i.$$

分割得越细，则右端的近似值就越趋近于精确值 V. 因此，当分割得“无限细”时，右端的近似值会无限趋近于精确值 V.

(4) **取极限.** 由(3) 可知

$$V = \lim_{\lambda \to 0} \sum_{i=1}^{n} f(\xi_i, \eta_i) \Delta\sigma_i,$$

其中点 $(\xi_i, \eta_i) \in \Delta\sigma_i$，$\lambda = \max\limits_{1 \leqslant i \leqslant n} \{\Delta\sigma_i$ 的直径$\}$. $\Delta\sigma_i$ 的直径是指 $\Delta\sigma_i$ 中相距最远的两点的距离.

抛开上述问题的实际背景，可以从这类和式极限中得出二重积分的定义.

定义 1　设 $f(x,y)$ 是有界闭区域 D 上的有界函数，将闭区域 D 任意分成 n 个小闭区域

$$\Delta\sigma_1, \Delta\sigma_2, \cdots, \Delta\sigma_n,$$

其中 $\Delta\sigma_i$ 表示第 i 个小区域，也表示它的面积. 在每个 $\Delta\sigma_i$ 上任取一点 (ξ_i, η_i)，做和

$$\sum_{i=1}^{n} f(\xi_i, \eta_i) \Delta\sigma_i.$$

如果当各小闭区域的直径中的最大值 λ 趋于零时，上述和式的极限总存在，则称此极限值为函数 $f(x,y)$ 在闭区域 D 上的**二重积分**，记作 $\iint\limits_D f(x,y)\mathrm{d}\sigma$，即

$$\iint\limits_D f(x,y)\mathrm{d}\sigma = \lim_{\lambda \to 0} \sum_{i=1}^{n} f(\xi_i, \eta_i) \Delta\sigma_i,$$

并称 $f(x,y)$ 为**被积函数**，$f(x,y)\mathrm{d}\sigma$ 为**被积表达式**，$\mathrm{d}\sigma$ 为**面积元素**，x, y 为**积分变量**，D 为**积分区域**.

在直角坐标系中，如果用平行于坐标轴的直线网来划分 D，那么除了包含边界点的一些小闭区域外，其余的小闭区域都是矩形闭区域. 设矩形闭区域 $\Delta\sigma_i$ 的边长为 Δx_i 和 Δy_i，则 $\Delta\sigma_i = \Delta x_i \Delta y_i (i = 1, 2, \cdots, n)$. 因此，在直角坐标系中，有时也把面积元素 $\mathrm{d}\sigma$ 记作 $\mathrm{d}x\mathrm{d}y$，而把二重积分记作

$$\iint\limits_D f(x,y)\mathrm{d}x\mathrm{d}y,$$

其中 $\mathrm{d}x\mathrm{d}y$ 叫作**直角坐标系中的面积元素**.

二重积分的几何意义：如果 $f(x,y) \geqslant 0$，则被积函数 $f(x,y)$ 可解释为曲顶柱体的顶在点 (x,y) 处的竖轴坐标，所以二重积分的几何意义就是该曲顶柱体的体积；如果 $f(x,y) \leqslant 0$，则曲顶柱体在 xOy 面的下方，此时二重积分的绝对值仍等于该曲顶柱体的体积，但二重积分的值为负的.

二重积分的性质和定积分类似，下面我们不加证明地给出二重积分的性质.

设 D 为有界闭区域，且以下涉及的二重积分均存在.

性质 1　$\iint\limits_D [f(x,y) \pm g(x,y)]\mathrm{d}\sigma = \iint\limits_D f(x,y)\mathrm{d}\sigma \pm \iint\limits_D g(x,y)\mathrm{d}\sigma.$

性质 2　设 k 为常数，则 $\iint\limits_D kf(x,y)\mathrm{d}\sigma = k\iint\limits_D f(x,y)\mathrm{d}\sigma.$

性质 3　$\iint\limits_D 1\mathrm{d}\sigma = \iint\limits_D \mathrm{d}\sigma = |D|$，其中 $|D|$ 表示 D 的面积.

性质 4 若 D 分割为 D_1, D_2 两部分,则

$$\iint_D f(x,y)\mathrm{d}\sigma = \iint_{D_1} f(x,y)\mathrm{d}\sigma + \iint_{D_2} f(x,y)\mathrm{d}\sigma.$$

性质 5 若在 D 上,$f(x,y) \leqslant g(x,y)$,则

$$\iint_D f(x,y)\mathrm{d}\sigma \leqslant \iint_D g(x,y)\mathrm{d}\sigma.$$

性质 6 设 M, m 分别是 $f(x,y)$ 在有界闭区域 D 上的最大值和最小值,则

$$m \mid D \mid \leqslant \iint_D f(x,y)\mathrm{d}\sigma \leqslant M \mid D \mid.$$

性质 7(二重积分的中值定理) 设函数 $f(x,y)$ 在有界闭区域 D 上连续,则在 D 上至少存在一点 $(\xi,\eta) \in D$,使得

$$\iint_D f(x,y)\mathrm{d}\sigma = f(\xi,\eta)\,|D|.$$

6.6.2 利用直角坐标计算二重积分

如果有界闭区域 D 由直线 $x=a, x=b(a\leqslant b)$ 与曲线 $y=\varphi_1(x), y=\varphi_2(x)(\varphi_1(x)\leqslant\varphi_2(x))$ 所围成,则称这种区域为 **X-型区域**,可表示为 $D: a\leqslant x\leqslant b, \varphi_1(x)\leqslant y\leqslant\varphi_2(x)$,如图 6-31 所示.

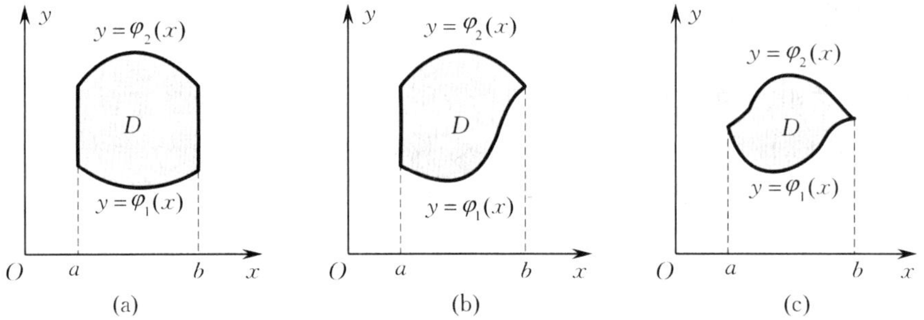

图 6-31

如果有界闭区域 D 由直线 $y=c, y=d(c\leqslant d)$ 与曲线 $x=\psi_1(y), x=\psi_2(y)(\psi_1(y)\leqslant\psi_2(y))$ 所围成,则称这种区域为 **Y-型区域**,可表示为 $D: c\leqslant y\leqslant d, \psi_1(y)\leqslant x\leqslant\psi_2(y)$,如图 6-32 所示.

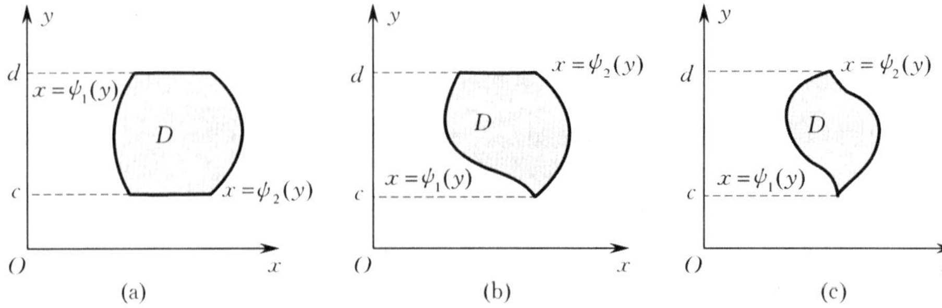

图 6-32

我们假定 $f(x,y)$ 非负，此时二重积分 $\iint\limits_D f(x,y)\mathrm{d}\sigma$ 在几何上表示以曲面 $z=f(x,y)$ 为顶，以区域 D 为底的曲顶柱体的体积 V，即 $V=\iint\limits_D f(x,y)\mathrm{d}\sigma$.

如图 6－33 所示，如果区域 D 为 X－型区域，那么对于 $x_0\in[a,b]$，上述曲顶柱体被平面 $x=x_0$ 所截得的截面为以区间 $[\varphi_1(x_0),\varphi_2(x_0)]$ 为底、以曲线 $z=f(x_0,y)$ 为曲边的曲边梯形，所以此截面的面积为

$$A(x_0)=\int_{\varphi_1(x_0)}^{\varphi_2(x_0)} f(x_0,y)\mathrm{d}y.$$

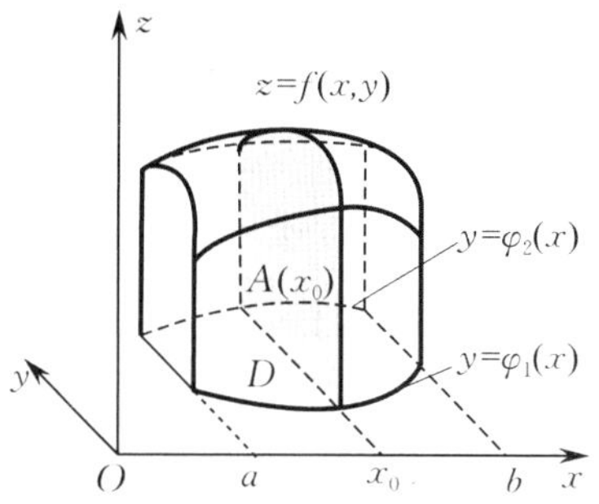

图 6－33

于是在 $[a,b]$ 上任取小区间 $[x,x+\mathrm{d}x]$，该小区间对应的部分曲顶柱体的体积可近似为 $A(x)\mathrm{d}x$，它也就是该曲顶柱体的体积元素，从而由微元法得该曲顶柱体的体积为

$$V=\int_a^b A(x)\mathrm{d}x=\int_a^b\left[\int_{\varphi_1(x)}^{\varphi_2(x)} f(x,y)\mathrm{d}y\right]\mathrm{d}x,$$

则由二重积分的几何意义，得

$$V=\iint\limits_D f(x,y)\mathrm{d}\sigma=\int_a^b\left[\int_{\varphi_1(x)}^{\varphi_2(x)} f(x,y)\mathrm{d}y\right]\mathrm{d}x,$$

上式又可记为

$$\iint\limits_D f(x,y)\mathrm{d}\sigma=\int_a^b\mathrm{d}x\int_{\varphi_1(x)}^{\varphi_2(x)} f(x,y)\mathrm{d}y. \tag{6-3}$$

上式右端称为一个**先对 y，后对 x 的二次积分**，即公式(6－3)是 X－型区域上的二重积分化为二次积分的计算公式.

类似地，如果区域 D 为 Y－型区域，即可表示为 D：$\psi_1(y)\leqslant x\leqslant\psi_2(y),c\leqslant y\leqslant d$，则有

$$\iint\limits_D f(x,y)\mathrm{d}\sigma=\int_c^d\mathrm{d}y\int_{\psi_1(y)}^{\psi_2(y)} f(x,y)\mathrm{d}x. \tag{6-4}$$

上式右端称为一个**先对 x，后对 y 的二次积分**，即公式(6－4)是 Y－型区域上的二重积分化为二次积分的计算公式.

例 1　计算 $\iint\limits_D xy\mathrm{d}\sigma$，其中 D 是由直线 $y=1,x=2$ 及 $y=x$ 所围成的闭区域.

解　画出区域 D，如图 6－34 所示.

方法一：可把 D 看成是 X－型区域，用不等式表示为 $1\leqslant x\leqslant 2,1\leqslant y\leqslant x$. 于是

$$\iint\limits_D xy\mathrm{d}\sigma=\int_1^2\left(\int_1^x xy\mathrm{d}y\right)\mathrm{d}x=\int_1^2\left(x\cdot\frac{y^2}{2}\right)\Big|_1^x\mathrm{d}x$$

$$=\frac{1}{2}\int_1^2(x^3-x)\mathrm{d}x=\frac{1}{2}\left(\frac{x^4}{4}-\frac{x^2}{2}\right)\Big|_1^2=\frac{9}{8}.$$

注　该二重积分还可以写成

$$\iint\limits_D xy\mathrm{d}\sigma=\int_1^2\mathrm{d}x\int_1^x xy\mathrm{d}y=\int_1^2 x\mathrm{d}x\int_1^x y\mathrm{d}y.$$

方法二：也可把 D 看成是 Y－型区域，用不等式表示为 $1\leqslant y\leqslant 2,y\leqslant x\leqslant 2$. 于是

$$\iint_D xy\,\mathrm{d}\sigma=\int_1^2\left(\int_y^2 xy\,\mathrm{d}x\right)\mathrm{d}y=\int_1^2\left(y\cdot\frac{x^2}{2}\right)\Big|_y^2\mathrm{d}y=\int_1^2\left(2y-\frac{y^3}{2}\right)\mathrm{d}y$$

$$=\left(y^2-\frac{y^4}{8}\right)\Big|_1^2=\frac{9}{8}.$$

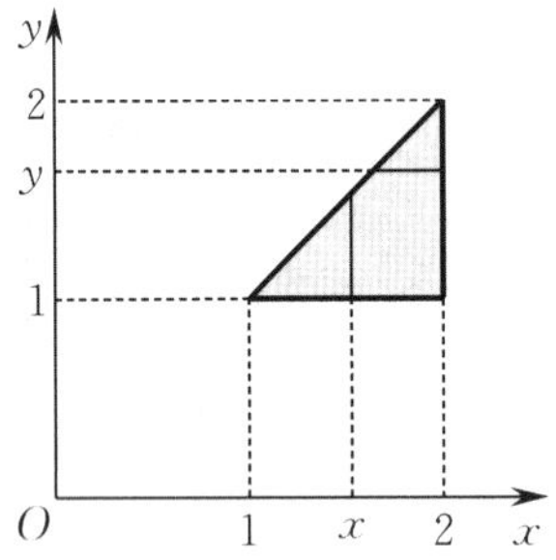

图 6-34

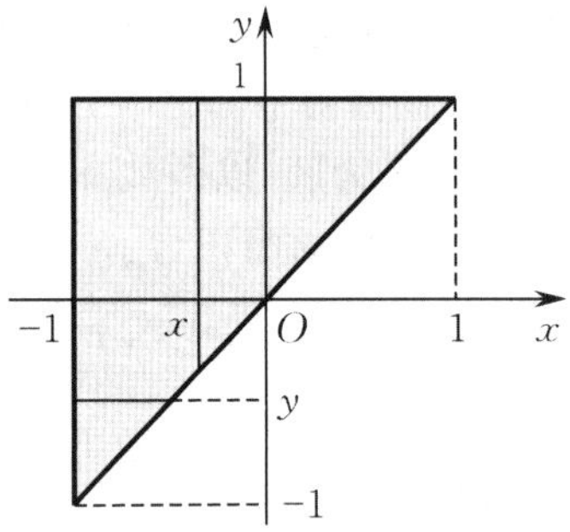

图 6-35

例 2　计算$\iint_D y\sqrt{1+x^2-y^2}\,\mathrm{d}\sigma$,其中 D 是由直线 $y=1$,$x=-1$ 及 $y=x$ 所围成的闭区域.

解　画出区域 D,如图 6-35 所示.

可把 D 看成是 X-型区域,即表示为 $-1\leqslant x\leqslant 1$,$x\leqslant y\leqslant 1$. 于是

$$\iint_D y\sqrt{1+x^2-y^2}\,\mathrm{d}\sigma=\int_{-1}^1\mathrm{d}x\int_x^1 y\sqrt{1+x^2-y^2}\,\mathrm{d}y=-\frac{1}{3}\int_{-1}^1(1+x^2-y^2)^{\frac{3}{2}}\Big|_x^1\mathrm{d}x$$

$$=-\frac{1}{3}\int_{-1}^1(|x|^3-1)\mathrm{d}x=-\frac{2}{3}\int_0^1(x^3-1)\mathrm{d}x=\frac{1}{2}.$$

在例 2 中,也可 D 看成是 Y-型区域,即表示为 $-1\leqslant y\leqslant 1$,$-1\leqslant x<y$. 于是

$$\iint_D y\sqrt{1+x^2-y^2}\,\mathrm{d}\sigma=\int_{-1}^1 y\,\mathrm{d}y\int_{-1}^y\sqrt{1+x^2-y^2}\,\mathrm{d}x.$$

但是这种方法计算难度大大增加.

例 3　计算$\iint_D xy\,\mathrm{d}\sigma$,其中 D 是由直线 $y=x-2$ 及抛物线 $y^2=x$ 所围成的闭区域.

解　**方法一**:如图 6-36 所示,若积分区域 D 看成是 X-型区域,则可以表示为 $D=D_1+D_2$,其中

$$D_1:0\leqslant x\leqslant 1,-\sqrt{x}\leqslant y\leqslant\sqrt{x};$$

$$D_2:1\leqslant x\leqslant 4,x-2\leqslant y\leqslant\sqrt{x}.$$

于是

$$\iint_D xy\,\mathrm{d}\sigma=\int_0^1\mathrm{d}x\int_{-\sqrt{x}}^{\sqrt{x}}xy\,\mathrm{d}y+\int_1^4\mathrm{d}x\int_{x-2}^{\sqrt{x}}xy\,\mathrm{d}y$$

$$=\int_0^1\left(\frac{1}{2}xy^2\right)\Big|_{-\sqrt{x}}^{\sqrt{x}}\mathrm{d}x+\int_1^4\left(\frac{1}{2}xy^2\right)\Big|_{x-2}^{\sqrt{x}}\mathrm{d}x$$

$$=\frac{1}{2}\int_1^4(-x^3+5x^2-4x)\mathrm{d}x=\frac{1}{2}\left(-\frac{1}{4}x^4+\frac{5}{3}x^3-2x^2\right)\Big|_1^4$$

$$=\frac{1}{2}\left[\left(-64+\frac{320}{3}-32\right)-\left(-\frac{1}{4}+\frac{5}{3}-2\right)\right]=5\frac{5}{8}.$$

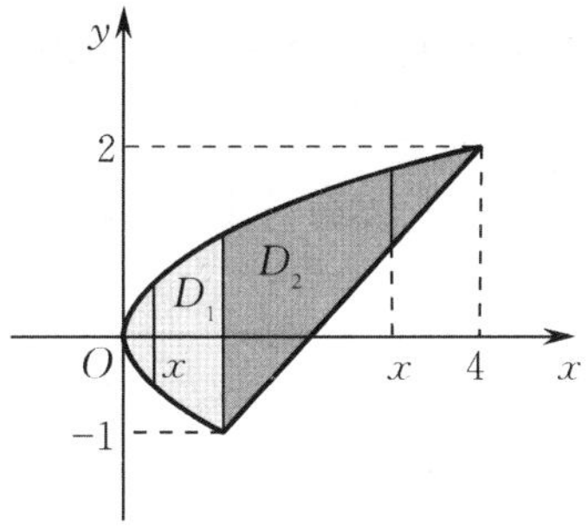

图 6 - 36

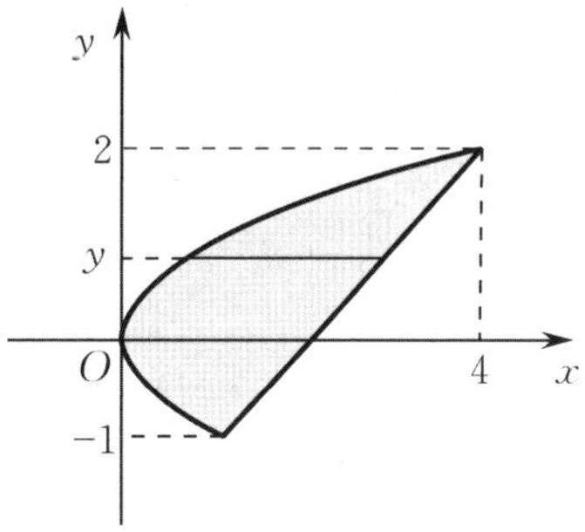

图 6 - 37

方法二：如图 6 - 37 所示，若积分区域 D 看成是 Y-型区域，则可表示为 D：$-1\leqslant y\leqslant 2$，$y^2\leqslant x\leqslant y+2$. 于是

$$\iint_D xy\,\mathrm{d}\sigma=\int_{-1}^{2}\mathrm{d}y\int_{y^2}^{y+2}xy\,\mathrm{d}x=\int_{-1}^{2}\left(\frac{x^2}{2}y\right)\Bigg|_{y^2}^{y+2}\mathrm{d}y=\frac{1}{2}\int_{-1}^{2}[y(y+2)^2-y^5]\mathrm{d}y$$

$$=\frac{1}{2}\left(\frac{y^4}{4}+\frac{4}{3}y^3+2y^2-\frac{y^6}{6}\right)\Bigg|_{-1}^{2}=5\frac{5}{8}.$$

由例 3 可见，积分次序的选取也有可能关系到二重积分计算的繁简程度.

例 4　计算二重积分 $\iint_D\frac{\sin y}{y}\mathrm{d}x\mathrm{d}y$，其中 D 由直线 $y=1$，$y=x$ 及 $x=0$ 所围成.

解　如图 6 - 38 所示，D 可表示为

$$D{:}\,0\leqslant x\leqslant 1,\ x\leqslant y\leqslant 1\quad 或\quad D{:}\,0\leqslant y\leqslant 1,\ 0\leqslant x\leqslant y.$$

若先对 y 积分，再对 x 积分，则

$$\iint_D\frac{\sin y}{y}\mathrm{d}x\mathrm{d}y=\int_0^1\mathrm{d}x\int_x^1\frac{\sin y}{y}\mathrm{d}y.$$

由于 $\frac{\sin y}{y}$ 的原函数不能用初等函数表示，因此积分 $\int_x^1\frac{\sin y}{y}\mathrm{d}y$ 无法计算出来.

改用先对 x 积分，再对 y 积分，则

$$\iint_D\frac{\sin y}{y}\mathrm{d}x\mathrm{d}y=\int_0^1\mathrm{d}y\int_0^y\frac{\sin y}{y}\mathrm{d}x=\int_0^1\frac{\sin y}{y}\left(x\Big|_0^y\right)\mathrm{d}y=\int_0^1\sin y\,\mathrm{d}y=1-\cos 1.$$

由例 4 可见，积分次序的选取有时候会关系到二重积分能否计算得出来.

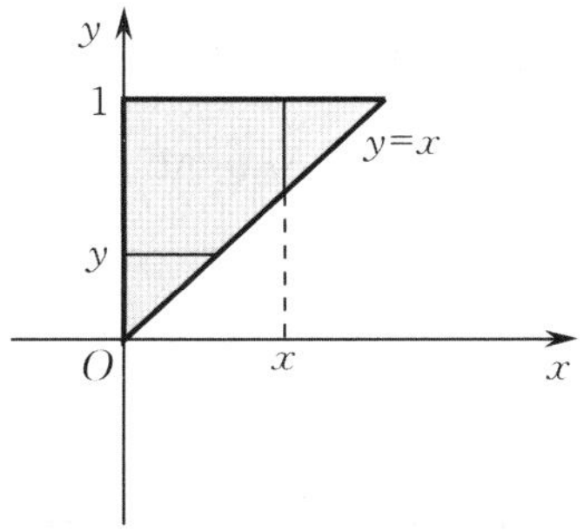

图 6 - 38

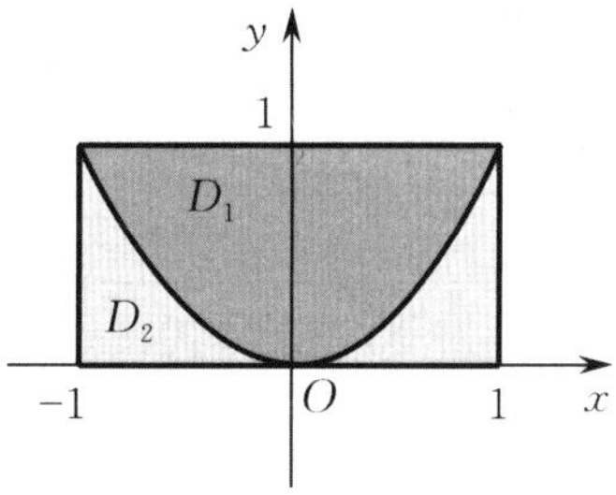

图 6 - 39

例 5　计算二重积分$\iint\limits_D |y-x^2|\mathrm{d}\sigma$,其中 D 为矩形区域:$-1\leqslant x\leqslant 1, 0\leqslant y\leqslant 1$.

解　因$|y-x^2|=\begin{cases} y-x^2, & y\geqslant x^2, \\ x^2-y, & y<x^2, \end{cases}$故将积分区域 D 划分为 D_1 与 D_2,如图 6-39 所示,其中

$$D_1:-1\leqslant x\leqslant 1, x^2\leqslant y\leqslant 1;$$
$$D_2:-1\leqslant x\leqslant 1, 0\leqslant y\leqslant x^2.$$

于是

$$\begin{aligned}\iint\limits_D |y-x^2|\mathrm{d}\sigma &= \iint\limits_{D_1}(y-x^2)\mathrm{d}x\mathrm{d}y+\iint\limits_{D_2}(x^2-y)\mathrm{d}x\mathrm{d}y \\ &= \int_{-1}^{1}\mathrm{d}x\int_{x^2}^{1}(y-x^2)\mathrm{d}y+\int_{-1}^{1}\mathrm{d}x\int_{0}^{x^2}(x^2-y)\mathrm{d}y \\ &= \int_{-1}^{1}\left(\frac{y^2}{2}-x^2y\right)\Bigg|_{x^2}^{1}\mathrm{d}x+\int_{-1}^{1}\left(x^2y-\frac{y^2}{2}\right)\Bigg|_{0}^{x^2}\mathrm{d}x \\ &= \int_{-1}^{1}\left(\frac{1}{2}-x^2+x^4\right)\mathrm{d}x=\frac{11}{15}.\end{aligned}$$

6.6.3　利用极坐标计算二重积分

有些二重积分,其积分区域 D 的边界曲线用极坐标方程来表示比较方便,且被积函数用极坐标变量 ρ,θ 表达比较简单. 这时我们就可以考虑利用极坐标来计算二重积分$\iint\limits_D f(x,y)\mathrm{d}\sigma$.

按二重积分的定义,有

$$\iint\limits_D f(x,y)\mathrm{d}\sigma=\lim_{\lambda\to 0}\sum_{i=1}^{n}f(\xi_i,\eta_i)\Delta\sigma_i.$$

下面我们来研究上述这个和式的极限在极坐标系中的形式.

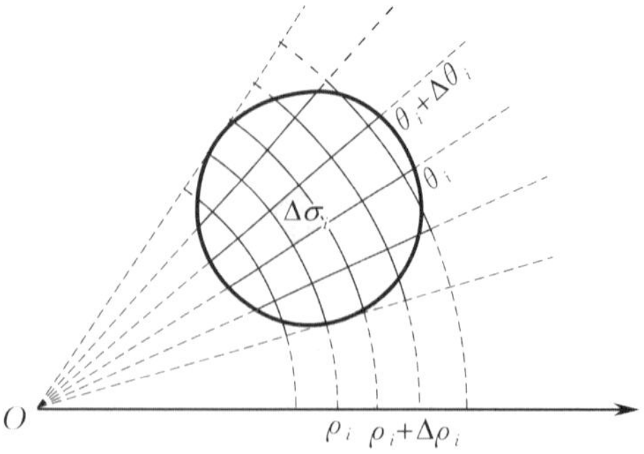

图 6-40

用从极点 O 出发的一族射线及以极点为中心的一族同心圆构成的曲线网将区域 D 分为 n 个小闭区域 $\Delta\sigma_i(i=1,2,\cdots,n)$,如图 6-40 所示.

小闭区域的面积为

$$\begin{aligned}\Delta\sigma_i &= \frac{1}{2}(\rho_i+\Delta\rho_i)^2\Delta\theta_i-\frac{1}{2}\rho_i^2\Delta\theta_i \\ &= \frac{1}{2}(2\rho_i+\Delta\rho_i)\Delta\rho_i\Delta\theta_i \\ &= \frac{\rho_i+(\rho_i+\Delta\rho_i)}{2}\Delta\rho_i\Delta\theta_i=\bar{\rho}_i\Delta\rho_i\Delta\theta_i,\end{aligned}$$

其中 $\bar{\rho}_i$ 表示相邻两圆弧的半径的平均值.

在 $\Delta\sigma_i$ 内取点$(\bar{\rho}_i,\bar{\theta}_i)$,设其直角坐标为$(\xi_i,\eta_i)$,则有 $\xi_i=\bar{\rho}_i\cos\bar{\theta}_i$,$\eta_i=\bar{\rho}_i\sin\bar{\theta}_i$. 于是

$$\lim_{\lambda\to 0}\sum_{i=1}^{n} f(\xi_i,\eta_i)\Delta\sigma_i=\lim_{\lambda\to 0}\sum_{i=1}^{n} f(\bar{\rho}_i\cos\bar{\theta}_i,\bar{\rho}_i\sin\bar{\theta}_i)\bar{\rho}_i\Delta\rho_i\Delta\theta_i,$$

即

$$\iint_D f(x,y)\mathrm{d}\sigma=\iint_D f(\rho\cos\theta,\rho\sin\theta)\rho\mathrm{d}\rho\mathrm{d}\theta.$$

若积分区域 D 可用极坐标表示为 $\varphi_1(\theta)\leqslant\rho\leqslant\varphi_2(\theta),\alpha\leqslant\theta\leqslant\beta$,则

$$\iint_D f(\rho\cos\theta,\rho\sin\theta)\rho\mathrm{d}\rho\mathrm{d}\theta=\int_\alpha^\beta\mathrm{d}\theta\int_{\varphi_1(\theta)}^{\varphi_2(\theta)} f(\rho\cos\theta,\rho\sin\theta)\rho\mathrm{d}\rho.$$

例 6　计算 $\iint_D \mathrm{e}^{-x^2-y^2}\mathrm{d}x\mathrm{d}y$,其中 D 是由圆心为原点、半径为 $a(a>0)$ 的圆周所围成的闭区域(圆盘).

解　如图 6－41 所示,在极坐标系中,闭区域 D 可表示为 $0\leqslant\rho\leqslant a,0\leqslant\theta\leqslant 2\pi$. 于是

$$\begin{aligned}\iint_D \mathrm{e}^{-x^2-y^2}\mathrm{d}x\mathrm{d}y&=\iint_D \mathrm{e}^{-\rho^2}\rho\mathrm{d}\rho\mathrm{d}\theta=\int_0^{2\pi}\left(\int_0^a \mathrm{e}^{-\rho^2}\rho\mathrm{d}\rho\right)\mathrm{d}\theta=\int_0^{2\pi}\left(-\frac{1}{2}\mathrm{e}^{-\rho^2}\right)\Bigg|_0^a\mathrm{d}\theta\\&=\frac{1}{2}(1-\mathrm{e}^{-a^2})\int_0^{2\pi}\mathrm{d}\theta=\pi(1-\mathrm{e}^{-a^2}).\end{aligned}$$

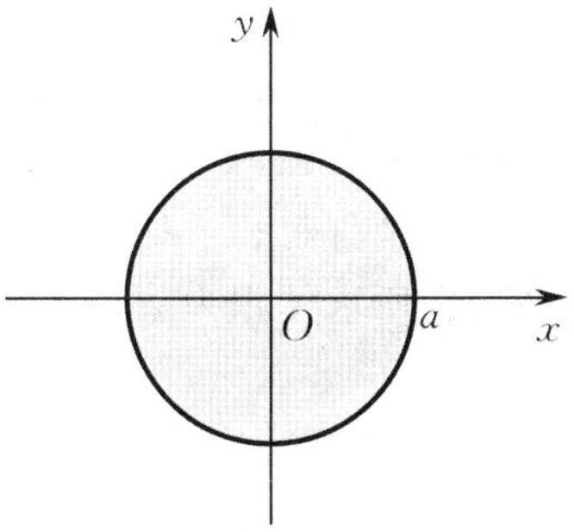

图 6－41

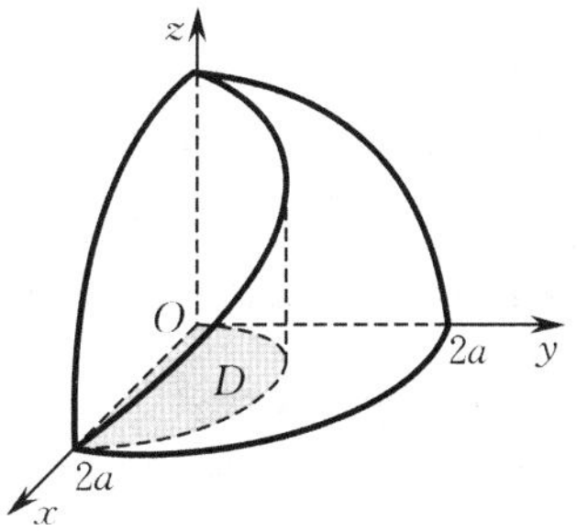

图 6－42

例 7　求球体 $x^2+y^2+z^2\leqslant 4a^2(a>0)$ 被圆柱面 $x^2+y^2=2ax$ 所截得的(含在圆柱面内的部分)立体的体积 V.

解　由对称性可知,所求立体体积为第 Ⅰ 卦限部分的 4 倍,如图 6－42 所示,即

$$V=4\iint_D\sqrt{4a^2-x^2-y^2}\mathrm{d}x\mathrm{d}y,$$

其中 D 为半圆周 $y=\sqrt{2ax-x^2}$ 及 x 轴所围成的闭区域.

在极坐标系中,D 可表示为 $0\leqslant\rho\leqslant 2a\cos\theta,0\leqslant\theta\leqslant\frac{\pi}{2}$. 于是

$$\begin{aligned}V&=4\iint_D\sqrt{4a^2-\rho^2}\rho\mathrm{d}\rho\mathrm{d}\theta=4\int_0^{\frac{\pi}{2}}\mathrm{d}\theta\int_0^{2a\cos\theta}\sqrt{4a^2-\rho^2}\rho\mathrm{d}\rho\\&=\frac{32}{3}a^3\int_0^{\frac{\pi}{2}}(1-\sin^3\theta)\mathrm{d}\theta=\frac{32}{3}a^3\left(\frac{\pi}{2}-\frac{2}{3}\right).\end{aligned}$$

例 8　证明:球体 $x^2+y^2+z^2\leqslant a^2(a>0)$ 的体积公式为 $V=\frac{4}{3}\pi a^3$.

证　由对称性可知,只需求上半个球体的体积. 如图 6－43 所示,该上半球体是由曲面

$z=\sqrt{a^2-x^2-y^2}$ 与 xOy 面所围成的，故由二重积分的定义，上半球体的体积为 $V_{上}=\iint\limits_D \sqrt{a^2-x^2-y^2}\,d\sigma$，其中 $D=\{(x,y)\mid x^2+y^2\leqslant a^2\}$. 因此，球体的体积为

$$V=2V_{上}=2\iint\limits_D \sqrt{a^2-x^2-y^2}\,d\sigma=2\int_0^{2\pi}d\theta\int_0^a\sqrt{a^2-\rho^2}\,\rho d\rho$$

$$=-\int_0^{2\pi}d\theta\cdot\int_0^a(a^2-\rho^2)^{\frac{1}{2}}d(a^2-\rho^2)=-\left(\theta\Big|_0^{2\pi}\right)\left[\frac{2}{3}(a^2-\rho^2)^{\frac{3}{2}}\Big|_0^a\right]=\frac{4}{3}\pi a^3.$$

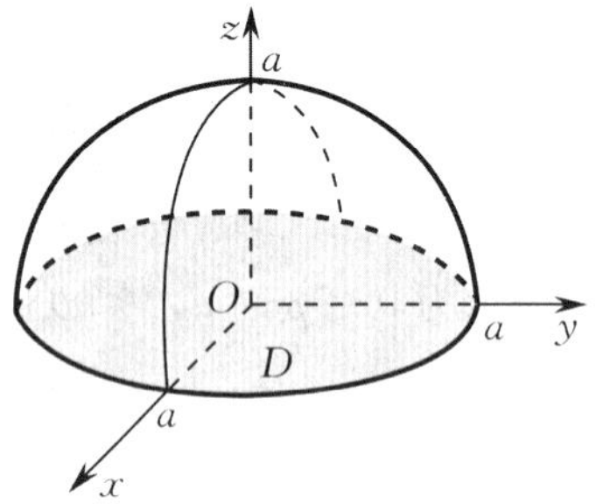

图 6－43

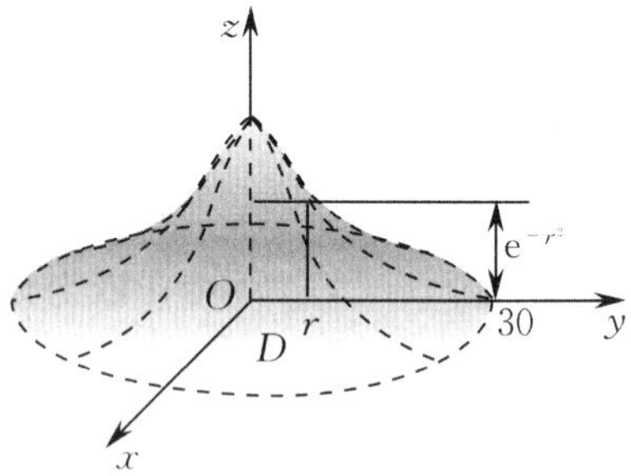

图 6－44

例 9　设一农用喷泉喷出的水落在地上呈半径为 30 m 的圆形. 喷水一小时后，距离喷泉 r 处喷出的水可以积累的深度是 e^{-r^2}. 问：一小时内该喷泉喷出水的总量为多少？

解　设想喷泉喷出的水堆积在一起，则这些水堆积成一座“山峰”，如图 6－44 所示. 以喷泉为中心建立空间直角坐标系，则由已知，此“山峰”的表面是曲面 $z=e^{-x^2-y^2}$ 的上半部分. 一小时内喷出水的总量是“山峰”的体积. 由二重积分的定义，所求体积为

$$V=\iint\limits_{x^2+y^2\leqslant 30^2} e^{-x^2-y^2}\,d\sigma=\int_0^{2\pi}d\theta\int_0^{30}e^{-x^2-y^2}\rho d\rho$$

$$=\int_0^{2\pi}d\theta\cdot\left(-\frac{1}{2}\int_0^{30}e^{-\rho^2}d\rho^2\right)=2\pi\cdot\left(-\frac{1}{2}e^{-\rho^2}\Big|_0^{30}\right)\approx\pi(m^3).$$

习题 6－6

1. 计算 $\iint\limits_D(x+y)\,d\sigma$，其中 D 是由直线 $x=1$，$y=x$ 及 x 轴所围成的闭区域.

2. 计算 $\iint\limits_D\frac{x^2}{y^2}\,d\sigma$，其中 D 是由直线 $y=2$，$y=x$ 和曲线 $xy=1$ 所围成的闭区域.

3. 将二重积分 $\iint\limits_D f(x,y)\,d\sigma$ 化为二次积分（两种次序），其中积分区域 D 分别是：

(1) 由直线 $y=x$ 及抛物线 $y^2=4x$ 所围成的闭区域；

(2) 由 x 轴及半圆周 $x^2+y^2=r^2\,(r>0)$，$y\geqslant 0$ 所围成的闭区域；

(3) 由直线 $y=x$，$x=2$ 及双曲线 $y=\frac{1}{x}\,(x>0)$ 所围成的闭区域；

(4) 环形闭区域 $\{(x,y)\mid 1\leqslant x^2+y^2\leqslant 4\}$.

4. 交换下列二次积分的积分次序：

(1) $\int_0^1 dy\int_0^y f(x,y)\,dx$；　　　　(2) $\int_0^2 dy\int_{y^2}^{2y} f(x,y)\,dx$；

(3) $\int_0^1 \mathrm{d}y \int_{-\sqrt{1-y^2}}^{\sqrt{1-y^2}} f(x,y)\mathrm{d}x$；　　(4) $\int_1^{\mathrm{e}} \mathrm{d}x \int_0^{\ln x} f(x,y)\mathrm{d}y$.

5. 求由平面 $x=0$，$y=0$，$x=1$，$y=1$ 所围成的柱体被平面 $z=0$，$2x+3y+z=6$ 所截得的立体体积.

6. 求由平面 $x=0$，$y=0$，$x+y=1$ 所围成的柱体被平面 $z=0$ 及曲面 $x^2+y^2=6-z$ 所截得的立体体积.

7. 把下列积分化为极坐标形式，并计算积分值：

(1) $\int_0^{2a} \mathrm{d}x \int_0^{\sqrt{2ax-x^2}} (x^2+y^2)\mathrm{d}y \quad (a>0)$；　　(2) $\int_0^1 \mathrm{d}x \int_{x^2}^{x} \sqrt{x^2+y^2}\,\mathrm{d}y$.

8. 在极坐标系下计算下列二重积分：

(1) $\iint\limits_D \mathrm{e}^{x^2+y^2}\mathrm{d}\sigma$，其中 D 是圆盘：$x^2+y^2\leqslant 4$；

(2) $\iint\limits_D \ln(1+x^2+y^2)\mathrm{d}\sigma$，其中 D 是由圆周 $x^2+y^2=1$ 及坐标轴所围成的在第一象限内的闭区域；

(3) $\iint\limits_D \arctan\frac{y}{x}\mathrm{d}\sigma$，其中 D 是由圆周 $x^2+y^2=1$，$x^2+y^2=4$ 及直线 $y=0$，$y=x$ 所围成的在第一象限内的闭区域；

(4) $\iint\limits_D \sqrt{x^2+y^2}\,\mathrm{d}\sigma$，其中 D 是由圆周 $x^2+y^2=2y$ 及直线 $x=0$ 所围成的在第一象限内的闭区域；

(5) $\iint\limits_D (\sqrt{x^2+y^2}-xy)\mathrm{d}\sigma$，其中 D 是由圆周 $x^2+y^2=1$ 所围成的圆盘；

(6) $\iint\limits_D (1-x^2-y^2)\mathrm{d}\sigma$，其中 D 是由圆周 $x^2+y^2=1$ 及直线 $y=0$，$y=x$ 所围成的在第一象限内的闭区域.

9. 求由 xOy 面中的椭圆盘 $\frac{x^2}{a^2}+\frac{y^2}{b^2}\leqslant 1(a>0,b>0)$ 分别绕 x 轴与 y 轴旋转所得的两个椭球体 $\frac{x^2}{a^2}+\frac{y^2+z^2}{b^2}\leqslant 1$ 与 $\frac{x^2+z^2}{a^2}+\frac{y^2}{b^2}\leqslant 1$ 的体积.

第七章

无穷级数

公元前300年左右，我国著名的哲学家庄周所著的《庄子·天下篇》里有“一尺之棰，日取其半，万世不竭”的说法. 如果我们计算每天取走的木棒的总长度，则这个总长度可以表示为

$$\frac{1}{2}+\frac{1}{2^2}+\cdots+\frac{1}{2^n}+\cdots.$$

像这种求无穷多个数的和就是本章的研究对象.

§7.1 数项级数的概念和性质

7.1.1 数项级数的概念

例 1 德国数学家康托(Cantor)在1883年构造了一个集合:取一条长度为1的直线段,将它三等分,去掉中间一段,剩下2段;将剩下的2段再分别三等分,各去掉中间一段,剩下更短的4段……这样的"弃中"操作一直继续下去,直至无穷.由于在不断分割舍弃过程中,所形成的线段数目越来越多,其长度越来越小,在极限的情况下,得到一个离散的点集,称为**康托点集**(见图7-1).现在计算所有被舍弃的线段的长度:

第1次去掉1段长度为$\frac{1}{3}$的线段;

第2次去掉2段长度为$\frac{1}{3^2}$的线段;

第3次去掉4段长度为$\frac{1}{3^3}$的线段;

……

第n次去掉2^{n-1}段长度为$\frac{1}{3^n}$的线段;

……

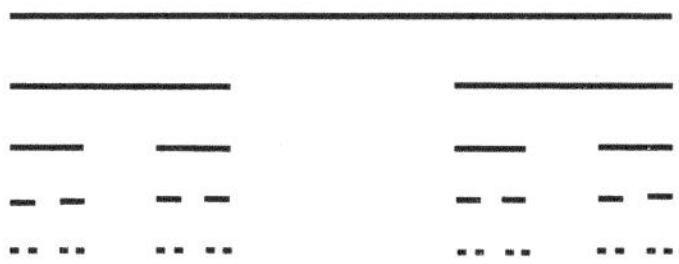

图7-1 康托集

故去掉的线段的总长度为$\frac{1}{3}+\frac{2}{3^2}+\frac{2^2}{3^3}+\cdots+\frac{2^{n-1}}{3^n}+\cdots$.

这里出现了无穷多个数依次相加的式子.在物理学、化学等许多学科中,也常会遇到这种无穷多个数或函数相加的情形,在数学上称之为**无穷级数**.

定义1 给定一个数列$\{u_n\}$:$u_1,u_2,\cdots,u_n,\cdots$,将它的各项依次用加号连接起来的表达式$u_1+u_2+\cdots+u_n+\cdots$叫作**常数项无穷级数**,简称**数项级数**(或**级数**),记为$\sum\limits_{n=1}^{\infty}u_n$,即

$$\sum_{n=1}^{\infty}u_n=u_1+u_2+\cdots+u_n+\cdots, \tag{7-1}$$

其中第n项u_n称为级数(7-1)的**一般项**(或**通项**).

在上述定义中,怎样理解无穷级数中的无穷多个数相加呢?我们在中学学习过数列$\{u_n\}$的前n项和

$$S_n=\sum_{k=1}^{n}u_k=u_1+u_2+\cdots+u_n.$$

通常称S_n为级数(7-1)的**部分和**.可以从S_n出发,观察其变化趋势,以此来理解无穷多个数相加的含义.

由部分和的定义,当n依次为$1,2,3,\cdots$时,可得到一个数列$\{S_n\}$:$S_1,S_2,S_3,\cdots$,称之为

级数(7-1)的**部分和数列**.

定义 2 如果无穷级数$\sum_{n=1}^{\infty}u_n$的部分和数列$\{S_n\}$存在极限S,即$\lim_{n\to\infty}S_n=S$,则称级数$\sum_{n=1}^{\infty}u_n$**收敛**,并称S为级数$\sum_{n=1}^{\infty}u_n$的**和**,记作

$$S=\sum_{n=1}^{\infty}u_n=u_1+u_2+\cdots+u_n+\cdots;$$

如果数列$\{S_n\}$不存在极限,即$\lim_{n\to\infty}S_n$不存在,则称该级数**发散**.

显然,定义 2 是根据部分和数列的敛散性来定义级数的敛散性的.

当级数$\sum_{n=1}^{\infty}u_n$收敛于S时,常用其部分和S_n作为和S的近似值,其差记为r_n,即

$$r_n=S-S_n=\sum_{k=1}^{\infty}u_k-\sum_{k=1}^{n}u_k=\sum_{k=n+1}^{\infty}u_k,$$

并称之为该级数的**余项**.用部分和S_n近似代替和S所产生的绝对误差为$|r_n|$.

定理 1 **若级数$\sum_{n=1}^{\infty}u_n$收敛于S,则**$\lim_{n\to\infty}r_n=0$.

例 2 判定级数$\sum_{n=1}^{\infty}\frac{1}{n(n+1)}=\frac{1}{1\cdot 2}+\frac{1}{2\cdot 3}+\cdots+\frac{1}{n(n+1)}+\cdots$的敛散性.

解 所给级数的一般项为$u_n=\frac{1}{n(n+1)}=\frac{1}{n}-\frac{1}{n+1}$,故部分和为

$$\begin{aligned}S_n&=\frac{1}{1\cdot 2}+\frac{1}{2\cdot 3}+\cdots+\frac{1}{n(n+1)}\\&=\left(1-\frac{1}{2}\right)+\left(\frac{1}{2}-\frac{1}{3}\right)+\cdots+\left(\frac{1}{n}-\frac{1}{n+1}\right)=1-\frac{1}{n+1},\end{aligned}$$

从而有$\lim_{n\to\infty}S_n=\lim_{n\to\infty}\left(1-\frac{1}{n+1}\right)=1$.所以该级数收敛于 1,即

$$\sum_{n=1}^{\infty}\frac{1}{n(n+1)}=1.$$

例 3 考察波尔察诺(Bolzano)级数$\sum_{n=1}^{\infty}(-1)^{n-1}$的敛散性.

解 它的部分和数列是 1,0,1,0,…,显然$\lim_{n\to\infty}S_n$不存在,故$\sum_{n=1}^{\infty}(-1)^{n-1}$发散.

例 4 讨论**几何级数**(也称**等比级数**)

$$\sum_{n=0}^{\infty}aq^n=a+aq+aq^2+\cdots+aq^n+\cdots$$

的敛散性,其中$a\neq 0$,q称为级数的公比.

解 该几何级数前n项的部分和为

$$S_n=a+aq+aq^2+\cdots+aq^{n-1}=\begin{cases}\dfrac{a(1-q^n)}{1-q}, & q\neq 1,\\ na, & q=1.\end{cases}$$

当 $q=1$ 时，因为 $\lim\limits_{n\to\infty}S_n=\lim\limits_{n\to\infty}na=\infty$，所以该级数发散；

当 $q=-1$ 时，因为 $\lim\limits_{n\to\infty}S_n=\lim\limits_{n\to\infty}\dfrac{a[1-(-1)^n]}{1-q}=\dfrac{a}{1-q}\lim\limits_{n\to\infty}[1-(-1)^n]$ 不存在，所以该级数发散；

当 $|q|>1$ 时，因为 $\lim\limits_{n\to\infty}S_n=\dfrac{a}{1-q}\lim\limits_{n\to\infty}(1-q^n)=\infty$，所以该级数发散；

当 $|q|<1$ 时，因为 $\lim\limits_{n\to\infty}S_n=\dfrac{a}{1-q}\lim\limits_{n\to\infty}(1-q^n)=\dfrac{a}{1-q}$，所以该级数收敛于 $\dfrac{a}{1-q}$.

因此，几何级数 $\sum\limits_{n=0}^{\infty}aq^n$ 当 $|q|<1$ 时收敛于 $\dfrac{a}{1-q}$，当 $|q|\geqslant 1$ 时发散.

由例 4 的结论立即可以得出，例 1 中所有被舍弃的线段的总长度是一个收敛的等比级数，且 $\dfrac{1}{3}+\dfrac{2}{3^2}+\dfrac{2^2}{3^3}+\cdots+\dfrac{2^{n-1}}{3^n}+\cdots=\dfrac{1/3}{1-2/3}=1$，即被舍弃的总长度为 1. 所以，表面上看起来原来线段的所有点都被舍弃了，而事实上康托点集是非空的，它仍包含无限多个点.

例 4 中的几何级数是一类重要的级数. 许多其他级数敛散性的判别，都要借助几何级数的敛散性来实现.

7.1.2　数项级数的性质

根据级数敛散性的概念，可以得到级数的几个基本性质.

性质 1　若级数 $\sum\limits_{n=1}^{\infty}u_n$ 收敛于 S，则级数 $\sum\limits_{n=1}^{\infty}cu_n$ 收敛于 cS，其中 c 为常数.

证　设级数 $\sum\limits_{n=1}^{\infty}u_n$ 与 $\sum\limits_{n=1}^{\infty}cu_n$ 的部分和分别为 S_n 和 T_n，则

$$T_n=\sum_{k=1}^{n}cu_k=c\sum_{k=1}^{n}u_k=cS_n,$$

从而

$$\lim_{n\to\infty}T_n=\lim_{n\to\infty}cS_n=c\lim_{n\to\infty}S_n=cS.$$

故级数 $\sum\limits_{n=1}^{\infty}cu_n$ 收敛于 cS.

从性质 1 的证明可以看出，如果 S_n 没有极限且 $c\neq 0$，则 T_n 也不可能有极限. 换句话说，级数的每一项同乘以一个非零常数，其敛散性不改变.

性质 2　若级数 $\sum\limits_{n=1}^{\infty}u_n$ 和 $\sum\limits_{n=1}^{\infty}v_n$ 分别收敛于 S 和 T，则级数 $\sum\limits_{n=1}^{\infty}(u_n\pm v_n)$ 收敛于 $S\pm T$.

证　设级数 $\sum\limits_{n=1}^{\infty}u_n$，$\sum\limits_{n=1}^{\infty}v_n$ 及 $\sum\limits_{n=1}^{\infty}(u_n\pm v_n)$ 的部分和分别为 S_n，T_n 及 U_n，则

$$U_n=\sum_{k=1}^{n}(u_k\pm v_k)=\sum_{k=1}^{n}u_k\pm\sum_{k=1}^{n}v_k=S_n\pm T_n,$$

从而

$$\lim_{n\to\infty}U_n=\lim_{n\to\infty}S_n\pm\lim_{n\to\infty}T_n=S\pm T.$$

故级数$\sum\limits_{n=1}^{\infty}(u_n \pm v_n)$收敛于$S \pm T$.

例如，有

$$\sum_{n=1}^{\infty}\frac{2^n+(-1)^n}{3^n}=\sum_{n=1}^{\infty}\left(\frac{2}{3}\right)^n+\sum_{n=1}^{\infty}\left(-\frac{1}{3}\right)^n=\frac{\frac{2}{3}}{1-\frac{2}{3}}+\frac{-\frac{1}{3}}{1-\left(-\frac{1}{3}\right)}=2-\frac{1}{4}=\frac{7}{4}.$$

性质 3　添加、去掉或改变级数的有限项，级数的敛散性不变；但收敛时，其和可能不同.

证　不妨设去掉级数$\sum\limits_{n=1}^{\infty}u_n$的前$k$项，得新级数

$$u_{k+1}+u_{k+2}+\cdots+u_{k+n}+\cdots,$$

原级数与新级数的部分和分别记为S_n与σ_n，则有$\sigma_n=u_{k+1}+u_{k+2}+\cdots+u_{k+n}=S_{k+n}-S_k$，于是

$$\lim_{n\to\infty}\sigma_n=\lim_{n\to\infty}S_{k+n}-S_k.$$

由此可见，数列$\{\sigma_n\}$与$\{S_{k+n}\}$具有相同的敛散性，从而新级数与原级数有相同的敛散性. 若原级数有和S，即$\lim\limits_{n\to\infty}S_{n+k}=S$，则新级数收敛于和$S-S_k$.

同理可证，添加或改变级数的有限项，不改变级数的敛散性.

性质 4　收敛级数加括号后所形成的级数仍收敛于原级数的和.

由性质 4 知，若级数加括号后发散，则原级数必发散. 但加括号后收敛的级数，去括号后未必收敛. 例如，级数$(1-1)+(1-1)+(1-1)+\cdots$收敛，但去括号后得到的级数$1-1+1-1+1-1+\cdots$却发散.

性质 5（级数收敛的必要条件）　若级数$\sum\limits_{n=1}^{\infty}u_n$收敛，则必有$\lim\limits_{n\to\infty}u_n=0$.

证　设级数$\sum\limits_{n=1}^{\infty}u_n$收敛于$S$. 因为$u_n=S_n-S_{n-1}$，所以

$$\lim_{n\to\infty}u_n=\lim_{n\to\infty}(S_n-S_{n-1})=\lim_{n\to\infty}S_n-\lim_{n\to\infty}S_{n-1}=S-S=0.$$

由级数收敛的必要条件可知，如果$\lim\limits_{n\to\infty}u_n\neq 0$或不存在，则级数一定发散. 因此可用性质 5 判定级数$\sum\limits_{n=1}^{\infty}u_n$的发散性. 有时性质 5 也称为"**级数发散的第 n 项判别法**".

例 5　判定级数$\sum\limits_{n=1}^{\infty}\dfrac{n}{2n+1}$的敛散性.

解　由于$\lim\limits_{n\to\infty}u_n=\lim\limits_{n\to\infty}\dfrac{n}{2n+1}=\dfrac{1}{2}\neq 0$，因此原级数发散.

例 6　证明：**调和级数**$1+\dfrac{1}{2}+\dfrac{1}{3}+\cdots+\dfrac{1}{n}+\cdots$发散.

证　依次将调和级数的 2 项，2 项，4 项，…，2^m项，…加括号，得到一个新级数

$$\left(1+\frac{1}{2}\right)+\left(\frac{1}{3}+\frac{1}{4}\right)+\left(\frac{1}{5}+\frac{1}{6}+\frac{1}{7}+\frac{1}{8}\right)+\cdots+\left(\frac{1}{2^m+1}+\frac{1}{2^m+2}+\cdots+\frac{1}{2^{m+1}}\right)+\cdots.$$

因为

$$1+\frac{1}{2}>\frac{1}{2},$$

$$\frac{1}{3}+\frac{1}{4}>\frac{1}{4}+\frac{1}{4}=\frac{1}{2},$$

$$\frac{1}{5}+\frac{1}{6}+\frac{1}{7}+\frac{1}{8}>\frac{1}{8}+\frac{1}{8}+\frac{1}{8}+\frac{1}{8}=\frac{1}{2},$$

……

$$\frac{1}{2^m+1}+\frac{1}{2^m+2}+\cdots+\frac{1}{2^{m+1}}>\frac{1}{2^{m+1}}+\frac{1}{2^{m+1}}+\cdots+\frac{1}{2^{m+1}}=\frac{1}{2},$$

所以新级数前 $m+1$ 项的和大于 $\frac{m+1}{2}$，故新级数发散. 由性质 4 知，调和级数发散.

由于调和级数的一般项 $u_n=\frac{1}{n}\to 0(n\to\infty)$，因此例 6 说明，级数的一般项 u_n 趋于 0 仅仅是级数收敛的必要条件，并非充分条件.

例 7 设有甲、乙、丙三人按以下方式分一个苹果：先将苹果分成 4 份，每人各取一份；然后将剩下的一份又分成 4 份，每人又取一份；按此方式一直下去. 问：最终每人分得多少苹果？

解 依题意，每人分得的苹果为

$$\frac{1}{4}+\frac{1}{4^2}+\frac{1}{4^3}+\cdots+\frac{1}{4^n}+\cdots.$$

它是 $a=q=\frac{1}{4}$ 的等比级数，因此其和为

$$S=\frac{\frac{1}{4}}{1-\frac{1}{4}}=\frac{1}{3},$$

即最终每人分得三分之一苹果.

习题 7－1

1. 写出下列级数的一般项：

(1) $\frac{2}{1}-\frac{3}{2}+\frac{4}{3}-\frac{5}{4}+\frac{6}{5}-\cdots$； (2) $\frac{a^2}{3}-\frac{a^3}{5}+\frac{a^4}{7}-\frac{a^5}{9}+\cdots$.

2. 判断下列级数的敛散性：

(1) $\sum\limits_{n=1}^{\infty}(\sqrt{n+1}-\sqrt{n})$； (2) $\sum\limits_{n=1}^{\infty}\cos\frac{n\pi}{6}$；

(3) $\frac{1}{1\cdot 3}+\frac{1}{3\cdot 5}+\cdots+\frac{1}{(2n-1)(2n+1)}+\cdots$；

(4) $1+2+\cdots+100+\frac{1}{2}+\frac{1}{3}+\frac{1}{4}+\cdots$；

(5) $\sum\limits_{n=1}^{\infty}(-1)^n\left(1+\frac{1}{n}\right)^n$； (6) $\sum\limits_{n=1}^{\infty}\left(\frac{1}{3^n}+n\right)$.

3. 如图 7－2 所示，有两个半径为 1 的圆 C 和圆 D，直线 T 是它们公共的外切线. 作圆 C_1 与圆 C，圆 D 及直线

T 都相切;作圆 C_2 与圆 C_1,圆 C,圆 D 都相切……作圆 C_n 与圆 C_{n-1},圆 C,圆 D 都相切……如此下去,得到一系列圆 $C_n(n=1,2,\cdots)$. 求这系列圆的直径 d_n 的通项公式,并求所有这些直径的和.

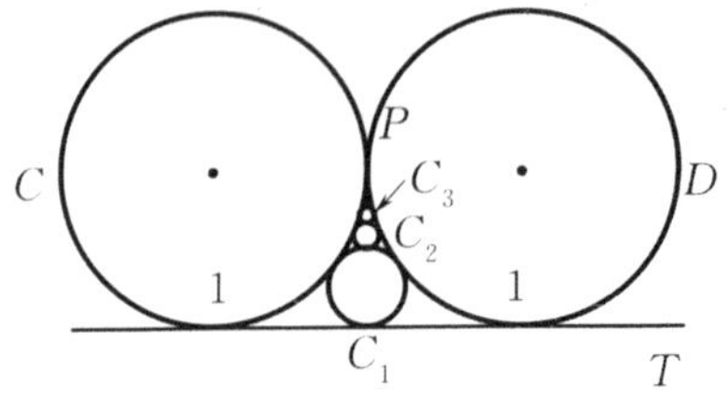

图 7-2

§7.2　数项级数敛散性的判别

判别级数是否收敛的方法称为**审敛法**. 本节介绍一些常用的级数审敛法.

7.2.1　正项级数及其审敛法

定义 1　对于级数 $\sum_{n=1}^{\infty}u_n$,如果 $u_n\geqslant 0(n=1,2,\cdots)$,则称 $\sum_{n=1}^{\infty}u_n$ 为**正项级数**.

对于正项级数 $\sum_{n=1}^{\infty}u_n$,其部分和满足 $S_n=S_{n-1}+u_n\geqslant S_{n-1}(n=2,3,\cdots)$,即部分和数列 $\{S_n\}$ 单调增加. 若数列 $\{S_n\}$ 有界,则由单调有界数列必有极限的准则可知,数列 $\{S_n\}$ 收敛,所以正项级数 $\sum_{n=1}^{\infty}u_n$ 收敛. 设其和为 S,则有 $S_n\leqslant S$. 反之,若正项级数 $\sum_{n=1}^{\infty}u_n$ 收敛于 S,则数列 $\{S_n\}$ 收敛,且由收敛数列必有界的性质可知,数列 $\{S_n\}$ 必有界. 于是得到下述重要结论.

定理 1　**正项级数 $\sum_{n=1}^{\infty}u_n$ 收敛的充分必要条件是:其部分和数列 $\{S_n\}$ 有界.**

例 1　证明:正项级数 $\sum_{n=0}^{\infty}\frac{1}{n!}=1+\frac{1}{1!}+\frac{1}{2!}+\cdots+\frac{1}{n!}+\cdots$ 收敛.

证　因为

$$\frac{1}{n!}=\frac{1}{1\cdot 2\cdot\cdots\cdot n}\leqslant\frac{1}{1\cdot 2\cdot 2\cdot\cdots\cdot 2}=\frac{1}{2^{n-1}}\quad(n=1,2,\cdots),$$

所以对任意的 n,有

$$S_n=1+\frac{1}{1!}+\frac{1}{2!}+\cdots+\frac{1}{(n-1)!}\leqslant 1+1+\frac{1}{2}+\frac{1}{2^2}+\cdots+\frac{1}{2^{n-2}}$$

$$=1+\frac{1-\frac{1}{2^{n-1}}}{1-\frac{1}{2}}=3-\frac{1}{2^{n-2}}<3,$$

即正项级数 $\sum_{n=0}^{\infty}\frac{1}{n!}$ 的部分和数列有界. 故级数 $\sum_{n=0}^{\infty}\frac{1}{n!}$ 收敛.

利用定理 1, 可推导出正项级数的若干审敛法. 下面只介绍其中较为重要的两个.

定理 2(比较审敛法)　**设** $\sum_{n=1}^{\infty}u_n$ **与** $\sum_{n=1}^{\infty}v_n$ **为两个正项级数, 且** $u_n \leqslant v_n (n=1,2,\cdots)$.

(1) **如果级数** $\sum_{n=1}^{\infty}v_n$ **收敛, 则级数** $\sum_{n=1}^{\infty}u_n$ **也收敛;**

(2) **如果级数** $\sum_{n=1}^{\infty}u_n$ **发散, 则级数** $\sum_{n=1}^{\infty}v_n$ **也发散.**

证　(1) 若正项级数 $\sum_{n=1}^{\infty}v_n$ 收敛, 则其部分和数列 $\{\sigma_n\}$ 有界, 即存在正数 M, 使

$$\sigma_n = v_1 + v_2 + \cdots + v_n \leqslant M \quad (n=1,2,\cdots,n).$$

于是正项级数 $\sum_{n=1}^{\infty}u_n$ 的部分和 $S_n = u_1+u_2+\cdots+u_n \leqslant v_1+v_2+\cdots+v_n \leqslant M(n=1,2,\cdots,n)$, 即正项级数 $\sum_{n=1}^{\infty}u_n$ 的部分和数列 $\{S_n\}$ 有界. 故由定理 1 知, 级数 $\sum_{n=1}^{\infty}u_n$ 收敛.

(2) 用反证法. 假设 $\sum_{n=1}^{\infty}v_n$ 收敛, 则由(1)可知, $\sum_{n=1}^{\infty}u_n$ 也收敛. 这与已知 $\sum_{n=1}^{\infty}u_n$ 发散矛盾, 即假设不成立.

例 2　讨论**广义调和级数**(又称 p-**级数**)

$$\sum_{n=1}^{\infty}\frac{1}{n^p} = 1+\frac{1}{2^p}+\frac{1}{3^p}+\cdots+\frac{1}{n^p}+\cdots \quad (p\text{ 为常数})$$

的敛散性.

解　当 $p\leqslant 1$ 时, 有 $\frac{1}{n^p}\geqslant\frac{1}{n}$. 因 $\sum_{n=1}^{\infty}\frac{1}{n}$ 发散, 故由定理 2 知, p-级数发散.

当 $p>1$ 时, 对于 $n-1\leqslant x\leqslant n$, 有 $\frac{1}{n^p}\leqslant\frac{1}{x^p}$, 得到

$$\frac{1}{n^p} = \int_{n-1}^{n}\frac{1}{n^p}\mathrm{d}x \leqslant \int_{n-1}^{n}\frac{1}{x^p}\mathrm{d}x \quad (n=2,3,\cdots),$$

于是 p-级数的部分和为

$$\begin{aligned} S_n &= 1+\frac{1}{2^p}+\frac{1}{3^p}+\cdots+\frac{1}{n^p} \leqslant 1+\int_1^2\frac{1}{x^p}\mathrm{d}x+\int_2^3\frac{1}{x^p}\mathrm{d}x+\cdots+\int_{n-1}^{n}\frac{1}{x^p}\mathrm{d}x \\ &= 1+\int_1^n\frac{1}{x^p}\mathrm{d}x = 1+\frac{1}{p-1}\left(1-\frac{1}{n^{p-1}}\right) < 1+\frac{1}{p-1}, \end{aligned}$$

即部分和数列 $\{S_n\}$ 有界. 故由定理 1 知, p-级数收敛.

综上所述, 当 $p>1$ 时, p-级数收敛; 当 $p\leqslant 1$ 时, p-级数发散.

以后我们常用 p-级数作为比较审敛法中所使用的级数.

例 3　判定下列正项级数的敛散性:

(1) $\sum_{n=1}^{\infty}\frac{1}{n^2+1}$;　　(2) $\sum_{n=2}^{\infty}\frac{1}{\sqrt{n^2-1}}$.

解 (1) 因为 $u_n=\dfrac{1}{n^2+1}\leqslant\dfrac{1}{n^2}$，而级数 $\sum\limits_{n=1}^{\infty}\dfrac{1}{n^2}$ 为 $p=2>1$ 的 p-级数，故收敛，所以由比较审敛法知，级数 $\sum\limits_{n=1}^{\infty}\dfrac{1}{n^2+1}$ 也收敛.

(2) 因为 $u_n=\dfrac{1}{\sqrt{n^2-1}}\geqslant\dfrac{1}{\sqrt{n^2}}=\dfrac{1}{n}$，而调和级数 $\sum\limits_{n=1}^{\infty}\dfrac{1}{n}$ 发散，故级数 $\sum\limits_{n=2}^{\infty}\dfrac{1}{\sqrt{n^2-1}}$ 也发散.

使用比较审敛法时，需要找到一个敛散性已知的正项级数来与所给的正项级数进行比较，这对于有些正项级数来说是很困难的. 自然提出这样的问题：能否仅通过正项级数自身就能判定它的敛散性呢？

当正项级数的一般项中含有乘积、幂或阶乘时，常用下面的比值审敛法判定其敛散性.

定理 3（达朗贝尔（D'Alembert）比值审敛法） **设** $\sum\limits_{n=1}^{\infty}u_n$ **为正项级数. 若** $\lim\limits_{n\to\infty}\dfrac{u_{n+1}}{u_n}=l$，**则**

(1) **当** $l<1$ **时，级数** $\sum\limits_{n=1}^{\infty}u_n$ **收敛；**

(2) **当** $l>1$（**包括** $l=+\infty$）**时，级数** $\sum\limits_{n=1}^{\infty}u_n$ **发散；**

(3) **当** $l=1$ **时，级数** $\sum\limits_{n=1}^{\infty}u_n$ **可能收敛，也可能发散.**

例 4 判定下列正项级数的敛散性：

(1) $\sum\limits_{n=1}^{\infty}\dfrac{3^n}{n^2 2^n}$； (2) $\sum\limits_{n=2}^{\infty}\dfrac{1}{(n-1)!}$； (3) $\sum\limits_{n=1}^{\infty}\dfrac{1}{n(2n+1)}$.

解 (1) 因为 $\lim\limits_{n\to\infty}\dfrac{u_{n+1}}{u_n}=\lim\limits_{n\to\infty}\dfrac{3^{n+1}}{(n+1)^2 2^{n+1}}\cdot\dfrac{n^2 2^n}{3^n}=\lim\limits_{n\to\infty}\dfrac{3n^2}{2(n+1)^2}=\dfrac{3}{2}>1$，所以级数 $\sum\limits_{n=1}^{\infty}\dfrac{3^n}{n^2 2^n}$ 发散.

(2) 因为 $\lim\limits_{n\to\infty}\dfrac{u_{n+1}}{u_n}=\lim\limits_{n\to\infty}\dfrac{(n-1)!}{n!}=\lim\limits_{n\to\infty}\dfrac{1}{n}=0<1$，所以级数 $\sum\limits_{n=2}^{\infty}\dfrac{1}{(n-1)!}$ 收敛.

(3) 因为 $\lim\limits_{n\to\infty}\dfrac{u_{n+1}}{u_n}=\lim\limits_{n\to\infty}\dfrac{n(2n+1)}{(n+1)(2n+3)}=1$，所以比值审敛法失效，必须改用其他方法判别此级数的敛散性. 由于 $u_n=\dfrac{1}{n(2n+1)}<\dfrac{1}{2n^2}<\dfrac{1}{n^2}$，而级数 $\sum\limits_{n=1}^{\infty}\dfrac{1}{n^2}$ 为 $p=2>1$ 的 p-级数，故收敛，因此由比较审敛法可知，级数 $\sum\limits_{n=1}^{\infty}\dfrac{1}{n(2n+1)}$ 也收敛.

7.2.2 交错级数及其审敛法

正项级数的所有项都是非负的，还有一类特别的级数是交错级数.

定义 2 形如 $\sum\limits_{n=1}^{\infty}(-1)^n u_n$ 或 $\sum\limits_{n=1}^{\infty}(-1)^{n-1}u_n$（$u_n>0,n=1,2,\cdots$）的级数，称为**交错级数**.

交错级数的特点是:正、负项交替出现.关于交错级数收敛性的判定,有如下重要定理:

定理 4(莱布尼茨审敛法)　**如果交错级数** $\sum_{n=1}^{\infty}(-1)^{n-1}u_n$ **满足下列条件:**

(1) $\lim_{n\to\infty} u_n = 0$;

(2) $u_n \geqslant u_{n+1} \quad (n=1,2,\cdots)$,

则交错级数收敛,且其和 $S \leqslant u_1$**,其余项** r_n **的绝对值** $|r_n| \leqslant u_{n+1}$.

例 5　判定交错级数 $1-\frac{1}{2}+\frac{1}{3}-\frac{1}{4}+\cdots+(-1)^{n-1}\frac{1}{n}+\cdots$ 的敛散性.

解　对此交错级数,$u_n=\frac{1}{n}$,且满足 $u_n=\frac{1}{n}>\frac{1}{n+1}=u_{n+1}$,$\lim_{n\to\infty}u_n=\lim_{n\to\infty}\frac{1}{n}=0$,故由定理 4 知,该交错级数收敛,其和小于 1.

7.2.3　任意项级数及其审敛法

设有级数 $\sum_{n=1}^{\infty}u_n$,其中 $u_n(n=1,2,\cdots)$ 为任意实数,则称此级数为**任意项级数**.对于任意项级数,如何来判定其敛散性呢?除了用级数定义来判定外,还有什么办法?为此,要介绍绝对收敛与条件收敛的概念.

定义 3　设 $\sum_{n=1}^{\infty}u_n$ 为任意项级数.如果正项级数 $\sum_{n=1}^{\infty}|u_n|$ 收敛,则称级数 $\sum_{n=1}^{\infty}u_n$ **绝对收敛**;如果级数 $\sum_{n=1}^{\infty}u_n$ 收敛,但级数 $\sum_{n=1}^{\infty}|u_n|$ 发散,则称级数 $\sum_{n=1}^{\infty}u_n$ **条件收敛**.

例如,级数 $\sum_{n=1}^{\infty}(-1)^{n-1}\frac{1}{n^2}$ 绝对收敛;级数 $\sum_{n=1}^{\infty}(-1)^{n-1}\frac{1}{n}$ 条件收敛.

定理 5　**如果正项级数** $\sum_{n=1}^{\infty}|u_n|$ **收敛,则级数** $\sum_{n=1}^{\infty}u_n$ **必收敛,即绝对收敛的级数一定是收敛的.**

证　令 $v_n=\frac{1}{2}(u_n+|u_n|)$,则 $0\leqslant v_n\leqslant|u_n|$.由于 $\sum_{n=1}^{\infty}|u_n|$ 收敛,因此由比较审敛法知,级数 $\sum_{n=1}^{\infty}v_n$ 收敛.又因为 $u_n=2v_n-|u_n|$,所以由级数的性质 1 和性质 2 知,级数 $\sum_{n=1}^{\infty}u_n$ 收敛.

定理 5 将任意项级数的敛散性判别问题转化为正项级数来讨论.但应注意,当级数 $\sum_{n=1}^{\infty}|u_n|$ 发散时,不能由此判定级数 $\sum_{n=1}^{\infty}u_n$ 也发散.

例 6　判定级数 $\sum_{n=1}^{\infty}\frac{\sin(n\alpha)}{2^n}$ 的敛散性,其中 α 为常数.

解　由于 $0\leqslant\left|\frac{\sin(n\alpha)}{2^n}\right|\leqslant\frac{1}{2^n}$,而级数 $\sum_{n=1}^{\infty}\frac{1}{2^n}$ 是收敛的,因此由比较审敛法可知,正项级数 $\sum_{n=1}^{\infty}\left|\frac{\sin(n\alpha)}{2^n}\right|$ 收敛,即级数 $\sum_{n=1}^{\infty}\frac{\sin(n\alpha)}{2^n}$ 绝对收敛.故由定理 5 知,级数 $\sum_{n=1}^{\infty}\frac{\sin(n\alpha)}{2^n}$ 收敛.

例 7　讨论**交错 p -级数** $\sum\limits_{n=1}^{\infty}(-1)^{n-1}\dfrac{1}{n^p}$ 的绝对收敛与条件收敛性，其中 p 为常数.

解　当 $p\leqslant 0$ 时，通项 $u_n=(-1)^{n-1}\dfrac{1}{n^p}$ 不趋于 $0(n\to\infty)$，故该级数发散；

当 $p>1$ 时，有 $\left|(-1)^{n-1}\dfrac{1}{n^p}\right|=\dfrac{1}{n^p}$，且级数 $\sum\limits_{n=1}^{\infty}\dfrac{1}{n^p}$ 收敛，故该级数绝对收敛；

当 $0<p\leqslant 1$ 时，级数 $\sum\limits_{n=1}^{\infty}\dfrac{1}{n^p}$ 发散，但因为交错级数 $\sum\limits_{n=1}^{\infty}(-1)^{n-1}\dfrac{1}{n^p}$ 满足定理 4 的条件，所以是收敛的，故所给级数条件收敛.

习题 7－2

1. 用比较审敛法判定下列级数的敛散性：

(1) $\sum\limits_{n=1}^{\infty}(\sqrt{n^3+1}-\sqrt{n^3})$；　　(2) $\sum\limits_{n=1}^{\infty}\dfrac{1}{1+a^n}$　$(a>0)$.

2. 用比值审敛法判定下列级数的敛散性：

(1) $\sum\limits_{n=1}^{\infty}\dfrac{2^n n!}{n^n}$；　　(2) $\sum\limits_{n=1}^{\infty}\dfrac{n^2}{3^n}$.

3. 判定下列级数是否收敛；若收敛，判定是条件收敛还是绝对收敛：

(1) $\sum\limits_{n=1}^{\infty}(-1)^{n-1}\dfrac{n}{3^{n-1}}$；　　(2) $\sum\limits_{n=1}^{\infty}\dfrac{\sin n\alpha}{\sqrt{n^3}}$　(α 为常数).

§7.3　幂　级　数

7.3.1　函数项级数的概念

引例(存款问题)　设年利率为 r(实际上其随时间变化而改变)，依复利计算，且想要在第 1 年年末提取 1 元，第 2 年年末提取 4 元，第 3 年年末提取 9 元 …… 第 n 年年末提取 n^2 元 …… 问：为了能够一直如此提取，至少需要事先存入多少本金？

分析　这里本金为存入的钱，设为 A，则 1 年后本金与利息之和为 1 年的本利和，即为 $A(1+r)$；2 年后的本利和为 $A(1+r)^2$……n 年后的本利和为 $A(1+r)^n$.

解　若本金 A 为 $(1+r)^{-n}$ 元，则 n 年后可提取的本利和为 $(1+r)^{-n}\cdot(1+r)^n=1$ 元. 从而可知，若要 n 年后提取的本利和为 n^2 元，则本金应为 $n^2(1+r)^{-n}$ 元.

因此，为使第 1 年年末能提取 1 元本利和，则要有本金 $(1+r)^{-1}$ 元；第 2 年年末能提取本利和 $2^2=4$ 元，则要有本金 $2^2(1+r)^{-2}$ 元；第 3 年年末能提取本利和 $3^2=9$ 元，则要有本金 $3^2(1+r)^{-3}$ 元 …… 第 n 年年末能提取本利和 n^2 元，则要有本金 $n^2(1+r)^{-n}$ 元；如此一直下去，所需本金总数为

$$\sum_{n=1}^{\infty} n^2 (1+r)^{-n}.$$

令 $x = \frac{1}{1+r}$，即 x 是一个随时间变化而变化的变量，则得

$$\sum_{n=1}^{\infty} n^2 (1+r)^{-n} = \sum_{n=1}^{\infty} n^2 x^n.$$

在引例中，$\sum_{n=1}^{\infty} n^2 x^n$ 为一个无穷级数的形式，但其通项不再是常数，而是一个关于 x 的函数. 下面给出这类无穷级数的定义.

定义 1 设有定义在区间 I 上的函数列 $\{u_n(x)\}$：$u_1(x), u_2(x), \cdots, u_n(x), \cdots$，则和式

$$u_1(x) + u_2(x) + \cdots + u_n(x) + \cdots \tag{7-2}$$

称为定义在区间 I 上的**函数项无穷级数**，简称**函数项级数**，记作

$$\sum_{n=1}^{\infty} u_n(x) = u_1(x) + u_2(x) + \cdots + u_n(x) + \cdots.$$

对于区间 I 上的任意确定值 x_0，函数项级数(7-2)便成为数项级数

$$\sum_{n=1}^{\infty} u_n(x_0) = u_1(x_0) + u_2(x_0) + \cdots + u_n(x_0) + \cdots. \tag{7-3}$$

如果数项级数(7-3)收敛，则称点 x_0 为函数项级数(7-2)的**收敛点**；如果数项级数(7-3)发散，则称点 x_0 为函数项级数(7-2)的**发散点**. 函数项级数(7-2)的全体收敛点(或发散点)组成的集合叫作该级数的**收敛域**(或**发散域**).

设函数项级数(7-2)的收敛域为 D，则对于任意的 $x \in D$，函数项级数(7-2)都收敛，其和显然与 x 有关，且是关于 x 的函数，称之为函数项级数(7-2)的**和函数**，记作 $S(x)$，即

$$S(x) = u_1(x) + u_2(x) + \cdots + u_n(x) + \cdots \quad (x \in D),$$

把函数项级数(7-2)的前 n 项和记作 $S_n(x)$，则在收敛域上，有

$$\sum_{n=1}^{\infty} u_n(x) = \lim_{n \to \infty} S_n(x) = S(x).$$

将 $r_n(x) = S(x) - S_n(x)$ 称作该函数项级数的**余项**，且 $\lim_{n \to \infty} r_n(x) = 0$.

例如级数 $\sum_{n=0}^{\infty} x^n = 1 + x + x^2 + \cdots + x^n + \cdots$，当 $x \in (-1,1)$ 时，其前 n 项和为 $S_n(x) = 1 + x + \cdots + x^{n-1} = \frac{1-x^n}{1-x}$，于是 $\lim_{n \to \infty} S_n(x) = \lim_{n \to \infty} \frac{1-x^n}{1-x} = \frac{1}{1-x}$；而当 $|x| \geqslant 1$ 时，$\sum_{n=0}^{\infty} x^n$ 发散. 故 $\sum_{n=0}^{\infty} x^n$ 的收敛域为 $(-1,1)$，和函数为 $\frac{1}{1-x}$，即

$$\sum_{n=0}^{\infty} x^n = \frac{1}{1-x} \quad (-1 < x < 1).$$

7.3.2 幂级数及其敛散性

函数项级数中最简单的是幂级数.

定义 2 称形如

$$\sum_{n=0}^{\infty} a_n(x-x_0)^n = a_0 + a_1(x-x_0) + a_2(x-x_0)^2 + \cdots + a_n(x-x_0)^n + \cdots \quad (7-4)$$

的函数项级数为**关于 $x-x_0$ 的幂级数**，其中常数 $a_0, a_1, \cdots, a_n, \cdots$ 叫作**幂级数的系数**.

特别地，当 $x_0=0$ 时，

$$\sum_{n=0}^{\infty} a_n(x-x_0)^n = \sum_{n=0}^{\infty} a_n x^n = a_0 + a_1 x + a_2 x^2 + \cdots + a_n x^n + \cdots, \quad (7-5)$$

称之为**关于 x 的幂级数**.

本节主要讨论幂级数(7-5)，幂级数(7-4)可通过代换 $t=x-x_0$ 化成幂级数(7-5)来研究.下面首先讨论幂级数(7-5)的收敛域问题，即 x 取数轴上哪些点时幂级数(7-5)收敛.

定理 1（阿贝尔(Abel)定理） **对于幂级数 $\sum\limits_{n=0}^{\infty} a_n x^n$，有**

(1) 若该幂级数在点 $x=x_0(x_0\neq 0)$ 处收敛，则对于满足 $|x|<|x_0|$ 的一切 x，它都绝对收敛；

(2) 若该幂级数在点 $x=x_0$ 处发散，则对于满足 $|x|>|x_0|$ 的一切 x，它都发散.

证 (1) 假设点 $x_0\neq 0$ 是幂级数 $\sum\limits_{n=0}^{\infty} a_n x^n$ 的收敛点，即级数 $\sum\limits_{n=0}^{\infty} a_n x_0^n$ 收敛，则由级数收敛的必要条件知 $\lim\limits_{n\to\infty} a_n x_0^n = 0$. 因为收敛数列必有界，所以存在正数 M，使得 $|a_n x_0^n| \leqslant M(n=0,1,2,\cdots)$，因此

$$|a_n x^n| = |a_n x_0^n| \left|\frac{x}{x_0}\right|^n \leqslant M\left|\frac{x}{x_0}\right|^n \quad (n=0,1,\cdots).$$

当 $|x|<|x_0|$ 时，几何级数 $\sum\limits_{n=0}^{\infty} M\left|\frac{x}{x_0}\right|^n \left(\text{公比 } q=\left|\frac{x}{x_0}\right|<1\right)$ 收敛，从而级数 $\sum\limits_{n=0}^{\infty} |a_n x^n|$ 收敛，即幂级数 $\sum\limits_{n=0}^{\infty} a_n x^n$ 绝对收敛.

(2) 用反证法. 假设存在满足 $|x_1|>|x_0|$ 的一点 x_1，使得幂级数 $\sum\limits_{n=0}^{\infty} a_n x^n$ 在点 $x=x_1$ 处收敛，则根据定理1的(1)知，幂级数 $\sum\limits_{n=0}^{\infty} a_n x^n$ 在点 x_0 处也收敛. 这与幂级数 $\sum\limits_{n=0}^{\infty} a_n x^n$ 在点 x_0 处发散矛盾，即假设不成立.

定理1表明，若幂级数(7-5)在点 $x=x_0(x_0\neq 0)$ 处收敛(或发散)，则对开区间 $(-|x_0|,|x_0|)$ 内(或闭区间 $[-|x_0|,|x_0|]$ 外)的一切 x，幂级数(7-5)都收敛(或发散).

推论 1 如果幂级数 $\sum\limits_{n=0}^{\infty} a_n x^n$ 既有非零的收敛点，又有发散点，则必存在正数 R，使得

(1) 当 $|x|<R$ 时，该幂级数绝对收敛；

(2) 当 $|x|>R$ 时，该幂级数发散；

(3) 当 $|x|=R$ 时，该幂级数可能收敛，也可能发散.

这样的正数 R 称为幂级数(7-5)的**收敛半径**. 由于幂级数(7-5)在区间 $(-R,R)$ 内一定是绝对收敛的，因此把 $(-R,R)$ 称为幂级数(7-5)的**收敛区间**. 幂级数在收敛区间内有很好

的性质.幂级数(7-5)在区间$(-R,R)$的两个端点$x=\pm R$处可能发散,也可能收敛,需要把$x=\pm R$代入幂级数(7-5),化为数项级数来具体讨论.一旦知道了端点$x=\pm R$处幂级数(7-5)的敛散性,则可知幂级数(7-5)的收敛域,即下面四个区间之一:$(-R,R)$,$[-R,R)$,$(-R,R]$,$[-R,R]$.

若幂级数(7-5)仅在点$x=0$处收敛,则规定收敛半径$R=0$,此时收敛域缩为一点,即原点;若对一切实数x,幂级数(7-5)都收敛,则规定收敛半径$R=+\infty$,此时收敛区间与收敛域都是$(-\infty,+\infty)$.

下面给出幂级数(7-5)的收敛半径的求法.

定理 2　**对于幂级数$\sum\limits_{n=0}^{\infty}a_nx^n$,如果$\lim\limits_{n\to\infty}\left|\dfrac{a_{n+1}}{a_n}\right|=\rho$,则该幂级数的收敛半径为**

$$R=\begin{cases}\dfrac{1}{\rho}, & \rho\neq 0,\\ +\infty, & \rho=0,\\ 0, & \rho=+\infty.\end{cases}$$

证　考虑正项级数$\sum\limits_{n=0}^{\infty}|a_nx^n|=|a_0|+|a_1x|+|a_2x^2|+\cdots+|a_nx^n|+\cdots$,则有

$$\lim_{n\to\infty}\frac{|a_{n+1}x^{n+1}|}{|a_nx^n|}=\lim_{n\to\infty}\left|\frac{a_{n+1}}{a_n}\right|\cdot|x|=\rho|x|.$$

(1) 如果$\rho\neq 0$,则根据正项级数的比值审敛法知,当$\rho|x|<1$,即$|x|<\dfrac{1}{\rho}$时,级数$\sum\limits_{n=0}^{\infty}|a_nx^n|$收敛,从而级数$\sum\limits_{n=0}^{\infty}a_nx^n$绝对收敛.当$\rho|x|>1$,即$|x|>\dfrac{1}{\rho}$时,级数$\sum\limits_{n=0}^{\infty}|a_nx^n|$发散.又由$\lim\limits_{n\to\infty}\dfrac{|a_{n+1}x^{n+1}|}{|a_nx^n|}=\rho|x|>1$可知,存在正整数$N$,当$n\geqslant N$时,有$|a_{n+1}x^{n+1}|>|a_nx^n|$,因此$\lim\limits_{n\to\infty}|a_nx^n|\neq 0$,于是$\lim\limits_{n\to\infty}a_nx^n\neq 0$,故幂级数$\sum\limits_{n=0}^{\infty}a_nx^n$发散.所以幂级数$\sum\limits_{n=0}^{\infty}a_nx^n$的收敛半径为$R=\dfrac{1}{\rho}$.

(2) 如果$\rho=0$,则对于一切$x\neq 0$,都有

$$\lim_{n\to\infty}\frac{|a_{n+1}x^{n+1}|}{|a_nx^n|}=\rho|x|=0<1.$$

因此,由正项级数的比值审敛法知,级数$\sum\limits_{n=0}^{\infty}|a_nx^n|$收敛,即级数$\sum\limits_{n=0}^{\infty}a_nx^n$绝对收敛.故幂级数$\sum\limits_{n=0}^{\infty}a_nx^n$的收敛半径为$R=+\infty$.

(3) 如果$\rho=+\infty$,则对于正数1,存在正整数N,对于任意的$x\neq 0$,当$n\geqslant N$时,都有

$$\frac{|a_{n+1}x^{n+1}|}{|a_nx^n|}>1,$$

即$|a_{n+1}x^{n+1}|>|a_nx^n|$.因此$\lim\limits_{n\to\infty}|a_nx^n|\neq 0$,于是$\lim\limits_{n\to\infty}a_nx^n\neq 0$,故级数$\sum\limits_{n=0}^{\infty}a_nx^n$发散.但在点

$x=0$ 处级数 $\sum\limits_{n=0}^{\infty}a_nx^n$ 收敛，因此幂级数 $\sum\limits_{n=0}^{\infty}a_nx^n$ 的收敛半径为 $R=0$.

例 1 求下列幂级数的收敛半径：

(1) $\sum\limits_{n=1}^{\infty}\dfrac{(-1)^n}{3^n+1}x^n$； (2) $\sum\limits_{n=1}^{\infty}\dfrac{x^n}{n!}$； (3) $\sum\limits_{n=0}^{\infty}\dfrac{x^{2n}}{2^n}$.

解 (1) 因

$$\rho=\lim_{n\to\infty}\left|\frac{a_{n+1}}{a_n}\right|=\lim_{n\to\infty}\left|\frac{(-1)^{n+1}}{3^{n+1}+1}\Big/\frac{(-1)^n}{3^n+1}\right|=\lim_{n\to\infty}\frac{3^n+1}{3^{n+1}+1}=\frac{1}{3},$$

故收敛半径为 $R=\dfrac{1}{\rho}=3$.

(2) 因

$$\rho=\lim_{n\to\infty}\left|\frac{a_{n+1}}{a_n}\right|=\lim_{n\to\infty}\left|\frac{1}{(n+1)!}\Big/\frac{1}{n!}\right|=\lim_{n\to\infty}\frac{1}{n+1}=0,$$

故收敛半径为 $R=+\infty$.

(3) 因为该幂级数缺少奇次幂的项，所以定理 2 失效. 换用正项级数的比值审敛法求收敛半径. 由于

$$\lim_{n\to\infty}\left|\frac{u_{n+1}}{u_n}\right|=\lim_{n\to\infty}\left|\frac{x^{2(n+1)}}{2^{n+1}}\Big/\frac{x^{2n}}{2^n}\right|=\frac{1}{2}|x|^2,$$

因此当 $\dfrac{1}{2}|x|^2<1$，即 $|x|<\sqrt{2}$ 时，该幂级数绝对收敛；当 $\dfrac{1}{2}|x|^2>1$，即 $|x|>\sqrt{2}$ 时，该幂级数发散. 故收敛半径为 $R=\sqrt{2}$.

例 2 求下列幂级数的收敛区间和收敛域：

(1) $\sum\limits_{n=1}^{\infty}\dfrac{(-1)^{n+1}}{n}x^n$； (2) $\sum\limits_{n=1}^{\infty}\dfrac{(x-2)^n}{n^2}$.

解 (1) 因为

$$\rho=\lim_{n\to\infty}\left|\frac{a_{n+1}}{a_n}\right|=\lim_{n\to\infty}\left|\frac{(-1)^{n+2}}{n+1}\Big/\frac{(-1)^{n+1}}{n}\right|=\lim_{n\to\infty}\frac{n}{n+1}=1,$$

所以收敛半径为 $R=\dfrac{1}{\rho}=1$，收敛区间是 $(-1,1)$，即该幂级数在 $(-1,1)$ 内绝对收敛.

在端点 $x=1$ 处，该幂级数成为交错级数 $\sum\limits_{n=1}^{\infty}\dfrac{(-1)^{n+1}}{n}$，这是收敛的级数；在端点 $x=-1$ 处，该幂级数成为 $-\sum\limits_{n=1}^{\infty}\dfrac{1}{n}$，这是发散的级数. 故该幂级数的收敛域为 $(-1,1]$.

(2) 令 $t=x-2$，则所给幂级数变成 $\sum\limits_{n=1}^{\infty}\dfrac{t^n}{n^2}$. 因为

$$\rho=\lim_{n\to\infty}\left|\frac{a_{n+1}}{a_n}\right|=\lim_{n\to\infty}\left|\frac{1}{(n+1)^2}\Big/\frac{1}{n^2}\right|=\lim_{n\to\infty}\frac{n^2}{(n+1)^2}=1,$$

所以幂级数 $\sum\limits_{n=1}^{\infty}\dfrac{t^n}{n^2}$ 的收敛半径为 $R=\dfrac{1}{\rho}=1$，即幂级数 $\sum\limits_{n=1}^{\infty}\dfrac{t^n}{n^2}$ 在区间 $(-1,1)$ 内绝对收敛.

在端点 $t=1$ 处，幂级数 $\sum\limits_{n=1}^{\infty}\dfrac{t^n}{n^2}$ 变成 p-级数 $\sum\limits_{n=1}^{\infty}\dfrac{1}{n^2}$，故收敛；在端点 $t=-1$ 处，幂级数

$\sum_{n=1}^{\infty}\frac{t^n}{n^2}$ 变成交错级数 $\sum_{n=1}^{\infty}(-1)^n\frac{1}{n^2}$，也收敛. 因此，幂级数 $\sum_{n=1}^{\infty}\frac{t^n}{n^2}$ 的收敛区间为 $(-1,1)$，收敛域为 $[-1,1]$，从而幂级数 $\sum_{n=1}^{\infty}\frac{(x-2)^n}{n^2}$ 的收敛区间为 $(1,3)$，收敛域为 $[1,3]$（因为 $-1\leqslant t\leqslant 1$，即 $-1\leqslant x-2\leqslant 1$，所以 $1\leqslant x\leqslant 3$）.

7.3.3 幂级数的运算与性质

1. 四则运算

设幂级数 $\sum_{n=0}^{\infty}a_nx^n$ 和 $\sum_{n=0}^{\infty}b_nx^n$ 的收敛半径分别为 R_1 和 R_2，它们的和函数分别为 $S_1(x)$ 和 $S_2(x)$. 令 $R=\min\{R_1,R_2\}$，则在 $(-R,R)$ 内，有

(1) 加法运算： $\sum_{n=0}^{\infty}a_nx^n\pm\sum_{n=0}^{\infty}b_nx^n=\sum_{n=0}^{\infty}(a_n\pm b_n)x^n=S_1(x)\pm S_2(x)$；

(2) 乘法运算： $\left(\sum_{n=0}^{\infty}a_nx^n\right)\cdot\left(\sum_{n=0}^{\infty}b_nx^n\right)=\sum_{n=0}^{\infty}c_nx^n=S_1(x)\cdot S_2(x)$，

其中 $c_n=a_0b_n+a_1b_{n-1}+\cdots+a_{n-1}b_1+a_nb_0$.

2. 分析性质

设幂级数 $\sum_{n=0}^{\infty}a_nx^n$ 的收敛半径为 $R(R>0)$，在 $(-R,R)$ 内的和函数为 $S(x)$.

(1) $S(x)$ 在其收敛区间 $(-R,R)$ 内连续；

(2) $S(x)$ 在其收敛区间 $(-R,R)$ 内可导，且有逐项求导公式：

$$S'(x)=\left(\sum_{n=0}^{\infty}a_nx^n\right)'=\sum_{n=0}^{\infty}(a_nx^n)'=\sum_{n=1}^{\infty}na_nx^{n-1},\quad x\in(-R,R);$$

(3) $S(x)$ 在其收敛区间 $(-R,R)$ 内可积，且有逐项积分公式：

$$\int_0^x S(x)\mathrm{d}x=\int_0^x\left(\sum_{n=0}^{\infty}a_nx^n\right)\mathrm{d}x=\sum_{n=0}^{\infty}\int_0^x a_nx^n\mathrm{d}x$$

$$=\sum_{n=0}^{\infty}\frac{a_n}{n+1}x^{n+1},\quad x\in(-R,R).$$

注 逐项求导、积分后所得的幂级数具有与原幂级数相同的收敛半径和收敛区间.

例 3 求下列幂级数的和函数：

(1) $\sum_{n=1}^{\infty}nx^{n-1},\quad x\in(-1,1)$； (2) $\sum_{n=0}^{\infty}\frac{x^{n+1}}{n+1},\quad x\in(-1,1)$.

解 (1) 设 $S(x)=\sum_{n=1}^{\infty}nx^{n-1}$，$x\in(-1,1)$，两端积分，得

$$\int_0^x S(x)\mathrm{d}x=\sum_{n=1}^{\infty}\int_0^x nx^{n-1}\mathrm{d}x=\sum_{n=1}^{\infty}x^n=\frac{x}{1-x},\quad x\in(-1,1).$$

上式两端再对 x 求导,得

$$S(x)=\frac{1}{(1-x)^2},\quad x\in(-1,1).$$

(2) 设 $S(x)=\sum\limits_{n=0}^{\infty}\frac{x^{n+1}}{n+1}$,$x\in(-1,1)$,两端对 x 求导,得

$$S'(x)=\sum_{n=0}^{\infty}\left(\frac{x^{n+1}}{n+1}\right)'=\sum_{n=0}^{\infty}x^n=\frac{1}{1-x},\quad x\in(-1,1).$$

再对上式两端从 0 到 x 积分,得

$$S(x)-S(0)=\int_0^x\frac{1}{1-x}\mathrm{d}x=-\ln(1-x),\quad x\in(-1,1),$$

而 $S(0)=0$,所以

$$S(x)=-\ln(1-x),\quad x\in(-1,1).$$

例 4 求幂级数 $\sum\limits_{n=0}^{\infty}\frac{x^{2n}}{2n+1}(x\in(-1,1))$ 的和函数,并计算级数 $\sum\limits_{n=0}^{\infty}\frac{1}{2n+1}\left(\frac{1}{2}\right)^{2n}$ 的和.

解 设 $S(x)=\sum\limits_{n=0}^{\infty}\frac{x^{2n}}{2n+1}$,$x\in(-1,1)$,两端同时乘以 x,得

$$xS(x)=\sum_{n=0}^{\infty}\frac{x^{2n+1}}{2n+1},\quad x\in(-1,1).$$

上式两端求导,得

$$[xS(x)]'=\sum_{n=0}^{\infty}\left(\frac{x^{2n+1}}{2n+1}\right)'=\sum_{n=0}^{\infty}x^{2n}=\frac{1}{1-x^2},\quad x\in(-1,1).$$

再对上式两端从 0 到 x 积分,得

$$xS(x)=\int_0^x\frac{1}{1-x^2}\mathrm{d}x=\frac{1}{2}\ln\frac{1+x}{1-x},\quad x\in(-1,1),$$

所以当 $x\neq0$ 时,

$$S(x)=\frac{1}{2x}\ln\frac{1+x}{1-x},\quad x\in(-1,0)\cup(0,1).$$

而由已知 $S(0)=\sum\limits_{n=0}^{\infty}\frac{0^{2n}}{2n+1}=0$,因此有

$$S(x)=\begin{cases}\dfrac{1}{2x}\ln\dfrac{1+x}{1-x}, & x\in(-1,0)\cup(0,1),\\ 0, & x=0.\end{cases}$$

因为 $x=\frac{1}{2}$ 在$(-1,1)$内,所以将它代入上式,即得

$$\sum_{n=0}^{\infty}\frac{1}{2n+1}\left(\frac{1}{2}\right)^{2n}=S\left(\frac{1}{2}\right)=\frac{1}{2\times\frac{1}{2}}\ln\frac{1+\frac{1}{2}}{1-\frac{1}{2}}=\ln 3.$$

习题 7-3

1. 求下列幂级数的收敛区间:

(1) $\frac{x}{2}+\frac{x^2}{2\cdot4}+\frac{x^3}{2\cdot4\cdot6}+\cdots$; (2) $\sum\limits_{n=1}^{\infty}(-1)^n\frac{x^{2n+1}}{2n+1}$;

(3) $\sum_{n=1}^{\infty} \frac{2n-1}{2^n} x^{2n-2}$；　(4) $\sum_{n=1}^{\infty} \frac{(x-5)^n}{\sqrt{n}}$.

2. 利用逐项求导或逐项积分，求下列幂级数在收敛区间内的和函数：

(1) $\sum_{n=0}^{\infty} \frac{x^{4n+1}}{4n+1}$　$(-1 < x < 1)$；

(2) $\sum_{n=0}^{\infty} 2(n+1)x^{2(n+1)}$ $(-1 < x < 1)$，并求级数 $\sum_{n=0}^{\infty} \frac{n+1}{2^{2n-1}}$ 的和.

§7.4 函数展开成幂级数

前面我们讨论了求幂级数和函数的问题，在实际应用中常常会遇到与之相反的问题：对一个给定的函数，能否在一个区间内展开成幂级数？如果可以，又如何将其展开成幂级数？其收敛情况如何？本节就来解决这些问题.

7.4.1 泰勒级数

如果函数 $f(x)$ 在点 x_0 的某邻域 $U(x_0,\delta)$ 内有定义，且能展开成关于 $x-x_0$ 的幂级数，即对于任意的 $x \in U(x_0,\delta)$，有

$$f(x) = a_0 + a_1(x-x_0) + a_2(x-x_0)^2 + \cdots + a_n(x-x_0)^n + \cdots, \tag{7-6}$$

则由幂级数的分析性质知，函数 $f(x)$ 在该邻域内一定具有任意阶导数，且

$$f^{(n)}(x) = n!a_n + (n+1)!a_{n+1}(x-x_0) + \cdots \quad (n = 1,2,\cdots). \tag{7-7}$$

在(7-6)式和(7-7)式中，令 $x = x_0$，则得

$$a_0 = f(x_0),\quad a_1 = \frac{f'(x_0)}{1!},\quad a_2 = \frac{f''(x_0)}{2!},\quad \cdots,\quad a_n = \frac{f^{(n)}(x_0)}{n!},\quad \cdots. \tag{7-8}$$

将(7-8)式代入(7-6)式中，有

$$f(x) = f(x_0) + \frac{f'(x_0)}{1!}(x-x_0) + \frac{f''(x_0)}{2!}(x-x_0)^2 + \cdots + \frac{f^{(n)}(x_0)}{n!}(x-x_0)^n + \cdots.$$

这说明，如果函数 $f(x)$ 在点 x_0 的某邻域 $U(x_0,\delta)$ 内能用形如式(7-6)右端的幂级数表示，则其系数必由(7-8)式确定，即函数 $f(x)$ 的幂级数展开式是唯一的.

定义 1　如果函数 $f(x)$ 在点 x_0 的某邻域 $U(x_0,\delta)$ 内有任意阶导数，则称级数

$$f(x_0) + \frac{f'(x_0)}{1!}(x-x_0) + \frac{f''(x_0)}{2!}(x-x_0)^2 + \cdots + \frac{f^{(n)}(x_0)}{n!}(x-x_0)^n + \cdots \tag{7-9}$$

为函数 $f(x)$ 在点 x_0 处的**泰勒**(Taylor)**级数**.

函数 $f(x)$ 的泰勒级数(7-9)的前 $n+1$ 项之和记为 $S_{n+1}(x)$，即

$$S_{n+1}(x) = f(x_0) + \frac{f'(x_0)}{1!}(x-x_0) + \frac{f''(x_0)}{2!}(x-x_0)^2 + \cdots + \frac{f^{(n)}(x_0)}{n!}(x-x_0)^n,$$

并把差式 $f(x) - S_{n+1}(x)$ 叫作**泰勒级数**(7-9)**的余项**，记作 $R_n(x)$，即

$$R_n(x) = f(x) - S_{n+1}(x).$$

显然,只要函数 $f(x)$ 在点 x_0 的某邻域 $U(x_0,\delta)$ 内具有任意阶导数,则它的泰勒级数(7-9)就已经确定.问题是:级数(7-9)是否在点 x_0 的邻域 $U(x_0,\delta)$ 内收敛?若收敛,是否以 $f(x)$ 为其和函数?对此,有下面的定理.

定理 1 **若函数 $f(x)$ 在点 x_0 的某邻域 $U(x_0,\delta)$ 内具有任意阶导数,则泰勒级数(7-9)在该邻域内收敛于 $f(x)$ 的充分必要条件是:对任意的 $x\in U(x_0,\delta)$,都有** $\lim\limits_{n\to\infty}R_n(x)=0$.

下面直接给出余项 $R_n(x)$ 的表达式:

$$R_n(x)=\frac{f^{(n+1)}(\xi)}{(n+1)!}(x-x_0)^{n+1}\quad(\xi\text{ 介于 }x_0\text{ 与 }x\text{ 之间}).$$

称上式为**拉格朗日型余项**.

在实际应用中,常取 $x_0=0$,此时泰勒级数(7-9)变成

$$f(0)+\frac{f'(0)}{1!}x+\frac{f''(0)}{2!}x^2+\cdots+\frac{f^{(n)}(0)}{n!}x^n+\cdots,$$

称之为 $f(x)$ 的**麦克劳林**(Maclaurin)**级数**,其余项为

$$R_n(x)=\frac{f^{(n+1)}(\xi)}{(n+1)!}x^{n+1}\quad(\xi\text{ 介于 }0\text{ 与 }x\text{ 之间}).$$

7.4.2 函数展开成幂级数

将函数 $f(x)$ 展开成关于 $x-x_0$ 或 x 的幂级数,就是用其泰勒级数或麦克劳林级数表示 $f(x)$.下面结合例题来研究如何将函数展开成幂级数.

1. 直接展开法

根据前面的讨论,可以按照下列步骤将函数 $f(x)$ 展开为关于 x 的幂级数:

第一步,求出函数 $f(x)$ 在点 $x=0$ 处的各阶导数 $f(0),f'(0),f''(0),\cdots,f^{(n)}(0),\cdots$.

若函数在点 $x=0$ 处的某阶导数不存在,则停止进行,这是因为该函数不能展开为关于 x 的幂级数.例如,在点 $x=0$ 处,$f(x)=x^{\frac{7}{3}}$ 的三阶导数不存在,故它不能展开为关于 x 的幂级数.

第二步,写出幂级数

$$f(0)+f'(0)x+\frac{f''(0)}{2!}x^2+\cdots+\frac{f^{(n)}(0)}{n!}x^n+\cdots,$$

并求出收敛半径 R 及收敛区间 $(-R,R)$.

第三步,在收敛区间 $(-R,R)$ 内,考察余项 $R_n(x)$ 的极限

$$\lim_{n\to\infty}R_n(x)=\lim_{n\to\infty}\frac{f^{(n+1)}(\xi)}{(n+1)!}x^{n+1}\quad(\xi\text{ 介于 }0\text{ 与 }x\text{ 之间})$$

是否为零.如果为零,则第二步所写出的幂级数就是函数 $f(x)$ 在 $(-R,R)$ 内的展开式,即

$$f(x)=f(0)+f'(0)x+\frac{f''(0)}{2!}x^2+\cdots+\frac{f^{(n)}(0)}{n!}x^n+\cdots,\quad x\in(-R,R);$$

如果不为零,则第二步写出的幂级数虽然收敛,但它的和并不是所给的函数 $f(x)$.

将函数 $f(x)$ 展开为关于 $x-x_0$ 的幂级数时,可按类似的步骤进行.这种将函数 $f(x)$ 展

开为关于 x 或 $x-x_0$ 的幂级数的方法称为**直接展开法**.

例 1 将下列函数展开为关于 x 的幂级数：

(1) $f(x)=e^x$； (2) $f(x)=\sin x$； (3) $f(x)=(1+x)^m$ （m 为任意常数）.

解 (1) 因 $f(x)=e^x$，故 $f^{(n)}(0)=1(n=0,1,2,\cdots)$，从而 e^x 的麦克劳林级数为

$$1+x+\frac{x^2}{2!}+\frac{x^3}{3!}+\cdots+\frac{x^n}{n!}+\cdots. \tag{7-10}$$

容易求得它的收敛半径为 $R=+\infty$. 下面考察余项

$$R_n(x)=\frac{e^{\xi}}{(n+1)!}x^{n+1} \quad (\xi \text{ 介于 } 0 \text{ 与 } x \text{ 之间}).$$

因为 ξ 介于 0 与 x 之间，所以 $e^{\xi}<e^{|x|}$，因而有

$$|R_n(x)|=\frac{e^{\xi}}{(n+1)!}|x|^{n+1}<\frac{e^{|x|}}{(n+1)!}|x|^{n+1}.$$

对于任一确定的 x 值，$e^{|x|}$ 是一个确定的常数，而级数(7-10)是绝对收敛的，故由级数收敛的必要条件可知 $\lim\limits_{n\to\infty}\frac{|x|^{n+1}}{(n+1)!}=0$，所以 $\lim\limits_{n\to\infty}e^{|x|}\frac{|x|^{n+1}}{(n+1)!}=0$. 由此可得 $\lim\limits_{n\to\infty}R_n(x)=0$. 这表明级数(7-10)收敛于 e^x，于是有

$$e^x=1+x+\frac{x^2}{2!}+\frac{x^3}{3!}+\cdots+\frac{x^n}{n!}+\cdots \quad (-\infty<x<+\infty).$$

(2) 因为 $f(x)=\sin x$，所以 $f^{(n)}(x)=\sin\left(x+\frac{n\pi}{2}\right)(n=1,2,\cdots)$，则

$$f(0)=0,\quad f'(0)=1,\quad f''(0)=0,\quad f'''(0)=-1,\quad \cdots,$$
$$f^{(2n)}(0)=0,\quad f^{(2n+1)}(0)=(-1)^n,\quad \cdots.$$

于是 $\sin x$ 的麦克劳林级数为

$$x-\frac{x^3}{3!}+\frac{x^5}{5!}-\frac{x^7}{7!}+\cdots+(-1)^n\frac{x^{2n+1}}{(2n+1)!}+\cdots,$$

它的收敛半径为 $R=+\infty$. 考察余项的绝对值

$$|R_n(x)|=\left|\sin\left(\xi+\frac{n+1}{2}\pi\right)\frac{x^{n+1}}{(n+1)!}\right|\leqslant\frac{|x|^{n+1}}{(n+1)!}\to 0 \quad (n\to\infty).$$

于是得展开式

$$\sin x=x-\frac{x^3}{3!}+\frac{x^5}{5!}-\cdots+(-1)^n\frac{x^{2n+1}}{(2n+1)!}+\cdots \quad (-\infty<x<+\infty).$$

(3) 用同样的方法，可以推得**牛顿二项展开式**

$$(1+x)^m=1+mx+\frac{m(m-1)}{2!}x^2+\cdots+\frac{m(m-1)\cdots(m-n+1)}{n!}x^n+\cdots \quad (-1<x<1),$$

这里 m 为任意实数. 当 m 为正整数时，上式就退化为中学所学的二项式定理. 最常用的是 $m=\pm\frac{1}{2}$ 的情形，读者可自己写出这两个式子.

2. 间接展开法

例 1 中都是用直接展开法把函数展开为麦克劳林级数. 直接展开法虽然步骤明确，但运算常常过于烦琐. 尤其最后一步要考察 $n\to\infty$ 时余项 $R_n(x)$ 是否趋近于零，这不是一件容易

的事. 下面我们从一些已知函数的幂级数展开式出发,利用变量代换或幂级数的运算和性质求得另外一些函数的幂级数展开式. 这种将函数展开成幂级数的方法叫作**间接展开法**.

例 2 将下列函数展开为关于 x 的幂级数:

(1) $f(x)=\cos x$; (2) $f(x)=\ln(1+x)$.

解 (1) 由例 1 中的(2) 知

$$\sin x = x-\frac{x^3}{3!}+\frac{x^5}{5!}-\cdots+(-1)^n\frac{x^{2n+1}}{(2n+1)!}+\cdots \quad (-\infty<x<+\infty).$$

上式两边对 x 逐项求导,得

$$\cos x = 1-\frac{x^2}{2!}+\frac{x^4}{4!}-\cdots+(-1)^n\frac{x^{2n}}{(2n)!}+\cdots \quad (-\infty<x<+\infty).$$

(2) 由牛顿二项展开式,得

$$\frac{1}{1+x}=1-x+x^2-x^3+\cdots+(-1)^n x^n+\cdots \quad (-1<x<1).$$

再对上式两端从 0 到 x 逐项积分,得

$$\ln(1+x)=x-\frac{x^2}{2}+\frac{x^3}{3}-\frac{x^4}{4}+\cdots+(-1)^n\frac{x^{n+1}}{n+1}+\cdots \quad (-1<x<1).$$

又因为当 $x=-1$ 时上式右端的级数发散,当 $x=1$ 时上式右端的级数收敛,故有

$$\ln(1+x)=\sum_{n=0}^{\infty}(-1)^n\frac{1}{n+1}x^{n+1} \quad (-1<x\leqslant 1).$$

例 3 将下列函数展开为关于 $x-1$ 的幂级数:

(1) $f(x)=\ln x$; (2) $f(x)=\dfrac{x}{x^2-x-2}$.

解 (1) $f(x)=\ln x=\ln[1+(x-1)]$. 利用 $\ln(1+x)$ 的展开式,得

$$\ln x=(x-1)-\frac{(x-1)^2}{2}+\frac{(x-1)^3}{3}-\cdots+(-1)^n\frac{(x-1)^{n+1}}{n+1}+\cdots \quad (-1<x-1\leqslant 1),$$

即

$$\ln x=\sum_{n=0}^{\infty}(-1)^n\frac{(x-1)^{n+1}}{n+1} \quad (0<x\leqslant 2).$$

(2)
$$f(x)=\frac{x}{x^2-x-2}=\frac{x}{(x-2)(x+1)}=\frac{1}{3}\left(\frac{1}{x+1}-\frac{2}{2-x}\right)=\frac{1}{3}\left[\frac{1}{2\left(1+\frac{x-1}{2}\right)}-\frac{2}{1-(x-1)}\right].$$

由 $\dfrac{1}{1+x}=\sum\limits_{n=0}^{\infty}(-1)^n x^n\,(-1<x<1)$,得

$$\frac{1}{1+\frac{x-1}{2}}=1-\left(\frac{x-1}{2}\right)+\left(\frac{x-1}{2}\right)^2-\cdots+(-1)^n\left(\frac{x-1}{2}\right)^n+\cdots \quad \left(-1<\frac{x-1}{2}<1\right),$$

$$\frac{1}{1-(x-1)}=1+(x-1)+(x-1)^2+\cdots+(x-1)^n+\cdots \quad (-1<x-1<1).$$

于是

$$\frac{x}{x^2-x-2}=\frac{1}{3}\left[\frac{1}{2}\sum_{n=0}^{\infty}(-1)^n\left(\frac{x-1}{2}\right)^n-2\sum_{n=0}^{\infty}(x-1)^n\right]$$

$$=\frac{1}{3}\sum_{n=0}^{\infty}\left[\frac{(-1)^n}{2^{n+1}}-2\right](x-1)^n \quad (0<x<2).$$

习题 7 - 4

1\. 将下列函数展开成关于 x 的幂级数，并指出其收敛区间：

(1) $f(x)=\dfrac{1}{3-x}$； (2) $f(x)=\cos^2 x$；

(3) $f(x)=\arcsin x$.

2\. 将函数 $f(x)=\dfrac{1}{x^2+3x+2}$ 展开成关于 $x+4$ 的幂级数.

§7.5 幂级数展开式的应用

利用函数的幂级数展开式，可以进行近似计算，即在展开式成立的区间内，函数值可用其展开的幂级数的部分和按规定的精确度要求进行近似计算.

例 1 计算 $\sqrt{2}$ 的近似值(精确到小数点后四位，即误差不超过 0.000 1).

解 由于 $\sqrt{2}=\sqrt{4-2}=2\left(1-\frac{1}{2}\right)^{\frac{1}{2}}$，根据§7.4 中的牛顿二项展开式，取 $x=-\frac{1}{2}$，$m=\frac{1}{2}$，则有

$$\sqrt{2}=2\left(1-\frac{1}{2}\right)^{\frac{1}{2}}=2\left(1-\frac{1}{2^2}-\frac{1}{2!}\cdot\frac{1}{2^4}-\frac{1\cdot 3}{3!}\cdot\frac{1}{2^6}-\frac{1\cdot 3\cdot 5}{4!}\cdot\frac{1}{2^8}-\cdots\right).$$

若取前四项的和作为近似值，则其误差(称**截断误差**)为

$$|r_4|=2\left(\frac{1\cdot 3\cdot 5}{4!}\cdot\frac{1}{2^8}+\frac{1\cdot 3\cdot 5\cdot 7}{5!}\cdot\frac{1}{2^{10}}+\cdots\right)$$

$$<2\,\frac{1\cdot 3\cdot 5}{4!}\cdot\frac{1}{2^8}\left[1+\frac{1}{2}+\left(\frac{1}{2}\right)^2+\left(\frac{1}{2}\right)^3+\cdots\right]$$

$$=\frac{5}{2^{10}}\cdot 2\approx 0.009\,8,$$

近似值为

$$\sqrt{2}\approx 2\left(1-\frac{1}{2^2}-\frac{1}{2!}\cdot\frac{1}{2^4}-\frac{1\cdot 3}{3!}\cdot\frac{1}{2^6}\right)\approx 1.421\,9.$$

显然，此近似值不满足精确度要求. 可以再考虑多取一些项之和作为近似值，以满足精确度要求，这里从略.

如果采用下面做法，展开的级数收敛很快，则同样取前四项计算，误差很小，能够得到满

足条件的近似值:

$\sqrt{2}=1.4\times\left(1-\frac{1}{50}\right)^{-\frac{1}{2}}=1.4\times\left(1+\frac{1}{2}\times\frac{1}{50}+\frac{3}{8}\times\frac{1}{50^2}+\frac{5}{16}\times\frac{1}{50^3}+\frac{35}{128}\times\frac{1}{50^4}+\cdots\right)$,

取前四项来做近似计算,有

$$\sqrt{2}\approx 1.4\times\left(1+\frac{1}{2}\times\frac{1}{50}+\frac{3}{8}\times\frac{1}{50^2}+\frac{5}{16}\times\frac{1}{50^3}\right)\approx 1.414\,2,$$

截断误差的估计为

$$\begin{aligned}r_4&<1.4\times\frac{35}{128}\times\left(\frac{1}{50^4}+\frac{1}{50^5}+\cdots\right)=1.4\times\frac{35}{128}\times\frac{1}{50^4}\times\left(1+\frac{1}{50}+\frac{1}{50^2}+\cdots\right)\\&=1.4\times\frac{35}{128}\times\frac{1}{50^4}\times\frac{50}{49}=\frac{1.4\times 35}{128\times 50^3\times 49}\\&=\frac{1}{128\times 50^3}\approx 6.25\times 10^{-8}<0.000\,1.\end{aligned}$$

注　由“四舍五入”引起的误差叫作**舍入误差**.计算时取五位小数,四舍五入后的误差不会超过 0.000 1.

例 2　计算 ln 2 的近似值(精确到小数点后四位).

解　将展开式

$$\ln(1+x)=x-\frac{x^2}{2}+\frac{x^3}{3}-\frac{x^4}{4}+\cdots+(-1)^{n-1}\frac{x^n}{n}+\cdots\quad(-1<x\leqslant 1)$$

中的 x 换成 $-x$,得

$$\ln(1-x)=-x-\frac{x^2}{2}-\frac{x^3}{3}-\frac{x^4}{4}-\cdots-\frac{x^n}{n}-\cdots\quad(-1\leqslant x<1).$$

上两式相减,得到不含有偶次幂的展开式

$$\ln\frac{1+x}{1-x}=2\left(\frac{x}{1}+\frac{x^3}{3}+\frac{x^5}{5}+\frac{x^7}{7}\cdots\right)\quad(-1<x<1).$$

令$\frac{1+x}{1-x}=2$,解出 $x=\frac{1}{3}$.以 $x=\frac{1}{3}$ 代入上式,即得

$$\ln 2=2\left(\frac{1}{1}\cdot\frac{1}{3}+\frac{1}{3}\cdot\frac{1}{3^3}+\frac{1}{5}\cdot\frac{1}{3^5}+\frac{1}{7}\cdot\frac{1}{3^7}+\cdots\right).$$

若取前四项之和作为 ln 2 的近似值,则误差为

$$\begin{aligned}|r_4|&=2\left(\frac{1}{9}\cdot\frac{1}{3^9}+\frac{1}{11}\cdot\frac{1}{3^{11}}+\frac{1}{13}\cdot\frac{1}{3^{13}}+\cdots\right)<\frac{2}{3^{11}}\left[1+\frac{1}{9}+\left(\frac{1}{9}\right)^2+\cdots\right]\\&=\frac{2}{3^{11}}\cdot\frac{1}{1-\frac{1}{9}}=\frac{1}{4\cdot 3^9}<\frac{1}{70\,000}<0.000\,1,\end{aligned}$$

于是

$$\ln 2\approx 2\left(\frac{1}{1}\cdot\frac{1}{3}+\frac{1}{3}\cdot\frac{1}{3^3}+\frac{1}{5}\cdot\frac{1}{3^5}+\frac{1}{7}\cdot\frac{1}{3^7}\right)\approx 0.693\,1.$$

例 3　利用 $\sin x$ 求 $\sin 12^\circ$ 的近似值(精确到小数点后六位).

解　已知展开式

$$\sin x=x-\frac{x^3}{3!}+\frac{x^5}{5!}-\cdots+(-1)^{n-1}\frac{x^{2n-1}}{(2n-1)!}+\cdots\quad(-\infty<x<+\infty),$$

由于展开式右端幂级数是交错级数,取前 n 项部分和做近似估计,误差为

$$|r_n(x)| \leqslant \left|\frac{x^{2n+1}}{(2n+1)!}\right| = \frac{|x|^{2n+1}}{(2n+1)!} \quad (-\infty < x < +\infty).$$

令 $x = 12° = 12 \times \frac{\pi}{180} = \frac{\pi}{15}$，取前三项之和能满足精确度要求，于是

$$\begin{aligned}\sin 12° &= \sin\frac{\pi}{15} \approx \frac{\pi}{15} - \frac{1}{3!}\left(\frac{\pi}{15}\right)^3 + \frac{1}{5!}\left(\frac{\pi}{15}\right)^5 \\ &\approx 0.209\,439\,51 - \frac{1}{6}(0.209\,439\,51)^3 + \frac{1}{120}(0.209\,439\,51)^5 \\ &\approx 0.207\,911\,70.\end{aligned}$$

精确到六位小数，得 $\sin 12° \approx 0.207\,912$.

例 4　计算定积分 $I = \int_0^1 \frac{\sin x}{x}\mathrm{d}x$ 的近似值，精确到 $0.000\,1$.

解　因 $\lim\limits_{x\to 0}\frac{\sin x}{x} = 1$，故所给积分不是广义积分. 若定义函数在 $x = 0$ 处的值为 1，则它在区间[0,1]上连续. 由 §7.4 知，被积函数的展开式为

$$\frac{\sin x}{x} = 1 - \frac{x^2}{3!} + \frac{x^4}{5!} - \cdots + (-1)^{n-1}\frac{x^{2(n-1)}}{(2n-1)!} + \cdots \quad (-\infty < x < +\infty).$$

在区间[0,1]上逐项积分，得

$$\begin{aligned}\int_0^1 \frac{\sin x}{x}\mathrm{d}x = 1 &- \frac{1}{3\cdot 3!} + \frac{1}{5\cdot 5!} - \frac{1}{7\cdot 7!} + \cdots \\ &+ (-1)^{n-1}\frac{1}{(2n-1)\cdot(2n-1)!} + \cdots,\end{aligned}$$

这是交错级数. 又因为第四项 $\frac{1}{7\cdot 7!} = \frac{1}{35\,280} < 2.9\times 10^{-5} < 0.000\,1$，所以取前三项的和作为积分的近似值就能满足精确度要求. 于是

$$I \approx 1 - \frac{1}{3\cdot 3!} + \frac{1}{5\cdot 5!} \approx 0.946\,1.$$

例 5　在爱因斯坦(Einstein)的狭义相对论中，速度为 v 的运动物体的质量 m 为

$$m = \frac{m_0}{\sqrt{1 - v^2/c^2}},$$

其中 m_0 为静止时物体的质量，c 为光速. 物体的动能 K 是它的总动能与它的静止能量之差：

$$K = mc^2 - m_0c^2.$$

(1) 证明：在 v 与 c 相比很小时，上述关于 K 的表达式就是经典牛顿物理学中的动能公式

$$K = \frac{1}{2}m_0v^2;$$

(2) 试估计当 $|v| \leqslant 100$ m/s 时，以上两个动能公式的差别.

解　(1) $K = mc^2 - m_0c^2 = m_0c^2\left[\left(1 - \frac{v^2}{c^2}\right)^{-\frac{1}{2}} - 1\right]$. 记 $x = -\frac{v^2}{c^2}$，将 K 展开成麦克劳林级数，有

$$K = m_0c^2\left[\left(1 + \frac{1}{2}\cdot\frac{v^2}{c^2} + \frac{3}{8}\cdot\frac{v^4}{c^4} + \frac{5}{16}\cdot\frac{v^6}{c^6} + \cdots\right) - 1\right]$$

$$= m_0 c^2 \left(\frac{1}{2} \cdot \frac{v^2}{c^2} + \frac{3}{8} \cdot \frac{v^4}{c^4} + \frac{5}{16} \cdot \frac{v^6}{c^6} + \cdots \right).$$

当 $\frac{v}{c}$ 很小时，$K \approx m_0 c^2 \cdot \frac{1}{2} \cdot \frac{v^2}{c^2} = \frac{1}{2} m_0 v^2$.

（2）由（1）可见，取麦克劳林级数的前两项之和做近似 $\left(x = -\frac{v^2}{c^2} \right)$，则余项为

$$R_1(x) = \frac{f''(\theta x)}{2!} x^2 = \frac{3m_0 c^2}{8(1+\theta x)^{\frac{5}{2}}} x^2 \leqslant \frac{3m_0 c^2}{8(1+x)^{\frac{5}{2}}} x^2$$

$$= \frac{3m_0 c^3 v^4}{8(c^2 - v^2)^{\frac{5}{2}}} \quad (0 < \theta < 1).$$

因为 $c = 3 \times 10^8$ m/s，$|v| \leqslant 100$ m/s，所以

$$R_1(x) \leqslant \frac{3m_0 c^2}{8(1+x)^{\frac{5}{2}}} x^2 = \frac{3m_0 c^3 v^4}{8(c^2 - v^2)^{\frac{5}{2}}}$$

$$\leqslant \frac{3m_0 \times 100^4 \times (3 \times 10^8)^3}{8\left[(3 \times 10^8)^2 - (100)^2\right]^{\frac{5}{2}}} < (4.17 \times 10^{-10}) m_0.$$

可见，误差极小，说明两个公式极为接近.

习题 7－5

1. 利用函数的幂级数展开式求下列各数值的近似值：

（1）$\ln 3$ （误差不超过 0.000 1）；　　（2）$\cos 2°$ （误差不超过 0.000 1）.

2. 利用函数的幂级数展开式求下列定积分的近似值：

（1）$\int_0^{0.5} \frac{1}{1+x^4} \mathrm{d}x$ （误差不超过 0.000 1）；　　（2）$\int_0^{0.5} \frac{\arctan x}{x} \mathrm{d}x$ （误差不超过 0.001）.

§7.6 傅里叶级数

问题 1（振动问题）　一根弹簧受力后产生振动，若不考虑各种阻尼，其振动方程为 $y = A\sin(\omega t + \varphi)$，其中 A 为振幅，ω 为频率，φ 为初相，t 为时间. 这种振动称为**简谐振动**. 人们对它已有充分的认识. 如果遇到复杂的振动，能否把它分解为一系列简谐振动的叠加，从而由简谐振动去认识复杂的振动呢？

问题 2（正弦波问题）　在电子线路中，对一个周期性的脉冲 $f(t)$，能否把它分解为一系列正弦波的叠加，从而由正弦波去认识脉冲 $f(t)$ 呢？

实际上，科学技术中其他一些周期运动也有类似的问题. 这些问题的解决都要用到一类重要的函数项级数——**傅里叶**（Fourier）**级数**.

为了研究傅里叶级数，先来认识下面一个概念——**三角级数**. 它在数学与工程技术中有着广泛的应用. 三角级数的一般形式是

$$\frac{a_0}{2}+\sum_{n=1}^{\infty}(a_n\cos nx+b_n\sin nx),$$

其中 $a_0,a_n,b_n(n=1,2,\cdots)$ 都是常数,称为**三角级数的系数**.特别地,当 $a_n=0(n=0,1,2,\cdots)$ 时,三角级数只含正弦项,称之为**正弦级数**;当 $b_n=0(n=1,2,\cdots)$ 时,三角级数只含常数项和余弦项,称之为**余弦级数**.对于三角级数,如何把一个周期函数展开为三角级数是我们下面要解决的问题.

7.6.1 以 2π 为周期的函数展开成傅里叶级数

1. 三角函数系

函数列

$$1,\cos x,\sin x,\cos 2x,\sin 2x,\cdots,\cos nx,\sin nx,\cdots$$

称作**三角函数系**.三角函数系有下列重要性质:

定理 1(三角函数系的正交性) **三角函数系中任意两个不同函数的乘积在 $[-\pi,\pi]$ 上的积分都等于 0,而任意两个相同函数的乘积在 $[-\pi,\pi]$ 上的积分不等于 0,即**

$$\int_{-\pi}^{\pi}1\mathrm{d}x=2\pi,\quad \int_{-\pi}^{\pi}\sin nx\,\mathrm{d}x=\int_{-\pi}^{\pi}\cos nx\,\mathrm{d}x=0\quad(n=1,2,3,\cdots),$$

$$\int_{-\pi}^{\pi}\sin kx\cos nx\,\mathrm{d}x=0\quad(k,n=1,2,3,\cdots),$$

$$\int_{-\pi}^{\pi}\sin kx\sin nx\,\mathrm{d}x=\int_{-\pi}^{\pi}\cos kx\cos nx\,\mathrm{d}x=0\quad(k,n=1,2,3,\cdots,\text{且 }k\neq n),$$

$$\int_{-\pi}^{\pi}\cos^2 nx\,\mathrm{d}x=\int_{-\pi}^{\pi}\sin^2 nx\,\mathrm{d}x=\pi\quad(n=1,2,3,\cdots).$$

这个定理的证明很容易,只要计算积分即可验证.

设两个函数 φ 和 ψ 在 $[a,b]$ 上可积,且满足 $\int_a^b\varphi(x)\psi(x)\mathrm{d}x=0$,则称函数 φ 和 ψ 在 $[a,b]$ 上**正交**.由定理 1,三角函数系在 $[-\pi,\pi]$ 上具有**正交性**,称之为**正交函数系**.

2. 周期为 2π 的函数的傅里叶级数

设函数 $f(x)$ 是周期为 2π 的周期函数,且能展开成三角级数,即可设

$$f(x)=\frac{a_0}{2}+\sum_{n=1}^{\infty}(a_n\cos nx+b_n\sin nx).\tag{7-11}$$

为了求出(7-11)式中的系数,假设(7-11)式可逐项积分.把它从 $-\pi$ 到 π 逐项积分,得

$$\int_{-\pi}^{\pi}f(x)\mathrm{d}x=\int_{-\pi}^{\pi}\frac{a_0}{2}\mathrm{d}x+\sum_{n=1}^{\infty}\left(a_n\int_{-\pi}^{\pi}\cos nx\,\mathrm{d}x+b_n\int_{-\pi}^{\pi}\sin nx\,\mathrm{d}x\right).$$

由三角函数系的正交性知,上式右端除第一项外其余各项均为 0,所以

$$\int_{-\pi}^{\pi}f(x)\mathrm{d}x=\int_{-\pi}^{\pi}\frac{a_0}{2}\mathrm{d}x=a_0\pi,$$

于是得

$$a_0=\frac{1}{\pi}\int_{-\pi}^{\pi}f(x)\mathrm{d}x.$$

为求 $a_n(n=1,2,\cdots)$，先用 $\cos kx$ 乘以(7-11)式两端，再从 $-\pi$ 到 π 逐项积分，得

$$\int_{-\pi}^{\pi}f(x)\cos kx\,\mathrm{d}x=\int_{-\pi}^{\pi}\frac{a_0}{2}\cos kx\,\mathrm{d}x+\sum_{n=1}^{\infty}\left(a_n\int_{-\pi}^{\pi}\cos nx\cos kx\,\mathrm{d}x+b_n\int_{-\pi}^{\pi}\sin nx\cos kx\,\mathrm{d}x\right).$$

由三角函数系的正交性知，上式右端除 $k=n$ 的一项外其余各项均为 0，所以

$$\int_{-\pi}^{\pi}f(x)\cos nx\,\mathrm{d}x=a_n\int_{-\pi}^{\pi}\cos^2 nx\,\mathrm{d}x=a_n\pi,$$

于是得

$$a_n=\frac{1}{\pi}\int_{-\pi}^{\pi}f(x)\cos nx\,\mathrm{d}x\quad(n=1,2,3,\cdots).$$

类似地，为求 $b_n(n=1,2,\cdots)$，用 $\sin kx$ 乘以(7-11)式两端，再从 $-\pi$ 到 π 逐项积分，得

$$b_n=\frac{1}{\pi}\int_{-\pi}^{\pi}f(x)\sin nx\,\mathrm{d}x\quad(n=1,2,3,\cdots).$$

定义 1　由公式

$$\begin{cases}a_n=\dfrac{1}{\pi}\displaystyle\int_{-\pi}^{\pi}f(x)\cos nx\,\mathrm{d}x & (n=0,1,2,3,\cdots),\\ b_n=\dfrac{1}{\pi}\displaystyle\int_{-\pi}^{\pi}f(x)\sin nx\,\mathrm{d}x & (n=1,2,3,\cdots)\end{cases}\tag{7-12}$$

确定的系数 $a_0,a_1,b_1,\cdots$ 称为**函数 $f(x)$ 的傅里叶系数**. 由函数 $f(x)$ 的傅里叶系数所确定的三角级数 $\dfrac{a_0}{2}+\sum\limits_{n=1}^{\infty}(a_n\cos nx+b_n\sin nx)$ 称为**函数 $f(x)$ 的傅里叶级数**.

显然，当 $f(x)$ 为奇函数时，公式(7-12)中有 $a_n=0(n=0,1,2,3,\cdots)$；当 $f(x)$ 为偶函数时，公式(7-12)中有 $b_n=0(n=1,2,3,\cdots)$，所以有下列结论：

(1) 当 $f(x)$ 是周期为 2π 的奇函数时，其傅里叶级数为正弦级数 $\sum\limits_{n=1}^{\infty}b_n\sin nx$，其中

$$b_n=\frac{2}{\pi}\int_{0}^{\pi}f(x)\sin nx\,\mathrm{d}x\quad(n=1,2,3,\cdots);$$

(2) 当 $f(x)$ 是周期为 2π 的偶函数时，其傅里叶级数为余弦级数 $\dfrac{a_0}{2}+\sum\limits_{n=1}^{\infty}a_n\cos nx$，其中

$$a_n=\frac{2}{\pi}\int_{0}^{\pi}f(x)\cos nx\,\mathrm{d}x\quad(n=0,1,2,3,\cdots).$$

3. 傅里叶级数的收敛性

对于给定的函数 $f(x)$，只要 $f(x)$ 能使公式(7-11)中的积分可积，就可以计算出 $f(x)$ 的傅里叶系数，从而得到 $f(x)$ 的傅里叶级数. 但是这个傅里叶级数却不一定收敛，即使收敛也不一定收敛于 $f(x)$. 为了确保得出的傅里叶级数收敛于 $f(x)$，还需给 $f(x)$ 附加一些条件. 对此有下面的定理.

定理 2(收敛定理)　**设 $f(x)$ 是以 2π 为周期的周期函数，且在一个周期 $[-\pi,\pi]$ 上满足**

狄利克雷(Dirichlet) 条件：(ⅰ) 连续或仅有有限个第一类间断点；(ⅱ) 至多只有有限个单调区间，则

(1) 当 x 是 $f(x)$ 的连续点时，$f(x)$ 的傅里叶级数收敛于 $f(x)$；

(2) 当 x 是 $f(x)$ 的间断点时，$f(x)$ 的傅里叶级数收敛于$\frac{1}{2}[f(x-0)+f(x+0)]$.

例 1　正弦交流电 $i(x)=\sin x$ 经二极管整流后变为(见图 7－3)

$$f(x)=\begin{cases}0, & (2k-1)\pi\leqslant x<2k\pi,\\ \sin x, & 2k\pi\leqslant x<(2k+1)\pi,\end{cases}$$

其中 k 为整数. 把函数 $f(x)$ 展开为傅里叶级数.

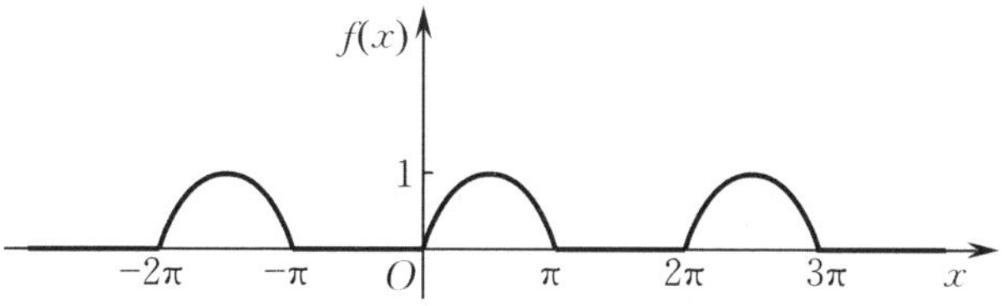

图 7－3

解　函数 $f(x)$ 满足收敛定理的条件，且在整个数轴上连续，因此 $f(x)$ 的傅里叶级数处处收敛于 $f(x)$. 由公式(7－12) 知，函数 $f(x)$ 的傅里叶系数为

$$a_0=\frac{1}{\pi}\int_{-\pi}^{\pi}f(x)\mathrm{d}x=\frac{1}{\pi}\int_0^{\pi}\sin x\mathrm{d}x=\frac{2}{\pi},$$

$$a_n=\frac{1}{\pi}\int_{-\pi}^{\pi}f(x)\cos nx\,\mathrm{d}x=\frac{1}{\pi}\int_0^{\pi}\sin x\cos nx\,\mathrm{d}x=\begin{cases}0, & n\text{ 为正奇数},\\ -\dfrac{2}{(n^2-1)\pi}, & n\text{ 为正偶数},\end{cases}$$

$$b_n=\frac{1}{\pi}\int_{-\pi}^{\pi}f(x)\sin nx\,\mathrm{d}x=\frac{1}{\pi}\int_0^{\pi}\sin x\sin nx\,\mathrm{d}x=\begin{cases}0, & n\neq 1,\\ \dfrac{1}{2}, & n=1,\end{cases}$$

所以 $f(x)$ 的傅里叶级数展开式为

$$f(x)=\frac{1}{\pi}+\frac{1}{2}\sin x-\frac{2}{\pi}\left(\frac{\cos 2x}{3}+\frac{\cos 4x}{15}+\frac{\cos 6x}{35}+\cdots+\frac{\cos 2kx}{4k^2-1}+\cdots\right)$$
$$(-\infty<x<+\infty).$$

例 2　如图 7－4 所示，一矩形波的表达式为

$$f(x)=\begin{cases}-1, & (2k-1)\pi\leqslant x<2k\pi,\\ 1, & 2k\pi\leqslant x<(2k+1)\pi,\end{cases}$$

其中 k 为整数. 求函数 $f(x)$ 的傅里叶级数展开式.

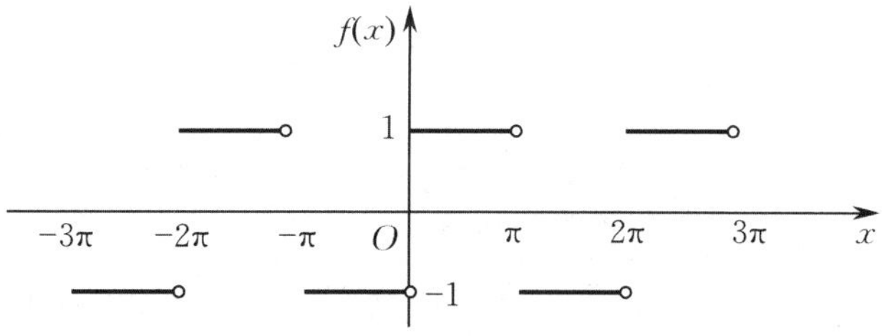

图 7－4

解 函数 $f(x)$ 除点 $x=k\pi$(k 为整数)外处处连续.由收敛定理知,在连续点 $x\neq k\pi$(k 为整数)处,$f(x)$ 的傅里叶级数收敛于 $f(x)$;在不连续点 $x=k\pi$(k 为整数)处,$f(x)$ 的傅里叶级数收敛于$\dfrac{1+(-1)}{2}=0$.又由于 $f(x)$ 是周期为 2π 的奇函数,因此函数 $f(x)$ 的傅里叶系数为

$$a_n=0\quad(n=0,1,2,3,\cdots),$$

$$b_n=\frac{2}{\pi}\int_0^{\pi}f(x)\sin nx\,\mathrm{d}x=\frac{2}{\pi}\int_0^{\pi}1\cdot\sin nx\,\mathrm{d}x=\begin{cases}\dfrac{4}{n\pi}, & n\text{ 为奇数},\\ 0, & n\text{ 为偶数},\end{cases}$$

所以 $f(x)$ 的傅里叶级数展开式为

$$f(x)=\frac{4}{\pi}\left[\sin x+\frac{\sin 3x}{3}+\frac{\sin 5x}{5}+\cdots+\frac{\sin(2n-1)x}{2n-1}+\cdots\right]\quad(x\neq k\pi,k\text{ 为整数}).$$

该例中 $f(x)$ 的展开式说明,如果把 $f(x)$ 理解为矩形波的波函数,则矩形波可看作是由一系列不同频率的正弦波叠加而成的.

4. $[-\pi,0]$ 或 $[0,\pi]$ 上的函数展开成傅里叶级数

在实际应用中,经常会遇到这样的情况:函数 $f(x)$ 只在 $[-\pi,\pi]$ 上有定义,而且满足收敛定理的条件,要求把其展开为傅里叶级数.因为求 $f(x)$ 的傅里叶系数只用到 $f(x)$ 在 $[-\pi,\pi]$ 上的部分,所以我们仍可用公式(7-11)求 $f(x)$ 的傅里叶系数,得到傅里叶级数.而且,至少在 $(-\pi,\pi)$ 内的连续点处,傅里叶级数是收敛于 $f(x)$ 的;而在点 $x=\pm\pi$ 处,傅里叶级数收敛于$\dfrac{1}{2}[f(\pi-0)+f(-\pi+0)]$.

类似地,如果 $f(x)$ 只在 $[0,\pi]$ 上有定义且满足收敛定理条件,要得到 $f(x)$ 在 $[0,\pi]$ 上的傅里叶级数展开式,可以任意补充 $f(x)$ 在 $[-\pi,0]$ 上的定义(只要公式(7-11)中的积分可积),这称为对函数的**延拓**.常用的两种延拓办法是把 $f(x)$ 延拓成偶函数或奇函数,分别称为**奇延拓**或**偶延拓**.然后将奇延拓或偶延拓后得到的函数 $F(x)$ 展开成傅里叶级数,再限制 x 在 $[0,\pi]$ 上,此时 $F(x)\equiv f(x)$,于是这一展开式至少在 $(0,\pi)$ 内的连续点处是收敛于 $f(x)$ 的.这样做的好处是可以把 $f(x)$ 展开成正弦级数或余弦级数.

例 3 将函数 $f(x)=x(x\in[0,\pi])$ 分别展开成正弦级数和余弦级数.

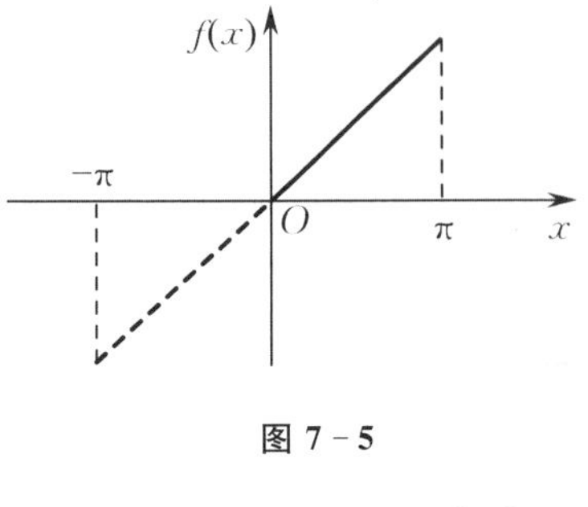

图 7-5

解 为了把 $f(x)$ 展开成正弦级数,把 $f(x)$ 延拓为奇函数 $F(x)=x,x\in[-\pi,\pi]$,如图 7-5 所示,则

$$\begin{aligned}b_n&=\frac{2}{\pi}\int_0^{\pi}F(x)\sin nx\,\mathrm{d}x=\frac{2}{\pi}\int_0^{\pi}x\cdot\sin nx\,\mathrm{d}x\\&=(-1)^{n+1}\frac{2}{n}\quad(n=1,2,3,\cdots).\end{aligned}$$

由此得 $F(x)$ 在 $(-\pi,\pi)$ 上的展开式,于是得 $f(x)$ 在 $[0,\pi)$ 上的展开式为

$$x=2\left[\sin x-\frac{\sin 2x}{2}+\frac{\sin 3x}{3}-\cdots+(-1)^{n+1}\frac{\sin nx}{n}+\cdots\right]\quad(0\leqslant x<\pi).$$

而在点 $x=\pi$ 处,上述正弦级数收敛于

$$\frac{1}{2}[F(-\pi+0)+F(\pi-0)]=\frac{1}{2}(-\pi+\pi)=0.$$

为了把 $f(x)$ 展开成余弦级数，把 $f(x)$ 延拓为偶函数 $F(x)=|x|, x\in[-\pi,\pi]$，如图 7-6 所示，则

$$a_0=\frac{2}{\pi}\int_0^{\pi}F(x)\mathrm{d}x=\frac{2}{\pi}\int_0^{\pi}x\mathrm{d}x=\pi,$$

$$a_n=\frac{2}{\pi}\int_0^{\pi}F(x)\cos nx\,\mathrm{d}x=\frac{2}{\pi}\int_0^{\pi}x\cos nx\,\mathrm{d}x$$

$$=\begin{cases}\dfrac{-4}{n^2\pi}, & n\text{ 为正奇数},\\ 0, & n\text{ 为正偶数}.\end{cases}$$

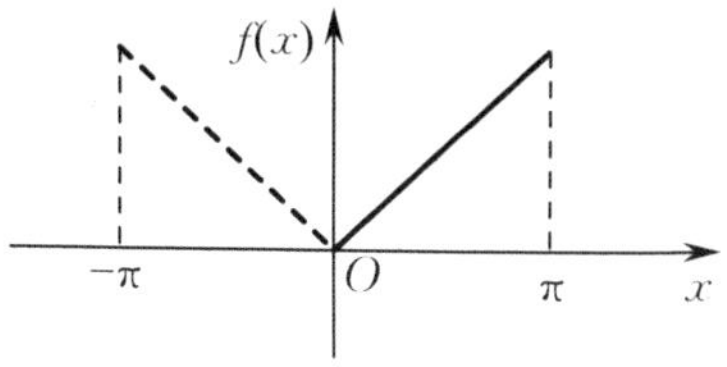

图 7-6

于是得到 $f(x)$ 在$[0,\pi]$上的余弦级数展开式为

$$x=\frac{\pi}{2}-\frac{4}{\pi}\left[\cos x+\frac{\cos 3x}{3^2}+\frac{\cos 5x}{5^2}+\cdots+\frac{\cos(2n-1)x}{(2n-1)^2}+\cdots\right]\quad(0\leqslant x\leqslant\pi).$$

由此例可见，$f(x)$ 在$[0,\pi]$上的傅里叶级数展开式不是唯一的.

7.6.2 以 $2l$ 为周期的函数展开成傅里叶级数

设 $f(x)$ 是以 $2l$ 为周期的周期函数，且在$[-l,l]$上满足收敛定理的条件. 做代换 $x=\frac{l}{\pi}t$，即 $t=\frac{\pi}{l}x$，$f(x)=f\left(\frac{l}{\pi}t\right)\triangleq F(t)$，则 $F(t)$ 是以 2π 为周期的函数，且在$[-\pi,\pi]$上满足收敛定理的条件. 于是可用前面的办法得到 $F(t)$ 的傅里叶级数展开式

$$F(t)=\frac{a_0}{2}+\sum_{n=1}^{\infty}(a_n\cos nt+b_n\sin nt),$$

然后把 t 代回 x，就得到 $f(x)$ 的傅里叶级数展开式

$$f(x)=\frac{a_0}{2}+\sum_{n=1}^{\infty}\left(a_n\cos\frac{n\pi}{l}x+b_n\sin\frac{n\pi}{l}x\right),$$

其中傅里叶系数为

$$\begin{cases}a_n=\dfrac{1}{l}\displaystyle\int_{-l}^{l}f(x)\cos\frac{n\pi x}{l}\mathrm{d}x & (n=0,1,2,3,\cdots),\\ b_n=\dfrac{1}{l}\displaystyle\int_{-l}^{l}f(x)\sin\frac{n\pi x}{l}\mathrm{d}x & (n=1,2,3,\cdots).\end{cases}$$

显然，当 $f(x)$ 为奇函数时，$a_n=0(n=0,1,2,3,\cdots)$；当 $f(x)$ 为偶函数时，$b_n=0(n=1,2,3,\cdots)$，所以有下列结论：

(1) 当 $f(x)$ 是周期为 $2l$ 的奇函数时，其傅里叶级数为正弦级数 $\sum\limits_{n=1}^{\infty}b_n\sin\frac{n\pi x}{l}$，其中

$$b_n=\frac{2}{l}\int_0^{l}f(x)\sin\frac{n\pi x}{l}\mathrm{d}x\quad(n=1,2,3,\cdots);$$

(2) 当 $f(x)$ 是周期为 $2l$ 的偶函数时，其傅里叶级数为余弦级数 $\frac{a_0}{2}+\sum\limits_{n=1}^{\infty}a_n\cos\frac{n\pi x}{l}$，其中

$$a_n=\frac{2}{l}\int_0^{l}f(x)\cos\frac{n\pi x}{l}\mathrm{d}x\quad(n=0,1,2,3,\cdots).$$

例 4 如图 7 - 7 所示的三角波的波形函数 $f(x)$ 是以 2 为周期的周期函数，它在 $[-1,1]$ 上的表达式是 $f(x)=|x|$，$|x|\leqslant 1$，求 $f(x)$ 的傅里叶级数展开式.

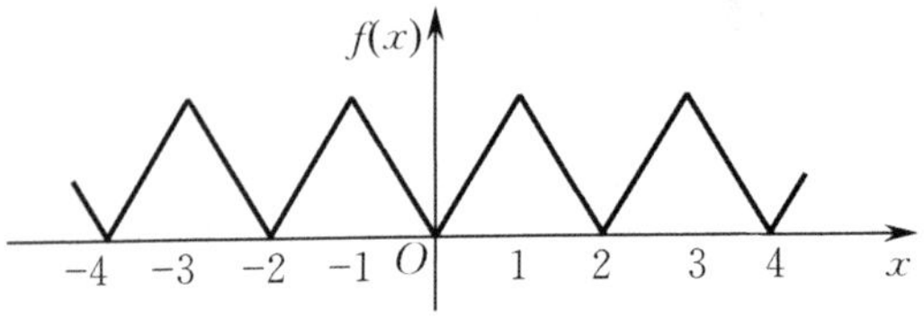

图 7 - 7

解 做变换 $x=\frac{1}{\pi}t$，则得 $F(t)=f\left(\frac{1}{\pi}t\right)$ 在 $[-\pi,\pi]$ 上的表达式为

$$F(t)=\left|\frac{1}{\pi}t\right|=\frac{1}{\pi}|t| \quad (-\pi\leqslant t\leqslant\pi).$$

利用例 3 的后半部分可直接写出系数

$$a_0=1,\quad a_n=\begin{cases}\dfrac{-4}{n^2\pi^2}, & n\text{ 为正奇数},\\ 0, & n\text{ 为正偶数},\end{cases}$$

于是得 $F(t)$ 的展开式

$$F(t)=\frac{1}{2}-\frac{4}{\pi^2}\left(\cos t+\frac{\cos 3t}{3^2}+\frac{\cos 5t}{5^2}+\cdots\right) \quad (-\infty<t<+\infty).$$

把 t 代回 $x(t=\pi x)$，即得

$$f(x)=\frac{1}{2}-\frac{4}{\pi^2}\left(\cos\pi x+\frac{\cos 3\pi x}{3^2}+\frac{\cos 5\pi x}{5^2}+\cdots\right) \quad (-\infty<x<+\infty).$$

依照例 3 的做法，也可以把例 4 中 $[0,1]$ 上的函数 $f(x)$ 展开成正弦级数.

习题 7 - 6

1. 设 $f(x)$ 是以 2π 为周期的函数，它在 $[-\pi,\pi]$ 上的表达式为

$$f(x)=\begin{cases}0, & -\pi\leqslant x<0,\\ x, & 0\leqslant x<\pi,\end{cases}$$

试将 $f(x)$ 展开成傅里叶级数.

2. 设 $f(x)$ 是以 2π 为周期的函数，并且 $f(x)=x^2(-\pi\leqslant x\leqslant\pi)$，将 $f(x)$ 展开成傅里叶级数，并用此级数求数项级数 $\sum_{n=1}^{\infty}\frac{1}{n^2}$ 的和.

3. 在 $(0,\pi)$ 内将函数 $f(x)=1$ 展开成正弦级数.

4. 设 $f(x)$ 是周期函数，试将 $f(x)$ 展开成傅里叶级数，其中 $f(x)$ 在一个周期内的表达式为

$$f(x)=\begin{cases}x, & -1\leqslant x<0,\\ x+1, & 0\leqslant x<1.\end{cases}$$

5. 将函数 $f(x)=\begin{cases}0, & 0\leqslant x<\dfrac{1}{2},\\ 1, & \dfrac{1}{2}\leqslant x\leqslant 1\end{cases}$ 分别展开成正弦级数和余弦级数.

§7.7　级数应用实例

例 1(铺砖问题)　将形状、重量相同的砖块一一向上往右叠放，欲尽可能地延伸到远方，问最远可以延伸多大距离.

解　设砖块是质地均质的，长度与重量均为 1，其重心在中点，即 $\frac{1}{2}$ 砖长处. 现用归纳法推导.

若用 2 块砖，则延伸最远的方法显然是将上面砖块的重心置于下面砖块的右边缘上，即可向右推出 $\frac{1}{2}$ 砖长的距离.

现设已用 $n+1$ 块砖叠成可能达到的最远平衡状态，如图 7-8 所示. 考虑由上而下的第 n 块砖，为了推得最远且不至于倒下，压在其上的 $n-1$ 块砖的重心显然应当位于它的右边缘处；而上面 n 块砖的重心则应当位于第 $n+1$ 块砖的右边缘处. 设这两块砖右边缘处的水平距离为 Z_n，则由力学知识知，以第 $n+1$ 块砖的最右端作为支点，第 n 块砖受到的两个力(上面 $n-1$ 块砖的压力和第 n 块砖自身的重力) 的力矩相等，即有

$$(n-1)gZ_n = g\left(\frac{1}{2} - Z_n\right),$$

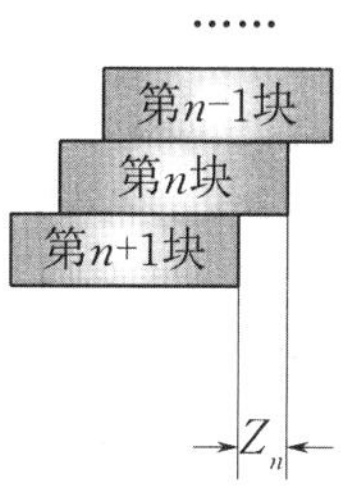

图 7-8

故 $Z_n = \frac{1}{2n}$，从而上面 n 块砖向右推出的总距离为

$$\sum_{k=1}^{n} \frac{1}{2k}.$$

令 $n \to +\infty$，则 $\sum\limits_{k=1}^{n} \frac{1}{2k} \to \sum\limits_{n=1}^{\infty} \frac{1}{2n}$. 而调和级数是发散的，即 $\sum\limits_{n=1}^{\infty} \frac{1}{2n} \to +\infty$. 故砖块向右可叠至任意远，这一结果多少有点出人意料!

例 2(数 π 的近似计算)　数 π 是一个很重要的常数，它在数学和物理学中应用的频率很高. 对于近似计算数 π，幂级数是一个理想的工具.

已知函数 $\arctan x$ 在$[-1,1]$上的麦克劳林级数展开式是

$$\arctan x = x - \frac{1}{3}x^3 + \cdots + (-1)^n \frac{x^{2n+1}}{2n+1} + \cdots \quad (|x| \leqslant 1).$$

令 $x=1$，则得

$$\frac{\pi}{4} = 1 - \frac{1}{3} + \frac{1}{5} - \cdots + \frac{(-1)^n}{2n+1} + \cdots$$

或

$$\pi = 4\left[1 - \frac{1}{3} + \frac{1}{5} - \cdots + \frac{(-1)^n}{2n+1} + \cdots\right].$$

这是人们最早发现的关于数 π 的既有规律又很简明的级数形式，可惜此级数收敛甚慢，

没有实用价值.为了提高收敛速度,在函数 $\arctan x$ 的麦克劳林级数中,令 $x=\dfrac{1}{\sqrt{3}}\in(-1,1)$,则有

$$\frac{\pi}{6}=\frac{1}{\sqrt{3}}-\frac{1}{3(\sqrt{3})^3}+\frac{1}{5(\sqrt{3})^5}-\cdots+(-1)^n\frac{1}{2n+1}\cdot\frac{1}{(\sqrt{3})^{2n+1}}+\cdots$$

或

$$\pi=2\sqrt{3}\left[1-\frac{1}{3\cdot 3}+\frac{1}{5\cdot 3^2}-\cdots+\frac{(-1)^n}{(2n+1)\cdot 3^n}+\cdots\right].$$

如果取前八项部分和为近似值,即

$$\pi\approx 2\sqrt{3}\left(1-\frac{1}{9}+\frac{1}{45}-\frac{1}{189}+\frac{1}{729}-\frac{1}{2\ 673}+\frac{1}{9\ 477}-\frac{1}{32\ 805}\right),$$

则其误差不超过第 9 项的绝对值,即

$$|r_8|\leqslant 2\sqrt{3}\frac{1}{17\cdot 3^8}=\frac{2\sqrt{3}}{111\ 537}<\frac{3.5}{100\ 000}=0.000\ 035.$$

例 3(P 进制无限循环小数如何化成分数)　在计算机科学中,通常采用二进制、八进制、十六进制进行运算.更一般地,在科学研究中有时也需要采用 P 进制来表示一个实数.请研究一个 P 进制的无限循环小数怎样才能化成为十进制分数,并求出下列循环小数的分数形式:

(1) $x=0.123\ 123\ 123\cdots$　(十进制);

(2) $x=0.515\ 151\cdots$　(九进制);

(3) $x=0.111\ 011\ 101\ 110\cdots$　(二进制);

(4) $x=0.777\cdots$　(八进制).

解　设 $x=0.a_1a_2\cdots a_ka_1a_2\cdots a_k\cdots$ 是任意一个 P 进制的无限循环小数,此处正整数 $P\geqslant 2$,$a_1,a_2,\cdots,a_k$ 是 0 与 $P-1$ 之间的任意整数,k 是循环节的长度.根据 P 进制的定义,可把 x 写成

$$\begin{aligned}x&=\frac{a_1}{P}+\frac{a_2}{P^2}+\cdots+\frac{a_k}{P^k}+\frac{a_1}{P^{k+1}}+\cdots+\frac{a_k}{P^{k+k}}+\cdots=\sum_{l=0}^{\infty}\left(\frac{a_1}{P^{lk+1}}+\frac{a_2}{P^{lk+2}}+\cdots+\frac{a_k}{P^{lk+k}}\right)\\&=\left(\frac{a_1}{P}+\frac{a_2}{P^2}+\cdots+\frac{a_k}{P^k}\right)\sum_{l=0}^{\infty}\frac{1}{P^{lk}}=\left(\frac{a_1}{P}+\frac{a_2}{P^2}+\cdots+\frac{a_k}{P^k}\right)\frac{P^k}{P^k-1}\\&=\frac{a_1P^{k-1}+a_2P^{k-2}+\cdots+a_{k-1}P+a_k}{P^k-1}.\end{aligned}$$

这样,我们把一个 P 进制的循环小数化成了十进制的分数.下面进行具体计算:

(1) $x=0.123\ 123\ 123\cdots$　(十进制)

$$\begin{aligned}&=\sum_{k=0}^{\infty}\left(\frac{1}{10^{3k+1}}+\frac{2}{10^{3k+2}}+\frac{3}{10^{3k+3}}\right)\\&=\frac{1}{10}\sum_{k=0}^{\infty}\frac{1}{10^{3k}}+\frac{2}{100}\sum_{k=0}^{\infty}\frac{1}{10^{3k}}+\frac{3}{1\ 000}\sum_{k=0}^{\infty}\frac{1}{10^{3k}}\\&=\left(\frac{1}{10}+\frac{2}{100}+\frac{3}{1\ 000}\right)\sum_{k=0}^{\infty}\frac{1}{10^{3k}}=\frac{123}{1\ 000}\cdot\frac{1}{1-\frac{1}{10^3}}=\frac{123}{999}=\frac{41}{333};\end{aligned}$$

(2) $x = 0.515\,151\cdots$ (九进制)

$$= \sum_{k=0}^{\infty}\left(\frac{5}{9^{2k+1}} + \frac{1}{9^{2k+2}}\right) = \left(\frac{5}{9} + \frac{1}{81}\right)\sum_{k=0}^{\infty}\frac{1}{9^{2k}} = \frac{46}{81}\cdot\frac{1}{1-\frac{1}{81}} = \frac{46}{80} = \frac{23}{40};$$

(3) $x = 0.111\,011\,101\,110\cdots$ (二进制)

$$= \sum_{k=0}^{\infty}\left(\frac{1}{2^{4k+1}} + \frac{1}{2^{4k+2}} + \frac{1}{2^{4k+3}}\right) = \left(\frac{1}{2} + \frac{1}{4} + \frac{1}{8}\right)\sum_{k=0}^{\infty}\frac{1}{16^k} = \frac{7}{8}\cdot\frac{1}{1-\frac{1}{16}} = \frac{14}{15};$$

(4) $x = 0.777\cdots$ (八进制)

$$= \frac{7}{8} + \frac{7}{8^2} + \frac{7}{8^3} + \cdots = 7\sum_{k=1}^{\infty}\frac{1}{8^k} = 7\cdot\frac{\frac{1}{8}}{1-\frac{1}{8}} = 1.$$

第八章

常微分方程简介

微积分研究的对象是函数关系.但在实际问题中,往往难以直接得到所研究变量之间的函数关系,而是通过建立起这些变量与它们的导数或微分之间的联系,得到一个关于未知函数的导数或微分的方程,即微分方程,再求解这一方程找到变量之间的函数关系.因此,微分方程是数学联系实际并应用于实际的重要途径和桥梁.现实世界的许多实际问题,例如物体的冷却、人口的增长、琴弦的振动、电磁波的传播等都可以归结为微分方程问题.这时微分方程也称为所研究问题的数学模型.

在这一章中,我们仅介绍微分方程的基本概念、几种常用的微分方程的求解方法及线性微分方程的解的理论.

§8.1　微分方程的基本概念

8.1.1　典型实例

我们先来考察一些例子.

例 1　设某种商品的需求量 Q 是价格 p 的函数,需求弹性恒等于 -1,并且当价格为 2 时,需求量为 300,求需求函数 $Q=Q(p)$.

解　需求弹性的定义是 $EQ\Big|_p=\dfrac{pQ'(p)}{Q(p)}$. 由已知条件得 $\dfrac{pQ'(p)}{Q(p)}=-1$,即

$$\frac{\mathrm{d}Q}{\mathrm{d}p}=-\frac{Q}{p}.$$

这是一个关于未知函数 $Q(p)$ 的一阶导数的方程. 将上方程改写为 $\dfrac{\mathrm{d}Q}{Q}=-\dfrac{\mathrm{d}p}{p}$,对其两端积分,得到 $\ln Q=-\ln p+\ln C$. 由对数性质整理得

$$Q=\frac{C}{p}\quad(C\text{ 为任意正常数}).$$

上式就是方程 $\dfrac{\mathrm{d}Q}{\mathrm{d}p}=-\dfrac{Q}{p}$ 的解.

再由已知条件 $Q(2)=300$,可求得 $C=600$,从而所求需求函数为 $Q=\dfrac{600}{p}$.

例 2　设某厂生产一种商品,固定成本为 50,边际成本的变化率为 2,生产第 1 个单位商品时的边际成本为 14,求该厂生产这种商品的成本函数.

解　设成本函数为 $C(p)$,则边际成本为 $C'(p)$. 由已知条件得到 $[C'(p)]'=2$,即

$$C''(p)=2.$$

这是一个关于未知函数 $C(p)$ 的二阶导数的方程. 对其两端积分,得到 $C'(p)=2p+C_1$;再对上式两端积分,得到

$$C(p)=p^2+C_1p+C_2,$$

其中 C_1,C_2 是两个任意常数.

由已知条件有 $C(0)=50,C'(1)=14$. 将这两个式子代入 $C(p)$ 的上述表达式,得到 $C_1=12,C_2=50$. 于是该厂生产这种商品的成本函数为

$$C(p)=p^2+12p+50.$$

例 3　如果一条曲线通过点(1,0),且在该曲线上任一点 $M(x,y)$ 处切线的斜率恰好与其横坐标相等,求这条曲线的方程.

解　设所求的曲线方程为 $y=y(x)$. 根据已知条件,有

$$y'=x.$$

这是一个关于未知函数 $y(x)$ 的一阶导数的方程. 显然,函数

$$y=\frac{1}{2}x^2+C \quad (C\text{ 为任意常数})$$

满足方程 $y'=x$. 又因曲线通过点(1,0),故将 $x=1, y=0$ 代入上式,可得 $C=-\frac{1}{2}$. 因此所求的曲线方程为

$$y=\frac{1}{2}x^2-\frac{1}{2}.$$

例 4 考虑在某地区开展推广普通话(简称推普)这项活动. 已知该地区需要推普的人数为 N,设 t 时刻已掌握普通话的人数为 $p(t)$,推普的速度与已推普的人数和还未推普的人数之积成正比,比例常数为 $k>0$,于是得到

$$\frac{\mathrm{d}p}{\mathrm{d}t}=kp(N-p).$$

此方程的求解将在 §8.2 中给出.

例 4 中得到的方程称为逻辑斯蒂(Logistic) 方程,该方程在经济学、生物学等多学科领域有着广泛应用.

8.1.2 微分方程的基本概念

前面若干例子中解决问题的关键都在于建立和求解含有未知函数的导数(或微分) 的方程. 一般地,我们抽象出如下概念:

定义 1 含有未知函数的导数(或微分) 的方程称为**微分方程**.

未知函数是一元函数的微分方程,称为**常微分方程**;未知函数是多元函数的微分方程,称为**偏微分方程**. 我们只研究常微分方程(简称微分方程).

例如,例 1 至例 4 中的方程 $\frac{\mathrm{d}Q}{\mathrm{d}p}=-\frac{Q}{p}$, $C''(p)=2$, $y'=x$, $\frac{\mathrm{d}p}{\mathrm{d}t}=kp(N-p)$ 都是微分方程.

定义 2 微分方程中含有的未知函数导数(或微分) 的最高阶数,称为**微分方程的阶**.

例如,例 1,例 3 和例 4 中的方程都是一阶微分方程;例 2 中的方程是二阶微分方程.

定义 3 给定一个微分方程,若存在一个函数,使得这个函数及其各阶导数代入微分方程后,这个微分方程成为恒等式,则称此函数为该微分方程的**解**.

如果微分方程的解中含有任意常数,而且相互独立的任意常数的个数等于该微分方程的阶数,那么称这样的解为该微分方程的**通解**. 如例 1 中的 $Q=\frac{C}{p}$,例 3 中的 $y=\frac{1}{2}x^2+C$ 都是相应微分方程的通解.

用于确定通解中任意常数的取值的条件称为**初始条件**. 带有初始条件的微分方程,称为微分方程的**初值问题**.

如果由初始条件确定了通解中任意常数的取值,从而得到微分方程的一个解,那么这个解称为微分方程的**特解**. 例如,例 1 中的解 $Q=\frac{600}{p}$ 就是一个满足初始条件 $Q(2)=300$ 的特解;例 3 中的解 $y=\frac{1}{2}x^2-\frac{1}{2}$ 就是满足初始条件 $y(1)=0$ 的特解.

前面的例题表明，为了确定微分方程的特解，先要求出微分方程的通解，再由初始条件求出任意常数的值，从而得到特解.

微分方程的解的图像一般是一条曲线，叫作**微分方程的积分曲线**. 例如，在例 3 中，曲线 $y=\frac{1}{2}x^2-\frac{1}{2}$ 是微分方程 $y'=x$ 的一条积分曲线；曲线 $y=\frac{1}{2}x^2+C$ 是微分方程 $y'=x$ 的一族积分曲线.

例 5　验证函数 $x(t)=C_1\cos t+C_2\sin t$ 是微分方程 $x''(t)+x(t)=0$ 的通解，并求满足初始条件 $x(t)\big|_{t=0}=1, x'(t)\big|_{t=0}=3$ 的特解.

解　验证一个函数是否是微分方程的通解时，通常先看函数表达式中所含的任意常数个数是否与微分方程的阶数相同. 若相同，再将该函数代入微分方程，看其是否恒成立.

对 $x(t)$ 求导，得

$$x'(t)=-C_1\sin t+C_2\cos t,\quad x''(t)=-C_1\cos t-C_2\sin t.$$

将 $x(t)=C_1\cos t+C_2\sin t$ 和 $x''(t)=-C_1\cos t-C_2\sin t$ 代入到原微分方程，得

$$x''(t)+x(t)=-(C_1\cos t+C_2\sin t)+(C_1\cos t+C_2\sin t)=0.$$

故含有两个任意常数的函数 $x(t)=C_1\cos t+C_2\sin t$ 是原微分方程的通解.

将 $x(t)\big|_{t=0}=1, x'(t)\big|_{t=0}=3$ 代入 $x(t)$ 和 $x'(t)$，得 $C_1=1, C_2=3$. 故所求的特解为

$$x(t)=\cos t+3\sin t.$$

习题 8 - 1

1. 试说出下列微分方程的阶数：

(1) $3x(y')^2-4y^2y'=x$；　(2) $(e^{-x}-x^2y)dx-2xdy=0$；

(3) $yy''+xy'-x^2\tan y=0$；　(4) $xy''+e^xy''-x^2y=\cos x$.

2. 验证下列函数是否为所给微分方程的解；若是，请指出是通解还是特解（C_1, C_2, k 为任意实数）：

(1) $(x-2y)y'=2x-y, x^2-xy+y^2=0$；

(2) $y''+y=e^x, y=C_1\sin x+C_2\cos x+\frac{1}{2}e^x$；

(3) $y''+2y'+y=0, y=3e^{-x}-xe^{-x}$；

(4) $\frac{d^2x}{dt^2}+k^2x=0, x=C_1\cos kt+C_2\sin kt$.

3. 验证 $y=Cx^3$（C 为任意常数）是微分方程 $3y-xy'=0$ 的通解，并求满足初始条件 $y(1)=\frac{1}{3}$ 的特解.

4. 验证 $x=C_1\cos kt+C_2\sin kt$（C_1, C_2 为任意常数，$k\neq 0$）是微分方程 $\frac{d^2x}{dt^2}+k^2x=0$ 的通解，并求满足初始条件 $x\big|_{t=0}=A, x'\big|_{t=0}=0$ 的特解.

5. 设一条曲线上任一点处的切线斜率与该点的横坐标成反比，且该曲线过点(1,2)，求该曲线的方程.

§8.2 一阶微分方程的分离变量法

一阶微分方程的一般形式为

$$F(x,y,y')=0 \quad 或 \quad y'=f(x,y),$$

其中 $F(x,y,y')$ 是关于 x,y,y' 的已知函数，$f(x,y)$ 是关于 x,y 的已知函数. 本节介绍一种特殊形式的一阶微分方程 —— 可分离变量微分方程的求解方法.

8.2.1 可分离变量微分方程的求解方法

定义 1 形如

$$y'=f(x)g(y) \tag{8-1}$$

的微分方程，称为**可分离变量微分方程**.

注 可分离变量微分方程意味着能把微分方程写成一端只含 y 的函数和 $\mathrm{d}y$，另一端只含 x 的函数和 $\mathrm{d}x$.

例 1 下列微分方程中哪些是可分离变量微分方程？

(1) $y'=1+x+y^2+xy^2$； (2) $(x^2+y^2)\mathrm{d}x-xy\mathrm{d}y=0$；

(3) $y'=10^{x+y}$； (4) $y'=\dfrac{x}{y}+\dfrac{y}{x}$.

解 (1) 是. 微分方程可化为 $y'=(1+x)(1+y^2)$.

(2) 不是.

(3) 是. 微分方程可化为 $10^{-y}\mathrm{d}y=10^x\mathrm{d}x$.

(4) 不是.

可分离变量微分方程(8-1) 的求解方法如下：

第一步，分离变量，即将微分方程(8-1) 化为 $\dfrac{\mathrm{d}y}{g(y)}=f(x)\mathrm{d}x$ 的形式.

第二步，两边积分，即将分离变量后的方程两边求积分：$\displaystyle\int\frac{\mathrm{d}y}{g(y)}=\int f(x)\mathrm{d}x$. 设 $\dfrac{1}{g(y)}$ 和 $f(x)$ 的原函数分别为 $G(y)$，$F(x)$，则得到 $G(y)=F(x)+C$（C 为任意常数，以后一般省略此标明），此即为可分离变量微分方程(8-1) 的通解.

注 在第一步中用 $g(y)$ 除方程(8-1) 的两边时，如果 $g(y)=0$ 不能作为除数，则 $g(y)=0$ 要单独考虑. 因为由 $g(y)=0$ 解出的 y 是常数，它显然满足原微分方程(8-1)，所以它是原微分方程的特解. 这种特解可能包含在所求出的通解中，也可能不包含在所求出的通解中.

例 2 求微分方程 $y'=2xy$ 的通解.

解 分离变量，得 $\dfrac{1}{y}\mathrm{d}y=2x\mathrm{d}x$. 两端积分，得 $\displaystyle\int\frac{1}{y}\mathrm{d}y=\int 2x\mathrm{d}x$，从而有

$$\ln|y|=x^2+C_1.$$

由上式可得 $y=\pm e^{x^2+C_1}=\pm e^{C_1}\cdot e^{x^2}$，记常数 $C=\pm e^{C_1}$，即所求通解可表示为 $y=Ce^{x^2}$.

又 $y=0$ 显然是原微分方程的解，而在 $y=Ce^{x^2}$ 中若取 $C=0$，则立得 $y=0$. 故原微分方程的通解为 $y=Ce^{x^2}$（C 为任意实数）.

注　在例 2 中，$\ln|y|=x^2+C_1$ 也是微分方程的通解，但它是隐函数形式的通解，而 $y=Ce^{x^2}$ 是显式通解. 对于一般的微分方程来说，不一定都能求出显式通解. 在不方便写出显式通解的情况下，写出隐式通解即可.

例 3　求微分方程 $\dfrac{dy}{dx}=1+x+y^2+xy^2$ 的通解.

解　此微分方程可化为

$$\frac{dy}{dx}=(1+x)(1+y^2).$$

分离变量，得

$$\frac{1}{1+y^2}dy=(1+x)dx.$$

两端积分，得

$$\int\frac{1}{1+y^2}dy=\int(1+x)dx,$$

从而有

$$\arctan y=\frac{1}{2}x^2+x+C.$$

于是原微分方程的通解为 $y=\tan\left(\dfrac{1}{2}x^2+x+C\right)$.

例 4　求微分方程 $y'=y^2\cos x$ 的通解及满足初始条件 $y(0)=1$ 的特解.

解　分离变量，得

$$\frac{1}{y^2}dy=\cos x dx.$$

两端积分，得

$$\int\frac{1}{y^2}dy=\int\cos x dx,$$

从而有 $-\dfrac{1}{y}=\sin x+C$.

由 $y^2=0$ 知 $y=0$，它也是微分方程的解，且不含在通解中.

将 $y(0)=1$ 代入通解中，求得 $C=-1$. 故所求特解为 $-\dfrac{1}{y}=\sin x-1$ 或 $y=\dfrac{1}{1-\sin x}$.

例 5　求逻辑斯蒂方程 $\dfrac{dp}{dt}=kp(N-p)$ 的解，其中 $N,k>0$，且 $0<p<N$.

解　分离变量，得

$$\frac{dp}{p(N-p)}=kdt.$$

两端积分，得

$$\frac{1}{N}\int\left(\frac{1}{p}+\frac{1}{N-p}\right)dp=\int kdt,$$

从而有

$$\frac{1}{N}\ln\left|\frac{p}{N-p}\right| = kt + C_1.$$

对上式做如下整理：

$$\ln\left|\frac{p}{N-p}\right| = Nkt + NC_1,$$

$$\left|\frac{p}{N-p}\right| = \mathrm{e}^{Nkt+NC_1} = \mathrm{e}^{NC_1}\cdot\mathrm{e}^{Nkt},$$

$$\frac{p}{N-p} = \pm\,\mathrm{e}^{NC_1}\cdot\mathrm{e}^{Nkt} = C\mathrm{e}^{Nkt},\quad C = \pm\,\mathrm{e}^{NC_1},$$

$$p = \frac{CN\mathrm{e}^{Nkt}}{1+C\mathrm{e}^{Nkt}}.$$

故所求通解为

$$p = \frac{CN\mathrm{e}^{Nkt}}{1+C\mathrm{e}^{Nkt}}.$$

在上述计算过程中，用了 $p(N-p)$ 除方程的两边，而 $p=0$ 和 $p=N$ 显然也是该方程的解，且 $p=N$ 不包含在通解中.

例 6　设某公司 t 年时净资产为 $W(t)$（单位：百万元），并且资产本身以每年 5% 的速度连续增长，同时该公司每年要以 30 百万元的金额连续支付职工工资.

(1) 给出描述净资产 $W(t)$ 的微分方程；

(2) 求解方程，假设初始净资产为 W_0（单位：百万元）；

(3) 讨论在 $W_0 = 500, 600, 700$ 百万元这三种情况下，$W(t)$ 变化的特点.

解　(1) 因为

净资产增长速度 = 资产本身增长速度 − 职工工资支付速度，

所以所求微分方程为

$$\frac{\mathrm{d}W}{\mathrm{d}t} = 0.05W - 30.$$

(2) 分离变量，得 $\frac{\mathrm{d}W}{W-600} = 0.05\mathrm{d}t$. 两端积分，得 $\ln|W-600| = 0.05t + \ln C_1$（$C_1$ 为正常数），于是

$$|W-600| = C_1\mathrm{e}^{0.05t} \quad 或 \quad W-600 = C\mathrm{e}^{0.05t} \quad (C=\pm C_1).$$

代入 $W(0)=W_0$，得上述微分方程的特解

$$W = 600 + (W_0 - 600)\mathrm{e}^{0.05t}.$$

在上面推导过程中 $W \neq 600$，但当 $W=600$ 时，$\frac{\mathrm{d}W}{\mathrm{d}t}=0$，仍包含在上述通解表达式中（即常数 C 取为 0）.

将 $W=600$ 称为**平衡解**.

(3) 由特解表达式可知，当 $W_0=500$ 百万元时，净资产 W 将单调减少，该公司将在第 36 年破产；当 $W_0 - 600$ 百万元时，公司将收支平衡，净资产保持在 600 百万元不变；当 $W_0=700$ 百万元时，净资产 W 将不断增大.

例 7　设一水库的现有库存量为 V(单位:km^3),该水库已被严重污染.经计算知,目前污染物总量为 Q_0(单位:km^3),且污染物均匀地分散在水中.假设现已不再向该水库排污,清水以不变的速度 r(单位:km^3/年)流入水库,并立即和水库的水相混合,水库的水也以同样的速度 r 流出.记当前时刻为 $t=0$.

(1) 求在 t 时刻该水库中残留污染物的总量 $Q(t)$;

(2) 问:需经多少年才能使该水库中污染物总量降至原来初始总量 Q_0 的 10%?

解　(1) 根据题意,在 $t(t\geqslant 0)$ 时刻 $Q(t)$ 的变化率为污染物的流出速度的相反数,即变化率为负值.这表示,禁止排污后,$Q(t)$ 将随时间 t 逐渐减少.这时,污染物的质量浓度为 $Q(t)/V$.因为水库的水以速度 r 流出,所以

$$\text{污染物流出速度}=\text{污水流出速度}\times\frac{Q}{V}=\frac{rQ}{V}.$$

由此可得微分方程

$$\frac{\mathrm{d}Q}{\mathrm{d}t}=-\frac{r}{V}Q.$$

这是一个可分离变量微分方程.分离变量,得

$$\frac{\mathrm{d}Q}{Q}=-\frac{r}{V}\mathrm{d}t.$$

两边积分,得

$$\ln Q=-\frac{r}{V}t+C_1,$$

即

$$Q=C\mathrm{e}^{-\frac{r}{V}t}\quad(C=\mathrm{e}^{C_1}).$$

由题意知,初始条件为 $Q\Big|_{t=0}=Q_0$.代入上式,得 $C=Q_0$,故上述微分方程的特解为

$$Q=Q_0\mathrm{e}^{-\frac{r}{V}t},$$

此即为 t 时刻该水库中残留污染物总量 $Q(t)$ 的表达式.

(2) 当污染物降至原来的 10% 时,有 $Q(t)=0.1Q_0$.代入(1)中求出的特解表达式,得

$$0.1Q_0=Q_0\mathrm{e}^{-\frac{r}{V}t},$$

解得 $t=-\dfrac{V}{r}\ln 0.1\approx\dfrac{2.30V}{r}$.

例如,当该水库的库存量为 $V=500\ km^3$,流出(入)速度为 150 km^3/年时,可得 $t\approx 7.7$ 年.

注　随着我国经济的高速增长,环境污染问题已成为大家共同关注的问题.本例说明如何运用微分方程来研究水污染问题.

8.2.2　齐次方程

定义 2　形如

$$\frac{\mathrm{d}y}{\mathrm{d}x}=f\left(\frac{y}{x}\right)\tag{8-2}$$

的微分方程，称为**齐次方程**.

对于齐次方程(8－2)，可通过下面的变量代换将其化为可分离变量微分方程进行求解：

令 $u=\frac{y}{x}$，则 $y=xu$，$\frac{\mathrm{d}y}{\mathrm{d}x}=u+x\frac{\mathrm{d}u}{\mathrm{d}x}$. 代入齐次方程(8－2)，得

$$u+x\frac{\mathrm{d}u}{\mathrm{d}x}=f(u).$$

对上式分离变量并积分，得 $\int\frac{\mathrm{d}u}{f(u)-u}=\int\frac{1}{x}\mathrm{d}x$. 由此解出 $u=u(x,C)$，即可得到齐次方程(8－2)的通解为

$$y=xu(x,C).$$

例 8 求微分方程 $y'=\frac{y}{x+y}$ 的通解.

解 把原微分方程化为

$$\frac{\mathrm{d}y}{\mathrm{d}x}=\frac{\frac{y}{x}}{1+\frac{y}{x}}.$$

令 $u=\frac{y}{x}$，则 $y=xu$，$\frac{\mathrm{d}y}{\mathrm{d}x}=u+x\frac{\mathrm{d}u}{\mathrm{d}x}$. 代入上式并整理，得

$$\frac{1+u}{u^2}\mathrm{d}u=-\frac{1}{x}\mathrm{d}x.$$

两端积分，得

$$-\frac{1}{u}+\ln|u|=-\ln|x|+C_1.$$

将 $u=\frac{y}{x}$ 回代到上式，得通解为

$$-\frac{x}{y}+\ln\left|\frac{y}{x}\right|=-\ln|x|+C$$

或

$$x+Cy-y\ln|y|=0.$$

例 9 求微分方程 $x(\ln x-\ln y)\mathrm{d}y-y\mathrm{d}x=0\,(x>0,y>0)$ 的通解，并求满足初始条件 $y(1)=1$ 的特解.

解 原微分方程变形为 $\ln\frac{y}{x}\mathrm{d}y+\frac{y}{x}\mathrm{d}x=0$. 令 $u=\frac{y}{x}$，则 $\frac{\mathrm{d}y}{\mathrm{d}x}=u+x\frac{\mathrm{d}u}{\mathrm{d}x}$. 代入原方程并整理，得

$$\frac{\ln u}{u(\ln u+1)}\mathrm{d}u=-\frac{\mathrm{d}x}{x}.$$

对上式两边积分，得

$$\ln u-\ln(\ln u+1)=-\ln x+\ln C,\quad \text{即}\quad y=C(\ln u+1),$$

其中 C 为任意正常数. 变量回代，得所求通解为

$$y=C\left(\ln\frac{y}{x}+1\right).$$

把初始条件 $y(1)=1$ 代入通解，得 $C=1$，故所求特解为

$$y=\ln\frac{y}{x}+1.$$

习题 8－2

1. 把下列微分方程化为可分离变量微分方程：

(1) $y'=(\sin x-\cos x)\sqrt{1-y^3}$；　　(2) $xy'+y=xy$；

(3) $y'+1=xy-x+y$；　　(4) $y'+x=\dfrac{xy-x+3}{y+1}$.

2. 下列微分方程是否为齐次方程？

(1) $(x^2+y^2)\mathrm{d}x-xy\mathrm{d}y=0$；　　(2) $(2x+y-4)\mathrm{d}x+(x+y-1)\mathrm{d}y=0$；

(3) $xy'+y=\cos x$；　　(4) $(1+\mathrm{e}^x)yy'=\mathrm{e}^x$.

3. 求解下列微分方程的初值问题：

(1) $\dfrac{\mathrm{d}y}{\mathrm{d}x}=2x-3, y\Big|_{x=-1}=3$；　　(2) $\dfrac{\mathrm{d}y}{\mathrm{d}x}=4\sqrt{x}, y\Big|_{x=1}=0$；

(3) $\dfrac{\mathrm{d}y}{\mathrm{d}x}=6\mathrm{e}^{3x}, y\Big|_{x=0}=4$；　　(4) $xy\mathrm{d}x-(1+y^2)\sqrt{1+x^2}\mathrm{d}y=0, y\Big|_{x=0}=\dfrac{1}{\mathrm{e}}$.

4. 某种商品的消费量 q(单位:件) 与人均收入 x(单位:万元) 满足微分方程

$$\frac{\mathrm{d}q}{\mathrm{d}x}=x+a\mathrm{e}^x \quad (a\text{ 为常数}),$$

且当 $x=0$ 时，$q=q_0$，试求函数 $q=q(x)$ 的表达式.

§ 8.3　一阶线性微分方程

定义 1　形如

$$y'+p(x)y=q(x) \tag{8-3}$$

的微分方程，称为**一阶线性微分方程**.

如果 $q(x)\equiv 0$，则微分方程(8－3) 称为**一阶齐次线性微分方程**；

如果 $q(x)\not\equiv 0$，则微分方程(8－3) 称为**一阶非齐次线性微分方程**；

微分方程 $y'+p(x)y=0$ 又叫作**一阶非齐次线性微分方程** $y'+p(x)y=q(x)$ **对应的一阶齐次线性微分方程**.

例如，微分方程 $(x-2)\dfrac{\mathrm{d}y}{\mathrm{d}x}=y$ 可化为 $\dfrac{\mathrm{d}y}{\mathrm{d}x}-\dfrac{1}{x-2}y=0$，这是一阶齐次线性方程；而微分方程 $y'+y\sin x=\ln x$，$x^2y'+y\tan x=x\mathrm{e}^{-x}$ 是一阶非齐次线性方程.

8.3.1　一阶齐次线性微分方程的解法

一阶齐次线性微分方程 $y'+p(x)y=0$ 是可分离变量微分方程，可按如下步骤求解：

(1) 分离变量,得$\frac{\mathrm{d}y}{y}=-p(x)\mathrm{d}x$;

(2) 两端积分,得 $\ln|y|=-\int p(x)\mathrm{d}x+\ln|C|$;

(3) 利用对数性质,得到

$$y=C\mathrm{e}^{-\int p(x)\mathrm{d}x}\quad (C\text{ 为任意常数}),\tag{8-4}$$

它就是一阶齐次线性微分方程的通解.

注 约定通解公式(8-4)指数中的不定积分的计算只取一个原函数,即省略不定积分中的任意常数.

例 1 求微分方程$(x-2)\frac{\mathrm{d}y}{\mathrm{d}x}=y$的通解.

解 **方法 1**:这是一阶齐次线性微分方程.分离变量,得

$$\frac{\mathrm{d}y}{y}=\frac{\mathrm{d}x}{x-2}.$$

两端积分,得

$$\ln|y|=\ln|x-2|+\ln|C|,$$

所以原微分方程的通解为

$$y=C(x-2).$$

方法 2:由公式(8-4)求通解.将原微分方程改写为标准形式

$$\frac{\mathrm{d}y}{\mathrm{d}x}-\frac{1}{x-2}y=0,$$

所以 $p(x)=\frac{-1}{x-2}$.由通解公式(8-4)求得通解为

$$y=C\mathrm{e}^{-\int\frac{-1}{x-2}\mathrm{d}x}=C\mathrm{e}^{\ln|x-2|}=C(x-2).$$

8.3.2 一阶非齐次线性微分方程的解法

由 8.3.1 可知,一阶非齐次线性微分方程 $y'+p(x)y=q(x)$ 对应的一阶齐次线性微分方程 $y'+p(x)y=0$ 的通解为 $y=C\mathrm{e}^{-\int p(x)\mathrm{d}x}$.将其中的常数 C 换成待定函数 $u(x)$,得到

$$y=u(x)\mathrm{e}^{-\int p(x)\mathrm{d}x}.$$

把 y 代入一阶非齐次线性微分方程 $y'+p(x)y=q(x)$,整理得 $u'(x)\mathrm{e}^{-\int p(x)\mathrm{d}x}=q(x)$,即

$$u'(x)=q(x)\mathrm{e}^{\int p(x)\mathrm{d}x}.$$

积分求出 $u(x)$ 为

$$u(x)=\int q(x)\mathrm{e}^{\int p(x)\mathrm{d}x}\mathrm{d}x+C.$$

于是得到一阶非齐次线性微分方程的通解公式为

$$y=\left[\int q(x)\mathrm{e}^{\int p(x)\mathrm{d}x}\mathrm{d}x+C\right]\mathrm{e}^{-\int p(x)\mathrm{d}x}\quad (C\text{ 为任意常数}).\tag{8-5}$$

这种求解一阶非齐次线性微分方程的方法称为**常数变易法**.

注 通解公式(8-5)中的所有不定积分的计算只取一个原函数,即省略不定积分中的

任意常数.

一阶非齐次线性微分方程的通解

$$y=\left[\int q(x)e^{\int p(x)dx}dx+C\right]e^{-\int p(x)dx}=Ce^{-\int p(x)dx}+e^{-\int p(x)dx}\int q(x)e^{\int p(x)dx}dx$$

恰好等于其对应的一阶齐次线性微分方程的通解 $Ce^{-\int p(x)dx}$ 与其本身的一个特解 $e^{-\int p(x)dx}\int q(x)e^{\int p(x)dx}dx$ 之和，于是有以下定理：

定理 1　**一阶非齐次线性微分方程的通解等于其一个特解与对应的一阶齐次线性微分方程通解之和.**

例 2　求微分方程 $\frac{dy}{dx}-\frac{2y}{x+1}=(x+1)^{\frac{5}{2}}$ 的通解.

解　**方法 1**：这是一阶非齐次线性微分方程. 先求对应的一阶齐次线性微分方程 $\frac{dy}{dx}-\frac{2y}{x+1}=0$ 的通解. 分离变量，得 $\frac{dy}{y}=\frac{2dx}{x+1}$. 两边积分，得 $\ln|y|=2\ln|x+1|+\ln|C|$，从而对应的一阶齐次线性微分方程的通解为

$$y=C(x+1)^2.$$

再用常数变易法，把 C 换成 $u(x)$，即设原微分方程的通解为 $y=u(x)(x+1)^2$，代入原微分方程，得

$$u'(x)(x+1)^2+u(x)\cdot 2(x+1)-\frac{2}{x+1}u(x)(x+1)^2=(x+1)^{\frac{5}{2}},$$

整理得

$$u'(x)=(x+1)^{\frac{1}{2}}.$$

对上式两边积分，得

$$u(x)=\int(x+1)^{\frac{1}{2}}dx=\frac{2}{3}(x+1)^{\frac{3}{2}}+C,$$

将其代入 $y=u(x)(x+1)^2$ 中，即得原微分方程的通解为

$$y=(x+1)^2\left[\frac{2}{3}(x+1)^{\frac{3}{2}}+C\right].$$

方法 2：用公式(8－5)求通解. 由原微分方程可知 $p(x)=-\frac{2}{x+1}$，$q(x)=(x+1)^{\frac{5}{2}}$. 因为

$$\int p(x)dx=\int\left(-\frac{2}{x+1}\right)dx=-2\ln|x+1|,$$

所以

$$e^{-\int p(x)dx}=e^{2\ln|x+1|}=(x+1)^2,$$

$$\int q(x)e^{\int p(x)dx}dx=\int(x+1)^{\frac{5}{2}}\cdot(x+1)^{-2}dx=\int(x+1)^{\frac{1}{2}}dx=\frac{2}{3}(x+1)^{\frac{3}{2}}.$$

代入公式(8－5)，即得所求通解为

$$y=e^{-\int p(x)dx}\left[\int q(x)e^{\int p(x)dx}dx+C\right]=(x+1)^2\left[\frac{2}{3}(x+1)^{\frac{3}{2}}+C\right].$$

例 3 求微分方程 $xy' + y = \cos x$ 的通解及满足初始条件 $y(\pi) = 1$ 的特解.

解 把原微分方程化为标准形式 $y' + \frac{y}{x} = \frac{\cos x}{x}$，于是 $p(x) = \frac{1}{x}, q(x) = \frac{\cos x}{x}$.

首先求出 $\int p(x)\mathrm{d}x = \int \frac{1}{x}\mathrm{d}x = \ln|x|$，然后用通解公式(8-5)可得所求通解为

$$y = e^{-\ln|x|}\left(\int \frac{\cos x}{x} e^{\ln|x|}\mathrm{d}x + C_1\right) = \frac{1}{|x|}\left(\int \frac{\cos x}{x}|x|\mathrm{d}x + C_1\right).$$

于是，当 $x > 0$ 时，

$$y = \frac{1}{x}\left(\int \cos x\mathrm{d}x + C_1\right) = \frac{1}{x}(\sin x + C), \quad C = C_1;$$

当 $x < 0$ 时，

$$y = -\frac{1}{x}\left[\int (-\cos x)\mathrm{d}x + C_1\right] = \frac{1}{x}(\sin x + C), \quad C = -C_1.$$

综上所述，原微分方程的通解为 $y = \frac{1}{x}(\sin x + C)$.

将初始条件 $y(\pi) = 1$ 代入通解表达式，可得 $C = \pi$，故所求特解为

$$y = \frac{1}{x}(\sin x + \pi).$$

例 4 求微分方程 $y' = \frac{y}{x - y^3}$ 的通解及满足初始条件 $y(2) = 1$ 的特解.

解 如果局限于 y 是 x 的函数，则这个方程不是一阶线性微分方程，不能用前面学过的方法求解. 如果将 x 看作 y 的函数，则可将原微分方程化为关于未知函数 $x = x(y)$ 的一阶线性微分方程

$$\frac{\mathrm{d}x}{\mathrm{d}y} = \frac{x - y^3}{y}, \quad 即 \quad \frac{\mathrm{d}x}{\mathrm{d}y} - \frac{x}{y} = -y^2.$$

于是 $p(y) = -\frac{1}{y}, q(y) = -y^2$.

首先求出 $\int p(y)\mathrm{d}y = -\int \frac{1}{y}\mathrm{d}y = -\ln|y|$，然后代入通解公式(8-5)，可得通解为

$$\begin{aligned} x &= e^{\ln|y|}\left(-\int y^2 \cdot e^{-\ln|y|}\mathrm{d}y + C_1\right) = |y|\left(-\int |y|\mathrm{d}y + C_1\right) \\ &= Cy - \frac{1}{2}y^3, \quad C = \pm C_1. \end{aligned}$$

将初始条件 $y(2) = 1$ 代入通解表达式，可得 $C = \frac{5}{2}$，故所求特解为 $x = \frac{5y - y^3}{2}$.

例 5 设某公司在 t 时刻的产值 $y(t)$ 的增长率 $y' = y'(t)$ 与产值 $y(t)$ 及新增投资 $2bt$ 有关，它们之间的关系式为 $y' = -2aty + 2bt$，其中 a, b 为正常数，$y(0) = y_0 < b$，求 $y(t)$.

解 所给关系式是一阶非齐次线性微分方程，其对应的一阶齐次线性微分方程为

$$y' = -2aty.$$

对上式分离变量，再积分，得到它的通解为 $y = Ce^{-at^2}$.

利用常数变易法求解. 设 $y = u(t)e^{-at^2}$ 为所给微分方程的解，计算 y'，并将 y', y 代入所给微分方程，得到 $u'(t) = 2bte^{at^2}$. 再积分，得到

$$u(t)=\frac{b}{a}e^{at^2}+C.$$

于是所给微分方程的通解为

$$y=\frac{b}{a}+Ce^{-at^2}.$$

将初始条件 $y(0)=y_0$ 代入通解，得到 $C=y_0-\dfrac{b}{a}$，所以所求的产值函数为

$$y(t)=\frac{b}{a}+\left(y_0-\frac{b}{a}\right)e^{-at^2}.$$

习题 8-3

1. 求下列微分方程的通解：

(1) $y'+y=x^2e^x$；　(2) $y'+\dfrac{y}{x}-\sin x=0$；

(3) $y'+y\sin x=e^{\cos x}$；　(4) $2y'-y=e^x$；

(5) $xy'=(x-1)y+e^{2x}$；　(6) $y^2dx+(x-2xy-y^2)dy=0$；

(7) $(x-e^y)y'=1$；　(8) $y'=\dfrac{y}{2(x-1)}+\dfrac{3(x-1)}{2y}$.

2. 求解下列初值问题：

(1) $(y-2xy)dx+x^2dy=0,y\Big|_{x=1}=e$；　(2) $xy'+y=\sin x,y(\pi)=1$；

(3) $y'=\dfrac{y}{x-y^2},y(2)=1$.

3. 已知某产品的利润 L 是广告支出 x 的函数，且满足

$$\frac{dL}{dx}=b-a(L+x)\quad(a>0,b>0\text{ 为常数}),$$

当 $x=0$ 时，$L(0)=L_0$，求利润函数 $L(x)$.

4. 设某产品的利润 $L=L(Q)$ 是销售量 Q 的函数，利润的变化率是 $\dfrac{dL}{dQ}=200-0.2Q$，且销售 1 000 件产品的利润为 $L(1\,000)=100\,000$ 元，求利润 L 与销售量 Q 的函数关系.

§8.4 二阶常系数齐次线性微分方程

二阶常系数齐次线性微分方程的一般形式是

$$y''+py'+qy=0,\tag{8-6}$$

其中 p,q 是(实)常数.

定理 1 　**如果函数 $y_1(x),y_2(x)$ 是微分方程 $y''+py'+qy=0$ 的两个特解，而且 $\dfrac{y_1(x)}{y_2(x)}\neq$ 常数，则 $y=C_1y_1(x)+C_2y_2(x)$ 是该微分方程的通解，其中 C_1,C_2 是任意常数.**

定理 1 的证明略去.

注 $\frac{y_1(x)}{y_2(x)} \neq$ 常数这个条件非常重要. 如果$\frac{y_1(x)}{y_2(x)} \equiv$ 常数,则 $y = C_1 y_1(x) + C_2 y_2(x)$ 实际上只有一个任意常数,故不可能是该微分方程的通解.

满足$\frac{y_1(x)}{y_2(x)} \neq$ 常数这一条件的两个特解 $y_1(x), y_2(x)$ 也叫作**线性无关解**. 由定理 1 知,求二阶常系数齐次线性微分方程的通解就归结为求它的两个线性无关的特解.

当 r 是常数时,指数函数 $y = \mathrm{e}^{rx}$ 和它的各阶导数都只相差一个常数因子. 由指数函数的这个特点,可尝试选取适当的常数 r,使函数 $y = \mathrm{e}^{rx}$ 满足二阶常系数齐次线性微分方程(8-6).

对 $y = \mathrm{e}^{rx}$,有 $y' = r\mathrm{e}^{rx}$, $y'' = r^2\mathrm{e}^{rx}$,代入微分方程(8-6),得

$$\mathrm{e}^{rx}(r^2 + pr + q) = 0.$$

因为 $\mathrm{e}^{rx} \neq 0$,所以有

$$r^2 + pr + q = 0. \tag{8-7}$$

只要 r 满足方程(8-7),则函数 $y = \mathrm{e}^{rx}$ 就是微分方程(8-6)的解. 因此,把方程(8-7)称为二阶常系数齐次线性微分方程(8-6)的**特征方程**,特征方程(8-7)的根称为**特征根**.

由于特征根有三种不同情形,因此需要分以下三种情形讨论微分方程(8-6)的通解.

1. 特征根是两个不相等实根的情形

当特征方程(8-7)的判别式 $\Delta = p^2 - 4q > 0$ 时,该特征方程有两个不相等的实根

$$r_1 = \frac{-p + \sqrt{p^2 - 4q}}{2}, \quad r_2 = \frac{-p - \sqrt{p^2 - 4q}}{2},$$

这时微分方程(8-6)有两个解

$$y_1 = \mathrm{e}^{r_1 x}, \quad y_2 = \mathrm{e}^{r_2 x}.$$

由于$\frac{y_1}{y_2} \neq$ 常数,因此微分方程(8-6)的通解为

$$y = C_1\mathrm{e}^{r_1 x} + C_2\mathrm{e}^{r_2 x}.$$

例 1 求微分方程 $y'' - 5y' + 6y = 0$ 的通解.

解 特征方程为

$$r^2 - 5r + 6 = 0, \quad 即 \quad (r-2)(r-3) = 0,$$

求得特征根为 $r_1 = 2, r_2 = 3$,故所求微分方程的通解为

$$y = C_1\mathrm{e}^{2x} + C_2\mathrm{e}^{3x}.$$

2. 特征根是两个相等实根的情形

当特征方程(8-7)的判别式 $\Delta = p^2 - 4q = 0$ 时,该特征方程有两个相等的实根

$$r_1 = r_2 = \frac{-p}{2} = r.$$

这时微分方程(8-6)有一个解 $y_1 = \mathrm{e}^{rx}$. 为了得到另一个解,可设 $y_2 = u(x)\mathrm{e}^{rx}$($u(x)$ 是待定函数). 将其代入微分方程(8-6),得

$$\begin{aligned}(u\mathrm{e}^{rx})'' + p(u\mathrm{e}^{rx})' + q(u\mathrm{e}^{rx}) &= \mathrm{e}^{rx}(u'' + 2ru' + r^2u) + p\mathrm{e}^{rx}(u' + ru) + qu\mathrm{e}^{rx} \\ &= \mathrm{e}^{rx}[u'' + (2r + p)u' + (r^2 + pr + q)u] = 0,\end{aligned}$$

对上式约去 e^{rx}，且因 r 是二重特征根，故 $2r+p=0$，$r^2+pr+q=0$，因此得 $u''(x)=0$. 又因 $u(x)$ 不能是常数，故选取最简单的一个函数 $u(x)=x$. 所以 $y_2=xe^{rx}$ 也是微分方程(8-6)的解，且 $\frac{y_2}{y_1}=\frac{xe^{rx}}{e^{rx}}=x$ 不是常数. 故此时微分方程(8-6)的通解为

$$y=C_1e^{rx}+C_2xe^{rx}.$$

例 2　求微分方程 $y''-4y'+4y=0$ 的通解及满足条件 $y(0)=y'(0)=1$ 的特解.

解　特征方程为 $r^2-4r+4=0$，求得特征根为重根 $r_1=r_2=2$，故所求微分方程的通解为

$$y=(C_1+C_2x)e^{2x}.$$

由 $y(0)=1$，得 $C_1=1$，从而 $y=(1+C_2x)e^{2x}$，求导得

$$y'=(C_2+2+2C_2x)e^{2x}.$$

又由 $y'(0)=1$，得 $C_2=-1$. 故所求特解为 $y=(1-x)e^{2x}$.

3. 特征根是一对共轭复根的情形

当特征方程(8-7)的判别式 $\Delta=p^2-4q<0$ 时，该特征方程有一对共轭复根

$$r_1=\alpha+i\beta,\quad r_2=\alpha-i\beta.$$

这时微分方程(8-6)有两个解 $y_1=e^{(\alpha+i\beta)x}$，$y_2=e^{(\alpha-i\beta)x}$. 为了得到实数解，由

$$y_1=e^{\alpha x}(\cos\beta x+i\sin\beta x),\quad y_2=e^{\alpha x}(\cos\beta x-i\sin\beta x),$$

可得

$$\overline{y}_1=\frac{y_1+y_2}{2}=e^{\alpha x}\cos\beta x,\quad \overline{y}_2=\frac{y_1-y_2}{2i}=e^{\alpha x}\sin\beta x.$$

它们也是微分方程(8-6)的两个解，而且 $\frac{\overline{y}_1}{\overline{y}_2}\neq$ 常数，故此时通解为

$$y=e^{\alpha x}(C_1\cos\beta x+C_2\sin\beta x).$$

例 3　求微分方程 $y''-4y'+13y=0$ 的通解.

解　由特征方程 $r^2-4r+13=0$ 得出 $r_{1,2}=2\pm3i$，故所求通解为

$$y=e^{2x}(C_1\cos3x+C_2\sin3x).$$

综上所述，二阶常系数齐次线性微分方程 $y''+py'+qy=0$ 的通解求法可归纳如下：

第一步，写出该微分方程的特征方程 $r^2+pr+q=0$；

第二步，求出特征根；

第三步，根据特征根的三种不同情形按表 8-1 写出该微分方程的通解.

表 8-1

特征方程 $r^2+pr+q=0$ 根的情形	微分方程 $y''+py'+qy=0$ 的通解
有两个不相等实根 $r_1\neq r_2$	$y=C_1e^{r_1x}+C_2e^{r_2x}$
有两个相等实根 $r_1=r_2=r$	$y=(C_1+C_2x)e^{rx}$
有一对共轭复根 $r_{1,2}=\alpha\pm i\beta$	$y=e^{\alpha x}(C_1\cos\beta x+C_2\sin\beta x)$

习题 8－4

1. 验证 $y_1 = x$ 与 $y_2 = e^x$ 是微分方程 $(x-1)y'' - xy' + y = 0$ 的解，并写出其通解.

2. 求下列微分方程的通解：

(1) $y'' - 2y' - 3y = 0$；

(2) $y'' - 2y' - 8y = 0$；

(3) $y'' + 4y' + 4y = 0$；

(4) $y'' - 6y' + 9y = 0$；

(5) $y'' + 2y' + 5y = 0$；

(6) $y'' + 16y = 0$.

3. 求解下列初值问题：

(1) $y'' + 2y' + y = 0, y\Big|_{x=0} = 4, y'\Big|_{x=0} = -2$；

(2) $y'' - 2y' + y = 0, y(0) = y'(0) = 1$.

第九章

线性代数简介

在生产、经营管理活动和科学技术中,碰到的许多问题都可以直接或近似地表示成一些变量之间的线性关系,因此研究变量之间的线性关系十分重要.线性代数是研究变量之间线性关系的重要工具.行列式、矩阵、线性方程组等都是线性代数的重要组成部分,它们不仅是数学各分支的重要理论工具,而且在科学技术、经济管理等领域有着广泛的应用.本章主要介绍行列式、矩阵、线性方程组的基本理论和方法.

§9.1 行列式的定义与性质

9.1.1 二阶、三阶行列式的有关概念

规定一阶行列式为 $|a_{11}| = a_{11}$. 要注意的是,这样定义的一阶行列式与普通数的绝对值不同.

在中学数学的学习中我们知道,可用消元法解二元一次方程组 $\begin{cases} a_{11}x_1 + a_{12}x_2 = b_1, \\ a_{21}x_1 + a_{22}x_2 = b_2, \end{cases}$ 即当 $a_{11}a_{22} - a_{12}a_{21} \neq 0$ 时,由消元法得该二元一次方程组的解为

$$x_1 = \frac{b_1a_{22} - b_2a_{12}}{a_{11}a_{22} - a_{12}a_{21}}, \quad x_2 = \frac{a_{11}b_2 - a_{21}b_1}{a_{11}a_{22} - a_{12}a_{21}}.$$

为了便于记忆,引入二阶行列式的概念.

定义 1 用记号 $\begin{vmatrix} a_{11} & a_{12} \\ a_{21} & a_{22} \end{vmatrix}$ 表示 $a_{11}a_{22} - a_{12}a_{21}$,并称它为**二阶行列式**,即规定

$$\begin{vmatrix} a_{11} & a_{12} \\ a_{21} & a_{22} \end{vmatrix} = a_{11}a_{22} - a_{12}a_{21}.$$

借助二阶行列式,上述二元一次方程组的解可重新记为

$$x_1 = \frac{\begin{vmatrix} b_1 & a_{12} \\ b_2 & a_{22} \end{vmatrix}}{\begin{vmatrix} a_{11} & a_{12} \\ a_{21} & a_{22} \end{vmatrix}}, \quad x_2 = \frac{\begin{vmatrix} a_{11} & b_1 \\ a_{21} & b_2 \end{vmatrix}}{\begin{vmatrix} a_{11} & a_{12} \\ a_{21} & a_{22} \end{vmatrix}}.$$

例 1 计算行列式 $\begin{vmatrix} 2 & 3 \\ 4 & 5 \end{vmatrix}$.

解 $\begin{vmatrix} 2 & 3 \\ 4 & 5 \end{vmatrix} = 2 \cdot 5 - 3 \cdot 4 = -2.$

定义 2 用记号 $\begin{vmatrix} a_{11} & a_{12} & a_{13} \\ a_{21} & a_{22} & a_{23} \\ a_{31} & a_{32} & a_{33} \end{vmatrix}$ 表示

$$a_{11}a_{22}a_{33} + a_{12}a_{23}a_{31} + a_{13}a_{21}a_{32} - a_{11}a_{23}a_{32} - a_{12}a_{21}a_{33} - a_{13}a_{22}a_{31},$$

并称它为**三阶行列式**,即规定

$$\begin{vmatrix} a_{11} & a_{12} & a_{13} \\ a_{21} & a_{22} & a_{23} \\ a_{31} & a_{32} & a_{33} \end{vmatrix} = a_{11}a_{22}a_{33} + a_{12}a_{23}a_{31} + a_{13}a_{21}a_{32} - a_{11}a_{23}a_{32} - a_{12}a_{21}a_{33} - a_{13}a_{22}a_{31}.$$

定义 2 中的表达式可用如下方法来记忆(见图 9 - 1):先把实线连接的三个数的积相加

（共三项）；再减去虚线连接的三个数的积（共三项）. 也可用如下方法记忆（见图 9－2）：在数表右边添加第 1 列、第 2 列元素后，先把从左上至右下实线连接的三个数的积相加；再减去从左下至右上虚线连接的三个数的积.

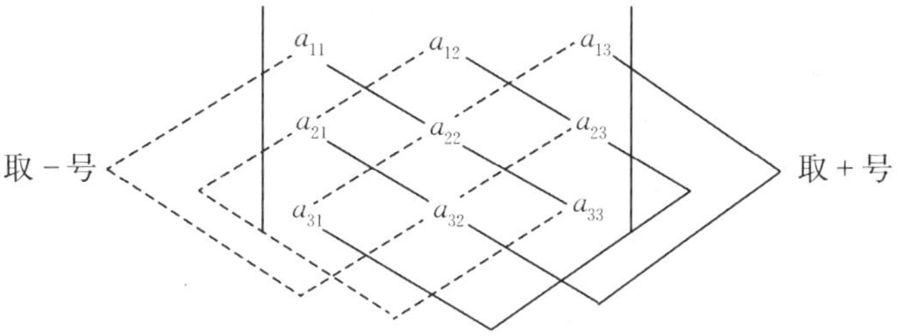

图 9－1

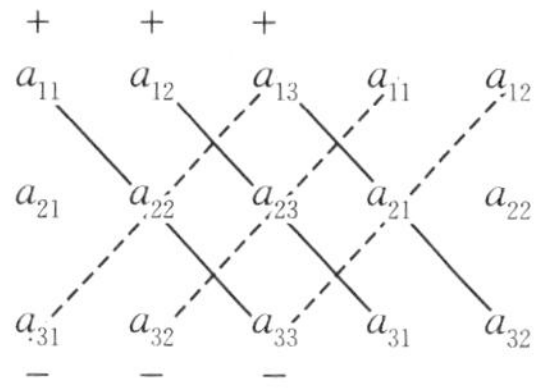

图 9－2

例 2　计算行列式 $D=\begin{vmatrix}1 & 2 & 3\\4 & 5 & 6\\7 & 8 & 10\end{vmatrix}$.

解　$D=1\cdot5\cdot10+2\cdot6\cdot7+3\cdot4\cdot8-1\cdot6\cdot8-2\cdot4\cdot10-3\cdot5\cdot7=-3$.

定义 3　将一个行列式 D 的行依次变为列（或列依次变为行），所得到的新行列式称为 D 的**转置**，记作 D^{T}.

对于例 2 中的行列式 D，有 $D^{\mathrm{T}}=\begin{vmatrix}1 & 4 & 7\\2 & 5 & 8\\3 & 6 & 10\end{vmatrix}$，直接计算也有 $D^{\mathrm{T}}=\begin{vmatrix}1 & 4 & 7\\2 & 5 & 8\\3 & 6 & 10\end{vmatrix}=-3$.

定义 4　在三阶行列式 $\begin{vmatrix}a_{11} & a_{12} & a_{13}\\a_{21} & a_{22} & a_{23}\\a_{31} & a_{32} & a_{33}\end{vmatrix}$ 中，将元素 $a_{ij}(1\leqslant i\leqslant 3,1\leqslant j\leqslant 3)$ 所在的第 i 行、第 j 列去掉，余下的元素构成的二阶行列式称为 a_{ij} 的**余子式**，记为 M_{ij}，并称 $A_{ij}=(-1)^{i+j}M_{ij}$ 为 a_{ij} 的**代数余子式**.

例 3　写出行列式 $D=\begin{vmatrix}1 & 2 & 3\\4 & 5 & 6\\7 & 8 & 10\end{vmatrix}$ 中各元素的余子式，并计算它们的值.

解　$M_{11}=\begin{vmatrix}5 & 6\\8 & 10\end{vmatrix}=2$，$M_{12}=\begin{vmatrix}4 & 6\\7 & 10\end{vmatrix}=-2$，$M_{13}=\begin{vmatrix}4 & 5\\7 & 8\end{vmatrix}=-3$，

$M_{21}=\begin{vmatrix}2 & 3\\8 & 10\end{vmatrix}=-4$，$M_{22}=\begin{vmatrix}1 & 3\\7 & 10\end{vmatrix}=-11$，$M_{23}=\begin{vmatrix}1 & 2\\7 & 8\end{vmatrix}=-6$，

$M_{31}=\begin{vmatrix}2 & 3\\5 & 6\end{vmatrix}=-3$，$M_{32}=\begin{vmatrix}1 & 3\\4 & 6\end{vmatrix}=-6$，$M_{33}=\begin{vmatrix}1 & 2\\4 & 5\end{vmatrix}=-3$.

例 4　求行列式 $D=\begin{vmatrix}1 & 2 & 3\\4 & 5 & 6\\7 & 8 & 10\end{vmatrix}$ 中各元素的代数余子式.

解　由例 3 的结果得到

$A_{11}=(-1)^{1+1}M_{11}=2,\quad A_{12}=(-1)^{1+2}M_{12}=2,\quad A_{13}=(-1)^{1+3}M_{13}=-3,$

$A_{21}=(-1)^{2+1}M_{21}=4,\quad A_{22}=(-1)^{2+2}M_{22}=-11,\quad A_{23}=(-1)^{2+3}M_{23}=6,$

$A_{31}=(-1)^{3+1}M_{31}=-3,\quad A_{32}=(-1)^{3+2}M_{32}=6,\quad A_{33}=(-1)^{3+3}M_{33}=-3.$

9.1.2 二阶、三阶行列式的性质

根据定义,可以直接验证二阶、三阶行列式具有下列性质:

性质 1 任何行列式与它的转置行列式相等.

性质 2 互换行列式的两行(或列),行列式改变正负号.

性质 3 如果行列式有两行(或列)相同,则此行列式等于零.

性质 4 行列式某一行(或列)各元素的公因数可以提出到此行列式的外面.

例 5 根据行列式的定义,可直接计算验证等式

$$\begin{vmatrix}1 & 2k & 3\\4 & 5k & 6\\7 & 8k & 10\end{vmatrix}=k\begin{vmatrix}1 & 2 & 3\\4 & 5 & 6\\7 & 8 & 10\end{vmatrix}.$$

性质 5 如果行列式有两行(或列)对应元素成比例,则行列式为零.

性质 6 如果行列式某一行(或列)各元素是两项之和,那么这个行列式等于两个行列式之和,即

$$\begin{vmatrix}a_{11} & a_{12} & a_{13}\\a_{21}+t_1 & a_{22}+t_2 & a_{23}+t_3\\a_{31} & a_{32} & a_{33}\end{vmatrix}=\begin{vmatrix}a_{11} & a_{12} & a_{13}\\a_{21} & a_{22} & a_{23}\\a_{31} & a_{32} & a_{33}\end{vmatrix}+\begin{vmatrix}a_{11} & a_{12} & a_{13}\\t_1 & t_2 & t_3\\a_{31} & a_{32} & a_{33}\end{vmatrix}.$$

例 6 根据行列式的定义,可直接计算验证等式

$$\begin{vmatrix}1 & a+x & 3\\4 & b+y & 6\\7 & c+z & 10\end{vmatrix}=\begin{vmatrix}1 & a & 3\\4 & b & 6\\7 & c & 10\end{vmatrix}+\begin{vmatrix}1 & x & 3\\4 & y & 6\\7 & z & 10\end{vmatrix}.$$

性质 7 把行列式的任一行(或列)各元素乘以同一数后加到另一行(或列)对应的元素上,行列式不变.

例 7 根据行列式的定义,可直接计算验证等式

$$\begin{vmatrix}1 & 2 & 3\\4+k & 5+2k & 6+3k\\7 & 8 & 10\end{vmatrix}=\begin{vmatrix}1 & 2 & 3\\4 & 5 & 6\\7 & 8 & 10\end{vmatrix}.$$

性质 8 行列式等于任一行(或列)各元素与其代数余子式的乘积之和.

性质 9 在行列式中,任一行(或列)各元素与另一行(或列)对应元素的代数余子式乘积之和都等于零.

请读者用例 4 的结论验证性质 8 和性质 9.

9.1.3 n 阶行列式

定义 5 将 n^2 个元素 $a_{ij}(1 \leqslant i \leqslant n, 1 \leqslant j \leqslant n)$ 排成 n 行 n 列后表示为

$$\begin{vmatrix} a_{11} & a_{12} & \cdots & a_{1n} \\ a_{21} & a_{22} & \cdots & a_{2n} \\ \vdots & \vdots & & \vdots \\ a_{n1} & a_{n2} & \cdots & a_{nn} \end{vmatrix},$$

称之为 n **阶行列式**,规定它是一个数(具体计算方法附后).通常也将 n 阶行列式记为 D_n.

n 阶行列式的余子式、代数余子式的定义与三阶行列式相类似,即将元素 a_{ij} 所在的第 i 行、第 j 列去掉后,余下的元素构成一个 $n-1$ 阶行列式,称为 a_{ij} 的**余子式**,记为 M_{ij};称 $(-1)^{i+j}M_{ij}$ 为 a_{ij} 的**代数余子式**,记为 A_{ij}.

定义 1 和定义 2 中的计算方法俗称**对角线法则**,只有二阶、三阶行列式可以如此计算.前面有关二阶、三阶行列式的性质 1 到性质 9,对三阶以上的行列式也成立.应用性质 8,按第 1 行展开,便有

$$D_n = \begin{vmatrix} a_{11} & a_{12} & \cdots & a_{1n} \\ a_{21} & a_{22} & \cdots & a_{2n} \\ \vdots & \vdots & & \vdots \\ a_{n1} & a_{n2} & \cdots & a_{nn} \end{vmatrix} = a_{11}A_{11} + a_{12}A_{12} + \cdots + a_{1n}A_{1n}.$$

而 $A_{11}, A_{12}, \cdots, A_{1n}$ 为 $n-1$ 阶行列式,从而可以归纳地计算 n 阶行列式.

n 阶行列式也可以按其他行(列)展开计算.可以发现,经多次展开后,n 阶行列式最后变为 $n!$ 项取自不同行、不同列的 n 个元素乘积的代数和.

例如,应用性质 8,按第 i 行展开 D_n,有

$$D_n = a_{i1}A_{i1} + a_{i2}A_{i2} + \cdots + a_{in}A_{in} \quad (i = 1, 2, \cdots, n); \tag{9-1}$$

按第 j 列展开 D_n,有

$$D_n = a_{1j}A_{1j} + a_{2j}A_{2j} + \cdots + a_{nj}A_{nj} \quad (j = 1, 2, \cdots, n). \tag{9-2}$$

此处 A_{ij} 为 $n-1$ 阶行列式,故展开式(9-1),(9-2)相当于将 D_n 进行了降阶.

应用性质 9,有

$$a_{i1}A_{k1} + a_{i2}A_{k2} + \cdots + a_{in}A_{kn} = 0 \quad (1 \leqslant i \leqslant n; 1 \leqslant k \leqslant n; i \neq k), \tag{9-3}$$

$$a_{1j}A_{1l} + a_{2j}A_{2l} + \cdots + a_{nj}A_{nl} = 0 \quad (1 \leqslant j \leqslant n; 1 \leqslant l \leqslant n; j \neq l). \tag{9-4}$$

为了计算方便,引入如下记号:

(1) 交换行列式的第 i,j 行(或列),用 $r_i \leftrightarrow r_j$(或 $c_i \leftrightarrow c_j$)表示;

(2) 第 i 行(或列)各元素同乘以 k,用 kr_i(或 kc_i)表示;

(3) 将第 i 行(或列)各元素的 k 倍加到第 j 行(或列)对应的元素上,用 $r_j + kr_i$(或 $c_j + kc_i$)表示.

形如 $\begin{vmatrix} a_{11} & 0 & \cdots & 0 \\ a_{21} & a_{22} & \cdots & 0 \\ \vdots & \vdots & & \vdots \\ a_{n1} & a_{n2} & \cdots & a_{nn} \end{vmatrix}$ 的行列式称为**下三角形行列式**.将该行列式连续按第 1 行(或

最后 1 列）展开，可得

$$\begin{vmatrix} a_{11} & 0 & \cdots & 0 \\ a_{21} & a_{22} & \cdots & 0 \\ \vdots & \vdots & & \vdots \\ a_{n1} & a_{n2} & \cdots & a_{nn} \end{vmatrix} = a_{11}a_{22}\cdots a_{nn}. \qquad (9-5)$$

形如 $\begin{vmatrix} a_{11} & a_{12} & \cdots & a_{1n} \\ 0 & a_{22} & \cdots & a_{2n} \\ \vdots & \vdots & & \vdots \\ 0 & 0 & \cdots & a_{nn} \end{vmatrix}$ 的行列式称为**上三角形行列式**. 将该行列式连续按第 1 列（或最后 1 行）展开，可得

$$\begin{vmatrix} a_{11} & a_{12} & \cdots & a_{1n} \\ 0 & a_{22} & \cdots & a_{2n} \\ \vdots & \vdots & & \vdots \\ 0 & 0 & \cdots & a_{nn} \end{vmatrix} = a_{11}a_{22}\cdots a_{nn}. \qquad (9-6)$$

等式(9－5)，(9－6) 可以作为公式直接使用.

例 8　根据(9－5) 式，有

$$\begin{vmatrix} a & 0 & 0 \\ x & b & 0 \\ y & z & c \end{vmatrix} = abc.$$

计算行列式的基本方法之一是：根据行列式的特点，利用行列式的性质，把它逐步化为上（或下）三角形行列式，然后由公式(9－6)（或公式(9－5)）计算得到结果. 这种计算方法也称为**化三角形法**.

例 9　$\begin{vmatrix} 1 & 2 & 3 \\ 4 & 5 & 6 \\ 7 & 8 & 10 \end{vmatrix} \xlongequal[c_3-3c_1]{c_2-2c_1} \begin{vmatrix} 1 & 0 & 0 \\ 4 & -3 & -6 \\ 7 & -6 & -11 \end{vmatrix} \xlongequal{c_3-2c_2} \begin{vmatrix} 1 & 0 & 0 \\ 4 & -3 & 0 \\ 7 & -6 & 1 \end{vmatrix} = -3.$

例 10　计算行列式 $D = \begin{vmatrix} 2 & 0 & 1 & -1 \\ -5 & 1 & 3 & -4 \\ 1 & -5 & 3 & -3 \\ 3 & 1 & -1 & 2 \end{vmatrix}$.

解　$D = \begin{vmatrix} 2 & 0 & 1 & -1 \\ -5 & 1 & 3 & -4 \\ 1 & -5 & 3 & -3 \\ 3 & 1 & -1 & 2 \end{vmatrix} \xlongequal{c_1 \leftrightarrow c_3} - \begin{vmatrix} 1 & 0 & 2 & -1 \\ 3 & 1 & -5 & -4 \\ 3 & -5 & 1 & -3 \\ -1 & 1 & 3 & 2 \end{vmatrix}$

$$\xlongequal[r_4+r_1]{\substack{r_2-3r_1 \\ r_3-3r_1}} - \begin{vmatrix} 1 & 0 & 2 & -1 \\ 0 & 1 & -11 & -1 \\ 0 & -5 & -5 & 0 \\ 0 & 1 & 5 & 1 \end{vmatrix} \xlongequal[r_4-r_2]{r_3+5r_2} - \begin{vmatrix} 1 & 0 & 2 & -1 \\ 0 & 1 & -11 & -1 \\ 0 & 0 & -60 & -5 \\ 0 & 0 & 16 & 2 \end{vmatrix}$$

$$\xlongequal[\frac{1}{2}r_4]{-\frac{1}{5}r_3} 10\begin{vmatrix}1 & 0 & 2 & -1\\0 & 1 & -11 & -1\\0 & 0 & 12 & 1\\0 & 0 & 8 & 1\end{vmatrix} \xlongequal{c_3\leftrightarrow c_4} -10\begin{vmatrix}1 & 0 & -1 & 2\\0 & 1 & -1 & -11\\0 & 0 & 1 & 12\\0 & 0 & 1 & 8\end{vmatrix}$$

$$\xlongequal{r_4-r_3} -10\begin{vmatrix}1 & 0 & -1 & 2\\0 & 1 & -1 & -11\\0 & 0 & 1 & 12\\0 & 0 & 0 & -4\end{vmatrix} = -10\times(-4) = 40.$$

例 11　计算行列式 $D=\begin{vmatrix}3 & 1 & -1 & 2\\-5 & 1 & 3 & -4\\2 & 0 & 1 & -1\\1 & -5 & 3 & -3\end{vmatrix}$.

解　$D\xlongequal{c_1\leftrightarrow c_2}-\begin{vmatrix}1 & 3 & -1 & 2\\1 & -5 & 3 & -4\\0 & 2 & 1 & -1\\-5 & 1 & 3 & -3\end{vmatrix}\xlongequal[r_4+5r_1]{r_2-r_1}-\begin{vmatrix}1 & 3 & -1 & 2\\0 & -8 & 4 & -6\\0 & 2 & 1 & -1\\0 & 16 & -2 & 7\end{vmatrix}$

$$\xlongequal{r_2\leftrightarrow r_3}\begin{vmatrix}1 & 3 & -1 & 2\\0 & 2 & 1 & -1\\0 & -8 & 4 & -6\\0 & 16 & -2 & 7\end{vmatrix}\xlongequal[r_4-8r_2]{r_3+4r_2}\begin{vmatrix}1 & 3 & -1 & 2\\0 & 2 & 1 & -1\\0 & 0 & 8 & -10\\0 & 0 & -10 & 15\end{vmatrix}$$

$$\xlongequal{r_4+\frac{5}{4}r_3}\begin{vmatrix}1 & 3 & -1 & 2\\0 & 2 & 1 & -1\\0 & 0 & 8 & -10\\0 & 0 & 0 & \frac{5}{2}\end{vmatrix}=40.$$

计算行列式的另一种基本方法是选择零元素最多的行(或列)展开. 也可以先利用性质把某一行(或列)的元素化为仅有一个非零元素，再按这一行(或列)展开. 这种方法也称为**降阶法**.

例 12　计算行列式 $D=\begin{vmatrix}2 & -1 & 1 & 6\\4 & -1 & 5 & 0\\-1 & 2 & 0 & -5\\1 & 4 & -2 & -2\end{vmatrix}$.

解　$D=\begin{vmatrix}2 & -1 & 1 & 6\\4 & -1 & 5 & 0\\-1 & 2 & 0 & -5\\1 & 4 & -2 & -2\end{vmatrix}\xlongequal[c_4-5c_1]{c_2+2c_1}\begin{vmatrix}2 & 3 & 1 & -4\\4 & 7 & 5 & -20\\-1 & 0 & 0 & 0\\1 & 6 & -2 & -7\end{vmatrix}$

$$=(-1)\times(-1)^{3+1}\begin{vmatrix}3 & 1 & -4\\7 & 5 & -20\\6 & -2 & -7\end{vmatrix}\xlongequal{r_2-5r_1}-\begin{vmatrix}3 & 1 & -4\\-8 & 0 & 0\\6 & -2 & -7\end{vmatrix}$$

$$=-(-8)\times(-1)^{2+1}\begin{vmatrix}1&-4\\-2&-7\end{vmatrix}=120.$$

例 13 计算行列式 $D=\begin{vmatrix}1&2&3&4\\1&0&1&2\\3&-1&-1&0\\1&2&0&-5\end{vmatrix}$.

解 $D\xlongequal[c_2-c_3]{c_1+3c_3}\begin{vmatrix}10&-1&3&4\\4&-1&1&2\\0&0&-1&0\\1&2&0&-5\end{vmatrix}=(-1)\times(-1)^{3+3}\begin{vmatrix}10&-1&4\\4&-1&2\\1&2&-5\end{vmatrix}$

$$\xlongequal[r_3+2r_2]{r_1-r_2}-\begin{vmatrix}6&0&2\\4&-1&2\\9&0&-1\end{vmatrix}=-(-1)\times(-1)^{2+2}\begin{vmatrix}6&2\\9&-1\end{vmatrix}=-24.$$

综上所述,可用下列方法计算行列式:

(1) 二阶、三阶行列式可以利用定义计算;

(2) 选择零元素较多的行(或列),按该行(或列)展开计算;

(3) 利用行列式的性质,化为上(或下)三角形行列式计算;

(4) 利用行列式的性质,把某行(或列)化为只有一个非零元素,再按该行(或列)展开计算.

习题 9-1

1. 计算下列二阶、三阶行列式:

(1) $\begin{vmatrix}5&3\\8&9\end{vmatrix}$;　　(2) $\begin{vmatrix}1&4&2\\2&5&1\\2&1&6\end{vmatrix}$;

(3) $\begin{vmatrix}-1&3&2\\3&5&-1\\2&-1&6\end{vmatrix}$;　　(4) $\begin{vmatrix}0&1&-3\\-1&0&2\\3&-2&0\end{vmatrix}$.

2. 写出三阶行列式 $D=\begin{vmatrix}-1&3&2\\7&0&6\\11&9&-4\end{vmatrix}$ 中元素 a_{21},a_{23} 的代数余子式,并求其值.

3. 写出四阶行列式 $D=\begin{vmatrix}5&-3&0&1\\0&-2&-1&0\\1&0&4&7\\0&3&0&2\end{vmatrix}$ 中元素 a_{23},a_{33} 的代数余子式,并求其值.

4. 已知四阶行列式 D 中第 3 列元素依次是 $-1,2,0,1$,它们的余子式依次是 $5,3,-7,4$,求 D.

5. 计算下列行列式:

(1) $\begin{vmatrix} 1 & 1 & 1 & 1 \\ -1 & 1 & 1 & 1 \\ -1 & -1 & 1 & 1 \\ -1 & -1 & -1 & 1 \end{vmatrix}$；　　(2) $\begin{vmatrix} -2 & 2 & -4 & 0 \\ 4 & -1 & 3 & 5 \\ 3 & 1 & -2 & -3 \\ 2 & 0 & 5 & 1 \end{vmatrix}$；

(3) $\begin{vmatrix} 1 & 2 & 3 & 4 \\ 2 & 3 & 4 & 1 \\ 3 & 4 & 1 & 2 \\ 4 & 1 & 2 & 3 \end{vmatrix}$.

§ 9.2 矩阵及其运算

9.2.1 矩阵的有关概念

例 1　设某企业甲、乙、丙三个部门去年各季度的营业额完成情况如表 9－1 所示.

表 9－1

营业额/万元 季度 部门	一	二	三	四
甲	80	76	78	81
乙	67	68	72	70
丙	88	90	87	86

如果取出表 9－1 中的营业额数据并保持原来的相对位置，则可得到一个矩形数表：

$$\begin{matrix} 80 & 76 & 78 & 81 \\ 67 & 68 & 72 & 70 \\ 88 & 90 & 87 & 86 \end{matrix}$$

例 2　设某种物资要从 m 个产地运往 n 个销地，如果用 c_{ij} 表示从第 i 个产地($i=1,2,\cdots,m$) 运往第 j 个销地($j=1,2,\cdots,n$) 的物资量，则相应的物资调运方案就可表示成如下 m 行 n 列的矩形数表：

$$\begin{array}{c} \\ \\ \text{销地} \end{array}\begin{array}{c} \begin{pmatrix} c_{11} & c_{12} & \cdots & c_{1n} \\ c_{21} & c_{22} & \cdots & c_{2n} \\ \vdots & \vdots & & \vdots \\ c_{m1} & c_{m2} & \cdots & c_{mn} \end{pmatrix} \\ \begin{matrix} 1 & \quad 2 & \quad \cdots & \quad n \end{matrix} \end{array}\begin{array}{c} \text{产地} \\ 1 \\ 2 \\ \vdots \\ m \end{array}.$$

数学上，把例 1 和例 2 中的矩形数表称为**矩阵**. 因此，矩阵可看作是数学表格的抽象形式. 下面给出矩阵的定义.

定义 1 由 $m\times n$ 个数 $a_{ij}(i=1,2,\cdots,m;j=1,2,\cdots,n)$ 排成 m 行 n 列的数表

$$\begin{pmatrix} a_{11} & a_{12} & \cdots & a_{1n} \\ a_{21} & a_{22} & \cdots & a_{2n} \\ \vdots & \vdots & & \vdots \\ a_{m1} & a_{m2} & \cdots & a_{mn} \end{pmatrix}$$

作为一个整体，称为 m **行** n **列矩阵**，也称 $m\times n$ **矩阵**，记为 $(a_{ij})_{m\times n}$ 或 $\boldsymbol{A}_{m\times n}$，简记为 (a_{ij}) 或 $\boldsymbol{A}$，其中 a_{ij} 称为该矩阵的**第** i **行第** j **列元素** $(i=1,2,\cdots,m;j=1,2,\cdots,n)$. 通常用大写、黑体英文字母 $\boldsymbol{A},\boldsymbol{B},\boldsymbol{C},\cdots$ 表示矩阵.

下面介绍几种特殊的矩阵.

方阵 当 $m\times n$ 矩阵 $\boldsymbol{A}$ 的行数与列数相等，即 $m=n$ 时，矩阵 $\boldsymbol{A}$ 称为 n **阶方阵**，记作 $\boldsymbol{A}_n$. 左上角到右下角的连线称为**主对角线**，主对角线上的元素 $a_{11},a_{22},\cdots,a_{nn}$ 称为**主对角线元素**.

行矩阵 只有一行的矩阵 $\boldsymbol{A}=(a_{11},a_{12},\cdots,a_{1n})$ 称为**行矩阵**.

列矩阵 只有一列的矩阵 $\boldsymbol{A}=\begin{pmatrix} a_{11} \\ a_{21} \\ \vdots \\ a_{m1} \end{pmatrix}$ 称为**列矩阵**.

零矩阵 元素全为 0 的 $m\times n$ 矩阵称为**零矩阵**，记作 $\boldsymbol{O}_{m\times n}$ 或 $\boldsymbol{O}$.

对角矩阵 除主对角线元素外，其他元素全为 0 的方阵称为**对角矩阵**.

为了方便起见，常用如下记号表示对角矩阵：

$$\boldsymbol{A}=\begin{pmatrix} a_{11} & & & \\ & a_{22} & & \\ & & \ddots & \\ & & & a_{nn} \end{pmatrix}.$$

单位矩阵 主对角线元素全为 1 的 n 阶对角矩阵称为 n **阶单位矩阵**，记作 $\boldsymbol{E}_n$ 或 $\boldsymbol{E}$.

三角矩阵 主对角线以下（或上）的元素全为 0 的方阵称为**上（或下）三角形矩阵**. 例如，

$$\boldsymbol{A}=\begin{pmatrix} a_{11} & a_{12} & \cdots & a_{1n} \\ & a_{22} & \cdots & a_{2n} \\ & & \ddots & \vdots \\ & & & a_{nn} \end{pmatrix}\text{为上三角形矩阵；}\boldsymbol{A}=\begin{pmatrix} a_{11} & & & \\ a_{21} & a_{22} & & \\ \vdots & \vdots & \ddots & \\ a_{n1} & a_{n2} & \cdots & a_{nn} \end{pmatrix}\text{为下三角形矩阵.}$$

数量矩阵 主对角线元素都是某常数 a，其余元素都是 0 的 n 阶方阵，称为 n **阶数量矩阵**.

9.2.2 矩阵的基本运算

定义 2 如果矩阵 $\boldsymbol{A},\boldsymbol{B}$ 的行数、列数分别相等，则称 $\boldsymbol{A}$ 与 $\boldsymbol{B}$ 为同型矩阵.

如果 $\boldsymbol{A}$ 与 $\boldsymbol{B}$ 是同型矩阵，且所有对应元素相等，则称矩阵 $\boldsymbol{A}$ 与 $\boldsymbol{B}$ **相等**，记为 $\boldsymbol{A}=\boldsymbol{B}$. 简而言之，只有两个一样的矩阵才能称为相等.

例如，设矩阵 $\boldsymbol{A}=\begin{pmatrix} a_{11} & a_{12} \\ a_{21} & a_{22} \end{pmatrix}$，$\boldsymbol{B}=\begin{pmatrix} -1 & 0 \\ 2 & -2 \end{pmatrix}$，则 $\boldsymbol{A}=\boldsymbol{B}$ 的意义是下面四个等式都

成立：

$$a_{11}=-1,\quad a_{12}=0,\quad a_{21}=2,\quad a_{22}=-2.$$

定义3　设$\boldsymbol{A}=(a_{ij})_{m\times n}$，$\boldsymbol{B}=(b_{ij})_{m\times n}$，则两个矩阵的对应元素相加得到的$m$行$n$列矩阵，称为**矩阵$\boldsymbol{A}$与$\boldsymbol{B}$的和**，记为$\boldsymbol{A}+\boldsymbol{B}$，即

$$\boldsymbol{A}+\boldsymbol{B}=\begin{pmatrix} a_{11}+b_{11} & a_{12}+b_{12} & \cdots & a_{1n}+b_{1n} \\ a_{21}+b_{21} & a_{22}+b_{22} & \cdots & a_{2n}+b_{2n} \\ \vdots & \vdots & & \vdots \\ a_{m1}+b_{m1} & a_{m2}+b_{m2} & \cdots & a_{mn}+b_{mn} \end{pmatrix}.$$

例如，设矩阵$\boldsymbol{A}=\begin{pmatrix} -1 & 2 & 3 \\ 0 & 4 & 5 \end{pmatrix}$，$\boldsymbol{B}=\begin{pmatrix} 3 & -5 & 2 \\ -2 & 1 & -1 \end{pmatrix}$，则

$$\boldsymbol{A}+\boldsymbol{B}=\begin{pmatrix} -1+3 & 2-5 & 3+2 \\ 0-2 & 4+1 & 5-1 \end{pmatrix}=\begin{pmatrix} 2 & -3 & 5 \\ -2 & 5 & 4 \end{pmatrix}.$$

又如，设有两种物资（单位：吨）要从四个产地运往三个销地，其调运方案可分别用矩阵$\boldsymbol{A}$和矩阵$\boldsymbol{B}$表示为

$$\boldsymbol{A}=\begin{pmatrix} 3 & 7 & 0 \\ 2 & 1 & 5 \\ 2 & 1 & 1 \\ 1 & 0 & 8 \end{pmatrix},\quad \boldsymbol{B}=\begin{pmatrix} 5 & 0 & 1 \\ 2 & 4 & 1 \\ 2 & 1 & 4 \\ 1 & 0 & 2 \end{pmatrix}.$$

那么，这两种物资从各产地运往各销地的总调运方案应是矩阵$\boldsymbol{A}$与矩阵$\boldsymbol{B}$的和，即

$$\boldsymbol{A}+\boldsymbol{B}=\begin{pmatrix} 3 & 7 & 0 \\ 2 & 1 & 5 \\ 2 & 1 & 1 \\ 1 & 0 & 8 \end{pmatrix}+\begin{pmatrix} 5 & 0 & 1 \\ 2 & 4 & 1 \\ 2 & 1 & 4 \\ 1 & 0 & 2 \end{pmatrix}=\begin{pmatrix} 8 & 7 & 1 \\ 4 & 5 & 6 \\ 4 & 2 & 5 \\ 2 & 0 & 10 \end{pmatrix}.$$

注　根据矩阵加法的定义，只有两个同型矩阵才能进行加法运算.

定义4　设矩阵$\boldsymbol{A}=(a_{ij})_{m\times n}$，用数$k$乘矩阵$\boldsymbol{A}$的每一个元素所得到的矩阵，称为**数$k$与矩阵$\boldsymbol{A}$的乘积**，记为$k\boldsymbol{A}$，即

$$k\boldsymbol{A}=(ka_{ij})_{m\times n}=\begin{pmatrix} ka_{11} & \cdots & ka_{1n} \\ \vdots & & \vdots \\ ka_{m1} & \cdots & ka_{mn} \end{pmatrix}.$$

例如，设甲、乙、丙、丁四名学生在期中和期末考试中三门课程 Ⅰ，Ⅱ，Ⅲ 的成绩分别记为矩阵$\boldsymbol{A}_1$和$\boldsymbol{A}_2$，其中

$$\boldsymbol{A}_1=\begin{matrix} & \text{Ⅰ} & \text{Ⅱ} & \text{Ⅲ} \\ \text{甲} & 65 & 92 & 83 \\ \text{乙} & 78 & 62 & 85 \\ \text{丙} & 56 & 82 & 91 \\ \text{丁} & 93 & 85 & 80 \end{matrix},\quad \boldsymbol{A}_2=\begin{matrix} & \text{Ⅰ} & \text{Ⅱ} & \text{Ⅲ} \\ \text{甲} & 70 & 80 & 95 \\ \text{乙} & 85 & 78 & 90 \\ \text{丙} & 80 & 72 & 85 \\ \text{丁} & 90 & 88 & 80 \end{matrix}.$$

如果规定每门课程的总评成绩为：期中成绩占20%，期末成绩占80%，则这四名学生的总评

成绩可用矩阵表示为

$$0.2\boldsymbol{A}_1+0.8\boldsymbol{A}_2=0.2\begin{pmatrix}65&92&83\\78&62&85\\56&82&91\\93&85&80\end{pmatrix}+0.8\begin{pmatrix}70&80&95\\85&78&90\\80&72&85\\90&88&80\end{pmatrix}$$

$$=\begin{matrix}甲\\乙\\丙\\丁\end{matrix}\overset{\begin{matrix}\text{I}&\text{II}&\text{III}\end{matrix}}{\begin{pmatrix}69&82.4&92.6\\83.6&74.8&89\\75.2&74&86.2\\90.6&87.4&80\end{pmatrix}}\approx\begin{matrix}甲\\乙\\丙\\丁\end{matrix}\overset{\begin{matrix}\text{I}&\text{II}&\text{III}\end{matrix}}{\begin{pmatrix}69&82&93\\84&75&89\\75&74&86\\91&87&80\end{pmatrix}}.$$

定义 5　由矩阵 $\boldsymbol{A}=(a_{ij})_{m\times n}$ 中各元素的相反数组成的矩阵称为 $\boldsymbol{A}$ 的**负矩阵**，记为 $-\boldsymbol{A}$，即

$$-\boldsymbol{A}=(-1)\boldsymbol{A}=(-a_{ij})_{m\times n}.$$

利用负矩阵，可以定义**矩阵的减法**：

$$\boldsymbol{A}-\boldsymbol{B}=\boldsymbol{A}+(-\boldsymbol{B}),$$

即如果 $\boldsymbol{A}=(a_{ij})_{m\times n}$，$\boldsymbol{B}=(b_{ij})_{m\times n}$，则

$$\boldsymbol{A}-\boldsymbol{B}=(a_{ij})_{m\times n}+(-b_{ij})_{m\times n}=(a_{ij}-b_{ij})_{m\times n}=\begin{pmatrix}a_{11}-b_{11}&\cdots&a_{1n}-b_{1n}\\\vdots&&\vdots\\a_{m1}-b_{m1}&\cdots&a_{mn}-b_{mn}\end{pmatrix}.$$

对于以上定义的矩阵运算，易知有以下的运算规律（设 $\boldsymbol{A},\boldsymbol{B},\boldsymbol{C}$ 为同型矩阵，k,l 为常数）：

(1) $\boldsymbol{A}+\boldsymbol{B}=\boldsymbol{B}+\boldsymbol{A}$；　　(2) $(\boldsymbol{A}+\boldsymbol{B})+\boldsymbol{C}=\boldsymbol{A}+(\boldsymbol{B}+\boldsymbol{C})$；

(3) $\boldsymbol{A}+\boldsymbol{O}=\boldsymbol{A}$；　　(4) $\boldsymbol{A}+(-\boldsymbol{A})=\boldsymbol{O}$；

(5) $1\boldsymbol{A}=\boldsymbol{A}$；　　(6) $(kl)\boldsymbol{A}=k(l\boldsymbol{A})$；

(7) $(k+l)\boldsymbol{A}=k\boldsymbol{A}+l\boldsymbol{A}$；　　(8) $k(\boldsymbol{A}+\boldsymbol{B})=k\boldsymbol{A}+k\boldsymbol{B}$.

不难看出，矩阵的加、减、数乘运算的运算规律与数的运算规律类似. 零矩阵 $\boldsymbol{O}$ 在矩阵加法中的作用类似于数 0 在数的加法中的作用.

例 3　设 $\boldsymbol{A}=\begin{pmatrix}1&-2&0\\4&3&5\end{pmatrix}$，$\boldsymbol{B}=\begin{pmatrix}8&2&6\\5&3&4\end{pmatrix}$ 满足 $2\boldsymbol{A}+\boldsymbol{X}=\boldsymbol{B}-2\boldsymbol{X}$，求 $\boldsymbol{X}$.

解　$\boldsymbol{X}=\dfrac{1}{3}(\boldsymbol{B}-2\boldsymbol{A})=\begin{pmatrix}2&2&2\\-1&-1&-2\end{pmatrix}$.

定义 6　设矩阵 $\boldsymbol{A}=(a_{ij})_{m\times s}$，$\boldsymbol{B}=(b_{ij})_{s\times n}$，则称矩阵 $\boldsymbol{C}=(c_{ij})_{m\times n}$ 为**矩阵 $\boldsymbol{A}$ 与 $\boldsymbol{B}$ 的积**，其中

$$c_{ij}=a_{i1}b_{1j}+a_{i2}b_{2j}+\cdots+a_{is}b_{sj}\quad(i=1,2,\cdots,m;j=1,2,\cdots,n),$$

记为 $\boldsymbol{C}=\boldsymbol{AB}$.

由定义 6 知，在矩阵 $\boldsymbol{A}$ 与 $\boldsymbol{B}$ 的乘法运算中，只有当 $\boldsymbol{A}$ 的列数等于 $\boldsymbol{B}$ 的行数时，矩阵 $\boldsymbol{A}$ 与 $\boldsymbol{B}$ 的乘积才有意义；矩阵 $\boldsymbol{C}=\boldsymbol{AB}=(c_{ij})_{m\times n}$ 的行数等于第一个矩阵 $\boldsymbol{A}$ 的行数 m，列数等于第二个矩阵 $\boldsymbol{B}$ 的列数 n；矩阵 $\boldsymbol{C}=(c_{ij})_{m\times n}$ 的元素 c_{ij} 是矩阵 $\boldsymbol{A}$ 的第 i 行各元素与矩阵 $\boldsymbol{B}$ 的第 j 列各元素乘积之和.

例 4　设矩阵 $\boldsymbol{A}=\begin{pmatrix}3 & -1\\0 & 3\\1 & 0\end{pmatrix}$，$\boldsymbol{B}=\begin{pmatrix}1 & 0 & 1 & -1\\0 & 2 & 1 & 0\end{pmatrix}$，求 $\boldsymbol{AB}$.

解　$\boldsymbol{A}$ 的列数等于矩阵 $\boldsymbol{B}$ 的行数，故 $\boldsymbol{AB}$ 有意义，且

$$\boldsymbol{AB}=\begin{pmatrix}3\times1+(-1)\times0 & 3\times0+(-1)\times2 & 3\times1+(-1)\times1 & 3\times(-1)+(-1)\times0\\0\times1+3\times0 & 0\times0+3\times2 & 0\times1+3\times1 & 0\times(-1)+3\times0\\1\times1+0\times0 & 1\times0+0\times2 & 1\times1+0\times1 & 1\times(-1)+0\times0\end{pmatrix}$$

$$=\begin{pmatrix}3 & -2 & 2 & -3\\0 & 6 & 3 & 0\\1 & 0 & 1 & -1\end{pmatrix}.$$

例 5　设 $\boldsymbol{A}=\begin{pmatrix}1 & 2\\1 & 2\end{pmatrix}$，$\boldsymbol{B}=\begin{pmatrix}1 & -1\\-1 & 1\end{pmatrix}$，求 $\boldsymbol{AB}$，$\boldsymbol{BA}$.

解　$\boldsymbol{AB}=\begin{pmatrix}-1 & 1\\-1 & 1\end{pmatrix}$，$\boldsymbol{BA}=\begin{pmatrix}0 & 0\\0 & 0\end{pmatrix}$.

注　由例 5 可知：

(1) 矩阵的乘法运算不具有交换律，即一般有 $\boldsymbol{AB}\neq\boldsymbol{BA}$；

(2) $\boldsymbol{B}\neq\boldsymbol{O}$，$\boldsymbol{A}\neq\boldsymbol{O}$，仍有可能 $\boldsymbol{BA}=\boldsymbol{O}$，即矩阵的乘法运算不具有消去律.

由矩阵乘法的定义，可以得到矩阵乘法满足以下运算规律（设 k 是常数，且以下的矩阵运算都可以进行）：

(1) **结合律**：$(\boldsymbol{AB})\boldsymbol{C}=\boldsymbol{A}(\boldsymbol{BC})$；

(2) 乘法对加法的**左、右分配律**：$\boldsymbol{A}(\boldsymbol{B}+\boldsymbol{C})=\boldsymbol{AB}+\boldsymbol{AC}$，$(\boldsymbol{A}+\boldsymbol{B})\boldsymbol{C}=\boldsymbol{AC}+\boldsymbol{BC}$；

(3) $k(\boldsymbol{AB})=(k\boldsymbol{A})\boldsymbol{B}=\boldsymbol{A}(k\boldsymbol{B})$；

(4) $\boldsymbol{E}_m\boldsymbol{A}_{m\times n}=\boldsymbol{A}_{m\times n}$，$\boldsymbol{A}_{m\times n}\boldsymbol{E}_n=\boldsymbol{A}_{m\times n}$.

定义 7　设 $\boldsymbol{A}$ 为 n 阶方阵，k 为正整数，则 $\boldsymbol{A}^k=\underbrace{\boldsymbol{AA}\cdots\boldsymbol{A}}_{k\text{个}}$ 称为 $\boldsymbol{A}$ 的 k 次幂. 规定 $\boldsymbol{A}^0=\boldsymbol{E}$.

由矩阵幂的定义，可以得到如下运算规律（设 k,l 都是正整数）：

(1) $\boldsymbol{A}^k\boldsymbol{A}^l=\boldsymbol{A}^{k+l}$；　　(2) $(\boldsymbol{A}^k)^l=\boldsymbol{A}^{kl}$.

例 6　设 $\boldsymbol{A}=\begin{pmatrix}1 & 0 & 1\\0 & 2 & 0\\0 & 0 & 1\end{pmatrix}$，求 $\boldsymbol{A}^k(k=2,3,\cdots)$.

解　$\boldsymbol{A}^2=\begin{pmatrix}1 & 0 & 1\\0 & 2 & 0\\0 & 0 & 1\end{pmatrix}\begin{pmatrix}1 & 0 & 1\\0 & 2 & 0\\0 & 0 & 1\end{pmatrix}=\begin{pmatrix}1 & 0 & 2\\0 & 2^2 & 0\\0 & 0 & 1\end{pmatrix}$，

$$\boldsymbol{A}^3=\boldsymbol{A}^2\boldsymbol{A}=\begin{pmatrix}1 & 0 & 2\\0 & 2^2 & 0\\0 & 0 & 1\end{pmatrix}\begin{pmatrix}1 & 0 & 1\\0 & 2 & 0\\0 & 0 & 1\end{pmatrix}=\begin{pmatrix}1 & 0 & 3\\0 & 2^3 & 0\\0 & 0 & 1\end{pmatrix}.$$

用数学归纳法，可以得到 $\boldsymbol{A}^k=\begin{pmatrix}1 & 0 & k\\0 & 2^k & 0\\0 & 0 & 1\end{pmatrix}(k=2,3,\cdots)$.

定义 8 将矩阵 $\boldsymbol{A}=(a_{ij})_{m\times n}$ 的行与列互换，得到一个 $n\times m$ 矩阵，称之为矩阵 $\boldsymbol{A}$ 的**转置矩阵**，记为 $\boldsymbol{A}^{\mathrm{T}}$，即若 $\boldsymbol{A}=\begin{pmatrix} a_{11} & a_{12} & \cdots & a_{1n} \\ a_{21} & a_{22} & \cdots & a_{2n} \\ \vdots & \vdots & & \vdots \\ a_{m1} & a_{m2} & \cdots & a_{mn} \end{pmatrix}$，则 $\boldsymbol{A}^{\mathrm{T}}=\begin{pmatrix} a_{11} & a_{21} & \cdots & a_{m1} \\ a_{12} & a_{22} & \cdots & a_{m2} \\ \vdots & \vdots & & \vdots \\ a_{1n} & a_{2n} & \cdots & a_{mn} \end{pmatrix}$.

对于矩阵的转置，有以下的运算规律：

(1) $(\boldsymbol{A}^{\mathrm{T}})^{\mathrm{T}}=\boldsymbol{A}$； (2) $(\boldsymbol{A}+\boldsymbol{B})^{\mathrm{T}}=\boldsymbol{A}^{\mathrm{T}}+\boldsymbol{B}^{\mathrm{T}}$；

(3) $(k\boldsymbol{A})^{\mathrm{T}}=k\boldsymbol{A}^{\mathrm{T}}$($k$ 为常数)； (4) $(\boldsymbol{AB})^{\mathrm{T}}=\boldsymbol{B}^{\mathrm{T}}\boldsymbol{A}^{\mathrm{T}}$.

例 7 设 $\boldsymbol{A}=\begin{pmatrix} 1 & -1 & 2 \\ 0 & 1 & 1 \end{pmatrix}$，$\boldsymbol{B}=\begin{pmatrix} -1 & 0 \\ 1 & 3 \\ 2 & 1 \end{pmatrix}$，求 $(\boldsymbol{AB})^{\mathrm{T}}$ 和 $\boldsymbol{A}^{\mathrm{T}}\boldsymbol{B}^{\mathrm{T}}$.

解 $(\boldsymbol{AB})^{\mathrm{T}}=\boldsymbol{B}^{\mathrm{T}}\boldsymbol{A}^{\mathrm{T}}=\begin{pmatrix} -1 & 1 & 2 \\ 0 & 3 & 1 \end{pmatrix}\begin{pmatrix} 1 & 0 \\ -1 & 1 \\ 2 & 1 \end{pmatrix}=\begin{pmatrix} 2 & 3 \\ -1 & 4 \end{pmatrix}$，

$$\boldsymbol{A}^{\mathrm{T}}\boldsymbol{B}^{\mathrm{T}}=\begin{pmatrix} 1 & 0 \\ -1 & 1 \\ 2 & 1 \end{pmatrix}\begin{pmatrix} -1 & 1 & 2 \\ 0 & 3 & 1 \end{pmatrix}=\begin{pmatrix} -1 & 1 & 2 \\ 1 & 2 & -1 \\ -2 & 5 & 5 \end{pmatrix}.$$

定义 9 如果 n 阶方阵 $\boldsymbol{A}$ 满足条件 $\boldsymbol{A}^{\mathrm{T}}=\boldsymbol{A}$，则称 $\boldsymbol{A}$ 为**对称矩阵**.

例如，设 $\boldsymbol{A}=\begin{pmatrix} 1 & -2 & 1 \\ -2 & 3 & 4 \\ 1 & 4 & -1 \end{pmatrix}$，则 $\boldsymbol{A}^{\mathrm{T}}=\begin{pmatrix} 1 & -2 & 1 \\ -2 & 3 & 4 \\ 1 & 4 & -1 \end{pmatrix}=\boldsymbol{A}$. 所以 $\boldsymbol{A}$ 是对称矩阵.

例 8 设 $\boldsymbol{A},\boldsymbol{B}$ 都是 n 阶对称矩阵，证明：(1) $\boldsymbol{A}+\boldsymbol{B}$ 是对称矩阵；(2) $\boldsymbol{A}^2$ 是对称矩阵.

证 (1) 由已知条件知 $\boldsymbol{A}^{\mathrm{T}}=\boldsymbol{A}$，$\boldsymbol{B}^{\mathrm{T}}=\boldsymbol{B}$，所以 $(\boldsymbol{A}+\boldsymbol{B})^{\mathrm{T}}=\boldsymbol{A}^{\mathrm{T}}+\boldsymbol{B}^{\mathrm{T}}=\boldsymbol{A}+\boldsymbol{B}$，故 $\boldsymbol{A}+\boldsymbol{B}$ 是对称矩阵.

(2) 因为 $(\boldsymbol{A}^2)^{\mathrm{T}}=(\boldsymbol{AA})^{\mathrm{T}}=\boldsymbol{A}^{\mathrm{T}}\boldsymbol{A}^{\mathrm{T}}=\boldsymbol{AA}=\boldsymbol{A}^2$，所以 $\boldsymbol{A}^2$ 是对称矩阵.

9.2.3 线性方程组的矩阵表示

利用矩阵乘法，我们可以将线性方程组表示为较简洁的形式.

设有 n 元线性方程组

$$\begin{cases} a_{11}x_1+a_{12}x_2+\cdots+a_{1n}x_n=b_1, \\ a_{21}x_1+a_{22}x_2+\cdots+a_{2n}x_n=b_2, \\ \cdots\cdots \\ a_{m1}x_1+a_{m2}x_2+\cdots+a_{mn}x_n=b_m, \end{cases} \tag{9-7}$$

它可以用矩阵的形式记为

$$\begin{pmatrix} a_{11}x_1+a_{12}x_2+\cdots+a_{1n}x_n \\ a_{21}x_1+a_{22}x_2+\cdots+a_{2n}x_n \\ \vdots \\ a_{m1}x_1+a_{m2}x_2+\cdots+a_{mn}x_n \end{pmatrix}=\begin{pmatrix} b_1 \\ b_2 \\ \vdots \\ b_m \end{pmatrix}. \tag{9-8}$$

设矩阵

$$A=\begin{pmatrix}a_{11} & a_{12} & \cdots & a_{1n}\\ a_{21} & a_{22} & \cdots & a_{2n}\\ \vdots & \vdots & & \vdots\\ a_{m1} & a_{m2} & \cdots & a_{mn}\end{pmatrix},\quad X=\begin{pmatrix}x_1\\ x_2\\ \vdots\\ x_n\end{pmatrix},\quad B=\begin{pmatrix}b_1\\ b_2\\ \vdots\\ b_m\end{pmatrix},$$

则根据矩阵乘法,有

$$AX=\begin{pmatrix}a_{11} & a_{12} & \cdots & a_{1n}\\ a_{21} & a_{22} & \cdots & a_{2n}\\ \vdots & \vdots & & \vdots\\ a_{m1} & a_{m2} & \cdots & a_{mn}\end{pmatrix}\begin{pmatrix}x_1\\ x_2\\ \vdots\\ x_n\end{pmatrix}=\begin{pmatrix}a_{11}x_1+a_{12}x_2+\cdots+a_{1n}x_n\\ a_{21}x_1+a_{22}x_2+\cdots+a_{2n}x_n\\ \vdots\\ a_{m1}x_1+a_{m2}x_2+\cdots+a_{mn}x_n\end{pmatrix},$$

于是(9－8)式可以改写为

$$AX=B. \tag{9－9}$$

称(9－9)式为 n 元线性方程组(9－7)的**矩阵形式**,其中矩阵 A 称为 n 元线性方程组(9－7)的**系数矩阵**.另外,称矩阵

$$\tilde{A}=(A\,\vdots\,B)=\left(\begin{array}{cccc:c}a_{11} & a_{12} & \cdots & a_{1n} & b_1\\ a_{21} & a_{22} & \cdots & a_{2n} & b_2\\ \vdots & \vdots & & \vdots & \vdots\\ a_{m1} & a_{m2} & \cdots & a_{mn} & b_m\end{array}\right)$$

为 n 元线性方程组(9－7)的**增广矩阵**.

例 9　写出线性方程组 $\begin{cases}2x_1-x_2+3x_3=1,\\ 4x_1+2x_2+5x_3=4,\\ x_1\qquad+2x_3=6\end{cases}$ 的增广矩阵 $(A\,\vdots\,B)$ 和该线性方程组的矩阵形式.

解　只要将线性方程组中的未知量和等号去掉,再添上矩阵符号,就得到该线性方程组的增广矩阵 $(A\,\vdots\,B)$,即

$$(A\,\vdots\,B)=\left(\begin{array}{ccc:c}2 & -1 & 3 & 1\\ 4 & 2 & 5 & 4\\ 1 & 0 & 2 & 6\end{array}\right)\quad (注意到第 3 个方程不含 x_2 项,故 x_2 系数为 0).$$

于是该线性方程组的矩阵形式是

$$\begin{pmatrix}2 & -1 & 3\\ 4 & 2 & 5\\ 1 & 0 & 2\end{pmatrix}\begin{pmatrix}x_1\\ x_2\\ x_3\end{pmatrix}=\begin{pmatrix}1\\ 4\\ 6\end{pmatrix}.$$

9.2.4　方阵 A 的行列式及伴随矩阵

定义 10　给定一个 n 阶方阵 $A=\begin{pmatrix}a_{11} & a_{12} & \cdots & a_{1n}\\ a_{21} & a_{22} & \cdots & a_{2n}\\ \vdots & \vdots & & \vdots\\ a_{n1} & a_{n2} & \cdots & a_{nn}\end{pmatrix}$,保留所有元素顺序而得到的行列式

$\begin{vmatrix} a_{11} & a_{12} & \cdots & a_{1n} \\ a_{21} & a_{22} & \cdots & a_{2n} \\ \vdots & \vdots & & \vdots \\ a_{n1} & a_{n2} & \cdots & a_{nn} \end{vmatrix}$ 称为**方阵 $\boldsymbol{A}$ 的行列式**，记为 $|\boldsymbol{A}|$ 或 $\det\boldsymbol{A}$，即 $|\boldsymbol{A}| = \begin{vmatrix} a_{11} & a_{12} & \cdots & a_{1n} \\ a_{21} & a_{22} & \cdots & a_{2n} \\ \vdots & \vdots & & \vdots \\ a_{n1} & a_{n2} & \cdots & a_{nn} \end{vmatrix}$.

例如，设矩阵 $\boldsymbol{A} = \begin{pmatrix} 1 & 2 & 3 \\ 4 & 5 & 6 \\ 7 & 8 & 10 \end{pmatrix}$，则 $|\boldsymbol{A}| = \begin{vmatrix} 1 & 2 & 3 \\ 4 & 5 & 6 \\ 7 & 8 & 10 \end{vmatrix}$.

定理 1 **设 $\boldsymbol{A}, \boldsymbol{B}$ 为 n 阶方阵，则 $|\boldsymbol{AB}| = |\boldsymbol{A}| \cdot |\boldsymbol{B}|$.**

证明略去.

例 10 设 $\boldsymbol{A} = \begin{pmatrix} 1 & 1 & 1 \\ 1 & 1 & -1 \\ 1 & -1 & 1 \end{pmatrix}$，$\boldsymbol{B} = \begin{pmatrix} 1 & 2 & 3 \\ -1 & -2 & 4 \\ 0 & 5 & 1 \end{pmatrix}$，直接计算得到

$$|\boldsymbol{A}| = -4, \quad |\boldsymbol{B}| = -35, \quad \boldsymbol{AB} = \begin{pmatrix} 0 & 5 & 8 \\ 0 & -5 & 6 \\ 2 & 9 & 0 \end{pmatrix}, \quad \boldsymbol{BA} = \begin{pmatrix} 6 & 0 & 2 \\ 1 & -7 & 5 \\ 6 & 4 & -4 \end{pmatrix},$$

于是 $|\boldsymbol{AB}| = 140$，$|\boldsymbol{BA}| = 140$. 故不难验证 $|\boldsymbol{AB}| = |\boldsymbol{A}| \cdot |\boldsymbol{B}| = |\boldsymbol{BA}|$.

定义 11 对于 n 阶方阵 $\boldsymbol{A}$，由其行列式 $|\boldsymbol{A}|$ 的各个代数余子式 A_{ij} $(1 \leqslant i \leqslant n; 1 \leqslant j \leqslant n)$ 组成的 n 阶方阵 $\begin{pmatrix} A_{11} & A_{21} & \cdots & A_{n1} \\ A_{12} & A_{22} & \cdots & A_{n2} \\ \vdots & \vdots & & \vdots \\ A_{1n} & A_{2n} & \cdots & A_{nn} \end{pmatrix}$ 称为 $\boldsymbol{A}$ 的**伴随矩阵**，记为 $\boldsymbol{A}^*$，即

$$\boldsymbol{A}^* = \begin{pmatrix} A_{11} & A_{21} & \cdots & A_{n1} \\ A_{12} & A_{22} & \cdots & A_{n2} \\ \vdots & \vdots & & \vdots \\ A_{1n} & A_{2n} & \cdots & A_{nn} \end{pmatrix}.$$

注 $\boldsymbol{A}$ 的第 i 行各元素的代数余子式是伴随矩阵 $\boldsymbol{A}^*$ 的第 i 列元素 $(i = 1, 2, \cdots, n)$.

定理 2 **设 $\boldsymbol{A}^*$ 为 n 阶方阵 $\boldsymbol{A}$ 的伴随矩阵，则**

$$\boldsymbol{AA}^* = \boldsymbol{A}^*\boldsymbol{A} = \begin{pmatrix} |\boldsymbol{A}| & 0 & \cdots & 0 \\ 0 & |\boldsymbol{A}| & \cdots & 0 \\ \vdots & \vdots & & \vdots \\ 0 & 0 & \cdots & |\boldsymbol{A}| \end{pmatrix} = |\boldsymbol{A}|\boldsymbol{E}_n.$$

证 直接计算矩阵的乘积，然后由行列式的性质 8 和性质 9 即可得到上述结论.

例 11 对于矩阵 $\boldsymbol{A} = \begin{pmatrix} 1 & 2 & 3 \\ 4 & 5 & 6 \\ 7 & 8 & 10 \end{pmatrix}$，由 §9.1 的例 2 知 $|\boldsymbol{A}| = -3$. 又由 §9.1 的例 4 知 $A_{11} = 2, A_{12} = 2, A_{13} = -3, A_{21} = 4, A_{22} = -11, A_{23} = 6, A_{31} = -3, A_{32} = 6, A_{33} = -3$. 由

此可得 $A^* = \begin{pmatrix} 2 & 4 & -3 \\ 2 & -11 & 6 \\ -3 & 6 & -3 \end{pmatrix}$，于是

$$AA^* = A^*A = \begin{pmatrix} -3 & 0 & 0 \\ 0 & -3 & 0 \\ 0 & 0 & -3 \end{pmatrix} = \begin{pmatrix} |A| & 0 & 0 \\ 0 & |A| & 0 \\ 0 & 0 & |A| \end{pmatrix}.$$

习题 9－2

1. 已知 $A = \begin{pmatrix} 3 & 0 & 0 \\ 0 & 1 & 0 \\ 0 & 0 & 4 \end{pmatrix}$，求 A^2.

2. 计算下列乘积：

(1) $\begin{pmatrix} 4 & 3 & 1 \\ 1 & -2 & 3 \\ 5 & 7 & 0 \end{pmatrix}\begin{pmatrix} 7 \\ 2 \\ 1 \end{pmatrix}$；　(2) $(1,2,3)\begin{pmatrix} 3 \\ 2 \\ 1 \end{pmatrix}$；

(3) $\begin{pmatrix} 2 \\ 1 \\ 3 \end{pmatrix}(-1,2)$；　(4) $\begin{pmatrix} 2 & 1 & 4 & 0 \\ 1 & -1 & 3 & 4 \end{pmatrix}\begin{pmatrix} 1 & 3 & 1 \\ 0 & -1 & 2 \\ 1 & -3 & 1 \\ 4 & 0 & -2 \end{pmatrix}$；

(5) $(x_1, x_2, x_3)\begin{pmatrix} a_{11} & a_{12} & a_{13} \\ a_{21} & a_{22} & a_{23} \\ a_{31} & a_{32} & a_{33} \end{pmatrix}$；　(6) $\begin{pmatrix} 1 & 2 & 1 & 0 \\ 0 & 1 & 0 & 1 \\ 0 & 0 & 2 & 1 \\ 0 & 0 & 0 & 3 \end{pmatrix}\begin{pmatrix} 1 & 0 & 3 & 1 \\ 0 & 1 & 2 & -1 \\ 0 & 0 & -2 & 3 \\ 0 & 0 & 0 & -3 \end{pmatrix}$.

3. 设 $A = \begin{pmatrix} 1 & 1 & 1 \\ 1 & 1 & -1 \\ 1 & -1 & 1 \end{pmatrix}$，$B = \begin{pmatrix} 1 & 2 & 3 \\ -1 & -2 & 4 \\ 0 & 5 & 1 \end{pmatrix}$，求 $3A - 2B^{\mathrm{T}}$.

4. 设 $A = \begin{pmatrix} 1 & 2 \\ 1 & 3 \end{pmatrix}$，$B = \begin{pmatrix} 1 & 0 \\ 1 & 2 \end{pmatrix}$，问：

(1) $AB = BA$ 成立吗？

(2) $(A + B)^2 = A^2 + 2AB + B^2$ 成立吗？

5. 设 $A = \begin{pmatrix} 1 & 0 \\ \lambda & 1 \end{pmatrix}$，其中 $\lambda \neq 0$，求 $A^2, A^3, \cdots, A^k$.

6. 设 A, B 为 n 阶方阵，且 A 为对称矩阵，证明：$B^{\mathrm{T}}AB$ 也是对称矩阵.

7. 设 $B = \begin{pmatrix} 1 & 2 & 3 \\ -1 & -2 & 4 \\ 0 & 5 & 1 \end{pmatrix}$，求 $|B|$，B^*，BB^*，B^*B.

§9.3 逆矩阵

在解一元一次方程 $ax=b$ 时，只要 $a\neq 0$，就可用 a 除以方程的两端，得到解 $x=a^{-1}b$. 对于矩阵方程 $\boldsymbol{AX}=\boldsymbol{B}$，我们是否也有类似的方法呢？即是否存在某个矩阵 $\boldsymbol{C}$，用 $\boldsymbol{C}$ 左乘方程 $\boldsymbol{AX}=\boldsymbol{B}$ 的两端，而使得 $\boldsymbol{X}=\boldsymbol{CB}$ 呢？本节将详细讨论这个问题. 先介绍以下概念.

9.3.1 逆矩阵的概念和性质

定义 1　对于 n 阶方阵 $\boldsymbol{A}$，如果存在 n 阶方阵 $\boldsymbol{B}$，使得

$$\boldsymbol{AB}=\boldsymbol{BA}=\boldsymbol{E},$$

则称 $\boldsymbol{A}$ 为**可逆矩阵**，并称 $\boldsymbol{B}$ 为 $\boldsymbol{A}$ 的**逆矩阵**，记为 $\boldsymbol{A}^{-1}$，即 $\boldsymbol{A}^{-1}=\boldsymbol{B}$.

在定义 1 中，若 $\boldsymbol{A}$ 为可逆矩阵，则 $\boldsymbol{B}$ 也是可逆矩阵，且其逆矩阵为 $\boldsymbol{A}$，即 $\boldsymbol{B}^{-1}=\boldsymbol{A}$.

例如，设 $\boldsymbol{A}=\begin{pmatrix}5&2\\2&1\end{pmatrix}$，$\boldsymbol{B}=\begin{pmatrix}1&-2\\-2&5\end{pmatrix}$，则计算得到

$$\boldsymbol{AB}=\begin{pmatrix}5&2\\2&1\end{pmatrix}\begin{pmatrix}1&-2\\-2&5\end{pmatrix}=\begin{pmatrix}5\times1+2\times(-2)&5\times(-2)+2\times5\\2\times1+1\times(-2)&2\times(-2)+1\times5\end{pmatrix}=\begin{pmatrix}1&0\\0&1\end{pmatrix},$$

$$\boldsymbol{BA}=\begin{pmatrix}1&-2\\-2&5\end{pmatrix}\begin{pmatrix}5&2\\2&1\end{pmatrix}=\begin{pmatrix}1\times5+(-2)\times2&1\times2+(-2)\times1\\(-2)\times5+5\times2&(-2)\times2+5\times1\end{pmatrix}=\begin{pmatrix}1&0\\0&1\end{pmatrix}.$$

所以 $\boldsymbol{A},\boldsymbol{B}$ 均可逆，且有 $\boldsymbol{A}^{-1}=\boldsymbol{B}$，$\boldsymbol{B}^{-1}=\boldsymbol{A}$.

又如，设 $\boldsymbol{A}=\begin{pmatrix}2&2&3\\1&-1&0\\-1&2&1\end{pmatrix}$，$\boldsymbol{B}=\begin{pmatrix}1&-4&-3\\1&-5&-3\\-1&6&4\end{pmatrix}$，则计算得到

$$\boldsymbol{AB}=\begin{pmatrix}1&0&0\\0&1&0\\0&0&1\end{pmatrix},\quad \boldsymbol{BA}=\begin{pmatrix}1&0&0\\0&1&0\\0&0&1\end{pmatrix}.$$

所以 $\boldsymbol{A},\boldsymbol{B}$ 均可逆，且有 $\boldsymbol{A}^{-1}=\boldsymbol{B}$，$\boldsymbol{B}^{-1}=\boldsymbol{A}$.

根据定义 1，有下述结论：

(1) 满足定义 1 的矩阵 $\boldsymbol{A},\boldsymbol{B}$ 一定是同阶方阵. 这一结论由矩阵乘法的定义可直接得到.

(2) 单位矩阵 $\boldsymbol{E}$ 的逆矩阵就是它本身，因为 $\boldsymbol{EE}=\boldsymbol{E}$.

(3) n 阶零矩阵不可逆，因为对任何 n 阶方阵 $\boldsymbol{B}$，都有 $\boldsymbol{OB}=\boldsymbol{BO}=\boldsymbol{O}\neq\boldsymbol{E}$.

(4) 如果矩阵 $\boldsymbol{A}$ 可逆，则 $\boldsymbol{A}$ 的逆矩阵唯一. 事实上，设 $\boldsymbol{B},\boldsymbol{C}$ 都是 $\boldsymbol{A}$ 的逆矩阵，则

$$\boldsymbol{B}=\boldsymbol{BE}=\boldsymbol{B}(\boldsymbol{AC})=(\boldsymbol{BA})\boldsymbol{C}=\boldsymbol{EC}=\boldsymbol{C}.$$

(5) 对于 n 阶方阵 $\boldsymbol{A}$，若有 n 阶方阵 $\boldsymbol{B}$ 满足 $\boldsymbol{AB}=\boldsymbol{E}$，或者满足 $\boldsymbol{BA}=\boldsymbol{E}$，则 $\boldsymbol{A}$ 必定可逆，且 $\boldsymbol{A}^{-1}=\boldsymbol{B}$. 这一结论在证明 n 阶方阵可逆时比用定义 1 证明更简洁，但必须注意 $\boldsymbol{A},\boldsymbol{B}$ 应是同

阶方阵.

例 1　设 $A=\begin{pmatrix}1 & -3 & 2\\ 0 & \frac{1}{2} & 1\\ 0 & 0 & 2\end{pmatrix}$, $B=\begin{pmatrix}1 & 6 & -4\\ 0 & 2 & -1\\ 0 & 0 & \frac{1}{2}\end{pmatrix}$，求出 AB. 由此你有什么结论？

解　直接计算得 $AB=\begin{pmatrix}1 & 0 & 0\\ 0 & 1 & 0\\ 0 & 0 & 1\end{pmatrix}$. 由此可知，$A$，$B$ 都是可逆矩阵，且 $A^{-1}=B$，$B^{-1}=A$.

下面给出可逆矩阵的性质.

性质 1　若 A 可逆，则 A^{-1} 可逆，且 $(A^{-1})^{-1}=A$.

此性质由矩阵可逆的定义即得.

性质 2　若 A 可逆，$k\neq 0$，则 kA 可逆，且 $(kA)^{-1}=\frac{1}{k}A^{-1}$.

事实上，$(kA)\left(\frac{1}{k}A^{-1}\right)=AA^{-1}=E$.

性质 3　若 n 阶方阵 A 与 B 都可逆，则 AB 可逆，且 $(AB)^{-1}=B^{-1}A^{-1}$.

事实上，$(AB)(B^{-1}A^{-1})=A(BB^{-1})A^{-1}=AEA^{-1}=AA^{-1}=E$.

性质 4　若 A 可逆，则 A^{T} 可逆，且 $(A^{T})^{-1}=(A^{-1})^{T}$.

事实上，$A^{T}(A^{-1})^{T}=(A^{-1}A)^{T}=E^{T}=E$.

9.3.2　矩阵可逆的充要条件

问题 1　是否非零矩阵都可逆？

例 2　判断矩阵 $A=\begin{pmatrix}1 & 0\\ 0 & 0\end{pmatrix}$ 是否可逆.

解　设 $B=\begin{pmatrix}b_{11} & b_{12}\\ b_{21} & b_{22}\end{pmatrix}$ 为 A 的逆矩阵，则 $AB=\begin{pmatrix}1 & 0\\ 0 & 0\end{pmatrix}\begin{pmatrix}b_{11} & b_{12}\\ b_{21} & b_{22}\end{pmatrix}=\begin{pmatrix}b_{11} & b_{12}\\ 0 & 0\end{pmatrix}$，即无论怎样选取矩阵 B，都不能使得 A 和 B 的乘积等于单位矩阵，所以非零矩阵 A 不可逆.

问题 2　怎样的方阵才可逆呢？

对于一般方阵 A，用定义来判别 A 是否可逆比较困难，能否找到一种既有效又简易的方法来判断 A 是否可逆呢？我们有下面的结论.

定理 1　**n 阶方阵 A 可逆的充要条件是：$|A|\neq 0$. 当 $|A|\neq 0$ 时，$A^{-1}=\frac{1}{|A|}A^{*}$，这里 A^{*} 为 A 的伴随矩阵，即**

$$A^{-1}=\frac{1}{|A|}\begin{pmatrix}A_{11} & A_{21} & \cdots & A_{n1}\\ A_{12} & A_{22} & \cdots & A_{n2}\\ \vdots & \vdots & & \vdots\\ A_{1n} & A_{2n} & \cdots & A_{nn}\end{pmatrix}.$$

证　**必要性**　设 A 可逆，则存在 n 阶方阵 B，使 $AB=BA=E$. 又由 §9.2 中的定理 1，

有 $|\boldsymbol{A}|\cdot|\boldsymbol{B}|=|\boldsymbol{AB}|=|\boldsymbol{E}|=1$，故 $|\boldsymbol{A}|\neq 0$.

充分性　设 $|\boldsymbol{A}|\neq 0$，则由 §9.2 中的定理 2，得到

$$\boldsymbol{AA}^*=\boldsymbol{A}^*\boldsymbol{A}=|\boldsymbol{A}|\boldsymbol{E},$$

对上式两边同除以 $|\boldsymbol{A}|$，有 $\boldsymbol{A}\left(\frac{1}{|\boldsymbol{A}|}\boldsymbol{A}^*\right)=\frac{1}{|\boldsymbol{A}|}\boldsymbol{A}^*\boldsymbol{A}=\boldsymbol{E}$. 故根据矩阵可逆的定义知，$\boldsymbol{A}$ 可逆，且 $\boldsymbol{A}^{-1}=\frac{1}{|\boldsymbol{A}|}\boldsymbol{A}^*$.

当一个方阵可逆时，称这个方阵为**非奇异矩阵**；当一个方阵不可逆时，称这个方阵为**奇异矩阵**.

例 3　判断下列矩阵是否可逆；若可逆，求出其逆矩阵：

(1) $\boldsymbol{A}=\begin{pmatrix}1&2&3\\4&5&6\\7&8&10\end{pmatrix}$；　　(2) $\boldsymbol{B}=\begin{pmatrix}2&2&-1\\3&4&1\\-2&0&6\end{pmatrix}$.

解　(1) 因为 $|\boldsymbol{A}|=-3$，所以 $\boldsymbol{A}$ 可逆. 又由 §9.2 中的例 11 知 $\boldsymbol{A}^*=\begin{pmatrix}2&4&-3\\2&-11&6\\-3&6&-3\end{pmatrix}$，

故

$$\boldsymbol{A}^{-1}=-\frac{1}{3}\begin{pmatrix}2&4&-3\\2&-11&6\\-3&6&-3\end{pmatrix}.$$

(2) 因为 $|\boldsymbol{B}|=0$，所以 $\boldsymbol{B}$ 不可逆.

定理 1 给出的求逆矩阵的方法，一般只适用于二阶、三阶矩阵. 如果三阶以上的矩阵按定理 1 的方法求逆矩阵，则计算量太大(稍后将介绍一个较简洁的求逆矩阵的方法).

9.3.3　解矩阵方程

矩阵方程通常有如下三种类型：

$$\boldsymbol{AX}=\boldsymbol{C},\quad \boldsymbol{XB}=\boldsymbol{C},\quad \boldsymbol{AXB}=\boldsymbol{C},$$

其中 $\boldsymbol{A},\boldsymbol{B},\boldsymbol{C}$ 是已知矩阵，且 $\boldsymbol{A},\boldsymbol{B}$ 可逆，$\boldsymbol{X}$ 为未知矩阵.

由可逆矩阵的性质得到上面三种矩阵方程的解分别为

$$\boldsymbol{X}=\boldsymbol{A}^{-1}\boldsymbol{C},\quad \boldsymbol{X}=\boldsymbol{CB}^{-1},\quad \boldsymbol{X}=\boldsymbol{A}^{-1}\boldsymbol{CB}^{-1}.$$

注　因为矩阵的乘积不具有交换律，所以上述各式中逆矩阵的位置不能随意变动.

例 4　解矩阵方程 $\boldsymbol{AX}=\boldsymbol{B}$，其中 $\boldsymbol{A}=\begin{pmatrix}1&-1&0\\1&0&-1\\1&0&2\end{pmatrix}$，$\boldsymbol{B}=\begin{pmatrix}1&-1\\2&0\\5&3\end{pmatrix}$.

解　因为 $|\boldsymbol{A}|=3$，所以 $\boldsymbol{A}$ 可逆，且 $\boldsymbol{X}=\boldsymbol{A}^{-1}\boldsymbol{B}$. 先求 $\boldsymbol{A}^*$. 因为 $\boldsymbol{A}$ 中各元素的代数余子式为 $A_{11}=0,A_{12}=-3,A_{13}=0,A_{21}=2,A_{22}=2,A_{23}=-1,A_{31}=1,A_{32}=1,A_{33}=1$，所以

$$\boldsymbol{A}^*=\begin{pmatrix}0&2&1\\-3&2&1\\0&-1&1\end{pmatrix},\quad \boldsymbol{A}^{-1}=\frac{1}{3}\begin{pmatrix}0&2&1\\-3&2&1\\0&-1&1\end{pmatrix}.$$

于是

$$X = A^{-1}B = \frac{1}{3}\begin{pmatrix} 0 & 2 & 1 \\ -3 & 2 & 1 \\ 0 & -1 & 1 \end{pmatrix}\begin{pmatrix} 1 & -1 \\ 2 & 0 \\ 5 & 3 \end{pmatrix} = \begin{pmatrix} 3 & 1 \\ 2 & 2 \\ 1 & 1 \end{pmatrix}.$$

例 5　解矩阵方程 $XA = B$,其中 $A = \begin{pmatrix} 0 & 0 & -1 \\ -2 & 0 & 0 \\ 3 & -2 & 4 \end{pmatrix}$,$B = \begin{pmatrix} 1 & -2 & 1 \\ -3 & 4 & 1 \end{pmatrix}$.

解　因为 $|A| = -4$,所以 A 可逆,且 $X = BA^{-1}$. 先求 A^*. 因为 A 中各元素的代数余子式为 $A_{11} = 0, A_{12} = 8, A_{13} = 4, A_{21} = 2, A_{22} = 3, A_{23} = 0, A_{31} = 0, A_{32} = 2, A_{33} = 0$,所以

$$A^* = \begin{pmatrix} 0 & 2 & 0 \\ 8 & 3 & 2 \\ 4 & 0 & 0 \end{pmatrix},\quad A^{-1} = -\frac{1}{4}\begin{pmatrix} 0 & 2 & 0 \\ 8 & 3 & 2 \\ 4 & 0 & 0 \end{pmatrix}.$$

于是

$$X = BA^{-1} = \begin{pmatrix} 1 & -2 & 1 \\ -3 & 4 & 1 \end{pmatrix}\begin{pmatrix} 0 & -\frac{1}{2} & 0 \\ -2 & -\frac{3}{4} & -\frac{1}{2} \\ -1 & 0 & 0 \end{pmatrix} = \begin{pmatrix} 3 & 1 & 1 \\ -9 & -\frac{3}{2} & -2 \end{pmatrix}.$$

习题 9 - 3

1. 判断下列矩阵是否可逆;若可逆,求出其逆矩阵:

(1) $\begin{pmatrix} 1 & 2 \\ 2 & 5 \end{pmatrix}$;　　(2) $\begin{pmatrix} 1 & 2 & -1 \\ 3 & 4 & -2 \\ 5 & -4 & 1 \end{pmatrix}$;

(3) $\begin{pmatrix} 3 & 12 \\ 1 & 4 \end{pmatrix}$;　　(4) $\begin{pmatrix} 1 & 2 & 3 \\ 2 & 1 & 2 \\ 1 & 3 & 4 \end{pmatrix}$;

(5) $\begin{pmatrix} 1 & 2 & -3 \\ 0 & 1 & 2 \\ 0 & 1 & 1 \end{pmatrix}$;　　(6) $\begin{pmatrix} 1 & -3 & 2 \\ -3 & 0 & 1 \\ 1 & 1 & -1 \end{pmatrix}$.

2. 解下列矩阵方程:

(1) $\begin{pmatrix} 2 & 5 \\ 1 & 3 \end{pmatrix} X = \begin{pmatrix} 4 & -6 \\ 2 & 1 \end{pmatrix}$;　　(2) $X\begin{pmatrix} 2 & 1 & -1 \\ 2 & 1 & 0 \\ 1 & -1 & 1 \end{pmatrix} = \begin{pmatrix} 1 & -1 & 3 \\ 4 & 3 & 2 \end{pmatrix}$;

(3) $\begin{pmatrix} 1 & 4 \\ -1 & 2 \end{pmatrix} X \begin{pmatrix} 2 & 0 \\ -1 & 1 \end{pmatrix} = \begin{pmatrix} 3 & 1 \\ 0 & -1 \end{pmatrix}$;　　(4) $\begin{pmatrix} 0 & -1 \\ 1 & 0 \end{pmatrix} X = \begin{pmatrix} 2 & 2 \\ 1 & 1 \end{pmatrix}$;

(5) $\begin{pmatrix} 3 & 1 \\ 2 & 1 \end{pmatrix} X = \begin{pmatrix} 2 & 1 & 0 \\ 3 & 0 & -1 \end{pmatrix}$;　　(6) $\begin{pmatrix} 0 & 1 & 0 \\ 1 & 0 & 0 \\ 0 & 0 & 1 \end{pmatrix} X \begin{pmatrix} 1 & 0 & 0 \\ 0 & 0 & 1 \\ 0 & 1 & 0 \end{pmatrix} = \begin{pmatrix} 1 & -4 & 3 \\ 2 & 0 & -1 \\ 1 & -2 & 0 \end{pmatrix}$.

3. 设 $\boldsymbol{A}=\begin{pmatrix}1&-1&0\\-2&3&1\\2&-1&2\end{pmatrix}$, $\boldsymbol{C}=\begin{pmatrix}2&1\\2&0\\3&5\end{pmatrix}$ 满足 $\boldsymbol{AX}=\boldsymbol{C}$，求 $\boldsymbol{X}$.

4. 设矩阵 $\boldsymbol{A}=\begin{pmatrix}1&1\\0&-2\\2&0\end{pmatrix}$, $\boldsymbol{B}=\begin{pmatrix}1&2&-3\\0&-1&2\end{pmatrix}$，计算 $(\boldsymbol{BA})^{-1}$, $(\boldsymbol{AB})^{-1}$.

5. 已知 $\boldsymbol{A}=\begin{pmatrix}2&1&1\\3&-1&2\\1&-1&0\end{pmatrix}$，设 $f(\lambda)=\lambda^2-2\lambda+1$，求 $f(\boldsymbol{A})$.

6. 证明：设 $\boldsymbol{A}$ 是 n 阶方阵，若 $\boldsymbol{A}^3=\boldsymbol{O}$，则 $(\boldsymbol{E}-\boldsymbol{A})^{-1}=\boldsymbol{E}+\boldsymbol{A}+\boldsymbol{A}^2$.

§ 9.4 矩阵的初等变换及矩阵的秩

在计算行列式时，利用行列式的性质可以将给定的行列式化为上(或下)三角形行列式，从而简化计算. 针对矩阵的类似做法，就是**矩阵的初等变换**. 初等变换的使用将带给我们极大的方便.

9.4.1 矩阵的初等变换及阶梯形矩阵

定义 1 矩阵的以下三种初等变换称为矩阵的**行初等变换**：

(1) 交换矩阵的第 i, j 行，记为 $r_i \leftrightarrow r_j$；

(2) 将矩阵的第 i 行各元素同乘以一个非零数 k，记为 kr_i；

(3) 将矩阵的第 i 行各元素同乘以一个数 k 后加到第 j 行对应的元素上，记为 r_j+kr_i(注意，此时第 i 行各元素未改变).

把定义 1 中的"行"换成"列"，即得矩阵的**列初等变换**(相应记号中把 r 换成 c).

定义 2 满足下列条件的矩阵称为**阶梯形矩阵**：

(1) 零行(元素全部为 0 的行)位于矩阵下方(如果有的话)；

(2) 各个非零行的第一个非零元素的列标随着行标的增加而严格增大.

例如，矩阵

$$\begin{pmatrix}2&1&0&2\\0&1&2&0\\0&0&0&-3\\0&0&0&0\\0&0&0&0\end{pmatrix},\quad \begin{pmatrix}20&0&1&2&0\\0&0&0&4&0\\0&0&0&0&1\end{pmatrix},\quad \begin{pmatrix}-1&3&5\\0&2&1\\0&0&0\end{pmatrix}$$

都是阶梯形矩阵.

一般的矩阵不一定是阶梯形矩阵，但可变换为阶梯形矩阵. 对此，我们不加证明地给出下面的定理.

定理 1 **任何一个矩阵都可经一系列行初等变换化为阶梯形矩阵.**

若矩阵 $\boldsymbol{A}$ 经一系列行初等变换化为阶梯形矩阵 $\boldsymbol{B}$,则称矩阵 $\boldsymbol{B}$ 为**矩阵 $\boldsymbol{A}$ 的阶梯形矩阵**.

例 1 将矩阵 $\boldsymbol{A}=\begin{pmatrix}0&16&-7&-5&5\\1&-5&2&1&-1\\-1&-11&5&4&-4\\2&6&-3&-3&7\end{pmatrix}$进行行初等变换化为阶梯形矩阵.

解 $$\boldsymbol{A}=\begin{pmatrix}0&16&-7&-5&5\\1&-5&2&1&-1\\-1&-11&5&4&-4\\2&6&-3&-3&7\end{pmatrix}\xrightarrow{r_1\leftrightarrow r_2}\begin{pmatrix}1&-5&2&1&-1\\0&16&-7&-5&5\\-1&-11&5&4&-4\\2&6&-3&-3&7\end{pmatrix}$$

$$\xrightarrow[r_4-2r_1]{r_3+r_1}\begin{pmatrix}1&-5&2&1&-1\\0&16&-7&-5&5\\0&-16&7&5&-5\\0&16&-7&-5&9\end{pmatrix}\xrightarrow[r_4-r_2]{r_3+r_2}\begin{pmatrix}1&-5&2&1&-1\\0&16&-7&-5&5\\0&0&0&0&0\\0&0&0&0&4\end{pmatrix}$$

$$\xrightarrow{r_3\leftrightarrow r_4}\begin{pmatrix}1&-5&2&1&-1\\0&16&-7&-5&5\\0&0&0&0&4\\0&0&0&0&0\end{pmatrix}\stackrel{\triangle}{=}\boldsymbol{B}\xrightarrow{\frac{1}{4}r_3}\begin{pmatrix}1&-5&2&1&-1\\0&16&-7&-5&5\\0&0&0&0&1\\0&0&0&0&0\end{pmatrix}\stackrel{\triangle}{=}\boldsymbol{C}.$$

矩阵 $\boldsymbol{C}$ 就是矩阵 $\boldsymbol{A}$ 的阶梯形矩阵.

注 一个矩阵的阶梯形矩阵不是唯一的,如例 1 的矩阵 $\boldsymbol{B},\boldsymbol{C}$ 都是 $\boldsymbol{A}$ 的阶梯形矩阵.但是,可以证明一个矩阵的阶梯形矩阵中所含非零行的行数是唯一的.矩阵的这一性质在矩阵理论中占有重要地位.

再观察以下两个阶梯形矩阵:

$$\boldsymbol{A}=\begin{pmatrix}1&2&0&0\\0&0&1&0\\0&0&0&1\\0&0&0&0\end{pmatrix},\quad \boldsymbol{B}=\begin{pmatrix}1&0&2&0\\0&1&3&0\\0&0&0&1\\0&0&0&0\end{pmatrix}.$$

不难看出,这两个阶梯形矩阵都满足以下特点:每一非零行的第一个非零元素都是 1,并且这些 1 所在列的其余元素都是 0.具有这两个特点的阶梯形矩阵称为**行最简形矩阵**.

例如,矩阵$\begin{pmatrix}1&0&0&0&-2\\0&1&3&0&3\\0&0&0&1&0\\0&0&0&0&0\end{pmatrix}$,$\begin{pmatrix}1&-3&0&5&0&2\\0&0&1&2&0&4\\0&0&0&0&1&0\end{pmatrix}$都是行最简形矩阵.

9.4.2 矩阵的秩

矩阵的秩是矩阵重要的属性之一.

定义 3　矩阵 $\boldsymbol{A}$ 的阶梯形矩阵中所含非零行的行数称为矩阵 $\boldsymbol{A}$ 的秩，记为**秩**$(\boldsymbol{A})$ 或 $\mathrm{r}(\boldsymbol{A})$.

定理 2　**矩阵的初等变换不改变矩阵的秩.**

证明略去.

例如，矩阵

$$\boldsymbol{A}=\begin{pmatrix}1&2&3&-4\\0&2&4&0\\0&0&-3&3\\0&0&0&0\end{pmatrix}$$

是一个阶梯形矩阵，其非零行行数为 3，所以 $\boldsymbol{A}$ 的秩为 3，即 $\mathrm{r}(\boldsymbol{A})=3$.

并不是所有的矩阵都是阶梯形矩阵，但我们知道任一矩阵都可以通过行初等变换化为阶梯形矩阵. 因此，我们可以找到求矩阵的秩的方法：先用行初等变换把矩阵化为阶梯形，然后看其非零行的行数.

例 2　设矩阵 $\boldsymbol{A}=\begin{pmatrix}2&0&5&2\\-2&4&1&0\end{pmatrix}$，$\boldsymbol{B}=\begin{pmatrix}-1&1&4&0\\3&-2&5&-3\\2&0&-6&4\\0&1&1&2\end{pmatrix}$，求 $\mathrm{r}(\boldsymbol{A})$，$\mathrm{r}(\boldsymbol{B})$.

解　因为 $\boldsymbol{A}=\begin{pmatrix}2&0&5&2\\-2&4&1&0\end{pmatrix}\xrightarrow{r_2+r_1}\begin{pmatrix}2&0&5&2\\0&4&6&2\end{pmatrix}$，所以 $\mathrm{r}(\boldsymbol{A})=2$.

用行初等变换将 $\boldsymbol{B}$ 化为阶梯形矩阵，即

$$\boldsymbol{B}=\begin{pmatrix}-1&1&4&0\\3&-2&5&-3\\2&0&-6&4\\0&1&1&2\end{pmatrix}\xrightarrow[r_3+2r_1]{r_2+3r_1}\begin{pmatrix}-1&1&4&0\\0&1&17&-3\\0&2&2&4\\0&1&1&2\end{pmatrix}$$

$$\xrightarrow[r_4-r_2]{r_3-2r_2}\begin{pmatrix}-1&1&4&0\\0&1&17&-3\\0&0&-32&10\\0&0&-16&5\end{pmatrix}\xrightarrow{r_4-\frac{1}{2}r_3}\begin{pmatrix}-1&1&4&0\\0&1&17&-3\\0&0&-32&10\\0&0&0&0\end{pmatrix},$$

所以 $\mathrm{r}(\boldsymbol{B})=3$.

例 3　求矩阵 $\boldsymbol{A}=\begin{pmatrix}3&-3&0&7&0\\1&-1&0&2&1\\1&-1&2&3&2\\2&-2&2&5&3\end{pmatrix}$ 的秩.

解　对 $\boldsymbol{A}$ 做行初等变换，得

$$\boldsymbol{A}=\begin{pmatrix}3&-3&0&7&0\\1&-1&0&2&1\\1&-1&2&3&2\\2&-2&2&5&3\end{pmatrix}\xrightarrow{r_1\leftrightarrow r_2}\begin{pmatrix}1&-1&0&2&1\\3&-3&0&7&0\\1&-1&2&3&2\\2&-2&2&5&3\end{pmatrix}\xrightarrow[r_4-2r_1]{\substack{r_2-3r_1\\r_3-r_1}}\begin{pmatrix}1&-1&0&2&1\\0&0&0&1&-3\\0&0&2&1&1\\0&0&2&1&1\end{pmatrix}$$

$$\xrightarrow{r_4-r_3}\begin{pmatrix}1&-1&0&2&1\\0&0&0&1&-3\\0&0&2&1&1\\0&0&0&0&0\end{pmatrix}\xrightarrow{r_2\leftrightarrow r_3}\begin{pmatrix}1&-1&0&2&1\\0&0&2&1&1\\0&0&0&1&-3\\0&0&0&0&0\end{pmatrix}.$$

化成阶梯形矩阵后,可以看出非零行为 3 行,所以 $\boldsymbol{A}$ 的秩为 3,即 $\mathrm{r}(\boldsymbol{A})=3$.

例 4　设矩阵 $\boldsymbol{A}=\begin{pmatrix}2&-3&8&2\\2&12&-2&12\\1&3&1&4\end{pmatrix}$,求 $\mathrm{r}(\boldsymbol{A})$.

解　对 $\boldsymbol{A}$ 做行初等变换,得

$$\boldsymbol{A}\xrightarrow[r_2-2r_3]{r_1-2r_3}\begin{pmatrix}0&-9&6&-6\\0&6&-4&4\\1&3&1&4\end{pmatrix}\xrightarrow[r_3+\frac{3}{2}r_2]{r_1\leftrightarrow r_3}\begin{pmatrix}1&3&1&4\\0&6&-4&4\\0&0&0&0\end{pmatrix},$$

故 $\mathrm{r}(\boldsymbol{A})=2$.

定义 4　设 $\boldsymbol{A}$ 是 n 阶方阵. 若 $\mathrm{r}(\boldsymbol{A})=n$,则称 $\boldsymbol{A}$ 为**满秩矩阵**;若 $\mathrm{r}(\boldsymbol{A})<n$,则称 $\boldsymbol{A}$ 为**降秩矩阵**.

因为任一矩阵都可经一系列行初等变换化为行最简形矩阵,而满秩矩阵是方阵,所以它的行最简形矩阵就是单位矩阵 $\boldsymbol{E}$.

例如,矩阵 $\boldsymbol{A}=\begin{pmatrix}-1&3&5\\0&4&-1\\0&0&2\end{pmatrix}$是三阶方阵,又因 $\mathrm{r}(\boldsymbol{A})=3$,故 $\boldsymbol{A}$ 是满秩矩阵,且有

$$\boldsymbol{A}=\begin{pmatrix}-1&3&5\\0&4&-1\\0&0&2\end{pmatrix}\xrightarrow[r_2+\frac{1}{2}r_3]{r_1-\frac{5}{2}r_3}\begin{pmatrix}-1&3&0\\0&4&0\\0&0&2\end{pmatrix}\xrightarrow[\frac{1}{2}r_3]{\frac{1}{4}r_2}\begin{pmatrix}-1&3&0\\0&1&0\\0&0&1\end{pmatrix}$$

$$\xrightarrow{r_1-3r_2}\begin{pmatrix}-1&0&0\\0&1&0\\0&0&1\end{pmatrix}\xrightarrow{-r_1}\begin{pmatrix}1&0&0\\0&1&0\\0&0&1\end{pmatrix},$$

即 $\boldsymbol{A}$ 经一系列行初等变换化为了单位矩阵 $\boldsymbol{E}$.

例 5　判断下列矩阵是否为满秩矩阵:

(1) $\boldsymbol{A}=\begin{pmatrix}1&-1&1\\1&1&3\\2&3&2\end{pmatrix}$;　　(2) $\boldsymbol{B}=\begin{pmatrix}-1&2&0&1\\0&-3&0&2\\-2&1&1&-3\\3&-9&1&-8\end{pmatrix}$.

解　(1) 对 $\boldsymbol{A}$ 做行初等变换,得

$$\boldsymbol{A}=\begin{pmatrix}1&-1&1\\1&1&3\\2&3&2\end{pmatrix}\xrightarrow[r_3-2r_1]{r_2-r_1}\begin{pmatrix}1&-1&1\\0&2&2\\0&5&0\end{pmatrix}\xrightarrow{r_3-\frac{5}{2}r_2}\begin{pmatrix}1&-1&1\\0&2&2\\0&0&-5\end{pmatrix},$$

故 $\mathrm{r}(\boldsymbol{A})=3$,即 $\boldsymbol{A}$ 是满秩矩阵.

(2) 因为

$$\boldsymbol{B}=\begin{pmatrix}-1&2&0&1\\0&-3&0&2\\-2&1&1&-3\\3&-9&1&-8\end{pmatrix}\xrightarrow[r_4+3r_1]{r_3-2r_1}\begin{pmatrix}-1&2&0&1\\0&-3&0&2\\0&-3&1&-5\\0&-3&1&-5\end{pmatrix}$$

$$\xrightarrow[r_4-r_2]{r_3-r_2}\begin{pmatrix}-1&2&0&1\\0&-3&0&2\\0&0&1&-7\\0&0&1&-7\end{pmatrix}\xrightarrow{r_4-r_3}\begin{pmatrix}-1&2&0&1\\0&-3&0&2\\0&0&1&-7\\0&0&0&0\end{pmatrix},$$

所以 $\mathrm{r}(\boldsymbol{B})=3$，即 $\boldsymbol{B}$ 是降秩矩阵.

9.4.3 逆矩阵的求法

若 n 阶方阵 $\boldsymbol{A}$ 可逆，怎样求出 $\boldsymbol{A}$ 的逆矩阵？我们不加证明地给出下面的方法.

因为 $\boldsymbol{A}$ 可逆，所以可以证明 $\boldsymbol{A}$ 是满秩矩阵，从而用行初等变换可以将 $\boldsymbol{A}$ 变成单位矩阵 $\boldsymbol{E}$. 具体做法是：把 $\boldsymbol{A}$ 与 n 阶单位矩阵 $\boldsymbol{E}$ 并在一起构成一个 $n\times 2n$ 矩阵 $(\boldsymbol{A}\mid\boldsymbol{E})$，对 $(\boldsymbol{A}\mid\boldsymbol{E})$ 做行初等变换，把 $\boldsymbol{A}$ 化为单位矩阵 $\boldsymbol{E}$，则 $\boldsymbol{E}$ 相应地就变成了 $\boldsymbol{A}^{-1}$. 这种用行初等变换求逆矩阵的方法可表示如下：

$$(\boldsymbol{A}\mid\boldsymbol{E})\xrightarrow{\text{行初等变换}}(\boldsymbol{E}\mid\boldsymbol{A}^{-1}).$$

例 6 已知 $\boldsymbol{A}=\begin{pmatrix}1&2&3\\2&1&2\\1&3&4\end{pmatrix}$，求 $\boldsymbol{A}^{-1}$.

解 构造矩阵

$$(\boldsymbol{A}\mid\boldsymbol{E})=\left(\begin{array}{ccc|ccc}1&2&3&1&0&0\\2&1&2&0&1&0\\1&3&4&0&0&1\end{array}\right).$$

对 $(\boldsymbol{A}\mid\boldsymbol{E})$ 做行初等变换，目标是将 $\boldsymbol{A}$ 化为单位矩阵，即

$$\left(\begin{array}{ccc|ccc}1&2&3&1&0&0\\2&1&2&0&1&0\\1&3&4&0&0&1\end{array}\right)\xrightarrow[r_3-r_1]{r_2-2r_1}\left(\begin{array}{ccc|ccc}1&2&3&1&0&0\\0&-3&-4&-2&1&0\\0&1&1&-1&0&1\end{array}\right)$$

$$\xrightarrow{r_3\leftrightarrow r_2}\left(\begin{array}{ccc|ccc}1&2&3&1&0&0\\0&1&1&-1&0&1\\0&-3&-4&-2&1&0\end{array}\right)\xrightarrow{r_3+3r_2}\left(\begin{array}{ccc|ccc}1&2&3&1&0&0\\0&1&1&-1&0&1\\0&0&-1&-5&1&3\end{array}\right)$$

$$\xrightarrow[r_1+3r_3]{r_2+r_3}\left(\begin{array}{ccc|ccc}1&2&0&-14&3&9\\0&1&0&-6&1&4\\0&0&-1&-5&1&3\end{array}\right)\xrightarrow[-r_3]{r_1-2r_2}\left(\begin{array}{ccc|ccc}1&0&0&-2&1&1\\0&1&0&-6&1&4\\0&0&1&5&-1&-3\end{array}\right).$$

故所求的逆矩阵为 $\boldsymbol{A}^{-1}=\begin{pmatrix}-2&1&1\\-6&1&4\\5&-1&-3\end{pmatrix}$.

例 7　设 $B=\begin{pmatrix}3 & 12\\ 1 & 4\end{pmatrix}$，问：$B$ 是否可逆？如果可逆，求出 B^{-1}.

解　$(B \mid E)=\left(\begin{array}{cc:cc}3 & 12 & 1 & 0\\ 1 & 4 & 0 & 1\end{array}\right)\xrightarrow{r_1\leftrightarrow r_2}\left(\begin{array}{cc:cc}1 & 4 & 0 & 1\\ 3 & 12 & 1 & 0\end{array}\right)\xrightarrow{r_2-3r_1}\left(\begin{array}{cc:cc}1 & 4 & 0 & 1\\ 0 & 0 & 1 & -3\end{array}\right)$.

可见，经过行初等变换后，矩阵 B 变成了一行全是 0 的矩阵，所以 B 是降秩矩阵，故 B 不可逆.

通过例 7，我们可以把判断矩阵是否可逆和求逆矩阵结合起来，具体步骤如下：

(1) 对于 n 阶方阵 A，写出 $(A \mid E)$，用行初等变换把 $(A \mid E)$ 中的 A 化为阶梯形. 如果 A 是降秩矩阵，则 A 没有逆矩阵；如果 A 是满秩矩阵，则 A 有逆矩阵.

(2) 若 A 有逆矩阵，则继续做行初等变换，把 $(A \mid E)$ 化为 $(E \mid B)$ 这种形式，此时 B 就是 A 的逆矩阵.

例 8　设 $A=\begin{pmatrix}1 & 2 & 3 & -4\\ 0 & 1 & 1 & 2\\ 1 & 5 & 4 & 2\\ 1 & 2 & 3 & -5\end{pmatrix}$，判断 A 是否可逆；如果可逆，求出其逆矩阵.

解　做行初等变换，有

$$(A \mid E)=\left(\begin{array}{cccc:cccc}1 & 2 & 3 & -4 & 1 & 0 & 0 & 0\\ 0 & 1 & 1 & 2 & 0 & 1 & 0 & 0\\ 1 & 5 & 4 & 2 & 0 & 0 & 1 & 0\\ 1 & 2 & 3 & -5 & 0 & 0 & 0 & 1\end{array}\right)\xrightarrow[r_4-r_1]{r_3-r_1}\left(\begin{array}{cccc:cccc}1 & 2 & 3 & -4 & 1 & 0 & 0 & 0\\ 0 & 1 & 1 & 2 & 0 & 1 & 0 & 0\\ 0 & 3 & 1 & 6 & -1 & 0 & 1 & 0\\ 0 & 0 & 0 & -1 & -1 & 0 & 0 & 1\end{array}\right)$$

$$\xrightarrow{r_3-3r_2}\left(\begin{array}{cccc:cccc}1 & 2 & 3 & -4 & 1 & 0 & 0 & 0\\ 0 & 1 & 1 & 2 & 0 & 1 & 0 & 0\\ 0 & 0 & -2 & 0 & -1 & -3 & 1 & 0\\ 0 & 0 & 0 & -1 & -1 & 0 & 0 & 1\end{array}\right),$$

所以 A 是满秩矩阵. 继续求 A 的逆矩阵：

$$\left(\begin{array}{cccc:cccc}1 & 2 & 3 & -4 & 1 & 0 & 0 & 0\\ 0 & 1 & 1 & 2 & 0 & 1 & 0 & 0\\ 0 & 0 & -2 & 0 & -1 & -3 & 1 & 0\\ 0 & 0 & 0 & -1 & -1 & 0 & 0 & 1\end{array}\right)\xrightarrow[-\frac{1}{2}r_3]{\substack{r_1-4r_4\\ r_2+2r_4}}\left(\begin{array}{cccc:cccc}1 & 2 & 3 & 0 & 5 & 0 & 0 & -4\\ 0 & 1 & 1 & 0 & -2 & 1 & 0 & 2\\ 0 & 0 & 1 & 0 & \frac{1}{2} & \frac{3}{2} & -\frac{1}{2} & 0\\ 0 & 0 & 0 & -1 & -1 & 0 & 0 & 1\end{array}\right)$$

$$\xrightarrow[-r_4]{\substack{r_1-3r_3\\ r_2-r_3}}\left(\begin{array}{cccc:cccc}1 & 2 & 0 & 0 & \frac{7}{2} & -\frac{9}{2} & \frac{3}{2} & -4\\ 0 & 1 & 0 & 0 & -\frac{5}{2} & -\frac{1}{2} & \frac{1}{2} & 2\\ 0 & 0 & 1 & 0 & \frac{1}{2} & \frac{3}{2} & -\frac{1}{2} & 0\\ 0 & 0 & 0 & 1 & 1 & 0 & 0 & -1\end{array}\right)$$

$$\xrightarrow{r_1-2r_2}\left(\begin{array}{cccc:cccc}1&0&0&0&\frac{17}{2}&-\frac{7}{2}&\frac{1}{2}&-8\\0&1&0&0&-\frac{5}{2}&-\frac{1}{2}&\frac{1}{2}&2\\0&0&1&0&\frac{1}{2}&\frac{3}{2}&-\frac{1}{2}&0\\0&0&0&1&1&0&0&-1\end{array}\right),$$

所以
$$\boldsymbol{A}^{-1}=\begin{pmatrix}\frac{17}{2}&-\frac{7}{2}&\frac{1}{2}&-8\\-\frac{5}{2}&-\frac{1}{2}&\frac{1}{2}&2\\\frac{1}{2}&\frac{3}{2}&-\frac{1}{2}&0\\1&0&0&-1\end{pmatrix}.$$

9.4.4 矩阵方程的另一种解法

下面直接通过例子来说明矩阵方程的另一种解法,具体的理论证明可参考相关的文献.

例 9 解矩阵方程 $\boldsymbol{AX}=\boldsymbol{B}$,其中 $\boldsymbol{A}=\begin{pmatrix}1&-1&0\\1&0&-1\\1&0&2\end{pmatrix}$,$\boldsymbol{B}=\begin{pmatrix}1&-1\\2&0\\5&3\end{pmatrix}$.

解 这个例题就是§9.3 例 4,这里我们用行初等变换求 $\boldsymbol{X}$.

构造矩阵$(\boldsymbol{A}\,\vdots\,\boldsymbol{B})$,对$(\boldsymbol{A}\,\vdots\,\boldsymbol{B})$做行初等变换,把 $\boldsymbol{A}$ 化为单位矩阵 $\boldsymbol{E}$,则 $\boldsymbol{B}$ 相应地就变成了 $\boldsymbol{X}$. 因为

$$(\boldsymbol{A}\,\vdots\,\boldsymbol{B})=\left(\begin{array}{ccc:cc}1&-1&0&1&-1\\1&0&-1&2&0\\1&0&2&5&3\end{array}\right)\xrightarrow[r_3-r_1]{r_2-r_1}\left(\begin{array}{ccc:cc}1&-1&0&1&-1\\0&1&-1&1&1\\0&1&2&4&4\end{array}\right)$$

$$\xrightarrow{r_3-r_2}\left(\begin{array}{ccc:cc}1&-1&0&1&-1\\0&1&-1&1&1\\0&0&3&3&3\end{array}\right)\xrightarrow[r_2+r_3]{\frac{1}{3}r_3}\left(\begin{array}{ccc:cc}1&-1&0&1&-1\\0&1&0&2&2\\0&0&1&1&1\end{array}\right)$$

$$\xrightarrow{r_1+r_2}\left[\begin{array}{ccc:cc}1&0&0&3&1\\0&1&0&2&2\\0&0&1&1&1\end{array}\right),$$

所以
$$\boldsymbol{X}=\begin{pmatrix}3&1\\2&2\\1&1\end{pmatrix}.$$

例 10 解矩阵方程 $\boldsymbol{XA}=\boldsymbol{B}$,其中 $\boldsymbol{A}=\begin{pmatrix}0&0&-1\\-2&0&0\\3&-2&4\end{pmatrix}$,$\boldsymbol{B}=\begin{pmatrix}1&-2&1\\-3&4&1\end{pmatrix}$.

解 这个例题就是§9.3 中的例 5,这里我们用列初等变换求 $\boldsymbol{X}$.

构造矩阵$\begin{pmatrix} \boldsymbol{A} \\ \hdashline \boldsymbol{B} \end{pmatrix}$，并对$\begin{pmatrix} \boldsymbol{A} \\ \hdashline \boldsymbol{B} \end{pmatrix}$做列初等变换，把 $\boldsymbol{A}$ 化为单位矩阵 $\boldsymbol{E}$，则 $\boldsymbol{B}$ 相应地就变成了 $\boldsymbol{X}$.

因为

$$\begin{pmatrix} \boldsymbol{A} \\ \hdashline \boldsymbol{B} \end{pmatrix} = \begin{pmatrix} 0 & 0 & -1 \\ -2 & 0 & 0 \\ 3 & -2 & 4 \\ \hdashline 1 & -2 & 1 \\ -3 & 4 & 1 \end{pmatrix} \xrightarrow[c_2 \leftrightarrow c_3]{c_1 \leftrightarrow c_3} \begin{pmatrix} -1 & 0 & 0 \\ 0 & -2 & 0 \\ 4 & 3 & -2 \\ \hdashline 1 & 1 & -2 \\ 1 & -3 & 4 \end{pmatrix} \xrightarrow{-\frac{1}{2}c_3} \begin{pmatrix} -1 & 0 & 0 \\ 0 & -2 & 0 \\ 4 & 3 & 1 \\ \hdashline 1 & 1 & 1 \\ 1 & -3 & -2 \end{pmatrix}$$

$$\xrightarrow[c_2 - 3c_3]{c_1 - 4c_3} \begin{pmatrix} -1 & 0 & 0 \\ 0 & -2 & 0 \\ 0 & 0 & 1 \\ \hdashline -3 & -2 & 1 \\ 9 & 3 & -2 \end{pmatrix} \xrightarrow[-\frac{1}{2}c_2]{-c_1} \begin{pmatrix} 1 & 0 & 0 \\ 0 & 1 & 0 \\ 0 & 0 & 1 \\ \hdashline 3 & 1 & 1 \\ -9 & -\frac{3}{2} & -2 \end{pmatrix},$$

所以

$$\boldsymbol{X} = \begin{pmatrix} 3 & 1 & 1 \\ -9 & -\frac{3}{2} & -2 \end{pmatrix}.$$

注　这里例 9 和例 10 中求解矩阵方程的方法具有一般性.

习题 9 - 4

1. 把下列矩阵化为阶梯形矩阵：

(1) $\begin{pmatrix} 2 & 1 \\ 4 & 2 \end{pmatrix}$；　(2) $\begin{pmatrix} 1 & -1 & 2 \\ 3 & 2 & 1 \\ 2 & -2 & 1 \end{pmatrix}$；

(3) $\begin{pmatrix} -8 & 8 & 2 & -3 & 1 \\ 1 & -2 & 2 & 12 & 2 \\ -1 & 1 & 1 & 3 & 2 \end{pmatrix}$.

2. 试利用矩阵的初等变换，判断下列矩阵是否为满秩矩阵：

(1) $\begin{pmatrix} 3 & 2 & 1 \\ 3 & 1 & 5 \\ 3 & 2 & 3 \end{pmatrix}$；　(2) $\begin{pmatrix} 3 & -2 & 0 & -1 \\ 0 & 2 & 2 & 1 \\ 1 & -2 & -3 & -2 \\ 0 & 2 & 2 & 1 \end{pmatrix}$.

3. 用矩阵的行初等变换求下列矩阵的秩：

(1) $\boldsymbol{A} = \begin{pmatrix} 1 & 2 & 3 & 4 \\ 1 & -2 & 4 & 5 \\ 1 & 10 & 1 & 2 \end{pmatrix}$；　(2) $\boldsymbol{A} = \begin{pmatrix} 1 & 1 & -1 \\ 1 & -1 & 4 \\ 3 & 1 & 2 \end{pmatrix}$；

(3) $\boldsymbol{A} = \begin{pmatrix} 1 & -3 & -6 & 5 & 0 \\ 2 & 1 & 1 & 0 & 1 \\ -3 & 1 & -2 & 1 & 7 \end{pmatrix}$.

4. 判断下列矩阵是否可逆；若可逆，求出其逆矩阵：

(1) $\begin{pmatrix} 1 & 1 & 1 & 1 \\ -1 & 1 & 1 & 1 \\ -1 & -1 & 1 & 1 \\ -1 & -1 & -1 & 1 \end{pmatrix}$；　(2) $\begin{pmatrix} 1 & 3 & -5 & 7 \\ 0 & 1 & 2 & 3 \\ 0 & 0 & 1 & 2 \\ 0 & 0 & 0 & 1 \end{pmatrix}$；

(3) $\begin{pmatrix} 1 & 0 & 3 & 1 \\ 0 & 1 & 6 & 2 \\ 0 & 0 & 3 & 1 \\ 1 & -1 & 0 & 1 \end{pmatrix}$.

§9.5 线性方程组

在自然科学、工程技术和经济管理中，许多问题可以归结为求解线性方程组. 虽然在中学阶段，我们已经学过用消元法解二元或三元一次方程组，并且从平面解析几何中知道二元一次方程组的解有三种情况：唯一解、无穷多解、无解. 但是，在许多实际问题中，我们遇到的线性方程组的未知量个数常常超过三个，而且未知量个数与方程的个数不一定相同，如

$$\begin{cases} x_1 + 2x_2 - 2x_3 - x_4 = 1, \\ 2x_1 + x_2 + 2x_3 - x_4 = 2, \\ -x_1 + 3x_2 + 6x_3 - 4x_4 = 0. \end{cases}$$

那么，这样的线性方程组是否有解呢？如果有解，解是否唯一？如果解不唯一，有多少个解？在有解的情况下，如何求出解？这些就是本节要讨论的主要问题.

9.5.1 线性方程组的有关概念

1. n 元线性方程组

定义 1 设 n 元线性方程组

$$\begin{cases} a_{11}x_1 + a_{12}x_2 + \cdots + a_{1n}x_n = b_1, \\ a_{21}x_1 + a_{22}x_2 + \cdots + a_{2n}x_n = b_2, \\ \quad\cdots\cdots \\ a_{m1}x_1 + a_{m2}x_2 + \cdots + a_{mn}x_n = b_m, \end{cases} \tag{9-10}$$

其中系数 a_{ij}，常数项 b_i 都是已知常数，x_j 是未知量($i = 1,2,\cdots,m$；$j = 1,2,\cdots,n$). 当右端常数项 $b_1,b_2,\cdots,b_m$ 不全为 0 时，称方程组(9-10)为**非齐次线性方程组**；当 $b_1 = b_2 = \cdots = b_m = 0$ 时，方程组(9-10)变为

$$\begin{cases} a_{11}x_1 + a_{12}x_2 + \cdots + a_{1n}x_n = 0, \\ a_{21}x_1 + a_{22}x_2 + \cdots + a_{2n}x_n = 0, \\ \quad \cdots\cdots \\ a_{m1}x_1 + a_{m2}x_2 + \cdots + a_{mn}x_n = 0, \end{cases} \tag{9-11}$$

称之为**齐次线性方程组**.

2. n 元线性方程组的解

定义 2　如果将 n 个数 $k_1, k_2, \cdots, k_n$ 依次代入方程组(9－10)或(9－11)中的 $x_1, x_2, \cdots, x_n$ 后,方程组(9－10)或(9－11)中的每个方程都变成等式,则称由这 n 个数组成的 n 元有序数组 $(k_1, k_2, \cdots, k_n)$ 为方程组(9－10)或(9－11)的一组解.

显然,由 $x_1 = 0, x_2 = 0, \cdots, x_n = 0$ 组成的 n 元有序数组 $(0, 0, \cdots, 0)$ 是齐次线性方程组(9－11)的一组解,称之为齐次线性方程组的**零解**,而齐次线性方程组的未知量取值不全为零的解,称为该齐次线性方程组的**非零解**.

若方程组(9－10)有解,则称方程组(9－10)**相容**;否则,称方程组(9－10)**不相容**.

9.5.2　n 元线性方程组的求解

在中学阶段,求解方程组的主要方法是高斯消元法.

例 1　求解方程组

$$\begin{cases} 2x_1 - x_2 + 3x_3 = 1, & ① \\ 4x_1 + 2x_2 + 5x_3 = 4, & ② \\ 2x_1 \qquad + 2x_3 = 6. & ③ \end{cases} \tag{9-12}$$

解　由 ②－2×①,③－①,得到同解方程组

$$\begin{cases} 2x_1 - x_2 + 3x_3 = 1, & ④ \\ \qquad 4x_2 - x_3 = 2, & ⑤ \\ \qquad x_2 - x_3 = 5. & ⑥ \end{cases} \tag{9-13}$$

再由 ⑤－4×⑥,⑤↔⑥,得到同解方程组

$$\begin{cases} 2x_1 - x_2 + 3x_3 = 1, & ⑦ \\ \qquad x_2 - x_3 = 5, & ⑧ \\ \qquad\qquad 3x_3 = -18. & ⑨ \end{cases} \tag{9-14}$$

由 ⑨ 式得 $x_3 = -6$;把 $x_3 = -6$ 代入 ⑧ 式,得 $x_2 = -1$;把 $x_2 = -1, x_3 = -6$ 代入 ⑦ 式,得 $x_1 = 9$. 故原方程组的解为

$$\begin{cases} x_1 = 9, \\ x_2 = -1, \\ x_3 = -6. \end{cases}$$

解方程组(9－12)的关键是:将方程组(9－12)化为与之同解的方程组(9－14).

由于每一个线性方程组对应一个增广矩阵,且线性方程组每进行一次高斯消元,相应的增广矩阵就发生一次行变换. 以上消元过程中对应的增广矩阵所做的行变换如下:

$$\widetilde{\mathbf{A}}=\left(\begin{array}{ccc:c}2&-1&3&1\\4&2&5&4\\2&0&2&6\end{array}\right)\xrightarrow[r_3-r_1]{r_2-2r_1}\left(\begin{array}{ccc:c}2&-1&3&1\\0&4&-1&2\\0&1&-1&5\end{array}\right)$$

$$\xrightarrow{r_2\leftrightarrow r_3}\left(\begin{array}{ccc:c}2&-1&3&1\\0&1&-1&5\\0&4&-1&2\end{array}\right)\xrightarrow{r_3-4r_2}\left(\begin{array}{ccc:c}2&-1&3&1\\0&1&-1&5\\0&0&3&-18\end{array}\right).$$

可以发现,最后的阶梯形矩阵正好是方程组(9-14)的增广矩阵.因此,对线性方程组进行高斯消元的实质就是:首先,对其增广矩阵做行初等变换,将其化为阶梯形矩阵;然后,写出对应的线性方程组;最后,进行回代,求出方程组的解.其回代过程也可以用行变换得到,即

$$\left(\begin{array}{ccc:c}2&-1&3&1\\0&1&-1&5\\0&0&3&-18\end{array}\right)\xrightarrow[r_2+r_3]{\frac{1}{3}r_3}\left(\begin{array}{ccc:c}2&-1&3&1\\0&1&0&-1\\0&0&1&-6\end{array}\right)$$

$$\xrightarrow[r_1+r_2]{r_1-3r_3}\left(\begin{array}{ccc:c}2&0&0&18\\0&1&0&-1\\0&0&1&-6\end{array}\right)\xrightarrow{\frac{1}{2}r_1}\left(\begin{array}{ccc:c}1&0&0&9\\0&1&0&-1\\0&0&1&-6\end{array}\right).$$

例 2 求解线性方程组$\begin{cases}2x_2-x_3=1,\\2x_1+2x_2+3x_3=5,\\x_1+2x_2+2x_3=4.\end{cases}$

解 对增广矩阵做行初等变换,将其化为行最简形矩阵:

$$\widetilde{\mathbf{A}}=\left(\begin{array}{ccc:c}0&2&-1&1\\2&2&3&5\\1&2&2&4\end{array}\right)\xrightarrow{r_1\leftrightarrow r_3}\left(\begin{array}{ccc:c}1&2&2&4\\2&2&3&5\\0&2&-1&1\end{array}\right)$$

$$\xrightarrow{r_2-2r_1}\left(\begin{array}{ccc:c}1&2&2&4\\0&-2&-1&-3\\0&2&-1&1\end{array}\right)\xrightarrow[r_3+r_2]{r_1+r_2}\left(\begin{array}{ccc:c}1&0&1&1\\0&-2&-1&-3\\0&0&-2&-2\end{array}\right)$$

$$\xrightarrow{-\frac{1}{2}r_3}\left(\begin{array}{ccc:c}1&0&1&1\\0&-2&-1&-3\\0&0&1&1\end{array}\right)\xrightarrow[r_2+r_3]{r_1-r_3}\left(\begin{array}{ccc:c}1&0&0&0\\0&-2&0&-2\\0&0&1&1\end{array}\right)$$

$$\xrightarrow{-\frac{1}{2}r_2}\left(\begin{array}{ccc:c}1&0&0&0\\0&1&0&1\\0&0&1&1\end{array}\right).$$

故原方程组的同解方程组为$\begin{cases}x_1=0,\\x_2=1,\\x_3=1,\end{cases}$此即为所求线性方程组的解.

注 例 1 和例 2 中的方程组有唯一解,且不难发现,此时增广矩阵 $\widetilde{\mathbf{A}}$ 的秩等于系数矩阵 $\mathbf{A}$ 的秩,也等于线性方程组的未知量个数.

例 3　求解线性方程组$\begin{cases} x_1+x_2+x_3=1, \\ -x_1+2x_2-4x_3=2, \\ 2x_1+5x_2-x_3=3. \end{cases}$

解　写出增广矩阵并对其做行初等变换：

$$\widetilde{\boldsymbol{A}}=\left(\begin{array}{ccc:c} 1 & 1 & 1 & 1 \\ -1 & 2 & -4 & 2 \\ 2 & 5 & -1 & 3 \end{array}\right) \xrightarrow[r_3-2r_1]{r_2+r_1} \left(\begin{array}{ccc:c} 1 & 1 & 1 & 1 \\ 0 & 3 & -3 & 3 \\ 0 & 3 & -3 & 1 \end{array}\right) \xrightarrow{r_3-r_2} \left(\begin{array}{ccc:c} 1 & 1 & 1 & 1 \\ 0 & 3 & -3 & 3 \\ 0 & 0 & 0 & -2 \end{array}\right).$$

由最后的阶梯形矩阵，写出相应的同解方程组

$$\begin{cases} x_1+x_2+x_3=1, \\ 3x_2-3x_3=3, \\ 0=-2. \end{cases}$$

因为这里出现了 $0=-2$，所以原方程组是矛盾的方程组，故原方程组无解.

注　例 3 中的线性方程组无解，且不难发现，此时增广矩阵 $\widetilde{\boldsymbol{A}}$ 的秩等于 3，系数矩阵 $\boldsymbol{A}$ 的秩等于 2，即 $\mathrm{r}(\boldsymbol{A}) \neq \mathrm{r}(\widetilde{\boldsymbol{A}})$.

例 4　求解线性方程组

$$\begin{cases} -3x_1-3x_2+14x_3+29x_4=-16, \\ x_1+x_2+4x_3-x_4=1, \\ -x_1-x_2+2x_3+7x_4=-4. \end{cases} \tag{9-15}$$

解　对增广矩阵做行初等变换，将其化为行最简形矩阵：

$$\widetilde{\boldsymbol{A}}=\left(\begin{array}{cccc:c} -3 & -3 & 14 & 29 & -16 \\ 1 & 1 & 4 & -1 & 1 \\ -1 & -1 & 2 & 7 & -4 \end{array}\right) \xrightarrow{r_1 \leftrightarrow r_2} \left(\begin{array}{cccc:c} 1 & 1 & 4 & -1 & 1 \\ -3 & -3 & 14 & 29 & -16 \\ -1 & -1 & 2 & 7 & -4 \end{array}\right)$$

$$\xrightarrow[r_3+r_1]{r_2+3r_1} \left(\begin{array}{cccc:c} 1 & 1 & 4 & -1 & 1 \\ 0 & 0 & 26 & 26 & -13 \\ 0 & 0 & 6 & 6 & -3 \end{array}\right) \xrightarrow{\frac{1}{13}r_2} \left(\begin{array}{cccc:c} 1 & 1 & 4 & -1 & 1 \\ 0 & 0 & 2 & 2 & -1 \\ 0 & 0 & 6 & 6 & -3 \end{array}\right)$$

$$\xrightarrow{r_3-3r_2} \left(\begin{array}{cccc:c} 1 & 1 & 4 & -1 & 1 \\ 0 & 0 & 2 & 2 & -1 \\ 0 & 0 & 0 & 0 & 0 \end{array}\right) \xrightarrow{\frac{1}{2}r_2} \left(\begin{array}{cccc:c} 1 & 1 & 4 & -1 & 1 \\ 0 & 0 & 1 & 1 & -\frac{1}{2} \\ 0 & 0 & 0 & 0 & 0 \end{array}\right)$$

$$\xrightarrow{r_1-4r_2} \left(\begin{array}{cccc:c} 1 & 1 & 0 & -5 & 3 \\ 0 & 0 & 1 & 1 & -\frac{1}{2} \\ 0 & 0 & 0 & 0 & 0 \end{array}\right),$$

故原方程组的同解方程组为

$$\begin{cases} x_1+x_2-5x_4=3, \\ x_3+x_4=-\frac{1}{2}. \end{cases}$$

将含未知量 x_2, x_4 的项移到等号右边，得

$$\begin{cases} x_1 = -x_2 + 5x_4 + 3, \\ x_3 = \quad - x_4 - \dfrac{1}{2}. \end{cases} \tag{9-16}$$

可见,(9－16) 式中的 x_2,x_4 可以取任意实数,且只要未知量 x_2,x_4 分别取定一个值,就能由(9－16) 式得到未知量 x_1,x_3 的值.假如,取定 $x_2=1,x_4=0$,将其代入(9－16) 式,就可以得到一组相应的值 $x_1=2,x_3=-0.5$,从而得到方程组(9－15) 的一组解

$$\begin{cases} x_1 = 2, \\ x_2 = 1, \\ x_3 = -0.5, \\ x_4 = 0. \end{cases} \tag{9-17}$$

由于未知量 x_2,x_4 的取值可以是任意实数,因此方程组(9－15) 的解有无穷多个.表达式(9－16)称为方程组(9－15)的**一般解**,其中等号右端的未知量 x_2,x_4 称为**自由未知量**.当一般解(9－16) 中的未知量 x_2,x_4 取定一组解(如 $x_2=1,x_4=0$)时,就能得到方程组(9－15) 的一组解(如(9－17)),这组解称为方程组(9－15) 的一个**特解**.

如果将表达式(9－16) 中的自由未知量 x_2,x_4 取任意实数 c_1,c_2,则方程组(9－15) 有下列形式的一般解:

$$\begin{cases} x_1 = -c_1 + 5c_2 + 3, \\ x_2 = c_1, \\ x_3 = -c_2 - \dfrac{1}{2}, \\ x_4 = c_2, \end{cases}$$

其中 c_1,c_2 为任意常数.

例 5　求解线性方程组 $\begin{cases} x_1 - 2x_2 \quad = 1, \\ x_1 - x_2 - 2x_3 = -2, \\ \quad -2x_2 + 4x_3 = 6. \end{cases}$

解　写出增广矩阵并对其做行初等变换:

$$\tilde{\boldsymbol{A}} = \left(\begin{array}{ccc:c} 1 & -2 & 0 & 1 \\ 1 & -1 & -2 & -2 \\ 0 & -2 & 4 & 6 \end{array}\right) \xrightarrow[r_3+2r_2]{r_2-r_1} \left(\begin{array}{ccc:c} 1 & -2 & 0 & 1 \\ 0 & 1 & -2 & -3 \\ 0 & 0 & 0 & 0 \end{array}\right) \xrightarrow{r_1+2r_2} \left(\begin{array}{ccc:c} 1 & 0 & -4 & -5 \\ 0 & 1 & -2 & -3 \\ 0 & 0 & 0 & 0 \end{array}\right).$$

根据最后的阶梯形矩阵,写出同解方程组

$$\begin{cases} x_1 \quad - 4x_3 = -5, \\ \quad x_2 - 2x_3 = -3, \end{cases}$$

整理得

$$\begin{cases} x_1 = -5 + 4x_3, \\ x_2 = -3 + 2x_3. \end{cases}$$

随着自由未知量 x_3 取不同的值,原方程组有不同的解,所以原方程组有无穷多解,其一般解为

$$\begin{cases} x_1 = -5+4c, \\ x_2 = -3+2c, \\ x_3 = c, \end{cases}$$

其中 c 为任意常数.

例 6　求解线性方程组$\begin{cases} x_1+2x_2+3x_3+4x_4=5, \\ 2x_1+4x_2+4x_3+6x_4=8, \\ -x_1-2x_2-x_3-2x_4=-3. \end{cases}$

解　写出增广矩阵并对增广矩阵做行初等变换：

$$\widetilde{\mathbf{A}} = \left(\begin{array}{cccc:c} 1 & 2 & 3 & 4 & 5 \\ 2 & 4 & 4 & 6 & 8 \\ -1 & -2 & -1 & -2 & -3 \end{array}\right) \xrightarrow[r_3+r_1]{r_2-2r_1} \left(\begin{array}{cccc:c} 1 & 2 & 3 & 4 & 5 \\ 0 & 0 & -2 & -2 & -2 \\ 0 & 0 & 2 & 2 & 2 \end{array}\right)$$

$$\xrightarrow[-\frac{1}{2}r_2]{r_3+r_2} \left(\begin{array}{cccc:c} 1 & 2 & 3 & 4 & 5 \\ 0 & 0 & 1 & 1 & 1 \\ 0 & 0 & 0 & 0 & 0 \end{array}\right) \xrightarrow{r_1-3r_2} \left(\begin{array}{cccc:c} 1 & 2 & 0 & 1 & 2 \\ 0 & 0 & 1 & 1 & 1 \\ 0 & 0 & 0 & 0 & 0 \end{array}\right).$$

写出同解方程组

$$\begin{cases} x_1+2x_2 \qquad +x_4=2, \\ \qquad\qquad x_3+x_4=1, \end{cases}$$

整理得

$$\begin{cases} x_1 = 2-2x_2-x_4, \\ x_3 = 1-x_4, \end{cases}$$

其中 x_2, x_4 是自由未知量. 取 $x_2=c_1, x_4=c_2$，得到原方程组的一般解

$$\begin{cases} x_1 = 2-2c_1-c_2, \\ x_2 = c_1, \\ x_3 = 1-c_2, \\ x_4 = c_2, \end{cases}$$

其中 c_1, c_2 为任意常数.

注　例 4，例 5 和例 6 中的线性方程组有无穷多个解，且不难发现，此时增广矩阵 $\widetilde{\mathbf{A}}$ 的秩等于系数矩阵 $\mathbf{A}$ 的秩，并小于线性方程组的未知量个数.

总结前面几个例子的求解过程，我们得到求解线性方程组的一般方法：

(1) 写出线性方程组的增广矩阵；

(2) 用行初等变换将增广矩阵化为阶梯形矩阵；

(3) 判断线性方程组是否相容，在线性方程组相容时，再把阶梯形矩阵化为行最简形矩阵；

(4) 根据行最简形矩阵直接写出线性方程组的解.

由前面的例题可知，线性方程组是否有解，关键在于其系数矩阵 $\mathbf{A}$ 的秩和增广矩阵 $\widetilde{\mathbf{A}}$ 的秩是否相等.

定理 1(线性方程组有解的判别定理)　**n 元线性方程组**(9－10) **有解的充要条件是：其**

系数矩阵 $\boldsymbol{A}$ 的秩与增广矩阵 $\widetilde{\boldsymbol{A}}$ 的秩相等，即 $\mathrm{r}(\boldsymbol{A})=\mathrm{r}(\widetilde{\boldsymbol{A}})$. 而且当 $\mathrm{r}(\boldsymbol{A})=\mathrm{r}(\widetilde{\boldsymbol{A}})=n$ 时，方程组(9-10)有唯一的解；当 $\mathrm{r}(\boldsymbol{A})=\mathrm{r}(\widetilde{\boldsymbol{A}})<n$ 时，方程组(9-10)有无穷多个解，其中自由未知量的个数等于 $n-\mathrm{r}(\boldsymbol{A})$.

9.5.3 齐次线性方程组的求解

将定理 1 的结论应用于齐次线性方程组(9-11)，因为 $\boldsymbol{B}=\boldsymbol{O}$，所以总有 $\mathrm{r}(\boldsymbol{A})=\mathrm{r}(\widetilde{\boldsymbol{A}})$，因此齐次线性方程组一定有解，并且有下面的结论.

定理 2 **(1) n 元齐次线性方程组(9-11)有非零解的充要条件是：其系数矩阵 $\boldsymbol{A}$ 的秩小于该方程组的未知量个数，即 $\mathrm{r}(\boldsymbol{A})<n$；**

(2) n 元齐次线性方程组(9-11)只有零解的充要条件是：其系数矩阵 $\boldsymbol{A}$ 的秩等于该方程组的未知量个数，即 $\mathrm{r}(\boldsymbol{A})=n$.

例 7 求解齐次线性方程组

$$\begin{cases} x_1+x_2+x_3+4x_4-3x_5=0, \\ 2x_1+x_2+3x_3+5x_4-4x_5=0, \\ x_1-x_2+3x_3-2x_4+x_5=0, \\ 3x_1+x_2+5x_3+6x_4-5x_5=0. \end{cases}$$

解 先写出增广矩阵

$$\widetilde{\boldsymbol{A}}=\left(\begin{array}{ccccc:c} 1 & 1 & 1 & 4 & -3 & 0 \\ 2 & 1 & 3 & 5 & -4 & 0 \\ 1 & -1 & 3 & -2 & 1 & 0 \\ 3 & 1 & 5 & 6 & -5 & 0 \end{array}\right),$$

再对 $\widetilde{\boldsymbol{A}}$ 做行初等变换：

$$\widetilde{\boldsymbol{A}}=\left(\begin{array}{ccccc:c} 1 & 1 & 1 & 4 & -3 & 0 \\ 2 & 1 & 3 & 5 & -4 & 0 \\ 1 & -1 & 3 & -2 & 1 & 0 \\ 3 & 1 & 5 & 6 & -5 & 0 \end{array}\right) \xrightarrow[r_4-3r_1]{\substack{r_2-2r_1 \\ r_3-r_1}} \left(\begin{array}{ccccc:c} 1 & 1 & 1 & 4 & -3 & 0 \\ 0 & -1 & 1 & -3 & 2 & 0 \\ 0 & -2 & 2 & -6 & 4 & 0 \\ 0 & -2 & 2 & -6 & 4 & 0 \end{array}\right)$$

$$\xrightarrow[r_4-2r_2]{r_3-2r_2} \left(\begin{array}{ccccc:c} 1 & 1 & 1 & 4 & -3 & 0 \\ 0 & -1 & 1 & -3 & 2 & 0 \\ 0 & 0 & 0 & 0 & 0 & 0 \\ 0 & 0 & 0 & 0 & 0 & 0 \end{array}\right).$$

因为 $\mathrm{r}(\boldsymbol{A})$ 小于未知量个数，所以该齐次线性方程组有非零解，且同解方程组为

$$\begin{cases} x_1+x_2+x_3+4x_4-3x_5=0, \\ -x_2+x_3-3x_4+2x_5=0, \end{cases}$$

整理得

$$\begin{cases} x_1=-2x_3-x_4+x_5, \\ x_2=x_3-3x_4+2x_5. \end{cases}$$

取 $x_3=c_1,x_4=c_2,x_5=c_3$,即得该齐次线性方程组的一般解为

$$\begin{cases}x_1=-2c_1-c_2+c_3,\\ x_2=c_1-3c_2+2c_3,\\ x_3=c_1,\\ x_4=c_2,\\ x_5=c_3,\end{cases}$$

其中 c_1,c_2,c_3 为任意常数.

由此例题可见,齐次线性方程组的增广矩阵的最后一列全为 0,且在行初等变换中一直保持为 0. 故解齐次线性方程组时,只需对系数矩阵 $\boldsymbol{A}$ 做行初等变换即可.

习题 9－5

1. 求解下列齐次线性方程组:

(1) $\begin{cases}x_1+x_2+2x_3-x_4=0,\\ 2x_1+x_2+x_3-x_4=0,\\ 2x_1+2x_2+x_3+2x_4=0;\end{cases}$　(2) $\begin{cases}x_1+2x_2+x_3-x_4=0,\\ 3x_1+6x_2-x_3-3x_4=0,\\ 5x_1+10x_2+x_3-5x_4=0;\end{cases}$

(3) $\begin{cases}2x_1+3x_2-x_3+5x_4=0,\\ 3x_1+x_2+2x_3-7x_4=0,\\ 4x_1+x_2-3x_3+6x_4=0,\\ x_1-2x_2+4x_3-7x_4=0;\end{cases}$　(4) $\begin{cases}3x_1+4x_2-5x_3+7x_4=0,\\ 2x_1-3x_2+3x_3-2x_4=0,\\ 4x_1+11x_2-13x_3+16x_4=0,\\ 7x_1-2x_2+x_3+3x_4=0.\end{cases}$

2. 求解下列非齐次线性方程组:

(1) $\begin{cases}4x_1+2x_2-x_3=2,\\ 3x_1-x_2+2x_3=10,\\ 11x_1+3x_2=8;\end{cases}$　(2) $\begin{cases}2x+3y+z=4,\\ x-2y+4z=-5,\\ 3x+8y-2z=13,\\ 4x-y+9z=-6;\end{cases}$

(3) $\begin{cases}2x+y-z+w=1,\\ 4x+2y-2z+w=2,\\ 2x+y-z-w=1;\end{cases}$　(4) $\begin{cases}2x+y-z+w=1,\\ 3x-2y+z-3w=4,\\ x+4y-3z+5w=-2.\end{cases}$

3. 讨论当 λ 取何值时,非齐次线性方程组 $\begin{cases}\lambda x_1+x_2+x_3=1,\\ x_1+\lambda x_2+x_3=\lambda,\\ x_1+x_2+\lambda x_3=\lambda^2\end{cases}$ 有唯一解、无解、有无穷多个解.

§ 9.6　矩阵的特征值与特征向量

9.6.1　特征值与特征向量的概念及求法

定义 1　称 $1\times n$ 行矩阵为 n **维行向量**,而称 $n\times 1$ 列矩阵为 n **维列向量**.

行向量和列向量统称为**向量**. 元素全为 0 的向量称为**零向量**,记为 $\mathbf{0}$. 除特殊说明外,下面提到的向量均指列向量.

定义 2 设 $\boldsymbol{A}$ 为 n 阶方阵. 如果存在数 λ 和非零向量 $\boldsymbol{\alpha}$,使得

$$\boldsymbol{A\alpha}=\lambda\boldsymbol{\alpha}$$

成立,则称 λ 为 $\boldsymbol{A}$ 的一个**特征值**,称 $\boldsymbol{\alpha}$ 为 $\boldsymbol{A}$ **属于特征值** λ **的一个特征向量**,简称为**特征向量**.

例 1 设 $\boldsymbol{A}=\begin{pmatrix}0&10&6\\1&-3&-3\\-2&10&8\end{pmatrix}$,$\boldsymbol{\alpha}=\begin{pmatrix}2\\1\\-1\end{pmatrix}$,$\boldsymbol{\beta}=\begin{pmatrix}3\\0\\1\end{pmatrix}$,计算 $\boldsymbol{A\alpha}$,$\boldsymbol{A\beta}$.

解 $$\boldsymbol{A\alpha}=\begin{pmatrix}0\times2+10\times1+6\times(-1)\\1\times2+(-3)\times1+(-3)\times(-1)\\(-2)\times2+10\times1+8\times(-1)\end{pmatrix}=\begin{pmatrix}4\\2\\-2\end{pmatrix}=2\begin{pmatrix}2\\1\\-1\end{pmatrix},$$

$$\boldsymbol{A\beta}=\begin{pmatrix}0\times3+10\times0+6\times1\\1\times3+(-3)\times0+(-3)\times1\\(-2)\times3+10\times0+8\times1\end{pmatrix}=\begin{pmatrix}6\\0\\2\end{pmatrix}=2\begin{pmatrix}3\\0\\1\end{pmatrix},$$

所以 2 是 $\boldsymbol{A}$ 的一个特征值,$\boldsymbol{\alpha}=\begin{pmatrix}2\\1\\-1\end{pmatrix}$,$\boldsymbol{\beta}=\begin{pmatrix}3\\0\\1\end{pmatrix}$ 都是 $\boldsymbol{A}$ 属于特征值 2 的一个特征向量.

从特征值与特征向量的定义以及矩阵乘法的运算规律,可以得出:

(1) 如果 $\boldsymbol{\alpha},\boldsymbol{\beta}$ 都是 $\boldsymbol{A}$ 属于特征值 λ 的特征向量,那么当它们的和 $\boldsymbol{\alpha}+\boldsymbol{\beta}\neq\mathbf{0}$ 时,$\boldsymbol{\alpha}+\boldsymbol{\beta}$ 也是 $\boldsymbol{A}$ 属于特征值 λ 的特征向量;

(2) 如果 $\boldsymbol{\alpha}$ 是 $\boldsymbol{A}$ 属于特征值 λ 的特征向量,那么对非零常数 k,$k\boldsymbol{\alpha}$ 也是 $\boldsymbol{A}$ 属于特征值 λ 的特征向量.

由以上两条可知,如果 $\boldsymbol{\alpha},\boldsymbol{\beta}$ 都是 $\boldsymbol{A}$ 属于特征值 λ 的特征向量,设 k_1,k_2 为任意常数,只要 $k_1\boldsymbol{\alpha}+k_2\boldsymbol{\beta}\neq\mathbf{0}$,那么 $k_1\boldsymbol{\alpha}+k_2\boldsymbol{\beta}$ 也是 $\boldsymbol{A}$ 属于特征值 λ 的特征向量.

问题 如果 $\boldsymbol{\alpha},\boldsymbol{\beta}$ 是 $\boldsymbol{A}$ 分别属于特征值 λ_1,λ_2 的特征向量($\lambda_1\neq\lambda_2$),设 k_1,k_2 为任意常数,且 $k_1\boldsymbol{\alpha}+k_2\boldsymbol{\beta}\neq\mathbf{0}$,那么 $k_1\boldsymbol{\alpha}+k_2\boldsymbol{\beta}$ 还是 $\boldsymbol{A}$ 属于某一个特征值的特征向量吗?

下面介绍一个求已知方阵 $\boldsymbol{A}$ 的特征值与特征向量的方法.

设 $\boldsymbol{\alpha}=\begin{pmatrix}c_1\\c_2\\\vdots\\c_n\end{pmatrix}$ 是矩阵 $\boldsymbol{A}=\begin{pmatrix}a_{11}&a_{12}&\cdots&a_{1n}\\a_{21}&a_{22}&\cdots&a_{2n}\\\vdots&\vdots&&\vdots\\a_{n1}&a_{n2}&\cdots&a_{nn}\end{pmatrix}$ 属于特征值 λ 的特征向量,那么 $\boldsymbol{A\alpha}=\lambda\boldsymbol{\alpha}$,即 $(\lambda\boldsymbol{E}-\boldsymbol{A})\boldsymbol{\alpha}=\mathbf{0}$. 具体写出来就是

$$\begin{cases}(\lambda-a_{11})c_1-a_{12}c_2-\cdots-a_{1n}c_n=0,\\-a_{21}c_1+(\lambda-a_{22})c_2-\cdots-a_{2n}c_n=0,\\\cdots\cdots\\-a_{n1}c_1-a_{n2}c_2-\cdots+(\lambda-a_{nn})c_n=0.\end{cases}$$

这说明,若将 $\boldsymbol{\alpha}=\begin{pmatrix}c_1\\c_2\\\vdots\\c_n\end{pmatrix}$ 看作 n 元有序数组,则它是齐次线性方程组

$$\begin{cases}(\lambda-a_{11})x_1-a_{12}x_2-\cdots-a_{1n}x_n=0,\\-a_{21}x_1+(\lambda-a_{22})x_2-\cdots-a_{2n}x_n=0,\\\cdots\cdots\\-a_{n1}x_1-a_{n2}x_2-\cdots+(\lambda-a_{nn})x_n=0,\end{cases}$$

即 $(\lambda\boldsymbol{E}-\boldsymbol{A})\boldsymbol{X}=\boldsymbol{0}$ 的一个非零解.这个齐次线性方程组既然有非零解,那么它的系数矩阵的行列式必须等于 0,即

$$|\lambda\boldsymbol{E}-\boldsymbol{A}|=\begin{vmatrix}\lambda-a_{11}&-a_{12}&\cdots&-a_{1n}\\-a_{21}&\lambda-a_{22}&\cdots&-a_{2n}\\\vdots&\vdots&&\vdots\\-a_{n1}&-a_{n2}&\cdots&\lambda-a_{nn}\end{vmatrix}=0.$$

定义 3　设 $\boldsymbol{A}=(a_{ij})_{n\times n}$ 为 n 阶方阵,λ 是一个未知数,称矩阵 $\lambda\boldsymbol{E}-\boldsymbol{A}$ 为 $\boldsymbol{A}$ 的**特征矩阵**;特征矩阵的行列式

$$|\lambda\boldsymbol{E}-\boldsymbol{A}|=\begin{vmatrix}\lambda-a_{11}&-a_{12}&\cdots&-a_{1n}\\-a_{21}&\lambda-a_{22}&\cdots&-a_{2n}\\\vdots&\vdots&&\vdots\\-a_{n1}&-a_{n2}&\cdots&\lambda-a_{nn}\end{vmatrix}$$

是一个关于 λ 的 n 次多项式,称之为 $\boldsymbol{A}$ 的**特征多项式**;方程 $|\lambda\boldsymbol{E}-\boldsymbol{A}|=0$ 称为 $\boldsymbol{A}$ 的**特征方程**.

前面的分析说明:如果 λ 是矩阵 $\boldsymbol{A}$ 的一个特征值,那么 λ 一定是 $\boldsymbol{A}$ 的特征多项式的一个根;反过来,如果 λ 是 $\boldsymbol{A}$ 的特征多项式的一个根,即 $|\lambda\boldsymbol{E}-\boldsymbol{A}|=0$,那么齐次线性方程组 $(\lambda\boldsymbol{E}-\boldsymbol{A})\boldsymbol{X}=\boldsymbol{0}$ 就有非零解,因此 λ 是矩阵 $\boldsymbol{A}$ 的特征值,且方程组 $(\lambda\boldsymbol{E}-\boldsymbol{A})\boldsymbol{X}=\boldsymbol{0}$ 的每一个非零解都是 $\boldsymbol{A}$ 属于 λ 的特征向量.这就是说,矩阵 $\boldsymbol{A}$ 的特征值就是 $\boldsymbol{A}$ 的特征多项式的根.于是特征值也叫作**特征根**.因为实系数多项式的根不一定是实数,所以 $\boldsymbol{A}$ 的特征根可能是复数,此时 $\boldsymbol{A}$ 属于这个特征值的特征向量可能是复向量.我们只考虑实特征值的情况.

归纳以上讨论,可以总结出矩阵 $\boldsymbol{A}$ 的特征值和特征向量的求法如下:

(1) 计算 $\boldsymbol{A}$ 的特征多项式 $f(\lambda)=|\lambda\boldsymbol{E}-\boldsymbol{A}|$;

(2) 求出 $f(\lambda)=|\lambda\boldsymbol{E}-\boldsymbol{A}|=0$ 的全部根,即 $\boldsymbol{A}$ 的全部特征值;

(3) 对于每一个 λ,求出齐次线性方程组 $(\lambda\boldsymbol{E}-\boldsymbol{A})\boldsymbol{X}=\boldsymbol{0}$ 的全部非零解,它们就是 $\boldsymbol{A}$ 属于 λ 的全部特征向量.

例 2　求矩阵 $\boldsymbol{A}=\begin{pmatrix}3&1\\5&-1\end{pmatrix}$ 的特征值与特征向量.

解　特征多项式为 $|\lambda\boldsymbol{E}-\boldsymbol{A}|=\begin{vmatrix}\lambda-3&-1\\-5&\lambda+1\end{vmatrix}=(\lambda-3)(\lambda+1)-5=\lambda^2-2\lambda-8$,特征方程为 $\lambda^2-2\lambda-8=0$,即 $\lambda^2-2\lambda-8=(\lambda-4)(\lambda+2)=0$,所以 $\lambda_1=4,\lambda_2=-2$ 就是 $\boldsymbol{A}$

的全部特征值.

对于 $\lambda_1=4$,解方程组 $(4\boldsymbol{E}-\boldsymbol{A})\boldsymbol{X}=\boldsymbol{0}$,即 $\begin{cases}x_1-x_2=0,\\-5x_1+5x_2=0.\end{cases}$ 因为系数矩阵为

$$4\boldsymbol{E}-\boldsymbol{A}=\begin{pmatrix}1&-1\\-5&5\end{pmatrix}\xrightarrow{r_2+5r_1}\begin{pmatrix}1&-1\\0&0\end{pmatrix},$$

所以方程组 $(4\boldsymbol{E}-\boldsymbol{A})\boldsymbol{X}=\boldsymbol{0}$ 的全部非零解为 $c_1\begin{pmatrix}1\\1\end{pmatrix}\ (c_1\neq0)$. 故 $\boldsymbol{A}$ 属于特征值 $\lambda_1=4$ 的全部特征向量为 $c_1\begin{pmatrix}1\\1\end{pmatrix}\ (c_1\neq0)$.

对于 $\lambda_2=-2$,解方程组 $(-2\boldsymbol{E}-\boldsymbol{A})\boldsymbol{X}=\boldsymbol{0}$,即 $\begin{cases}-5x_1-x_2=0,\\-5x_1-x_2=0.\end{cases}$ 因为系数矩阵为

$$-2\boldsymbol{E}-\boldsymbol{A}=\begin{pmatrix}-5&-1\\-5&-1\end{pmatrix}\xrightarrow{r_2-r_1}\begin{pmatrix}-5&-1\\0&0\end{pmatrix}\xrightarrow{-r_1}\begin{pmatrix}5&1\\0&0\end{pmatrix},$$

所以方程组 $(-2\boldsymbol{E}-\boldsymbol{A})\boldsymbol{X}=\boldsymbol{0}$ 的全部非零解为 $c_2\begin{pmatrix}1\\-5\end{pmatrix}\ (c_2\neq0)$. 故 $\boldsymbol{A}$ 属于特征值 $\lambda_2=-2$ 的全部特征向量为 $c_2\begin{pmatrix}1\\-5\end{pmatrix}\ (c_2\neq0)$.

例 3　求矩阵 $\boldsymbol{A}=\begin{pmatrix}-1&1&0\\-4&3&0\\1&0&2\end{pmatrix}$ 的特征值与特征向量.

解　特征多项式为

$$\begin{aligned}|\lambda\boldsymbol{E}-\boldsymbol{A}|&=\begin{vmatrix}\lambda+1&-1&0\\4&\lambda-3&0\\-1&0&\lambda-2\end{vmatrix}=(\lambda-2)[(\lambda+1)\cdot(\lambda-3)+4]\\&=(\lambda-2)(\lambda-1)^2,\end{aligned}$$

特征方程为 $(\lambda-2)(\lambda-1)^2=0$,所以 $\lambda_1=2,\lambda_2=1$ 就是 $\boldsymbol{A}$ 的全部特征值.

对于 $\lambda_1=2$,解方程组 $(2\boldsymbol{E}-\boldsymbol{A})\boldsymbol{X}=\boldsymbol{0}$,即 $\begin{cases}3x_1-x_2=0,\\4x_1-x_2=0,\\-x_1=0.\end{cases}$ 因为系数矩阵为

$$2\boldsymbol{E}-\boldsymbol{A}=\begin{pmatrix}3&-1&0\\4&-1&0\\-1&0&0\end{pmatrix}\xrightarrow{r_3\leftrightarrow r_1}\begin{pmatrix}-1&0&0\\4&-1&0\\3&-1&0\end{pmatrix}$$

$$\xrightarrow[r_3+3r_1]{r_2+4r_1}\begin{pmatrix}-1&0&0\\0&-1&0\\0&-1&0\end{pmatrix}\xrightarrow[-r_2]{\substack{r_3-r_2\\-r_1}}\begin{pmatrix}1&0&0\\0&1&0\\0&0&0\end{pmatrix},$$

所以方程组$(2\boldsymbol{E}-\boldsymbol{A})\boldsymbol{X}=\boldsymbol{0}$的全部非零解为$c_1\begin{pmatrix}0\\0\\1\end{pmatrix}(c_1\neq 0)$. 故$\boldsymbol{A}$属于特征值$\lambda_1=2$的全部特征向量为$c_1\begin{pmatrix}0\\0\\1\end{pmatrix}(c_1\neq 0)$.

对于$\lambda_2=1$,解方程组$(\boldsymbol{E}-\boldsymbol{A})\boldsymbol{X}=\boldsymbol{0}$,即$\begin{cases}2x_1-x_2=0,\\4x_1-2x_2=0,\\-x_1-x_3=0.\end{cases}$因为系数矩阵为

$$\boldsymbol{E}-\boldsymbol{A}=\begin{pmatrix}2&-1&0\\4&-2&0\\-1&0&-1\end{pmatrix}\xrightarrow[r_3\leftrightarrow r_1]{r_2-2r_1}\begin{pmatrix}-1&0&-1\\0&0&0\\2&-1&0\end{pmatrix}$$

$$\xrightarrow[r_3\leftrightarrow r_2]{r_3+2r_1}\begin{pmatrix}-1&0&-1\\0&-1&-2\\0&0&0\end{pmatrix}\xrightarrow[-r_2]{-r_1}\begin{pmatrix}1&0&1\\0&1&2\\0&0&0\end{pmatrix},$$

所以方程组$(\boldsymbol{E}-\boldsymbol{A})\boldsymbol{X}=\boldsymbol{0}$的全部非零解为$c_2\begin{pmatrix}-1\\-2\\1\end{pmatrix}(c_2\neq 0)$. 故$\boldsymbol{A}$属于特征值$\lambda_2=1$的全部特征向量为$c_2\begin{pmatrix}-1\\-2\\1\end{pmatrix}\ (c_2\neq 0)$.

例 4　求矩阵$\boldsymbol{A}=\begin{pmatrix}3&2&4\\2&0&2\\4&2&3\end{pmatrix}$的特征值与特征向量.

解　特征多项式为

$$|\lambda\boldsymbol{E}-\boldsymbol{A}|=\begin{vmatrix}\lambda-3&-2&-4\\-2&\lambda&-2\\-4&-2&\lambda-3\end{vmatrix}\xlongequal{c_1-c_3}\begin{vmatrix}\lambda+1&-2&-4\\0&\lambda&-2\\-1-\lambda&-2&\lambda-3\end{vmatrix}$$

$$=(\lambda+1)\begin{vmatrix}1&-2&-4\\0&\lambda&-2\\-1&-2&\lambda-3\end{vmatrix}=(\lambda+1)^2(\lambda-8),$$

特征方程为$(\lambda+1)^2(\lambda-8)=0$,所以$\lambda_1=-1,\lambda_2=8$就是$\boldsymbol{A}$的全部特征值.

对于$\lambda_1=-1$,解方程组$(-\boldsymbol{E}-\boldsymbol{A})\boldsymbol{X}=\boldsymbol{0}$,即$\begin{cases}-4x_1-2x_2-4x_3=0,\\-2x_1-x_2-2x_3=0,\\-4x_1-2x_2-4x_3=0.\end{cases}$因为系数矩阵为

$$-\boldsymbol{E}-\boldsymbol{A}=\begin{pmatrix}-4&-2&-4\\-2&-1&-2\\-4&-2&-4\end{pmatrix}\xrightarrow[r_3-r_1]{r_2-\frac{1}{2}r_1}\begin{pmatrix}-4&-2&-4\\0&0&0\\0&0&0\end{pmatrix}\xrightarrow{-\frac{1}{2}r_1}\begin{pmatrix}2&1&2\\0&0&0\\0&0&0\end{pmatrix},$$

所以方程组$(-\boldsymbol{E}-\boldsymbol{A})\boldsymbol{X}=\boldsymbol{0}$的全部非零解为$\begin{pmatrix} c_1 \\ -2c_1-2c_2 \\ c_2 \end{pmatrix}$ $(c_1,c_2$不同时为$0)$. 故$\boldsymbol{A}$属于特征值$\lambda_1=-1$的全部特征向量为$\begin{pmatrix} c_1 \\ -2c_1-2c_2 \\ c_2 \end{pmatrix}$ $(c_1,c_2$不同时为$0)$.

对于$\lambda_2=8$,解方程组$(8\boldsymbol{E}-\boldsymbol{A})\boldsymbol{X}=\boldsymbol{0}$,即$\begin{cases} 5x_1-2x_2-4x_3=0, \\ -2x_1+8x_2-2x_3=0, \\ -4x_1-2x_2+5x_3=0. \end{cases}$因为系数矩阵为

$$8\boldsymbol{E}-\boldsymbol{A}=\begin{pmatrix} 5 & -2 & -4 \\ -2 & 8 & -2 \\ -4 & -2 & 5 \end{pmatrix} \xrightarrow[r_2+2r_1]{r_1+r_3} \begin{pmatrix} 1 & -4 & 1 \\ 0 & 0 & 0 \\ -4 & -2 & 5 \end{pmatrix}$$

$$\xrightarrow[r_2\leftrightarrow r_3]{r_3+4r_1} \begin{pmatrix} 1 & -4 & 1 \\ 0 & -18 & 9 \\ 0 & 0 & 0 \end{pmatrix} \xrightarrow[r_1+2r_2]{-\frac{1}{9}r_2} \begin{pmatrix} 1 & 0 & -1 \\ 0 & 2 & -1 \\ 0 & 0 & 0 \end{pmatrix},$$

所以方程组$(8\boldsymbol{E}-\boldsymbol{A})\boldsymbol{X}=\boldsymbol{0}$的全部非零解为$c_3\begin{pmatrix} 2 \\ 1 \\ 2 \end{pmatrix}$ $(c_3\neq 0)$. 故$\boldsymbol{A}$属于特征值$\lambda_2=8$的全部特征向量为$c_3\begin{pmatrix} 2 \\ 1 \\ 2 \end{pmatrix}$ $(c_3\neq 0)$.

例 5 求n阶方阵$\boldsymbol{A}=\begin{pmatrix} a & 0 & \cdots & 0 \\ 0 & a & \cdots & 0 \\ \vdots & \vdots & & \vdots \\ 0 & 0 & \cdots & a \end{pmatrix}$的特征值与特征向量.

解 因为$|\lambda\boldsymbol{E}-\boldsymbol{A}|=\begin{vmatrix} \lambda-a & 0 & \cdots & 0 \\ 0 & \lambda-a & \cdots & 0 \\ \vdots & \vdots & & \vdots \\ 0 & 0 & \cdots & \lambda-a \end{vmatrix}=(\lambda-a)^n$,所以$\boldsymbol{A}$的特征值为$\lambda=a$.

对于$\lambda=a$,因为齐次线性方程组$(a\boldsymbol{E}-\boldsymbol{A})\boldsymbol{X}=\boldsymbol{0}$的系数矩阵是零矩阵,所以任意一个非零列向量都是$(a\boldsymbol{E}-\boldsymbol{A})\boldsymbol{X}=\boldsymbol{0}$的解,因而$\boldsymbol{A}$属于特征值$\lambda=a$的全部特征向量是$\begin{pmatrix} c_1 \\ c_2 \\ \vdots \\ c_n \end{pmatrix}$,其中$c_1$, $c_2,\cdots,c_n$不全为0.

例 6 设λ_0是n阶方阵$\boldsymbol{A}$的一个特征值,试证:

(1) λ_0^2是矩阵$\boldsymbol{A}^2$的一个特征值;

(2) 对任意数k, $k-\lambda_0$是矩阵$k\boldsymbol{E}-\boldsymbol{A}$的一个特征值;

(3) 若 $\boldsymbol{A}$ 可逆，则 $\dfrac{|\boldsymbol{A}|}{\lambda_0}$ 是 $\boldsymbol{A}^*$ 的一个特征值，其中 $\boldsymbol{A}^*$ 是 $\boldsymbol{A}$ 的伴随矩阵.

证　由已知条件，存在非零向量 $\boldsymbol{\alpha}$，使 $\boldsymbol{A\alpha}=\lambda_0\boldsymbol{\alpha}$.

(1) 在 $\boldsymbol{A\alpha}=\lambda_0\boldsymbol{\alpha}$ 两边左乘 $\boldsymbol{A}$，得

$$\boldsymbol{A}^2\boldsymbol{\alpha}=\boldsymbol{A}\lambda_0\boldsymbol{\alpha}=\lambda_0^2\boldsymbol{\alpha}\quad(\boldsymbol{\alpha}\neq\boldsymbol{0}),$$

故 λ_0^2 是矩阵 $\boldsymbol{A}^2$ 的一个特征值.

(2) 由 $\boldsymbol{A\alpha}=\lambda_0\boldsymbol{\alpha}$，有 $k\boldsymbol{\alpha}-\boldsymbol{A\alpha}=k\boldsymbol{\alpha}-\lambda_0\boldsymbol{\alpha}$，即

$$(k\boldsymbol{E}-\boldsymbol{A})\boldsymbol{\alpha}=(k-\lambda_0)\boldsymbol{\alpha}\quad(\boldsymbol{\alpha}\neq\boldsymbol{0}),$$

故 $k-\lambda_0$ 是矩阵 $k\boldsymbol{E}-\boldsymbol{A}$ 的一个特征值.

(3) 在 $\boldsymbol{A\alpha}=\lambda_0\boldsymbol{\alpha}$ 两边左乘 $\boldsymbol{A}^*$，有

$$\boldsymbol{A}^*\boldsymbol{A\alpha}=\boldsymbol{A}^*(\lambda_0\boldsymbol{\alpha})=\lambda_0\boldsymbol{A}^*\boldsymbol{\alpha}.$$

而根据 §9.2 中的定理 2，又有

$$|\boldsymbol{A}|\boldsymbol{\alpha}=\lambda_0\boldsymbol{A}^*\boldsymbol{\alpha}\quad(\boldsymbol{\alpha}\neq\boldsymbol{0}).$$

因 $\boldsymbol{A}$ 可逆，故 $|\boldsymbol{A}|\neq 0$，又因为 $\boldsymbol{\alpha}\neq\boldsymbol{0}$，所以由上式可以得到 $\lambda_0\neq 0$. 于是可在等式 $|\boldsymbol{A}|\boldsymbol{\alpha}=\lambda_0\boldsymbol{A}^*\boldsymbol{\alpha}$ 两边同除以 λ_0，即得

$$\boldsymbol{A}^*\boldsymbol{\alpha}=\frac{|\boldsymbol{A}|}{\lambda_0}\boldsymbol{\alpha}.$$

故 $\dfrac{|\boldsymbol{A}|}{\lambda_0}$ 是 $\boldsymbol{A}^*$ 的一个特征值.

9.6.2　特征值与特征向量的基本性质

定理 1　n 阶方阵 $\boldsymbol{A}$ 与其转置矩阵 $\boldsymbol{A}^{\mathrm{T}}$ 有相同的特征值.

定理 2　设 n 阶方阵 $\boldsymbol{A}=(a_{ij})_{n\times n}$ 的全部特征值为 $\lambda_1,\lambda_2,\cdots,\lambda_n$（重根重复计算），则

$$\sum_{i=1}^{n}\lambda_i=\sum_{i=1}^{n}a_{ii},\quad \prod_{i=1}^{n}\lambda_i=|\boldsymbol{A}|.$$

例 7　设矩阵 $\boldsymbol{A}=\begin{pmatrix}1&-1&0\\2&x&0\\4&2&1\end{pmatrix}$，已知 $\boldsymbol{A}$ 有特征值 $\lambda_1=1,\lambda_2=2$，求 x 的值及另一个特征值 λ_3.

解　根据定理 2，有

$$\lambda_1+\lambda_2+\lambda_3=1+x+1,\quad \lambda_1\lambda_2\lambda_3=|\boldsymbol{A}|.$$

而 $|\boldsymbol{A}|=\begin{vmatrix}1&-1&0\\2&x&0\\4&2&1\end{vmatrix}=x+2$，故将其及 $\lambda_1=1,\lambda_2=2$ 代入上式，有

$$1+2+\lambda_3=x+2,\quad 2\lambda_3=x+2.$$

于是解得 $x=4,\lambda_3=3$.

习题 9-6

1. 求下列矩阵的特征值与特征向量：

(1) $\boldsymbol{A}=\begin{pmatrix}2&1\\1&2\end{pmatrix}$；　(2) $\boldsymbol{A}=\begin{pmatrix}5&6&-3\\-1&0&1\\1&2&1\end{pmatrix}$；

(3) $\boldsymbol{A}=\begin{pmatrix}0&0&1\\0&1&0\\1&0&0\end{pmatrix}$；　(4) $\boldsymbol{A}=\begin{pmatrix}1&2&3\\2&1&3\\3&3&6\end{pmatrix}$；

(5) $\boldsymbol{A}=\begin{pmatrix}1&0&0&0\\0&2&0&0\\0&0&3&0\\0&0&0&4\end{pmatrix}$；　(6) $\boldsymbol{A}=\begin{pmatrix}1&3&1&2\\0&-1&1&3\\0&0&2&5\\0&0&0&2\end{pmatrix}$.

2. 已知矩阵 $\boldsymbol{A}=\begin{pmatrix}3&2&1\\a&-2&2\\3&b&-1\end{pmatrix}$，且 $\boldsymbol{A}$ 属于特征值 λ_1 的特征向量为 $\begin{pmatrix}1\\-2\\3\end{pmatrix}$，求 a,b 和 λ_1 的值.

3. 设 λ_0 是 n 阶方阵 $\boldsymbol{A}$ 的一个特征值，试证：

(1) 对任意数 k，$k\lambda_0$ 是矩阵 $k\boldsymbol{A}$ 的一个特征值；

(2) 若 $\boldsymbol{A}$ 可逆，则 $\dfrac{1}{\lambda_0}$ 是 $\boldsymbol{A}^{-1}$ 的一个特征值；

(3) $1+\lambda_0$ 是矩阵 $\boldsymbol{E}+\boldsymbol{A}$ 的一个特征值.

4. 已知矩阵 $\boldsymbol{A}=\begin{pmatrix}x&0&2\\0&3&0\\2&0&2\end{pmatrix}$ 的一个特征值 $\lambda_1=0$，求 x 的值及另两个特征值 λ_2,λ_3.

5. 已知三阶方阵 $\boldsymbol{A}$ 的特征值为 $1,-2,3$，求：

(1) 矩阵 $2\boldsymbol{A}$ 的特征值；　(2) 矩阵 $\boldsymbol{A}^{-1}$ 的特征值.

6. 已知三阶方阵 $\boldsymbol{A}$ 的特征值为 $1,2,3$，求 $|\boldsymbol{A}^3-5\boldsymbol{A}^2+7\boldsymbol{A}|$.

§ 9.7 矩阵在经济学中的应用举例

9.7.1 投入产出模型

投入产出分析是研究经济系统各个部分(作为生产单位或消费单位的产业部门、行业、产品等)之间投入和产出相互依存关系的一种经济数量分析方法. 这种方法从一般均衡理论中吸收了有关经济活动的相互依存的观点，并用代数联立方程组来描述这种相互依存关系. 目前，投入产出分析已经拓展到经济研究领域的各个方面. 在以下几方面其作用尤为巨大：

(1) 为编制经济计划(特别是中、长期计划) 提供依据;

(2) 分析经济结构,进行经济预测;

(3) 研究经济政策对经济生活的影响;

(4) 研究某些专门的社会问题,如污染、人口、就业及收入分配等问题.

投入产出表又称为**里昂惕夫表**、**产业联系表**或**部门联系平衡表**,它一定程度上反映了国民经济各部门间投入与产出的平衡关系. 国民经济每个部门既是生产产品(产出) 的部门,又是消耗产品(投入) 的部门. 投入产出表是以所有部门的产出去向为行、以投入来源为列而组成的棋盘式表格,主要说明两个基本关系:一是,每个部门的总产出等于它所生产的中间产品与最终产品之和,中间产品应能满足各部门投入的需要,最终产品应能满足积累和消费的需要;二是,每个部门的投入就是它生产中直接需要消耗的各部门的中间产品,在生产技术条件不变的前提下,投入决定于它的总产出.

例 1　设某个地区的经济系统划分为工业、农业、其他产业三个部门. 如表 9-2 所示,部门间流量反映了三个部门在生产过程中相互提供和消耗的产品价值量,其中**最终产品**指最终产品价值;**总产品**指总产品价值,也就是总产值.

表 9-2 中相应于生产部门有 3 行,每一行可建立一个等式,反映一个部门的总产品分配情况. 以第 1 行为例,上一年度工业部门共生产了价值 560 亿元的总产品. 一部分作为提供系统内生产消耗的有:196 亿元产品用于工业部门自身;102 亿元产品用于农业部门;70 亿元产品用于其他产业部门. 另一部分作为提供社会消费、积累及其他用途的有:192 亿元最终产品.

表 9-2 中相应于消耗部门有列,每一列可建立一个等式,反映一个部门的总产值构成情况. 以第 1 列为例,上一年度工业部门的总产值为 560 亿元,其中包括在生产过程中所消耗的工业部门自身产品的价值 196 亿元,扣除了上述消耗后的净产值(也就是由劳动报酬、税金及利润等构成的新创造价值) 为 168 亿元.

表 9-2 是投入产出表的一个简单实例.

表 9-2　(单位:亿元)

部门间流量 (产出 / 投入)		消耗部门			最终产品	总产品
		工业	农业	其他产业		
生产部门	工业	196	102	70	192	560
	农业	84	68	42	146	340
	其他产业	112	34	28	106	280
净产值		168	136	140		
总产值		560	340	280		

下面介绍一般经济系统的**价值型投入产出表**的结构(见表 9-3). 在表 9-3 中,x_{ij} $(i,j=1,2,\cdots,n)$ 表示第 j 个部门在生产过程中消耗第 i 个部门的中间投入数量或第 i 个部门分配给第 j 个部门的中间产品数量;x_i $(i=1,2,\cdots,n)$ 表示第 i 个部门的总产出或总投入;y_i $(i=1,2,\cdots,n)$ 表示第 i 个部门可供社会消费和使用的最终产品数量;z_j $(j=1,2,\cdots,n)$ 表示第 j

个部门的初始投入(初始投入是指各个部门固定资产和劳动力投入的数量). 通常称矩阵 $(x_{ij})_{n\times n}$ 为**中间投入矩阵**.

表 9-3　　(单位:亿元)

部门间流量 产出 / 投入		中间产品				最终产品	总产品
		1	2	…	n		
中间投入	1	x_{11}	x_{12}	…	x_{1n}	y_1	x_1
	2	x_{21}	x_{22}	…	x_{2n}	y_2	x_2
	⋮	⋮	⋮	⋮	⋮	⋮	⋮
	n	x_{n1}	x_{n2}	…	x_{nn}	y_n	x_n
初始投入		z_1	z_2	…	z_n		
总投入		x_1	x_2	…	x_n		

表 9-3 中的水平方向反映了各部门按经济用途划分的使用情况. 在表 9-3 中,前 n 行组成了一个横向长方形表,其中每一行都表示一个等式,即

$$x_i = \sum_{j=1}^{n} x_{ij} + y_i \quad (i = 1,2,\cdots,n),$$

称之为**分配平衡方程组**.

表 9-3 中的垂直方向反映了各部门产品的价值构成. 在表 9-3 中,前 n 列组成了一个竖向长方形表,其中每一列都表示一个等式,即

$$x_j = \sum_{i=1}^{n} x_{ij} + z_j \quad (j = 1,2,\cdots,n),$$

称之为**消耗平衡方程组**.

9.7.2　直接消耗系数

定义 1　第 j 个部门生产单位产品直接消耗第 i 个部门的产品量,称为第 j 个部门对第 i 个部门的**直接消耗系数**,记作 a_{ij},即

$$a_{ij} = \frac{x_{ij}}{x_j} \quad (i,j = 1,2,\cdots,n). \tag{9-18}$$

各部门之间的直接消耗系数构成的 n 阶方阵,称为**直接消耗系数矩阵**,记作

$$\mathbf{A} = (a_{ij})_{n\times n}.$$

直接消耗系数充分反映了各部门之间在生产技术上的数量依存关系.

由(9-18)式,得

$$x_{ij} = a_{ij}x_j \quad (i,j = 1,2,\cdots,n).$$

代入分配平衡方程组,得

$$x_i = \sum_{j=1}^{n} a_{ij}x_j + y_i \quad (i = 1,2,\cdots,n);$$

代入消耗平衡方程组,得

$$x_j = \sum_{i=1}^{n} a_{ij} x_j + z_j \quad (j = 1,2,\cdots,n).$$

于是,分配平衡方程组和消耗平衡方程组的矩阵形式分别为

$$\boldsymbol{X} = \boldsymbol{AX} + \boldsymbol{Y} \quad 或 \quad (\boldsymbol{E} - \boldsymbol{A})\boldsymbol{X} = \boldsymbol{Y},$$
$$\boldsymbol{X} = \boldsymbol{CX} + \boldsymbol{Z} \quad 或 \quad (\boldsymbol{E} - \boldsymbol{C})\boldsymbol{X} = \boldsymbol{Z},$$

其中

$$\boldsymbol{X} = \begin{pmatrix} x_1 \\ x_2 \\ \vdots \\ x_n \end{pmatrix}, \quad \boldsymbol{Y} = \begin{pmatrix} y_1 \\ y_2 \\ \vdots \\ y_n \end{pmatrix}, \quad \boldsymbol{Z} = \begin{pmatrix} z_1 \\ z_2 \\ \vdots \\ z_n \end{pmatrix}, \quad \boldsymbol{C} = \begin{pmatrix} \sum_{i=1}^{n} a_{i1} & 0 & \cdots & 0 \\ 0 & \sum_{i=1}^{n} a_{i2} & \cdots & 0 \\ \vdots & \vdots & & \vdots \\ 0 & 0 & \cdots & \sum_{i=1}^{n} a_{in} \end{pmatrix}.$$

称矩阵 $\boldsymbol{C}$ 为**中间投入系数矩阵**.

例 2　设某企业有三个生产部门,已知该企业在某一生产周期内各部门的生产消耗数量和初始投入数量如表 9-4 所示,求:

(1) 各部门总产出 x_1, x_2, x_3;

(2) 各部门最终产品 y_1, y_2, y_3;

(3) 直接消耗系数矩阵 $\boldsymbol{A}$.

表 9-4　(单位:亿元)

部门间流量（产出／投入）		中间产品 1	中间产品 2	中间产品 3	最终产品	总产品
中间投入	1	20	40	60	y_1	x_1
	2	50	100	30	y_2	x_2
	3	30	100	60	y_3	x_3
初始投入		100	160	150		
总投入		x_1	x_2	x_3		

解　(1) 表 9-4 相应的消耗平衡方程组为

$$x_j = \sum_{i=1}^{3} x_{ij} + z_j \quad (j = 1,2,3),$$

将 x_{ij} 和 z_j 的值代入,即得

$$\begin{cases} x_1 = 20 + 50 + 30 + 100 = 200, \\ x_2 = 40 + 100 + 100 + 160 = 400, \\ x_3 = 60 + 30 + 60 + 150 = 300. \end{cases}$$

(2) 表 9-4 相应的分配平衡方程组为

$$x_i = \sum_{j=1}^{3} x_{ij} + y_i \quad (i = 1,2,3),$$

将 x_{ij} 和(1) 中所求的 x_i 的值代入,即得

$$\begin{cases} y_1 = 200 - (20 + 40 + 60) = 80, \\ y_2 = 400 - (50 + 100 + 30) = 220, \\ y_3 = 300 - (30 + 100 + 60) = 110. \end{cases}$$

(3) 由直接消耗系数的计算公式(9-18) 和矩阵乘法的运算规律,得

$$\boldsymbol{A} = (a_{ij})_{3\times 3} = \left(\frac{x_{ij}}{x_j}\right)_{3\times 3} = \begin{pmatrix} x_{11} & x_{12} & x_{13} \\ x_{21} & x_{22} & x_{23} \\ x_{31} & x_{32} & x_{33} \end{pmatrix} \begin{pmatrix} \frac{1}{x_1} & 0 & 0 \\ 0 & \frac{1}{x_2} & 0 \\ 0 & 0 & \frac{1}{x_3} \end{pmatrix}$$

$$= \begin{pmatrix} 20 & 40 & 60 \\ 50 & 100 & 30 \\ 30 & 100 & 60 \end{pmatrix} \begin{pmatrix} \frac{1}{200} & 0 & 0 \\ 0 & \frac{1}{300} & 0 \\ 0 & 0 & \frac{1}{400} \end{pmatrix} = \begin{pmatrix} 0.1 & 0.1 & 0.2 \\ 0.25 & 0.25 & 0.1 \\ 0.15 & 0.25 & 0.2 \end{pmatrix}.$$

由直接消耗系数的计算公式(9-18) 可知,直接消耗系数矩阵 $\boldsymbol{A}$ 具有以下性质:

性质 1　所有元素均非负,且 $0 \leqslant a_{ij} < 1(i,j = 1,2,\cdots,n)$.

性质 2　每一列元素的绝对值之和均小于 1,即 $\sum_{i=1}^{n} |a_{ij}| < 1(j = 1,2,\cdots,n)$.

根据这两条性质可以证明:投入产出模型中的矩阵 $\boldsymbol{E}-\boldsymbol{A}$ 和 $\boldsymbol{E}-\boldsymbol{C}$ 都是可逆矩阵.

9.7.3　平衡方程组的解

1. 消耗平衡方程组的解

已知消耗平衡方程组为

$$x_j = \sum_{i=1}^{n} a_{ij} x_j + z_j \quad (j = 1,2,\cdots,n).$$

若直接消耗系数 $a_{ij}(i,j = 1,2,\cdots,n)$ 已知,则

$$z_j = \left(1 - \sum_{i=1}^{n} a_{ij}\right) x_j \quad (j = 1,2,\cdots,n),$$

那么在上式两组未知量 $x_j, z_j(j = 1,2,\cdots,n)$ 中,只需知道其中一组就可求出另一组.

(1) 若已知 x_j,则求 z_j 的公式为

$$z_j = \left(1 - \sum_{i=1}^{n} a_{ij}\right) x_j \quad (j = 1,2,\cdots,n),$$

或者表示成矩阵运算公式 $\boldsymbol{Z} = (\boldsymbol{E}-\boldsymbol{C})\boldsymbol{X}$.

(2) 若已知 z_j，则求 x_j 的公式为

$$x_j = \left(1 - \sum_{i=1}^{n} a_{ij}\right)^{-1} z_j \quad (j = 1,2,\cdots,n),$$

或者表示成矩阵运算公式 $\boldsymbol{X} = (\boldsymbol{E} - \boldsymbol{C})^{-1}\boldsymbol{Z}$.

2. 分配平衡方程组的解

已知分配平衡方程组为

$$x_i = \sum_{j=1}^{n} a_{ij} x_j + y_i \quad (i = 1,2,\cdots,n).$$

若直接消耗系数 $a_{ij}(i = 1,2,\cdots,n)$ 已知，则它是一个线性方程组，用矩阵表示为

$$(\boldsymbol{E} - \boldsymbol{A})\boldsymbol{X} = \boldsymbol{Y}.$$

(1) 若已知 x_i，则求 y_i 的矩阵运算公式为 $\boldsymbol{Y} = (\boldsymbol{E} - \boldsymbol{A})\boldsymbol{X}$；

(2) 若已知 y_i，由于 $\boldsymbol{E} - \boldsymbol{A}$ 可逆，那么求 x_i 的矩阵运算公式为 $\boldsymbol{X} = (\boldsymbol{E} - \boldsymbol{A})^{-1}\boldsymbol{Y}$.

例 3　由建筑队、电气队、机械队组成一个施工公司，他们商定在某一时期内互相提供服务. 假定建筑队每单位产值分别需要电气队、机械队的 0.1,0.3 单位服务；电气队每单位产值分别需要建筑队、机械队的 0.2,0.4 单位服务；机械队每单位产值分别需要建筑队、电气队的 0.3,0.4 单位服务. 已知在该时期内，他们都对外服务，创造的产值分别为：建筑队 500 万元、电气队 700 万元、机械队 600 万元.

(1) 问：这一时期内，每个工程队创造的总产出是多少？

(2) 求各工程队之间的中间投入矩阵和各工程队的初始投入数量 $z_j(j = 1,2,3)$.

解　(1) 因为直接消耗系数矩阵和最终产品矩阵分别为

$$\boldsymbol{A} = \begin{pmatrix} 0 & 0.2 & 0.3 \\ 0.1 & 0 & 0.4 \\ 0.3 & 0.4 & 0 \end{pmatrix}, \quad \boldsymbol{Y} = \begin{pmatrix} 500 \\ 700 \\ 600 \end{pmatrix},$$

所以分配平衡方程组为

$$\begin{cases} x_1 - 0.2x_2 - 0.3x_3 = 500, \\ -0.1x_1 + x_2 - 0.4x_3 = 700, \\ -0.3x_1 - 0.4x_2 + x_3 = 600. \end{cases}$$

用行初等变换将其增广矩阵化成行最简形矩阵，即

$$(\boldsymbol{A} \vdots \boldsymbol{B}) = \left(\begin{array}{ccc:c} 1 & -0.2 & -0.3 & 500 \\ -0.1 & 1 & -0.4 & 700 \\ -0.3 & -0.4 & 1 & 600 \end{array}\right) \to \left(\begin{array}{ccc:c} 1 & -0.2 & -0.3 & 500 \\ 0 & 0.98 & -0.43 & 750 \\ 0 & -0.46 & 0.91 & 750 \end{array}\right)$$

$$\to \left(\begin{array}{ccc:c} 1 & -0.2 & -0.3 & 500 \\ 0 & 1 & -0.4388 & 765.31 \\ 0 & 0 & 0.7082 & 1102.04 \end{array}\right) \to \left(\begin{array}{ccc:c} 1 & 0 & 0 & 1256.49 \\ 0 & 1 & 0 & 1448.16 \\ 0 & 0 & 1 & 1556.20 \end{array}\right),$$

所以每个工程队创造的总产出分别为 $x_1 = 1\,256.49$(万元)，$x_2 = 1\,448.16$(万元)，$x_3 = 1\,556.20$(万元).

(2) 由直接消耗系数公式(9-18)和矩阵乘法的运算规律可知，各工程队之间的中间投入

矩阵为

$$\begin{pmatrix} x_{11} & x_{12} & x_{13} \\ x_{21} & x_{22} & x_{23} \\ x_{31} & x_{32} & x_{33} \end{pmatrix} = \begin{pmatrix} 0 & 0.2 & 0.3 \\ 0.1 & 0 & 0.4 \\ 0.3 & 0.4 & 0 \end{pmatrix} \begin{pmatrix} 1\,256.49 & 0 & 0 \\ 0 & 1\,448.16 & 0 \\ 0 & 0 & 1\,556.20 \end{pmatrix}$$

$$= \begin{pmatrix} 0 & 289.63 & 466.86 \\ 125.65 & 0 & 622.48 \\ 376.95 & 579.26 & 0 \end{pmatrix}.$$

由消耗平衡方程组,得

$$\begin{cases} z_1 = 1\,256.49 - (0 + 125.65 + 376.95) = 753.89, \\ z_2 = 1\,448.16 - (289.63 + 0 + 579.26) = 579.27, \\ z_3 = 1\,556.20 - (466.86 + 622.48 + 0) = 466.86, \end{cases}$$

故各工程队的初始投入分别为 $z_1 = 753.89$(万元),$z_2 = 579.27$(万元),$z_3 = 466.86$(万元).

9.7.4 完全消耗系数

在一个经济系统中,各部门之间有着相当密切的联系,一个部门的最终产品稍有变动,就会影响其他部门的总产出,从而使整个系统发生变化.为了研究这些相互牵连,相互影响的变动规律,下面给出完全消耗系数的概念.

定义 2 第 j 个部门生产单位产品时对第 i 个部门产品数量的直接消耗和间接消耗总和之和,称为第 j 个部门对第 i 个部门的**完全消耗系数**,记作 b_{ij},即

$$b_{ij} = a_{ij} + \sum_{k=1}^{n} b_{ik} a_{kj} \quad (i,j = 1,2,\cdots,n), \tag{9-19}$$

其中 $\sum\limits_{k=1}^{n} b_{ik} a_{kj}$ 表示间接消耗的总和.

由各部门之间的完全消耗系数构成的 n 阶方阵,称为**完全消耗系数矩阵**,记作 $\boldsymbol{B} = (b_{ij})_{n\times n}$.(9-19) 式的矩阵表示式为 $\boldsymbol{B} = \boldsymbol{A} + \boldsymbol{BA}$,利用矩阵运算,有

$$\boldsymbol{B} = \boldsymbol{A}(\boldsymbol{E} - \boldsymbol{A})^{-1} = (\boldsymbol{E} - \boldsymbol{A})^{-1} - (\boldsymbol{E} - \boldsymbol{A})(\boldsymbol{E} - \boldsymbol{A})^{-1} = (\boldsymbol{E} - \boldsymbol{A})^{-1} - \boldsymbol{E},$$

即得到完全消耗系数矩阵的计算公式:$\boldsymbol{B} = (\boldsymbol{E} - \boldsymbol{A})^{-1} - \boldsymbol{E}$.

注 直接消耗系数仅仅反映了各部门之间产品的直接消耗关系,而完全消耗系数却能更深刻、更本质、更全面地反映各部门之间相互依存、相互制约的关系.完全消耗系数从最终产品和总产出的关系上阐明了经济活动规律,较准确、较完全地反映了提供单位产品将对各部门产品的完全消耗量的需求.这对于最终产品确定之后,预测各部门的总产出是非常有用的.

例 4 已知某一经济系统的直接消耗系数矩阵为

$$\boldsymbol{A} = \begin{pmatrix} 0.2 & 0.2 & 0.2 \\ 0.1 & 0.1 & 0.3 \\ 0.2 & 0.2 & 0 \end{pmatrix},$$

试求该系统的完全消耗系数矩阵 $\boldsymbol{B}$.

解　因为 $\boldsymbol{B}=(\boldsymbol{E}-\boldsymbol{A})^{-1}-\boldsymbol{E}$，且

$$\boldsymbol{E}-\boldsymbol{A}=\begin{pmatrix}0.8&-0.2&-0.2\\-0.1&0.9&-0.3\\-0.2&-0.2&1\end{pmatrix},$$

利用行初等变换求逆矩阵 $(\boldsymbol{E}-\boldsymbol{A})^{-1}$，即

$$(\boldsymbol{E}-\boldsymbol{A}\vdots\boldsymbol{E})=\left(\begin{array}{ccc:ccc}0.8&-0.2&-0.2&1&0&0\\-0.1&0.9&-0.3&0&1&0\\-0.2&-0.2&1&0&0&1\end{array}\right)\rightarrow\left(\begin{array}{ccc:ccc}1&-0.25&-0.25&1.25&0&0\\0&0.875&-0.325&0.125&1&0\\0&-0.25&0.95&0.25&0&1\end{array}\right)$$

$$\rightarrow\left(\begin{array}{ccc:ccc}1&-0.25&-0.25&1.25&0&0\\0&1&-\frac{13}{35}&\frac{1}{7}&\frac{8}{7}&0\\0&0&\frac{6}{7}&\frac{2}{7}&\frac{2}{7}&1\end{array}\right)\rightarrow\left(\begin{array}{ccc:ccc}1&-0.25&0&\frac{4}{3}&\frac{1}{12}&\frac{7}{24}\\0&1&0&\frac{4}{15}&\frac{19}{15}&\frac{13}{30}\\0&0&1&\frac{1}{3}&\frac{1}{3}&\frac{7}{6}\end{array}\right)$$

$$\rightarrow\left(\begin{array}{ccc:ccc}1&0&0&\frac{7}{5}&\frac{2}{5}&\frac{2}{5}\\0&1&0&\frac{4}{15}&\frac{19}{15}&\frac{13}{30}\\0&0&1&\frac{1}{3}&\frac{1}{3}&\frac{7}{6}\end{array}\right),$$

所以

$$(\boldsymbol{E}-\boldsymbol{A})^{-1}=\begin{pmatrix}\frac{7}{5}&\frac{2}{5}&\frac{2}{5}\\\frac{4}{15}&\frac{19}{15}&\frac{13}{30}\\\frac{1}{3}&\frac{1}{3}&\frac{7}{6}\end{pmatrix},\quad\boldsymbol{B}=(\boldsymbol{E}-\boldsymbol{A})^{-1}-\boldsymbol{E}=\begin{pmatrix}\frac{2}{5}&\frac{2}{5}&\frac{2}{5}\\\frac{4}{15}&\frac{4}{15}&\frac{13}{30}\\\frac{1}{3}&\frac{1}{3}&\frac{1}{6}\end{pmatrix}.$$

从前面的内容已经知道，直接消耗系数是对总产品而言的，完全消耗系数是对最终产品而言的. 那么总产品与最终产品之间的关系是怎样的呢？由式子 $\boldsymbol{B}=(\boldsymbol{E}-\boldsymbol{A})^{-1}-\boldsymbol{E}$，得到

$$(\boldsymbol{E}-\boldsymbol{A})^{-1}=\boldsymbol{B}+\boldsymbol{E},$$

那么分配平衡方程组的解可表示为

$$\boldsymbol{X}=(\boldsymbol{E}-\boldsymbol{A})^{-1}\boldsymbol{Y}=(\boldsymbol{B}+\boldsymbol{E})\boldsymbol{Y}=\boldsymbol{BY}+\boldsymbol{EY}.$$

上式说明，为了得到数量为 $\boldsymbol{Y}$ 的最终产品，要求各部门的产品总量必须为 $\boldsymbol{X}=\boldsymbol{BY}+\boldsymbol{EY}$，只有各部门生产的产品数量达到这些数量，并去掉生产过程中的各种消耗后，才能得到各部门所需要的最终产品.

例 5　已知某一经济系统的完全消耗系数矩阵 $\boldsymbol{B}$ 和最终产品矩阵 $\boldsymbol{Y}$ 分别为

$$\boldsymbol{B}=\begin{pmatrix}0.30&0.25&0.075\\0.46&0.88&0.68\\0.21&0.22&0.20\end{pmatrix},\quad\boldsymbol{Y}=\begin{pmatrix}60\\70\\60\end{pmatrix},$$

试求该系统的总产出矩阵 $\boldsymbol{X}$.

解　因为

$$X=(E-A)^{-1}Y=(B+E)Y,\quad B+E=\begin{pmatrix}1.30 & 0.25 & 0.075\\ 0.46 & 1.88 & 0.68\\ 0.21 & 0.22 & 1.20\end{pmatrix},$$

所以

$$X=\begin{pmatrix}1.30 & 0.25 & 0.075\\ 0.46 & 1.88 & 0.68\\ 0.21 & 0.22 & 1.20\end{pmatrix}\begin{pmatrix}60\\70\\60\end{pmatrix}=\begin{pmatrix}100\\200\\100\end{pmatrix}.$$

习题 9－7

1. 已知某一经济系统在一生产周期内各部门的产品分配与消耗情况如表 9－5 所示，求：
   (1) 各部门的最终产品数量 y_1,y_2,y_3；
   (2) 各部门的初始投入数量 z_1,z_2,z_3；
   (3) 直接消耗系数矩阵 $\boldsymbol{A}$.

表 9－5　　(单位:亿元)

部门间流量（投入＼产出）		中间产品 1	中间产品 2	中间产品 3	最终产品	总产品
中间投入	1	100	25	30	y_1	400
	2	80	50	30	y_2	250
	3	40	25	60	y_3	300
初始投入		z_1	z_2	z_3		
总投入		400	250	300		

2. 已知某一经济系统在一生产周期内各部门的直接消耗系数和初始投入情况如表 9－6 所示，求：
   (1) 各部门的最终产品数量 x_1,x_2,x_3；
   (2) 各部门的初始投入数量 y_1,y_2,y_3；
   (3) 各部门之间的中间投入数量 $x_{ij}(i,j=1,2,3)$.

表 9－6　　(单位:亿元)

部门间流量（投入＼产出）		中间产品 1	中间产品 2	中间产品 3	最终产品	总产品
中间投入	1	0.3	0.2	0.4	y_1	x_1
	2	0.1	0.1	0.1	y_2	x_2
	3	0.2	0.2	0.3	y_3	x_3
初始投入		900	500	200		
总投入		x_1	x_2	x_2		

附录

MATLAB数学实验基础

§ 1 MATLAB 基本运算与作图

MATLAB 是 MathWorks 公司于 1982 年推出的一套高性能的数值计算和可视化数学软件，被誉为“巨人肩上的工具”. 在 MATLAB 环境下，对所要求解的问题，用户只需简单地列出数学表达式，其结果便以数值或图形的方式显示出来，极其方便.

现以 MATLAB 7.0 版本为例进行介绍. 在计算机安装好 MATLAB 7.0 以后，桌面上会出现图标. 双击该图标，启动时的画面为. 启动完成后出现如图 1 所示的窗口.

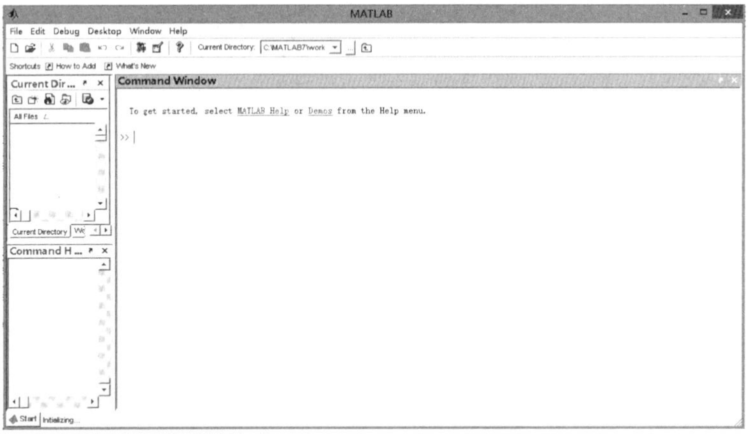

图 1

MATLAB 的窗口由指令窗口(Command Window)、当前工作路径(Current Directory)、工作空间(Workspace)、指令历史(Command History)四部分组成. 在指令窗口中的提示符“>> ”后输入算术表达式或指令，按 Enter 键即可得到该表达式的值或执行指令.

1.1 MATLAB 的数值计算

在 MATLAB 中，加、减、乘、除、乘方这几种基本运算的算符依次为＋，－，*，/，^.

例 1 计算 $(25+3\times5^9)\div5-7$ 的值.

解 在指令窗口中输入表达式(25＋3 * 5^9)/5－7，按 Enter 键，即可得计算结果. 具体过程如下：

```
>> (25+3*5^9)/5-7
ans= 1171873
```

由例 1 可以看出，MATLAB 会将最近一次的运算结果直接赋值给变量 ans，并将其数值显示到屏幕上. 也可以将计算结果赋值给一个自定义的变量. 自定义变量应遵循以下命名规则：

(1) 自定义变量名的第一个字符必须为英文字母，而且变量名长度不能超过 63 个字符；

(2)自定义变量名中的英文字母区别大小写;

(3)自定义变量名可以包含下划线、数字,但不能为空格符、标点,也不能与 MATLAB 内置的变量名、函数名同名.

例 2 计算 $11.3\times1.9^{0.23}+\sin 1$ 的值,并将其赋值给变量 a.

解
```
>>a=11.3*1.9^0.23+sin(1)
a=13.9391
```

如果在 MATLAB 语句的末尾加上分号";",则计算结果不会显示在指令窗口中,要得知计算值只须键入该变量名即可. MATLAB 可以将计算结果以不同精确度的数字格式显示. 在 MATLAB 工作区键入以下指令:`format short`(这是默认的),`format long` 等,可以改变计算结果的显示精确度.

在 MATLAB 中常用的数学函数与常数如表 1 所示.

表 1

名称	含义	名称	含义	名称	含义	名称	含义
abs(x)	绝对值函数	log10(x)	常用对数 $\lg x$	cot(x)	余切函数	acos(x)	反余弦函数
sqrt(x)	平方根函数	sin(x)	正弦函数	sec(x)	正割函数	atan(x)	反正切函数
exp(x)	指数函数 e^x	cos(x)	余弦函数	csc(x)	余割函数	acot(x)	反余切函数
log(x)	自然对数 $\ln x$	tan(x)	正切函数	asin(x)	反正弦函数	pi	常数 π

在 MATLAB 中使用函数时,自变量必须放在圆括号中跟在函数名后面. 例如,表达式 $\sin\pi+\sqrt{\ln 2}\,e^{-3}-\arcsin 1$ 在 MATLAB 中应表示为 `sin(pi)+sqrt(log(2))*exp(-3)-asin(1)`.

1.2 MATLAB 的符号运算

要用 MATLAB 进行符号运算,需要预先定义符号变量. MATLAB 中主要使用指令 `sym` 或 `syms` 定义符号变量. 需要注意的是,用 `syms` 定义多个符号变量时,变量名之间必须用空格隔开. 用指令 `subs(f(x),x,a)` 可以将符号表达式 $f(x)$ 中的变量 x 替换为 a,并给出替换后的运算结果,如下例.

例 3
```
>>f1=sym('x')               % 将符号变量 x 赋值给变量 f1
f1=x
>>sin(f1)/cos(f1)           % 符号表达式 sin(f1)/cos(f1)
ans=sin(x)/cos(x)
>>syms x y                  % 定义符号变量 x 和 y
>>f2=(x+y)^2-4*x*y          % 将符号表达式赋值给变量 f2
f2=(x+y)^2-4*x*y
>>f=f1+f2                   % 将变量 f1 与 f2 的和赋值给 f
ans=x+(x+y)^2-4*x*y
>>subs(f,x,1)               % 将 f 中的 x 用 1 替换
ans=1+(1+y)^2-4*y
>>subs(f,[x,y],[1,0])       % 将 f 中的 x 用 1 替换,y 用 0 替换
```

```
ans=2
```

注　在 MATLAB 指令后用“%”引导的语句是注释语句，在运行时不会被执行.

1.3　利用 MATLAB 作一元函数的图像

用 MATLAB 可以很方便地作出一元函数的图像，这里先介绍一个简单的作图指令 ezplot. 具体格式如下：

(1) ezplot(f(x),[a,b])：作函数 $y=f(x)$ 在区间 $[a,b]$ 上的图像，区间 $[a,b]$ 的缺省默认值为 $[-2\pi,2\pi]$；

(2) ezplot(x(t),y(t),[a,b])：作参变量函数 $x=x(t)$，$y=y(t)$ 在 $t\in[a,b]$ 上的图像，区间 $[a,b]$ 的缺省默认值为 $[0,2\pi]$；

(3) ezplot(f(x,y),[a,b,c,d])：作隐函数 $f(x,y)=0$ 的图像，其中 $a\leqslant x\leqslant b, c\leqslant y\leqslant d$.

需要注意的是，ezplot 指令中函数表达式必须用单引号“'　'”引起来.

例 4　作函数 $f(x)=\dfrac{\sin x}{x}$ 在区间 $[-5\pi,5\pi]$ 上的图像.

解　输入指令

```
ezplot('sin(x)/x',[-5*pi,5*pi])
```

然后按 Enter 键运行得图像(见图 2).

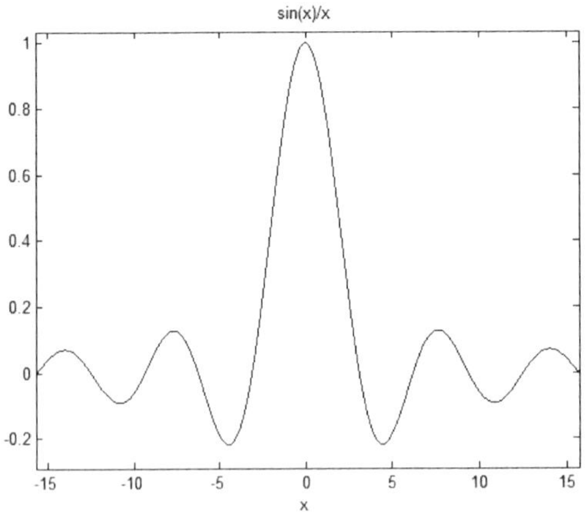

图 2

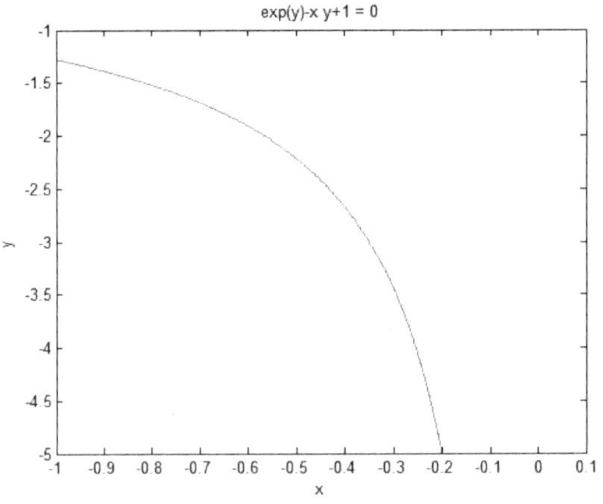

图 3

例 5　作隐函数 $e^y-xy+1=0$ 在 $-1\leqslant x\leqslant 0.1, -5\leqslant y\leqslant -1$ 上的图像.

解　输入指令

```
ezplot('exp(y)-x*y+1',[-1,-0.1,-5,-1])
```

然后按 Enter 键运行得图像(见图 3).

例 6　作参变量函数 $x=2t-t^2, y=3t-t^3$ 在 $t\in[-2.5,2.5]$ 上的图像.

解　输入指令

```
ezplot('2*t-t^2','3*t-t^3',[-2.5,2.5])
```

然后按 Enter 键运行得图像(见图 4).

例 7　在同一坐标系中作函数 $y=x^2$ 与 $y=x^3$ 在区间[0,1.5]上的图像,并使横、纵坐标的单位长度一致.

解　输入指令

```
ezplot('x^2',[0,1.5])
hold on
ezplot('x^3',[0,1.5])
axis equal
```

然后按 Enter 键运行得图像(见图 5).

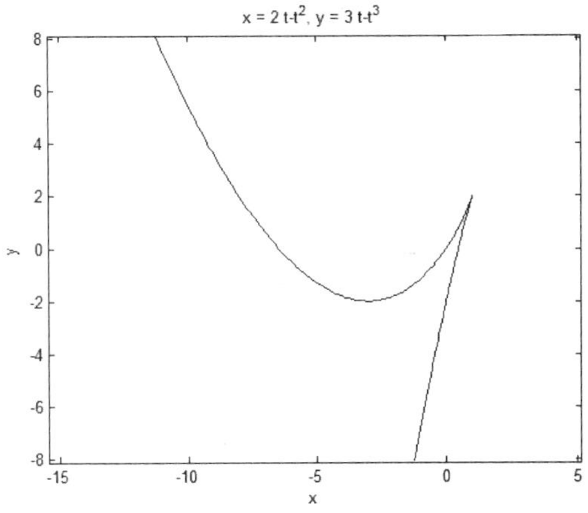

图 4

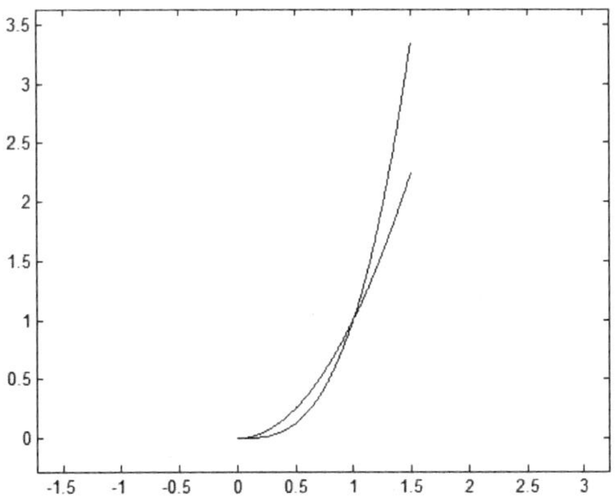

图 5

注　在作图时,计算机会自动调整图形输出为合适的输出方式,而不一定要求横、纵坐标的单位长度一致.若要使其一致,需要在作图指令后执行指令 axis equal.若要在同一坐标系中输出多个图形,就需要在作图指令后执行指令 hold on.若要停止 hlod on,则需要再运行 hold off 指令.

上机练习 1

1. 求下列表达式的值:

(1) $\dfrac{\ln(1+\sin 2)}{\cos 1}$;

(2) $\dfrac{2(\sqrt[3]{1+4^2}-1)}{\arctan 3}$.

2. 画出 $y=\dfrac{x^4-x^3+1}{x^2-1}$ 的图像.

3. 在同一坐标系中画出 $y=\sqrt{x}$, $y=x^2$, $y=\sqrt[3]{x}$, $y=x^3$, $y=x$ 的图像.

4. 用符号表达式定义二元函数 $f(x,y)=x^2-e^{xy}+y^3$,并求 $f(1,y)$, $f(x,0)$, $f(1,0)$.

§2 利用 MATLAB 求一元函数的极限

在 MATLAB 中可用符号运算直接求极限. 在定义函数自变量为符号变量后,可使用表 2 所示的指令求极限.

表 2

数学运算	MATLAB 指令
$\lim\limits_{x\to 0}f(x)$	limit(f)
$\lim\limits_{x\to a}f(x)$	limit(f,x,a) 或 limit(f,a)
$\lim\limits_{x\to a^-}f(x)$	limit(f,x,a,'left')
$\lim\limits_{x\to a^+}f(x)$	limit(f,x,a,'right')

在指令 limit(f,x,a)中 a 可以是常数,也可以是∞,$+\infty$,$-\infty$. 而在 MATLAB 中,∞,$+\infty$,$-\infty$ 分别用 inf,+inf,-inf 表示.

例 1 求 $\lim\limits_{x\to -1}\left(\dfrac{1}{x+1}-\dfrac{3}{x^3+1}\right)$.

解
```
>>syms x;  f=1/(x+1)-3/(x^3+1);  limit(f,x,-1)
ans=-1
```

例 2 求 $\lim\limits_{x\to 0}\dfrac{\tan x-\sin x}{x^3}$.

解
```
>>syms x;  limit((tan(x)-sin(x))/x^3)
ans=1/2
```

例 3 求 $\lim\limits_{x\to\infty}\left(\dfrac{x+1}{x-1}\right)^x$.

解
```
>>syms x;  limit(((x+1)/(x-1))^x,inf)
ans=exp(2)
```

例 4 求 $\lim\limits_{x\to 0^+}x^x$.

解
```
>>syms x;  limit(x^x,x,0,'right')
ans=1
```

例 5 求 $\lim\limits_{x\to 0^+}(\cot x)^{\frac{1}{\ln x}}$.

解
```
>>syms x;  limit((cot(x))^(1/log(x)),x,0,'right')
ans=exp(-1)
```

上机练习 2

计算下列函数的极限,并画出相应的函数图像:

(1) $\lim\limits_{x \to \frac{\pi}{4}} \frac{1+\sin 2x}{1-\cos 4x}$；　(2) $\lim\limits_{x \to \frac{\pi}{2}} (1+\cos x)^{3\sec x}$；

(3) $\lim\limits_{x \to \frac{\pi}{2}} \frac{\ln(\sin x)}{(\pi-2x)^2}$；　(4) $\lim\limits_{x \to 0} x^2 e^{\frac{1}{x^2}}$.

§3 利用 MATLAB 求导数

在 MATLAB 中可用符号运算求函数的导数. 在定义函数自变量为符号变量后，可使用如表 3 所示的指令求导数.

表 3

MATLAB 指令	含义
`diff(f(x))`	求函数 $f(x)$ 的一阶导数，默认自变量为 x
`diff(f,x)`	求函数 f 关于 x 的一阶导数
`diff(f,x,n)`	求函数 f 关于 x 的 n 阶导数

例 1　求 $y=\frac{\sin x}{x}$ 的导数.

解

```
>>syms x;  dy_dx=diff(sin(x)/x)
dy_dx=cos(x)/x-sin(x)/x^2
```

例 1 中的变量名 dy_dx 是用户自定义的，用来表示一阶导数 y'.

例 2　求 $y=\ln(\sin x+a)$（a 是常数）的导数.

解　当函数表达式中有参数时，要将参数也看成是变量，并定义为符号变量.

```
>>syms x a;  dy_dx=diff(log(sin(x)+a),x)
dy_dx=cos(x)/(sin(x)+a)
```

例 3　求 $y=(x^2+2x)^{20}$ 的三阶导数.

解

```
>>syms x;  dy_dx=diff((x^2+2*x)^20,x,3)
dy_dx=6840*(x^2+2*x)^17*(2*x+2)^3+2280*(x^2+2*x)^18*(2*x+2)
```

例 4　求参变量函数 $\begin{cases} x=a(t-\sin t), \\ y=a(1-\cos t) \end{cases}$（$a$ 是常数）的导数 $\frac{dy}{dx}$.

解

```
>>syms a t;  dx_dt=diff(a*(t-sin(t)),t);  dy_dt=diff(a*(1-cos(t)),t);
>>dy_dx=dy_dt/dx_dt
dy_dx=sin(t)/(1-cos(t))
```

例 5　求由方程 $e^y-xy+1=0$ 所确定的隐函数 $y=f(x)$ 的导数 $\frac{dy}{dx}$.

解

```
>>syms x y;  f=exp(y)- x*y+1;
>>dy_dx=-diff(f,x)/diff(f,y)
dy_dx=y/(exp(y)-x)
```

上机练习 3

1. 求下列函数的导数：

(1) $y=(\sqrt{x}+1)\left(\frac{1}{\sqrt{x}}-1\right)$；　　(2) $y=x\sin x\ln x$；

(3) $y=2\sin^2\frac{1}{x^2}+x^x$；　　(4) $y=\ln(x+\sqrt{x^2+a^2})$.

2. 求由下列参数方程所确定的函数的导数：

(1) $\begin{cases}x=t(1-\sin t),\\ y=1-\cos t;\end{cases}$　　(2) $\begin{cases}x=\ln(1+t^2),\\ y=t-\operatorname{arccot} t.\end{cases}$

3. 设 $y=e^x\cos x$，求 $y^{(4)}$.

4. 求由方程 $xy=e^{x+y}$ 所确定的隐函数 $y=f(x)$ 的导数$\frac{dy}{dx}$.

§4 MATLAB 自定义函数与导数应用

MATLAB 软件包含了大量的函数，如常用的正弦函数、余弦函数等. 但 MATLAB 也允许用户自定义函数. MATLAB 自定义函数是通过编辑 M-文件的形式来实现.

4.1 函数 M-文件的定义格式

函数 M-文件的定义方式是：先用鼠标点选菜单 File\New\M-file 打开 MATLAB 文本编辑器，然后输入指令集合，但这些指令的第一行必须以单词 function 作为引导词. 输入指令完成后保存. 因保存后文件的默认扩展名为“. m”，故称之为 M-文件. M-文件的具体格式如下：

function 输出参数=函数名(输入参数)

函数体

……

函数体.

保存 M-文件时，其默认文件名与函数名一致，也可以另起文件名. M-文件一旦被定义且保存，就可在指令窗口直接调用并运行，调用格式为：路径\文件名(参数).

例 1　自定义正态分布的密度函数 $f(x,\sigma,\mu)=\frac{1}{\sqrt{2\pi}\sigma}e^{-\frac{(x-\mu)^2}{2\sigma^2}}$.

解　打开文本编辑器，输入

```
function y=zhengtai(x,sigma,mu)
y=exp(-(x-mu)^2/(2*sigma^2))/(sqrt(2*pi)*sigma)
```

其中 sigma,mu 分别表示 σ,μ. 保存文件为 zhengtai.m. 如求密度函数在点(1,1,0)处的值，即可调用指令 y= zhengtai(1,1,0)，得结果 y= 0.2420，此即 $f(1,1,0)$的值. 如果想画出标准正态分布($\mu=0,\sigma=1$)密度函数的图像，输入指令 ezplot(zhengtai(x,1,0))即可.

例 2　解一元二次方程 $ax^2+bx+c=0$.

解　希望输入 a,b,c 的值时，计算机能给出该方程的实根. 建立名为 root_quad. m 的 M -文件：

```
function [x1,x2]=root_quad(a,b,c)
delta=b^2-4*a*c;
if delta>=0
   x1=(-b+sqrt(delta))/(2*a)
   x2=(-b-sqrt(delta))/(2*a)
else
   disp('Real root is not exist')
end
```

例如，解方程 $2x^2+3x-7=0$，可执行语句[x1,x2]= root_quad(2,3,-7)，得

$$x_1 = 1.2656, x_2 = -2.7656.$$

4.2　函数的单调性与极值

例 3　求函数 $f(x)=x^3-6x^2+9x+3$ 的单调区间与极值.

解　`>>syms x;  f=x^3-6*x^2+9*x+3;  df=diff(f,x);  s=solve(df)`

上面最后一个指令 solve(df)的作用是解方程 $f'(x)=0$，得到两个驻点(可能的极值点)为$x=1$与 $x=3$. 由此可知，可能的单调区间为$(-\infty,1)$，$(1,3)$与$(3,+\infty)$.

再用指令 ezplot(f,[0,4])画出函数图像(见图 6). 从图 6 可见，$f(x)$的单调增区间为$(-\infty,1)$，$(3,+\infty)$，单调减区间是$(1,3)$，极大值点为 $x=1$，极小值点为 $x=3$.

最后用指令 subs(f,x,1)，subs(f,x,3)求得极大值 $f(1)=7$，极小值 $f(3)=3$.

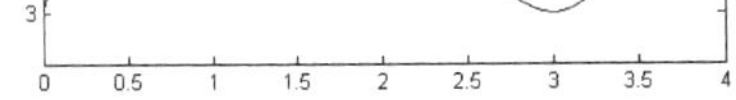

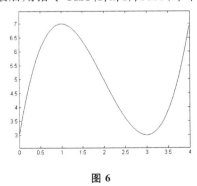

图 6

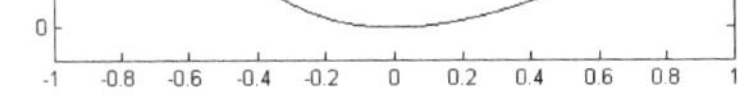

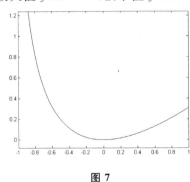

图 7

上述过程可以建立一个名为 dandiao. m 的通用 M -文件，只要输入函数的表达式，即可求出函数的单调区间：

```
function dandiao                    % 单调性及极值
disp('输入函数(自变量为 x)')         % 提示信息，提示做好输入的准备
syms x                              % 定义自变量 x
```

```
f=input('函数 f(x)=')                          % 提示从键盘输入函数的表达式
df=diff(f)                                     % 求出函数的导数
s=solve(df)                                    % 解方程 df=0,得到驻点(数据类型是字符型)
a=double(s)                                    % 将 s 中的结果转换为数字
possible_extremes=subs(f,x,s)                  % 求出驻点处的函数值,即可能的极值
ezplot(f,[min(a)-1,max(a)+1])                  % 画出包含所有驻点的函数图像,观察极值与单调区间
```

例如,要求函数 $y=x-\ln(1+x)$ 的单调区间与极值,可调用 M-文件 dandiao. m. 输入指令 dandiao 并运行,则 MATLAB 工作区将出现以下提示:

```
输入函数(自变量为 x)
函数 f(x)=
```

在光标处用键盘输入 `x-log(1+x)`,点击 Enter 键可得结果 `s= 0`. 从图 7 可见,$f(x)$的单调增区间为$(0,+\infty)$,单调减区间为$(-\infty,0)$,极小值为 $f(0)=0$.

4.3 函数的凹凸性与拐点

例 4 求函数 $f(x)=x^3-6x^2+9x+3$ 的凹凸区间与拐点.

解 `>>syms x;  f=x^3-6*x^2+9*x+3;  ddf=diff(f,x,2);  s=solve(ddf)`

上面最后一个指令 `solve(ddf)`的作用是解方程 $f''(x)=0$,得到一个二阶导数为 0 的点(可能的拐点)是 $x=2$. 由此可知,可能的凹凸区间为$(-\infty,2)$与$(2,+\infty)$.

再用指令 `ezplot(f,[0,4])`画出函数图像(见图 6). 从图 6 可见,在区间$(-\infty,2)$内 $f(x)$是凸的,在$(2,+\infty)$内 $f(x)$是凹的,故 $f(x)$的凸区间为$(-\infty,2)$,凹区间为$(2,+\infty)$,拐点在 $x=2$ 处.

最后用指令 subs(f,x,2)求得 $f(2)=5$,所以拐点为(2,5).

上述过程可以建立一个名为 convex. m 的通用 M-文件,只要输入函数的表达式,即可求函数的凹凸区间:

```
function convex                                % 凹凸性及拐点
disp('输入函数(自变量为 x)')                    % 提示信息,提示做好输入的准备
syms x                                         % 定义自变量 x
f=input('函数 f(x)=')                          % 提示从键盘输入函数的表达式
df=diff(f);ddf=diff(f,x,2)                     % 求出函数的一阶与二阶导数
s1=solve(df)                                   % 解方程 df=0,得到驻点
s2=solve(ddf)                                  % 解方程 ddf=0,得到可能的拐点
a=double(s1)                                   % 将 s1 中的结果转换为数字
possible_convex=subs(f,x,s2)                   % 求出可能的拐点处的函数值
ezplot(f,[min(a)-1,max(a)+1])                  % 画出包含所有驻点的函数图像,观察拐点与凹凸区间
```

上机练习 4

1. 建立函数 $f(x,a)=a\sin x+\frac{1}{3}\sin 3x$,试问:当 a 为何值时,该函数在点 $x=\frac{\pi}{3}$ 处取得极值?它是极大值

还是极小值?并求此极值.

2. 确定下列函数的单调区间与极值：

(1) $y=2x^3-6x^2-18x-7$；　　(2) $y=2x+\frac{8}{x}\ (x>0)$；

(3) $y=\ln(x+\sqrt{1+x^2})$；　　(4) $y=(x-1)(x+1)^3$.

3. 确定下列函数的凹凸区间与拐点：

(1) $y=3x^4-4x^3+1$；　　(2) $y=2-\sqrt[3]{x-1}$.

§5 利用 MATLAB 计算一元函数积分

一元函数的积分包括不定积分与定积分(包含广义积分)两部分. MATLAB 中用指令 int 实现积分计算,具体调用格式如表 4 所示.

表 4

MATLAB 指令	含义
int(f(x))	计算不定积分 $\int f(x)\mathrm{d}x$
int(f(x,y),x)	计算不定积分 $\int f(x,y)\mathrm{d}x$
int(f(x),a,b)	计算定积分 $\int_a^b f(x)\mathrm{d}x$
int(f(x,y),x,a,b)	计算定积分 $\int_a^b f(x,y)\mathrm{d}x$

例 1　计算 $\int x^2\ln x\mathrm{d}x$.

解
```
>>syms x;  int(x^2*log(x))
ans=1/3*x^3*log(x)-1/9*x^3
```

例 2　计算 $\int\sqrt{a^2-x^2}\mathrm{d}x$.

解
```
>>syms x a;  int(sqrt(a^2-x^2),x)
ans=1/2*x*(a^2-x^2)^(1/2)+1/2*a^2*asin((1/a^2)^(1/2)*x)
```

例 3　计算 $\int_0^1 \mathrm{e}^x\mathrm{d}x$.

解
```
>>syms x;  int(exp(x),0,1)
ans=exp(1)-1
```

例 4　计算 $\int_0^2 |x-1|\mathrm{d}x$.

解
```
>>syms x;  int(abs(x-1),0,2)
ans=1
```

例 5　计算广义积分 $\int_1^{+\infty}\frac{1}{x^3}\mathrm{d}x$, $\int_0^{+\infty}\mathrm{e}^{-\frac{x^2}{2}}\mathrm{d}x$ 与 $\int_0^2\frac{1}{(1-x)^2}\mathrm{d}x$.

解 第一个积分：

```
>>syms x;  int(1/x^3,x,1,+inf)
ans=1/2
```

第二个积分：

```
>>syms x;  int(exp(-x^2/2),0,+inf)
ans=1/2*2^(1/2)*pi^(1/2)
```

第三个积分：

```
>>syms x;  int(1/(1-x)^2,0,2)
ans=Inf
```

此结果说明，第三个积分是无穷大，故不收敛.

上机练习 5

1. 计算下列不定积分：

(1) $\int \frac{x^2}{x+1}\mathrm{d}x$； (2) $\int \frac{\sin 2x\mathrm{d}x}{\sqrt{1+\sin^2 x}}$；

(3) $\int \frac{\mathrm{d}x}{\sqrt{x^2+5}}$； (4) $\int x^2 \mathrm{e}^{-2x}\mathrm{d}x$；

(5) $\int \frac{\arcsin x}{x^2}\mathrm{d}x$.

2. 计算下列定积分：

(1) $\int_1^{\mathrm{e}} x\ln x\mathrm{d}x$； (2) $\int_{\frac{\pi}{4}}^{\frac{\pi}{3}} \frac{x}{\sin^2 x}\mathrm{d}x$；

(3) $\int_1^{\mathrm{e}} \sin(\ln x)\mathrm{d}x$； (4) $\int_{-1}^{1} \frac{x^3\sin^2 x}{x^4+2x^2+1}\mathrm{d}x$.

3. 求$\int_2^t \frac{1+\ln x}{(x\ln x)^2}\mathrm{d}x$，并用指令 diff 对结果求导.

§6 利用 MATLAB 解常微分方程

在 MATLAB 中求解常微分方程的指令为 dsolve，其调用格式如下：

```
dsolve('常微分方程','初始条件','变量 x')
```

该指令的功能是给出常微分方程满足初始条件的特解，并表示为 x 的函数，其中'初始条件'与'变量 x'是可选项. 若缺省'初始条件'，则给出常微分方程的通解；若缺省'变量 x'，则默认自变量是 t，即给出的解表示为 t 的函数. 需要注意的是，在输入常微分方程时，一阶导数 y' 应输入为 Dy，二阶导数 y'' 应输入为 D2y 等.

例 1 求微分方程 $\frac{\mathrm{d}y}{\mathrm{d}x}+2xy=x\mathrm{e}^{-x^2}$ 的通解.

解
```
>>dsolve('Dy+2*x*y=x*exp(-x^2)')
ans=1/2*(1+2*exp(-2*x*t)*C1*exp(x^2))/exp(x^2)
```

按上述方式求解例1时，因为没有指定自变量，所以系统默认的自变量是 t，而把 x 当作常数，把 y 当作 t 的函数求解，故此结果是错误的. 要得到正确结果，应当按如下方式求解：

```
>>dsolve('Dy+2*x*y=x*exp(-x^2)','x')
ans=1/2*(x^2+2*C1)/exp(x^2)
```

例 2 求微分方程 $xy'+y-e^x=0$ 在初始条件 $y\Big|_{x=1}=2e$ 下的特解.

解
```
>>dsolve('x*Dy+y-exp(x)=0','y(1)=2*exp(1)','x')
ans=1/x*(exp(x)+exp(1))
```

例 3 求微分方程 $y''+3y'+e^x=0$ 的通解.

解
```
>>dsolve('D2y+3*Dy+exp(x)=0','x')
ans=-1/4*exp(x)+C1+C2*exp(-3*x)
```

例 4 求解微分方程 $y''-e^{2y}y'=0$.

解
```
>>dsolve('D2y-exp(2*y)*Dy=0','x')
ans=1/2*log(-2*C1/(-1+exp(2*x*C1+2*C2*C1)))+x*C1+C2*C1
```

上机练习 6

1. 求下列微分方程的通解：

(1) $2x^2yy'=y^2+1$；

(2) $y'=\dfrac{y+x}{y-x}$；

(3) $y'=\cos\dfrac{y}{x}+\dfrac{x}{x}$；

(4) $(x\cos y+\sin 2y)y'=1$；

(5) $y''+3y'-y=e^x\cos 2x$；

(6) $y''+4y=x+1+\sin x$.

2. 求解初值问题 $x^2+2xy-y^2+(y^2+2xy-x^2)\dfrac{dy}{dx}=0, y(1)=1$.

§ 7 MATLAB 在多元函数微积分中的应用

7.1 二元函数图像的绘制

在 MATLAB 中可用指令 ezmesh 来绘制二元函数的图像，调用格式如下：

(1) ezmesh(f(x,y),[a,b,c,d])：作函数 $z=f(x,y)$ 在矩形区域 $a\leqslant x\leqslant b, c\leqslant y\leqslant d$ 上的图像，区域 $[a,b,c,d]$ 的缺省默认值为 $[-2\pi,2\pi,-2\pi,2\pi]$；

(2) ezmesh(x(t,s),y(t,s),z(t,s),[a,b,c,d])：作参变量函数 $x=x(t,s)$，$y=y(t,s)$，$z=z(t,s)$在参数满足 $t\in[a,b]$，$s\in[c,d]$时的图像，区间$[a,b,c,d]$的缺省默认值为$[0,2\pi,0,2\pi]$.

需要注意的是，指令 ezmesh 中函数表达式必须用单引号“'　'”引起来.

例 1　画出二元函数 $f(x,y)=xe^{-x^2-y^2}$ 在 $-\pi\leqslant x\leqslant\pi$，$-\pi\leqslant y\leqslant\pi$ 上的图像.

解
```
>>ezmesh('x*exp(-x^2-y^2)',[-pi,pi,-pi,pi])
```
运行结果如图 8 所示.

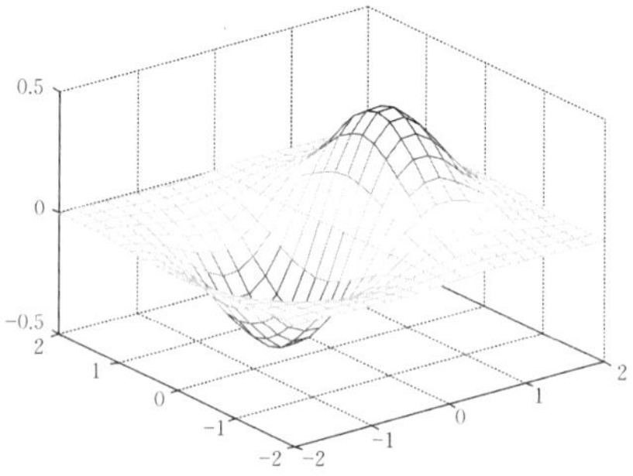

图 8

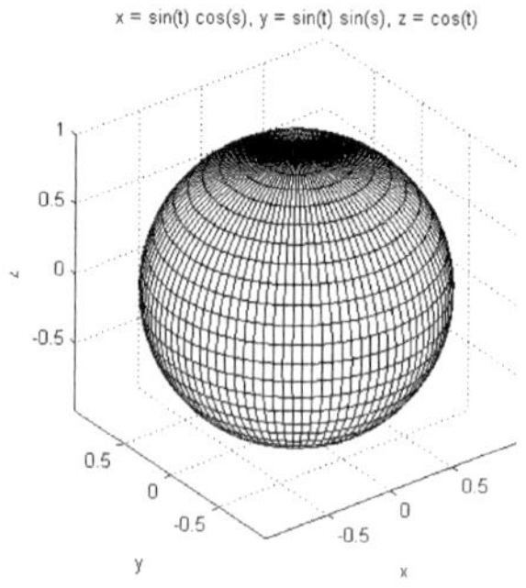

图 9

例 2　画出球面 $x=\sin t\cos s, y=\sin t\sin s, z=\cos t$ 在 $0\leqslant t\leqslant\pi$，$0\leqslant s\leqslant 2\pi$ 上的图像.

解
```
>>ezmesh('sin(t)*cos(s)','sin(t)*sin(s)','cos(t)');  axis equal
```
运行结果如图 9 所示.

7.2　求多元函数的极限与偏导数

主要以二元函数为例介绍.

求二元函数的极限与求一元函数的极限类似，例如求极限 $\lim\limits_{(x,y)\to(a,b)}f(x,y)$ 时，可通过先让$x\to a$，再让 $y\to b$ 求出极限.

例 3　求 $\lim\limits_{(x,y)\to(0,0)}\dfrac{\sqrt{xy+1}-1}{xy}$.

解
```
>>syms x y;  limit(limit((sqrt(x*y+1)-1)/(x*y),x,0),y,0)
ans=1/2
```

计算二元偏导数时，让其中一个自变量变化，而另一自变量当作常数，即此二元函数退化为一元函数，故用指令 diff 就可求其偏导数.

例 4　设 $z=x^6-3y^4+2x^2y^2$，求$\dfrac{\partial^2 z}{\partial x^2}$，$\dfrac{\partial^2 z}{\partial y^2}$，$\dfrac{\partial^2 z}{\partial x\partial y}$.

解
```
>>syms x y;  f=x^6-3*y^4+2*x^2*y^2;  diff(f,x,2),diff(f,y,2),diff(diff(f,x),y)
ans=30*x^4+4*y^2
ans=-36*y^2+4*x^2
ans=8*x*y
```

例 5　求由方程 $\sin(xy)+\cos(yz)+\tan(zx)=0$ 所确定的二元隐函数 $z=f(x,y)$ 的偏导数 $\frac{\partial z}{\partial x},\frac{\partial z}{\partial y}$.

解
```
>>syms x y z;  F=sin(x*y)+cos(y*z)+tan(z*x)
>>dz_dx=-diff(F,x)/diff(F,z),  dz_dy=-diff(F,y)/diff(F,z)
dz_dx=(-cos(x*y)*y-(1+tan(z*x)^2)*z)/(-sin(y*z)*y+(1+tan(z*x)^2)*x)
dz_dy=(-cos(x*y)*x+sin(y*z)*z)/(-sin(y*z)*y+(1+tan(z*x)^2)*x)
```

7.3　二重积分的计算

因为二重积分的计算通常是将其转化成二次积分来计算,所以在二次积分的基础上用指令 int 即可完成二重积分的计算.

例 6　求二次积分 $\int_0^1 dx\int_{2x}^{x^2+1} xy\,dy$.

解
```
>>syms x y;  int(int(x*y,y,2*x,x^2+1),x,0,1)
ans=1/12
```

例 7　计算 $\iint\limits_D (x^2+y^2-x)dxdy$,其中 D 是由直线 $y=2$,$y=x$ 及 $y=2x$ 所围成的闭区域.

解　将原二重积分化为二次积分 $\int_0^2 dy\int_{\frac{y}{2}}^{y}(x^2+y^2-x)dx$ 后,用指令 int 如下计算:
```
>>syms x y;  int(int(x^2+y^2-x,x,y/2,y),y,0,2)
ans=13/6
```

上机练习 7

1. 求极限并绘出函数图像:

(1) $\lim\limits_{(x,y)\to(0,0)}\frac{\sqrt{xy+9}-3}{3xy}$;　(2) $\lim\limits_{(x,y)\to(0,3)}\frac{\sin(xy)}{x}$.

2. 求下列函数的偏导数:

(1) $z=x^2\sin(xy)$;　(2) $u=\left(\frac{x}{y}\right)^z$.

3. 设 $u=x\ln(x+y)$,求 $\frac{\partial^2 u}{\partial x^2},\frac{\partial^2 u}{\partial y^2},\frac{\partial^2 u}{\partial x\partial y}$.

4. 求下列多元隐函数的偏导数 $\frac{\partial z}{\partial x},\frac{\partial z}{\partial y}$:

(1) $\cos^2 x+\cos^2 y+\cos^2 z=1$;　(2) $e^z=xyz$.

5. 计算下列二重积分:

(1) $\iint\limits_{x^2+y^2\leqslant 1}(x+y)dxdy$;　(2) $\iint\limits_{x^2+y^2\leqslant x}(x^2+y^2)dxdy$.

§8 利用 MATLAB 求级数的和

对于数项级数，在 MATLAB 中可用指令 symsum 求和，调用格式如下：

```
symsum(a(k),k,m,n)
```

该指令的作用是求 $\sum_{k=m}^{n} a_k$.

例 1　求 $\sum_{n=1}^{\infty} \frac{1}{2^n}$.

解

```
>>syms n;  symsum(1/2^n,n,1,inf)
ans=1
```

例 2　求幂级数 $\sum_{n=1}^{\infty} \frac{x^n}{n2^n}$ 的和函数.

解

```
>>syms n;  symsum(x^n/(n*2^n),n,1,inf)
ans=-log(1-1/2*x).
```

对于求已知函数的泰勒多项式(泰勒级数前若干项)，在 MATLAB 中可用指令 taylor，调用格式如下：

```
taylor(f(x),a,n)
```

该指令的作用是求函数 $f(x)$在点 a 处的 $n-1$ 次泰勒多项式，即 $f(x)$关于 $x-a$ 的幂级数的前 n 项部分和. 当 a 缺省时，默认值为 0，即求麦克劳林级数的前面 n 项部分和；当 n 缺省时，默认值取 5，即求幂级数的前 5 项部分和.

例 3　求函数 $y=\cos x$ 在点 $x=0$ 处的 4 次泰勒多项式及在点 $x=\frac{\pi}{3}$ 处的 6 次泰勒多项式.

解

```
>>syms x;  taylor(cos(x)),taylor(cos(x),pi/3,7)
ans=1-1/2*x^2+1/24*x^4
ans=1/2-1/2*3^(1/2)*(x- 1/3*pi)-1/4*(x-1/3*pi)^2+1/12*3^(1/2)*(x- 1/3*pi)^3
+1/48*(x- 1/3*pi)^4-1/240*3^(1/2)*(x-1/3*pi)^5-1/1440*(x-1/3*pi)^6
```

上机练习 8

1. 求出函数 $f(x)=e^x\sin x+2^x\cos x$ 在点 $x=0$ 处的 7 次泰勒多项式及在点 $x=1$ 处的 4 次泰勒多项式.
2. 求幂级数 $\sum_{n=2}^{\infty}(-1)^n \frac{x^n}{\sqrt{n^2-n}}$ 的和函数.

§9 MATLAB 在线性代数中的应用简介

9.1 创建矩阵

在 MATLAB 中创建矩阵应遵循以下原则：矩阵的元素必须在方括号“[]”中；矩阵的同行元素之间用空格或逗号“,”分隔；矩阵的行与行之间用分号“;”或回车符分隔；矩阵的尺寸不必预先定义；矩阵元素可以是数值、变量、表达式或函数. 如果矩阵元素是表达式，系统将自动计算出结果.

例 1 `>>A=[1 3 2;3 1 0;2 1 5]`

指令运行后创建 3 行 3 列的矩阵，在指令窗口显示如下结果：

```
A=  1    3    2
    3    1    0
    2    1    5
```

例 2 `>>y=[sin(pi/3),cos(pi/6);log(20),exp(2)]`

指令运行后创建 2 行 2 列的矩阵，在指令窗口显示如下结果：

```
y=  0.8660    0.8660
    2.9957    7.3891
```

除了利用直接输入元素法创建矩阵外，MATLAB 还提供了一些常用矩阵的生成命令：

(1) `zeros(n)`：生成 $n\times n$ 零矩阵；

(2) `zeros(m,n)`：生成 $m\times n$ 零矩阵.

(3) `ones(n)`：生成元素全为 1 的 $n\times n$ 矩阵；

(4) `ones(m,n)`：生成元素全为 1 的 $m\times n$ 矩阵；

(5) `eye(n)`：生成 $n\times n$ 单位阵.

9.2 矩阵运算与变换

在 MATLAB 中，矩阵的运算既可以使用运算符，也可以使用等效的运算函数，具体指令如表 5 所示.

表 5

MATLAB 指令	含义
A+ B 或 A- B	矩阵加法和减法运算
A* B	矩阵乘法运算
A\B	矩阵左除，即 $\boldsymbol{A}^{-1}\boldsymbol{B}$

续表

MATLAB 指令	含义
A'	求 $\boldsymbol{A}$ 的转置 $\boldsymbol{A}^{\mathrm{T}}$
det(A)	求方阵 $\boldsymbol{A}$ 的行列式
inv(A)	求方阵 $\boldsymbol{A}$ 的逆矩阵
rank(A)	求矩阵 $\boldsymbol{A}$ 的秩
rref(A)	求 $\boldsymbol{A}$ 的行最简形矩阵
null(A)	求 $\boldsymbol{A}$ 的核空间的基，即方程组 $\boldsymbol{AX}=\boldsymbol{0}$ 的一个基础解系

例 3
```
>>A=[1 3 2;3 1 0;2 1 5];
>>D=det(A),r=rank(A),RA=rref(A)   % D,r,RA分别为A的行列式、秩及行最简形矩阵
D=-38
r=3
RA=1    0    0
   0    1    0
   0    0    1
```

9.3 求解线性方程组

线性方程组可表示为矩阵形式 $\boldsymbol{AX}=\boldsymbol{B}$，若它存在解，则有两种求解方法.

1. 利用矩阵的除法

(1)若 $\boldsymbol{AX}=\boldsymbol{B}$ 存在唯一解，则解为 $\boldsymbol{X}=\boldsymbol{A}^{-1}\boldsymbol{B}$.

(2)若 $\boldsymbol{AX}=\boldsymbol{B}$ 有无穷多个解，则 $\boldsymbol{A}^{-1}\boldsymbol{B}$ 将给出一个具有最多零元素的特解. 于是，先用指令 A\B 得到 $\boldsymbol{AX}=\boldsymbol{B}$ 的一个特解 $\boldsymbol{X}^*$，然后用 null(A)得到 $\boldsymbol{AX}=\boldsymbol{0}$ 的一个基础解系 $\boldsymbol{\xi}_1,\boldsymbol{\xi}_1,\cdots,\boldsymbol{\xi}_m$，从而写出通解 $\boldsymbol{X}=k_1\boldsymbol{\xi}_1+k_2\boldsymbol{\xi}_2+\cdots+k_m\boldsymbol{\xi}_m+\boldsymbol{X}^*$.

2. 利用化增广矩阵为行最简形的方法

第一步：用指令 C=[A,B]得到增广矩阵 $\boldsymbol{C}$；

第二步：用指令 rref(C)得到增广矩阵 $\boldsymbol{C}$ 的行最简形矩阵，从而得到线性方程组的最简等价形式，据此就可写出通解.

例 4 求线性方程组 $\begin{cases} x_1-x_2+x_3-x_4=1, \\ -x_1+x_2+x_3-x_4=1, \\ 2x_1-2x_2-x_3+x_4=-1 \end{cases}$ 的通解.

解 `>>A=[1 -1 1 -1;-1 1 1 -1;2 -2 -1 1];  B=[1;1;-1];  % 定义系数矩阵A与右端矩阵B`

方法 1：
```
>>x0=A\B
>>x=null(A)
```

方法 2：`>>rref([A,B])`

然后根据运行结果即可写出通解,具体形式此处略去.

9.4　求矩阵的特征值与特征向量

在 MATLAB 中,指令`[V,D]= eig(A)`的作用是求方阵 **A** 的特征值和特征向量,并返回到自定义变量`[V,D]`,其中右边部分为特征值构成的对角矩阵 **D**,左边部分的每一列为各个特征值的特征向量 **V**.

例 5

```
>>A=[1 2 3;4 5 6;7 8 9];     % 输入方阵 A
>>[V,D]=eig(A)               % 求 A 的特征值与特征向量
```

然后根据运行结果即可得到特征值与特征向量,具体结果此处略去.

上机练习 9

1. 求下列矩阵的行列式、逆矩阵、特征值及特征向量:

(1) $\begin{pmatrix} 4 & 1 & -1 \\ 3 & 2 & -6 \\ 1 & -5 & 3 \end{pmatrix}$;　(2) $\begin{pmatrix} 1 & 1 & -1 \\ 0 & 2 & -1 \\ -1 & 2 & 0 \end{pmatrix}$;　(3) $\begin{pmatrix} 5 & 7 & 6 & 5 \\ 7 & 10 & 8 & 7 \\ 6 & 8 & 10 & 9 \\ 5 & 7 & 9 & 10 \end{pmatrix}$.

2. 解下列线性方程组:

(1) $\begin{cases} 4x_1 + x_2 - x_3 = 9, \\ 3x_1 + 2x_2 - 6x_3 = -2, \\ x_1 - 5x_2 + 3x_3 = 1. \end{cases}$　(2) $\begin{cases} 2x_1 + x_2 - x_3 + x_4 = 1, \\ x_1 + 2x_2 + x_3 - x_4 = 2, \\ x_1 + x_2 + 2x_3 + x_4 = 3. \end{cases}$

图书在版编目(CIP)数据

高等数学简明教程/徐应祥，郭游瑞主编. —北京：北京大学出版社，2018.8
ISBN 978-7-301-29801-5

Ⅰ. ①高… Ⅱ. ①徐… ②郭… Ⅲ. ①高等数学—高等学校—教材 Ⅳ. ①O13

中国版本图书馆 CIP 数据核字(2018)第 192424 号

书　　名	高等数学简明教程 GAODENG SHUXUE JIANMING JIAOCHENG
著作责任者	徐应祥　郭游瑞　主编
责任编辑	曾琬婷
标准书号	ISBN 978-7-301-29801-5
出版发行	北京大学出版社
地　　址	北京市海淀区成府路 205 号　100871
网　　址	http://www.pup.cn
电子信箱	zpup@pup.cn
新浪微博	@北京大学出版社
电　　话	邮购部 010-62752015　发行部 010-62750672　编辑部 010-62754819
印 刷 者	湖南省众鑫印务有限公司
经 销 者	新华书店 787 毫米×1092 毫米　16 开本　21.25 印张　529 千字 2018 年 8 月第 1 版　2020 年 5 月第 3 次印刷
定　　价	56.00 元